Eckart K. W. Moltrecht, DJ4UF

Amateurfunk-Lehrgang Technik

für das Amateurfunkzeugnis Klasse A

Amateurfunk-Lehrgang

Technik

für das Amateurfunkzeugnis

Klasse A

Eckart K. W. Moltrecht, DJ4UF

Verlag für Technik und Handwerk
Baden-Baden

vth-Fachbuch
Best.-Nr.: 411 0089

Redaktion: Julian Lenz
Lektorat: Eckart Moltrecht

Bibliografische Information der Deutschen Nationalbibliothek
Die Deutsche Nationalbibliothek verzeichnet die Publikation in der Deutschen Nationalbibliografie; detaillierte bibliografische Daten sind im Internet über http://dnd.d-nb.de abrufbar

ISBN 978-3-88180-389-2

Verlag für Technik und Handwerk
Bertha-Benz-Straße 7, 76532 Baden-Baden

Printed in Germany
Druck: ColorDruck Solutions, 69181 Leimen/Germany

Inhaltsübersicht

Vorwort

Man unterscheidet derzeit zwei Zeugnisklassen. Die Klasse E (Novice Licence) für den Einsteiger erfordert bei der Prüfung Kenntnisse über die Grundlagen der Elektrotechnik, Elektronik und Funktechnik, sowie Gesetzeskunde und Kenntnisse über die Durchführung des Funkbetriebs. Mit dem Amateurfunkzeugnis Klasse E darf man nicht nur Ultrakurzwellenfunkbetrieb, sondern seit 2006 auch Funkbetrieb auf einigen Kurzwellenbändern mit eingeschränkter Senderleistung durchführen. Für das Amateurfunkzeugnis Klasse A sind bei der Prüfung recht umfangreiche technische Kenntnisse erforderlich. Das Amateurfunkzeugnis Klasse A gestattet den Funkbetrieb auf allen zugelassenen Bändern mit der maximalen Senderleistung.

Vor 2004 gab es in Deutschland drei Klassen zum Amateurfunkzeugnis. Es waren dies die Klassen 1, 2 und 3. Um Kurzwellenfunkbetrieb durchführen zu dürfen, war das Amateurfunkzeugnis Klasse 1 mit einer Morseprüfung notwendig. Klasse 2 gestattete den Funkbetrieb auf den Ultrakurzwellen. Eine Morseprüfung war nicht erforderlich. Klasse 3 erlaubte den Funkbetrieb auf UKW mit eingeschränkter Senderleistung (10 Watt äquivalente isotrope Strahlungsleistung). Klasse 1 und 2 wurden ab 2002 zusammengefasst zur Klasse A (ohne Morseprüfung). Klasse 3 wurde zur Klasse E.

Während im Buch zum Amateurfunkzeugnis Klasse E die grundlegenden Kenntnisse der Elektrotechnik, notwendige Kenntnisse aus dem Bereich der Elektronik, der Sender- und Empfängertechnik, der Antennentechnik und der Messtechnik behandelt wurden, geht es in diesem Buch um die erhöhten Kenntnisse der gleichen Gebiete. Der Inhalt der einzelnen Kapitel wurde sehr stark an die aktuellen Prüfungsanforderungen angepasst. Dieses Buch ist sozusagen der Aufbaulehrgang zur Klasse E. Deshalb wird in einzelnen Kapiteln auch immer wieder auf die notwendigen Vorkenntnisse aus dem Buch zur Klasse E hingewiesen.

Zur Prüfung für das Amateurfunkzeugnis gehören zusätzlich Kenntnisse aus dem Bereich der Betriebstechnik und der Vorschriften, die in einem separaten Lehrgang vermittelt werden. Allerdings entfallen diese Prüfungsteile, wenn Sie bereits Inhaber des Amateurfunkzeugnisses Klasse E sind. Inhaber des Amateurfunkzeugnisses Klasse 3 müssen sich vorher das Amateurfunkzeugnis Klasse E anerkennen lassen, indem Sie die Urkunde Klasse 3 an die Bundesnetzagentur einschicken.

Nun viel Erfolg! Bleiben Sie dran!

Eckart K. W. Moltrecht, DJ4UF

Kapitel 1: Mathematische Grundkenntnisse und Einheiten

Hinweis: Für das sinnvolle Bearbeiten dieses Amateurfunklehrgangs benötigen Sie den Fragenkatalog zum Amateurfunkzeugnis der Klasse A der Bundesnetzagentur (BNetzA). Diesen erhalten Sie bei der BNetzA direkt im Internet (www.bnetza.de) oder auch beim DARC-Verlag (www.darc-verlag.de). Ferner benötigen Sie einen Taschenrechner, der außer den Grundfunktionen noch den Logarithmus (log) und möglichst die 1/x-Taste enthält. Für Aufgaben, deren Lösungswege Ihnen fehlen, schreiben Sie dem Verfasser oder schauen direkt auf seiner Homepage www.dj4uf.de nach. Dort werden Fragen zum Amateurfunklehrgang beantwortet.

Die Prüfung zum Amateurfunkzeugnis Klasse A enthält wesentlich mehr Berechnungen, als dies für Klasse E der Fall war. Deshalb sollen hier die mathematischen Voraussetzungen zum besseren Verständnis der folgenden Kapitel geschaffen werden.

Übersicht
- Einheiten
- Zehnerpotenzen
- Prozent, Promille, ppm
- Formeln umstellen
- Dezibel-Berechnungen
- S-Stufen

Größen und Einheiten

Bereits im Lehrgang zur Klasse E haben Sie das SI-Einheiten-System (System International) kennengelernt. In dem System sind sieben Basisgrößen (Länge, Masse, Zeit, Stromstärke, Temperatur, Stoffmenge, Lichtstärke) und die zugehörigen Basiseinheiten festgelegt. Hier noch einmal die Übersicht:

Basisgrößen	Einheiten	Zeichen
Länge	Meter	m
Masse	Kilogramm	kg
Zeit	Sekunde	s
Stromstärke	Ampere	A
Temperatur	Kelvin	K
Stoffmenge	Mol	mol
Lichtstärke	Candela	cd

Man nennt dieses System in der Reihenfolge der Einheiten auch MKSA-KMC-System oder kurz *MKSA-System*, weil die vier ersten Einheiten die wichtigsten sind. Alle anderen Einheiten können hieraus abgeleitet werden.

Prüfungsaufgabe TA106
Welche der nachfolgenden Antworten enthält nur Basiseinheiten nach dem internationalen Einheitensystem?
A Meter, Kelvin, Sekunde, Ampere
B Meter, Volt, Watt, Sekunde
C Farad, Henry, Ohm, Sekunde
D Grad, Hertz, Ohm, Tesla

Aus diesen Basiseinheiten ergeben sich alle abgeleiteten gesetzlichen Einheiten, wie zum Beispiel Fläche, Dichte, Frequenz, Energie, Leistung, Spannung, Widerstand und so weiter.

Abgeleitete Einheiten

Größe	Formelbuchstabe	Maßeinheit	Abk. der Einheit
Ladung	Q	Coulomb	C = A·s
Spannung	U	Volt	V
Leistung	P	Watt	W=V·A
Arbeit	W	Wattsekunde	V·A·s
Widerstand, Impedanz	R	Ohm	Ω=V/A
Leitwert	G	Siemens	S=1/Ω
Kapazität	C	Farad	F=As/V
Induktivität	L	Henry	H=Vs/A
El. Feldstärke	E	Volt pro Meter	V/m
Magnetische Feldstärke	H	Ampere pro Meter	A/m
Flussdichte	B	Tesla	Vs/m²
Frequenz	f	Hertz	Hz=1/s

Prüfungsaufgabe TA101
Welche Einheit wird für die elektrische Feldstärke verwendet?
A Watt pro Quadratmeter (W/m²)
B Ampere pro Meter (A/m)
C Henry pro Meter (H/m)
D Volt pro Meter (V/m)

Prüfungsaufgabe TA102
Welche Einheit wird für die magnetische Feldstärke verwendet?
A Amperemeter (Am)
B Tesla (T)
C Ampere pro Meter (A/m)
D Henry pro Meter (H/m)

Prüfungsaufgabe TA103
Welche Einheit wird für die Impedanz angegeben?
A Siemens **B** Farad
C Ohm **D** Henry

Zur Lösung: Impedanz ist ein Wechselstromwiderstand. Auch ein Wechselstromwiderstand wird in Ohm angegeben.

Unter *Widerstand* werden Sie im folgenden Kapitel noch den *Leitwert* kennenlernen. Der Leitwert ist der Kehrwert eines Widerstandes. Die Einheit des Leitwertes wäre also 1/Ω oder A/V. Für diese abgeleitete Einheit hat man als Abkürzung die Einheit *Siemens* eingeführt.

Prüfungsaufgabe TA104
Die Einheit „Siemens" wird verwendet für die Angabe
A der Impedanz einer Leitung.
B des Ohmschen Widerstands.
C des Leitwertes eines Widerstands.
D der magnetischen Feldstärke.

Prüfungsaufgabe TA105
Wenn [s] für Sekunde steht, gilt für die Einheit der Frequenz
A Hz = 1/s **B** Hz = s
C Hz = s^2 **D** Hz = $1/s^2$

Kommentar: Sicher kennen Sie die Einheit Hertz bereits aus der Frequenz des Wechselstroms mit 50 Hz. 50 Hz bedeutet 50 Schwingungen pro Sekunde. „Pro Sekunde" wird mathematisch als 1/s geschrieben.

Zehnerpotenzen

Es werden häufig Vielfache oder Teile von Einheiten benutzt, zum Beispiel *kilo* für tausendfach oder *milli* für ein Tausendstel. Siehe auch schon Buch zur Klasse E.

Faktor	Potenz	Vorsatz	Abk.
billionenfach	10^{12}	Tera	T
milliardenfach	10^{9}	Giga	G
millionenfach	10^{6}	Mega	M
tausendfach	10^{3}	kilo	k
hundertfach	10^{2}	hekto	h
zehnfach	10^{1}	deka	da
zehntel	10^{-1}	dezi	d
hundertstel	10^{-2}	zenti	c
tausendstel	10^{-3}	milli	m
millionstel	10^{-6}	mikro	µ
milliardstel	10^{-9}	nano	n
billionstel	10^{-12}	piko	p

Achten Sie darauf, dass die Abkürzungen für Tera, Giga und Mega mit großen Buchstaben und alle anderen mit kleinen Buchstaben geschrieben werden. Besonders wichtig ist es bei m oder M (milli oder Mega) und bei k für kilo, denn das große K wird in der Digitaltechnik auch für Kilo verwendet, wobei dort K = 1024 ist. 1 Kilobyte (1 KB) sind 1024 Byte.

$1 \cdot 10^{-6}$ ist gleichbedeutend mit

$$\frac{1}{10^{+6}} = \frac{1}{1000000} = 0{,}000001$$

Prüfungsaufgabe TA111
100 mW entspricht
A 0,01 W
B 0,001 W
C 10^{-1} W
D 10^{-2} W

Kommentar: 100 mW sind 0,1 W und 0,1 W sind 10^{-1} W.

Prozent, Promille, ppm

1 Prozent	1 Hundertstel	1/100	10^{-2}
1 Promille	1 Tausendstel	1/1000	10^{-3}
1 ppm	1 Millionstel	1/1000000	10^{-6}

Prozent ist 1/100 oder 10^{-2}. Man braucht also nur das Komma um zwei Stellen, bei Promille um drei Stellen nach links zu verschieben.

Beispiel
1 % von 14300 kHz sind 143 kHz.
2 % von 14300 kHz sind 2 mal 143 kHz, also 286 kHz.
1 Promille von 14300 kHz sind 14,3 kHz.

ppm kommt von *parts per million* (Teile von einer Million). Diese Angabe wird zum Beispiel bei der Genauigkeit von Frequenzen, bei der Frequenzstabilität von Transceivern oder bei der Temperaturstabilität von Quarzen verwendet.

Prüfungsaufgabe
TA118 Die digitale Anzeige eines Senders hat eine Anzeigegenauigkeit von 10 ppm. Es wird eine Senderfrequenz von 14,250 MHz angezeigt. In welchen Frequenzen kann sich die tatsächliche Frequenz bewegen?
A 14,248575 - 14,251425 MHz
B 14,2498575 - 14,2501425 MHz
C 14,24998575 - 14,25001425 MHz
D 14,249998575 - 14,250001425 MHz

Lösung: 1 ppm ist ein Millionstel. Bei 1 MHz sind 1 Millionstel genau ein Hertz. Ein ppm sind also 14,25 Hertz. 10 ppm sind also 142,5 Hertz.

14250000 Hz + 142,5 Hz = 14250142,5 Hz = 14,2501425 MHz
14250000 Hz - 142,5 Hz = 14249857,5 Hz = 14,2498575 MHz

Prüfungsaufgabe TA117
Eine Genauigkeit von 1 ppm entspricht
A 0,0001 %
B 0,001 %
C 0,01 %
D 0,1 %

Lösung: 1 ppm = 0,000001 = 1 Millionstel.

Wenn dieser Wert in Prozent umgewandelt werden soll, muss das Komma um zwei Stellen nach rechts gerückt werden, also 0,0001 %. Lösung A ist richtig.

Können Sie einfache Formeln nach der gesuchten Größe umstellen? Es vereinfacht die Lösung von Rechenaufgaben aus der Elektrotechnik sehr. Wenn nicht, lernen Sie es auf den nächsten Seiten.

Formeln umstellen

Weil das Umstellen von Formeln praktisch Grundvoraussetzung für die Lösung aller Aufgaben ist, soll es in einem kleinen Vorspann geübt werden. Recht häufig kommt die einfache Formelumstellung vor, bei der das ohmsche Gesetz

$$U = R \cdot I$$

oder die einfache Leistungsformel

$$P = U \cdot I$$

nach einer der drei Größen umgestellt werden muss. Mathematisch funktioniert es so, dass man durch diejenige Größe teilt, die man „weg haben“ möchte.

Beispiel
$P = U \cdot I$ soll nach I umgestellt werden. Man dividiert auf beiden Seiten durch U und dadurch bleibt I auf einer Seite übrig.

Wer mit dieser Art der Rechnung Probleme hat, kann folgendes Hilfsmittel benutzen. (Siehe Klasse E!) Man schreibt die Formel in folgender Weise in ein Dreieck.

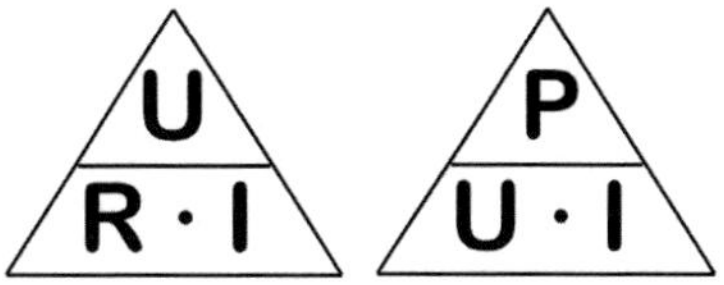

Bild 1-1: URI- und PUI-Dreieck

Die Anwendung dieses Dreiecks funktioniert folgendermaßen. Wenn man beispielsweise beim Ohmschen Gesetz nach dem Strom umstellen will, hält man den Buchstaben I zu und schaut, was übrigbleibt. Der waagerechte Strich ersetzt den Bruchstrich. Also in diesem Fall ist

$$I = \frac{U}{R}.$$

In der Prüfung kommen recht schwierige Formelumstellungen vor, die am Beispiel der Leistungsformel mit dem Widerstand geübt werden sollen.

Prüfungsaufgabe TB923
In welcher Zeile der folgenden Antworten sind die dargestellten Zusammenhänge zwischen Spannung, Widerstand und Leistung richtig?

A $U = \sqrt{P \cdot R}$; $I = \sqrt{\frac{P}{R}}$

B $U = \sqrt{\frac{P}{R}}$; $I = \sqrt{P \cdot R}$

C $U = \sqrt{P \cdot R}$; $I = \sqrt{\frac{R}{P}}$

D $U = \sqrt{\frac{P}{R}}$; $I = \sqrt{P \cdot R}$

Lösungsweg: Folgende Grundformeln stehen in der Formelsammlung der BNetzA im Anhang des Fragenkatalogs.

$$P = \frac{U^2}{R} \quad \text{und} \quad P = I^2 \cdot R$$

Die Lösung läuft darauf hinaus, die eine Formel nach U und die andere nach I umzustellen. Beginnen wir mit

$$\boxed{P = \frac{U^2}{R}}.$$

U wird gesucht. Das Prinzip beim Umstellen von Formeln ist immer, die gesuchte Größe auf einer Seite allein übrig zu lassen. Wenn die gesuchte Größe bereits im Zähler steht, bringt man zunächst alles andere durch Multiplizieren und Teilen weg. Hier also multiplizieren Sie zunächst mit R. Sie erhalten

$$P \cdot R = U^2$$

Weil U gesucht ist, hier aber noch U^2 steht, muss auf beiden Seiten die Wurzel gezogen werden und Sie erhalten

$$\sqrt{P \cdot R} = U \,.$$

Nun folgt die zweite Formel.

$$\boxed{P = I^2 \cdot R}$$

Teilen Sie zunächst durch R,

$$\frac{P}{R} = I^2$$

und ziehen Sie auf beiden Seiten die Wurzel

$$I = \sqrt{\frac{P}{R}}$$

Prüfungsaufgabe TB924
In welcher Antwort sind beide dargestellten Zusammenhänge zwischen Widerstand, Leistung, Spannung und Strom richtig?

A $R = U^2 \cdot P$; $\quad R = \frac{P}{I^2}$

B $R = \frac{U^2}{P}$; $\quad R = \frac{P}{I^2}$

C $R = \frac{P}{U^2}$; $\quad R = I^2 \cdot P$

D $R = \frac{U^2}{P}$; $\quad R = I^2 \cdot P$

Lösungsweg: Wiederum gehen wir von den Grundformeln aus der Formelsammlung der BNetzA aus.

$$P = \frac{U^2}{R} \quad \text{und} \quad P = I^2 \cdot R$$

Diesmal müssen beide Formeln nach R umgestellt werden. Beginnen wir mit

$$\boxed{P = \frac{U^2}{R}}.$$

Die gesuchte Größe steht im Nenner. Deshalb muss sie zunächst durch Malnehmen in den Zähler auf die andere Seite gebracht werden. Sie erhalten

$$P \cdot R = U^2$$

Weil R gesucht wird, muss P durch Teilen weggebracht werden. Es bleibt

$$R = \frac{U^2}{P}$$

Nun $P = I^2 \cdot R$: Teilen Sie beide Seiten durch I^2!

$$\frac{P}{I^2} = R \,.$$

Übung Formeln umstellen

Übungsaufgabe

Stellen Sie die Formel $\frac{1}{R}=\frac{1}{R_1}+\frac{1}{R_2}$ um nach der Größe R.

Lösungsweg: Hier muss man aufpassen, weil Brüche und Summen darin vorkommen. Bitte denken Sie immer an den Spruch „In Summen kürzen nur die Dummen".

Das Lösungsprinzip bei dieser Aufgabe ist dies. Man macht aus den zwei Brüchen der rechten Seite einen gemeinsamen. Dazu muss man den Hauptnenner bilden. Er ist das Produkt der beiden Nenner. Dann erweitert man jeden Bruch um die fehlende Größe. Danach bildet man auf beiden Seiten den Kehrwert.

$$\frac{1}{R}=\frac{1\cdot R_2}{R_1\cdot R_2}+\frac{1\cdot R_1}{R_2\cdot R_1}$$

Nun kann man die Brüche zusammenfassen und auf einen gemeinsamen Bruchstrich schreiben.

$$\frac{1}{R}=\frac{R_2+R_1}{R_1\cdot R_2}$$

Nun bildet man den Kehrwert. Fertig!

$$\boxed{R=\frac{R_1\cdot R_2}{R_1+R_2}}$$

Übungsaufgabe

Stellen Sie die Formel $\frac{1}{R}=\frac{1}{R_1}+\frac{1}{R_2}$ nach der Größe R_1 um.

In diesem Fall ist die gesuchte Größe im Nenner einer Summe. Dies ist der schwierigste Fall einer Formelumstellung. Man muss zunächst den gesamten Bruch, der nicht die gesuchte Größe enthält, auf die andere Seite bringen (subtrahieren).

$$\frac{1}{R}-\frac{1}{R_2}=\frac{1}{R_1}$$

Jetzt vertauschen wir die Seiten.

$$\frac{1}{R_1}=\frac{1}{R}-\frac{1}{R_2}$$

Danach geht es nach dem Prinzip der vorigen Übung weiter: Hauptnenner bilden, auf gemeinsamen Bruchstrich schreiben, Kehrwert bilden.

$$\frac{1}{R_1}=\frac{1\cdot R_2}{R\cdot R_2}-\frac{1\cdot R}{R_2\cdot R}$$

$$\frac{1}{R_1}=\frac{R_2-R}{R\cdot R_2}$$

$$\boxed{R_1=\frac{R_2\cdot R}{R_2-R}}$$

Übungsaufgabe

Stellen Sie die Formel $\frac{1}{R}=\frac{1}{R_1}+\frac{1}{R_2}$ nach der Größe R_2 um.

Versuchen Sie es bitte erstmal allein und schauen Sie sich dann die Lösung an!

$$\frac{1}{R_2}=\frac{1\cdot R_1}{R\cdot R_1}-\frac{1\cdot R}{R_1\cdot R}$$

$$\frac{1}{R_2}=\frac{R_1-R}{R\cdot R_1}$$

$$\boxed{R_2=\frac{R_1\cdot R}{R_1-R}}$$

Das Dezibel

Im Amateurfunklehrgang für die Klasse E wurde mit der Kapitel 10 dem Dezibel ein komplettes Kapitel gewidmet. Hier folgt eine kleine Zusammenfassung in Form der Verstärkungsformel bei Leistungen.

Wenn Leistungen gegeben sind, rechnet man bei einem Verstärker

$$v = 10 \cdot lg \frac{P_2}{P_1} [\text{dB}]$$

P_1 = Eingangsleistung, P_2 = Ausgangsleistung

Übungsaufgabe ÜB103
Wie viel Dezibel (dB) entsprechen einer vierfachen Leistung?
A 3 dB **B** 6 dB
C 10 dB **D** 16 dB

Lösungsweg mit dem Taschenrechner

Nehmen Sie an, es sei ein Verstärker mit $P_1 = 1$ W und $P_2 = 4$ W. Rechnen Sie immer mit dem größeren Wert durch den kleineren Wert. Im umgekehrten Fall kommt Minus heraus. Minus würde dann Dämpfung bedeuten. Aber Achtung! Rechnet man mit Dämpfungen, ergibt eine Verstärkung einen negativen Wert. Dazu folgt später die Aufgabe TB920.

$$v = 10 \cdot lg \frac{4\,\text{W}}{1\,\text{W}} [\text{dB}]$$

Watt kürzt sich heraus. Rechnen Sie mit dem Taschenrechner 4 geteilt durch 1. Es bleibt natürlich 4. Drücken Sie die log-Taste. Dieses Ergebnis multiplizieren Sie mit 10 und Sie erhalten 6,02 also Lösung B.

Dieses Ergebnis sollten Sie sich merken. Rechnen Sie außerdem einmal mit dem Faktor 2 (2 Watt und 1 Watt) und mit dem Faktor 10 (10 Watt und 1 Watt) und merken Sie sich diese Werte ebenfalls. Sie finden die Ergebnisse in folgender Tabelle.

Leistungsfaktor	Dezibel
2	3 dB
4	6 dB
10	10 dB

Prüfungsaufgabe TD417
Ein Leistungsverstärker hebt die Eingangsleistung von 2,5 Watt auf 38 Watt Ausgangsleistung an. Wie groß ist die Leistungsverstärkung in dB?
A 11,8 dB **B** 15,2 dB
C 17,7 dB **D** 23,6 dB

Lösung: $v = 10 \cdot lg \frac{38\,\text{W}}{2{,}5\,\text{W}} \text{dB} = 11{,}8\,\text{dB}$

Praktisch bei der Rechnung mit Dezibel ist, dass man diese Werte einfach addieren kann, wenn mehrere Verstärkungen oder Gewinne gegeben sind und subtrahieren, wenn beispielsweise bei Kabeln Dämpfungen auftreten.

Beispiel

Dezibel	10 dB	+	3 dB	=	13 dB
Leistungsfaktoren	10	·	2	=	20

Rechnen Sie nach! Machen Sie die Probe, indem Sie Logarithmus von 20 und dann mal 10 rechnen! Es muss 13 dB herauskommen.

Haben Sie beispielsweise einen Sender mit 1 Watt Ausgangsleistung, dahinter eine Endstufe mit 10 dB Leistungsverstärkung und daran angeschlossen eine Antenne mit

3 dB Gewinn (Gewinn verhält sich wie Verstärkung), dann haben Sie einen Leistungsfaktor von 20 und damit 20 Watt Strahlungsleistung. Diese Strahlungsleistung nennt man auch ERP (effective radiated power). Mehr dazu unter Antennentechnik!

Umgekehrt wird es schwieriger, nämlich aus einem gegebenen dB-Wert den Verstärkungsfaktor zu berechnen.

Prüfungsaufgabe TD418
Ein HF-Verstärker hat eine Verstärkung von 16 dB. Welche Leistung ist am HF-Ausgang bei einer Eingangsleistung von 1 W?

A 1 W	**B** 4 W
C 16 W	**D** 40 W

Lösung: 16 dB lässt sich sehr gut in Faktoren zerlegen, den 16 dB = 10 dB + 6 dB. 10 dB bedeutet zehnfache Leistung, also aus 1 W wird zunächst 10 W und 6 dB sind nochmals vierfache Leistung. Also werden daraus 40 Watt.

Man kann Dämpfungen und Verstärkungen (Gewinne) sehr einfach miteinander verrechnen.

Beispiel
Sie haben einen Sender mit 10 Watt Ausgangsleistung, dahinter ein Antennenkabel mit 2 dB Dämpfung und daran angeschlossen eine Antenne mit 8 dB Gewinn (gegenüber dem Dipol). Wie groß ist die ERP?

Lösung: +8 dB (Gewinn) -2 dB (Dämpfung) ergibt +6 dB (Gewinn oder Verstärkung). 6 dB entsprechen Faktor 4, also haben Sie 40 Watt Strahlungsleistung (ERP). Weitere Aufgaben zu ERP unter Antennentechnik.

Es geht auch umgekehrt. Wenn ein Leistungsverstärkungsfaktor bekannt ist und man diesen leicht in Faktoren von 10 oder 4 oder 2 aufspalten kann, kann man leicht den Dezibelwert ermitteln.

Prüfungsaufgabe TA108
Eine Leistungsverstärkung von 40 entspricht

A 60 dB	**B** 32 dB
C 24 dB	**D** 16 dB

Lösung

4	**·**	**10**	**=**	**40**
6 dB	**+**	**10 dB**	**=**	**16 dB**

Prüfungsaufgabe TB920
Eine HF-Ausgangsleistung von 100 W wird in eine angepasste Übertragungsleitung eingespeist. Am antennenseitigen Ende der Leitung beträgt die Leistung 50 W bei einem Stehwellenverhältnis von 1,0. Wie hoch ist die Leitungsdämpfung?

A 3 dB	**B** -3 dB
C 6 dB	**D** -6 dB

Lösungsweg: Wenn man von Dämpfung spricht, sind negative dB-Werte Verstärkung. Berechnet man aber die Verstärkung (Gewinn), bedeuten negative Werte Dämpfung. Sie wissen (natürlich!), dass halber Leistung 3 dB entsprechen. Weil man hier nach Dämpfung fragt und es tatsächlich eine Dämpfung ist, gilt hier der positive Wert, Lösung a. Hätte man gefragt, welchen Gewinn die Anlage hat, käme heraus: Der Gewinn beträgt -3 dB. Prüfen wir dies einmal mit dem Taschenrechner nach, indem wir mit der Verstärkerformel rechnen.

$$v = 10 \cdot lg \frac{P_2}{P_1} [\text{dB}]$$

Bei Verstärkung rechnet man mit Ausgangsleistung zu Eingangsleistung. Es werden die Werte eingesetzt und mit dem Taschenrechner der Logarithmus gerechnet. Es kommt tatsächlich minus heraus. Machen Sie es bitte mit und geben Sie die Werte in Ihren Taschenrechner ein!

$$v = 10 \cdot lg \frac{50}{100} [\text{dB}] \quad v = -3{,}01\,\text{dB}$$

Rechnen Sie mit der Dämpfungsformel aus der Formelsammlung

$$a = 10 \cdot lg \frac{P_1}{P_2} [\text{dB}]$$

$$a = 10 \cdot lg \frac{100}{50} [\text{dB}] \quad a = 3{,}01\,\text{dB}$$

und Sie erhalten den positiven Wert.

Merken Sie sich bitte:
Bei Dämpfungen gilt Eingangsleistung zu Ausgangsleistung und bei Verstärkungen gilt Ausgangsleistung zu Eingangsleistung.

Dezibel bei Spannungen

Wenn Spannungen an einem bestimmten Widerstand gegeben sind, kann man für Leistung $P = U^2/R$ einsetzen und erhält

$$a = 10 \cdot lg \frac{U_1^{\ 2} \cdot R}{R \cdot U_2^{\ 2}} [\text{dB}]$$

R kann man kürzen und die Quadrate zusammenfassen.

$$a = 10 \cdot lg \left(\frac{U_1}{U_2} \right)^2 [\text{dB}]$$

und schließlich nach dem Logarithmen Gesetz a = log(b^x) ist gleichbedeutend mit a = x log b wird daraus

$$a_U = 20 \cdot lg \frac{U_1}{U_2} \text{dB}$$

U_1 = Eingangsspannung, U_2 = Ausgangsspannung

Prüfungsaufgabe TA107
Ein Spannungsverhältnis von 15 entspricht

A 52 dB	**B** 47 dB
C 23,5 dB	**D** 11,7 dB

Lösung

$$a_U = 20 \cdot lg \frac{15}{1} \text{dB} = 20 \cdot 1{,}176\ \text{dB}$$

$$a_U = 23{,}52\,\text{dB}$$

Bei Verstärkungen rechnet man besser umgekehrt. Aber es bleibt der Faktor 20.

$$v_u = 20 \cdot lg \frac{U_2}{U_1} \text{dB}$$

Prüfungsaufgabe TD416
Ein NF-Verstärker hebt die Eingangsspannung von 1 mV auf 4 mV Ausgangsspannung an. Eingangs- und Ausgangswiderstand sind gleich. Wie groß ist die Spannungsverstärkung?

A 3 dB	**B** 6 dB
C 9 dB	**D** 12 dB

Lösung mittels Taschenrechner:

$$v_u = 20 \cdot lg \frac{4\,\text{mV}}{1\,\text{mV}} \text{dB} = 12{,}0\,\text{dB}$$

Lösung durch Überlegung: Vierfache Leistung wären 6 dB. Bei Spannungen ergibt sich immer der doppelte Wert, also 12 dB wegen des Faktors 20 statt 10.

Notizen ....
....
....
....

Der Leistungspegel

In der Sendertechnik gibt man häufig die Ausgangsleistung nicht in Watt an, sondern in einem Verhältnis in Dezibel bezogen entweder auf ein Milliwatt oder ein Watt. Dies hat den Vorteil, dass man sofort Gewinnangaben von Antennen oder Verluste von Kabeln in Dezibel damit verrechnen kann.

Der Pegel dBm

$$p = 10 \cdot lg\left(\frac{P}{1\,\text{mW}}\right)[\text{dBm}]$$

dBm steht für Dezibel bezogen auf ein Milliwatt.

> **Beispiel**
> Ein Sender hat eine Ausgangsleistung von 5 Watt. Angeschlossen ist ein Kabel mit insgesamt 2 dB Dämpfung und eine Antenne mit 10 dB Gewinn. Wie groß ist der Ausgangspegel in dBm?

Lösung: $p = 10 \cdot lg\left(\frac{5\,\text{W}}{1\,\text{mW}}\right)[\text{dBm}]$

$$p = 10 \cdot lg\left(\frac{5000}{1}\right)[\text{dBm}] = 37{,}0\,\text{dBm}$$

Hiervon werden 2 dB abgezogen, ergibt 35 dBm und 10 dB addiert, ergibt 45 dBm.

> **Prüfungsaufgabe TA112**
> Ein Sender mit 1 Watt Ausgangsleistung ist an eine Endstufe mit einer Verstärkung von 10 dB angeschlossen. Wie groß ist der Ausgangspegel der Endstufe?
> **A** 10 dBm **B** 20 dBm
> **C** 30 dBm **D** 40 dBm

Lösung: 1 W sind 1000 Milliwatt. Der Faktor 1000 bei Leistungen bedeutet 10 mal 10 mal 10, also 30 dBm. 10 dB Gewinn (Verstärkung) erhöhen den Pegel um 10 dB, also ergeben sich 40 dBm.

Der Pegel dBW

$$p = 10 \cdot lg\left(\frac{P}{1\,\text{W}}\right)[\text{dBW}]$$

Hierbei ist der Bezugswert 1 Watt.

> **Prüfungsaufgabe TA113**
> Der Ausgangspegel eines Senders beträgt 20 dBW. Dies entspricht einer Ausgangsleistung von
> **A** $10^{0,5}$ W **B** 10^{1} W
> **C** 10^{2} W **D** 10^{20} W

Lösungshinweise: 20 dBW (sprich: 20 dB-Watt) sind 20 dB mehr als 1 Watt. 20 dB entspricht als Leistungsfaktor einer 1 mit 2 Nullen, also Faktor 100, oder 10^2 gleich 100.

Die S-Stufen

Eine weitere Anwendung der dB-Rechnung sind die „S-Stufen“ im Amateurfunk. In der Empfangstechnik hat man für die Angabe der Empfangsfeldstärke im RST-System für die Lautstärke S9 einen bestimmten Eingangspegel festgelegt. Jede S-Stufe entspricht 6 dB. Mehr dazu im Lehrgang zu Klasse E!

> **Prüfungsaufgabe TA109**
> Wie groß ist der Unterschied in dB von S4 nach S7?
> **A** 3 dB **B** 9 dB
> **C** 18 dB **D** 28 dB

Lösung: 3 S-Stufen bedeuten 18 dB.

Der Spannungspegel

Dort, wo nur Spannungen auftreten und keine Leistungen, kann man auch einen Spannungspegel definieren, zum Beispiel bei der elektrischen Feldstärke, die in Volt pro Meter angegeben wird. Ein häufig gebrauchter Bezugswert ist 1 Mikrovolt. dann lautet die Formel für den Spannungspegel

$$p = 20 \cdot \lg\left(\frac{U}{1\,\mu\text{V}}\right)[\text{dB}\mu\text{V}]$$

Beispiel
Welchen Spannungspegel in dBµV ergibt die Spannung 1 Volt?

Lösung mit der Formel

$$p = 20 \cdot \lg\left(\frac{1\text{V}}{1\,\mu\text{V}}\right)[\text{dB}\mu\text{V}]$$

$$p = 20 \cdot \lg\left(10^6\right)[\text{dB}\mu\text{V}]$$
$$p = 20 \cdot 6\,\text{dB}\mu\text{V} = 120\,\text{dB}\mu\text{V}$$

Prüfungsaufgabe TA110 Der Pegelwert 120 dBµV/m entspricht einer elektrischen Feldstärke von

A 1 V/m. **B** 10 V/m.
C 1000 V/m. **D** 1000 kV/m.

Lösung: 120 dBµV/m sind 120 dB mehr als 1 µV/m. 120 dB entsprechen als Spannungsfaktor halb so viel wie als Leistungsfaktor, also nicht 10^{12}, sondern nur 10^6. Die 10^6 kürzen sich gegen µ (=10^{-6}) weg und es bleiben 1 V/m übrig.

Stromdichte

Besonders bei den geschlossenen Transformatoren (Siehe folgender Abschnitt nächste Seite) darf in der Wicklung nicht zu viel Wärme entstehen. Weil aber jeder Kupferdraht einen (Verlust-)Widerstand hat, entsteht durch den Strom Verlustwärme. Deshalb wird für die Kupferdrähte häufig eine zulässige Stromdichte angegeben. Das ist der Strom pro Fläche des Drahtquerschnitts.

$$S = \frac{I}{A} \quad \text{in} \quad \left[\frac{\text{A}}{\text{mm}^2}\right]$$

Prüfungsaufgabe TC403
Eine Transformatorwicklung hat einen Drahtdurchmesser von 0,5 mm. Die zulässige Stromdichte beträgt 2,5 A/mm². Wie groß ist der zulässige Strom?

A 0,23 A **B** 0,49 A
C 1,25 A **D** 1,96 A

Lösung: Zunächst muss man die Querschnittsfläche des kreisrunden Drahtes ausrechnen.

$$A = \frac{\pi \cdot d^2}{4} = \frac{\pi \cdot 0{,}5\,\text{mm} \cdot 0{,}5\,\text{mm}}{4} = 0{,}196\,\text{mm}^2$$

Dann stellt man die Formel nach der Stromstärke um.

$$I = S \cdot A = 2{,}5\,\frac{\text{A}}{\text{mm}^2} \cdot 0{,}196\,\text{mm}^2 = 0{,}49\,\text{A}$$

Es ist also ein Strom von rund einem halben Ampere zulässig.

Wenn Ihnen die Berechnung zu schwierig erscheint, merken Sie sich einfach, dass bei einer Stromdichte von 2,5 A/mm² und einem Drahtdurchmesser von 0,5 mm ein Strom von zirka einem halben Ampere zulässig ist. Dies reicht für die Prüfungsaufgabe aus.

Kapitel 2: Der Widerstand und seine Grundschaltungen

In diesem Kapitel werden Prüfungsaufgaben aus folgenden Gebieten vorgestellt und ausführlich besprochen. Die Theorie dazu müsste aus dem Lehrgang für Klasse E bekannt sein. Jedoch werden für Klasse A mehr Berechnungen verlangt.

Übersicht
- Leitfähigkeit
- Leiterwiderstand
- Ohmsches Gesetz
- Widerstand
- Innenwiderstand
- Leistung, Belastbarkeit
- Reihen- und Parallelschaltung

Die elektrische Leitfähigkeit

Verschiedene Materialien leiten den Strom unterschiedlich gut. Zur Leitfähigkeit finden Sie im Buch Klasse E in derim Kapitel 4 ein Kapitel *Spezifischer Widerstand* mit folgender Tabelle.

Werkstoff	Spezifischer Leitwert	Einheit
Silber	63	$\frac{A \cdot m}{V \cdot mm^2}$ oder $\frac{m}{\Omega \cdot mm^2}$
Kupfer	56	
Gold	45	
Aluminium	37	
Eisen	10	
Zinn	8	
Blei	5	

In der Elektrotechnik unterscheidet man Leiter, Nichtleiter und Halbleiter. Die Leitfähigkeit hängt von der Anzahl der freien Elektronen pro Volumeneinheit ab und von ihrer Beweglichkeit (Temperatur).

Gute Leiter sind Edelmetalle. Am besten leitet Silber, dann folgt Kupfer und dann erst Gold. Gold wird aber gern für Kontakte verwendet, weil es nicht oxidiert, was die Leitfähigkeit stark herabsetzt.

Sehr schlecht leiten Zinn und Blei, obwohl man diese Metalle zum Löten benutzt, weil sie einen niedrigen Schmelzpunkt haben.

Nichtleiter nennt man auch Isolatoren. Glas und Porzellan gehören zu den besten Isolatoren, aber auch Kunststoffe wie Teflon, Epoxyd, Polyethylen, Polystyrol, Polyvinylchlorid (PVC) oder Pertinax.

Halbleiter sind solche Werkstoffe, die in ihrer Leitfähigkeit dazwischenliegen. Sehr reine Halbleiterwerkstoffe (Silizium, Germanium) leiten bei niedrigen Temperaturen (auch Zimmertemperatur) schlecht. Sie werden bei hohen Temperaturen aber zu Leitern. Um Halbleiterwerkstoffe auch bei niedrigen Temperaturen etwas leitfähiger zu machen, versetzt man sie mit Zusatzstoffen, wie es noch im Kapitel 5 genauer erläutert wird.

Prüfungsfrage TB105
Welche Gruppe von Materialien enthält nur Nichtleiter?

Siehe Prüfungsfragenkatalog!

Prüfungsfrage TB106
was verstehen Sie unter Halbleitermaterialien?

Siehe Prüfungsfragenkatalog!

Der Leiterwiderstand

Prüfungsfrage TB104
Der Temperaturkoeffizient für den Widerstand von metallischen Leitern ist

A exponentiell **B** negativ
C logarithmisch **D** positiv

Lösung: Metallische Leiter enthalten sehr viele freie Elektronen. Durch Wärme werden diese Elektronen in ihrer geradlinigen Bewegung gestört. Wegen dieser schlechteren Beweglichkeit behindern sie sich gegenseitig und der Widerstand erhöht sich. Lösung D ist richtig.

Mit Hilfe des spezifischen Widerstandes kann man den Widerstand eines Leiters berechnen. Folgende Formel finden Sie im Anhang (Formelsammlung der BNetzA).

$$R = \frac{\rho \cdot l}{A}$$

Der spezifische Widerstand ρ (rho) ist der Kehrwert des spezifischen Leitwerts und wird angegeben als der Widerstand in Ohm bei 1 m Länge und 1 mm² Querschnitt.

Prüfungsaufgabe TB101
Der *spezifische Widerstand eines Drahtes* entspricht dem Widerstand des Drahtes

A bei einer Länge von 1 m und einem Querschnitt von 0,1 mm²
B bei einer Länge von 100 mm und einem Querschnitt von 1 mm².
C bei einer Länge von 1000 mm und einem Querschnitt von 1 mm².
D bei einer Länge von 100 mm und einem Querschnitt von 0,1 mm².

Lösungshinweis: 1 m sind 1000 mm.

Prüfungsaufgabe
TB102 Welchen Widerstand hat eine Kupferdrahtwicklung, wenn der verwendete Draht eine Länge von 1,8 m und einen Durchmesser von 0,2 mm hat?

A 0,05 Ω	**B** 1 Ω
C 5,6 Ω	**D** 56 Ω

Zur Lösung: Nun ist Mathematik gefragt! Zunächst muss die Querschnitts*fläche* des (kreisförmigen) Leiters berechnet werden, da nur der Durchmesser angegeben ist. Die Formel für die Kreisfläche lautet

$$A = \frac{\pi}{4} d^2$$

$$A = \frac{3{,}14}{4} d^2 = 0{,}785 \cdot 0{,}2^2 \text{ mm}^2$$

$$A = 0{,}0314 \text{ mm}^2$$

Der spezifische Widerstand für Kupfer steht in der bei der Prüfung zur Verfügung gestellten Formelsammlung der BNetzA mit

$$\rho_{Kupfer} = 0{,}0178 \frac{\Omega \cdot \text{mm}^2}{\text{m}}$$

$$R = \frac{\rho \cdot l}{A} = \frac{0{,}0178 \Omega \cdot \text{mm}^2 \cdot 1{,}8\text{m}}{0{,}0314 \text{mm}^2 \cdot \text{m}} = 1{,}02 \Omega$$

Prüfungsaufgabe
TB103 Zwischen den Enden eines Kupferkabels mit einem Querschnitt von 0,5 mm^2 messen Sie einen Widerstand von 1,5 Ohm. Wie lang ist das Kabel?

A 4,2 m	**B** 25,3 m
C 42,1 m	**D** 168,5 m

Lösung: Benutzen Sie wieder folgende Formel aus der Formelsammlung.

$$R = \frac{\rho \cdot l}{A}$$

Die Formel muss nach der Länge *l* umgestellt werden.

$$l = \frac{R \cdot A}{\rho} = \frac{1{,}5 \Omega \cdot 0{,}5 \text{mm}^2 \cdot \text{m}}{0{,}0178 \cdot \Omega \cdot \text{mm}^2}$$

$$l = \frac{1{,}5 \Omega \cdot 0{,}5 \cdot \text{m}}{0{,}0178 \cdot \Omega} = 42{,}1 \text{m}$$

Also ist die Lösung C richtig.

Der Skin-Effekt

Jeder Strom durchflossene Leiter erzeugt ein Magnetfeld. Dieses Magnetfeld verläuft auch im Innern eines Kupferleiters. Durch das Magnetfeld werden besonders bei hohen Frequenzen die Elektronen aus der Mitte des Leiters zusammengedrängt. Es wirkt sich so aus, als ob die Querschnittsfläche für den Stromfluss geringer wird. Bei Frequenzen ab zirka 10 MHz wirkt sich dieser Effekt so stark aus, dass die Elektronen praktisch nur noch an der Oberfläche (englisch: skin) des Leiters fließen.

Um die Leitfähigkeit zu verbessern, versilbert man die Oberfläche des Leiters. Oder man stellt den Leiter für Hochfrequenz aus vielen voneinander isolierten dünnen Drähten her, die in mehreren Stufen miteinander verdrillt werden. Besonders für Antennendrähte und für Hochfrequenzspulen werden solche Drähte verwendet.

Prüfungsaufgaben
Bearbeiten Sie die Aufgaben **TC314** und **TC315** aus dem Fragenkatalog.

Ohmsches Gesetz

Ausführlich wurde das ohmsche Gesetz im Buch für die Klasse E im Kapitel 3 behandelt. Hier folgt nur eine Zusammenfassung für die Lösung der Prüfungsfragen.

Um einen Widerstand berechnen zu können, benötigt man die Spannung am Widerstand und den Strom durch den Widerstand. Dann gilt nach dem ohmschen Gesetz

$$\boxed{R = \frac{U}{I}} \quad \text{oder} \quad \boxed{U = R \cdot I}$$

Eselsbrücken: Sie kennen R-u-d-i? **R** = **U** **d**urch **I** oder den Schweizer Kanton **URI**?

Allerdings gilt dieser einfache Zusammenhang nur, wenn Strom und Spannung in Phase sind. Wenn Kondensatoren oder Spulen in der Schaltung enthalten sind, treten Phasenverschiebungen zwischen Spannung und Strom auf. Die Berechnung muss dann den Phasenwinkel berücksichtigen. Man nennt es auch eine „geometrische“ Berechnung oder Rechnungen mit „Vektoren“. Diese kommen in der Prüfung für das Amateurfunkzeugnis nicht vor.

Bearbeiten Sie die **Prüfungsfragen TB912** und **TC101.**

Im Kapitel 4 im Buch zur Klasse E wird das Toleranzschema ausführlich dargestellt. In der Prüfung Klasse A gibt es dazu nur eine Prüfungsfrage.

Prüfungsfrage TC109
Ein Widerstand hat eine Toleranz von 10 %. Bei einem nominalen Widerstandswert von 5,6 kΩ liegt der tatsächliche Wert zwischen ...

Lösungsweg: 0,1 mal 5600 sind 560 …
also Ergebnis 5040 und 6160 Ω.

Aufbau von Widerständen

Beim Aufbau von Widerständen unterscheidet man Kohleschichtwiderstände, Metallschichtwiderstände, Metalloxidwiderstände und Drahtwiderstände. Im Amateurfunklehrgang zur Klasse E Kapitel 4 sind die Eigenschaften genauer beschrieben.

Zusammenfassung: *Kohleschichtwiderstände* sind billig, haben aber eine relativ große Herstellungstoleranz. Metallschichtwiderstände sind Präzisionswiderstände. Metalloxidwiderstände eignen sich besonders für Hochfrequenz. Drahtwiderstände eignen sich als Hochlastwiderstände bei niedrigen Frequenzen.

Prüfungsaufgaben
Bearbeiten Sie die Fragen **TC102** bis **TC104, TC112** bis **TC115.**

Rechnung mit V, mA und kΩ siehe Buch Klasse E Seite 26!

Der Innenwiderstand

Für Netzteile zur Spannungsversorgung von Geräten benutzt man Spannungsquellen, die einen sehr geringen Innenwiderstand haben sollen, damit die Spannung konstant bleibt. Zum Laden von Akkus wird gelegentlich eine Stromquelle gebraucht, bei der der Strom konstant bleiben soll. Dies geht nur bei großem Innenwiderstand oder besser ausgedrückt, wenn der Innenwiderstand der Spannungsquelle viel größer ist als der Lastwiderstand.

Prüfungsfrage TB210
Welche Eigenschaften sollten Strom- und Spannungsquellen aufweisen?

Antwort: Spannungsquellen sollten einen möglichst niedrigen Innenwiderstand und Stromquellen einen möglichst hohen Innenwiderstand haben. Siehe Buch Klasse E!

Prüfungsaufgabe TB202
Die Leerlaufspannung einer Gleichspannungsquelle beträgt 13,5 V. Wenn die Spannungsquelle einen Strom von 0,9 A abgibt, sinkt die Klemmenspannung auf 12,4 V. Wie groß ist der Innenwiderstand der Spannungsquelle?

A 0,82 Ω **B** 1,1 Ω
C 1,22 Ω **D** 12,15 Ω

Lösungsweg: Durch den Innenwiderstand fällt bei einer Spannungsquelle immer etwas Spannung ab, wenn Strom fließt. Dieser Spannungsabfall berechnet sich nach dem Ohmschen Gesetz zu

$$\Delta U = R_i \cdot \Delta I,$$

wobei ΔU der Spannungsabfall ist und ΔI die Stromänderung. Um den Innenwiderstand zu berechnen, kann man diese Formel nach R_i umstellen.

$$\boxed{R_i = \frac{\Delta U}{\Delta I}}$$

Der Spannungsunterschied ist in diesem Fall 13,5 V - 12,4 V = 1,1 V und der Stromunterschied von Null bis 0,9 A also 0,9 A. Diese Werte werden in die Formel eingesetzt.

$$R_i = \frac{1{,}1\ \text{V}}{0{,}9\,\text{A}} = 1{,}22\,\Omega$$

Prüfungsaufgabe TB203
Die Leerlaufspannung einer Gleichspannungsquelle beträgt 13,5 V. Wenn die Spannungsquelle einen Strom von 2 A abgibt, sinkt die Klemmenspannung auf 13 V. Wie groß ist der Innenwiderstand der Spannungsquelle?

Tipp: 0,5 V geteilt durch 2 A …

Prüfungsaufgabe TB206
Die Leerlaufspannung einer Gleichspannungsquelle beträgt 5 V. Schließt man einen Belastungswiderstand mit 1,2 Ohm an, geht die Klemmenspannung der Spannungsquelle auf 4,8 Volt zurück. Wie groß ist der Innenwiderstand der Spannungsquelle?

A 0,2 Ω **B** 0,25 Ω
C 0,05 Ω **D** 8,2 Ω

Lösungsweg: Auch hier rechnen wir mit der Formel Spannungsänderung durch Stromänderung. Der Strom muss allerdings vorher ausgerechnet werden. Sie müssen bei der Berechnung des Stroms berücksichtigen, dass dann nur noch 4,8 Volt vorhanden sind. Rechnen Sie also nicht mit der Leerlaufspannung den Strom aus!

$$I = \frac{U}{R} = \frac{4{,}8\,\text{V}}{1{,}2\,\Omega} = 4\,\text{A}$$

$$R_i = \frac{0{,}2\ \text{V}}{4\,\text{A}} = 0{,}05\,\Omega$$

Prüfungsaufgabe TB204
Die Leerlaufspannung einer Gleichspannungsquelle beträgt 13,5 V. Wenn die Spannungsquelle einen Strom von 1 A abgibt, sinkt die Klemmenspannung auf 12,5 V. Wie groß ist der Wirkungsgrad der Spannungsquelle?

A 7,5 % **B** 13,5 %
C 92,6 % **D** 100 %

Lösungsweg: Unter Wirkungsgrad versteht man das Verhältnis von der abgegebenen Leistung zur „aufgewendeten“ Leistung. Die Spannungsquelle erzeugt 13,5 Volt und liefert dabei 1 Ampere. An den Ausgangsklemmen kommen nur noch 12,5 Volt an. Der Rest erzeugt Wärme am Innenwiderstand. Damit berechnet sich der Wirkungsgrad zu

$$\eta = \frac{P_{abg}}{P_{zu}} = \frac{12{,}5\,\mathrm{V} \cdot 1\,\mathrm{A}}{13{,}5\,\mathrm{V} \cdot 1\,\mathrm{A}} \text{ und in Prozent}$$

$$\eta = \frac{12{,}5}{13{,}5} \cdot 100\% = 92{,}6\% .$$

> **Prüfungsaufgabe**
> Lösen Sie die Aufgabe **TB205** aus dem Fragenkatalog.

Die Auswahlantworten zu Aufgabe TB208 gelten für alle drei folgenden Aufgaben.

> **Prüfungsaufgabe**
> **TB207** In welchem Zusammenhang müssen Innenwiderstand R_i und Lastwiderstand R_L stehen, damit *Leistungsanpassung* vorliegt?

> **TB209** dasselbe für *Spannungsanpassung*

> **TB208** für *Stromanpassung*
>
> **A** $R_L = R_i$ **B** $R_L << R_i$
>
> **C** $R_L >> R_i$ **D** $R_L = \frac{1}{R_i}$

Lösungsweg: Merke: *Leistungsanpassung* ist die Anpassung in der Nachrichtentechnik. Da müssen alle Widerstände (Impedanzen) zueinander passen, also $R_1 = R_2$ oder $R_L = R_i$, also Lösung **A**. *Spannungsanpassung* wird bei Audioverstärkern verwendet. Durch den Anschluss einer Last soll die Spannung möglichst wenig einbrechen. Der Innenwiderstand der Spannungsquelle ist deshalb klein (< 0.5 Ohm) im Vergleich zum Lautsprecher (zum Beispiel 8 Ohm). $R_L >> R_i$, also Lösung **C**. Für *Stromanpassung* bleibt dann der große Innenwiderstand, z.B. Laden eines Akkus, also Lösung **B**.

Die elektrische Leistung

Aus dem Amateurfunklehrgang Klasse E, Kapitel 3 wissen Sie, dass Leistung das Produkt ist aus Spannung und Strom.

$$P = U \cdot I$$

Für Wechselspannung/Wechselstrom an einem Widerstand gilt diese Formel auch, wenn entsprechende Effektivwerte eingesetzt werden. Die Formel gilt nicht, wenn die Last Kondensatoren oder Spulen enthält. Dann treten Phasenverschiebungen zwischen Spannung und Strom auf, die bei der Berechnung der Leistung berücksichtigt werden müssen. Nur eine Frage ist enthalten, nämlich die Leistung zu berechnen, wenn nur ein Kondensator angeschlossen ist. Ein Kondensator wird bei Wechselstrom nur kurz aufgeladen und dann wieder entladen und danach umgekehrt aufgeladen. Dabei wird keine Leistung abgegeben. Der Kondensator gibt diese immer wieder zurück. Nur ganz geringe Umladeverluste entstehen, die praktisch vernachlässigbar sind.

> **Prüfungsaufgabe TB913**
> An einem Kondensator mit einer Kapazität von 1 µF wird eine NF-Spannung von 10 kHz und 12 V_{eff} angelegt. Wie groß ist die aufgenommene Wirkleistung im eingeschwungenen Zustand?

Kommentar: „Eingeschwungener Zustand" bedeutet, dass der ungeladene Kondensator nicht gerade das erste Mal aufgeladen wird, sondern die Wechselspannung schon eine Weile anliegt. In diesem Fall entsteht praktisch überhaupt keine Wirkleistung mehr, weil Strom und Spannung um 90 Grad phasenverschoben sind. Die angegebenen Werte Kapazität, Frequenz und Spannung sind praktisch bedeutungslos.

Für die Lösung folgender Aufgaben muss man wissen, dass Belastbarkeit eines Widerstandes *maximal zulässige Leistung* bedeutet.

Prüfungsaufgabe TB918
Ein mit einer künstlichen 50-Ω-Antenne in Serie geschaltetes Amperemeter zeigt 2 A an. Die Leistung in der Last beträgt

A 25 W **B** 250 W
C 200 W **D** 100 W

Lösung mit der Formel

$$P = R \cdot I^2 = 50\frac{\mathrm{V}}{\mathrm{A}} \cdot 2\mathrm{A} \cdot 2\mathrm{A} = 200\,\mathrm{W}$$

Es sind viele Aufgaben zum Thema Leistung im Prüfungsfragenkatalog enthalten, wobei alle umgestellten Formeln in der Formelsammlung stehen. Man muss wissen, dass Belastbarkeit eines Widerstandes maximale Leistung bedeutet.

Prüfungsaufgaben
Bearbeiten Sie die Aufgaben **TC107, TC108** und **TC111.**

Tipp für TC111: Sie müssen den Spitze-Spitze-Wert zunächst durch zwei teilen, um den Spitzenwert zu erhalten und dann den Effektivwert berechnen.

Prüfungsaufgabe TB914
Welche Belastbarkeit muss ein 100-Ohm-Widerstand, an dem 10 Volt anliegen, mindestens haben?

A 100 mW **B** 0,125 W
C 1 W **D** 10 W

Lösung mit der Formel

$$P = \frac{U^2}{R} = \frac{10\mathrm{V} \cdot 10\mathrm{V}\ \mathrm{A}}{100\ \ \mathrm{V}} = 1\,\mathrm{VA} = 1\,\mathrm{W}$$

Bearbeiten Sie die **Prüfungsaufgabe TB916.**

Prüfungsaufgabe TB917
Eine künstliche 50-Ohm-Antenne (dummy load) besteht aus elf 560-Ohm-Widerständen mit einem Belastungsnennwert von je 5 Watt. Wie hoch ist die zulässige Gesamtleistung, die angelegt werden darf?

A 5 W **B** 27,5 W
C 55 W **D** 750 W

Lösungsweg: Auch hier ist einfaches Kopfrechnen angesagt. Da alle Widerstände gleich groß sind, nehmen sie alle die gleiche Leistung auf. Das ergibt zusammen elf mal fünf Watt, also 55 W.

Leistungsformel umstellen

Es folgen Aufgaben, bei denen die Leistungsformel $P = \frac{U^2}{R}$ nach U oder $P = I^2 \cdot R$ nach I umgestellt werden muss.

Prüfungsaufgaben
Bearbeiten Sie die Aufgaben **TB922, TB923** und **TB924.**

Hinweis: Sie müssen die Formeln umstellen oder benutzen Sie die Formelsammlung aus dem Fragenkatalog.

Prüfungsaufgabe
Bearbeiten Sie die Aufgaben **TC105** und **TC106.**

Tipp zu 105 und 106: Wenn der berechnete Spannungswert kleiner ist als die gegebene Spannungsfestigkeit, ist dies die Lösung.

Prüfungsaufgabe
TB915 Eine Glühlampe hat einen Nennwert von 12 V und 48 W. Wie hoch ist die Stromentnahme bei einer 12-V-Versorgung?

A 250 mA **B** 750 mA
C 4 A **D** 36 A

Lösungsweg: Hier braucht man nicht lange zu rechnen. Die Überlegung ist, mit wie viel (A) muss man die 12 (V) multiplizieren, damit 48 (W) herauskommt, denn $P = U \cdot I$. Man erkennt also sofort, dass Lösung C richtig ist.

Prüfungsfrage TC110
Eine Glühlampe hat einen Nennwert von 12 V und 3 W. Wie viel Strom fließt beim Anschluss an 12 V?

$$I = \frac{P}{U} = \frac{3\,\text{V A}}{12\,\text{V}} = \frac{1}{4}\,\text{A} = 0{,}25\,\text{A}$$

Wirkungsgrad

Der *Wirkungsgrad* η eines HF-Verstärkers berechnet sich aus dem Verhältnis von abgegebener *Wechselstrom*leistung (Ausgangsleistung) zu aufgenommener *Gleichstrom*leistung. Die Formeln aus der Formelsammlung der BNetzA lauten

$$\eta = \frac{P_{ab}}{P_{zu}} \qquad \eta_{\%} = \frac{P_{ab}}{P_{zu}} \cdot 100\%\,\cdot$$

Prüfungsaufgabe TB919
Ein HF-Verstärker ist an eine 12,5-V-Gleichstromversorgung angeschlossen. Wenn die HF-Ausgangsleistung des Verstärkers 90 W beträgt, zeigt das an die Stromversorgung angeschlossene Amperemeter 16 A an. Der Wirkungsgrad des Verstärkers beträgt

A 45 %	**B** 55 %
C 100 %	**D** 222 %

Lösungsweg: Die aufgenommene Gleichstromleistung beträgt

$$P = U \cdot I = 12{,}5\,\text{V} \cdot 16\,\text{A} = 200\,\text{W}.$$

$$\eta = \frac{90\,\text{W}}{200\,\text{W}} = 0{,}45 = \underline{\underline{45\%}}$$

Prüfungsaufgabe TB921
Ein Spannungsmesser und ein Amperemeter werden für die Ermittlung der Gleichstromeingangsleistung einer Schaltung verwendet. Der Spannungsmesser zeigt 10 V, das Amperemeter 10 A an. Falls beide dabei im Rahmen ihrer Messgenauigkeit jeweils einen um 5 % zu geringen Wert anzeigen würden, würde man die Leistung um

A 5 % zu niedrig bestimmen.
B 5 % zu hoch bestimmen.
C 9,75 % zu niedrig bestimmen.
D 10,25 % zu hoch bestimmen.

Lösungsweg: Wenn beide Messgeräte einen um 5 % zu niedrigen Wert anzeigen, also nur 95 %, sind es zweimal 95 %, also 90,25 % oder insgesamt bei der Leistung 100 minus 90,25 gleich 9,75 %.

Mit Zahlen gerechnet: Die richtige Spannung ist 10 geteilt durch 0,95 gleich 10,526 Volt.

Probe: 5 % von 10,526 V sind 0,526 V. 10,526 V – 0,526 V = 10,0 V

Es bleiben 10,0 V übrig. Der gleiche Wert gilt für den Strom.

Richtiger Wert: 10,526 · 10,526 = 110,8

Falscher Wert bezogen auf den richtigen Wert ergibt

$$\frac{100}{110{,}8} 100\% = 90{,}25\%$$

also tatsächlich 9,75 % zu wenig.

Reihenschaltung

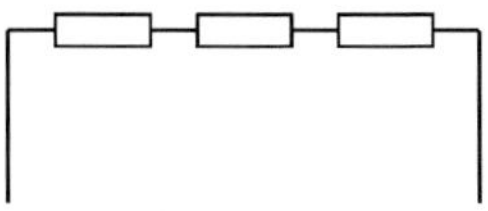

Reihenschaltung

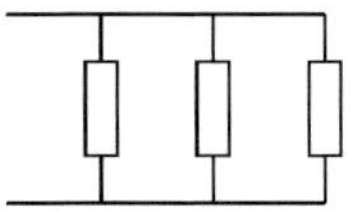

Parallelschaltung

$$R = R_1 + R_2 + R_3 + \ldots$$

Bei einer *Reihenschaltung* (auch *Serienschaltung* genannt) sind die Widerstände hintereinandergeschaltet. Der Gesamtwiderstand ist ganz einfach die Summe der Einzelwiderstände.

Ferner wissen Sie aus der Kapitel 4 aus Klasse E, dass sich bei einer Reihenschaltung die Spannungen wie die Widerstände verhalten. Ist bei einer Reihenschaltung ein Widerstand beispielsweise fünfmal so groß wie ein anderer, muss auch die Spannung an diesem Widerstand fünfmal so groß sein.

Prüfungsaufgaben
Bearbeiten Sie die Aufgaben **TD108** und **TD109.**

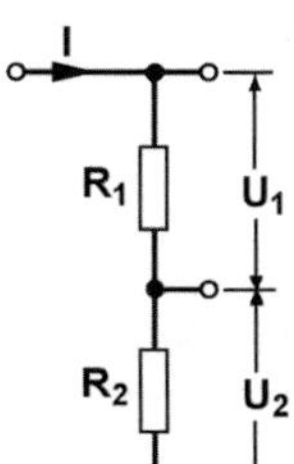

Lösungsweg für TD108:

In einer Reihenschaltung verhalten sich die Spannungen wie die zugehörigen Widerstände, also

$$\frac{U_1}{U_2} = \frac{R_1}{R_2}$$

Umgestellt: $U_1 = \frac{R_1}{R_2} \cdot U_2$

mit $R_1 = 5 \cdot R_2$ $U_1 = \frac{5 \cdot R_2}{R_2} \cdot U_2 = 5 \cdot U_2$

Parallelschaltung

Die Formel für die *Parallelschaltung* von Widerständen lautet

$$\frac{1}{R} = \frac{1}{R_1} + \frac{1}{R_2} + \frac{1}{R_3} + \ldots.$$

Wenn nur zwei Widerstände parallelgeschaltet sind, vereinfacht sich die Formel zu

$$\frac{1}{R} = \frac{1}{R_1} + \frac{1}{R_2}.$$

Wie im vorigen Kapitel gezeigt wurde, lässt sich diese Formel auch umstellen zu

$$R = \frac{R_1 \cdot R_2}{R_1 + R_2}.$$

Mit welcher der beiden Formeln gerechnet wird, ist „Geschmacksache“. Wenn man einen Taschenrechner mit 1/x-Taste hat, ist die obere Formel einfacher zu handhaben. Dies zeige ich Ihnen am Beispiel der Prüfungsaufgabe TD103.

Prüfungsaufgabe TD101a
(Teilaufgabe) Wie groß ist der Ersatzwiderstand einer Parallelschaltung der beiden Widerstände 4,7 kΩ und 27 kΩ?

Lösungsweg 1 mit der oberen Formel:

$$\frac{1}{R} = \frac{1}{4{,}7} + \frac{1}{27}\left[\frac{1}{\text{k}\Omega}\right]$$

Ich lasse die Einheit einfach weg, da sie in beiden Fällen gleich ist. Darauf müssen Sie aber immer achten! Mit dem Taschenrechner geben Sie ein (Machen Sie mit!):

Eingabe
4,7 1/x + 27 1/x = 1/x
Ergebnis: 4,003.

Lösungsweg 2 mit Abschätzung

Bei R2||R3 kann der Widerstand nur etwas kleiner sein als 4,7k. In Reihe mit R1 ergeben sich etwas weniger als 8k. Lösung C.

> **Prüfungsaufgabe**
> Bearbeiten Sie die Prüfungsaufgabe **TD101.**

Hinweis: Sie müssen nur noch die 3,3 kΩ des Serienwiderstandes addieren.

Wenn man zwei gleiche Widerstände parallelschaltet, ist der Ersatzwiderstand genau halb so groß.

> **Prüfungsaufgabe**
> Bearbeiten Sie die Prüfungsaufgabe **TD121.**

Tipp: Auch hier sind die oberen beiden parallel geschalteten Widerstände gleich groß (zusammen also halb so groß) und die unteren beiden ebenfalls.

Wenn **drei** Widerstände parallelgeschaltet sind, rechnet man nach der Formel

$$\frac{1}{R} = \frac{1}{R_1} + \frac{1}{R_2} + \frac{1}{R_3},$$

obwohl es auch eine nach R aufgelöste Formel für drei Widerstände gibt. Sie lautet

$$R = \frac{R_1 \cdot R_2 \cdot R_3}{R_1 \cdot R_2 + R_1 \cdot R_3 + R_2 \cdot R_3}.$$

> **Prüfungsaufgabe TD123a**
> (Teilaufgabe) Folgende drei Widerstände sind parallel geschaltet R_1 = 30 kΩ, R_2 = 15 kΩ, R_3 = 30 kΩ. Berechnen Sie den Ersatzwiderstand der Parallelschaltung.

Erster Lösungsweg

$$\frac{1}{R} = \frac{1}{30} + \frac{1}{15} + \frac{1}{30} \left[\frac{1}{\text{k}\Omega} \right]$$

> **Taschenrechner**
> 30 1/x + 15 1/x + 30 1/x = 1/x
> Ergebnis: 7,5.

Zweiter Lösungsweg: Wenn Sie wollen, überprüfen Sie einmal die Richtigkeit der zweiten Formel für die drei Widerstände.

$$R = \frac{30 \cdot 15 \cdot 30}{30 \cdot 15 + 30 \cdot 30 + 15 \cdot 30} \text{k}\Omega$$

$$R = \frac{30 \cdot 15 \cdot 30}{450 + 900 + 450} \text{k}\Omega = \frac{13500}{1800} \text{k}\Omega = 7{,}5 \text{k}\Omega$$

Im Original der Prüfungsaufgabe liegt dazu noch ein 2,7-kΩ-Widerstand in Reihe, so dass sich ein Gesamtergebnis von 10,2 kΩ ergibt.

Dritter Lösungsweg: Man kann auch erst zwei beliebige Widerstande zu einem Ersatzwiderstand zusammenfassen und dann zu diesem Ersatzwiderstand den dritten parallelschalten. In diesem Fall kann man die zwei gleichen Widerstände von je 30 kΩ zu 15 kΩ zusammenfassen und dazu wiederum den dritten Widerstand von 15 kΩ parallelschalten, wodurch sich auch 7,5 kΩ ergeben.

> **Prüfungsaufgabe**
> Lösen Sie die Aufgabe **TD124** aus dem Fragenkatalog.

Tipp: R_1 und R_2 sind gleich und ergeben den halben Wert, also 6 kΩ. Diese 6 kΩ wiederum zum nächsten 6 kΩ parallelgeschaltet, ergeben wiederum die Hälfte, also 3 kΩ. Diese Aufgabe lässt sich also auch ohne Taschenrechner recht einfach lösen!

Prüfungsaufgabe TD114
Drei gleich große parallel geschaltete Widerstände haben einen Gesamtwiderstand von 1,67 kΩ. Welchen Wert hat jeder Einzelwiderstand?

A 5,0 kΩ **B** 557 Ω
C 10,0 kΩ **C** 2,5 kΩ

Tipp: Bei drei gleichen Widerständen ist jeder Einzelwiderstand dreimal so groß.

Gemischte Schaltungen

Bei gemischten Schaltungen von vielen Widerständen gilt folgendes Prinzip. Suchen Sie zunächst die Widerstände heraus, die entweder eindeutig in Reihe oder eindeutig parallelgeschaltet sind und ersetzen Sie diese durch den berechneten Ersatzwiderstand.

Prüfungsaufgabe TD107
Wie groß ist der Gesamt widerstand der dargestellten Schaltung?

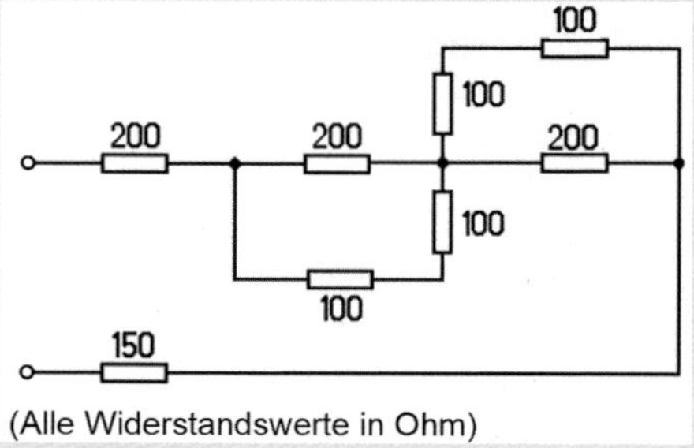

(Alle Widerstandswerte in Ohm)

A 360 Ω **B** 383 Ω
C 550 Ω **D** 1150 Ω

Lösungsweg: In Aufgabe TD107 müssen Sie zunächst die beiden 100-Ω-Widerstände durch je 200 Ω ersetzen und diesen dann jeweils zum 200-Ω-Widerstand parallelschalten. Dies ergibt je 100 Ω.

200 Ω plus 100 Ω plus 100 Ω plus 150 Ω ergeben 550 Ω.

Prüfungsaufgabe TD122
In welchem Bereich bewegt sich der Eingangswiderstand der folgenden Schaltung, wenn R alle Werte von 0 bis unendlich durchläuft?

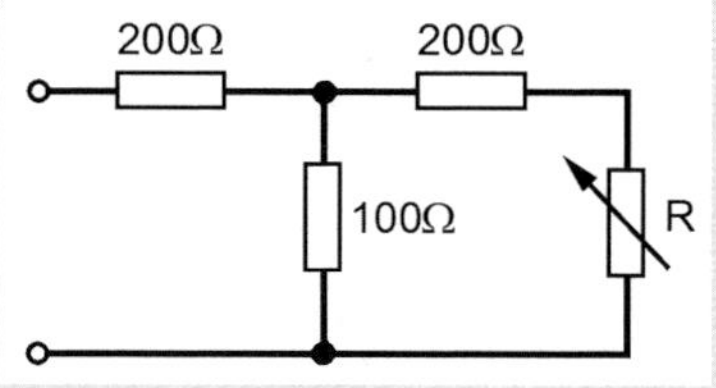

A 100 und 200 Ω
B 200 und 400 Ω
C 300 und 366,7
D 266,7 und 300 Ω

Lösung: Wenn R kurzgeschlossen wird, liegen die 200 Ω und die 100 Ω parallel und ergeben 66,7 Ω. Plus 200 Ω ergeben sich 266,7 Ω. Bei Leerlauf ist der 200-Ω-Widerstand wirkungslos. Die 200 Ω und die 100 Ω liegen in Reihe und ergeben 300 Ω.

Prüfungsaufgabe TD112
Wie groß ist der Strom durch R_3, wenn U = 15 V und alle Widerstände R_1 bis R_3 je 10 kΩ betragen?

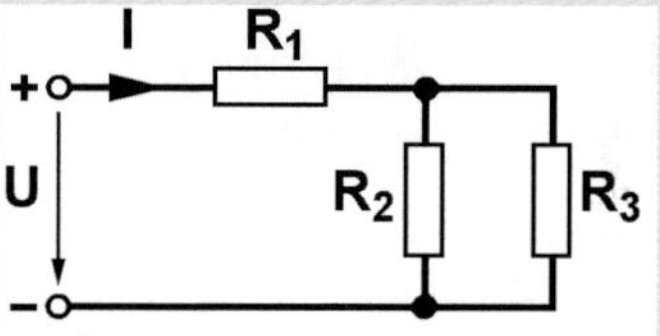

A 0,5 mA **B** 1,0 mA
C 1,6 mA **D** 4,5 mA

Lösungsweg: Aufpassen! Es ist nicht der Gesamtstrom gefragt, sondern der Teilstrom durch einen der beiden parallel geschalteten Widerstände, in diesem Fall der Strom durch R_3 und in der folgenden Aufgabe der Strom durch R_2. Nun ist es in diesem Spezialfall insofern einfach, weil sich der Gesamtstrom je zur Hälfte auf die beiden gleich großen Widerstände aufteilt. Um den Gesamtstrom zu berechnen, benötigen wir zunächst den Gesamtwiderstand. Er setzt sich zusammen aus der Parallelschaltung von R_2 und R_3 plus der Reihenschaltung von R_1.

$$R_{ges} = R_1 + R_2 \parallel R_3$$

$$R_{ges} = 10\ \text{k}\Omega + 5\ \text{k}\Omega = 15\ \text{k}\Omega$$

Damit berechnet sich der Gesamtstrom zu

$$I = \frac{15\,\text{V}}{15\,\text{k}\Omega} = 1\,\text{mA}$$

und damit beträgt der Teilstrom durch R_3 die Hälfte davon, also 0,5 mA.

Prüfungsaufgabe
TD113 Welche Leistung tritt an R_2 auf, wenn U = 15 V und alle Widerstände R_1 bis R_3 je 10 kΩ betragen?

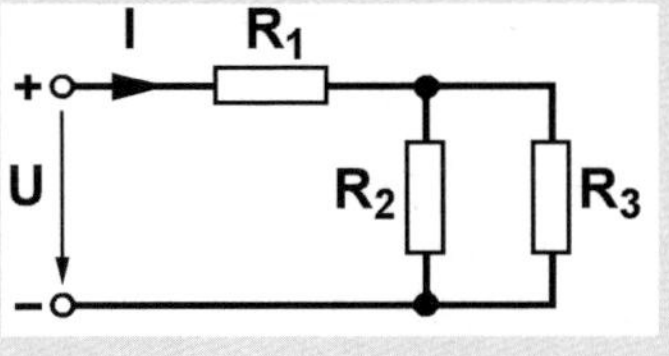

A 0,15 W **B** 1,5 mW
C 2,5 mW **D** 5,0 mW

Lösungsweg: Diesmal ist nach der Leistung an dem Teilwiderstand gefragt, also brauchen wir außer dem Strom noch die Spannung. Da alle Werte mit denen der Aufgabe TD112 übereinstimmen, können wir die Teilergebnisse von oben übernehmen.

Wenn man den Strom an einem Widerstand kennt, kann man entweder direkt mit der entsprechenden Leistungsformel oder auf dem Umweg über die Spannung die Leistung berechnen.

Direkter Weg:

$$P = I^2 \cdot R$$

$$P = 0{,}5\ \text{mA} \cdot 0{,}5\ \text{mA} \cdot 10\ \text{k}\Omega = 2{,}5\ \text{mW}$$

Indirekter Weg:

$$U_{R3} = 0{,}5\ \text{mA} \cdot 10\ \text{k}\Omega = 5\ \text{V}$$

$$P = 5\ \text{V} \cdot 0{,}5\ \text{mA} = 2{,}5\ \text{mW}$$

Prüfungsfrage TD111
(Gleiche Schaltung wie TD113)
Wie groß ist die Spannung U, wenn durch R_3 ein Strom von 1 mA fließt und alle Widerstände R_1 bis R_3 je 10 kΩ betragen?

Hinweis zu TD111: Wenn durch R_3 ein Strom von 1 mA fließt, beträgt der Strom durch R_2 ebenfalls 1 mA. Damit ist der Gesamtstrom 2 mA. Der Gesamtwiderstand beträgt 15 kΩ, (Siehe Aufgabe TD112 weiter oben). Damit beträgt die Gesamtspannung 15 kΩ mal 2 mA gleich 30 Volt.

Prüfungsfragen
Bearbeiten Sie die Fragen **TJ708** und **TD115**.

Hinweis: Wenn durch viele gleich große parallel geschaltete Widerstände der gleiche Strom fließt, addieren sich die Leistungen.

Anhang zur Kapitel 2

Lösungen der Prüfungsaufgaben aus diesem Kapitel.

TB104 D TB101 C TB102 B TB103 C TB202 C
TB206 C TB204 C TB918 C TB914 C TB917 C
TB915 C TB919 A TB921 C TD114 A TD107 C
TD112 A TD112 C

Kapitel 3: Kondensator, Spule, Transformator

In diesem Kapitel werden Prüfungsfragen aus oben genannten Gebieten vorgestellt und ausführlich besprochen. Die Theorie dazu müsste aus dem Lehrgang für Klasse E bekannt sein. Jedoch werden für Klasse A mehr Berechnungen verlangt.

Übersicht

- Die Kapazität
- Kondensator im Gleichstromkreis
- Wechselstromwiderstand
- Der Verlustfaktor
- Phasenbeziehung
- Kondensatorschaltungen
- Die Induktivität
- Der Transformator

Die Kapazität

Alle folgenden Aufgaben lassen sich mit den Theoriekenntnissen aus dem Amateurfunklehrgang Klasse E beantworten. Deshalb werden zu den einzelnen Aufgaben meistens nur kurze Tipps gegeben, ohne den Stoff aus dem Buch Klasse E zu wiederholen. Die Formel für die Kapazität eines Kondensators steht in der Formelsammlung der BNetzA mit

$$C = \varepsilon_0 \cdot \varepsilon_r \cdot \frac{A}{d}$$

Aus dieser Formel erkennt man, dass die Kapazität umgekehrt proportional ist zum Plattenabstand d. Umgekehrt proportional heißt: Wenn die eine Größe steigt, sinkt die andere.

Prüfungsaufgabe TC201
Welche Aussage zur Kapazität eines Plattenkondensators ist richtig?
A Je größer die angelegte Spannung ist, desto kleiner ist die Kapazität.
B Je größer der Plattenabstand ist, desto kleiner ist die Kapazität.
C Je größer die Plattenoberfläche ist, desto kleiner ist die Kapazität.
D Je größer die Dielektrizitätszahl ist, desto kleiner ist die Kapazität.

Kommentare: Zu A: Die Spannung kommt in der Kapazitätsformel nicht vor. **B:** d (Abstand) und C (Kapazität) sind umgekehrt proportional. Stimmt! **C:** A und C sind proportional. Nein! **D:** ε (Dielektrizitätszahl) und C sind proportional. Also: Nein!

Der Kondensator im Gleichstromkreis

Wird ein Kondensator an Gleichspannung angeschlossen, wird er aufgeladen. Hierzu soll ein Versuch gemacht werden.

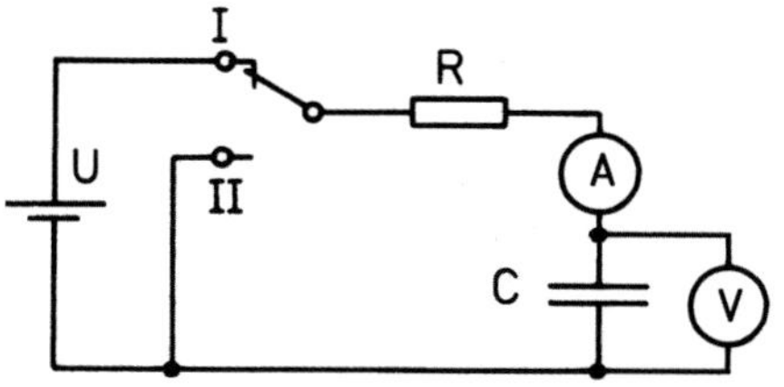

Bild 3-1: Schaltung zum Laden (Schalterstellung I) und Entladen (Schalterstellung II) eines Kondensators

Zu Beginn des Ladevorgangs zeigt der Strommesser kurzzeitig einen großen Strom, der mit zunehmender Ladezeit abnimmt.

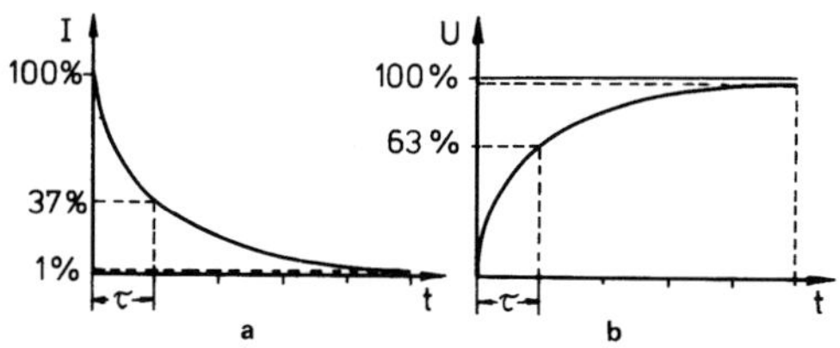

Bild 3-2: Strom (a) und Spannung (b) beim Laden eines Kondensators

Die Ladezeit wird gekennzeichnet durch die so genannte Zeitkonstante τ (sprich: tau). In dieser Zeit steigt die Spannung auf 63 % der angelegten Ladespannung. Der Strom geht von seinem Anfangswert auf 37 % zurück.

Die Zeitkonstante ist abhängig von der Kapazität des Kondensators und vom Widerstand im Ladestromkreis.

$\boxed{\tau = R \cdot C}$ $\qquad \Omega \cdot \mathrm{F} = \frac{\mathrm{V}}{\mathrm{A}} \cdot \frac{\mathrm{A\,s}}{\mathrm{V}} = \mathrm{s}$

τ ergibt sich in Sekunden, wenn man *R* in Ohm und *C* in Farad einsetzt.

Ähnlich verläuft der Vorgang beim *Entladen*, wenn man den Schalter in Bild 3-1 umlegt.

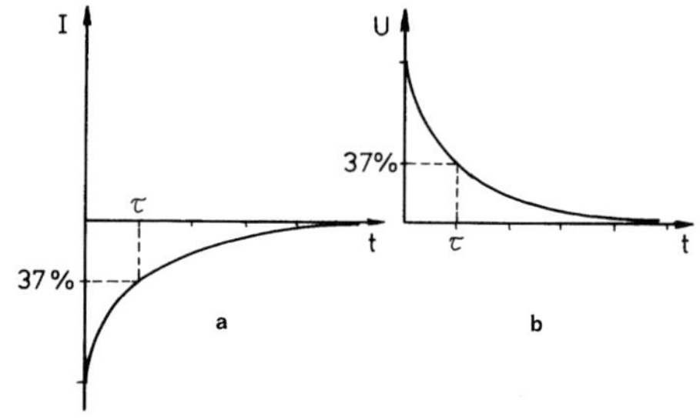

Bild 3-3: Strom (a) und Spannung (b) beim Entladen eines Kondensators

Der auf U voll aufgeladene Kondensator entlädt sich über den Widerstand R. Es fließt ein Strom in entgegen gesetzter Richtung (- I) durch das Messinstrument. Es dauert wieder eine Zeitkonstante τ bis der Strom von seinem Anfangswert auf 37 % abgesunken ist. Nach der gleichen Funktion verläuft die *Spannung* des Kondensators.

Prüfungsaufgabe TC202
Welchen zeitlichen Verlauf hat die Spannung an einem entladenen Kondensator, wenn dieser über einen Widerstand an eine Gleichspannungsquelle angeschlossen wird?

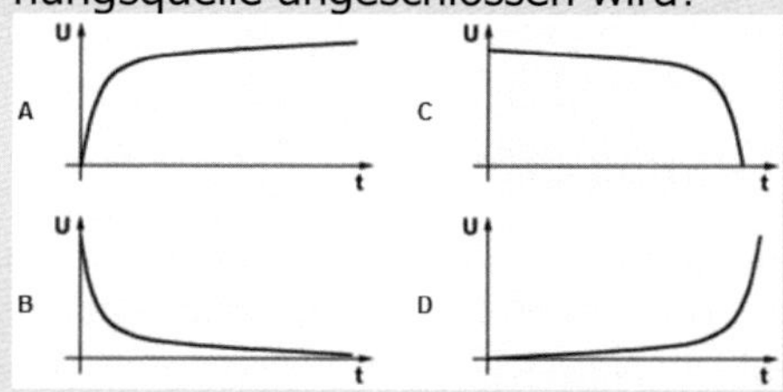

Hinweis: Ein entladener Kondensator ist leer, die Spannung also null. Die Kurve U über t beginnt also bei Null. Außerdem steigt die Spannung erst schnell und dann langsam. Dies trifft für die Kurve A zu.

Der Wechselstromwiderstand

Bei ständig abwechselnder Ladung und Entladung (Rechteckspannung) ergibt sich folgender Kurvenverlauf von Strom und Spannung (Bild 3-4).

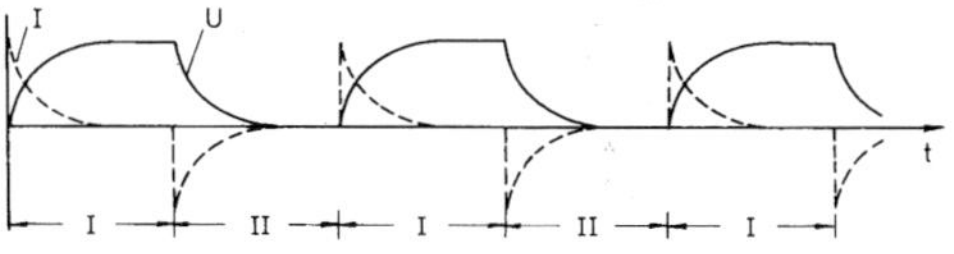

Bild 3-4: Kurvenverlauf bei ständiger Ladung (I) und Entladung (II) eines Kondensators

Schließt man einen Kondensator an sinusförmige Wechselspannung an, entspricht dies einer dauernden Umladung des Kondensators. Je schneller die Wechsel sind, desto rascher erfolgt die Umladung. Dabei zeigt ein Strommesser, der in den Stromkreis geschaltet ist, einen Wechselstrom an (Bild 3-5). Allerdings ist der Strom gegenüber der Spannung ähnlich verschoben, wie im Bild 3-4. Wenn die Spannung steigt, sinkt der Strom, und wenn die Spannung sinkt, steigt der Strom in negativer Richtung.

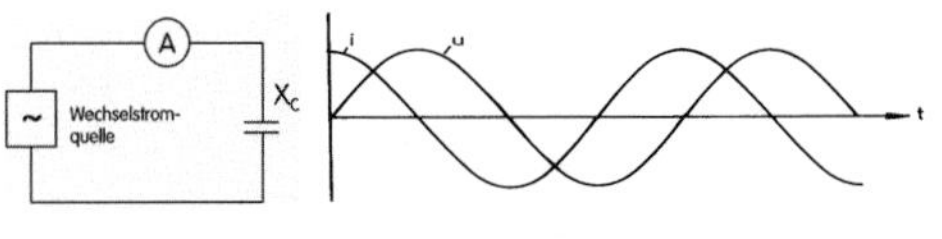

Bild 3-5: Kondensator an Wechselspannung

Wie beim „normalen“ Widerstand nach dem Ohmschen Gesetz bezeichnet man das Verhältnis aus anliegender Spannung zum fließenden Wechselstrom als Widerstand, hier bei Wechselstrom entsprechend *Wechselstromwiderstand* (X) und bei einem Kondensator X_C.

$$\boxed{X_C = \frac{U_C}{I_C}}$$

Diese Formel wird für Prüfungsfrage TC207 noch benötigt.

Wir benötigen für die Lösung dieser Prüfungsaufgabe noch eine Formel für den Wechselstromwiderstand eines Kondensators, wobei man X_C aus der Kapazität und der Frequenz berechnen kann.

Folgende Überlegungen dienen der Ableitung dieser Formel. Der Wechselstrom I_C ist umso größer, je größer die Kapazität des Kondensators ist und je häufiger die Umladung erfolgt. Dies entspricht der Frequenz. Außerdem ist der Strom natürlich auch proportional zu der angelegten Spannung. Setzt man als Frequenz die Kreisfrequenz $\omega = 2\ \pi\ f$ ein, erhält man den gesuchten Zusammenhang.

$$I_C = \omega \cdot C \cdot U_C$$

Diese Gleichung wird etwas umgestellt und für U/I = X eingesetzt.

$$\frac{1}{\omega \cdot C} = \frac{U_C}{I_C} = X_C$$

oder $$\boxed{X_C = \frac{1}{\omega \cdot C}}$$

Mit dieser Formel lässt sich der Wechselstromwiderstand des Kondensators (auch kapazitiver Widerstand oder Blindwiderstand genannt) allein aus der Kapazität und der anliegenden Frequenz $\omega = 2\ \pi\ f$ berechnen.

ω (omega) ist die Kreisfrequenz. Das ist die Umfangsgeschwindigkeit, mit der der Zeiger im Zeigerdiagramm (siehe Kapitel 11: Signale) den Einheitskreis durchläuft.

Merken Sie sich also bitte

$$\boxed{\omega = 2 \cdot \pi \cdot f}$$

Die Zahl π = 3,14... ist auf fast jedem Taschenrechner zu finden.

Um die Frequenzabhängigkeit grafisch aufzeigen zu können, soll der Wechselstromwiderstand eines Kondensators einmal in Abhängigkeit von der Frequenz berechnet werden.

Aufgabe: Berechnen Sie den Wechselstromwiderstand eines Kondensators von 10 nF bei folgenden Frequenzen a) f = 15,9 kHz, b) f = 100 kHz, c) f = 159 kHz und tragen Sie die Werte in das folgende Diagramm Bild 3-6 ein.

Lösungen

a) $X_C = \frac{1}{\omega \cdot C} = \frac{1}{2\pi \cdot 15{,}9\,\text{kHz} \cdot 10\,\text{nF}} = 1\,\text{k}\Omega$

b) $X_C = 159\,\Omega$

c) $X_C = 100\,\Omega$

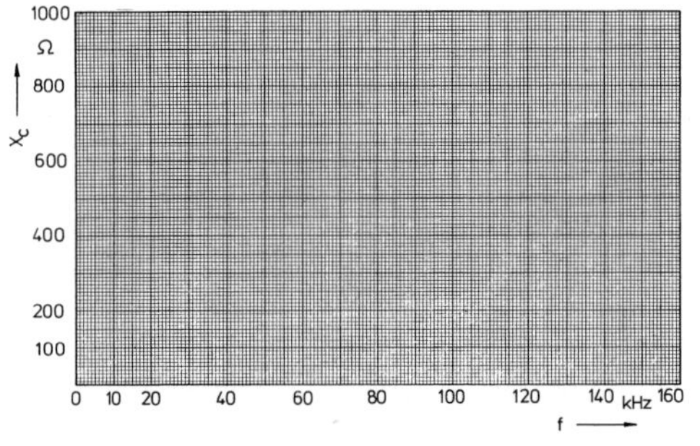

Bild 3-6: Diagramm zum Eintragen der Werte aus der Aufgabe

Merke: Ein Kondensator stellt für Wechselstrom einen Widerstand dar, während er Gleichstrom sperrt.

Mit **steigender** Frequenz **nimmt** der Wechselstromwiderstand (Blindwiderstand) des Kondensators **ab.**

Prüfungsaufgaben
Bearbeiten Sie die Frage **TC204** aus dem Fragenkatalog

Prüfungsaufgabe TC205
Wie groß ist der kapazitive Widerstand eines 10-pF-Kondensators bei 100 MHz?

A 31,8 Ω **B** 159 Ω
C 318 Ω **D** 1,59 kΩ

Lösung:

$$X_C = \frac{1}{\omega \cdot C} = \frac{1}{2 \cdot \pi \cdot 100 \cdot 10^6 \frac{1}{s} \cdot 10 \cdot 10^{-12} \frac{As}{V}}$$

Sekunde kürzt sich heraus, Volt kommt in den Zähler. Volt durch Ampere gibt Ohm. Berechnen Sie dann mit dem Taschenrechner das Produkt im Nenner einschließlich der Eingabe der Zehnerpotenzen mit der EXP-Taste und drücken Sie anschließend die 1/x-Taste.

$$2 \cdot \pi \cdot 100 \cdot 10^6 \cdot 10 \cdot 10^{-12} = 6{,}28 \cdot 10^{-3}$$

Mit dem Taschenrechner: Bei EXP -12 müssen Sie das „kleine" Minus verwenden (bei vielen Taschenrechnern die +/- Taste), nicht das Subtraktionszeichen!

Eingabe:
2 × π × 100EXP06 × 10EXP-12 = 1/x
Ergebnis: 159,1

Lösung: $X_C = 159{,}1\,\Omega$

....
....
....
....
....
....
....
....
....

Prüfungsaufgabe TC206
An einem unbekannten Kondensator liegt eine Wechselspannung mit 16 V und 50 Hz. Es wird ein Strom von 32 mA gemessen. Welche Kapazität hat der Kondensator?

A 0,45 µF **B** 0,637 µF
C 4,5 µF **D** 6,37 µF

Tipp zum Lösungsweg: Aus der Angabe U und I können Sie X_C berechnen. Dann stellen Sie die Formel für X_C nach C um. Versuchen Sie es zunächst allein!

Lösung: $X_C = \dfrac{16\,\text{V}}{32\,\text{mA}} = 0{,}5\,\text{k}\Omega$

$$X_C = \frac{1}{\omega \cdot C} = \frac{1}{2 \cdot \pi \cdot f \cdot C}$$

$$C = \frac{1}{2 \cdot \pi \cdot f \cdot X_C} = \frac{1}{2\pi \cdot 50\frac{1}{\text{s}} \cdot 0{,}5 \cdot 10^3\,\frac{\text{V}}{\text{A}}}$$

Ampere und Sekunde kommen nach oben in den Zähler. Dann ist die Einheit $\dfrac{\text{As}}{\text{V}} = \text{F}$.

Mit dem Taschenrechner:
Beginnen Sie wiederum mit der Multiplikation im Nenner: 2 mal pi mal 50 usw. und drücken Sie zum Schluss die 1/x-Taste.
Also: $2 \cdot \pi \cdot 50 \cdot 0{,}5\,\text{EXP03} = 157079.6$
1/x-Taste: 6,37 EXP-06 bedeutet
C = 6,37 µF

Phase zwischen Strom und Spannung

Zwischen Strom und Spannung herrscht bei einem idealen Kondensator an Wechselspannung eine Phasenverschiebung von 90° (Bild 3-7). Und zwar eilt der Strom der angelegten Spannung vor. Dieses ist folgendermaßen erklärbar. Legt man an einen ungeladenen Kondensator ($U_C = 0$) eine Spannung an, fließt zunächst ein großer Ladestrom, dann steigt die Spannung am Kondensator und der Strom nimmt ab.

In der Elektrotechnik kann man diese Phasenverschiebung zwischen Strom und Spannung auch durch rotierende Zeiger darstellen (Zeigerdiagramm). Im Kapitel 11 wird dieses Verfahren noch genauer erklärt. Die Zeiger rotieren links herum (entgegen dem Uhrzeigersinn). Der Nullpunkt ist die Richtung nach rechts. Für einen Kondensator sieht ein solches Zeigerdiagramm folgendermaßen aus (Bild 3-7 links). Man schreibt kleine Buchstaben für Spannung (u) und für Strom (i) an die Achsen, wodurch angedeutet werden soll, dass es sich um Wechselgrößen handelt.

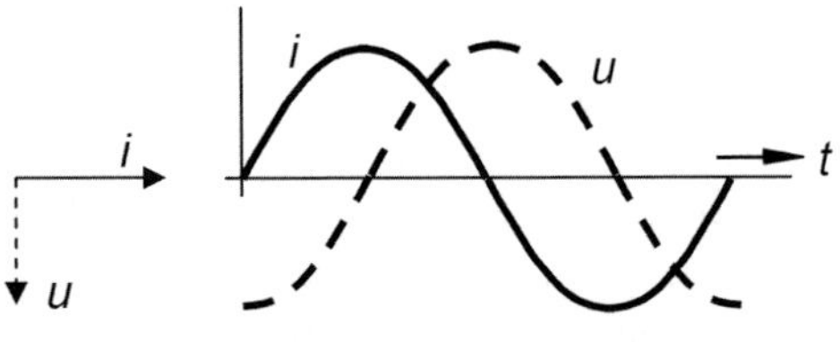

Bild 3-7: Phasenverschiebung zwischen Strom und Spannung beim Kondensator

Eselsbrücke:
Kondensa<u>tor</u> – Strom eilt <u>vor</u>.

Prüfungsfrage TC203
Ein verlustloser Kondensator wird an eine Wechselspannungsquelle angeschlossen. Welche Phasenverschiebung zwischen Spannung und Strom stellt sich ein?

A Die Spannung eilt dem Strom um 45° voraus.
B Der Strom eilt der Spannung um 45° voraus.
C Der Strom eilt der Spannung um 90° voraus.
D Die Spannung eilt dem Strom um 90° voraus.

Kondensator und Widerstand in Reihenschaltung

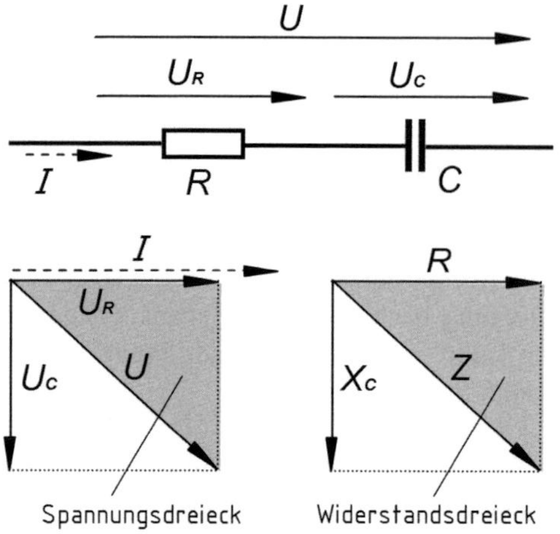

Bild 3-8: Reihenschaltung aus Wirkwiderstand und Kondensator mit Zeigerbildern

Bei der Reihenschaltung aus einem Wirkwiderstand (R) und einem idealen Kondensator eilt die Wechselspannung am Kondensator dem Strom um 90° nach (Bild 3-8). Die Spannung am Wirkwiderstand ist mit dem Strom in Phase. In den Zeigerbildern stehen die Zeiger der Wirkgrößen (Spannung an R) und der Blindgrößen (Spannung an C) senkrecht zueinander. Die Richtung nach unten wird in der "komplexen Rechnung" auch negative Richtung genannt.

Interessant ist, dass die Gesamtspannung U nicht die Summe aus U_R und U_C ist. Man bekommt die Gesamtspannung dadurch, dass man die Diagonale zeichnet. Aus dem daraus entstehenden Spannungsdreieck kann man die Gesamtspannung berechnen, denn im rechtwinkligen Dreieck gilt $a^2 + b^2 = c^2$. Auf das Spannungsdreieck angewendet ergibt es

$$U^2 = U_R^{\ 2} + U_C^{\ 2} \quad \text{oder}$$

$$U = \sqrt{U_R^{\ 2} + U_C^{\ 2}}$$

Dividiert man die Spannungen durch den gemeinsamen Strom, erhält man die Widerstände. Daraus ergibt sich das Widerstandsdreieck. Den Gesamtwiderstand nennt man Scheinwiderstand Z. Auch hier gilt

$$Z = \sqrt{R^2 + X_C^{\ 2}}$$

Beispiel
Ein Wirkwiderstand von 100 Ω und ein Kondensator von 10 nF sind in Reihe an eine Sinusspannung von 159 kHz angeschlossen. Wie groß ist der Scheinwiderstand Z der Reihenschaltung?

Zunächst wird der kapazitive Blindwiderstand X_C ausgerechnet. Es sind die Werte aus der Übungsaufgabe zum Diagramm 3-6. Dort wurde für X_C = 100 Ω berechnet. Die Reihenschaltung von R und X_C beträgt nun nicht etwa 200 Ω, sondern wird gemäß folgender Formel berechnet.

$$Z = \sqrt{R^2 + X_C^{\ 2}}$$

$$Z = \sqrt{100^2 + 100^2}\,\Omega = 141\,\Omega$$

Zu diesem Thema gibt es keine Rechenaufgabe bei den Prüfungsaufgaben. Folgende Aufgabe könnte man dazu rechnen.

Prüfungsfrage TC207
Was versteht man unter dem Blindwiderstand eines Kondensators und von welchen physikalischen Größen hängt er ab?

Lösung: Der Blindwiderstand ist der mit negativem Vorzeichen (Siehe Bild 3-8, nach unten ist der negative Bereich) versehene Wechselstromwiderstand eines Kondensators. Er ist abhängig von der Kapazität des Kondensators und der anliegenden Frequenz. Im Blindwiderstand entstehen keine Wärmeverluste.

Verluste beim Kondensator

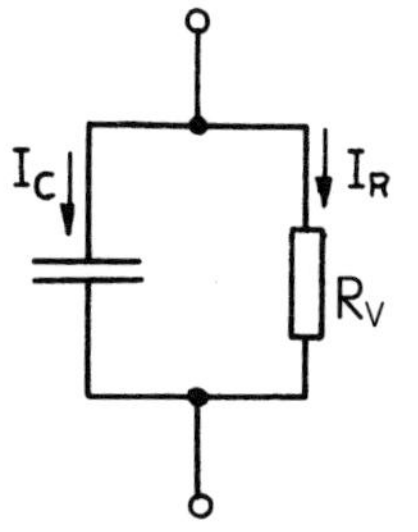

Bild 3-9: Der Verlustwiderstand beim Kondensator

Liegt eine Wechselspannung am Kondensator, wird ein kleiner Teil der zur Elektronenverschiebung im Dielektrikum geleisteten Arbeit in Verlustwärme umgesetzt. Die Stärke der Wärmeentwicklung ist vom Material und von der Frequenz der angelegten Wechselspannung abhängig. Man stellt sich vor, dass die Verlustwärme durch den Strom eines parallel geschalteten Widerstandes R_V hervorgerufen wird. Deshalb verwendet man obiges Ersatzbild (Bild 3-9) für einen „realen" Kondensator mit Verlusten.

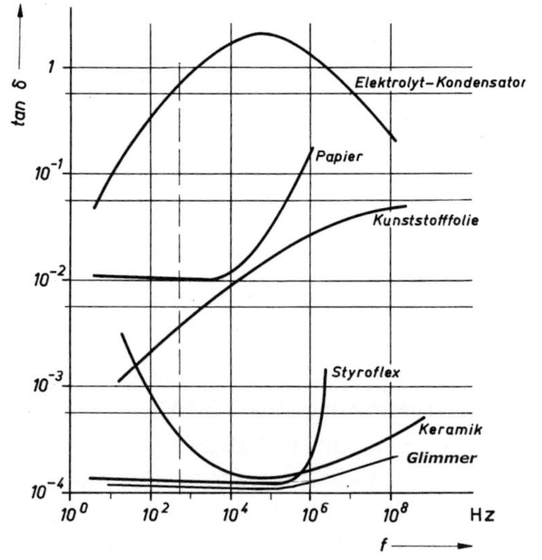

Bild 3-10: Abhängigkeit des Verlustfaktors von der Frequenz für verschiedene Kondensatortypen

Das Verhältnis des Wechselstroms I_R durch diesen Widerstand zum Strom I_C durch den Kondensator bezeichnet man als Verlustfaktor tan δ (sprich: tangens delta). Den Kehrwert davon nennt man übrigens den Gütefaktor Q eines Kondensators. Je größer der parallele Verlustwiderstand ist, desto höher ist die Güte des Kondensators.

$$tan\,\delta = \frac{I_R}{I_C} = \frac{X_C}{R_V} \qquad Q = \frac{R_V}{X_C}$$

Für einige typische Kondensatoren finden Sie den Verlustfaktor (Diagramm Bild 3-10) aufgetragen.

Für die Anwendung im Hochfrequenzbereich sollte ein Kondensator nach diesem Verlustfaktor ausgewählt werden. Ein kleiner Wert steht für einen geringen Verlustfaktor. Aus dem Diagramm erkennt man: Glimmer-, Keramik- und Styroflexkondensatoren sind die besten Kondensatoren für den MHz-Bereich.

Prüfungsfrage TC208
In jedem Kondensator treten beim Betrieb Verluste auf, die rechnerisch in einem parallel geschalteten Verlustwiderstand zusammengefasst werden können. Die Kondensatorverluste werden angegeben durch ...

Antwort: ... den Verlustfaktor tan δ (Tangens Delta), der dem Kehrwert des Gütefaktors entspricht.

Prüfungsfrage TC209
Entsteht in einem Wechselstrom durchflossenen Kondensator eine Verlustleistung?

Antwort: Ja, infolge von Verlusten im Dielektrikum, die aber meist vernachlässigbar klein sind.

Beantworten Sie die **Prüfungsfrage TD227.**

Parallelschaltung von Kondensatoren

Im Lehrbuch zur Klasse E, Kapitel 5 wurden bereits die Parallelschaltung und die Reihenschaltung von Kondensatoren behandelt. Bei der Parallelschaltung werden die Kapazitäten der einzelnen Kondensatoren einfach addiert. Allerdings muss man bei der Prüfung aufpassen, ob denn die zu addierenden Kondensatoren die gleiche Einheit haben.

Prüfungsaufgabe TD116
Welche Gesamtkapazität ergibt sich bei einer Parallelschaltung der Kondensatoren 0,1 µF, 150 nF und 50000 pF?

A 0,027 µF **B** 0,255 µF
C 0,3 µF **D** 2,73 nF

Lösungsweg: Umgewandelt sind es 100 nF, 150 nF und 50 nF. Alle zusammen (Parallelschaltung) ergeben 300 nF, umgewandelt 0,3 µF.

Prüfungsfrage
Bearbeiten Sie die Frage **TD103** aus dem Fragenkatalog.

Prüfungsfrage TD120

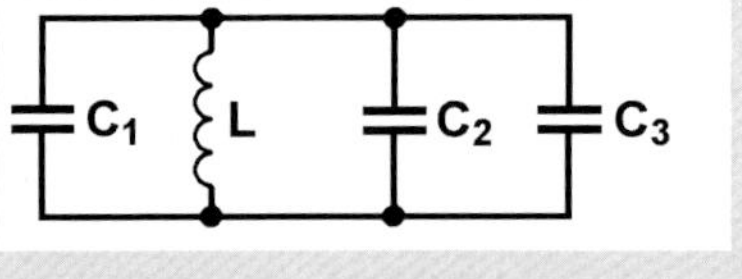

Wie groß ist die Gesamtkapazität dieser Schaltung, wenn C_1 = 0,1 nF, C_2 = 1,5 nF, C_3 = 220 pF und die Eigenkapazität der Spule 1 pF beträgt?

A 66 pF **B** 1,6 pF
C 1821 pF **D** ≈1 pF

Lösung: Achtung! In diesem Fall ist die „virtuelle“ Kapazität der Spule (In der Schaltung als solche nicht erkennbar) als vierte Kapazität hinzu zu rechnen. Damit addieren wir 100 pF plus 1500 pF plus 220 pF plus 1 pF zu 1821 pF

Reihenschaltung von Kondensatoren

Bei der Reihenschaltung von Kondensatoren gilt eine Formel, die wie die Formel der Parallelschaltung von Widerständen aussieht. Sie finden folgende Formel auch in der Formelsammlung der BNetzA.

$$\frac{1}{C} = \frac{1}{C_1} + \frac{1}{C_2} + \frac{1}{C_3} + \ldots$$

Für zwei Kondensatoren in Reihenschaltung kann man die Formel natürlich einfach nach C_2 abbrechen, aber es gibt auch eine umgestellte Formel.

$$C = \frac{C_1 \cdot C_2}{C_1 + C_2}$$

Auch für drei Kondensatoren lässt sich die Formel nach C umstellen und man erhält eine ziemlich kompliziert aussehende Formel zur Berechnung der Gesamtkapazität von drei in Reihe geschalteten Kondensatoren. Sie lautet:

$$C = \frac{C_1 \cdot C_2 \cdot C_3}{C_1 \cdot C_2 + C_1 \cdot C_3 + C_2 \cdot C_3}$$

Prüfungsaufgabe TD117
Welche Gesamtkapazität ergibt sich bei einer Reihenschaltung der Kondensatoren 0,1 µF, 150 nF und 50000 pF?

A 0,255 µF **B** 0,027 µF
C 0,3 µF **D** 2,73 nF

Lösung: Wandeln Sie vor dem Einsetzen der Werte die Größen in eine gleiche Einheit um. Hier ist Nanofarad zu empfehlen. Dann ergeben sich folgende Werte.

$C_1 = 100$ nF, $C_2 = 150$ nF, $C_3 = 50$ nF

$$\frac{1}{C} = \frac{1}{100} + \frac{1}{150} + \frac{1}{50}\left[\frac{1}{\text{nF}}\right]$$

> Mit dem Taschenrechner tippen Sie ein:
> 100...1/*x*...+...150...1/*x*...+...50...
> 1/*x*...=... *nochmals* 1/*x*
> Ergebnis: 27,27
> also 27,3 nF oder 0,027 µF.

> **Prüfungsfrage TD106**
> Wie groß ist die Gesamtkapazität, wenn drei Kondensatoren
> C_1 = 0,06 nF, C_2 = 40 pF und
> C_3 = 20 pF in Reihe geschaltet werden?
> **A** 10,9 pF **B** 0,12 nF
> **C** 4,1 pF **D** 40 pF

Lösungsweg: Alles umgewandelt in pF ergibt die Reihenschaltung von 60 pF, 40 pF und 20 pF.

$$\frac{1}{C} = \frac{1}{60} + \frac{1}{40} + \frac{1}{20}\left[\frac{1}{\text{pF}}\right] = 10{,}9 \text{ pF}$$

> **Prüfungsfrage TD102**
> Eine Reihenschaltung besteht aus drei Kondensatoren von je 0,03 µF.
> Wie groß ist die Gesamtkapazität dieser Schaltung?
> **A** 0,09 µF **B** 0,001 µF
> **C** 0,01 µF **D** 0,009 µF

Lösung: Da drei gleich große Kapazitäten in Reihe geschaltet sind, beträgt die Ersatzkapazität ein Drittel, also 0,01 µF.

Gemischte Schaltung von Kondensatoren

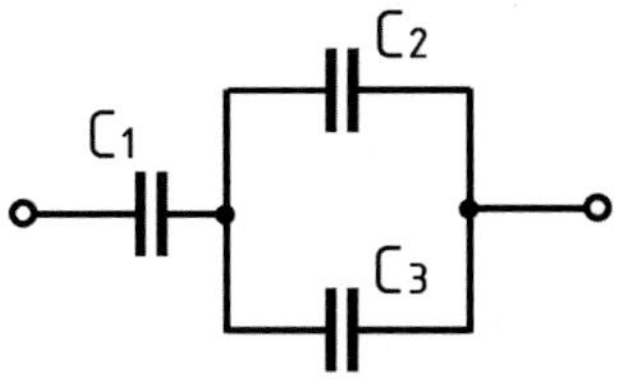

Bild 3-10

Bei gemischten Schaltungen von parallel und in Reihe geschalteten Kondensatoren gehen Sie so vor, wie Sie es bei den Widerständen gelernt haben. Schauen Sie zunächst, welche Kondensatoren eindeutig parallel oder in Reihe geschaltet sind, berechnen die Ersatzkapazität und vereinfachen die Schaltung so lange, bis nur noch eine einzige Ersatzkapazität übrigbleibt.

> **Prüfungsfrage TD118**
> Welche Gesamtkapazität hat die Schaltung von Kondensatoren nach Bild 3-10, wenn C_1 = 0,01 µF,
> C_2 = 5 nF und C_3 = 5000 pF betragen?
> **A** 0,015 nF **B** 5 nF
> **C** 7,5 nF **D** 12,5 nF

Lösungsweg: Wandeln Sie zunächst alle Werte in Nanofarad um. Dann kann man die Aufgabe „im Kopf" lösen. Denn die beiden Kondensatoren C_2 und C_3 haben zusammen 10 nF. Mit dem 10 nF in Reihe ergeben sich insgesamt 5 nF.

> **Prüfungsfrage**
> Bearbeiten Sie die Frage **TD119** aus dem Fragenkatalog.

Lösungsweg: Die beiden parallel geschalteten Kondensatoren von je 1 µF ergeben 2 µF und mit dem Kondensator von 2 µF in Reihe ergibt sich wieder 1 µF.

Die Spule

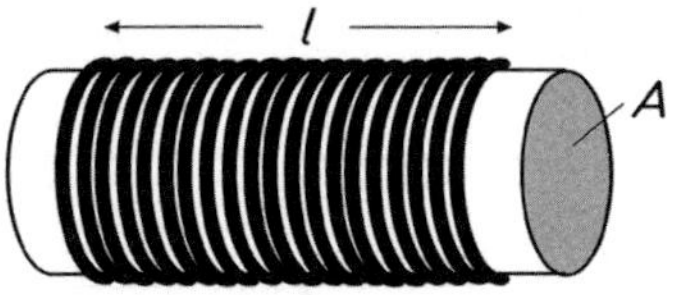

Bild 3-11: Einlagige Zylinderspule

Eine Spule besteht im Prinzip aus aufgewickeltem Draht. Aus der Anzahl der Windungen dieser Drahtwicklung und den Eigenschaften des Wickelkerns kann man die Induktivität einer Spule berechnen. μ_0 ist die "Permeabilität des luftleeren Raums" (ein Umrechnungsfaktor) und μ_r ist die relative Permeabilität die angibt, wie viel mal stärker das Magnetfeld durch das Kernmaterial wird. Diese Faktoren sind vergleichbar mit ε_0 und ε_r beim Kondensator.

$$L = \frac{\mu_0 \cdot \mu_r \cdot A \cdot N^2}{l_m} \qquad \mu_0 = 1{,}2566 \cdot 10^{-6}\,\frac{\text{Vs}}{\text{Am}}$$

Aus dieser Formel erkennt man, dass die Induktivität L von der Querschnittsfläche A proportional, von der Windungszahl N quadratisch proportional und von der Länge der Zylinderspule l_m umgekehrt proportional abhängig ist. Wickelt man eine „dickere" Spule (größerer Durchmesser, nicht dickerer Draht), wird die Fläche größer und damit gleichzeitig die Induktivität.

Verdoppelt man die Windungszahl, wird die Induktivität viermal ($2^2 = 4$) so groß. Erhöht man die Länge der Spule bei gleicher Windungszahl, indem man die Windungen spreizt, wird die Induktivität kleiner. Umgekehrt: Staucht man die Spule, so dass die Länge der Spule geringer wird, erhöht sich die Induktivität. Dazu gibt es eine Prüfungsfrage.

Prüfungsfrage TC309
Wie kann man die Induktivität einer Spule vergrößern?
A Durch Stauchen der Spule (Verkürzen der Spulenlänge).
B Durch Ausziehen der Spule (Vergrößerung der Spulenlänge).
C Durch Einführen eines Kupferkerns in die Spule.
D Durch Einbau der Spule in einen Abschirmbecher.

Lösung: In diesem Fall ist nur die Antwort A richtig. Was es mit dem Kupferkern und dem Abschirmbecher auf sich hat, werden Sie noch kennen lernen.

Für Kerne mit bekannten Abmessungen oder auch für Wickelkörper geben die Hersteller direkt einen Kernfaktor an, den man A_L-Wert nennt. Der A_L-Wert ist ein Teil aus obiger Formel, nämlich der Faktor des Bruches ohne die Windungszahl.

$$L = \frac{\mu_0 \cdot \mu_r \cdot A}{l_m} \cdot N^2$$

$$A_L = \frac{\mu_0 \cdot \mu_r \cdot A}{l_m}$$

Dann vereinfacht sich die Formel erheblich zu

$$L = A_L \cdot N^2.$$

Diese Formel steht ebenfalls in der Formelsammlung der BNetzA. Dort ist vermerkt, dass ein A_L-Wert immer in nH (Nanohenry) angegeben wird.

Bild 3-12: Schalenkern mit A_L-Wert 250 nH

Prüfungsaufgabe TC310
Mit einem Schalenkern, dessen A_L-Wert mit 250 angegeben ist, soll eine Spule mit einer Induktivität von 2 mH hergestellt werden. Wie groß ist die erforderliche Windungszahl?
A 3 **B** 53 **C** 89 **D** 2828

Lösung: N wird gesucht. Dazu muss die Formel umgestellt werden.

$$N = \sqrt{\frac{L}{A_L}} = \sqrt{\frac{2 \cdot 10^{-3}\,\mathrm{H}}{250 \cdot 10^{-9}\,\mathrm{H}}} = \sqrt{\frac{2 \cdot 10^{6}}{250}} = 89{,}4$$

Bearbeiten Sie die **Prüfungsaufgaben TC311, TC312** und **TC313**.

Spule an Gleichspannung

Im Amateurfunklehrgang für die Klasse E wurde unter der Überschrift „Induktivität" erklärt, dass beim Anlegen einer Gleichspannung über einen Schalter der Strom durch die Spule verzögert wird. Es wurde dort ein Versuch zur Demonstration der Selbstinduktion gezeigt. Zusammengefasst: Es bildet sich eine Gegenspannung, die dem Strom entgegenwirkt. Die Spannung ist also sofort da, fällt dann aber zügig (nach einer e-Funktion) ab.

Prüfungsfragen
Bearbeiten Sie dazu die Fragen **TC301** und **TC304**.

Der Wechselstromwiderstand

Ebenfalls im Buch für Klasse E wurde der Wechselstromwiderstand der Spule oder ohne Berücksichtigung der Verluste der Blindwiderstand erklärt. Ähnlich wie beim Kondensator gilt

$$X_L = \frac{U_L}{I_L} \quad \text{oder} \quad X_L = \omega \cdot L$$

U geteilt durch *I* ist wie *R* beim ohmschen Gesetz. Allerdings muss für Zusammenschaltungen bei der Berechnung ein Phasenwinkel berücksichtigt werden.

Prüfungsaufgabe TC305
Wie groß ist der Wechselstromwiderstand einer Spule mit 3 µH Induktivität bei einer Frequenz von 100 MHz?
A 1,9 Ω **B** 942 Ω
C 1885 Ω **D** 1885 kΩ

Lösung:

$$X_L = \omega \cdot L = 2\pi \cdot 100 \cdot 10^{6} \frac{1}{\mathrm{s}} \cdot 3 \cdot 10^{-6} \frac{\mathrm{Vs}}{\mathrm{A}}$$

Sekunde kürzt sich heraus. Volt durch Ampere ist Ohm, 10^{-6} und 10^{6} heben sich auf, bleiben $2\pi \cdot 100 \cdot 3$.

$$X_L = \pi \cdot 600\,\Omega = 1885\,\Omega$$

Übungsaufgabe
Berechnen Sie den Wechselstromwiderstand einer Drosselspule von 1 Henry bei den Frequenzen 50 Hz, 100 Hz, 500 Hz und 1000 Hz. Die Verluste werden nicht berücksichtigt. Tragen Sie anschließend die Ergebnisse in folgendes Diagramm Bild 3-13 ein.

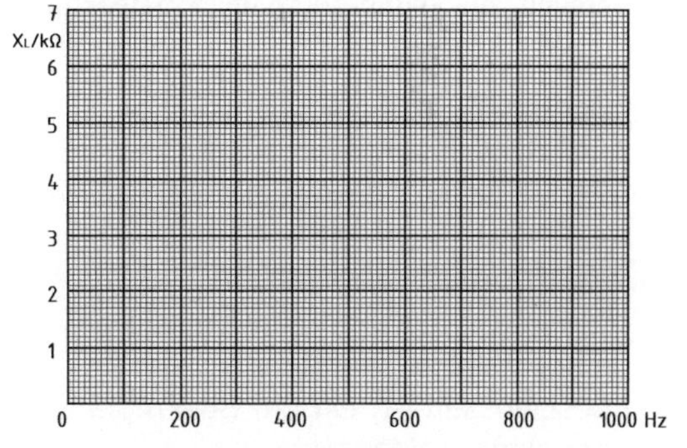

Bild 3-13: Abhängigkeit des Wechselstromwiderstandes einer Spule von der Frequenz.

Bearbeiten Sie die **Prüfungsfrage TC303.**

Phase zwischen Strom und Spannung bei einer Spule

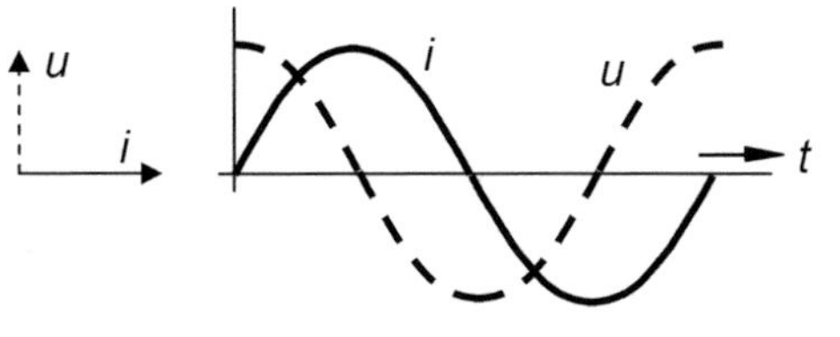

Bild 3-14: Strom und Spannung an der Spule

Zwischen Strom und Spannung herrscht bei einer idealen Spule an Wechselspannung eine Phasenverschiebung von 90°. Und zwar eilt der Strom der Spannung nach. Vergleichen Sie bitte einmal die Bilder 3-14 und 3-7! Im Zeigerdiagramm der Spule zeigt u nach oben in den positiven Bereich. Die Zeiger drehen sich links herum (entgegen dem Uhrzeiger). Der Stromzeiger *i* eilt also dem Spannungszeiger *u* um 90° nach. Beim Kondensator zeigt *u* nach unten.

Dies ist folgendermaßen erklärbar. Nach dem Anlegen einer Spannung an eine Spule wird zunächst durch Selbstinduktion eine Gegenspannung erzeugt, die den Stromfluss verhindert. Erst nach einer gewissen Zeit beginnt der Strom zu fließen (siehe auch Versuch zur Induktivität im Amateurfunklehrgang Klasse E).

Eselsbrücken im Vergleich:
Induktivität – Strom zu spät.
Kondensator – Strom eilt vor.

Prüfungsaufgabe TC302
In einer reinen Induktivität, die an einer Wechselspannungsquelle angeschlossen ist, eilt der Strom der angelegten Spannung ...
A um 90° voraus.
B um 90° nach.
C um 45° voraus.
D um 45° nach.

Verluste der Spule

Die Verluste einer Spule äußern sich wie ein Serienwiderstand. Bei der Berechnung des Blindwiderstandes tun wir so, als ob die Spule aus Draht mit null Ohm besteht. Aber jede Kupferwicklung stellt natürlich einen Drahtwiderstand dar, wenn er auch gegenüber dem Wechselstromwiderstand der Spule klein ist. Eine Spule hat eine umso höhere Güte Q, je geringer der Gleichstromwiderstand R_s im Verhältnis zum Wechselstromwiderstand ist. Dies kann man in einer Formel ausdrücken.

$$Q = \frac{X_L}{R_s} \qquad \tan\delta = \frac{R_s}{X_L}$$

Manchmal wird die Güte Q wie beim Kondensator auch als Verlustfaktor tan δ angegeben. Dies ist der Kehrwert der Güte. Die Formel finden Sie in der Formelsammlung der BNetzA unter Schwingkreis.

Bearbeiten Sie die **Prüfungsaufgaben TC306** und **TC307**.

Der Vollständigkeit halber sollen auch hier wieder wie beim Kondensator die Zeigerdreiecke für die Reihenschaltung von Spule und Wirkwiderstand angegeben werden.

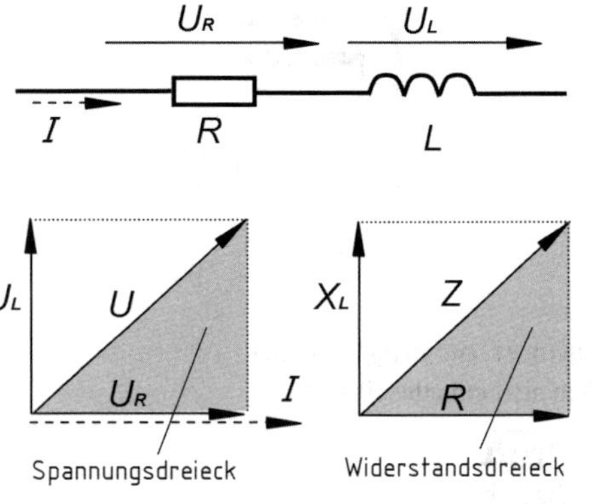

Bild 3-15: R und L in Reihenschaltung

Besondere Spulen

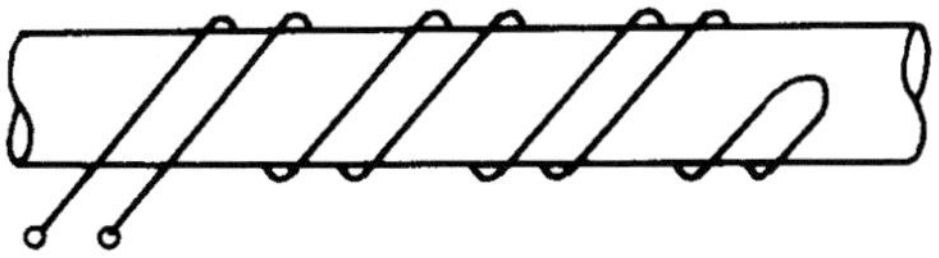

Bild 3-16: Bifilare Wicklung

Bei Messwiderständen hoher Leistung stört die Induktivität. Deshalb wickelt man so, dass zur Hälfte im entgegen gesetzten Sinn gewickelt wird (Bild 3-16).

Das in der Spule erzeugte Magnetfeld kann gelegentlich störend wirken. Denn durch Gegeninduktion kann in einer benachbarten Spule eine Spannung erzeugt werden. Deshalb werden solche Spulen oft durch Abschirmbecher aus Metall abgedeckt.

Bearbeiten Sie die **Prüfungsfragen TC318** und **TC319.**

Jedes Stückchen Draht, jeder Leiter, ob er gerade oder kreisförmig verläuft (Bild 3-17), erzeugt beim Stromfluss ein magnetisches Feld. Umgekehrt schließt man daraus: Jeder Leiter hat eine gewisse Induktivität. Deshalb muss man besonders bei elektronischen Geräten für ultra hohe Frequenzen (UHF) die Leitungsverbindungen sehr kurz halten.

Bild 3-17: Durch die Form der Leiterbahn wird absichtlich eine Induktivität erzeugt

Prüfungsaufgabe
Bearbeiten Sie die Frage **TC308.**

Zusammenschaltungen

Die Berechnung der Reihen- und Parallelschaltung von Spulen erfolgt genau wie beim Widerstand. Bei der Reihenschaltung werden die Induktivitäten addiert und bei der Parallelschaltung erfolgt die Berechnung gemäß folgender Formel.

$$\frac{1}{L} = \frac{1}{L_1} + \frac{1}{L_2} + \frac{1}{L_3} + \ldots$$

Bearbeiten Sie die **Prüfungsaufgaben TD104** und **TD105.**

R-L-C-Schaltungen

Wenn ein ohmscher Widerstand gleichzeitig mit einem Kondensator und einer Spule zusammengeschaltet ist, müssen die beiden entgegen gesetzten Phasenverschiebungen von Spule und Kondensator berücksichtigt werden. An einem Beispiel der Reihenschaltung soll dies einmal gezeigt werden. Es sei folgende Reihenschaltung (Bild 3-18) gegeben, X_L sei größer als X_C. Links wurden die einzelnen Widerstandspfeile gezeichnet. Um die Summe zu erhalten, werden alle Pfeile entsprechend ihrer Richtung aneinandergesetzt. Die Verbindung vom Anfang R bis zur Pfeilspitze X_C ist Z.

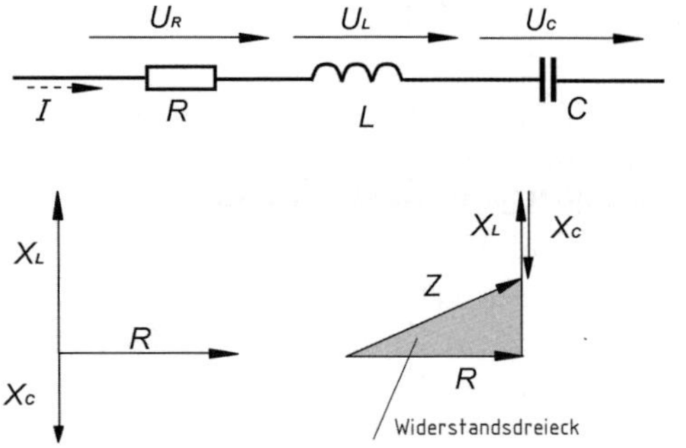

Bild 3-18: RLC-Reihenschaltung

Beantworten Sie die **Frage TD110.**

RC-Glieder als Tief- und Hochpass

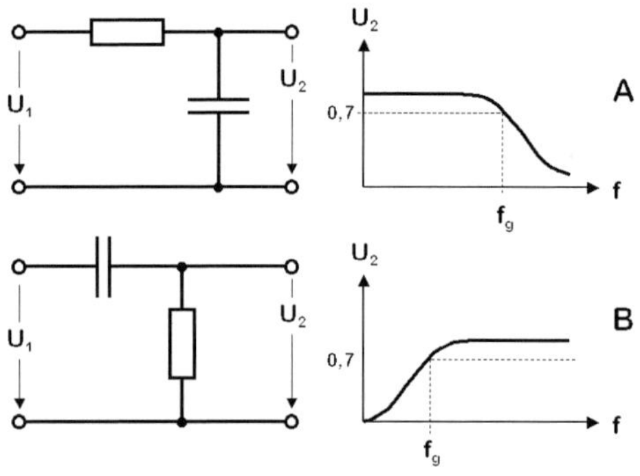

Bild 3-20: RC-Glieder A: Tiefpass, B: Hochpass

Widerstand und Kondensator lassen sich wie ein Spannungsteiler schalten und wirken dann als „Frequenzfilter", indem die hohen oder die tiefen Frequenzen im „Frequenzgang" abgesenkt werden.

Betrachten Sie Bild 3-20 A! Bei niedrigen Frequenzen hat der Kondensator einen großen Wechselstromwiderstand und der Spannungsteiler wirkt kaum. Erst wenn die Frequenz ansteigt, sinkt der Wechselstromwiderstand und der Spannungsteiler wirkt als solcher und die Spannung sinkt. Weil die tiefen Frequenzen ungehindert passieren können, nennt man diese Schaltung Tiefpass. Umgekehrt wirkt der Spannungsteiler nach Bild 3-20 B.

Die Frequenz, bei der beim Tiefpass die Ausgangsspannung auf 70,7% (-3 dB) abgesunken beziehungsweise beim Hochpass 70,7% des Endwertes erreicht wird, nennt man Grenzfrequenz. Die Grenzfrequenz f_g dieser RC-Glieder lässt sich recht einfach berechnen. Die Formel steht in der Formelsammlung der BNetzA (Anhang).

$$f_g = \frac{1}{2 \cdot \pi \cdot R \cdot C}$$

Prüfungsaufgabe TD213
Welche Grenzfrequenz ergibt sich bei einem RC-Tiefpass mit einem Widerstand von 10 kΩ und einem Kondensator von 50 nF?
A 0,32 Hz
B 318 Hz
C 421 Hz
D 318 kHz

Lösung:

$$f_g = \frac{1}{2 \cdot \pi \cdot 10 \cdot 10^3 \Omega \cdot 50 \cdot 10^{-9} \mathrm{F}}$$

$$\Omega \cdot \mathrm{F} = \frac{\mathrm{V}}{\mathrm{A}} \cdot \frac{\mathrm{A\,s}}{\mathrm{V}} = \mathrm{s}$$

Eingabe mittels **Taschenrechner**:
$2 \ldots \times \ldots \pi \ldots \times \ldots 10\,\mathrm{EXP}03 \ldots \times \ldots$
$\ldots 50\,\mathrm{EXP} - 09 \ldots = \ldots 1/x$
Ergebnis: 318,3

Solche „Spannungsteiler" lassen sich auch mit Spulen aufbauen. Die Spule hat das umgekehrte Frequenzverhalten eines Kondensators, also bei niedrigen Frequenzen einen niedrigen Widerstand und umgekehrt.

Prüfungsfrage TG201
Welche Schaltung könnte für die Tiefpassfilterung in einem Mikrofonverstärker eingesetzt werden?

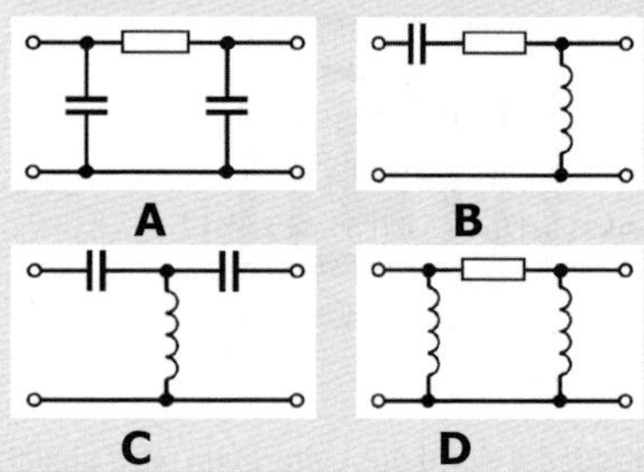

Kommentar: B, C und D sind Hochpässe. Die tiefen Frequenzen werden über die Spulen kurzgeschlossen.

Übertrager – Transformator

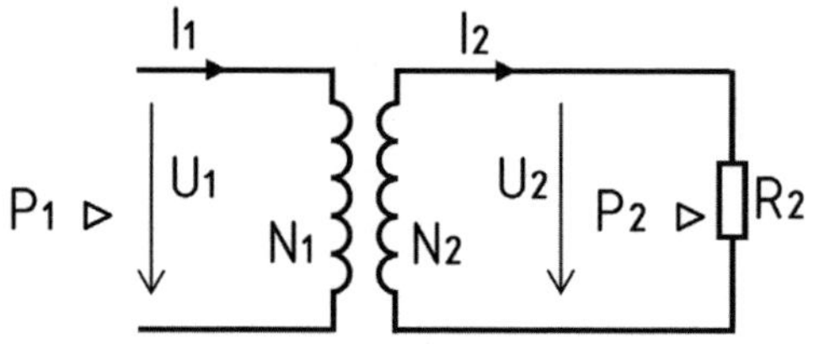

Bild 3-21: Übertrager, Transformator

Werden zwei elektrisch getrennte Spulen von einem gemeinsamen Magnetfeld durchdrungen, zum Beispiel wenn sie auf einen gemeinsamen Kern gewickelt sind, kann die Wechselstromleistung P_1 auf die Sekundärseite als P_2 übertragen werden. Dabei verhalten sich die induzierten Spannungen in den Wicklungen wie deren Windungszahlen. Das Verhältnis der Windungszahlen N_1 zu N_2 nennt man Übersetzungsverhältnis ü.

$$\ddot{u} = \frac{N_1}{N_2} = \frac{U_1}{U_2}$$

Die Eingangswicklung eines Transformators nennt man Primärseite (mit N_1, U_1, I_1), die Ausgangswicklung Sekundärseite (mit N_2, U_2, I_2). Einen verlustlosen Transformator nennt man Übertrager.

Prüfungsfrage TC401
Ein Trafo liegt an 230 Volt und gibt 11,5 Volt ab. Seine Primärwicklung hat 600 Windungen. Wie groß ist seine Sekundärwindungszahl?
A 20 Windungen
B 30 Windungen
C 52 Windungen
D 180 Windungen

Lösung: Es wird die Sekundärwindungszahl N_2 gesucht. Deshalb erfolgt der Ansatz mit N_2 im Zähler auf der nächsten Seite.

$$\frac{N_2}{N_1} = \frac{U_2}{U_1}$$

umgestellt: $$N_2 = \frac{U_2}{U_1} \cdot N_1$$

$$N_2 = \frac{11{,}5\,\text{V}}{230\,\text{V}} \cdot 600 = \underline{\underline{30}}$$

Die Sekundärwicklung hat 30 Windungen.

Es soll nachgewiesen werden, dass sich die Ströme umgekehrt verhalten wie die Spannungen. Nehmen wir einmal an, dass der Transformator keine Verluste hätte. Für einen verlustlosen Transformator gilt Eingangsleistung gleich Ausgangsleistung.

$$P_1 = P_2$$

oder $$U_1 \cdot I_1 = U_2 \cdot I_2$$

oder $$\frac{U_1}{U_2} = \frac{I_2}{I_1}$$

Also: Die Ströme verhalten sich umgekehrt wie die Spannungen.

Prüfungsfrage TC402
Ein Transformator setzt die Spannung von 230 Volt auf 6 Volt herunter und liefert dabei einen Strom von 1,15 A. Wie groß ist der dadurch in der Primärwicklung zu erwartende Strom bei Vernachlässigung der Verluste?

Lösung: Es wird der Primärstrom gesucht. Deshalb der Ansatz mit I_1 und der Aussage: Die Ströme verhalten sich umgekehrt wie die Spannungen.

$$\frac{I_1}{I_2} = \frac{U_2}{U_1}$$

$$I_1 = \frac{U_2}{U_1} I_2 = \frac{6}{230} 1{,}15\,\text{A} = 0{,}030\,\text{A}$$

Übertrager

Bei geringen Leistungen spricht man bei einem Transformator von einem Übertrager. Es soll zunächst gezeigt werden, dass man mit einem Übertrager Widerstände "übersetzen" kann. Nehmen wir an, an den Ausgang des Übertragers wird ein Widerstand R_2 angeschlossen.

Bei einem verlustlosen Übertrager gilt

$$P_1 = P_2 .$$

Mit $P = \frac{U^2}{R}$ erhält man

$$\frac{U_1^2}{R_1} = \frac{U_2^2}{R_2} \rightarrow \frac{U_1^2}{U_2^2} = \frac{R_1}{R_2}$$

$$\left(\frac{U_1}{U_2}\right)^2 = \frac{R_1}{R_2} \rightarrow \ddot{u}^2 = \frac{R_1}{R_2}$$

$$\boxed{\ddot{u} = \sqrt{\frac{R_1}{R_2}}} \quad \text{oder} \quad \boxed{R_1 = \ddot{u}^2 \cdot R_2}$$

Das Übersetzungsverhältnis berechnet sich als Wurzel aus den Widerständen. Wenn man beispielsweise auf der Sekundärseite einen Widerstand von 400 Ohm anschließt und die Windungszahlen verhalten sich wie 1 zu 2 (primär zu sekundär), verhält sich der Übertrager so, dass man am Eingang einen Widerstand von einem Viertel feststellt, also 100 Ohm.

Prüfungsaufgabe TC407
Für die Anpassung einer 50-Ω-Übertragungsleitung an eine 600-Ω-Antenne wird ein Übertrager verwendet. Welches Windungszahlverhältnis sollte er aufweisen?

A	1 : 1	**B**	1: 3,5
C	1 : 5,5	**C**	1 : 12

Lösung: $\frac{N_2}{N_1} = \sqrt{\frac{R_2}{R_1}} = \sqrt{\frac{600}{50}} = \sqrt{12} = 3{,}46$

Tipp: Rechnen Sie immer den größeren Wert durch den kleineren. dann bekommen Sie immer eine Zahl größer eins. Meine **Lösung** besagt: N_2 verhält sich zu N_1 wie 3,5 zu 1. Umgekehrt kann man auch sagen: N_1 verhält sich zu N_2 wie 1 zu 3,5.

Prüfungsaufgabe
Lösen Sie die Aufgabe **TC406.**

Prüfungsaufgabe TC405

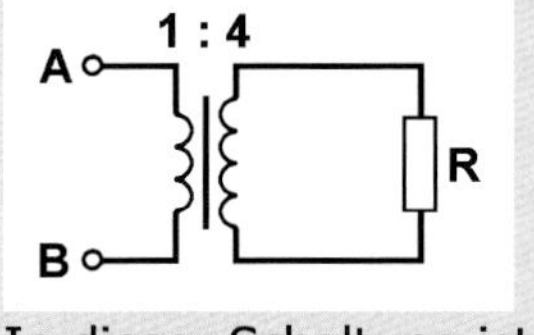

In dieser Schaltung ist R = 6,4 kΩ. Die Impedanz zwischen den Anschlüssen A und B beträgt

A	0,4 kΩ.	**B**	25,6 kΩ.
C	6,4 kΩ.	**D**	1,6 kΩ.

Lösung 1 mit der Formel $R_1 = \ddot{u}^2 \cdot R_2$. In dieser Aufgabe ist der gegebene Widerstand auf der Sekundärseite, also R_2 = 6,4 kΩ.

$$R_1 = \ddot{u}^2 \cdot R_2 = \left(\frac{1}{4}\right)^2 6{,}4\,\text{k}\Omega = \frac{6{,}4\,\text{k}\Omega}{16} = 0{,}4\,\text{k}\Omega$$

Lösung 2: Man kann die Aufgabe auch durch Überlegung lösen. Die Widerstände verhalten sich quadratisch zueinander. Quadratisch ist hier $4^2 = 16$. An der Wicklung mit der höheren Windungszahl ist der größere Widerstand. Also muss 6,4 durch 16 geteilt werden. Auf diese Weise lösen Sie die folgende Aufgabe.

Prüfungsaufgabe
Lösen Sie die Aufgabe **TC404** aus dem Fragenkatalog.

Balun-Transformator

In der Hochfrequenztechnik wird folgendes Transformatorprinzip gern eingesetzt. Der „Transformator" besteht aus nur einer einzigen Wicklung mit Mittelanzapfung. Auch hier gilt: Die Spannungen verhalten sich wie die Windungszahlen und dies ist gleich dem Übersetzungsverhältnis.

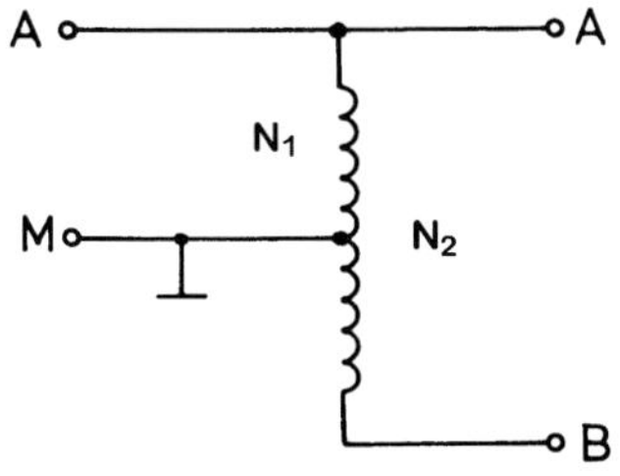

Bild 3-22: Balun-Transformator

Anhand einer Formelumstellung will ich Ihnen zeigen, dass dieser Transformator bei Mittenanzapfung, das heißt wenn N_2 zweimal N_1 ist, Widerstände (Impedanzen) im Verhältnis 4 **:** 1 transformiert. Nehmen wir an, an der Wicklung N_2 (Klemmen A – B) ist ein Widerstand R_2 angeschlossen.

$$\frac{N_1}{N_2} = \sqrt{\frac{R_1}{R_2}}$$

Diese Formel soll nach R_2/R_1 umgestellt werden. Zunächst wird quadriert.

$$\left(\frac{N_1}{N_2}\right)^2 = \frac{R_1}{R_2} \quad \text{oder} \quad \frac{R_2}{R_1} = \left(\frac{N_2}{N_1}\right)^2$$

Mit $N_2 = 2 \cdot N_1$ wird $\frac{R_2}{R_1} = \left(\frac{2 \cdot N_1}{N_1}\right)^2$.

N_1 kürzt sich heraus und $2^2 = 4$.

$$\frac{R_2}{R_1} = 4 \quad \text{oder} \quad \boxed{R_2 = 4 \cdot R_1}$$

Warum dieser Transformator „Balun" (**bal**anced - **un**balanced) heißt, wird im Kapitel 10 unter „Symmetrierung" erläutert.

Prüfungsaufgabe TH419
Für welche Antennenimpedanz ist der folgende Balun-Transformator aus zweimal 8 Windungen ausgelegt?

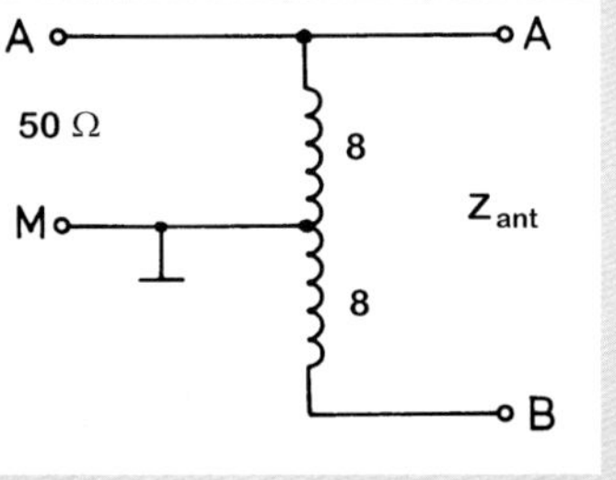

A 50 Ω **B** 100 Ω
C 200 Ω **D** 400 Ω

Lösung:
Doppelter Windungszahl entspricht vierfacher Impedanz. Also $4 \cdot 50\ \Omega = 200\ \Omega$

Bearbeiten Sie die **Prüfungsaufgabe TH420.**

Bearbeiten Sie die **Prüfungsaufgaben TC316 und TC317.**

Anhang zur Kapitel 3

Lösungen der Prüfungsfragen aus diesem Kapitel
TC201 B, TC202 A, TC203 C, TC205 B, TC206 D, TC208 B, TC302 B, TC305 D, TC309 A, TC310 C, TC401 B, TC403 B, TC405 A, TC407 B, TD102 C, TD106 A, TD116 C, TD117 B, TD118 B, TD120 C, TH419 C

Kapitel 4: Schwingkreis und Filter

In diesem Kapitel werden Prüfungsaufgaben aus dem Sachgebiet Schwingkreis und Filter vorgestellt und ausführlich besprochen. Die Theorie dazu müsste teilweise aus dem Lehrgang für Klasse E bekannt sein.

Der Schwingkreis

Sehr ausführlich werden im Amateurfunklehrgang zur Klasse E im Kapitel 7 der Schwingungsvorgang und die Entstehung der sinusförmigen gedämpften und ungedämpften Schwingung erläutert. Beachten Sie bei den Prüfungsaufgaben: Ein Reihenschwingkreis wird auch *Serienschwingkreis* genannt. Hier werden deshalb beide Begriffe gemischt verwendet.

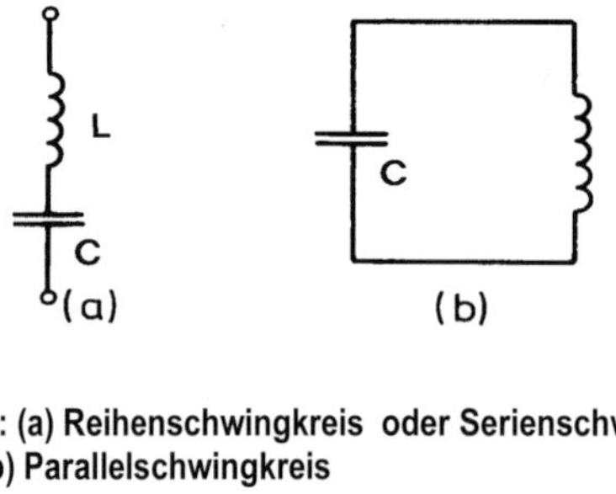

Bild 4-1: (a) Reihenschwingkreis oder Serienschwingkreis, (b) Parallelschwingkreis

Die Resonanzfrequenz

Der Begriff *Resonanzfrequenz* wurde ebenfalls erklärt. Es lief darauf hinaus, dass die Energiependelung bei der Parallelschaltung von Spule und Kondensator am besten bei der Frequenz funktioniert, bei der der induktive Widerstand gleich dem kapazitiven Widerstand ist. Auf eine Ableitung der Formel für die Berechnung der Resonanzfrequenz wurde dort beim Amateurfunklehrgang für die Klasse E verzichtet, was hier nachgeholt werden soll.

Prüfungsfragen
Beantworten Sie die Frage **TD203** aus dem Fragenkatalog der BNetzA.

Aus der Beziehung

$$\boxed{X_L = X_C}$$

lässt sich die Frequenz berechnen, die diese Bedingung erfüllt. Setzt man für

$$X_C = \frac{1}{\omega \cdot C} \quad \text{und} \quad X_L = \omega \cdot L$$

ein und löst man die Gleichung nach ω auf, ergibt sich folgender Rechengang.

$$\omega \cdot L = \frac{1}{\omega \cdot C} \qquad \omega^2 = \frac{1}{L \cdot C}$$

$$\omega = \frac{1}{\sqrt{L \cdot C}}$$

Nun wird für die Kreisfrequenz $\omega = 2\pi f$ eingesetzt, dann durch 2π geteilt und man erhält die Frequenz, bei der die Bedingung $X_L = X_C$ erfüllt ist. Diese Frequenz nennt man die Resonanzfrequenz f_0.

$$f_0 = \frac{1}{2 \cdot \pi \cdot \sqrt{L \cdot C}}$$

Diese Formel – nach dem Ohmschen Gesetz die zweitwichtigste Formel für den Funkamateur – wird als „Thomsonsche Schwingkreisformel" bezeichnet. Sie steht auch in der Formelsammlung der BNetzA (siehe Anhang). Dazu gibt es eine Reihe von Prüfungsaufgaben.

Prüfungsaufgabe TD209
Welche Resonanzfrequenz hat die Parallelschaltung einer Spule von 2 µH mit einem Kondensator von 60 pF und einem Widerstand von 10 kΩ?

A 145,288 kHz **B** 1,45288 MHz
C 14,5288 MHz **D** 145,288 MHz

Lösung: Bei der Berechnung der Frequenz haben Widerstände keinerlei Wirkung. Warum man noch einen Widerstand angegeben hat, verstehe ich nicht. Vielleicht will man die Aufgabe damit schwieriger machen? Setzen Sie einfach die Kapazität und die Induktivität mit den Einheiten in die Thomsonsche Schwingkreisformel ein.

$$f_0 = \frac{1}{2 \cdot \pi \cdot \sqrt{L \cdot C}} = \frac{1}{2 \cdot \pi \cdot \sqrt{2 \cdot 10^{-6}\,\mathrm{H} \cdot 60 \cdot 10^{-12}\,\mathrm{F}}}$$

für H setze ich immer $\Omega \cdot s$ ein und für F setze ich $\frac{s}{\Omega}$ ein. Dann kürzt sich Ohm heraus und es bleibt s^2 übrig. Daraus die Wurzel ergibt s und 1/s ist Hertz. Sie können aber auch die Grundeinheiten $H = \frac{V\,s}{A}$ und $F = \frac{A\,s}{V}$ einsetzen. Dann kürzen sich V und A ebenfalls heraus. Ich kann mir Ohm-Sekunden für Henry einfach besser merken.

$$f_0 = \frac{1}{2 \cdot \pi \cdot \sqrt{2 \cdot 10^{-6}\,\Omega s \cdot 60 \cdot 10^{-12}\,\frac{s}{\Omega}}}$$

$$f_0 = \frac{1}{2 \cdot \pi \cdot \sqrt{2 \cdot 10^{-6}\,s \cdot 60 \cdot 10^{-12}\,s}}$$

Beginnen Sie beim **Ausrechnen** mit dem Wert in der Wurzel! Wenn Sie wollen, machen Sie mit und tippen Sie in den Taschenrechner ein:

2 EXP - 6 ... × ... 60 EXP - 12 ... = ...

... $\sqrt{\ }$ ... × ... 2 ... × ... π ... = ... 1/x

Hinweis: Zwischen der 2 und der Zehnerpotenz steht zwar ein Malzeichen in der Formel. Das dürfen Sie nicht mit eingeben beim Taschenrechner.

Das **Ergebnis** lautet 14528792.07. Vielleicht haben Sie direkt eine Anzeige mit Zehnerpotenz? Ich muss umrechnen, indem ich das Komma um 6 Stellen nach links verschiebe und erhalte $14{,}52879207 \cdot 10^6$.

Die Thomsonsche Schwingkreisformel gilt auch für die Reihenschaltung von L und C, wie Sie bereits aus dem Lehrgang Klasse E wissen. Lösen Sie also mit dieser Formel nach dem gleichen Prinzip wie bei obiger Aufgabe folgende Prüfungsaufgaben aus dem Fragenkatalog.

Prüfungsaufgaben
Bearbeiten Sie die Aufgaben **TD207, TD208, TD210, TD211, TD612, TD613, TD614**.

Zur Thomsonschen Schwingkreisformel gibt es auch noch zwei Fragen ohne Rechnung, nämlich wie sich die Frequenz verändert, wenn man die Induktivität oder die Kapazität erhöht oder erniedrigt. Schauen Sie sich die Formel an: Frequenz und L-C-Produkt sind umgekehrt quadratisch (wegen der Wurzel) proportional. Umgekehrt proportional bedeutet, dass die Frequenz kleiner (geringer) wird, wenn man L oder C erhöht. Quadratisch bedeutet, dass man zum Beispiel C vervierfachen müsste um die halbe Frequenz zu bekommen.

Prüfungsaufgabe
Beantworten Sie die Frage **TD206** aus dem Fragenkatalog.

Der Impedanzfrequenzgang

Im Lehrgang zur Klasse E Kapitel 7 haben Sie den Scheinwiderstand (Impedanz) eines Parallelschwingkreises aus einer vorgegebenen Messung zeichnen müssen. Für den Reihenschwingkreis (Serienschwingkreis) wurde das Ergebnis vorgegeben. Die Kurven sahen so ähnlich aus, wie in folgendem Bild.

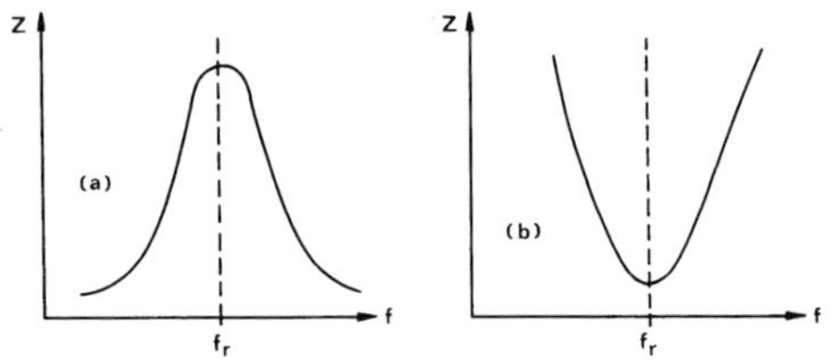

Bild 4-2: Scheinwiderstand (a) des Parallelschwingkreises und (b) des Reihenschwingkreises

Aus diesen Kurven kann man folgendes ablesen. Wenn man bei einem Parallelschwingkreis die Frequenz langsam erhöht, steigt zunächst der Scheinwiderstand bis zu einem Höchstwert an. Die Frequenz, bei der dieser Höchstwert erreicht wird, heißt Resonanzfrequenz. Der Scheinwiderstand in diesem Punkt heißt Resonanzwiderstand. Erhöht man die Frequenz weiter, nimmt der Scheinwiderstand ab.

Merken Sie sich bitte
Bei einem Parallelschwingkreis ist der Scheinwiderstand bei der Resonanzfrequenz am größten.
Der Verlauf beim Reihenschwingkreis ist entgegengesetzt.
Bei einem Reihenschwingkreis ist der Resonanzwiderstand klein. Er ist ungefähr so groß wie der Serienwiderstand der Spule.

Prüfungsfragen
Beantworten Sie die Fragen **TD201, TD202, TD204, TD212.**

Ein Reihenschwingkreis stellt wegen der Eigenschaft, dass er bei einer Frequenz (Resonanzfrequenz) praktisch einen Kurzschluss darstellt, einen *Saugkreis* dar. Er wird zum Beispiel zur Störungsunterdrückung beim gestörten Empfänger eingesetzt.

Prüfungsfrage
Beantworten Sie **TD221.**

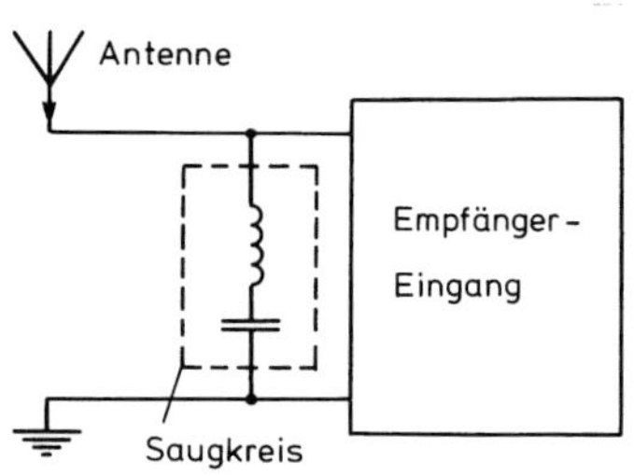

Bild 4-3: Anwendung des Reihenschwingkreises als Saugkreis

Die Bandbreite

Ein Hochfrequenzverstärker, der mit einem Schwingkreis als Arbeitswiderstand beschaltet ist, verstärkt nicht nur eine einzige Frequenz, sondern einen gewissen Frequenzbereich. Diesen bevorzugten Bereich, bei der die Spannung oder der Scheinwiderstand jeweils auf 70,7 Prozent (-3 dB) des Maximalwertes abgefallen ist, nennt man Bandbreite B.

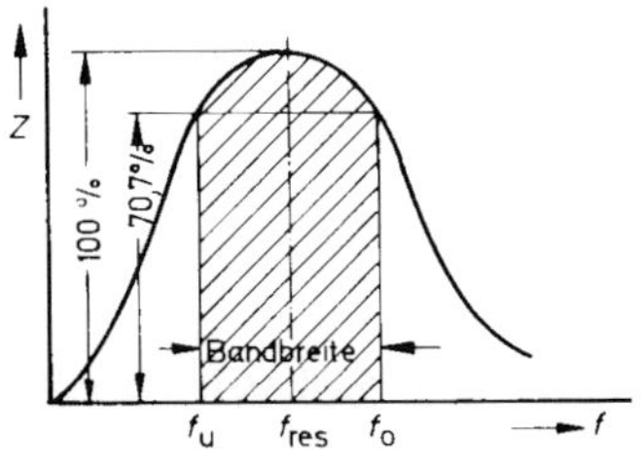

Bild 4-4: Die Bandbreite eines Parallelschwingkreises

> **Prüfungsaufgabe**
> Beantworten Sie die Frage **TD218** aus dem Fragenkatalog.

Die Güte

Die Bandbreite eines Schwingkreises ist abhängig von der Güte Q des Schwingkreises. Die Güte wiederum ist im Wesentlichen vom Verlustwiderstand der Spule abhängig. Die Verluste des Kondensators sind bei niedrigen und mittleren Frequenzen meistens vernachlässigbar klein. Die Formel für die Güte der Spule finden Sie im offiziellen Fragenkatalog Klasse A Seite 133.

$$Q = \frac{f_0}{B} = \frac{R_p}{X_L} = \frac{X_L}{R_s}$$

oder

$$\boxed{B = \frac{f_0}{Q}}$$

> **Übungsaufgabe**
> Schwingkreise mit jeweils der Güte Q = 100 sollen bei folgenden Resonanzfrequenzen betrieben werden. Berechnen Sie die jeweilige Bandbreite und tragen Sie die Ergebnisse in die Tabelle ein.

f_{res}	3,5	7	14	21	28	MHz
b	35					kHz

Lösungshinweis: Wenn Sie die Bandbreite bei den anderen angegebenen Frequenzen richtig errechnet haben, muss die Bandbreite bei zunehmender Frequenz proportional größer werden.

Wenn also bei einem Hochfrequenzverstärker eine geringe Bandbreite (hohe Trennschärfe) gewünscht wird, muss entweder die Güte des Schwingkreises hoch sein oder man wählt eine möglichst niedrige Frequenz, zum Beispiel bei der Wahl des Zwischenfrequenzverstärkers eines Empfängers.

> **Prüfungsaufgabe TD215**
> Welchen Gütefaktor Q hat die Parallelschaltung einer Spule von 2 µH mit einem Kondensator von 60 pF und einem Widerstand von 1 kΩ?
> **A** 0,18 **B** 5,5
> **C** 18,2 **D** 54,8

Lösung: Rechnen Sie mit der Formel für die Güte eines Parallelresonanzkreises aus der Formelsammlung im Fragenkatalog

$$Q = \frac{R_p}{X_L} = R_p\sqrt{\frac{C}{L}} = 1000\sqrt{\frac{60 \cdot 10^{-12}}{2 \cdot 10^{-6}}} = 5{,}48$$

Die Lösung B ist also die richtige.

> **Prüfungsaufgabe**
> Lösen Sie die Aufgabe **TD214** aus dem Fragenkatalog.

Prüfungsaufgabe TD216
Welche Bandbreite B hat die Reihenschaltung einer Spule von 100 µH mit einem Kondensator von 0,01 µF und einem Widerstand von 10 Ω?

A	159 Hz	**B**	1,59 kHz
C	15,9 kHz	**D**	159,1 kHz

Lösung mit der Gleichung für die Schwingkreisgüte Q aus der Formelsammlung auf Seite 133 des offiziellen Fragekataloges

$$Q = \frac{f_0}{B} = \frac{R_p}{X_L} = \frac{X_L}{R_s}$$

Beziehungsweise als Teil daraus

$$\frac{f_0}{B} = \frac{X_L}{R_S}$$

Diese Gleichung lösen wir nach B auf und erhalten

$$B = \frac{R_S \cdot f_0}{X_L}$$

Mit $X_L = \omega \cdot L$ und $\omega = 2 \cdot \pi \cdot f_0$

erhalten wir $B = \dfrac{R_S \cdot f_0}{2 \cdot \pi \cdot f_0 \cdot L}$

f_0 können wir kürzen und wir erhalten ein sehr interessantes Ergebnis

$$\boxed{B = \frac{R_S}{2 \cdot \pi \cdot L}}$$

In dieser Formel ist keine Frequenz mehr enthalten und auch keine Kapazität. Die Bandbreite ergibt sich also allein aus dem Verlustwiderstand (Serienwiderstand) und der Induktivität. Als Rechenergebnis erhalten wir die Lösung

$$B = 15915\,Hz \approx 15{,}9\,kHz$$

Prüfungsaufgabe TD217
Welche Bandbreite B hat die Parallelschaltung einer Spule von 2 µH mit einem Kondensator von 60 pF und einem Widerstand von 1 kΩ?

A	2,65 MHz	**B**	26,5 MHz
C	795,8 kHz	**D**	79,6 kHz

Tipp: In der Prüfungsaufgabe TD215 auf Seite 51 wurde mit den gleichen Werten eine Güte von 5,48 ermittelt.

$$f_0 = \frac{1}{2 \cdot \pi \cdot \sqrt{2 \cdot 10^{-6}\,\Omega\mathrm{s} \cdot 60 \cdot 10^{-12}\,\frac{\mathrm{s}}{\Omega}}} = 14{,}53\,\mathrm{MHz}$$

$$B = \frac{f_0}{Q} = \frac{14{,}53}{5{,}48}\,MHz = 2{,}65\,\mathrm{MHz}$$

Der Quarz als Schwingkreis

Ein ähnliches Verhalten wie ein LC-Schwingkreis aus Kondensator und Spule hat ein Schwingquarz.

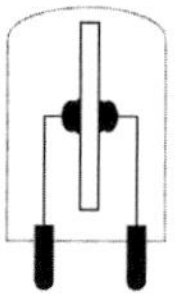

Bild 4-5: Ein Quarz

Dieser besteht aus sehr reinem Siliziumdioxid und wird als dünnes Plättchen aus einem Quarzkristall herausgeschnitten. Sein Verhalten ist durch den umkehrbaren piezoelektrischen Effekt gekennzeichnet. Unter dem piezoelektrischen Effekt versteht man die Erscheinung, dass zwischen zwei Seiten eines Kristalls bei Druck- oder Zugbeanspruchung elektrische Spannung entsteht. Eine Anwendung dieser Erscheinung findet man bei Gasanzündern oder Feuerzeugen.

Beim Quarz ist dieser Effekt umkehrbar, das heißt bei Anlegen einer Spannung verbiegt sich das Quarzplättchen (Biegeschwinger) oder verändert seine Dicke (Dickenschwinger). Durch Verbiegen entsteht wieder eine Spannung, die ihrerseits wieder eine Verbiegung bewirkt und so weiter.

Durch die Laufzeit der Druckwelle ist dieser Effekt von der Dicke des Quarzplättchens abhängig. Je dünner das Plättchen ist, desto schneller schwingt der Quarz, desto höher ist also die Frequenz. Herstellbar sind Grundwellenquarze für Frequenzen von 50 kHz bis etwa 15 MHz.

Die Dämpfung dieser Schwingung ist gering, so dass praktisch ein Schwingkreis hoher Güte entsteht. Für einen Schwingquarz kann man in der Nähe seiner Resonanz folgende Ersatzschaltung angeben.

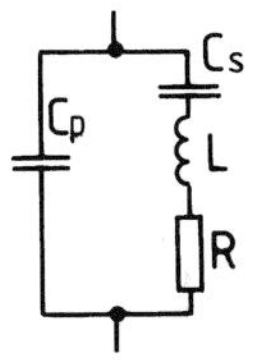

$$f_S = \frac{1}{2 \cdot \pi \cdot \sqrt{L \cdot C_S}}$$

$$f_P = \frac{1}{2 \cdot \pi \cdot \sqrt{L \cdot C_{ges}}}$$

Bild 4-6: Der Quarz als Schwingkreis

Aus der Ersatzschaltung geht hervor, dass der Schwingkreis zwei Resonanzstellen haben muss. C_S, L (und R) stellen einen Serienkreis dar. Dies nennt man die Serienresonanzfrequenz f_S. Ferner kann man sich die beiden Kondensatoren C_S und C_P innerhalb des Schwingkreises als in Reihe geschaltete Kondensatoren denken, die dann zur Spule mit dem Verlustwiderstand parallel liegen und eine etwas höhere Resonanzfrequenz ergeben, die Parallelresonanz f_P.

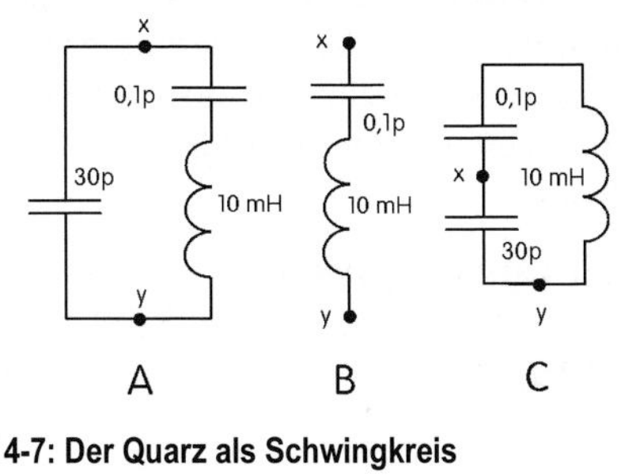

Bild 4-7: Der Quarz als Schwingkreis

Für Interessierte: Es soll hier an einem Beispiel mathematisch nachgewiesen werden, dass die Serienresonanz- und die Parallelresonanzfrequenz dicht nebeneinander liegen. Dazu wurde das Ersatzbild des Quarzes für die beiden Fälle ein wenig umgezeichnet und vereinfacht (ohne R).

Im Bild 4-7 A ist das vereinfachte Ersatzbild eines Quarzes dargestellt. Typische Werte für die Serien- und die Parallelkapazität sowie die Induktivität sind angegeben. Verfolgt man den Weg auf der rechten Seite von x nach y erhält man den Serienschwingkreis nach Bild B. Mit diesen Werten ergibt sich eine Serienresonanzfrequenz (rechnen Sie nach!) von 5,035 MHz.

Geht man von der Spule aus, liegen die beiden Kondensatoren als Reihenschaltung parallel dazu (Bild 4-6a C). Die Reihenschaltung der C's ergibt 0,099668 pF. Damit ergibt sich eine Parallelresonanzfrequenz von 5,041 MHz.

Zeichnet man den Impedanzverlauf des Quarzes auf, erhält man prinzipiell folgendes Bild.

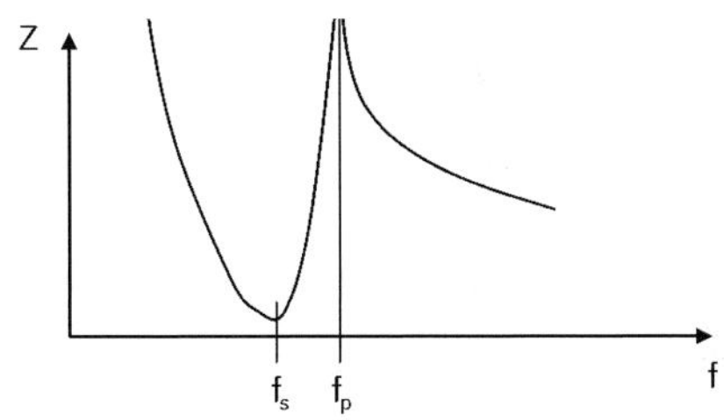

Bild 4-8: Impedanzverlauf Quarz als Schwingkreis

Bei der Serienresonanzfrequenz hat der Quarz einen sehr geringen, bei der Parallelresonanz einen sehr hohen Widerstand. Prüfungsfragen dazu gibt es bei Oszillatoren (Siehe Kapitel 7, Bild 7-10).

Dazu gehören die Prüfungsfragen **TD612, TD613** und **TD614**, die in Kapitel 7 beantwortet werden.

Quarze werden für Generatoren (Oszillatoren) im Hochfrequenzbereich angewendet, die eine sehr konstante Frequenz haben sollen. Man erreicht Genauigkeiten von 10^{-6} (1 ppm) bis 10^{-8} (0,01 ppm), das heißt Abweichungen von einem Millionstel bis sogar ein Hundertstel von einem Millionstel. Siehe Prüfungsaufgabe **TA118**.

Bandfilter

Koppelt man zwei oder mehr Parallelschwingkreise in bestimmter Weise, nennt man die entstehende Schaltung *Bandfilter*. Die Schaltung heißt deshalb Bandfilter, weil sie ein bestimmtes Frequenzband (Frequenzbereich) durchlässt und die anderen Frequenzen sperrt.

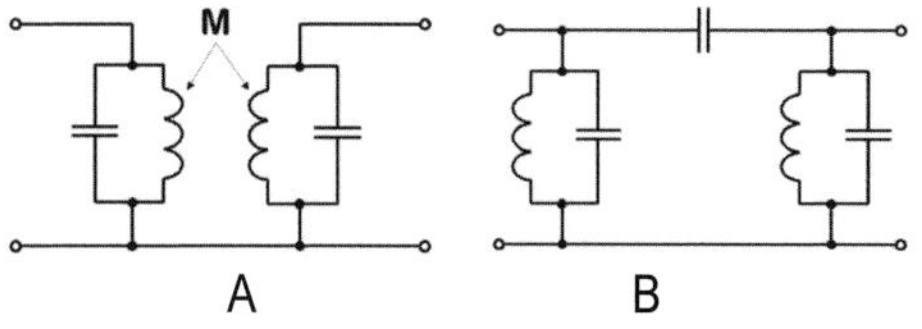

Bild 4-9: Kopplungsarten bei Bandfiltern
A: Induktive Kopplung, B: Kapazitive Kopplung

Je nachdem, wie fest man die Schwingkreise miteinander koppelt (wie dicht z.B. die Spulen zusammenstehen oder wie groß der Koppelkondensator ist), entstehen unterschiedliche Bandbreiten des Bandfilters.

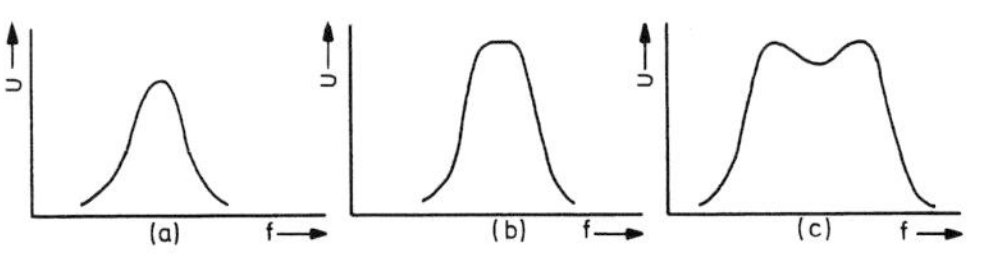

Bild 4-10: Kopplungsarten: a) unterkritische, b) kritische, c) überkritische Kopplung

Bei fester Kopplung (überkritische Kopplung) entsteht eine Einsattelung der Resonanzkurve (Bild 4-10 c). Bei der kritischen Kopplung hat die Kurve ein waagerechtes Dach (flat top) und bei unterkritischer Kopplung oder loser Kopplung erhält man die Resonanzkurve wie bei einem Einzelkreis (Bild 4-10 a) und die übertragene Spannung wird geringer.

> **Prüfungsaufgaben**
> Bearbeiten Sie die Fragen **TD228, TD224, TD229** und **TD230.**

Sperrkreis, Bandpass

Den Parallelschwingkreis und den Serienschwingkreis kann man außer in Bandfilterkombinationen auch in Leitungswege einschleifen und erhält damit verschiedene Anwendungen.

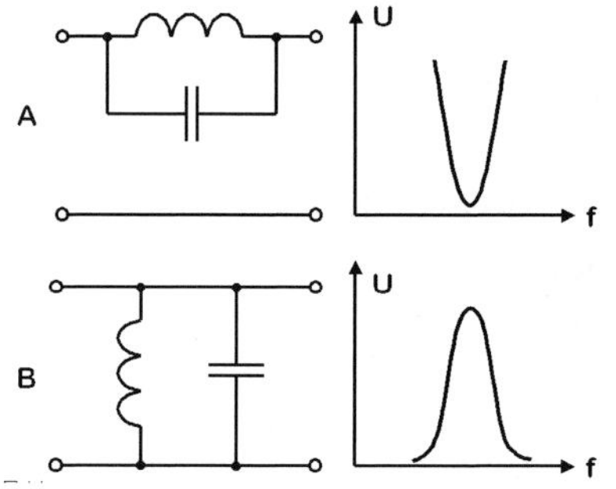

Bild 4-11: A Sperrkreis, B Bandpass

Schaltet man wie in Bild 4-11 A einen Parallelkreis in Reihe zum Signalweg, erhält man einen „Sperrkreis" oder auch Sperrfilter, denn für den Bereich um die Resonanzfrequenz mit entsprechender Bandbreite ist der Scheinwiderstand des Parallelschwingkreises groß im Verhältnis zum angeschlossenen Abschlusswiderstand (z.B. Empfängereingang). Dadurch wird der Bereich um die Resonanzfrequenz gesperrt. Achten Sie beim Frequenzgang darauf, dass hier die Spannung am Ausgang aufgetragen ist und nicht wie bei den Prüfungsfragen TD201 bis TD203 die Impedanz!

Schaltet man den Parallelschwingkreis parallel zum Signalweg, werden alle Frequenzen neben der Resonanzfrequenz kurzgeschlossen. Es bleibt nur noch ein schmaler Bandbereich übrig. Man erhält einen Bandpass.

> **Prüfungsaufgaben**
> Bearbeiten Sie die Fragen **TD222, TD223.**

Leitkreis, Saugkreis

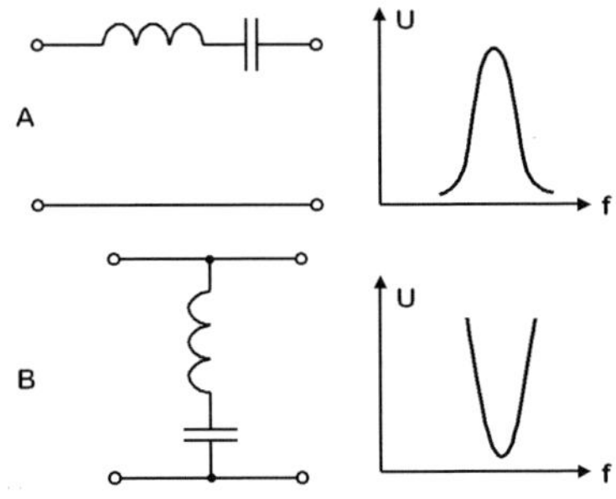

Bild 4-12: A Leitkreis, B Saugkreis

Mit Serienschwingkreisen kann man ein ähnliches Verhalten erzielen. Schaltet man einen Reihenschwingkreis in Reihe zum Signalweg, werden bevorzugt die Frequenzen durchgelassen, die in dem Bereich der Bandbreite des Schwingkreises liegen, weil er dort sehr niederohmig ist und die Signale gut durchlässt. Man nennt ihn *Leitkreis*, also ein Serienschwingkreis der gut leitet.

Prüfungsfrage
Bearbeiten Sie **TD221** und **TF319**.

Ein umgekehrtes Verhalten bekommt man, wenn der Serienschwingkreis zum Signalweg parallel geschaltet wird wie im Bild 4-12 B. Bei der Resonanzfrequenz leitet der Kreis sehr gut und schließt diese Frequenzen praktisch kurz. Man nennt die Schaltung *Saugkreis*, weil sie einen schmalen Frequenzbereich „absaugt". Ein Anwendungsbeispiel wurde weiter oben im Bild 4-3 gezeigt.

LC-Tiefpass – Hochpass

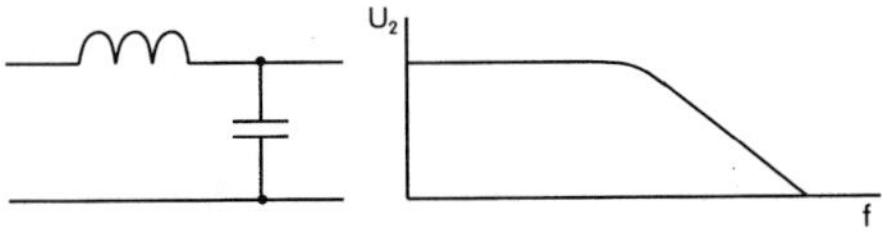

Bild 4-13: Der Tiefpass (links) und der zugehörige idealisierte Frequenzgang (rechts)

Andere Kombinationen von Spule und Kondensator stellen folgende Schaltungen dar. Diese wurden bereits im Lehrgang zur Klasse E vorgestellt und erläutert.

Prüfungsaufgabe
Bearbeiten Sie die Frage **TD220**.

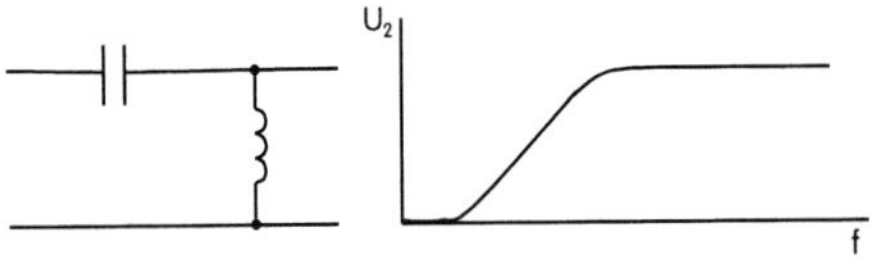

Bild 4-14: Der Hochpass (links) und der zugehörige idealisierte Frequenzgang (rechts)

Prüfungsaufgabe
Bearbeiten Sie die Frage **TD219**.

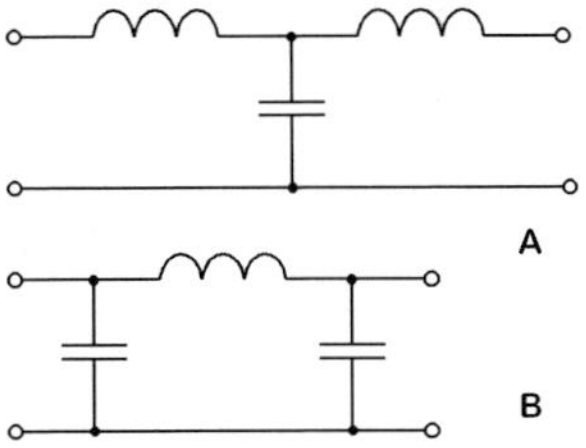

Bild 4-15: Tiefpass in T-Schaltung (A) und in Pi-Schaltung (B)

Prüfungsaufgabe
Bearbeiten Sie die Frage **TD226**.

Das Tiefpassfilter in Pi-Schaltung nach Bild 4-15 B lässt sich gut als Entstörfilter für die Netzleitung verwenden. Die tiefe Frequenz von 50 Hertz wird gut durchgelassen aber die höheren Funkfrequenzen werden unterdrückt und gelangen nicht in die Netzleitung. Allerdings wird dieses Filter meistens symmetrisch aufgebaut, damit beide Netzleitungen entstört werden. Sie finden die Schaltung in folgender Prüfungsaufgabe.

Prüfungsaufgabe
Beantworten Sie die Frage **TD322**.

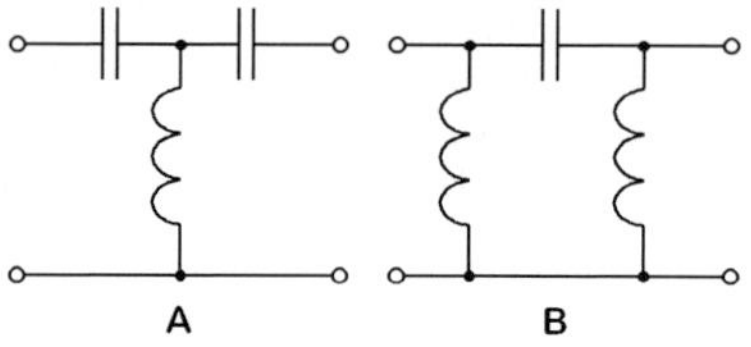

Bild 4-16: Hochpass in T-Schaltung (A) und in Pi-Schaltung (B)

Es lassen sich mehrere Tiefpass- oder Hochpassglieder hintereinander schalten. Bei einer Hintereinanderschaltung von zwei Tiefpassgliedern unterscheidet man die T-Schaltung (Bild 4-16 A) weil sie wie ein großes „T" aussieht und die Pi-Schaltung, weil sie wie ein griechischer Buchstabe „ π " aussieht. Gleiches gilt für entsprechende Hochpassschaltungen, wenn man Spulen und Kondensatoren miteinander vertauscht.

> **Prüfungsaufgaben**
> Bearbeiten Sie die Fragen **TD225** und **TD226**.

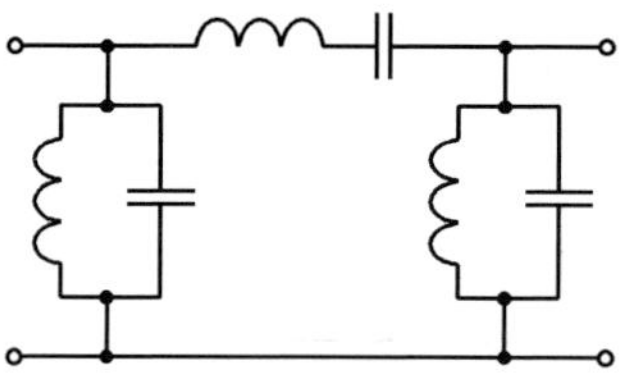

Bild 4-17: Bandpass

Im Bild 4-17 handelt es sich um die Kombination aus der Parallelschaltung von Parallelschwingkreisen und der Serienschaltung eines Serienschwingkreises. Man erreicht steilere Filterflanken. Dadurch wird die Durchlasswirkung verbessert.

In der Sendertechnik - besonders bei Röhrenendstufen - wird ein spezielles Pi-Filter für die Anpassung des Senderinnenwiderstandes an die Antenneneingangsimpedanz verwendet.

Resonanztransformation

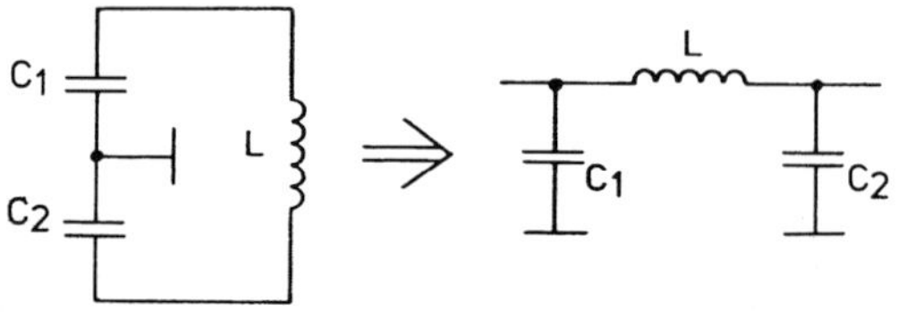

Bild 4-18: Collinsfilter oder Pi-Filter

Schwingkreise in Resonanz kann man sehr gut für Transformationszwecke verwenden. Dabei wird nicht die Induktivität als Transformator verwendet, sondern das Verhältnis der Kapazitäten von zwei in Reihe geschalteten Kondensatoren. Als Kondensatoren verwendet man oft veränderbare Drehkondensatoren und kann so stufenlos anpassen.

Im Bild 4-18 sieht man links den normalen Schwingkreis mit zwei in Reihe geschalteten Kondensatoren, zwischen denen der Massepunkt liegt. Etwas umgezeichnet wird daraus die *Pi-Schaltung*. Für Interessierte folgt eine Ableitung einer Formel, wie man mit dem Verhältnis der Kondensatoren die Widerstände anpassen kann. Dies ist kein Prüfungsthema! Nehmen wir an, der Ausgang wird mit R_2 belastet und R_1 ist der Röhreninnenwiderstand der gleich dem Eingangswiderstand sein soll.

Eingangsleistung gleich Ausgangsleistung:

$$P_1 = P_2 \rightarrow \frac{U^2{}_1}{R_1} = \frac{U^2{}_2}{R_2} \rightarrow \frac{U_1}{U_2} = \sqrt{\frac{R_1}{R_2}}$$

Außerdem verhalten sich in einem abgestimmten Schwingkreis die Spannungen wie die Wechselstromwiderstände.

$$\frac{U_1}{U_2} = \frac{X_{C1}}{X_{C2}} = \sqrt{\frac{R_1}{R_2}} \rightarrow \frac{C_2}{C_1} = \sqrt{\frac{R_1}{R_2}}$$

Die Kapazitäten verhalten sich umgekehrt wie die zu transformierenden Widerstände.

Beispiel
Eine Senderendstufenröhre hat bei 600 V Anodenspannung einen Anodenstrom von 300 mA. Mittels *Pi-Filter* soll an eine Antennenanlage mit 50 Ohm Eingangswiderstand angepasst werden. Der anodenseitige Kondensator hat eine Kapazität von 30 pF bis 270 pF. Er sollte bei Anpassung auf Mittelwert stehen. Welchen Wert müsste der antennenseitige Kondensator haben?

Lösung: Der Röhreninnenwiderstand R_1 berechnet sich aus dem Verhältnis von Anodenspannung zu Anodenstrom.

$$R_1 = \frac{U_a}{I_a} = \frac{600\ \text{V}}{300\ \text{mA}} = 2\ \text{k}\Omega$$

$$\frac{R_1}{R_2} = \frac{2\ \text{k}\Omega}{50\ \Omega} = 40$$

$$\frac{C_2}{C_1} = \sqrt{\frac{R_1}{R_2}} = \sqrt{40} = 6{,}32$$

$$C_2 = 6{,}32 \cdot C_1$$

Der antennenseitige Kondensator (C_2 in Bild 4-18 oder 4-19) müsste also 6,32-mal größer sein als der Mittelwert des anodenseitigen Drehkondensators. Der Mittelwert des Drehkos C_1 ist

$$C_{mittel} = \frac{C_{min} + C_{mac}}{2} = \frac{30\ \text{pF} + 270\ \text{pF}}{2} = 150\ \text{pF}$$

$$C_2 = 6{,}32 \cdot 150\ \text{pF} = \underline{\underline{948\ \text{pF}}}$$

Früher hat man Senderendstufen häufig mit solchen Pi-Filtern ausgestattet, um eine Anpassung des Röhreninnenwiderstandes an den 50-Ohm-Antennenausgang zu erreichen. Heutzutage schaltet man häufig ein solches Antennenanpassgerät (AT, Tuner) separat an den Ausgang des Transceivers.

"Plate (C_1)" und "Load (C_2)"

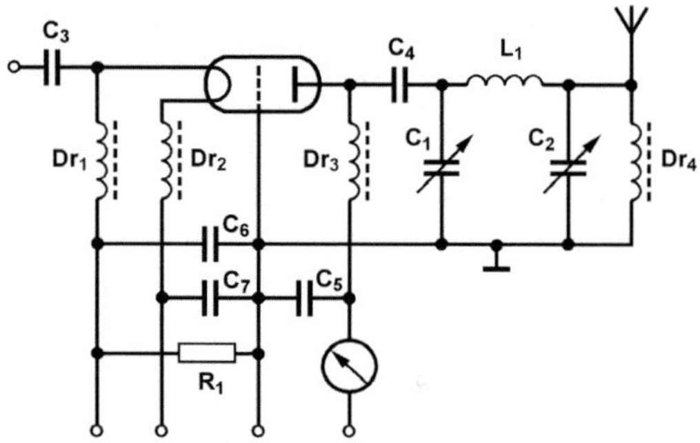

Bild 4-19: Schaltung einer Anpassschaltung mit Pi-Tankkreis

Die drei Bauelemente C_1, C_2 und L_1 bilden zusammen einen so genannten *Pi-Tankkreis* zur Anpassung der Ausgangsimpedanz der Röhre an die Antennenimpedanz. An dem Drehknopf für C_1 steht "C_{Plate}" oder "Plate" (= Anode), an dem für C_2 steht "C_{Load}" oder "Load" (= Last, Ausgang).

Beantworten Sie die Prüfungsfrage **TG315** aus dem Fragenkatalog.

Der *Abstimmvorgang* geht nun folgendermaßen vonstatten. C_1 und C_2 auf maximale Kapazität stellen. C_1 auf Dip im Anodenstrom (Resonanz) stellen, dann mit C_2 einen etwas höheren Anodenstrom einstellen (Leistung auskoppeln). Vorgang mit C_1 und C_2 wechselweise mehrmals wiederholen bis die maximale Ausgangsleistung erreicht ist. Nach dem Abstimmvorgang sollte ein Dip von etwa 10 % verbleiben. Mehr: S. 253!

Beantworten Sie die Prüfungsfrage **TG316** aus dem Fragenkatalog.

Hinweis zu Filtern allgemein

In der Praxis mit Filtern muss man beachten, dass die Filter noch eine Wechselwirkung mit den Schaltungen vor und hinter dem Filter haben. So wird ein LC-Filter nach Bild 4-14 bei der Resonanzfrequenz immer die ansteuernde Schaltung niederohmig belasten. Aber die Resonanz wird durch die Belastung des Ausganges durch die nachfolgende Schaltung auch gedämpft werden. Ein Filter kann somit nicht immer nur für sich alleine betrachtet werden, sondern es muss immer die Eingangsimpedanz und die Ausgangsimpedanz berücksichtigt werden, wie folgende Skizze zeigt.

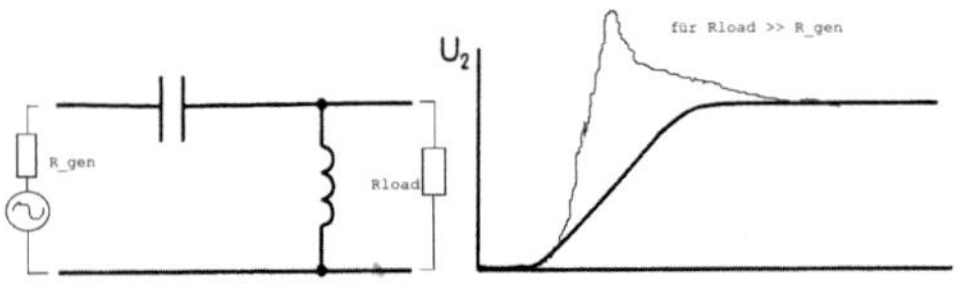

Bild 4-21: Filterkurve bei $R_L = R_L$ und bei $R_L >> R_i$

Schwingkreis im Hochfrequenzverstärker

Und so sieht eine Anwendung des *Parallelschwingkreises* bei einem Hochfrequenzverstärker aus (Bild 4-22). Die Wicklung des Übertragers dient als Schwingkreisinduktivität. Zusammen mit einem parallel geschalteten Kondensator wird daraus ein Schwingkreis. Mehr dazu in Kapitel 7!

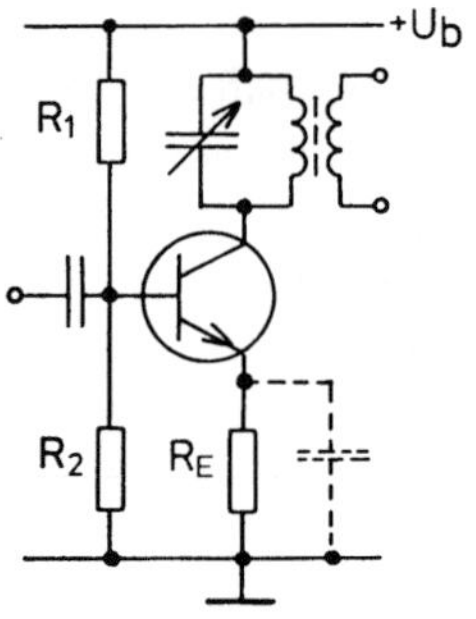

Bild 4-22: Trafo als Schwingkreis (HF-Verstärker)

Prüfungsaufgabe TD205.
Kann die Wicklung eines Übertragers zusammen mit einem Kondensator als Schwingkreis dienen?
A Ja, aber zu jeder Wicklung muss ein passend gewählter Kondensator in Reihe geschaltet werden.
B Nein, ein Übertrager kann nur Spannungen und Ströme umsetzen.
C Ja, es geht dann die Summe der Induktivitäten beider Wicklungen des Übertragers ein.
D Ja, die Wicklung des Übertragers dient als Schwingkreisinduktivität.

D ist die richtige Lösung. C ist falsch, denn es geht nicht die Summe beider Wicklungen ein, sondern es wirkt nur die Seite, an die der Kondensator angeschlossen ist, als Schwingkreis.

Notizen:

- *Bei einem Parallelschwingkreis ist der Scheinwiderstand bei der Resonanzfrequenz (Resonanzwiderstand) am größten.*
- *Bei einem Reihenschwingkreis ist der Scheinwiderstand bei der Resonanzfrequenz am kleinsten.*
- *Bei einem Reihenschwingkreis ist der Resonanzwiderstand ungefähr so groß wie der Serienwiderstand der Spule, also sehr gering.*
- *Eselsbrücke Hochpass: Kondensator hoch*

Kapitel 5: Die Diode und ihre Anwendungen

Sehr ausführlich wurden die Grundlagen von Halbleitern selbst, von der Diode und dem Transistor bereits in den Kapiteln 12 und 13 im Lehrgang zur Klasse E besprochen. Deshalb erfolgen hier nur Zusammenfassungen und Hinweise zu den Prüfungsaufgaben.

Übersicht
- Halbleiterdiode
- Die Schottky-Diode
- Die Kapazitätsdiode
- Die Z-Diode
- Spannungsbegrenzung
- Fotodiode, Solarzelle
- Die Leuchtdiode
- Einweggleichrichtung
- Zweiweggleichrichtung
- Siebung
- Gleichspannungsrückgewinnung

Die Halbleiterdiode

Es soll hier im Folgenden der Versuch gemacht werden, nur kurz das Wichtigste über Halbleiter, über die Diode, über den Transistor und den Feldeffekt-Transistor immer im Hinblick auf die Prüfungsfragen zusammenzufassen. Wer darüber hinaus mehr wissen möchte, sollte noch einmal im Amateurfunklehrgang für die Klasse E die Kapitel 12 und 13 nachlesen.

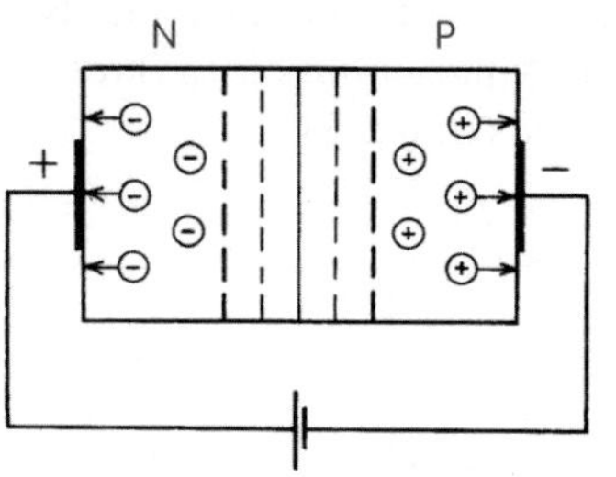

Bild 5-1: In Sperrrichtung geschalteter PN-Übergang

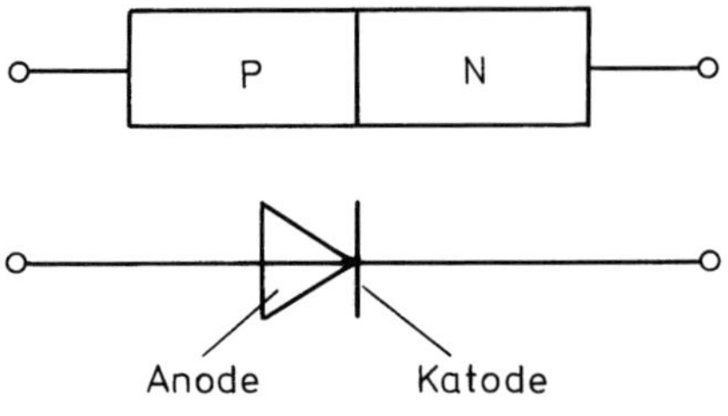

Bild 5-2: PN-Übergang und Schaltsymbol der Diode

Man unterscheidet in der Elektronik Leiter, Nichtleiter und Halbleiter. Halbleiter sind solche Werkstoffe, die für die Herstellung elektronischer Bauelemente verwendet werden. Sie bestehen im Wesentlichen aus vierwertigen Grundstoffen (meist Silizium) mit einer Dotierung durch fünfwertige (N-Leiter) oder dreiwertige Zusatzstoffe (P-Leiter).

Je nach Menge dieser Zusatzstoffe haben diese neuen Werkstoffe erstens die Eigenschaft, bei sehr niedrigen Temperaturen fast nicht zu leiten. Mit zunehmender Temperatur wird die Leitfähigkeit größer. Zweitens – und das ist das Interessante – ergeben sich ganz neue Eigenschaften, wenn man diese beiden unterschiedlich dotierten Halbleiterwerkstoffe miteinander kombiniert.

Die Kombination mit zwei Schichten führt zum PN-Übergang (Bild 5-1) und stellt als Anwendung die Diode (Bild 5-2) dar. Die Diode leitet den Strom, wenn die P-Seite an den Pluspol und die N-Seite in Richtung Minuspol in einen Stromkreis eingefügt wird (Bild 5-3).

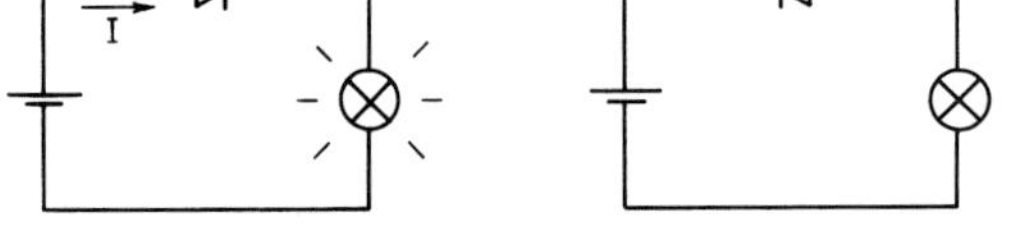

Bild 5-3: Versuch zur Demonstration von Durchlassrichtung und Sperrrichtung der Diode

Bearbeiten Sie die **Prüfungsfragen TB106** bis **TB112,** sowie **TB101, TB102** und **TC501, TC502.**

Das Verhalten einer Diode stellt man in Form von Kennlinien dar. Diese Kennlinien zeigen die Abhängigkeit des Stromes von der Spannung. In Bild 5-4 sind die typischen Kennlinien einer Germaniumdiode (1) und einer Siliziumdiode (2) dargestellt.

Diese Kennlinien kann man folgendermaßen interpretieren. Legt man nach Schaltung 5-3 eine Spannung in Durchlassrichtung an, so wird bei einer sehr niedrigen Spannung zunächst kein Strom fließen. Erhöht man die Spannung langsam, wird bei einer Germaniumdiode ab zirka 0,2 Volt der Strom anfangen zu fließen, bei der Siliziumdiode beginnt der Stromfluss erst bei zirka 0,65 Volt. Die Kennlinie der Siliziumdiode ist steiler.

Die Spannung, bei der dieser Stromfluss (I_F) in Flussrichtung (U_F) beginnt, heißt Schwellspannung. Die Spannung, die bei einem bestimmten Strom an der Diode anliegt (Arbeitspunkt), heißt Durchlassspannung. Sie beträgt bei Siliziumdioden zirka 0,7 Volt, bei Germaniumdioden zirka 0,3 Volt. Die Durchlassspannung ist temperaturabhängig. Bei steigender Temperatur wird diese Durchlassspannung geringer.

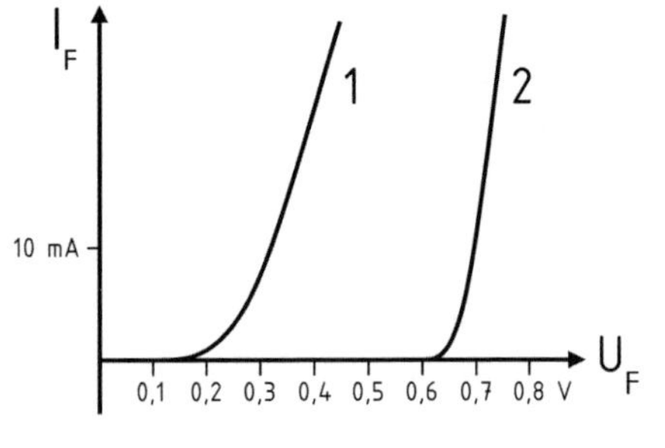

Bild 5-4: Typische Kennlinien
(1) Germaniumdiode, (2) Siliziumdiode

Prüfungsfragen
Beantworten Sie die Fragen **TC504** bis **TC510** und **TC512.**

Die Schottky-Diode

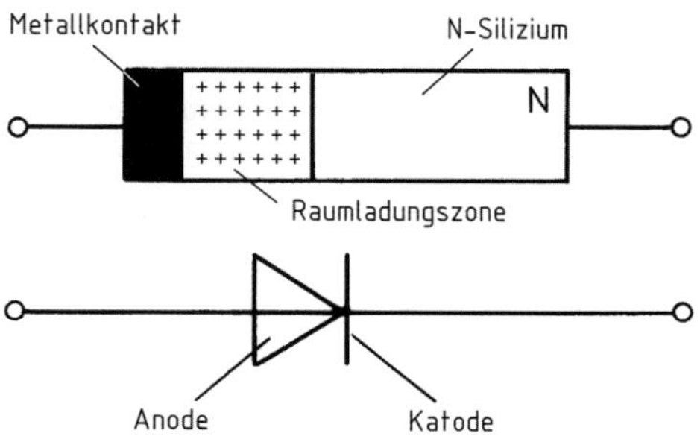

Bild 5-5: Aufbau der Schottky-Diode

Eine für Hochfrequenz und damit für den Amateurfunk sehr gut geeignete Diode ist die Schottky-Diode. Sie ist anders aufgebaut als die normale Germanium- oder Siliziumdiode. Sie besteht nämlich aus einer Metall-Schicht und einer N-leitenden Silizium-Schicht.

Die Elektronen aus der N-Schicht wandern zur Metallschicht. Dadurch verarmt die N-Schicht an Elektronen und die positiven Löcher bleiben in der Überzahl. Weil Elektronen leichter aus N-Silizium in die Metallschicht gelangen als umgekehrt, entsteht in der Silizium-Schicht ein an Elektronen verarmter Bereich, die so genannte Schottky-Sperrschicht. In dieser Raumladungszone (Sperrschicht) entsteht ein elektrisches Feld. Ab einem bestimmten Zustand ist das elektrische Feld so groß, dass keine Elektronen mehr wandern.

Schließt man den Pluspol einer Spannungsquelle an N-Silizium und den Minuspol an die Metallschicht, wird die Raumladungszone größer. Die Diode sperrt. Schaltet man die Schottky-Diode in Durchlassrichtung, wird die Raumladungszone frei geräumt. Die Elektronen fließen von der N-Schicht in die Metallschicht.

Dieses Schalten vom Durchlasszustand in den Sperrzustand bzw. umgekehrt erfolgt sehr schnell. Die Schottky-Diode ist bis zu Frequenzen von 50 GHz einsetzbar. Ein weiterer Vorteil ist die sehr geringe Durchlassspannung von zirka 0,25 Volt. Sie eignet sich deshalb als Hochfrequenz-Schaltdiode.

Prüfungsfrage TC511
In welcher Zeile sind die Diodentypen der entsprechenden Kennlinie richtig zugeordnet?

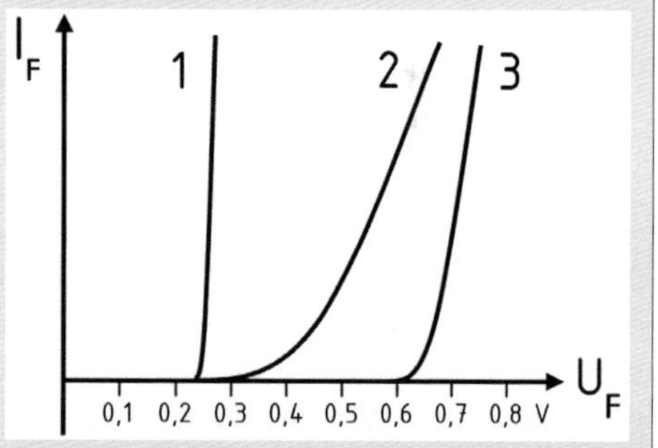

A 1: Schottkydiode, 2: Germaniumdiode, 3: Siliziumdiode

B 1: Schottkydiode, 2: Siliziumdiode, 3: Germaniumdiode

C 1: Germaniumdiode, 2: Schottkydiode, 3: Siliziumdiode

D 1: Siliziumdiode, 3: Germaniumdiode, 3: Schottkydiode

Man erkennt die Kennlinie der Schottkydiode an der niedrigen Flussspannung von nur 0,25 V und dem steilen Anstieg.

Prüfungsfragen
Beantworten Sie die Fragen **TC513** und **TC522.**

Die Kapazitätsdiode

Solange bei einer Diode die Schwellspannung nicht überschritten wird, besteht zwischen dem N-leitenden und dem P-leitenden Material eine Sperrschicht. Diese Sperrschicht kann man als Dielektrikum (Isolierschicht) eines Kondensators auffassen; die leitfähigen Gebiete bilden die Elektroden eines Kondensators.

Diese so genannte Sperrschichtkapazität jeden PN-Übergangs ist abhängig von der angelegten Spannung. Kennen Sie noch die Formel zur Berechnung der Kapazität aus den geometrischen Abmessungen eines Kondensators (siehe Formelsammlung!)?

$$C = \frac{\varepsilon_0 \cdot \varepsilon_r \cdot A}{l}$$

Für die Kapazität eines PN-Übergangs ist A die Querschnittsfläche der Sperrschicht und l die Sperrschichtdicke. Vergrößert man die Sperrspannung an einer Diode, wird die Sperrschicht größer. Wenn l aber größer wird, verringert sich nach obenstehender Formel die Kapazität C. Die Sperrschichtkapazität ist umgekehrt proportional zu der angelegten Sperrspannung.

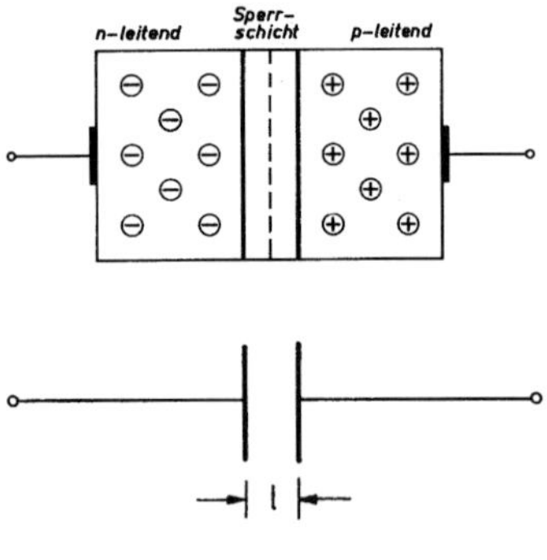

Bild 5-6: Ein in Sperrrichtung geschalteter PN-Übergang hat eine Kapazität.

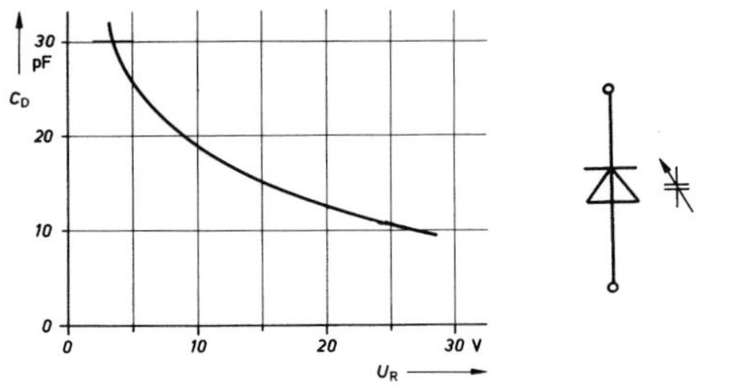

Bild 5-7: Abhängigkeit der Kapazität von der Sperrspannung und Schaltsymbol einer Kapazitätsdiode

Eine *Kapazitätsdiode* (auch Kapazitätsvariationsdiode, Varicap oder Varaktor genannt) ist also ein in Sperrrichtung betriebener PN-Übergang, dessen Kapazität durch eine Gleichspannung veränderbar ist. Das Schaltsymbol (Bild 5-7 rechts) ist das Symbol einer Diode mit einem daneben gezeichneten Kondensator.

Bearbeiten Sie die Aufgaben **TC503, TC520** und **TB112.**

Kapazitätsdioden werden im Amateurfunk zur Schwingkreisabstimmung in Empfängern und Sendern und zur Frequenzmodulation von FM-Sendern eingesetzt (Bild 5-8). Die mit dem Potentiometer P eingestellte Gleichspannung bestimmt die Kapazität C_D der Diode und damit die Frequenz. Je höher die Sperrspannung ist, desto kleiner ist die Kapazität und desto höher ist die Frequenz. Der Widerstand R soll verhindern, dass die HF-Spannung durch das Potentiometer teilweise kurzgeschlossen wird. Ein Wert für R von etwa 100 kΩ ist üblich.

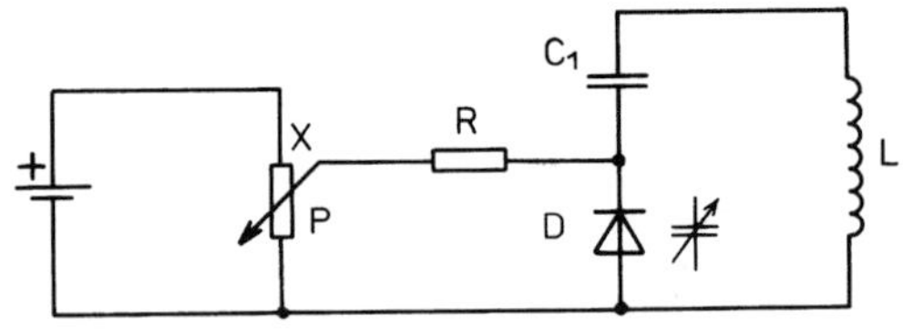

Bild 5-8 Schwingkreisabstimmung mit Kapazitätsdiode

Die Z-Diode

Jede Diode verträgt in Sperrrichtung nur eine von der Bauart abhängige Maximalspannung, bis auch Strom in umgekehrter Richtung fließt. Diese Sperrspannungen liegen meistens bei über 1000 V. Oberhalb dieser maximalen Sperrspannung ist die Diode gefährdet. Sie „bricht durch" und verursacht dann meistens einen Kurzschluss, weil die Sperrschicht mit Elektronen überschwemmt wird.

Spezielle Dioden werden so hergestellt, dass der Durchbruch bereits bei sehr geringen Spannungen zwischen 3 und 100 V erfolgt. Weil beim Durchbruch der Strom stark ansteigt aber die Spannung über der Diode konstant bleibt, kann man diesen Effekt nutzen, um damit Spannungen zu stabilisieren. Man nennt diese Dioden Z-Dioden oder auch Zenerdioden. Damit der Strom nicht zu groß wird, muss man einen Strombegrenzungswiderstand in Reihe schalten.

Merken Sie sich bitte: Eine Z-Diode wird im Durchbruchsbereich (in Sperrrichtung) immer mit Vorwiderstand betrieben (Bild 5-9).

Die Berechnung dieses Vorwiderstandes soll nun gezeigt werden. Dabei unterscheidet man zwei Fälle (Bild 5-9): Z-Diode unbelastet (links) und belastet (rechts).

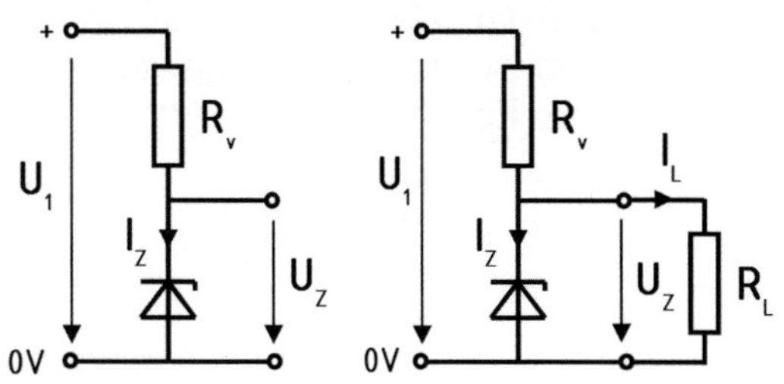

Bild 5-9: Anwendung der Z-Diode zur Spannungsstabilisierung

Bearbeiten Sie die **Prüfungsaufgaben TC514, TC515** und **TD308**.

Prüfungsaufgabe TC516
Eine unbelastete Z-Diode soll eine 12-V-Betriebsspannung auf 5 V stabilisieren. Dabei soll ein Strom von 25 mA durch die Z-Diode fließen. Berechnen Sie den Vorwiderstand.

Lösung:

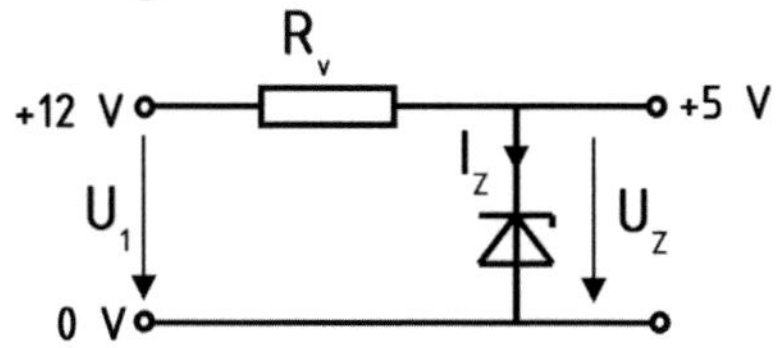

$$R_V = \frac{U_V}{I_V} = \frac{U_1 - U_Z}{I_Z}$$

$$R_V = \frac{12\,\text{V} - 5\,\text{V}}{25\,\text{mA}} = \frac{7\,\text{V}}{25\,\text{mA}} = 280\,\Omega$$

$$P_V = U_V \cdot I_V = 7\,\text{V} \cdot 25\,\text{mA} = 175\,\text{mW}$$

Prüfungsaufgabe TC517
Folgende Schaltung einer Stabilisierungsschaltung mit Z-Diode ist gegeben. Der Strom durch die Z-Diode soll 25 mA betragen und der Laststrom ist 20 mA. Berechnen Sie den notwendigen Vorwiderstand.

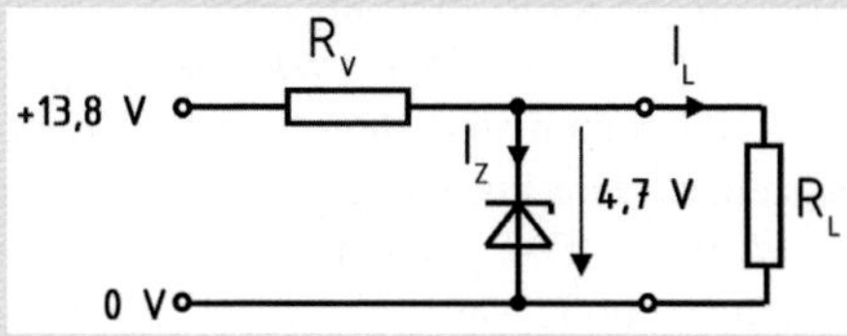

Lösung:

$$R_V = \frac{U_V}{I_V} = \frac{U_1 - U_Z}{I_Z + I_L}$$

$$R_V = \frac{13{,}8\,\text{V} - 4{,}7\,\text{V}}{25\,\text{mA} + 20\,\text{mA}} = \frac{9{,}1\,\text{V}}{45\,\text{mA}} = 202\,\Omega$$

Fotodiode

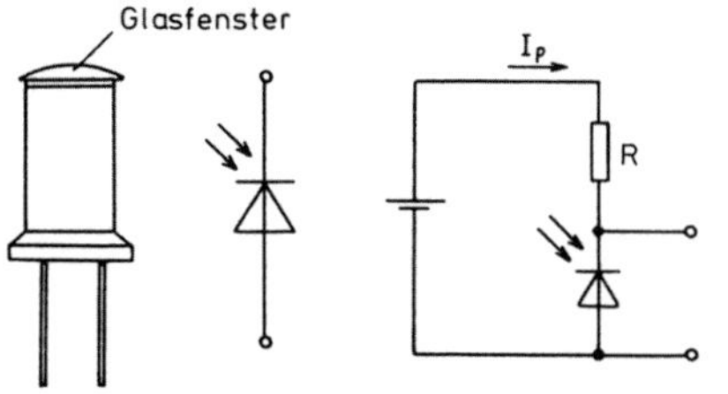

Bild 5-10: Bauform, Schaltzeichen und Prinzipschaltung der Fotodiode

Ein PN-Übergang hat, in Sperrrichtung geschaltet, einen sehr kleinen Sperrstrom. Lässt man auf die Sperrschicht Licht einwirken, werden zusätzliche Ladungsträgerpaare gebildet. Dadurch steigt der Sperrstrom an. Das ist die Fotodiode.

Schaltet man die *Fotodiode* mit einem Vorwiderstand als Spannungsteiler (Bild 5-10 rechts), so wird der Sperrstrom I_P von der Beleuchtungsstärke abhängig. Die Spannung an der Fotodiode ändert sich. Damit kann mit einem Transistor als Verstärker ein Schalter (Relais) betätigt werden.

Bearbeiten Sie die **Prüfungsfrage TC524** aus dem Fragenkatalog.

Fotoelement

Wird eine Fotodiode ohne Hilfsspannung betrieben, so kann man an ihren Klemmen bei Belastung mit einem Widerstand einen Strom abnehmen und damit einen Verstärker steuern. Die Fotodiode arbeitet dann als *Fotoelement.* Das Schaltzeichen ist eine Spannungsquelle, auf die zwei Pfeile zu zeigen (Bild 5-11).

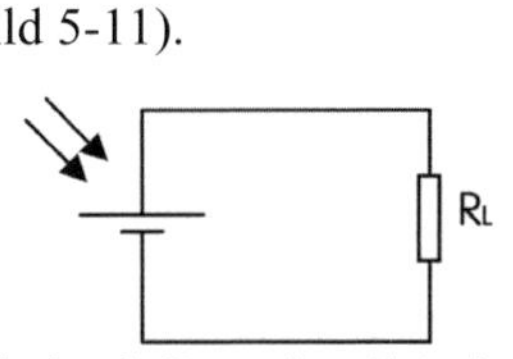

Bild 5-11: Prinzipschaltung eines Fotoelementes

Solarzelle

Bild 5-12: 50-W-Sonnenkollektor für Portabelbetrieb

Eine besondere Fotodiodenart sind die so genannten *Solarzellen.* Es sind großflächige PN-Übergänge, die Spannungen bis etwa 600 mV und Ströme von einigen hundert Milliampere abgeben können. Zu Batterien zusammengeschaltet heißen sie auch Sonnenbatterien oder Sonnenkollektoren. Sie liefern zum Beispiel die Energie für Sender und Empfänger in Satelliten oder für den Portabelbetrieb (Bild 5-12).

Bei *Sonnenkollektoren* für den Einsatz bei Portabelbetrieb zum Laden von 12-V-Akkumulatoren werden mehrere Zellen in Reihe geschaltet, so dass man eine Leerlaufspannung von ungefähr 18 Volt bekommt. Mehrere solcher Reihen werden wiederum parallelgeschaltet, um einen möglichst großen Strom zu erhalten.

Prüfungsaufgabe TB201
Ein Sonnenkollektor besteht aus vier parallel geschalteten Reihen von je 30 Solarzellen mit je Zelle 0,6 V Leerlaufspannung und 1 A Kurzschlussstrom. Welche Leerlaufspannung und welchen Kurzschlussstrom liefert der Kollektor?

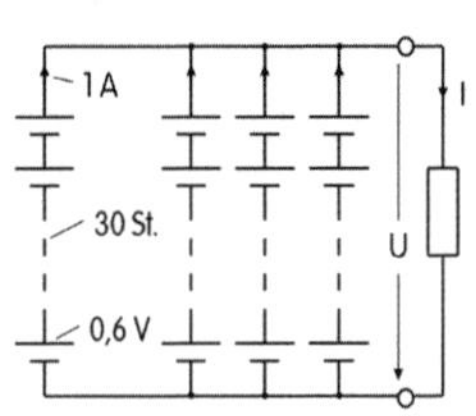

Lösung:

$U_0 = 30 \cdot 0{,}6\ \text{V} = \underline{\underline{18\ \text{V}}}$

$I_k = 4 \cdot 1\ \text{A} = \underline{\underline{4\ \text{A}}}$

Leuchtdiode (LED)

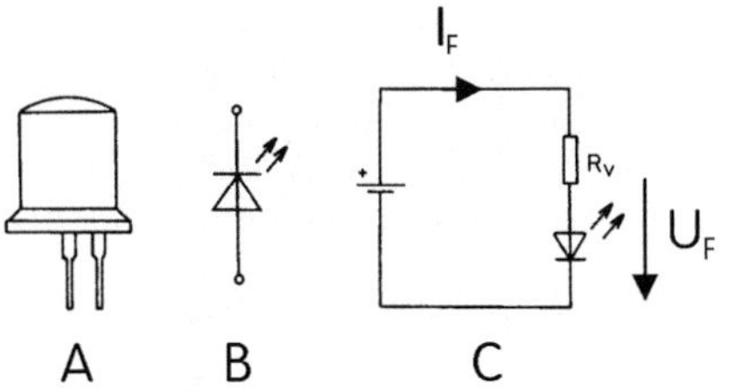

Bild 5-13: A: Aufbau, B: Schaltzeichen und C: Prinzipschaltung der Leuchtdiode

Die Umkehrung der Fotodiode ist der Effekt bei der *Leuchtdiode* (*LED* = light emitting diode = Licht aussendende Diode). Bei der Rekombination der Ladungsträgerpaare innerhalb der Sperrzone einer in Durchlassrichtung geschalteten Diode wird Energie frei. Bei einer bestimmten Dotierung wird diese Energie in Form von Licht frei.

Prüfungsaufgabe TC519
Folgende Schaltung einer Leuchtdiode wird an einer Betriebsspannung von 5,5 V betrieben. Der Strom durch die Leuchtdiode soll 25 mA betragen, wobei die Flussspannung 1,75 V beträgt.

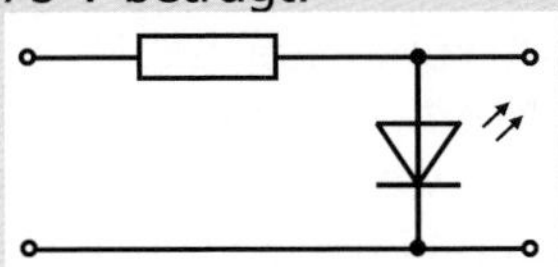

Der notwendige Vorwiderstand muss folgende Werte haben.

Lösung:

$$R_V = \frac{U_1 - U_F}{I_F}$$

$$R_V = \frac{5{,}5\,\text{V} - 1{,}75\,\text{V}}{25\,\text{mA}} = \frac{3{,}75\,\text{V}}{25\,\text{mA}} = 150\,\Omega$$

$$P_V = U_V \cdot I_V = 3{,}75\,\text{V} \cdot 25\,\text{mA} = 93{,}8\,\text{mW}$$

0,1 W als Belastbarkeit reicht also.

Bearbeiten Sie die **Prüfungsfrage TC513, TC518** und **TC519**.

Optokoppler

Die hohe Grenzfrequenz der Leuchtdioden erlaubt die Übertragung von optischen Signalen bis zu Frequenzen von zirka 10 MHz. LEDs dienen als Sender in so genannten optischen Koppelelementen (*Optokoppler*). Hierbei werden elektrische Signale in optische umgewandelt und von einer Fotodiode oder einem Fototransistor wieder in elektrische zurückverwandelt (Bild 5-14). Ein Optokoppler wird gern zur Ankopplung von Modemsignalen an den Modulator verwendet, um Brummeinflüsse der Netzteile (so genannte Erdschleifen) zu verhindern.

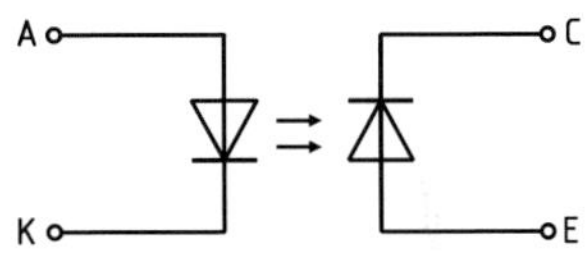

Bild 5-14: Optokoppler

Bearbeiten Sie die **Prüfungsfrage TC523** aus dem Fragenkatalog.

Spannungsbegrenzung

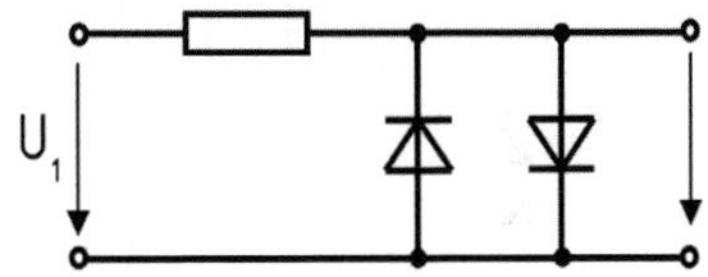

Bild 5-15: Spannungsbegrenzerschaltung

Eine Anwendung der Diode ist die Spannungsbegrenzung. Diese funktioniert folgendermaßen. Das Bauelement Diode wird in Durchlassrichtung mit einem Widerstand in Reihe geschaltet (Bild 5-15). An den Eingang dieser Reihenschaltung legt man die Spannung, die einen bestimmten Wert nicht überschreiten soll. Solange die Diode wegen zu niedriger Spannung noch nicht leitet, ist die Spannung vor und hinter dem Widerstand gleich. Sobald die Diode anfängt zu leiten, fließt Strom und am Vorwiderstand fällt eine entsprechende Spannung ab. An der Diode steigt die Spannung nicht weiter als die Durchlassspannung von zirka 0,7 V. Weil in diesem Fall zwei Dioden antiparallel geschaltet sind, werden sowohl die positiven Spitzen als auch die negativen Spitzen auf 0,7 V begrenzt. In der folgenden Prüfungsaufgabe wird das Prinzip sichtbar.

Bearbeiten Sie die **Prüfungsfrage TG109** aus dem Fragenkatalog.

Prüfungsaufgabe TC525
Das folgende Signal wird als U_1 an den Eingang der Schaltung mit Siliziumdioden gelegt.

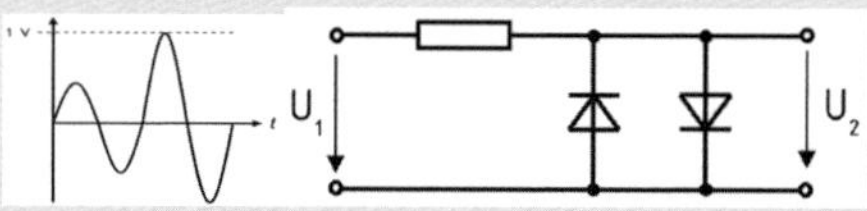

Wie sieht das zugehörige Ausgangssignal U_2 aus?

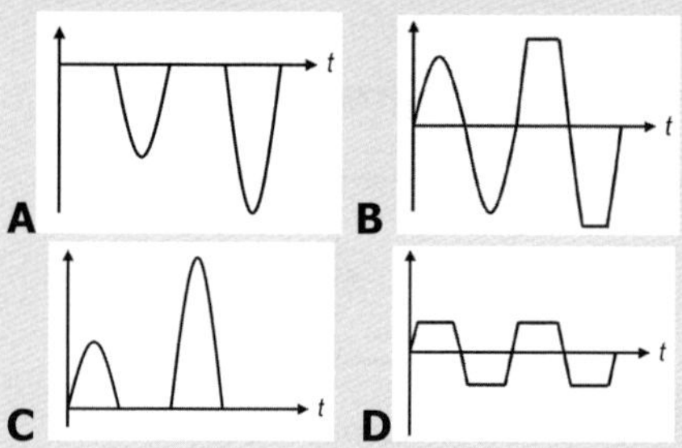

Lösungshinweise: Beachten Sie den Maßstab! Der Spannungswert 1 V ist eingezeichnet. Die Flussspannung von Siliziumdioden beträgt 0,7 V. Tragen Sie bei plus und bei minus 0,7 V entsprechende Linien ein. Alles, was darüber liegt, wird abgeschnitten, denn jeweils eine Diode ist immer in Durchlassrichtung geschaltet. Bei Germaniumdioden können Sie bei geringen Strömen mit 0,3 V Flussspannung rechnen.

Prüfungsaufgabe TC526 wie **TC525:** Das Signal wird als U_1 an den Eingang der Schaltung mit Germaniumdioden gelegt.

Tipp: Linien bei ±0,3 Volt einzeichnen!

Diode zur Entkopplung

Das grundsätzliche Ziel der Schaltung der folgenden Prüfungsaufgabe TC527 ist es, den „Verbraucher" (Widerstand rechts) so lange wie möglich aus dem vom Sonnenkollektor (U_1) geladenen Akku (U_2) zu speisen. Solange die Spannung des Akkus höher ist als die vom Netzteil, ist die Diode D_2 leitend und der Akku liefert Strom an den Verbraucher. Ist die Spannung U_2 geringer als U_3, leitet D_3 und das Netzteil versorgt den Verbraucher mit Strom. Folgende Prüfungsaufgabe TC527 zeigt dies an einem konkreten Beispiel.

Prüfungsfrage TC527
In der folgenden Schaltung werden 3 Siliziumdioden zur Entkopplung dreier Stromversorgungen eingesetzt. Der Sonnenkollektor liefert derzeit U_1 = 15 V. Der Akkumulator hat U_2 = 13,9 V. Das Netzteil ist auf U_3 = 13,5 V eingestellt. In welcher Zeile ist der derzeitige Zustand der 3 Dioden richtig beschrieben?

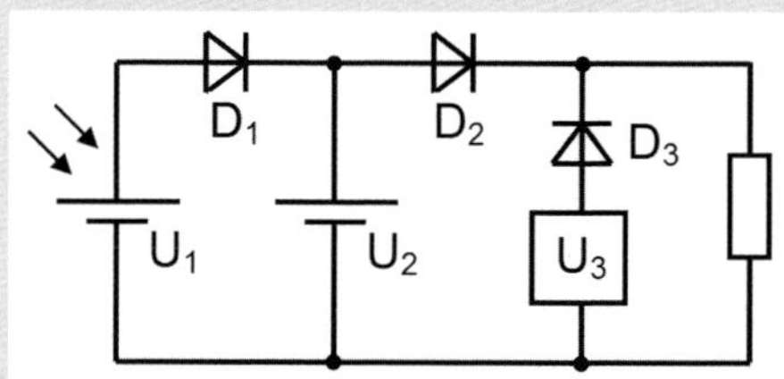

A D_1 leitet nicht. D_2 leitet. D_3 leitet.
B D_1 leitet. D_2 leitet. D_3 leitet.
C D_1 leitet. D_2 leitet nicht. D_3 leitet nicht.
D D_1 leitet. D_2 leitet. D_3 leitet nicht.

Lösung: Weil U_1 mit 15 Volt viel größer ist als U_2 mit 13,9 Volt, leitet D_1 und lädt den Akku weiter auf. Wenn U_2 also 13,9 Volt beträgt und über eine Diode ein Widerstand nach Null geht, fließt durch D_2 Strom, solange nicht vom Netzteil eine höhere Spannung als 13,9 Volt minus 0,7 Volt anliegt. Damit ist also die Spannung rechts von D_2 bzw. am Lastwiderstand 13,2 Volt. U_3 müsste auch mindestens 13,9 Volt sein, wenn D_3 leiten könnte. D_3 leitet also nicht.

Einweggleichrichtung

Die typische Eigenschaft der Halbleiterdioden, in einer Stromrichtung zu sperren und in der anderen zu leiten, wird in der Technik mannigfaltig angewendet. Die wichtigste Anwendung ist die Gleichrichtung von Wechselspannungen.

Schaltet man einen Lastwiderstand über eine in Reihe geschaltete Diode an eine Wechselspannungsquelle, leitet die Diode den Strom nur, wenn die Anode positiver ist als die Katode (Bild 5-16: positive Halbwelle der Wechselspannung wird durchgelassen). In der anderen Halbwelle sperrt die Diode. Durch den Lastwiderstand R_L fließt ein pulsförmiger Strom immer in der gleichen Richtung. Man sagt, der Strom ist "gleichgerichtet" worden. Da nur eine Halbwelle der sinusförmigen Wechselspannung ausgenutzt wird, nennt man diese Schaltung Einweggleichrichterschaltung.

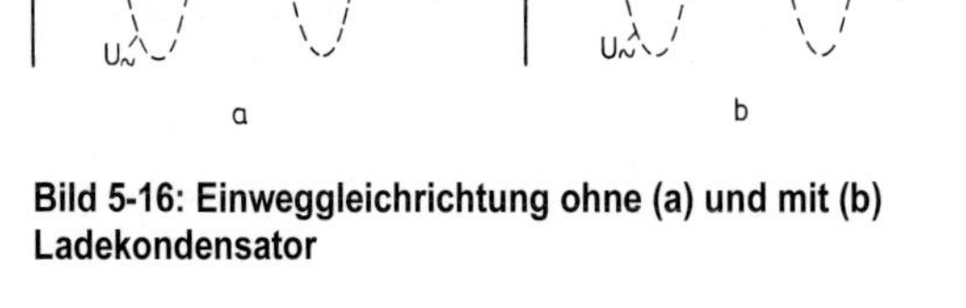

Bild 5-16: Einweggleichrichtung ohne (a) und mit (b) Ladekondensator

Schaltet man einen genügend großen Kondensator parallel zum Lastwiderstand (Bild 5-16 b), wird sich dieser in der einen Halbwelle schnell über die Diode aufgeladen und in der anderen Halbwelle (Sperrzeit der Diode) langsam über den Widerstand entladen. Die Gleichspannung am Lastwiderstand wird dadurch viel gleichmäßiger.

Prüfungsfrage TD311
Welchen Verlauf hat die Spannung U?

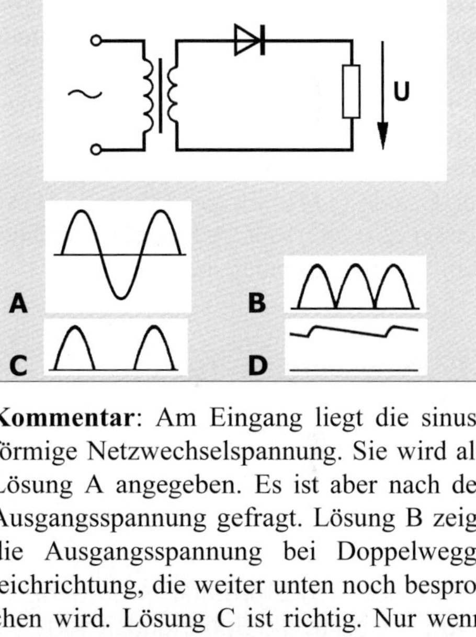

Kommentar: Am Eingang liegt die sinusförmige Netzwechselspannung. Sie wird als Lösung A angegeben. Es ist aber nach der Ausgangsspannung gefragt. Lösung B zeigt die Ausgangsspannung bei Doppelweggleichrichtung, die weiter unten noch besprochen wird. Lösung C ist richtig. Nur wenn noch ein Kondensator am Ausgang angeschlossen wäre, sieht die Ausgangsspannung so aus wie in Lösung D.

Wie man aus Bild 5-16 b erkennt, lädt sich der Kondensator C_L (Ladekondensator) maximal auf die Spitzenspannung der anliegenden Wechselspannung auf. Die maximale Gleichspannung am Ladekondensator berechnet man mit der Formel

$U_{CL} = \hat{u} = \sqrt{2} \cdot U_{eff}$.

> **Beispiel**
> Vom Transformator wird sekundärseitig eine Spannung von 100 Volt geliefert. Welche Spannung liegt bei Einweggleichrichtung maximal am Ladekondensator?

Lösung:
$U_{CL} = 1{,}414 \cdot 100\text{ V} = 141{,}4\text{ V}$

Welche Spannung muss die Diode in der Sperrphase aushalten können? Überlegen Sie mit: Die Spannung an der Anode der Diode ändert sich ständig zwischen den beiden Scheitelwerten +141 Volt und -141 Volt vom Transformator her. An der Katode bleibt der Kondensator auf maximal +141 Volt aufgeladen. Die höchste Sperrspannung wird also beim negativen Scheitelwert erreicht. Die Differenz der Spannungen von der Katode (+141 V) zur Anode (-141 V) beträgt also 282 Volt. Allgemein berechnet man die Sperrspannung der Diode mit

$U_{sp} = 2\,\hat{u}$

> **Prüfungsaufgabe TD314.**
>
> 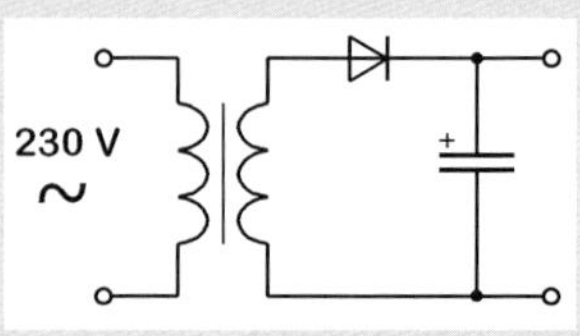
>
>
> Bei einem Transformationsverhältnis von 8:1 sollte die Spannungsfestigkeit der Diode (max. Spannung plus 10% Sicherheitsaufschlag) dieser Schaltung nicht weniger als folgenden Wert betragen.
> **A** 32 V **B** 45 V
> **C** 63 V **D** 90 V

Lösung: Zunächst wird die Gleichspannung am Kondensator ausgerechnet. Die effektive Wechselspannung auf der Sekundärseite des Transformators beträgt ein Achtel von 230 Volt, also 28,75 Volt.

$$U_{CL} = \sqrt{2} \cdot U_{eff} = 1{,}414 \cdot 28{,}75\text{ V} = 40{,}65\text{ V}$$

Die maximale Sperrspannung an der Diode hat den doppelten Wert dieser Spannung, also 81,3 V. Mit 10% Sicherheitsaufschlag ergibt sich 89,4 Volt. Als ganze Zahl nimmt man den nächst höheren Wert, denn 89 V wären zu wenig.

> **Prüfungsaufgabe**
> Bearbeiten Sie die Frage **TD313.**

Wenn bei Gleichrichtern für Hochspannung die Sperrspannung einer Diode nicht ausreicht, kann man mehrere Dioden in Reihe schalten. Weil die Sperrwiderstände der Dioden sehr unterschiedlich sein können, schaltet man zu jeder Diode einen hochohmigen Widerstand parallel.

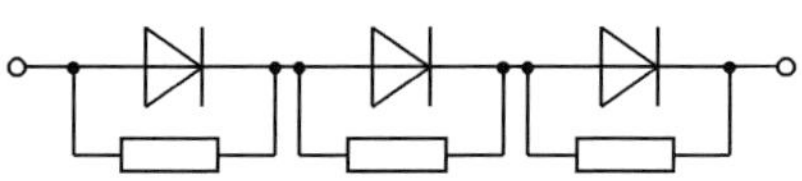

Bild 5-17: Hochspannungsgleichrichter

> **Prüfungsaufgabe TD307**
> Eine Hochspannungs-Stromversorgung ist mit mehreren in Reihe geschalteten Gleichrichterdioden ausgestattet. Welches Bauelement sollte zu jeder Diode wie zugeschaltet sein?
> **A** Parallelgeschaltete Spule
> **B** Parallelgeschaltete zweite Diode
> **C** In Reihe geschalteter Widerstand
> **D** Parallelgeschalteter Widerstand

Lösung: Betrachten Sie Bild 5-17!

Vollweggleichrichtung

Mittelpunkt-Zweiweg-gleichrichtung

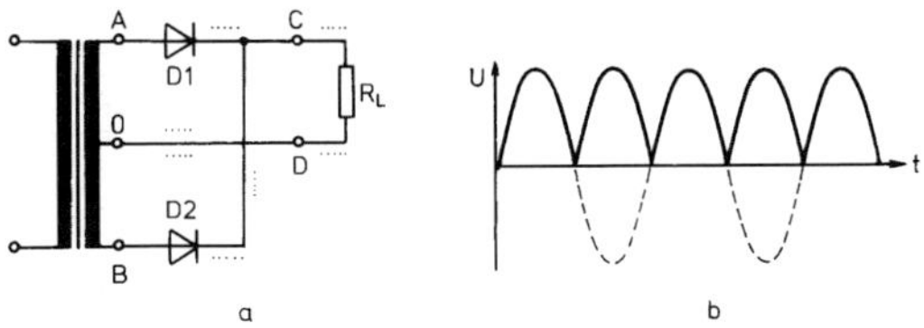

Bild 5-18: Mittelpunkt-Zweiweggleichrichterschaltung (a) Schaltung, (b) Ausgangsspannung am Lastwiderstand ohne Ladekondensator

Bei der Einweggleichrichtung wird eine Halbwelle der Wechselspannung unterdrückt. Um diese zweite Halbwelle auch auszunutzen, kann bei Verwendung eines Transformators mit zwei gleichen Wicklungen oder einer Mittelanzapfung eine Zweiweg- oder Vollweggleichrichtung angeschlossen werden.

Wirkungsweise der Schaltung: Liegt zum Beispiel der Pluspol der Wechselspannung am Punkt A gegen 0 (dann ist B negativ gegen 0), fließt ein Strom von A über die Diode D_1, den Lastwiderstand R_L nach 0. (Tragen Sie mit Farbstift entsprechende Strompfeile im Bild 5-18 a ein). Die Diode D_2 ist gesperrt (Minus an der Anode). In der nächsten Halbwelle ist die Polarität vertauscht. Der Strom fließt von B über D_2 und R_L nach 0. Diode D_1 ist gesperrt. (Tragen Sie mit andersfarbigem Stift entsprechende Pfeile ein.)

In beiden Halbwellen fließt also der Strom von C nach D in der gleichen Richtung durch den Lastwiderstand. Am Lastwiderstand liegt eine entsprechende (pulsierende) Gleichspannung.

Durch Anschluss eines Ladekondensators an die Klemmen C und D kann diese pulsierende Gleichspannung wie bei der Einweggleichrichterschaltung verbessert werden. Die Größe der Gleichspannung am Ladekondensator berechnet man wie bei der Einwegschaltung. Als Spannung muss hier der Effektivwert *einer* Wicklung eingesetzt werden. Auch die Sperrspannungen der Dioden bleiben gleich. Es handelt sich hier praktisch um zwei abwechselnd arbeitende Einweggleichrichter.

Die Zweiweggleichrichtung wird auch *Vollweggleichrichtung* genannt.

Prüfungsaufgabe
Bearbeiten Sie die Frage **TD315.**

Durch Umpolung der Dioden kann eine gegenüber dem Mittelpunkt negative Spannung erzeugt werden.

Prüfungsaufgabe
Bearbeiten Sie die Frage **TD301.**

Der Brückengleichrichter

Die Schaltung (Bild 5-19) benötigt keinen Transformator mit Mittelanzapfung.

Die Wirkungsweise: Liegt auf der Sekundärseite des Transformators zum Beispiel am Punkt A positive Spannung gegen Punkt B, fließt der Strom von A über Diode D3, Punkt C, R_L, Punkt D, Diode D2 zum Punkt B. Tragen Sie entsprechende Strompfeile ein. Ist in der nächsten Halbwelle Plus an B und Minus an A, fließt der Strom von B über D4 nach C, über R_L nach D, über D1

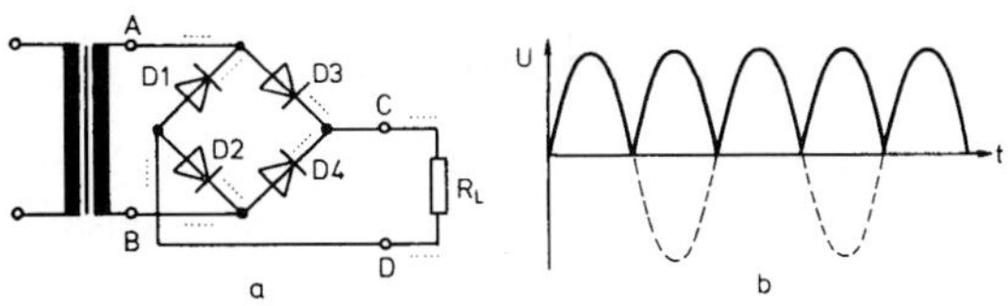

Bild 5-19: Brückengleichrichter (a) Schaltung (b) Ausgangsspannung ohne Ladekondensator

Pfeile ein. Sie sehen: Durch den Lastwiderstand R_L fließt immer der Strom in der gleichen Richtung (Gleichrichtung). Am Lastwiderstand liegt eine entsprechende Gleichspannung (Bild 5-19 b).

Prüfungsaufgabe
Bearbeiten Sie die Frage **TD309**.

Auch bei dieser Schaltung lässt sich durch Parallelschalten eines Ladekondensators zum Lastwiderstand eine entscheidende Verbesserung der Gleichspannung erreichen. Die Berechnung der maximalen Gleichspannung am Ladekondensator erfolgt wie bei der Einwegschaltung. Die Sperrspannung der Dioden braucht nur halb so groß zu sein wie bei der Einwegschaltung, weil immer zwei Dioden in Reihe geschaltet sind. Allerdings müssen die Sperrwiderstände beider Dioden genau gleich groß sein. Sonst verteilt sich die Sperrspannung ungleich auf beide Dioden.

Im Handel sind Brückengleichrichter erhältlich, bei denen die vier genau gleichen Dioden bereits in einem Gehäuse untergebracht sind. Ein solcher Brückengleichrichter trägt zum Beispiel folgende Kennzeichnung: B40C1000. Diese Kennzeichnung bedeutet, dass der Gleichrichter in Brückenschaltung aufgebaut ist (Buchstabe B), dass er maximal 40 Volt effektive Transformatorspannung gleichrichten kann und mit einer Stromstärke von 1000 mA gleich 1 A Gleichstrom bei Belastung mit einem Kondensator (Buchstabe C) zur Glättung betrieben werden kann.

Die Brummspannung

Die der Gleichspannung überlagerte Restwechselspannung am Ladekondensator nennt man Brummspannung. Die Amplitude dieser Brummspannung nennt man Restwelligkeit. Sie wird manchmal als Prozentzahl der Gleichspannung oder als absoluter Spitze-Spitze-Wert angegeben. Im Diagramm zur Prüfungsaufgabe TD320 ist diese Brummspannung gezeichnet.

Prüfungsaufgabe TD320
Im folgenden Bild ist die Spannung am Ausgang einer Stromversorgung dargestellt.

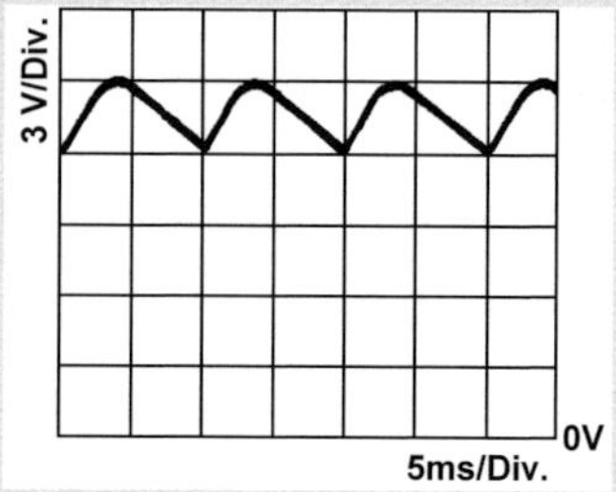

Die Restwelligkeit und die Brummfrequenz betragen
A 3 V_{SS}, 50 Hz.
B 3 V_{SS}, 100 Hz.
C 13,5 $\pm$1,5 V, 50 Hz.
D 13,5 $\pm$1,5 V, 100 Hz.

Diese Brummspannung kommt dadurch zustande, dass der Kondensator immer dann geladen wird, wenn die Transformatorspannung mehr als 0,7 Volt über der Kondensatorspannung liegt und immer dann entladen wird, wenn die Transformatorwechselspannung kleiner wird als die augenblickliche Kondensatorspannung. Bei jeder Halbwelle wird geladen und wieder etwas entladen.

Bei der Doppelweggleichrichtung sind doppelt so viele gleichgerichtete Halbwellen vorhanden, wie die Perioden der Wechselspannung. Die Brummspannung hat also bei Doppelweggleichrichtung eine doppelt so hohe Frequenz wie die Frequenz der Transformatorwechselspannung.

Prüfungsaufgabe
Bearbeiten Sie die Frage **TD321**.

Die Restwelligkeit der Brummspannung kann durch frequenzabhängige RC- oder LC-Glieder oder elektronische Schaltungen verringert werden. Bei der LC-Siebung wird eine Spule in Serie und danach ein Kondensator parallel zum Ausgang geschaltet. Die Spule wird bei Wechselspannung wie ein großer Widerstand und der Kondensator wie ein geringer Widerstand. Gleichspannung geht kaum verloren, weil diese Netzdrosseln mit dickem Kupferdraht gewickelt werden. Die RC-Siebung wirkt ähnlich, allerdings fällt eine Gleichspannung am Widerstand ab. Sie eignet sich für geringe Ströme.

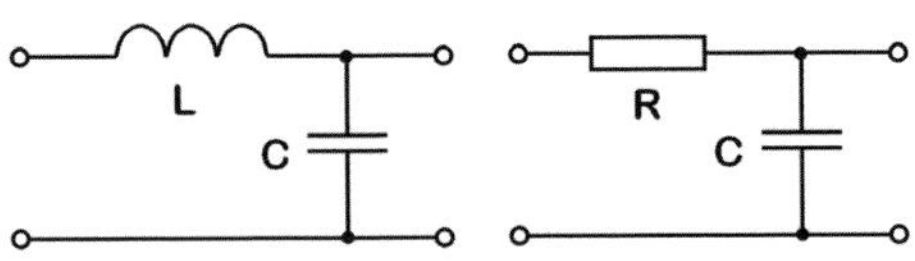

Bild 5-20: LC- und RC-Siebung

Siehe Schaltung der **Prüfungsfrage TD305**!

Gleichspannungsrückgewinnung

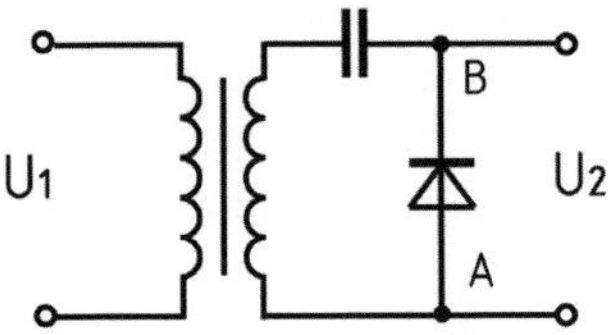

Bild 5-21: Klemmschaltung

Bei Wechselspannungen in der Nachrichtentechnik möchte man gelegentlich aus dem Signal eine Gleichspannung gewinnen, aber die Wechselspannung als Signal erhalten. Dazu dient obige Klemmschaltung, die wie eine Einweggleichrichterschaltung aussieht (Bild 5-21).

Wirkungsweise der Schaltung: Die Diode wirkt tatsächlich wie eine Gleichrichterschaltung, die den Kondensator auf der rechten Seite positiv auflädt, wenn A positiv gegenüber B ist. Die linke Seite ist dann gleichstrommäßig über den Transformator mit Masse verbunden.

Die Eingangswechselspannung geht von der Nulllinie sowohl nach Plus (nach oben) als auch nach Minus, also unter die Nulllinie nach unten. Nehmen wir mal an, die Wechselspannung vom Trafo hat ±10 Volt, also zirka 7 Volt effektiv. Die Wechselspannung vom Trafo lädt den Kondensator auf der rechten Seite auf +10 Volt auf. Kommt auf der linken Seite die +10 Volt,

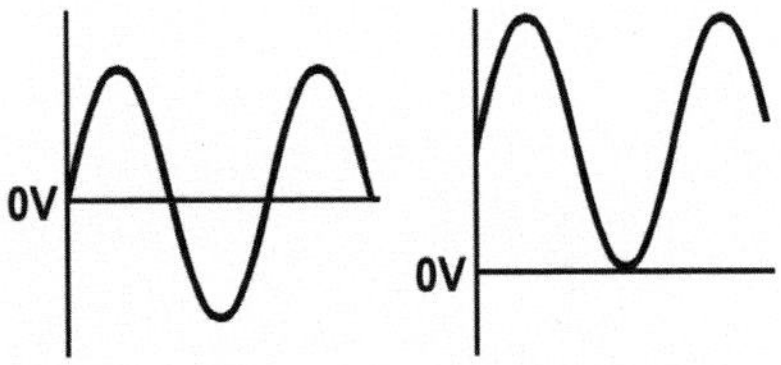

Bild 5-22: Eingangs- und Ausgangsspannung bei der Klemmschaltung

ergeben sich am Punkt B (Bild 5-21) +20 V. Kommt auf der linken Seite die -10 Volt, geht die Spannung auf null. Es entsteht also eine Ausgangsspannung (Bild 5-22) von +20 V bis 0 Volt mit einem Mittelwert von +10 V (so genannte *Klemmspannung*).

Als Kondensator ist in dieser Schaltung durchaus ein Elektrolytkondensator geeignet, denn auf der rechten Seite (Bild 5-21, Punkt B) ist die Spannung immer positiv. Sie wissen: Elektrolytkondensatoren vertragen keine Polaritätswechsel.

Bearbeiten Sie die **Prüfungsfragen TD302** und **TD303**.

Anhang zur Kapitel 5

Lösungen der Prüfungsfragen:
TC511 A, TC525 B, TC527 D,
TD311 C, TD314 D, TD320 B

Kapitel 6: Transistoren und Verstärker

Auch in diesem Kapitel gehen wir wieder von Ihrem Vorwissen aus dem Amateurfunklehrgang zur Klasse E aus. Die Kenntnisse aus dem Kapitel 13 über den Aufbau und die Wirkungsweise des Transistors an sich werden vorausgesetzt. Es werden hier mehr Berechnungen durchgeführt und Verstärker-Schaltungen besprochen.

Übersicht

- Der bipolare Transistor
- Der Feldeffekt-Transistor
- Transistor als Verstärker
- Basisvorspannungserzeugung
- Arbeitspunktstabilisierung
- Integrierte Schaltungen
- Operationsverstärker
- Die Elektronenröhre

Der bipolare Transistor

Grundsätzlich unterscheidet man zwei Arten von Transistoren: Bipolare Transistoren und Feldeffekt-Transistoren (FET). Der bipolare Transistor aus drei Schichten (NPN oder PNP) ist der "gewöhnliche" Transistor. Der unipolare Transistor (Feldeffekt-Transistor) besteht aus nur einer dotierten Schicht mit einem quer dazu liegenden elektrischen Feld zur Steuerung des Stroms. Die Wirkungsweise dieser Transistortypen wurde im Amateurfunklehrgang Klasse E ausführlich besprochen. Überprüfen Sie Ihr Wissen durch Beantwortung der folgenden Prüfungsfragen!

Bearbeiten Sie folgende **Prüfungsfragen** aus dem Fragenkatalog der BNetzA zur Klasse A: **TC601** und **TC607** bis **TC613.**

Übungsaufgabe zu den **Prüfungsfragen TC601, TC602**
Ordnen Sie den folgenden Transistortypen die richtige Bezeichnung zu.

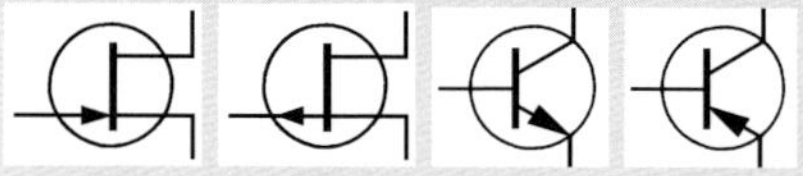

A B C D

Lösung: Transistor A ist ein Sperrschicht-FET, N-Kanal. Zur Erinnerung: Beim Sperrschicht-FET ist die Elektrode links (Eingang) das Gate. Das Gate erhält den Richtungspfeil, weil dort der PN-Übergang entsteht. Der Pfeil geht in Richtung P-N. Es ist also ein P-Gate (sagt man nicht) und N-Kanal-Typ. Transistor B ist ein Sperrschicht-FET, P-Kanal. Transistor C ist ein (normaler) NPN-Transistor und Transistor D ein PNP-Transistor (**P**feil **n**ach **P**latte).

Prüfungsfrage TC615
In einer Transistorschaltung wurden die Potenziale gemessen. Bei welcher Schaltung fließt Kollektorstrom?

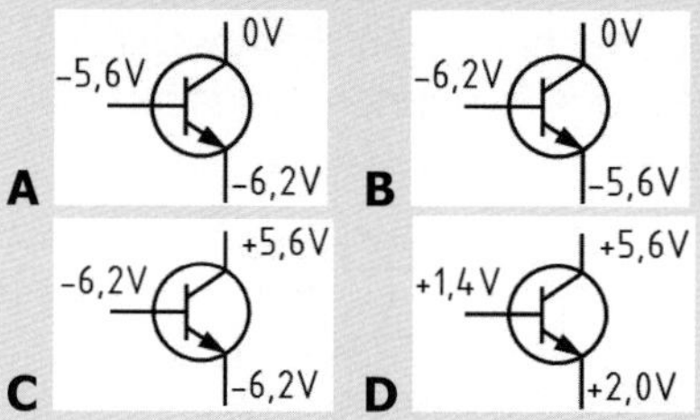

Kommentar: Beim NPN-Transistor muss die Basis um 0,6 Volt positiver sein als der Emitter und der Kollektor muss deutlich positiver sein als die Basis. Dies ist nur bei der Messung A der Fall.

Bearbeiten Sie die **Prüfungsfragen TC614, TC616** und **TC617** aus dem Fragenkatalog.

Der Isolierschicht-FET (IG-FET, MOSFET)

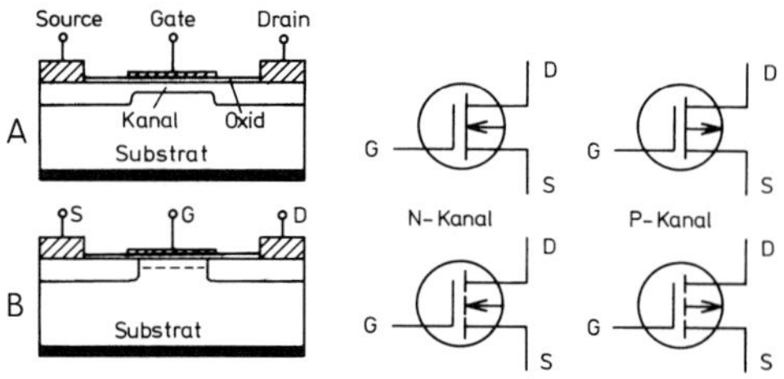

Bild 6-1: Aufbau und genormtes Schaltzeichen von Isolierschicht-FETs A: Verarmungstyp (selbstleitend), B: Anreicherungstyp (selbstsperrend)

Im Amateurfunklehrgang Klasse E wurde als FET nur der Sperrschicht-Feldeffekttransistor besprochen. Es folgt der Isolierschicht-FET. Bei Isolierschicht-Feldeffekttransistoren (oft als MOSFET bezeichnet, da die Isolierschicht früher meistens aus einer **M**etall-**O**xid-**S**chicht bestand), besteht zwischen dem Gate-Anschluss und dem Kanal eine hochwertige Isolierschicht, so dass keine Sperrspannung mehr zum Aufbau einer Sperrschicht benötigt wird. Dadurch wird der Gatestrom noch geringer.

Mosfets werden heute normalerweise in Planartechnik hergestellt (Bild 6-1). Auf die Oberfläche eines P- oder N-leitenden Kristalls (Substrat) wird eine isolierende Quarzschicht aufgebracht. Durch Ausätzen schafft man Fenster, durch die man entsprechende Fremdatome (Dotierungsstoffe) eindiffundieren lässt. Damit erhält man in dem Substrat den entsprechenden Kanal, wobei man auch hier wieder N-Kanal- und P-Kanal-Typen unterscheidet.

Eine weitere Unterscheidung trifft man danach, ob der Kanal zwischen Drain und Source durch Dotierung dauernd vorhanden ist oder ob er erst durch die entsprechende Gatespannung entsteht. Im ersten Fall wird durch das elektrische Feld des Gates die Ladungsträgerbahn eingeschnürt und damit der Drainstrom verringert. Man spricht hier von einem *Verarmungstyp* (Bild 6-1, obere Reihe).

Beim Verarmungstyp fließt ohne angelegte Gate-Source-Spannung bereits ein bestimmter Drainstrom. Man sagt, der Verarmungstyp ist *selbstleitend*. Wird die Gate-Source-Spannung erhöht, wird der Kanal schmaler und der Drainstrom geringer. Polt man die Gate-Source-Spannung um, erhöht sich der Drainstrom.

Beim so genannten Anreicherungstyp (Bild 6-1 B) ist der Kanal zwischen Drain und Source nicht dotiert. Dadurch fließt kein Drainstrom, wenn die Gate-Source-Spannung U_{GS} Null ist. Der Anreicherungstyp ist selbstsperrend. Legt man an das Gate eine Spannung, so werden durch das entstehende elektrische Feld entsprechende Ladungsträger aus dem Substrat in die Nähe des Gates gezogen. Sie bilden den eigentlichen Kanal.

Die Unterbrechung des Kanals zwischen Drain und Source wird im Schaltsymbol durch entsprechend gezeichnete Unterbrechungen gekennzeichnet. Die Isolierung des Gates wird durch den Abstand zwischen Gate und Kanal symbolisiert. Da beim Mosfet zwischen dem Substrat und dem Kanal ein PN-Übergang besteht, wird hier ein entsprechender Pfeil eingezeichnet. Der Pfeil (P-Schicht wie Dreieck bei der Diode) stellt auch hier den entsprechenden PN-Übergang dar. Beim N-Kanal-Typ zum Beispiel zeigt der Pfeil vom P-Substrat zum N-Kanal.

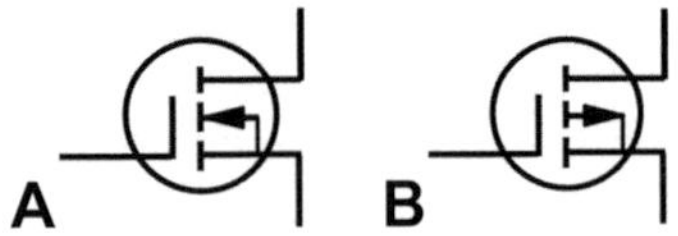

Bild 6-2: A: N-Kanal, B: P-Kanal-Typ

Prüfungsaufgabe TC605
Welcher der folgenden Transistoren ist ein selbstsperrender N-Kanal MOSFET?

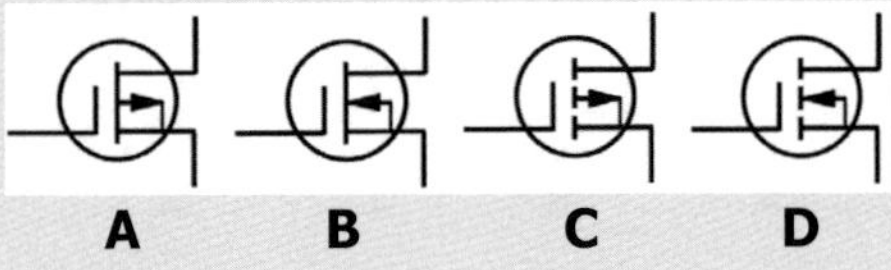

Kommentar: Selbstsperrend wird durch die gestrichelte Linie gekennzeichnet (C und D) und N-Kanal bedeutet, dass der Pfeil auf den Kanal zeigen muss (D).

Prüfungsfragen
Bearbeiten Sie die Fragen **TC603** und **TC604**.

Es gibt Mosfets mit zwei Gate-Anschlüssen (*Dual-Gate*-Mosfet, Bild 6-3), bei welchen man für Mischstufen zum Beispiel auf jedes Gate ein anderes Signal geben kann.

Prüfungsfrage TC606
Wie bezeichnet man die Anschlüsse 2 und 3 des folgenden Transistors?

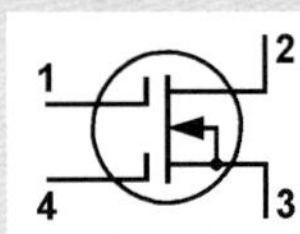

Kommentar: Die Anschlüsse ***1*** und ***4*** sind die beiden Gates, ***2*** ist auch hier Drain und Anschluss ***3*** der Sourceanschluss.

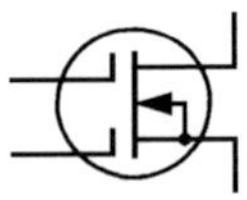

Bild 6-3: Schaltsymbol eines N-Kanal Dual Gate MOSFETs

Transistor als Schalter

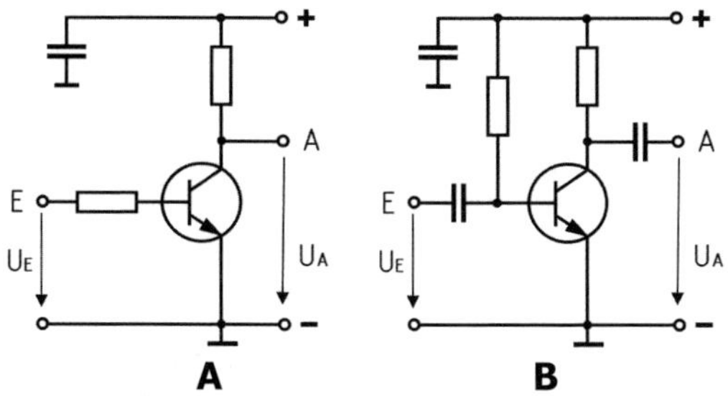

Bild 6-4: Transistor als Schaltstufe (A), Transistor als Spannungsverstärker (B)

Die zwei grundsätzlichen Anwendungen des Transistors sind der *Transistor als Schalter* (Bild 6-4 A) und der *Transistor als Wechselspannungsverstärker* (Bild 6-4 B) Der grundsätzliche Unterschied ist folgender. Beim Transistor als Schalter gibt es nur zwei Zustände des Transistors: Entweder er leitet oder er sperrt. Der Transistor als Verstärker kann jeden Zwischenwert annehmen.

Die Schaltung nach Bild 6-4 arbeitet folgendermaßen. Liegt die Spannung 0 V am Eingang, sperrt der Transistor und am Kollektor liegt die Leerlaufspannung (Betriebsspannung. Wird eine positive Spannung an die Basis angelegt, fließt Basisstrom und ein entsprechend höherer Kollektorstrom. Die Spannung am Ausgang bricht bis auf einen kleinen Rest (zirka 0,1 Volt) zusammen.

Beim Transistor als Spannungsverstärker muss erst ein mittlerer *Arbeitspunkt* eingestellt werden. Es fließt etwas Basisstrom und etwas Kollektorstrom. Diesem Ruhestrom überlagert sich die über den Kondensator eingekoppelte Wechselspannung und der Kollektorstrom wird größer und kleiner. Am Kollektorwiderstand ändert sich entsprechend die Spannung. Dieser Wechselspannungsanteil wird über den Koppelkondensator ausgekoppelt. Mehr dazu im folgenden Abschnitt.

Prüfungsfrage TD431

Das folgende Signal **E** wird an den Eingang der Transistorschaltung gelegt. Welches (**A** bis **D**) ist ein mögliches Ausgangssignal?

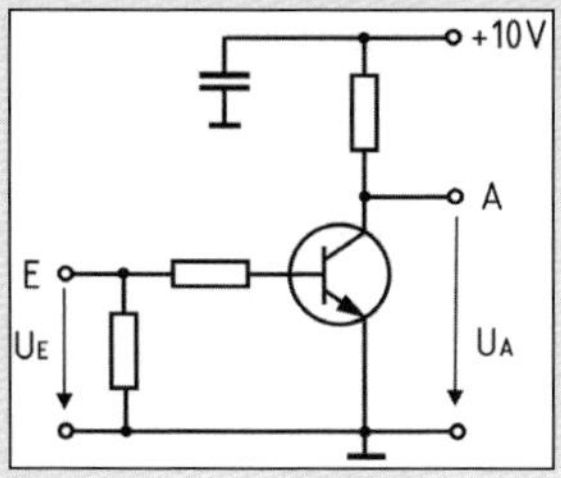

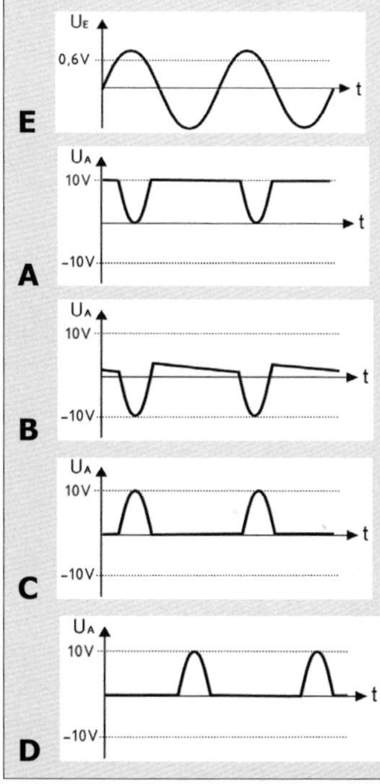

Erläuterung: Bei der Schaltung handelt es sich um einen Schaltverstärker. Der Transistor ist gesperrt, weil die Basis-Emitter-Spannung 0 V beträgt. Damit ist am Ausgang die Ruhespannung +10 V. Wenn die Eingangsspannung auf über 0,6 V steigt, fließt Basis- und damit auch Kollektorstrom und die Spannung am Kollektor (Ausgang) geht zurück. Also ist A die richtige Lösung.

Prüfungsfrage TD432
Das folgende Signal **E** wird an den Eingang der Transistorschaltung gelegt. Welches (**A** bis **D**) ist ein mögliches Ausgangssignal?

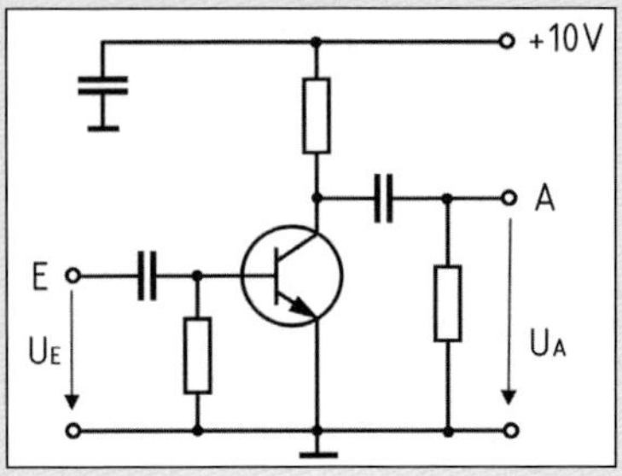

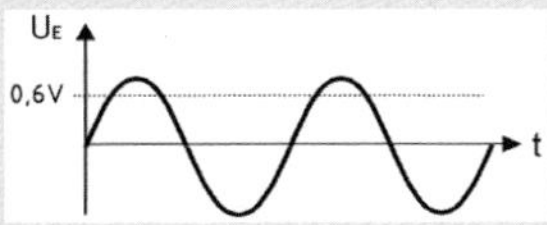

E

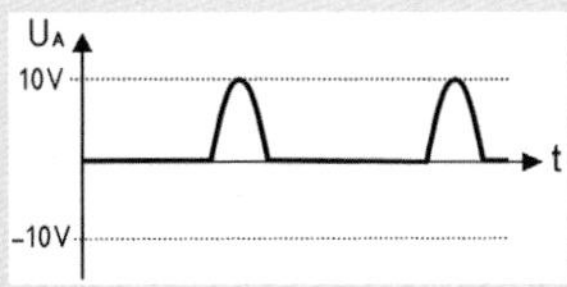

A

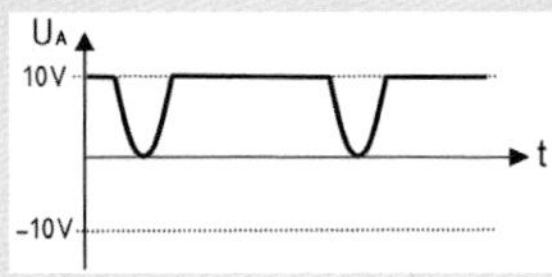

B

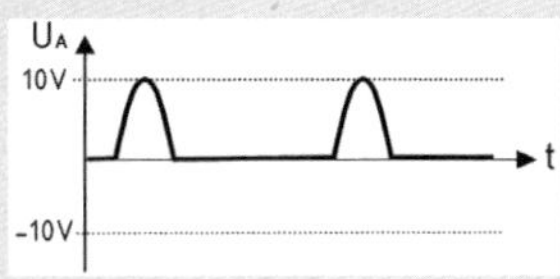

C

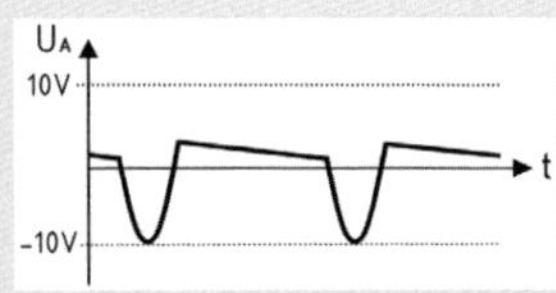

D

Die Erläuterung ist ähnlich wie bei der vorigen Aufgabe. Allerdings lässt der Koppelkondensator die Gleichspannung nicht durch und es bildet sich am Ausgang der Mittelwert der Wechselspannung aus. Wählen Sie die Lösung mit 180° Phasendrehung, also Signalspannung D!

Eine häufig vorkommende Anwendungsschaltung des Transistors als Schalter sei hier vorgestellt. Es zeigt die Anwendung des Sperrschicht-FET als elektronischer Schalter für die Sendersteuerung der PTT mittels Computer. An der seriellen Schnittstelle steht entweder ein Pegel von +12/-12 Volt oder von +5 V und Null zur Verfügung. Für die PTT benötigt man eine niederohmige Verbindung nach Masse. Man leitet die +12 Volt bzw. +5 Volt über einen Widerstand an das Gate eines FET. Dadurch wird der Kanal niederohmig. Ist die Spannung am Eingang -12 Volt oder Null, wird der Kanal des FET hochohmig.

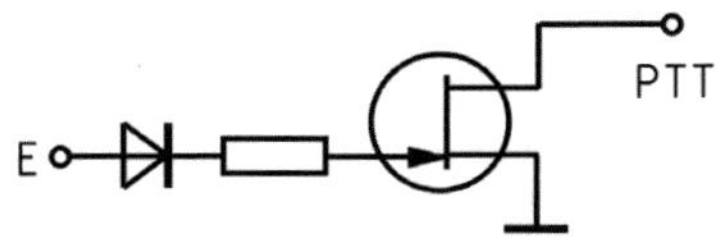

Bild 6-5: PTT-Schaltung mit FET

Bei Schaltstufen mit einer Relaisspule oder einem Transformator tritt folgendes Problem auf. Durch die plötzliche Ausschaltung (Stromänderung in der Induktivität) entsteht eine hohe Induktionsspannung, die den Transistor zerstören könnte. Durch Parallelschaltung einer Diode in Sperrrichtung für den normalen Betrieb (also N-Schicht zur Betriebsspannung) kann man diese Spannungsspitzen kurzschließen.

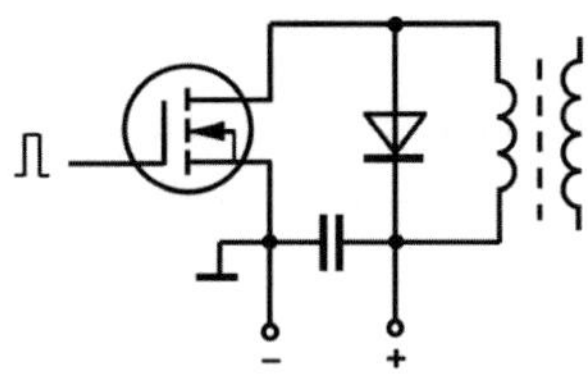

Bild 6-6: Schaltstufe mit Induktivität

Bearbeiten Sie die **Prüfungsfrage TC528** aus dem Fragenkatalog.

Der Transistor als Spannungsverstärker

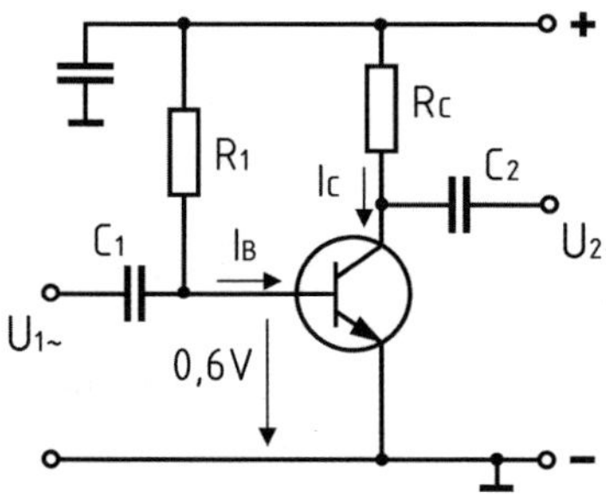

Bild 6-7: Spannungsverstärker in Emitterschaltung mit Basisvorwiderstand

Um mit Hilfe der Stromverstärkung eines Transistors eine Spannungsverstärkung zu erreichen, wird die Stromänderung mit Hilfe eines Widerstandes in eine Spannungsänderung umgewandelt. (R_C in Bild 6-7). Man kann aber auch Transformatoren oder Schwingkreise dazu verwenden (Siehe „transformatorische Kopplung" beim Leistungsverstärker im folgenden Kapitel!).

Funktionsweise: Ändert man die Spannung an der Basis, indem über den Koppelkondensator C_1 (Bild 6-7) eine Wechselspannung u_1 eingekoppelt wird (Diagramm A, Bild 6-8), ändert sich auch der Basisstrom I_B (Diagramm B). Damit ändert sich der Kollektorstrom I_C je nach Stromverstärkung des Transistors etwa hundertmal so stark (Diagramm C). An dem Arbeitswiderstand R_C ändert sich die Spannung. Wenn der Strom steigt, wird die Spannung an R_C größer und damit bleibt für den Kollektor weniger Spannung U_{CE} übrig, U_{CE} sinkt (Bild 6-8, D). Aus dieser Mischspannung wird der Gleichspannungsanteil durch den Kondensator C_2 abgesperrt. Nur die Wechselspannungsanteile (Änderungen, ΔU_{CE}) werden ausgekoppelt (Diagramm E).

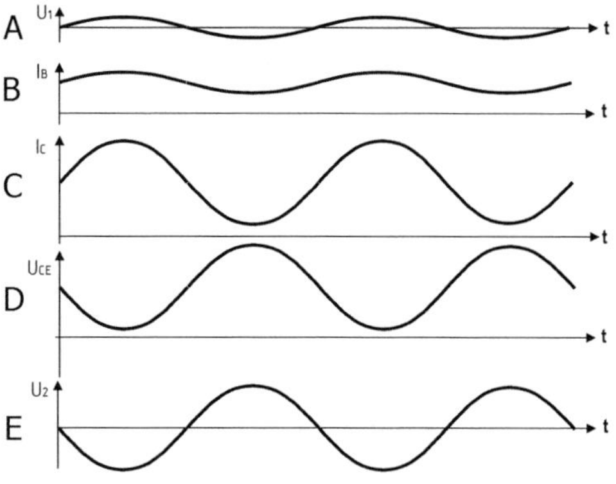

Bild 6-8: Diagramme zur Spannungsverstärkung

Vergleicht man die Bilder 6-8 A und E, fällt außer der Verstärkung auf, dass bei einem Ansteigen der Eingangsspannung U_1 die Ausgangsspannung U_2 gleichzeitig sinkt. Man sagt: Bei der Emitterschaltung sind Eingangs- und Ausgangsspannung gegensinnig bzw. *invertiert*. Das Verhältnis der Ausgangsspannungsänderung ΔU_{CE} zur Eingangsspannungsänderung ΔU_{BE}, bezeichnet man als

Spannungsverstärkung $$v_u = \frac{\Delta U_{CE}}{\Delta U_{BE}}$$

Die Stromverstärkung ist das Verhältnis aus Kollektorstromänderung zu Basisstromänderung.

Stromverstärkung $$v_i = \frac{\Delta I_C}{\Delta I_B}$$

Die Leistungsverstärkung ergibt sich aus dem Produkt von beiden.

Leistungsverstärkung $$v_P = v_u \cdot v_i$$

Bearbeiten Sie die **Prüfungsfrage TC626** aus dem Fragenkatalog.

Erzeugung der Basisvorspannung

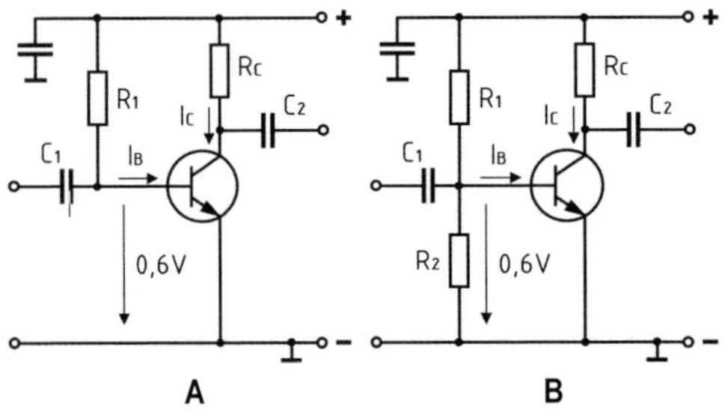

Bild 6-9: Basis-Vorspannungserzeugung

Um eine Wechselspannung verstärken zu können, muss der Mittelpunkt des Signals in die Mitte des Aussteuerbereichs geschoben werden. Man überlagert dazu die Wechselspannung einer mittleren Gleichspannung. Die Erzeugung dieser mittleren Gleichspannung nennt man Einstellung des Arbeitspunktes oder der Vorspannung.

Grundsätzlich muss man dazu zwei Spannungen einstellen, nämlich die Basis-Emitter-Spannung bzw. den Basisstrom und die Kollektor-Emitter-Spannung. Die Kollektor-Emitter-Spannung soll etwa die Hälfte der Betriebsspannung betragen. Man wählt dazu einen Kollektorstrom (für Vorverstärker 1 bis 5 mA) und berechnet damit den Kollektorwiderstand R_C.

Um den notwendigen Basisgleichstrom I_B zu erzeugen, gibt es zwei Möglichkeiten, nämlich die Basis-Vorspannungserzeugung durch einen Vorwiderstand (R_1 in Bild 6-9 A) oder durch einen Spannungsteiler (R_1 und R_2 in Bild 6-9 B). Durch den Vorwiderstand R_1 (Bild 6-9 A) fließt der Basisstrom I_B. An diesem Vorwiderstand fällt so viel Spannung ab, dass noch 0,6 V über der Basis-Emitter-Strecke übrigbleiben. Die Berechnung üben wir anhand einer Prüfungsaufgabe.

Prüfungsaufgabe TC618
(Gegeben Schaltung Bild 6-9 A)
Die Betriebsspannung beträgt 10 V, der Kollektorstrom soll 2 mA betragen, die Gleichstromverstärkung des Transistors beträgt 200. Berechnen Sie den Vorwiderstand R_1.

Lösung: Um R_1 zu berechnen, benötigen wir U an R_1 und I durch R_1 (= I_B). U an R_1 ist 10 V minus 0,6 V gleich 9,4 V. Den Strom berechnen wir aus der Stromverstärkung.

$$I_B = \frac{I_C}{B} = \frac{2\,\text{mA}}{200} = 10\,\mu\text{A}$$

$$R_1 = \frac{9{,}4\,\text{V}}{10\,\mu\text{A}} = 940\,\text{k}\Omega$$

Prüfungsaufgabe TC619
(Siehe Schaltung Bild 6-9 B)
Die Betriebsspannung beträgt 10 V, der Kollektorstrom soll 2 mA betragen, die Gleichstromverstärkung des Transistors beträgt 200. Durch den Querwiderstand R_2 soll der zehnfache Basisstrom fließen. Berechnen Sie den Vorwiderstand R_1.

Lösung: Die Spannung an R_1 berechnet sich wie in der vorigen Aufgabe, ebenfalls der Basisstrom. Durch den Querwiderstand R_2 soll der zehnfache Basisstrom fließen, also 100 µA. Durch R_1 fließt dann die Summe, also 110 µA.

$$R_1 = \frac{9{,}4\,\text{V}}{110\,\mu\text{A}} = 85{,}5\,\text{k}\Omega$$

Prüfungsaufgabe TD402
Welche Funktion haben die Widerstände R_1 und R_2 in der Schaltung (Siehe Aufgabe TC620)?

Antwort: Einstellung der Basisvorspannung

Arbeitspunktstabilisierung

Ein Problem bei den Transistor-Verstärkerschaltungen ist die Tatsache, dass sich ein einmal eingestellter Arbeitspunkt eines Transistors bei Erwärmung verändert. Um den Arbeitspunkt stabil zu halten, gibt es verschiedene Schaltungen. Die beiden wichtigsten sind: Gleichstromgegenkopplung und Gleichspannungsgegenkopplung.

Bei der Gleichstromgegenkopplung wird die Basisvorspannung U_{R2} durch einen Spannungsteiler möglichst stabil gehalten und in die Emitterleitung ein Widerstand geschaltet. Dieser Widerstand R_E dient zur Stromgegenkopplung (Bild 6-10). Steigen durch Temperaturerhöhung der Kollektorstrom und damit auch der Emitterstrom an, erhöht sich der Spannungsabfall U_{RE} am Emitterwiderstand. Wenn die Spannung U_{R2} konstant bleibt, muss sich dadurch U_{BE} erniedrigen. Dadurch verringert sich der Basisstrom, was eine Verringerung des Kollektorstromes zur Folge hat.

Also: Einer langsamen Erhöhung des Kollektorstromes durch Temperaturänderung steht eine Erniedrigung durch Regelung entgegen (Gegenkopplung). Das bedeutet Stabilisierung.

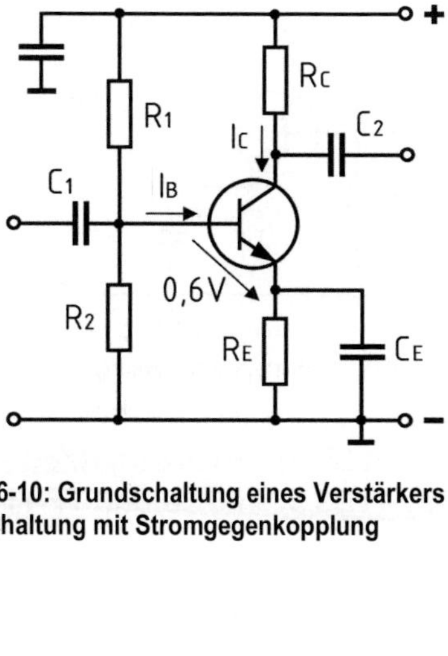

Bild 6-10: Grundschaltung eines Verstärkers in Emitterschaltung mit Stromgegenkopplung

Um aber für gewünschte schnelle Kollektorstromänderungen durch das Steuersignal an der Basis diese Gegenkopplung nicht wirksam werden zu lassen, wird ein Kondensator C_E parallel zu R_E geschaltet. Wenn dieser Kondensator fehlt, reduziert sich die Verstärkung auf das Verhältnis der Widerstände R_C zu R_E.

Bearbeiten Sie die **Prüfungsfragen TC625, TD403** und **TD404.**

Prüfungsfrage TC620

Die Betriebsspannung beträgt 10 V, der Kollektorstrom soll 2 mA betragen, die Gleichstromverstärkung des Transistors beträgt 200. Durch den Querwiderstand R_2 soll der zehnfache Basisstrom fließen. Am Emitterwiderstand soll 1 V abfallen. Berechnen Sie den Vorwiderstand R_1.

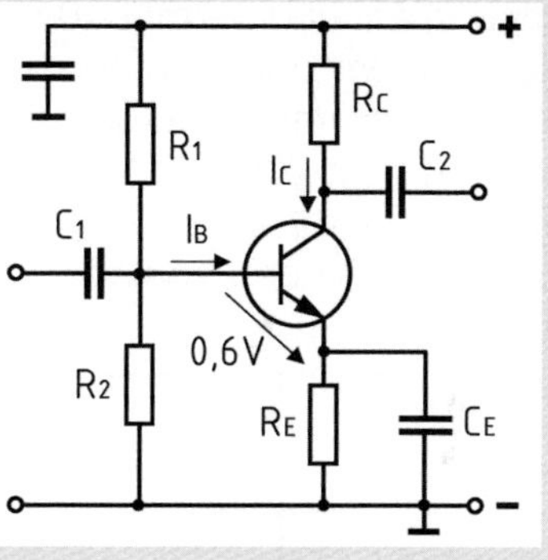

Lösung: Basisstrom, Strom durch R_2 und damit Strom durch R_1 wird wie in der vorigen Aufgabe berechnet. Nur bei der Berechnung der Spannung an R_1 gibt es eine Besonderheit. Die Spannung an R_2 nämlich ist die Summe von 1 V (an R_E) plus 0,6 V, also 1,6 V. Damit bleiben für R_1 noch 10 V minus 1,6 V also 8,4 V übrig.

$$R_1 = \frac{8{,}4\,\text{V}}{110\,\mu\text{A}} = 76{,}4\,\text{k}\Omega$$

Arbeitspunktstabilisierung mit Spannungsgegenkopplung

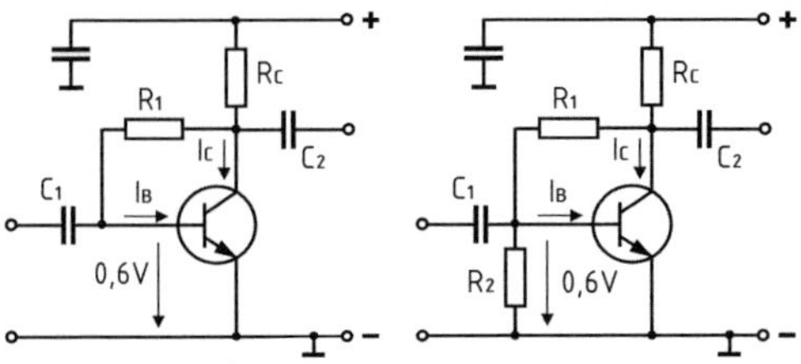

Bild 6-11: Gleichspannungsgegenkopplung

Bei der Gleichspannungsgegenkopplung wird der Vorwiderstand beziehungsweise der Spannungsteiler statt an der Betriebsspannung am Kollektor angeschlossen. Steigt hier der Kollektorstrom infolge Temperaturerhöhung an, sinkt die Spannung U_{CE} und damit gleichzeitig U_{BE}. Der Kollektorstrom wird heruntergeregelt (Bild 6-11).

Prüfungsaufgabe TC621
Die Betriebsspannung beträgt 10 V, der Kollektorstrom soll 2 mA betragen, die Gleichstromverstärkung des Transistors beträgt 200. Die Kollektor-Emitterspannung soll 6 V betragen. Berechnen Sie den Vorwiderstand R_1.

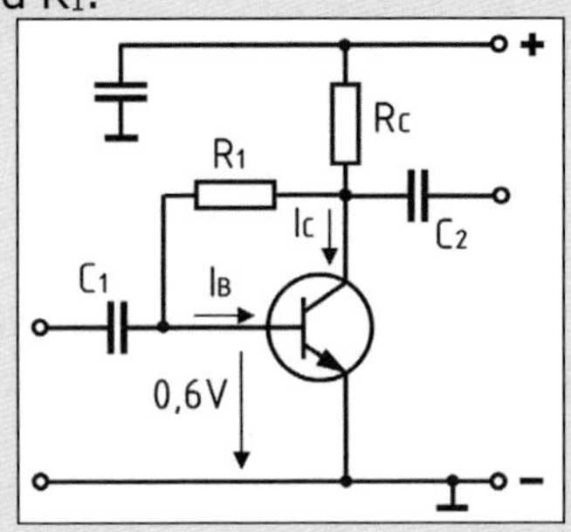

Lösung: Die Spannung an R_1 ist Kollektorspannung minus 0,6 V, also 5,4 V. Der Basisstrom beträgt wieder 10 µA.

$$R_1 = \frac{5{,}4\ \text{V}}{10\ \mu\text{A}} = 540\ \text{k}\Omega$$

Kopplung von Transistorstufen

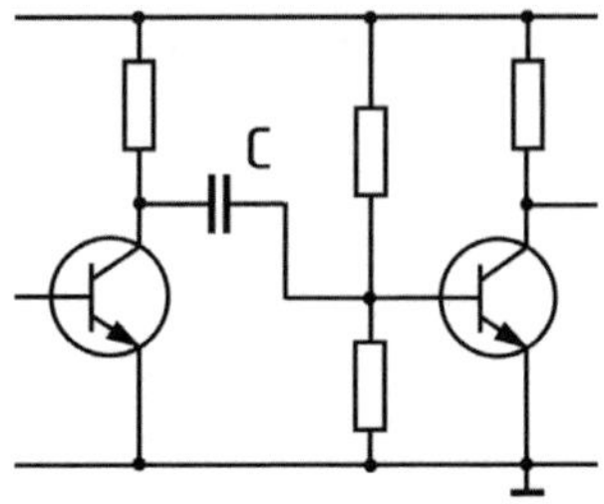

Bild 6-12: Kapazitive Kopplung

Soll die verstärkte Signalspannung zum nächsten Transistor geführt (gekoppelt) werden, muss dafür gesorgt werden, dass zwar Wechselspannungssignale durchkommen, aber die Gleichspannungspotenziale voneinander getrennt bleiben. Es gibt grundsätzlich zwei Möglichkeiten: Kapazitive Kopplung (Bild 6-12) und transformatorische Kopplung (Bild 6-13).

Bei Kleinsignalverstärkern wird üblicherweise die billigere kapazitive Kopplung gewählt. Bei Leistungsverstärkern verwendet man gelegentlich die Trafokopplung, um eine Anpassungsmöglichkeit vom Transistor-Ausgangswiderstand an den Lastwiderstand R_L (z.B. Lautsprecher) oder an die nächste Stufe zu erhalten.

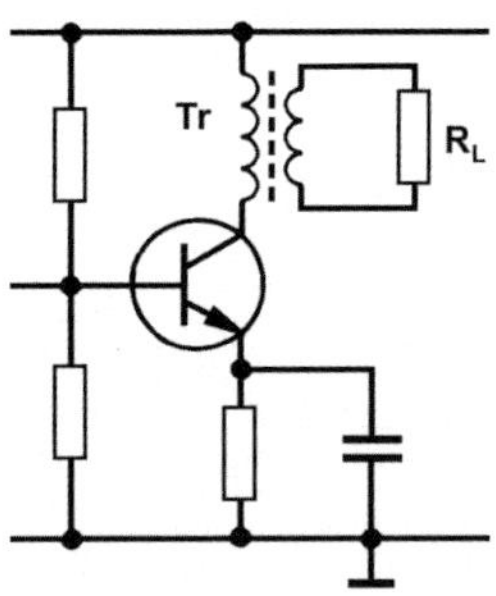

Bild 6-13: Transformatorische Kopplung

Bearbeiten Sie die **Prüfungsfragen TD405, TF315, TF316** und **TF415.**

Die Grundschaltungen des Transistors

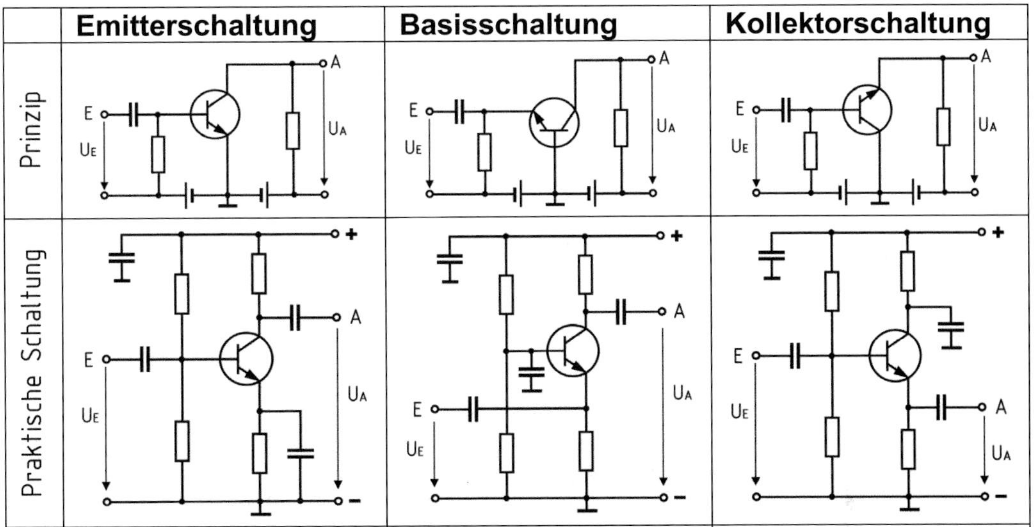

	Emitterschaltung		Basisschaltung		Kollektorschaltung	
r_e	mittel	z.B. 1 kΩ	klein	z.B. 50 Ω	groß	z.B. 100 kΩ
r_a	mittel	z.B. 10 kΩ	groß	z.B. 100 kΩ	klein	z.B. 50 Ω
v_i	groß	z.B. 100	<1	z.B. 0,9	groß	z.B. 100
v_u	groß	z.B. 100	groß	z.B. 100	<1	z.B. 0,99
v_p	sehr groß	z.B. 10000	groß	z.B. 100	groß	z.B. 100
φ_u	gegenphasig	180°	gleichphasig	0°	gleichphasig	0°

Bild 6-14: Die Grundschaltungen des Transistors

Bisher wurde in diesem Lehrgang immer der Emitter des Transistors als gemeinsamer Anschluss für den Eingang und den Ausgang benutzt. Deshalb hat diese Schaltung den Namen *Emitterschaltung*.

Es ist möglich, eine der anderen Elektroden als gemeinsamen Anschluss für den Eingang und den Ausgang zu benutzen. Man erhält dann die *Kollektorschaltung* bzw. die *Basisschaltung*. Dann ändern die Schaltungen aber ihre Eigenschaften. Die wichtigsten Eigenschaften der drei Grundschaltungen werden in obiger Tabelle gegenübergestellt (Bild 6-14). In der Praxis erkennt man eine Grundschaltung daran, welche Elektrode über einen Kondensator mit Masse verbunden ist, beziehungsweise an der Elektrode, die weder als Eingang noch als Ausgang gebraucht wird.

Einige Anwendungsmöglichkeiten ergeben sich aus der Tabelle Bild 6-14. Die *Emitterschaltung* wird für NF und für HF angewendet, wenn es auf eine hohe Leistungsverstärkung ankommt. Da die Leistungsverstärkung das Produkt ist aus Spannungs- und Stromverstärkung, ergibt sich bei der Emitterschaltung eine Leistungsverstärkung von 2000- bis 50 000fach. Der Nachteil dieser Schaltung ist manchmal der niedrige Eingangswiderstand, der zwischen 20 Ohm und 5 Kiloohm liegen kann und die relativ niedrige Grenzfrequenz.

Prüfungsfragen
Bearbeiten Sie die Fragen **TD401, TD406** und **TD407**.

Die *Kollektorschaltung* wird auch *Emitterfolger* genannt, weil der Ausgang dem Emitter folgt. Sie wird dann angewendet, wenn ein hoher Eingangswiderstand (typische Werte zwischen 10 Kiloohm und 200 Kiloohm) und ein niedriger Ausgangswiderstand (typische Werte zwischen 4 Ohm und 100 Ohm) gewünscht werden. Allerdings hat diese Schaltung keine Spannungsverstärkung ($v_u \approx 1$, genauer 0,90 bis 0,99), jedoch eine hohe Stromverstärkung. Man benutzt daher diese Schaltung als so genannten *Impedanzwandler*, z.B. auch in elektronisch geregelten Netzteilen (Kapitel 19) als Längstransistor. Impedanzwandler bedeutet hier: Großer Eingangswiderstand und kleiner Ausgangswiderstand. Deshalb wird der Emitterfolger gern als Trennstufe (*Pufferstufe*) zwischen Oszillator und Folgestufe eingesetzt.

Bearbeiten Sie die **Prüfungsfragen TD408** bis **TD413**.

Die *Basisschaltung* wird wegen ihrer hohen Grenzfrequenz und der geringen Rückwirkung gern als HF-Verstärker im Eingang von UKW-Vorstufen verwendet.

Bearbeiten Sie die **Prüfungsfragen TF321** bis **TF323**.

Integrierte Schaltungen

Inzwischen stellt man komplexe Schaltungen her, die auf einem einzigen Halbleiterkristall einen kompletten Verstärker oder Oszillator oder sogar einen ganzen Empfänger darstellen. Jede dieser Schaltungen ist anders. Man benötigt unbedingt ein konkretes Datenblatt mit Beschaltungsvorschlägen. Moderne Amateurfunkgeräte werden praktisch aus einer Vielzahl solcher integrierten Schaltungen hergestellt.

Prüfungsfrage
Bearbeiten Sie die Frage **TC701**.

Der Operationsverstärker

Ein besonderer Typ von integrierten Schaltungen ist für den Selbstbauer sehr interessant. Sie nennt sich *Operationsverstärker*. Der Operationsverstärker (abgekürzt OP oder OPV) besteht aus einer großen Anzahl einzelner Verstärkerstufen, die alle Gleichstrom gekoppelt sind. Dadurch kann ein OP sowohl Gleichspannungen als auch Wechselspannungen mit einem hohen Verstärkungsfaktor verstärken. Dieser Verstärkungsfaktor wird durch eine gleichstrommäßige Gegenkopplungsschaltung eingestellt. Der Eingangswiderstand ist sehr hoch und der Verstärkungsfaktor ohne Gegenkopplung praktisch unendlich.

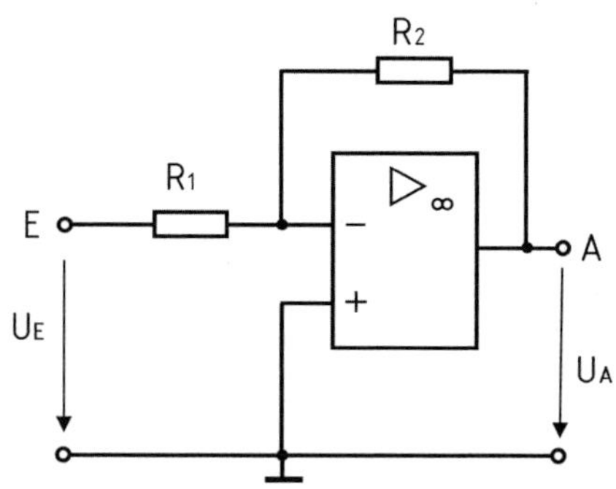

Bild 6-15: Typische Verstärkerschaltung mit OP

Bearbeiten Sie die **Prüfungsfrage TC711** aus dem Fragenkatalog.

Im Bild 6-15 ist eine typische Verstärkerschaltung mit einem OP dargestellt. Die Verstärkung berechnet sich hierbei sehr einfach als Verhältnis aus R_2 zu R_1. R_1 bestimmt die Größe des Eingangswiderstandes.

$$v_u = -\frac{U_A}{U_E} = \frac{R_2}{R_1}$$

Das Minuszeichen vor dem Verhältnis U_A/U_E bedeutet, dass das Signal am Ausgang gegenüber dem Eingang invertiert ist. Man sagt auch, dies ist ein invertierender Verstärker.

Prüfungsfrage TC715
Der Eingangswiderstand der Operationsverstärkerschaltung (Schaltung Bild 6-15) soll 1 kΩ betragen und es wird eine Spannungsverstärkung von zirka 20 erwünscht. Wie groß muss der Rückkopplungswiderstand R_2 sein?

Lösung: R_2 muss zwanzigmal so groß sein wie R_1, also 20 kΩ.

Auch aus dieser Formel ist zu erkennen, wenn R_2 wegfällt, also unendlich groß wird, dann wird v_u theoretisch unendlich. Der Operationsverstärker wird mit einer symmetrischen Gleichspannung versorgt. Dadurch liegt der Arbeitspunkt in der Mitte bei null Volt und man benötigt keinen Koppelkondensator. Dadurch ist die Grenzfrequenz sozusagen null Hertz. Die obere Grenzfrequenz liegt weit über 1 MHz.

Bearbeiten Sie die **Prüfungsfrage TC713** aus dem Fragenkatalog.

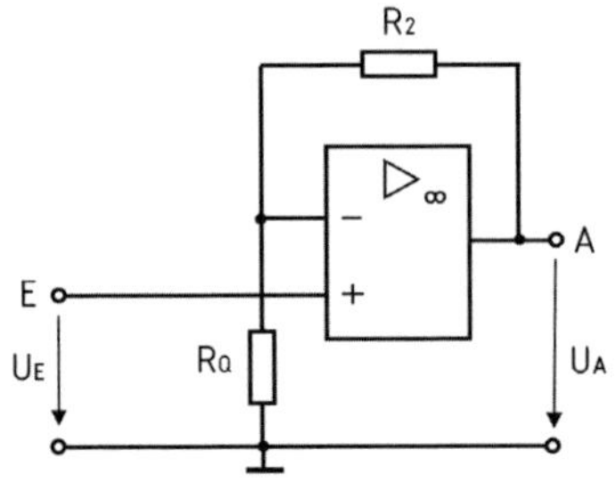

Bild 6-16: Der Operationsverstärker als nichtinvertierender Verstärker

Der Operationsverstärker kann nach Bild 6-16 so geschaltet werden, dass das Signal nicht invertiert wird. Die Spannungsverstärkung berechnet sich dann zu

$$v_u = \frac{U_A}{U_E} = \left(1 + \frac{R_2}{R_Q}\right)$$

Diese Schaltung wird häufig als Impedanzwandler in der Form angewendet, dass R_2 zu null oder/und R_Q unendlich gemacht (also weggelassen) wird. Damit wird die Verstärkung gleich 1, aber der Ausgangswiderstand ist sehr niedrig und der Eingangswiderstand sehr hoch. Dies nennt *man Impedanzwandler.* Man benötigt einen solchen Impedanzwandler, wenn man eine hochohmige Messspannung oder ein HF-Signal auf einen niederohmigen Eingang legen will.

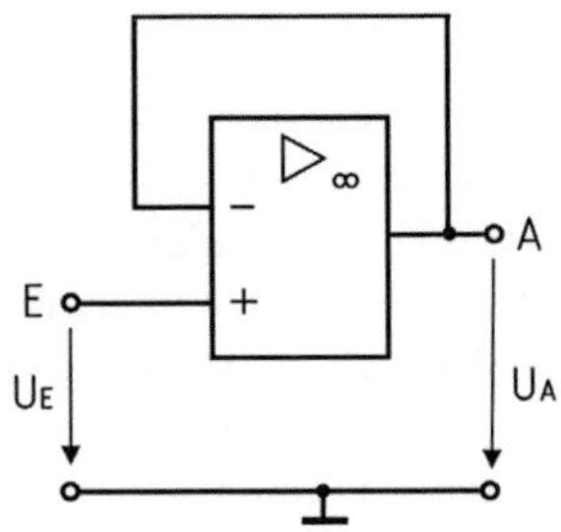

Bild 6-17: Operationsverstärker als Impedanzwandler

Bearbeiten Sie die **Prüfungsfragen TC714, TC712, TC716, TC717.**

Die Elektronenröhre

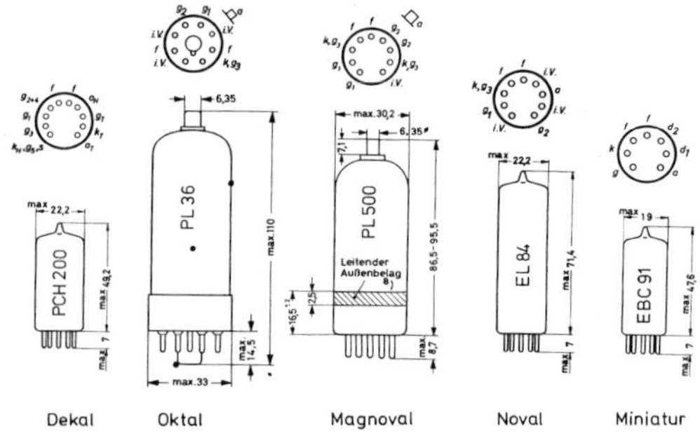

Bild 6-18: Beispiel für Sockelschaltungen verschiedener Elektronenröhren

Für Hochfrequenzleistungsverstärker werden beim Selbstbau oder für sehr große Leistungen noch immer Röhren verwendet. Sie arbeiten mit hohen Spannungen und können deshalb mit geringen Strömen bereits hohe Leistungen erzeugen. Im Lehrbuch zur Klasse E wurde das Grundprinzip der Steuerung einer Elektronenröhre im Kapitel 13 bereits vorgestellt.

Elektronenröhren bestehen zumeist aus einem luftleer gepumpten Glaskolben mit einem eingeschweißten gläsernen Fuß. Durch den als Fuß (Sockel) dienenden gepressten Glasteller führen Steckerstifte. Sie tragen im Innern der Röhre das Elektrodensystem. Der Röhrensockel passt in eine auf das Chassis montierte Röhrenfassung.

Da in einem luftleer gepumpten Glaskolben normalerweise keine Ladungsträger für die Stromleitung vorhanden sind, müssen künstlich Elektronen hineingebracht werden. Diesen Vorgang nennt man Glühemission. Bei der Glühemission wird ein Leiter im Vakuum zum Glühen gebracht, ähnlich wie bei einer normalen Glühlampe. Je stärker nämlich ein Leiter erwärmt wird, desto schneller bewegen sich die in ihm befindlichen freien Elektronen. Bei einer bestimmten Geschwindigkeit wird ihre Energie so groß, dass sie die Anziehungskraft der Leiterionen überwinden und aus der Oberfläche des Leiters austreten können. Diese Glühemission wird auch *thermische Elektronenemission* oder *Edison-Effekt* genannt.

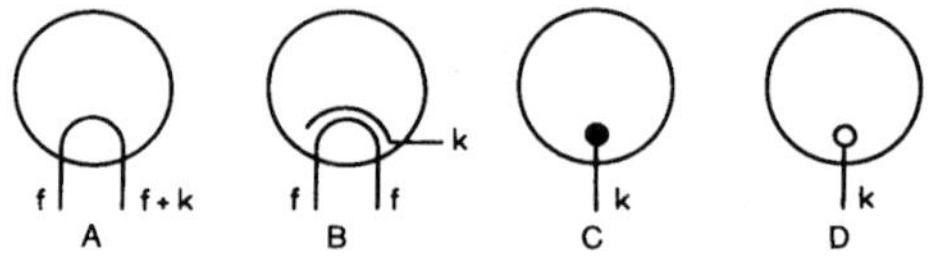

Bild 6-19: Schaltzeichen A: für direkt geheizte, B: für indirekt geheizte Katode, C: vereinfachtes Symbol für geheizte Katode, D: Kaltkatode

In einer Elektronenröhre muss also eine Elektrode immer zum Glühen gebracht (geheizt) werden. Diese Elektrode nennt man die Katode. Die Katode entspricht dem Emitter beim Transistor. Es gibt direkt und indirekt geheizte Katoden. Bei direkt geheizten Katoden ist der Heizfaden mit der wirksamen Katodenschicht, zum Beispiel aus Barium-Strontium-Oxid überzogen. Die direkte Heizung wird nur bei schnell heizenden Senderöhren verwendet.

Bei indirekt geheizten Katoden sind Heizfaden und Katode elektrisch voneinander getrennt. Die wirksame Katodenschicht ist auf ein Metallröhrchen aufgetragen, das nur durch die Wärmestrahlung oder Wärmeleitung vom isolierten Heizfaden auf die notwendige Temperatur gebracht wird.

Im Bild 6-19 sind die genormten Schaltzeichen für die direkt und die indirekt geheizte Katode dargestellt. An die mit „f" (Faden) bezeichneten Anschlüsse wird eine Spannungsquelle angeschlossen, so dass über den Heizdraht ein Strom fließt, der so stark sein muss, dass der Faden rot glüht. An diesem Glühen erkennt man bereits von außen, ob der Heizfaden einer Röhre noch in Ordnung ist.

Wenn es für ein zu zeichnendes Schaltbild nicht wichtig ist, wie die Katode geheizt ist, kann man das im Bild 6-19 C dargestellte, vereinfachte Schaltzeichen für eine geheizte Katode verwenden: Ein ausgefüllter, großer Punkt. Bei einer so genannten Kaltkatode für Ionenröhren (Gas gefüllte Röhren) wird dieser Punkt farblich nicht ausgefüllt, man zeichnet an dieser Stelle einen kleinen Kreis (Bild 6-19 D).

Die Röhrendiode enthält außer der Katode als zweite Elektrode noch die Anode. Die Anode dient zum Auffangen der Elektronen. Verbindet man die Anode mit dem Pluspol und die Katode mit dem Minuspol einer Gleichspannung, werden die von der Katode emittierten freien Elektronen durch den luftleeren Raum in der Röhre zur positiven Anode gesaugt. Es fließt ein Elektronenstrom von der Katode zur Anode. Man beachte auch hier, dass Elektronenstromrichtung und konventionelle (technische) Stromrichtung entgegengesetzt sind!

Polt man die Spannung zwischen Anode und Katode um, werden die Elektronen von der negativen Anode abgestoßen. Es fließt kein Strom. Die Röhrendiode lässt also genau wie die Halbleiterdiode den Strom nur in einer Richtung fließen.

Die zwischen Anode und Katode anliegende Spannung nennt man Anodenspannung U_a; der vom Pluspol der Batterie über die leitende Diode fließende Strom heißt Anodenstrom. Hochvakuumdioden werden gelegentlich noch zur Gleichrichtung von Hochspannungen eingesetzt.

Wenn man zwischen Anode und Katode ein halbdurchlässiges Gitter (meist eine Drahtwendel) einfügt, lässt sich der Anodenstrom steuern. Die Steuerwirkung kommt folgendermaßen zustande. Die negativen Elektronen werden von der Anode angezogen. Auf ihrem Weg von der Katode zur Anode müssen sie durch die Gitterwendel fliegen. Wenn diese Gitterdrähte negativ geladen sind, werden die negativen Elektronen abgestoßen und kommen schlechter durch dieses elektrische Feld. Je negativer das Gitter ist, desto stärker wird die Abstoßung, desto geringer wird der Anodenstrom.

Die Elektronenröhre wird im Amateurfunk gern für HF-Leistungsverstärker eingesetzt. Sie finden Schaltungen dazu im Prüfungsfragenkatalog, Aufgaben TG313 bis TG318. Die Schaltung soll hier schon einmal gezeigt werden. Die Besprechung der HF-Schaltung folgt später im Lehrgang.

Bearbeiten Sie die **Prüfungsfragen TC718** und **TC719**.

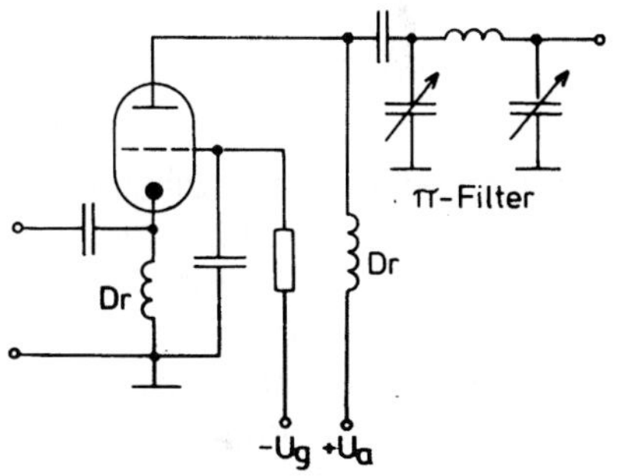

Bild 6-20: Senderendstufe mit Röhre in Gitter-Basis-Schaltung

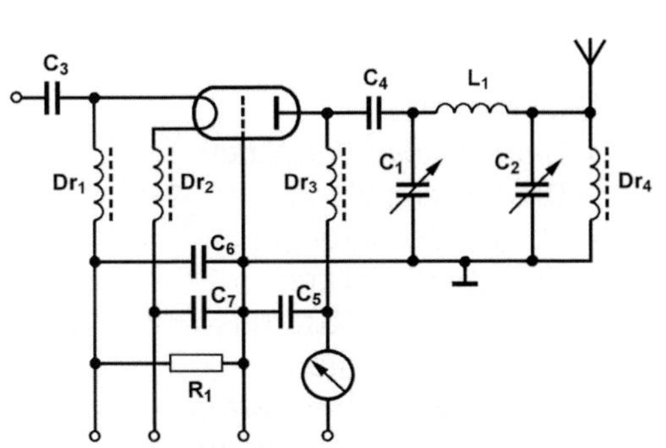

Bild 6-21: Senderendstufe mit Röhre in Gitter-Basis-Schaltung aus dem Fragenkatalog

Kapitel 7: Oszillator und Hochfrequenzerstärker

Eine für den Amateurfunk wichtige Anwendung des Transistors als Verstärker ist der Oszillator. Ein Oszillator ist ein Schwingungserzeuger für sinusförmige Schwingungen, wie sie für den Sender in der Funktechnik gebraucht werden. Allerdings werden kommerzielle Sender nicht mehr mit solchen frei schwingenden Oszillatoren aufgebaut, sondern mit so genannten PLL-Schaltungen, wie sie im Kapitel 11 beschrieben werden.

Übersicht

- Der selektive Verstärker
- Die Rückkopplung
- Der LC-Oszillator
- Der Quarzoszillator
- Hochfrequenzleistungsverstärker
- Der Wirkungsgrad
- Verstärker-Betriebsarten
- HF-Verstärker-Schaltungen
- Senderleistungen (PEP)

Der selektive Verstärker als HF-Verstärker

Betreibt man einen Transistor oder einen Operationsverstärker als Breitbandverstärker mit Widerständen und Kondensatoren zur Beschaltung (so genannter RC-Verstärker), wird man feststellen, dass es nicht ganz einfach ist, sehr hohe Frequenzen (z.B. über 1 MHz) zu verstärken. Die äußeren Kapazitäten (C_1 in Bild 7-1) der Verstärkerbauelemente und der Schaltung bilden für hohe Frequenzen einen niedrigen Wechselstromwiderstand, eventuell sogar einen Kurzschluss.

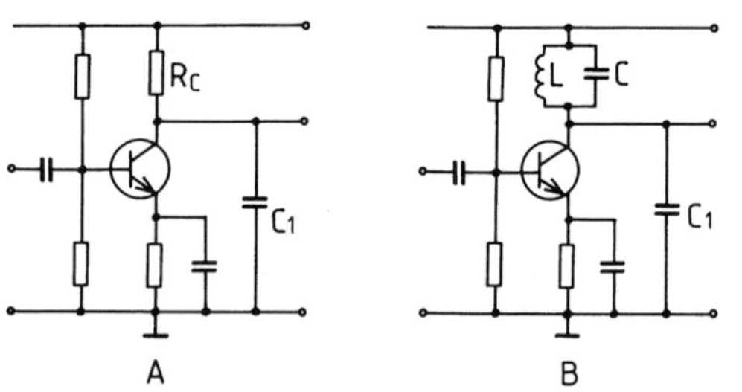

Bild 7-1: Breitbandverstärker (A) und Selektiver Verstärker (B)

Ersetzt man jedoch den Kollektorwiderstand R_C des Breitbandverstärkers durch einen Parallelschwingkreis (Bild 7-1 B), kann die Schaltkapazität mit eingerechnet werden und der Schwingkreis hat bei seiner Resonanzfrequenz einen großen Widerstand und damit hohe Verstärkung. Allerdings hat er die hohe Verstärkung nur bei dieser Frequenz, bzw. entsprechend der Bandbreite in einem schmalen Frequenzbereich. Man nennt einen solchen Verstärker deshalb *Schmalbandverstärker* oder *selektiven Verstärker* oder *Resonanzverstärker*.

Die Resonanzfrequenz berechnet sich mit Hilfe der Thomsonschen Schwingkreisformel - wobei die Schaltkapazität einbezogen werden muss - und die Bandbreite mit Hilfe der Güte des Schwingkreises (siehe Kapitel 4). Der Nachteil dieses selektiven Verstärkers ist, dass er bei Frequenzwechsel nachgestimmt werden muss, um wieder eine gute Verstärkung zu erzielen. Deshalb wird er im Kurzwellenbereich nicht mehr so gern verwendet, nur gelegentlich noch als so genannter *Preselektor* (selektiver Vorverstärker). Im UKW-Bereich setzt man ihn gern ein, wo man eine entsprechend hohe Bandbreite für das gesamte 2-m-Band erzielt. Der selektive Verstärker mit einem Parallelschwingkreis ist die Grundschaltung für einen LC-Oszillator.

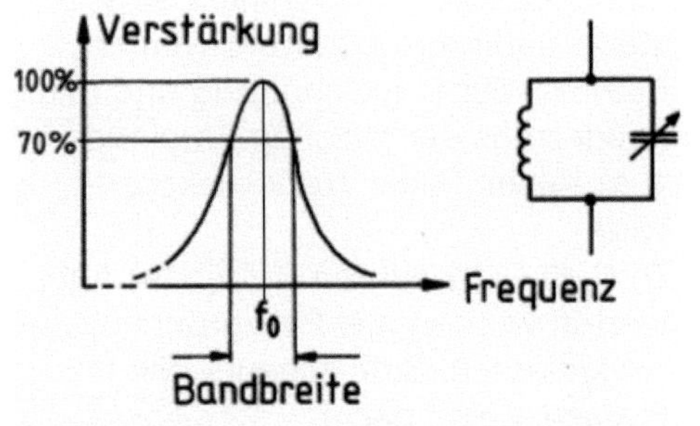

Bild 7-2: Bandbreite und Resonanzfrequenz eines selektiven Verstärkers

Frequenz $$f_0 = \frac{1}{2 \cdot \pi \cdot \sqrt{L \cdot C}}$$

Durch Ändern von L oder C kann die Frequenz des Oszillators verändert werden.

Prüfungsfrage TD612
Wie verhält sich die Frequenz eines Oszillators bei Temperaturanstieg, wenn die Kapazität des Schwingkreiskondensators mit dem Temperaturanstieg ebenfalls ansteigt?
A Die Frequenz bleibt stabil.
B Die Schwingungen reißen ab (Aussetzer).
C Die Frequenz erhöht sich.
D Die Frequenz verringert sich.

Lösung: Aus der obigen Formel kann man erkennen, dass sich Frequenz und Kapazität umgekehrt proportional verhalten, weil die Kapazität unter dem Bruchstrich steht. Umgekehrt proportional bedeutet, dass die eine Größe sinkt, wenn die andere steigt und umgekehrt. Deshalb stimmt die Lösung D.

Prüfungsfragen: Bearbeiten Sie die Fragen **TD613** und **TD614.**

Die Rückkopplung

Ein Oszillator ist ein Schwingungserzeuger. Im Gegensatz zu PLL-Systemen werden beim LC-Oszillator direkt sinusförmige Spannungen erzeugt. Elektrische Schwingungen erzeugt man auf elektronischem Wege durch Rückkopplung.

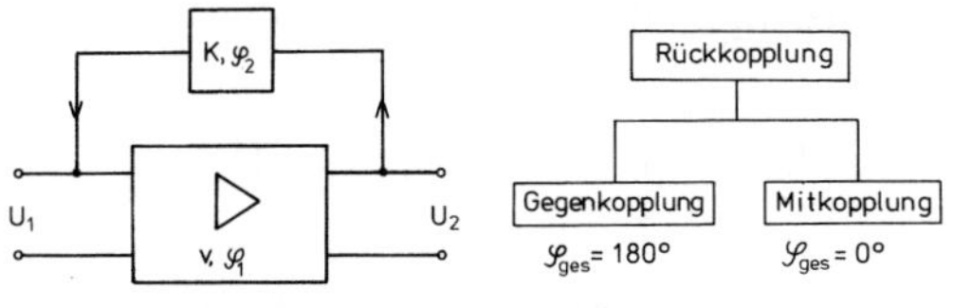

Bild 7-3: Prinzip der Rückkopplung

Führt man einen Teil der Ausgangsspannung eines Verstärkers auf den Eingang zurück, bezeichnet man dies als *Rückkopplung* (Bild 7-3). Man unterscheidet zwei Arten der Rückkopplung. Bei der *Gegenkopplung* ist die zugeführte Spannung in der Phasenlage entgegengesetzt zur Eingangsspannung. Dadurch heben sich die Spannungen am Eingang teilweise auf und die Gesamtverstärkung geht zurück. Gleichzeitig nehmen auch die in diesem Verstärker erzeugten Verzerrungen ab. Die Gegenkopplung wird angewendet, um im NF-Bereich eine Klangverbesserung und im HF-Bereich eine größere Bandbreite zu erreichen (*Breitbandverstärker*).

Wird die über *K* (Bild 7-3) zurück gekoppelte Spannung gleichphasig (φ_{ges} = 360° oder 0°) an den Eingang geführt, addieren sich die Spannungen. Die Verstärkung wird erhöht. Man nennt diese Art der Rückkopplung *Mitkopplung*. Die Mitkopplung hat man früher in billigen Empfängern (Rückkopplungsempfänger, Einkreiser usw.) zur Trennschärfeverbesserung eingesetzt. Der Nachteil der vergrößerten Unstabilität des Verstärkungsfaktors und des Arbeitspunktes hat den Einsatz der Mitkopplung für diesen Zweck stark verdrängt.

Ist die Mitkopplungsspannung genau so groß wie die Eingangsspannung, setzen Schwingungen ein. In diesem Fall ist der *Rückkopplungsfaktor K* gleich dem Kehrwert des Verstärkungsfaktors *v*. Man nennt dies Schwingbedingung, also die Bedingung dafür, dass Schwingungen einsetzen.

Schwingbedingung

$$\boxed{K = \frac{1}{v}} \quad \text{oder} \quad \boxed{K \cdot v = 1}$$

Anschwingbedingung $\boxed{K \cdot v > 1}$

Ein Beispiel mag dies verdeutlichen. Führt man bei einem Verstärker mit v = 100 nur 1/100 der Ausgangsspannung von z.B. 100 mV, also 1 mV, auf den Eingang zurück, wird die Spannung wieder auf 100 mV verstärkt. Der Vorgang hält sich aufrecht.

Ist der Verstärkungsfaktor etwas größer als der Kehrwert des Rückkopplungsfaktors, braucht keine Spannung von außen zugeführt zu werden. Eine kleine zufällige Spannungsänderung beim Einschalten bewirkt, dass die Ausgangsspannung immer mehr ansteigt, bis der Verstärker begrenzt. Diesen Fall, bei dem selbsttätig Schwingungen einsetzen, nennt man *Anschwingen* oder Entstehung von ungedämpften Schwingungen. Es gilt die Anschwingbedingung (siehe Formel auf dieser Seite links unten!). Eine gute Zusammenfassung findet man in der richtigen Antwort der folgenden Prüfungsfrage.

Prüfungsfrage TD609
Welche Bedingungen müssen zur Erzeugung ungedämpfter Schwingungen in Oszillatoren erfüllt sein?
A Das an einem Schaltungspunkt betrachtete Oszillatorsignal muss auf dem Signalweg im Oszillator so verstärkt und phasengedreht werden, dass es wieder gleichphasig und mit mindestens der gleichen Amplitude zum selben Punkt zurückgekoppelt wird.
B, C, D Die weiteren (falschen) Antworten wurden aus Platzgründen weggelassen. Bitte schauen Sie im Fragenkatalog nach!

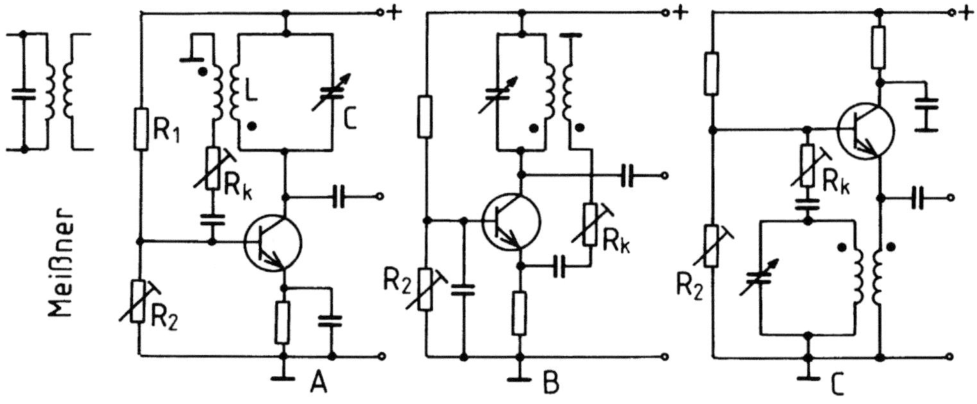

Bild 7-5: Oszillatorschaltungen mit induktiver Rückkopplung (Meißner)
A) Emitter-, B) Basis-, C) Kollektorschaltung

Der LC-Oszillator

Bei Hochfrequenzoszillatoren verwendet man meistens selektive Verstärker, die mit LC-Schwingkreisen arbeiten. Bei diesen *LC-Sinusoszillatoren* gibt es drei Grundprinzipien, die sich in der Art der Erzeugung der Rückkopplung unterscheiden.

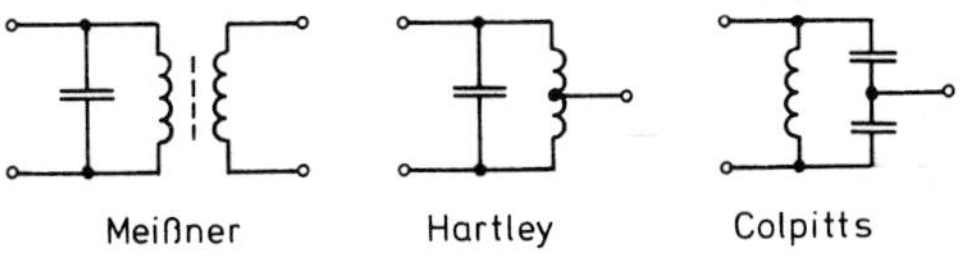

Bild 7-4: Rückkopplungsprinzipien

Fast alle LC-Oszillatoren lassen sich auf die im Bild 7-4 dargestellten Prinzipien zurückführen. Beim *Meißner-Oszillator* wird die Rückkopplung über transformatorische Kopplung (induktiv) erreicht. Bei der *Hartley-* und der *Colpitts-Schaltung* haben wir es mit so genannten *Dreipunktschaltungen* zu tun, bei der die Rückkopplung über Anzapfungen an der Spule (Hartley) oder am Kondensator (Colpitts) erfolgt. **Merkhilfe**: H = Henry (Induktivität), C = Kapazität.

Der Meißner-Oszillator

Jeder Oszillator kann in einer der Transistorgrundschaltungen Emitter-, Basis- oder Kollektorschaltung betrieben werden. Im Bild 7-5 ist dies am Beispiel der Meißner-Schaltung dargestellt.

Bei der Emitterschaltung (Bild 7-5 A) muss die Phasendrehung des Transistorverstärkers durch den entgegen gesetzten Wickelsinn des Transformators aufgehoben werden. Die Punkte deuten den Wickelsinn an. Die mit den Punkten gekennzeichneten Stellen haben zu denselben Zeiten gleiche Phasenlage. Die Ausgangsspannung kann kapazitiv abgenommen werden. Es ist auch eine transformatorische Auskopplung durch eine weitere Zusatzwicklung möglich.

Bei der Basisschaltung (Bild 7-5 B) ist die Basis über einen Kondensator an Masse gelegt. Bei der Kollektorschaltung muss vom Emitter zur Basis zurückgekoppelt werden. Wegen der Spannungsverstärkung kleiner 1 muss bei der Kollektorschaltung das Übersetzungsverhältnis des Transforma-

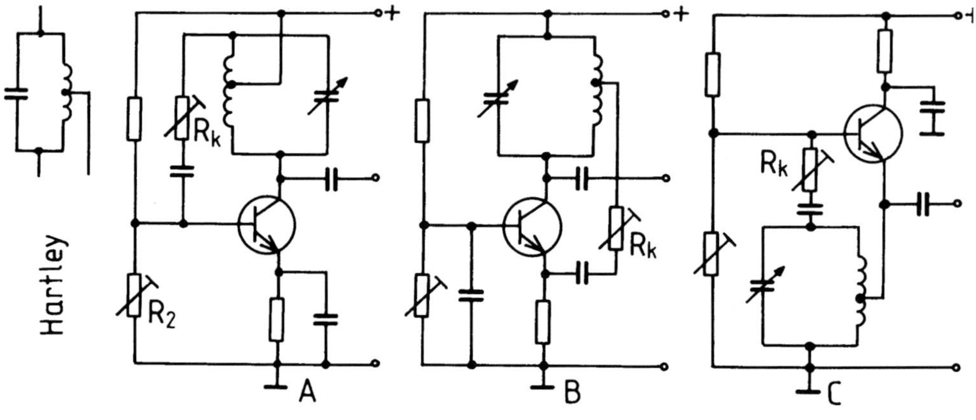

Bild 7-6: Oszillatorschaltungen mit induktiver Dreipunktschaltung (Hartley)
A) Emitter-, B) Basis-, C) Kollektorschaltung

tors so bemessen sein, dass die Basiswicklung mehr Windungen erhält. Der Rückkopplungsfaktor K wird bei allen drei Schaltungen durch das Übersetzungsverhältnis des Trafos bestimmt.

Die Widerstände R_1 und R_2 bestimmen den Arbeitspunkt und damit die Verstärkung des Transistors. Die Widerstände und Kondensatoren in der Emitterleitung dienen der Arbeitspunktstabilisierung. Mit dem Widerstand R_k in der Rückkoppelleitung kann der Rückkopplungsfaktor eingestellt werden.

Prüfungsfrage TD602

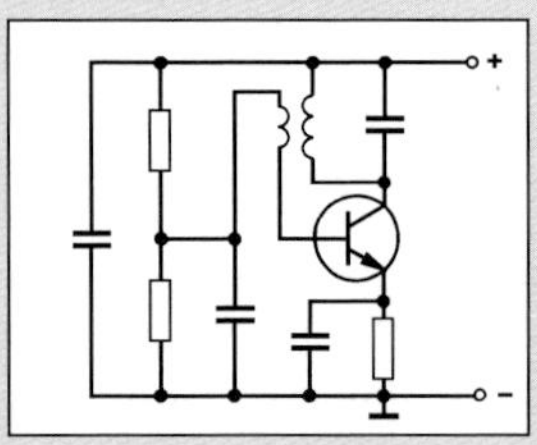

Bei dieser Schaltung handelt es sich um
A einen induktiv rückgekoppelten LC-Oszillator in Emitterschaltung.

Dreipunkt-Schaltungen

Die Meißner-Schaltung arbeitet immer mit einem Transformator im Rückkopplungszweig. Die beiden anderen Grundschaltungen weichen nur insoweit von der Meißner-Schaltung ab, als dass die Rückkopplungsspannung an Anzapfungen abgegriffen und die Wechselspannung über Koppelkondensatoren der entsprechenden Elektrode zurückgeführt wird.

Beim *Hartley-Oszillator* (Bild 7-6) wird die Rückkopplungsspannung an einer Spulenanzapfung abgegriffen. Je nach Transistor-Grundschaltung (Emitter-, Basis-, Kollektorschaltung) muss die Betriebsspannung anders zugeführt werden.

Bei der Emitterschaltung ist darauf zu achten, dass die Betriebsspannung an die Anzapfung der Spule gelegt wird, damit Kollektor und Basis an den entgegen gesetzten Seiten des Schwingkreises angeschlossen werden können, um die Phasendrehung von 180° des Transistorverstärkers wieder auszugleichen.

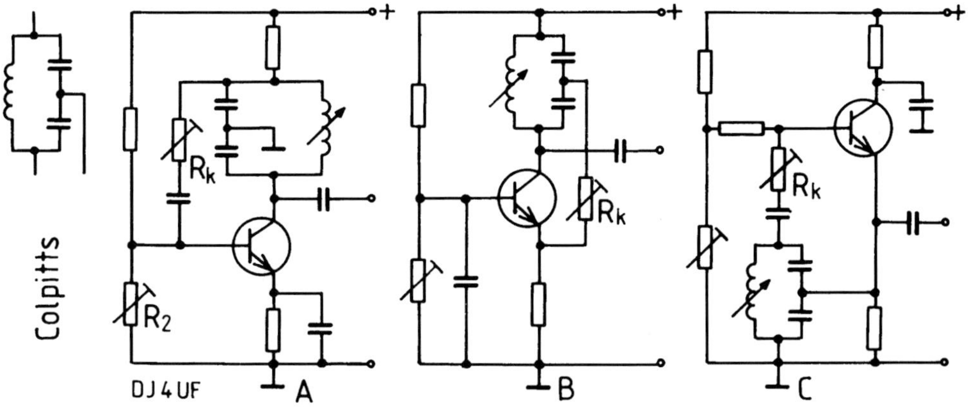

Bild 7-7: Oszillatorschaltungen in kapazitiver Dreipunktschaltung (Colpitts)
A) Emitter-, B) Basis-, C) Kollektorschaltung

Prüfungsfragen
Bearbeiten Sie die Fragen **TD603** und **TD610.**

Der Colpitts-Oszillator unterscheidet sich vom Hartley-Oszillator nur dadurch, dass die Anzapfung nicht an der Spule, sondern am Kondensator erfolgt. Eine Anzapfung am Kondensator gibt es normalerweise nicht; deshalb wird der Schwingkreiskondensator durch zwei in Reihe geschaltete Kondensatoren ersetzt. Die Gleichstromverbindung muss deswegen durch einen parallel geschalteten Widerstand oder eine Hochfrequenzdrossel hergestellt werden.

Selbstverständlich können alle Oszillatorschaltungen auch mit anderen Verstärkerbauelementen wie Feldeffekttransistor oder Operationsverstärker aufgebaut werden. Es wird sich lediglich die Erzeugung der Vorspannung für den Arbeitspunkt des Bauelementes ändern. Beim bipolaren Transistor ist dafür immer der Basis-Spannungsteiler R_1 / R_2 verantwortlich.

Prüfungsfrage TD601

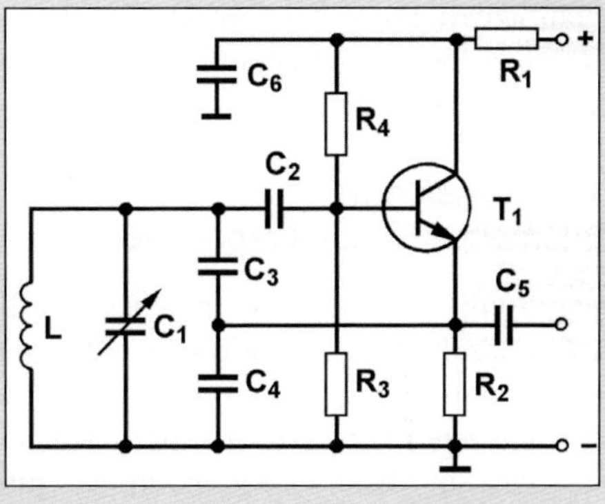

Bei dieser Schaltung handelt es sich um
A einen kapazitiv rückgekoppelten Dreipunkt-Oszillator.
B einen Hochfrequenzverstärker in Basisschaltung.
C einen Hochfrequenzverstärker in Emitterschaltung.
D einen Oberton-Oszillator in Kollektorschaltung.

C_3/C_4 bewirken die kapazitive Rückkopplung.

Der Quarzoszillator

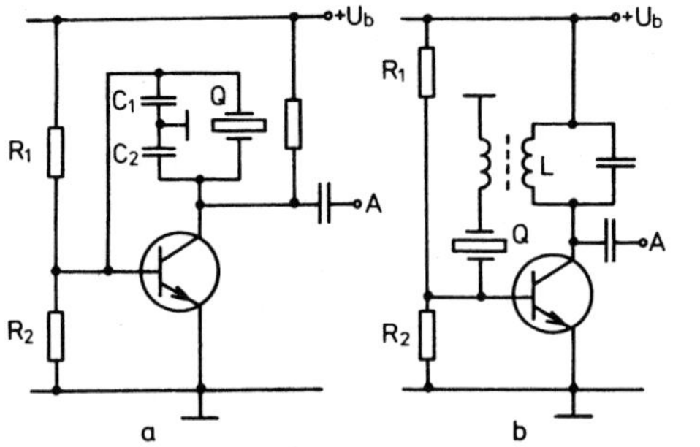

Bild 7-10: Quarzoszillatorschaltungen, a) kapazitive Rückkopplung (Dreipunktschaltung), Parallelresonanz, b) Induktive Rückkopplung, Serienresonanz

In seinem elektrischen Verhalten ist der Quarz mit einem Schwingkreis vergleichbar (siehe Kapitel 4, Abschnitt Quarz!). Er kann jedoch eine etwa tausendfach höhere Güte erreichen. Er hat eine hohe Frequenzstabilität. Deshalb wird ein Quarz als Ersatz für einen Schwingkreis bei solchen Oszillatoren eingesetzt, bei denen es auf gute Frequenzstabilität ankommt.

Prüfungsfrage
Bearbeiten Sie die Frage **TD615.**

Quarzoszillatoren können in jeder Oszillator-Grundschaltung ausgeführt werden. Der Quarz wird dann entweder für den Schwingkreis eingesetzt (Parallelresonanz), wie dies in Bild 7-10 a beim Colpitts-Oszillator zu sehen ist.

Oder der Quarz wird in den Mitkopplungszweig in Reihe geschaltet (Reihenresonanz). Ein Quarz kann als Parallelkreis oder als Reihenkreis eingesetzt werden. Allerdings weichen die Resonanzfrequenzen in Parallel- oder Reihenresonanz geringfügig voneinander ab (siehe Kapitel 4). Bei dieser Schaltung Bild 7-10 b wird nur eine solche HF-Spannung zurückgekoppelt, für die der Quarz in Serienresonanz einen sehr kleinen Widerstand darstellt.

Bei Quarzoszillatoren mit dem *Quarz in Serienschaltung* kann der Schwingkreis auf eine Oberwelle der Quarzfrequenz abgestimmt werden. Beispielsweise hat der Quarz eine Grundfrequenz von 4 MHz und der Schwingkreis wird auf 12 MHz eingestellt. Man nennt diese Schaltung dann Oberton-Quarzoszillator.

Prüfungsfrage TD606
Ist die folgende Schaltung als Oberton-Oszillator geeignet?

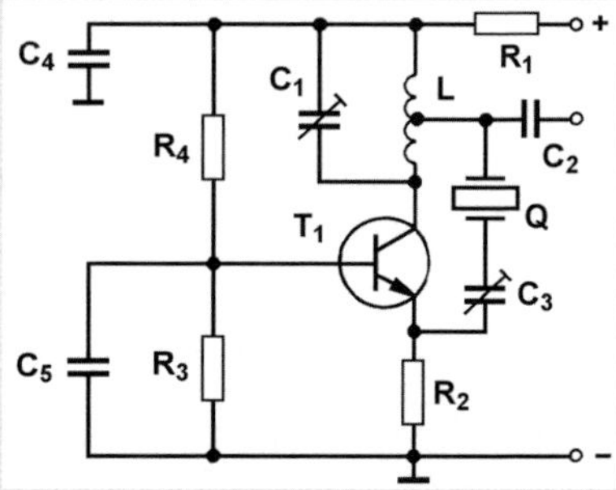

A Ja, wenn der Schwingkreis für eine der Obertonfrequenzen des Quarzes ausgelegt wird.

Prüfungsfrage TD604

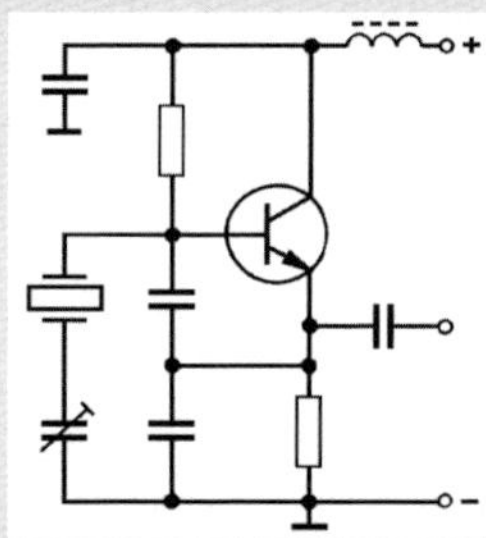

Bei dieser Oszillatorschaltung handelt es sich um einen kapazitiv rückgekoppelten Quarz-Oszillator in
A Kollektorschaltung, in der der Quarz in seiner Grundschwingung betrieben wird.

Prüfungsfrage
Bearbeiten Sie die Frage **TD605.**

Praktische Oszillatorschaltung

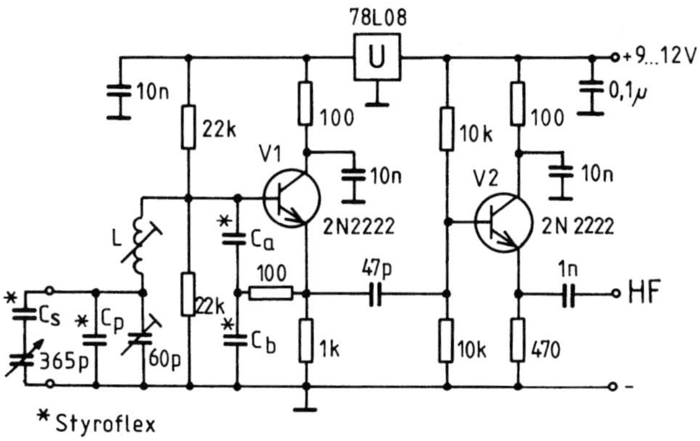

Tabelle der Schwingkreisdaten:

Band	L Wdg.	Cs pF	Cp pF	Ca pF	Cb pF
160 m	50	330	270	1500	1000
80 m	36	100	100	1000	680
40 m	15	22	100	630	470
30 m	16	39	130	470	330
20 m	12	33	100	330	220
	6mmØ				

Bild 7-12 : VFO als kapazitiv rückgekoppelter Oszillator mit Pufferstufe

Praxis
V1 ist der Oszillator und V2 die Pufferstufe. Zur Stabilisierung der Betriebsspannung wird für den Oszillator ein Festspannungsregler eingesetzt. Der Serienkondensator C_S und der Parallelkondensator C_P dienen zur *Bereichseinengung*, damit bei einem Drehwinkel von 180° der gewünschte Frequenzbereich genau überstrichen wird.
Wenn ein Oszilloskop zur Verfügung steht, sollten Sie das Ausgangssignal auf Sinusform hin begutachten und gegebenenfalls mit dem Rückkopplungswiderstand von 100 Ω noch etwas experimentieren.

Bei einem schlecht spannungsstabilisierten Oszillator kann es beim Tasten in Telegrafie zu Frequenzverwerfungen kommen, die sich wie das Tschilpen eines Spatzes anhören. Man nennt diese Frequenzverwerfung deshalb *Chirp*.

Prüfungsfrage
Bearbeiten Sie die Frage **TD611.**

Hochfrequenz-Leistungsverstärker (PA)

Ein Oszillator plus Pufferstufe liefert Hochfrequenzleistungen im Bereich von Milliwatt. Diese Leistung muss verstärkt werden. Dabei handelt es sich um relativ hohe Frequenzen und eine Leistungsverstärkung ist nicht so einfach wie im Niederfrequenzbereich zu erreichen.

Man verstärkt die vorhandene Leistung in einzelnen Treiberstufen, die selten mehr als zehnfache Leistungsverstärkung (10 dB) haben. Die letzte Stufe heißt *Endstufe* (*PA*, power amplifier). Die Senderendstufe soll die gewünschte HF-Leistung an die Antenne abgeben. Sie soll bei einem möglichst hohen Wirkungsgrad die zugeführte Gleichstromleistung in Hochfrequenzleistung umwandeln.

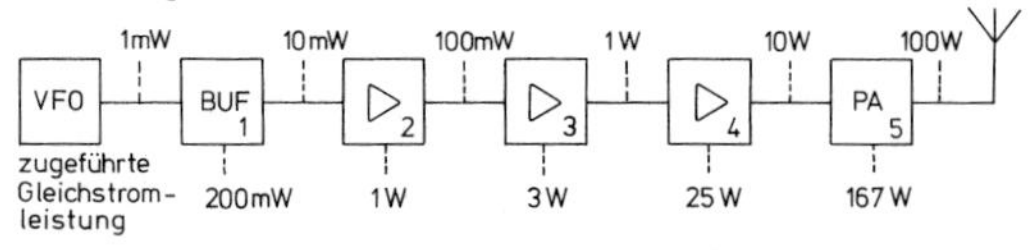

Bild 7-13: Leistungsbilanz eines Senders (Beispiel)

Der Wirkungsgrad

Ein HF-Verstärker (PA) kann am Ausgang mehr Leistung abgeben, als ihm am Eingang zugeführt wird. Er hat eine Leistungsverstärkung. Woher kommt diese Leistung? Natürlich wird diese Leistung nicht „gewonnen". Eine Verstärkung entsteht dadurch, dass man mit einem kleinen Strom einen großen Strom steuert. Verstärkung ist also eine Steuerwirkung.

Damit Wechselstromleistung (Hochfrequenz) entstehen kann, muss Gleichstromleistung zugeführt werden. Von dieser zugeführten Gleichstromleistung wird nur ein Teil in Wechselstromleistung umgewandelt. Der Rest der zugeführten Leistung fällt als Verlustleistung (Wärme) an.

Unter Wirkungsgrad η (sprich: eta) bei Hochfrequenz-Leistungsverstärkern versteht man das Verhältnis der abgegebenen Hochfrequenzleistung zur zugeführten Gleichstromleistung.

$$\eta = \frac{P_{\sim}}{P_{-}} \quad \text{oder} \quad \eta = \frac{P_{\sim}}{P_{-}} \cdot 100\,\%$$

Der Wirkungsgrad wird meistens in Prozent angegeben. Dem Faktor 1 entspricht 100%. Je höher die Ausgangsleistung sein soll, desto mehr muss auf einen guten Wirkungsgrad geachtet werden.

Übungsaufgabe ÜB701
Berechnen Sie den Wirkungsgrad der PA (Verstärker 5) aus Bild 7-13.

Lösung: Wie aus Bild 7-13 zu erkennen ist, gibt die PA 100 W HF-Leistung ab und es werden 167 W Gleichstromleistung zugeführt.

$$\eta = \frac{100}{167} = 0{,}6 = 60\%$$

Prüfungsaufgaben
Lösen Sie die Aufgaben **TB919** und **TG504.**

Übungsaufgabe
Berechnen Sie die Wirkungsgrade der einzelnen Verstärkerstufen 1 bis 4 aus Bild 7-13 und tragen Sie diese in folgende Tabelle ein.

Verstärker Nr.	1	2	3	4	5
Wirkungsgrad					60%

Lösung: Bei der ersten Stufe rechnet man
10 : 200 = 0,05 = 5 %,
bei der zweiten Stufe
100 mW : 1 W = 0,1 = 10 %,
bei der dritten Stufe
1 W : 3 W = 0,333 = 33,3 %,
bei der vierten Stufe
10 : 25 W = 0,4 = 40 %

Verstärker Nr.	1	2	3	4	5
Wirkungsgrad	5	10	33,3	40	60%

Prüfungsaufgabe TD426
Eine Treiberstufe eines HF-Verstärkers braucht am Eingang eine Leistung von 1 Watt, um am Ausgang 10 Watt an die Endstufe abgeben zu können. Sie benötigt dazu eine Gleichstromleistung von 25 Watt. Wie hoch ist der Wirkungsgrad der Treiberstufe?

Lösung:

$$\eta = \frac{10}{25} = 0{,}4 = 40\%$$

Den besten Wirkungsgrad erreicht ein Leistungsverstärker, wenn seine Last an den Ausgangswiderstand angepasst ist.

Prüfungsfrage
Bearbeiten Sie die Frage **TG308**.

Verstärker-Betriebsarten

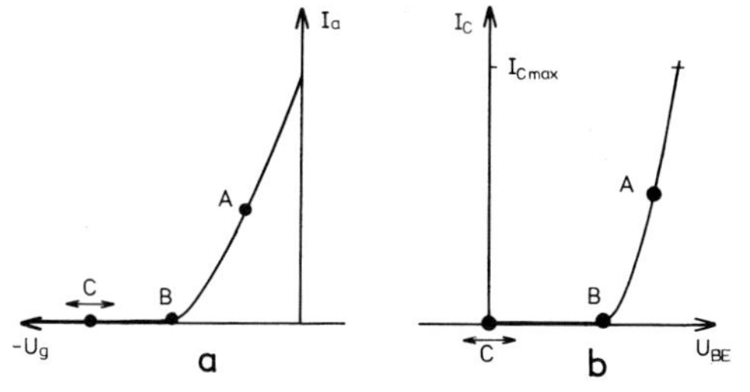

Bild 7-14: Arbeitspunkte bei A-, B- und C-Betrieb a) bei einer Röhre (oder Feldeffekttransistor), b) beim bipolaren Transistor

Normalerweise arbeiten Verstärker entweder mit rein positiven oder rein negativen Versorgungsspannungen. Vom Nullpunkt aus können sie dann nur positive oder nur negative Spannungen verarbeiten (verstärken). Eine zu verstärkende Signalspannung hat meistens aber eine negative und eine positive Halbwelle. Deshalb verstärkt man Wechselspannungen so, dass man als *Arbeitspunkt* einen Mittelwert auswählt und von diesem Mittelwert aus die Spannung größer oder kleiner werden lässt.

Diese Wahl des Arbeitspunktes in der Mitte der Steuerkennlinie des Verstärker-Bauelementes nennt man *A-Betrieb* oder man sagt, es ist ein *Klasse-A-Verstärker*. Der Klasse-A-Verstärker hat den Vorteil, dass er sehr wenige Verzerrungen produziert. Er wird in der NF-Technik gern eingesetzt, wenn neuerdings auch hier mal wieder Röhren verwendet werden. In der Hochfrequenztechnik wird diese Betriebsart bei HF-Vorverstärkern, Treibern (Pufferstufen) verwendet. Den Arbeitspunkt im unteren Knickpunkt der Steuerkennlinie heißt B-Betrieb, mit Vorspannung in Sperrrichtung C-Betrieb.

Prüfungsaufgabe
Lösen Sie die Aufgabe **TD419**.

Bei Leistungsverstärkern hat die Wahl des Arbeitspunktes in der Mitte der Steuerkennlinie einen großen Nachteil. Es wird nämlich bereits ohne Signal ein relativ hoher, mittlerer Strom fließen und damit das Verstärker-Bauelement (Transistor, FET, Röhre) stark erwärmen. Es entstehen Leerlaufverluste und der Wirkungsgrad wird schlecht. Man rechnet mit einem Wirkungsgrad von zirka 40 % bei Vollaussteuerung.

Prüfungsfrage
Bearbeiten Sie die Frage **TD420**.

Prüfungsaufgabe TD423
Ein HF-Leistungsverstärker im A-Betrieb wird mit U_a = 800 Volt und I_a=130 mA betrieben. Wie hoch ist die zu erwartende Ausgangsleistung des Verstärkers?

A zirka 40 Watt **B** zirka 60 Watt
C zirka 80 Watt **D** zirka 100 Watt

Lösung:
Die zugeführte Gleichstromleistung beträgt

$$P = U \cdot I = 800\,\text{V} \cdot 0{,}13\,\text{A} = 104\,\text{W}\,.$$

Davon 40 % sind 41,6 Watt.

Beim B-Betrieb fließt ohne Ansteuerung kein Strom (siehe Bild 7-14). Dies hat zur Folge, dass nur positive Halbwellen des Signals verstärkt werden können und damit große Verzerrungen entstehen (siehe nochmals Prüfungsfragen TD427 und TD429). Man kann aber zwei Transistoren so gegeneinander schalten, dass ein Transistor die positive und der andere die negative Halbwelle verstärkt (Gegentaktbetrieb). Mit zwei Transistoren im B-Betrieb (siehe Bild 7-17) erhält man einen guten Wirkungsgrad (theoretisch bis 78,5 %) bei geringen Verzerrungen.

Prüfungsfragen:
TD421, TF324, TF430 TG303-04.

Den höchsten Wirkungsgrad (bis 87,5 %) erreicht man beim Verstärker der Klasse C. Hierbei werden kleine Signalspannungen noch nicht verstärkt, sondern nur die großen Signalspitzen. Dieser Verstärker kann in der Digitaltechnik verwendet werden und für die Verstärkung von Hochfrequenzsignalen bei Frequenzmodulation oder Telegrafiesendern, da die Information bei FM in der Frequenzänderung und nicht in der Amplitude steckt und weil bei Morsetelegrafie sowieso nur ein- und ausgeschaltet wird.

Bearbeiten Sie die **Prüfungsfragen TD422, TD424, TD425, TD427.**

Hochfrequenzverstärker im C-Betrieb arbeiten mit einem Parallelschwingkreis als Arbeitswiderstand. Der Parallelschwingkreis wird durch die entstehenden Stromimpulse angestoßen und schwingt dann selbständig weiter. Er ergänzt sozusagen die fehlende Halbwelle und macht aus den Impulsen wieder einen Sinus. Ohne den Schwingkreis würden wegen der Verzerrung der Sinusform starke Oberwellen entstehen, die zu Störungen führen können.

Es gibt auch noch den **D-Betrieb**. Dabei wird die Impulsbreitensteuerung angewendet. Dies ist aber kein Thema für die Amateurfunkprüfung.

HF-Verstärkerschaltungen

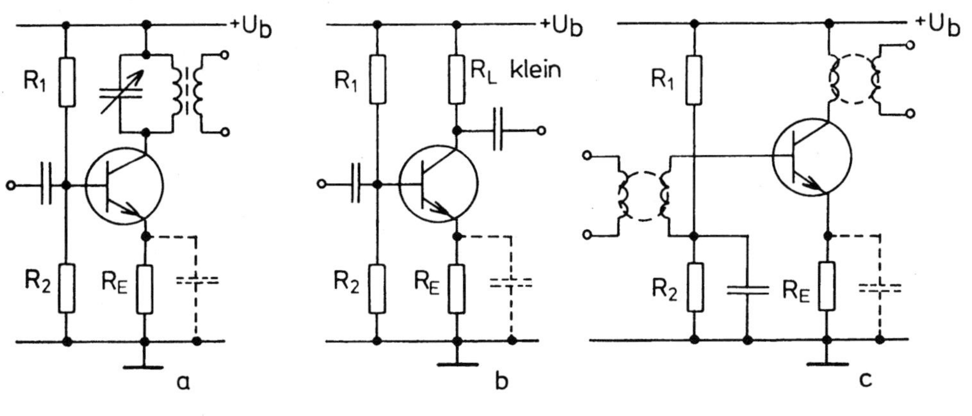

Bild 7-15: Hochfrequenzverstärker in Emitterschaltung
a) Resonanzverstärker mit Schwingkreis,
b) Breitbandverstärker mit niederohmigem Arbeitswiderstand,
c) Breitbandverstärker mit Transformatorkopplung.

Die höchste Leistungsverstärkung erreicht man mit der Emitterschaltung. Allerdings hat eine normale Emitterschaltung mit Arbeitswiderstand (Bild 7-15 b) eine relativ niedrige Grenzfrequenz. Die Grenzfrequenz (Frequenz, bei der die Verstärkung auf 70% des Maximalwertes abgesunken ist) wird umso höher, je kleiner der Arbeitswiderstand gewählt wird. Desto kleiner wird dann aber auch der Verstärkungsfaktor und es fließt ein großer Ruhestrom.

Höhere Verstärkung und gleichzeitig bessere Anpassung an den Eingangswiderstand der nächsten Stufe erreicht man mit einem Verstärker mit Transformatorkopplung. Es werden hier HF-Transformatoren mit Ringkern verwendet (Bild 7-15 c).

Eine sehr hohe Verstärkung erreicht man mit einem „Resonanz-Verstärker" (Bild 7-15 a). Hierbei wird ein Schwingkreis als Arbeitswiderstand eingesetzt. Allerdings hat diese Schaltung den Nachteil, dass nur ein sehr schmales Frequenzband verstärkt wird und man bei Frequenzwechsel nachstimmen muss. Diese Schaltung ist nur sinnvoll bei Sendern, die mit einer konstanten Frequenz oder in einem schmalen Frequenzbereich arbeiten.

Der Emitterwiderstand R_E dient zur Arbeitspunktstabilisierung und zur Strombegrenzung. Er wird so bemessen, dass im Arbeitspunkt eine Spannung von 1/10 bis 1/20 der Betriebsspannung abfällt.

Der erste Transistor bei folgendem dreistufigen HF-Verstärker (Bild 7-16) arbeitet als RC-Verstärker, die beiden weiteren Stufen als transformatorisch gekoppelte Schaltungen, beide ebenfalls in Emitterschaltung. Wenn jede Stufe nur eine zehnfache Leistungsverstärkung hätte, ergäbe sich eine Gesamtleistungsverstärkung von eintausend.

Zu dieser Schaltung Bild 7-16 gibt es vier Prüfungsfragen. Es wird zum Beispiel gefragt, weshalb an einigen Stellen zwei Kondensatoren parallelgeschaltet sind. Es ist tatsächlich so, dass Elkos für hohe Frequenzen nicht geeignet sind und man deshalb noch einen Kunststofffolienkondensator parallelschaltet. Und es wird gefragt,

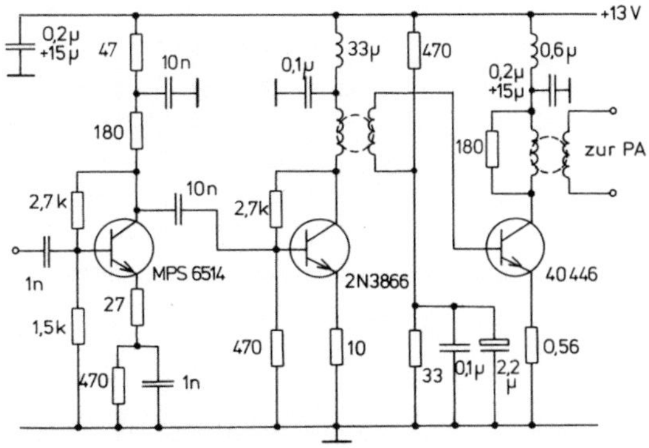

Bild 7-16: Dreistufiger HF-Verstärker

wozu der 180-Ω-Widerstand beim dritten Transistor dient. Er soll die Wicklung etwas bedämpfen, um die Entstehung parasitärer Schwingungen zu verhindern.

Bearbeiten Sie die **Prüfungsfragen TG237** bis **TG240.**

In folgendem Bild 7-17 ist die typische Prinzipschaltung eines Gegentaktverstärkers dargestellt. Die beiden Transistoren arbeiten im B-Betrieb (Ruhestrom zirka 1/10 des maximalen Betriebsstroms), um einen guten Wirkungsgrad (zirka 80 %) bei geringen Verzerrungen zu erzielen. Die Anpassung erfolgt über Breitband-Transformatoren auf Ferrit-Ringkernen.

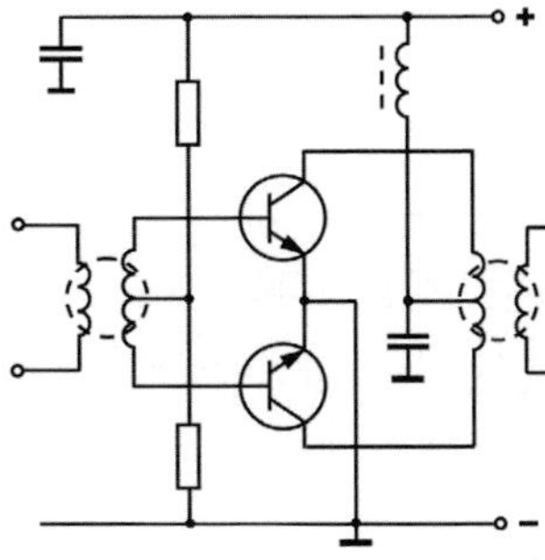

Bild 7-17: Breitband-Gegentaktendstufe für große Leistungen

Bearbeiten Sie die **Prüfungsfrage TD430.**

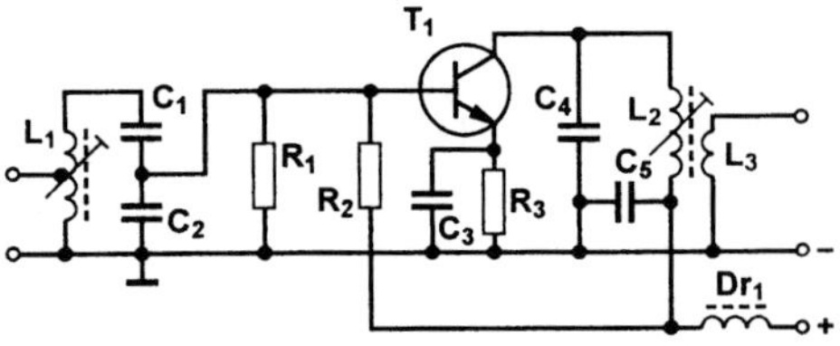

Bild 7-18: UKW-FM-Endstufe im B- oder C-Betrieb

Die 2-m-Band-FM-Endstufe (Bild 7-18) aus dem Fragenkatalog kann im B- oder im C-Betrieb arbeiten. Mit R_2 zu R_1 wird der Arbeitspunkt entsprechend eingestellt.

Mit dem Eingangsschwingkreis erreicht man eine *Resonanztransformation*. Je größer C_2 zu C_1 gewählt wird, desto niederohmiger wird ausgekoppelt.

Die Anzapfung an L_1 wird für 50 Ohm Eingangswiderstand dimensioniert. L_2 zu L_3 dient zur Transformation auf 50 Ohm Ausgangsimpedanz.

Die Drossel Dr_1 mit C_5 dient zur HF-Entkopplung von der Netzversorgung. HF-Entkopplung bedeutet hier, dass keine Hochfrequenz des Senders in die Netzstromversorgung gelangt.

Prüfungsfragen
Bearbeiten Sie **TG222** bis **TG225**.

Zur Schaltung Bild 7-18 werden folgende Fragen gestellt.

TG223 Welchem Zweck dient C_5 in der obigen Schaltung?

TG224 Welchem Zweck dient die Anzapfung an L_1 in der obigen Schaltung?

TG225 Welchem Zweck dient C_2 in der obigen Schaltung?

Die Antworten finden Sie im darüberstehenden Text.

HF-Verstärker mit Röhren

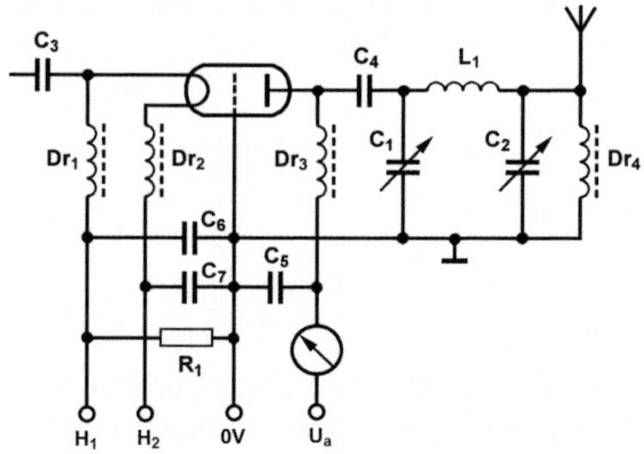

Bild 7-19: HF-Verstärker in Gitterbasisschaltung

Im Fragenkatalog finden Sie ab der Prüfungsfrage TG313 eine Hochfrequenzverstärkerschaltung mit einer Röhre in einer besonderen Schaltungsart. Das Gitter der Röhre liegt an null Volt, die HF-Signalspannung wird der Katode zugeführt und die Auskopplung erfolgt über ein Pi-Filter (siehe *Resonanztransformation* Kapitel 4) an die Antenne. Man sagt zu dieser Schaltung *Röhren-Endstufe in Gitterbasisschaltung mit Pi-Filter* (siehe Kapitel 6, Röhre).

Eine Röhre benötigt immer am Gitter eine negativere Spannung als an der Katode. Weil das Gitter hier auf null Volt liegt, wird die Katode auf eine positive Spannung angehoben. Damit ist das Gitter auch negativer als die Katode. Man erreicht dies, indem man entweder der Katode eine konstante positive Spannung über ein Netzgerät zuführt oder indem man einen Widerstand (hier R_1) in den Katodenstromkreis legt. An H_1 – H_2 wird die Heizspannung angelegt und U_a ist die Spannungsversorgung für die Anode. Alle Stromversorgungen sind *verdrosselt.*

Prüfungsfragen
Beantworten Sie die Fragen **TG313** bis **TG318** aus dem Fragenkatalog.

Senderleistungen

In der Funktechnik gibt es eine Reihe von Leistungsbegriffen, die es zu unterscheiden gilt: Ausgangsleistung, Strahlungsleistung (ERP und EIRP, Kapitel 19), Spitzenleistung (PEP) und mittlere Leistung.

Die Ausgangsleistung eines Senders ist die unmittelbar nach dem Senderausgang messbare Leistung, bevor sie Zusatzgeräte durchläuft. Die Ausgangsleistung eines Senders kann nun wiederum als Spitzenleistung PEP bei der Betriebsart SSB oder als Trägerleistung bei AM oder CW oder RTTY angegeben werden.

> **Prüfungsfrage**
> Lösen Sie die Aufgabe **TB901.**

Tipp: Wenn Sie den Text der Aufgabe aufmerksam gelesen haben, finden Sie die richtige Lösung.

Die Spitzenleistung PEP (peak envelope power) ist der Durchschnittswert der Leistung während einer Periode der Hochfrequenzschwingung bei der höchsten Spitze der Modulationshüllkurve (Bild 7-20). Dieser Spitzenwert darf nicht mit dem Scheitelwert von einer Sinusspannung verwechselt werden. Auch die Spitzenleistung ist ein Effektivwert, aber eben nur für einen sehr kurzen Augenblick.

> **Prüfungsfrage**
> Beantworten Sie die Frage **TB902** und **TB908** aus dem Fragenkatalog.

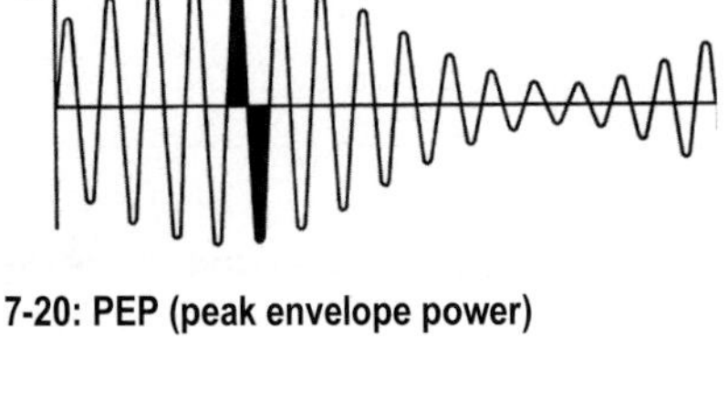

Bild 7-20: PEP (peak envelope power)

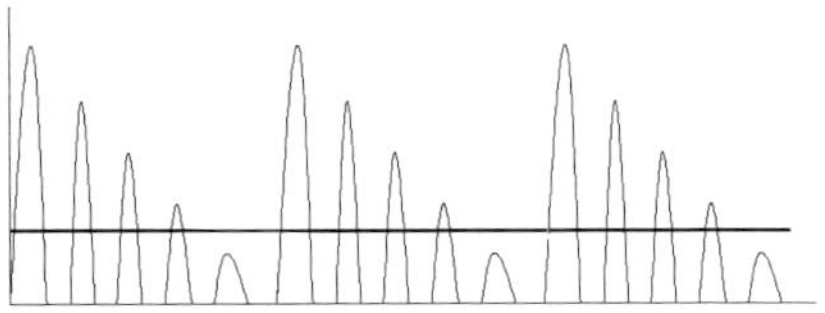

Bild 7-21: Mittlere Leistung - geschätzt

Die mittlere Leistung bei einem SSB-Sender hängt stark von der Stärke der Modulation ab. Bei Sprache gibt es Stellen mit hohen Spannungsspitzen aber oft langen Bereichen mit weniger Modulation. Wenn man beispielsweise einen Vokal „A“ in das Mikrofon spricht, erhält man ein Signal, das wie ein Dreieck aussieht. Wenn man hier versucht, eine waagerechte Linie eines mittleren Wertes einzuzeichnen, erhält man die mittlere Modulationsspannung und daraus die mittlere Leistung. Man könnte sie auch Durchschnittleistung oder durchschnittliche Leistung nennen.

Man kann diese mittlere Leistung auch sehr gut an einem außen angeschlossenen Leistungsmesser erkennen. Wenn man beispielsweise zunächst in das Mikrofon pfeift (möglichst sauberer Sinus) und dabei die ALC des Senders beobachtet und den Sender nicht übersteuert, müsste man fast den Spitzenwert als Anzeige bekommen. Wenn man dann anschließend ein lang gezogenes „A“ in das Mikrofon spricht, ohne die Aussteuerung zu verändern, wird man nur noch zirka ein Drittel der Leistung angezeigt bekommen. Die *Definition der mittleren Leistung* finden Sie als Antwort in der Prüfungsfrage **TB903**. Mehr zu den Leistungsbegriffen **ERP** und **EIRP** finden Sie im Kapitel 9 *Antennentechnik* und im Kapitel 18 *EMV und Sicherheit* unter Personenschutz.

> **Prüfungsfrage**
> Beantworten Sie die Frage **TB903.**

Leistungen ERP, EIRP

Bereits im Buch Klasse E im Kapitel 11 Antennentechnik wurden die Begriffe EIRP und ERP und im Buch Betriebstechnik/Vorschriften die Begriffe Ausgangsleistung, Spitzenleistung, mittlere Leistung, äquivalente Strahlungsleistung und äquivalente isotrope Strahlungsleistung ausführlich erläutert. Weil es dazu aber immer wieder Fragen gibt, bearbeiten Sie bitte die folgenden Prüfungsfragen.

Bearbeiten Sie die **Prüfungsfragen TB904** bis **TB910**.

Verzerrungen

Ein Hochfrequenzverstärker für SSB muss „linear" verstärken. Dies bedeutet, dass die Kurvenform am Ausgang genau der am Eingang entspricht. Wenn man einen SSB-Sender durch zu hohe Modulation „übersteuert", werden die Spitzen des Signals begrenzt. Die sinusförmigen Signale werden „rechteckig" und erzeugen Oberwellen, die sich als Nebenfrequenzen äußern und sich als so genannte „Splatter" störend bemerkbar machen. Mehr zu Oberwellen im folgenden Kapitel!

Prüfungsfrage
Bearbeiten Sie die Frage **TD427**.

Beim Eigenbau von HF-Verstärkern kann bei zu hoher Verstärkung leicht der Fall eintreten, dass ein Teil der Ausgangsspannung wieder auf den Eingang zurückkoppelt. Wenn man Pech hat, kann es zu Mitkopplung kommen und möglicherweise der HF-Verstärker zu einem Oszillator werden. Meistens ist dann keine Modulation mehr möglich.

....

....

....

Prüfungsfrage
Bearbeiten Sie die Frage **TD429**.

Manchmal passiert es auch, dass ein Teil der HF-Ausgangsspannung in den Mikrofoneingang zurück koppelt und dort möglicherweise gleichgerichtet (demoduliert) wird. Dieses Signal überlagert sich der eigenen Modulation und hört sich auf der Gegenseite „kaputt" an. Abhilfe schafft eine bessere Erdung des Ausgangs, bessere Abschirmung des HF-Kabels zur Antenne oder eine „Entstörung" des Mikrofoneingangs mit einem Tiefpass.

Prüfungsfragen
Beantworten Sie die Fragen **TK210** und **TK213.**

Prüfungsfrage TK104
Wie sollte ein Sender betrieben werden?

Antwort: Ein Sender sollte so betrieben werden, dass er keine unangemessenen Störungen hervorruft.

Bearbeiten Sie die **Prüfungsfragen TJ826 bis TJ828** zum Thema Verzerrungen.

Prüfungsfragen zum Senderbau
Beantworten Sie die Fragen **TK201, TK202, TK203, TK205, TK207, TK208, TK209, TK212, TK214, TK302, TK303, TK317, TK318.**

Notizen

....

....

....

....

....

....

Kapitel 8: Das elektromagnetische Feld

Das elektrische Feld und das magnetische Feld bilden die Grundlage für das elektromagnetische Feld. Deshalb wurden diese beiden Themen diesem Kapitel zugeordnet.

Übersicht

- Das elektrische Feld
- Das magnetische Feld
- Das elektromagnetische Feld
- Der Pointing-Vektor
- Der Feldwellenwiderstand
- Die Ersatzfeldstärke
- Die Wellenlänge
- Die Kurzwellenausbreitung

Das statische elektrische Feld

Zunächst soll erläutert werden, dass das elektrische Feld mit seinen Feldlinien eigentlich ein Kraftfeld ist. Dazu soll folgender Schulversuch demonstriert werden.

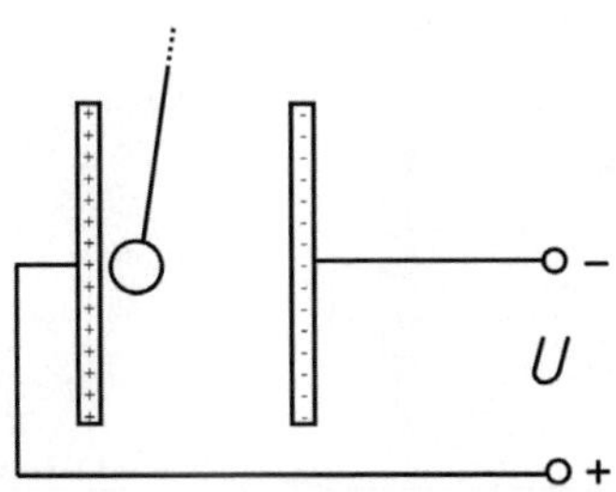

Bild 8-1: Kraftwirkung zwischen zwei parallelen Platten

Mit den Materialien aus dem Physikraum der Schule wird ein Plattenkondensator aufgebaut (Bild 8-1) und mit einem Bandgenerator eine sehr hohe Spannung (mehrere tausend Volt) angelegt. Zwischen den Platten hängt eine Styroporkugel. Sobald die Kugel eine Platte berührt, beginnt eine Pendelbewegung. Die Kugel nimmt Ladungen von der Platte auf, wird dann wegen der gleichen Ladung abgestoßen und von der anderen Platte angezogen. Dort entlädt sich die Styroporkugel und lädt sich umgekehrt auf. Der Vorgang verläuft so lange, bis die Spannung abgeschaltet und die Ladungen größtenteils ausgetauscht wurden. Dieser Versuch zeigt, dass zwischen aufgeladenen Körpern ein Kraftfeld herrscht. Das Kraftfeld ist das *elektrische Feld.*

Wenn man zwei Metallplättchen nebeneinander legt, sie entgegengesetzt gepolt mit hoher Spannung auflädt und mit Kunststofffasern bestreut, richten sich diese Fasern entsprechend der Richtung der auf sie wirkenden Kraft aus. Sie ordnen sich so, dass der Eindruck von elektrischen Feldlinien entsteht (Bild 8-2).

Die Richtung der elektrischen Feldlinien ist gleich der Richtung der Kraft, die auf eine Punktladung ausgeübt wird. Die elektrischen Feldlinien beginnen an der positiven Platte und enden an der negativen. Sie treten senkrecht an der Oberfläche des positiven Körpers aus und treten senkrecht in den negativen ein.

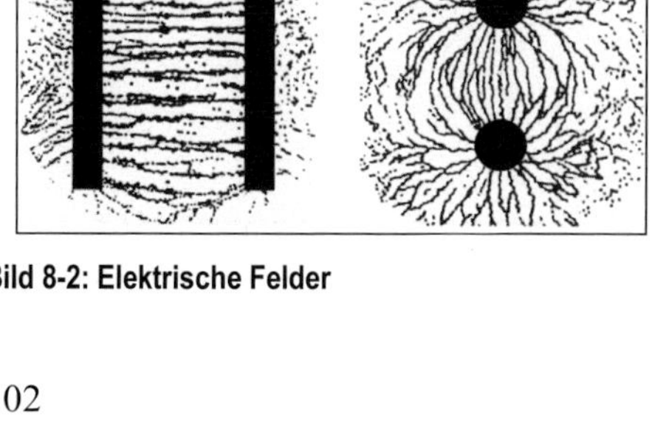

Bild 8-2: Elektrische Felder

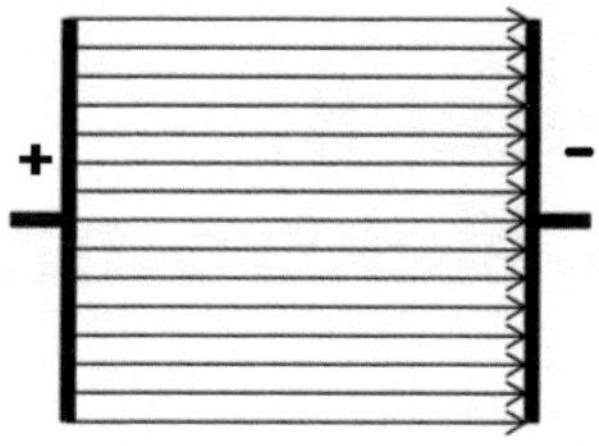

Bild 8-3: Elektrisches Feld zwischen zwei parallelen Platten

Vereinfacht stellt man das elektrische Feld zwischen zwei parallelen Platten als parallele Linien von Plus nach Minus dar (Bild 8-3). Man nennt es ein homogenes (gleichförmiges) Feld.

> Bearbeiten Sie die **Prüfungsfrage TB305.**

Die Kraft auf eine Ladung im elektrischen Feld ist umso größer, je höher die angelegte Spannung U ist und je geringer der Abstand d zwischen den Platten ist. Daraus ergibt sich folgende Formel für die elektrische Feldstärke, die Sie auch schon einmal im Lehrbuch Klasse E im Kapitel 10 kennen gelernt haben.

$$\boxed{E = \frac{U}{d}}.$$

> **Prüfungsaufgabe TB303**
> Die elektrische Feldstärke um einen einzelnen Leiter ist proportional
> **A** zur Spannung am Leiter.
> **B** zum Strom durch den Leiter.
> **C** zum Querschnitt des Leiters.
> **D** zur Länge des Leiters.

Zur Formel für die elektrische Feldstärke gibt es eine ganze Reihe von Prüfungsfragen, die auf der folgenden Seite zunächst einmal besprochen werden sollen.

Prüfungsaufgabe TB301
An den Metallbelägen eines Wickelkondensators mit 0,15 mm starkem Kunststoffdielektrikum liegt eine Spannung von 300 V. Wie hoch ist die elektrische Feldstärke zwischen den Metallbelägen?

A 200 V/m **B** 2000 V/m
C 200 kV/m **D** 2000 kV/m

Lösung durch Einsetzen in die Formel

$$E = \frac{300\,\text{V}}{0{,}15\,\text{mm}} = \frac{300\,\text{V}}{0{,}00015\,\text{m}}$$

$$E = 2000000\frac{\text{V}}{\text{m}} = 2000\,\text{kV/m}$$

Prüfungsaufgabe TB512
Welche elektrische Feldstärke E herrscht in der Mitte der dargestellten, symmetrisch aufgebauten Messzelle, wenn der Sender 1 Watt Ausgangsleistung liefert?

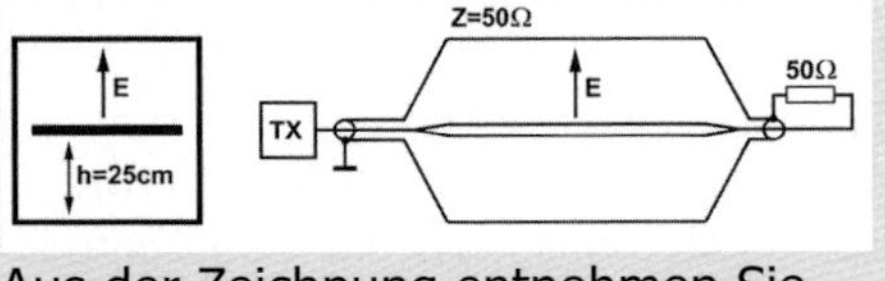

Aus der Zeichnung entnehmen Sie den Abstand mit 25 cm.

A 14,1 V/m **B** 28,3 V/m
C 176,8 V/m **D** 200 V/m

Lösung: Zunächst wird die (effektive) Spannung ausgerechnet aus $P = 1$ Watt und $R = 50$ Ohm.

$$U = \sqrt{P \cdot R} = \sqrt{1\,\text{VA} \cdot 50\frac{\text{V}}{\text{A}}}$$

$$U = \sqrt{50\text{VV}} = 7{,}07\,\text{V}$$

$$E = \frac{U}{d} = \frac{7{,}07\,\text{V}}{0{,}25\,\text{m}} = 28{,}3\,\text{V/m}$$

Prüfungsaufgabe TB304
Ein HF-Abklatschkondensator am Anodenkreis einer Senderendstufe hat eine 0,15 mm starke PTFE-Folie als Dielektrikum. Die Durchschlagsfestigkeit von PTFE beträgt ca. 400 kV/cm. Wie groß wäre die maximale Spannung, die an den Kondensator angelegt werden kann, ohne dass die Folie durchschlagen wird?

A 6 kV **B** 60 kV
C 600 V **D** 2,6 kV

Lösung:

Aus $E = \frac{U}{d}$ wird $U = E \cdot d$

$$U = \frac{400\,\text{kV}}{\text{cm}} \cdot 0{,}15\,\text{mm} = \frac{400\,\text{kV}}{10\,\text{mm}} \cdot 0{,}15\,\text{mm} = 6\,\text{kV}$$

Das Schwierige an dieser Aufgabe ist, die richtige Größenordnung zu berechnen. Der „Trick“ bestand darin, 1 Zentimeter in 10 Millimeter umzuwandeln.

Prüfungsaufgabe TB302
Eine Blockbatterie hat eine Klemmenspannung von 9 V (EMK). Wie groß ist die elektrische Feldstärke zwischen den beiden Polen der Batterie bei einem Polabstand von 0,6 cm?

A Zirka 1500 V/m
B Zirka 150 V/m
C Zirka 15 V/m
D Zirka 5,4 V/m

Lösung:

$$E = \frac{U}{d} = \frac{9\,\text{V}}{0{,}6\,\text{cm}} = \frac{9\,\text{V}}{0{,}6 \cdot 0{,}01\,\text{m}} = 1500\frac{\text{V}}{\text{m}}$$

Um auf das Ergebnis Volt pro Meter zu kommen, war es zweckmäßig, die cm in m umzuwandeln. 1 cm = 0,01 m.

Stromdurchflossener Leiter

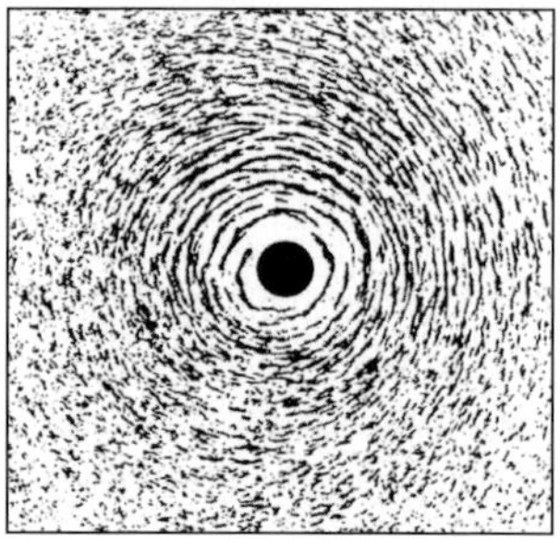

Bild 8-4: Magnetfeld um den stromdurchflossenen Leiter

Wie oben erläutert wurde, entsteht durch *Ladung* ein *elektrisches* Feld. Es wird nun gezeigt, dass *Strom* ein *magnetisches* Feld erzeugt.

Versuch
Führen Sie einen Leiter durch eine Kunststoffplatte. Schließen Sie den Leiter über einen niederohmigen Vorwiderstand an einen Akkumulator an, so dass ein hoher Strom durch den Leiter fließen kann. Bestreuen Sie die Kunststoffplatte in der Nähe des Leiters mit Eisenfeilspänen, die Sie vorher mit einer Feile von einem Stück Eisen abgefeilt haben.

Wirkung: Die Eisenfeilspäne ordnen sich in Form konzentrischer Kreise an, wie sie in Bild 8-4 dargestellt sind.

Bearbeiten Sie die **Prüfungsfrage TB406.**

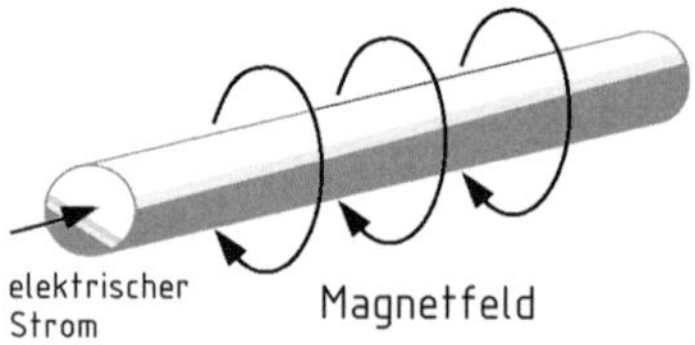

Bild 8-5: Magnetfeldlinien um einen stromdurchflossenen Leiter

Stromdurchflossene Spule

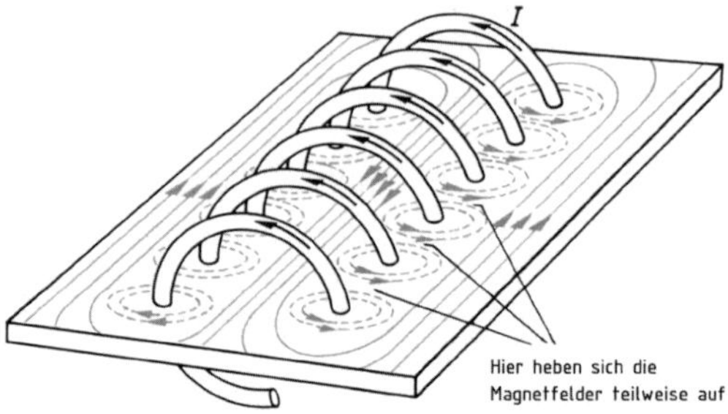

Bild 8-6: Magnetfeld einer stromdurchflossenen Spule

Versuch
Fädeln Sie den Draht wie im Bild 8-6 mehrfach durch die Kunststoffplatte und schicken Sie wieder einen starken Strom durch den Leiter.

Wenn Sie die Platte wieder mit Eisenfeilspänen bestreuen und etwas an die Platte klopfen, sehen Sie Feldlinien, wie sie im Bild 8-6 gezeichnet wurden.

Die Richtung der magnetischen Feldlinien wird so definiert: Wenn man in Stromrichtung schaut, verlaufen die Feldlinien in Uhrzeigerrichtung (Bild 8-5). Im Bild 8-6 sind auch entsprechende konzentrische Kreise eingezeichnet. Am äußeren Rand und in der Mitte haben diese Linien alle die gleiche Richtung und die Felder addieren sich. In der Mitte der Spule bildet sich ein homogenes magnetisches Feld (Bild 8-7).

Bearbeiten Sie die **Prüfungsfrage TB405.**

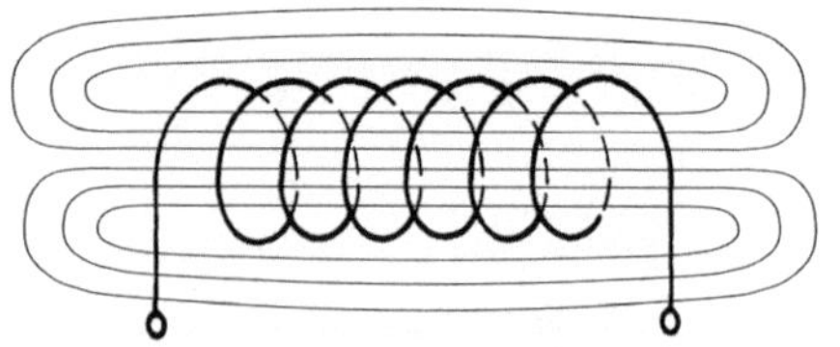

Bild 8-7: Magnetfeld einer stromdurchflossenen Spule, vereinfacht gezeichnet

Magnetische Feldstärke

Die magnetische Feldstärke *H* eines stromdurchflossenen Leiters wird als das Verhältnis von Stromstärke *I* zur Länge l_m der magnetischen Feldlinie definiert. Als Einheit der magnetischen Feldstärke ergibt sich Ampere pro Meter.

Feldstärke Leiter $$H = \frac{I}{l_m} \quad \left[\frac{\text{A}}{\text{m}}\right]$$

Bei einer stromdurchflossenen Spule multipliziert man diesen Wert mit der Windungszahl *N*. Als Feldlinienlänge zählt in diesem Fall nur das konzentrische homogene Feld in der Mitte, also praktisch die Länge der Zylinderspule. Wickelt man den Draht allerdings auf einen Ringkern, zählt der mittlere Umfang dieses Ringes als mittlere Feldlinienlänge.

Feldstärke Spule $$H = \frac{I \cdot N}{l_m} \quad \left[\frac{\text{A}}{\text{m}}\right]$$

Prüfungsaufgabe TB401
Ein Ringkern hat einen mittleren Durchmesser von 2,6 cm und trägt 6 Windungen Kupferdraht. Wie groß ist die mittlere magnetische Feldstärke im Ringkern, wenn der Strom 2,5 A beträgt?

A	1,8 A/m	**B**	5,8 A/m
C	184 A/m	**D**	577 A/m

Lösungsweg: Die mittlere Feldlinienlänge muss zuerst aus dem gegebenen mittleren Durchmesser berechnet werden.

$$l_m = 2\pi \cdot r = \pi \cdot d = \pi \cdot 2{,}6\,\text{cm} = 8{,}17\,\text{cm}$$
$$l_m = 0{,}0817\,\text{m}$$

Damit errechnet sich die Feldstärke zu

$$H = \frac{2{,}5\,\text{A} \cdot 6}{0{,}0817\,\text{m}} = 184\,\text{A/m}.$$

Magnetische Flussdichte

Magnetischen Fluss nennt man die Gesamtzahl aller Feldlinien eines Magneten oder einer Spule. Die *magnetische Flussdichte B* - auch magnetische Induktion genannt - gibt den magnetischen Fluss eines Magneten oder einer Spule an, der eine Fläche von ein Quadratmeter senkrecht durchsetzt. Die magnetische Flussdichte ist von der Feldstärke abhängig.

$$B = \mu_0 \cdot H$$ mit $\mu_0 = 1{,}257\ \mu\text{Vs/Am}$

Fügt man Eisen oder auch Nickel oder Kobalt in das Magnetfeld einer Spule ein, erhöht sich der magnetische Fluss. Dies kann ein Vielfaches sein. Der Faktor, um den sich die Flussdichte erhöht, nennt man Permeabilitätszahl oder relative Permeabilität μ_r. Die Formel für die Flussdichte lautet dann

$$B = \mu_r \cdot \mu_0 \cdot H$$

Prüfungsaufgabe TB402
Eine Spule ohne Eisenkern erzeugt eine Feldstärke von 200 A/m. Wie groß ist die magnetische Flussdichte?

A	0,25 mT	**B**	2,5 mT
C	0,25 T	**D**	2,5 T

Lösungsweg: In der Formelsammlung der BNetzA findet man die Formel für die Flussdichte als

$$B = \mu \cdot \mu_0 \cdot H$$ mit $\mu_0 = 1{,}257 \cdot 10^{-6}$ Vs/Am

Für Luft ist $\mu = 1$. Setzen wir alles ein.

$$B = 1 \cdot 1{,}2566 \cdot 10^{-6}\,\frac{\text{Vs}}{\text{Am}} \cdot 200\,\frac{\text{A}}{\text{m}}$$

$$B = 251 \cdot 10^{-6}\,\frac{\text{Vs}}{\text{m}^2} = 0{,}251 \cdot 10^{-3}\,\text{T}$$

Vs/m^2 sind Tesla (T), also $B = 0{,}25$ mT

Hystereseschleifen

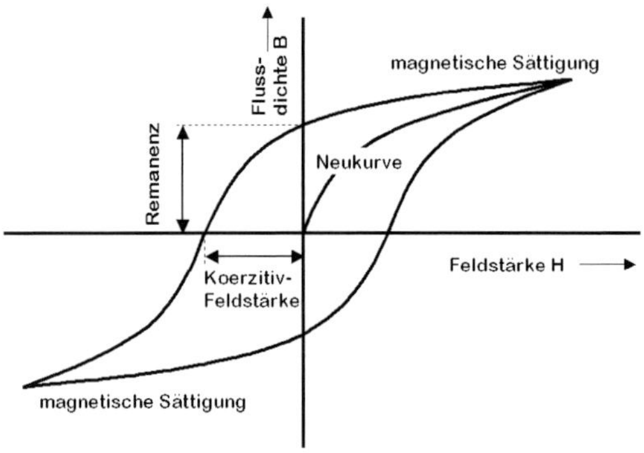

Bild 8-8 Hystereseschleife

Die bei Luft lineare Abhängigkeit der Flussdichte *B* von der Feldstärke *H* gilt bei magnetischen Werkstoffen nicht mehr. Mit zunehmender Feldstärke wird der Zuwachs an Flussdichte immer geringer. Die Molekularmagnete im Werkstoff richten sich aus. Es entsteht eine Kurve, die im Bild 8-8 als Neukurve gekennzeichnet ist.

Erniedrigt man danach die Feldstärke *H* wieder bis auf null, bleiben noch immer ein paar Molekularmagnete ausgerichtet. Es bleibt eine gewisse Flussdichte übrig, die man *Remanenz* nennt. Man muss erst eine bestimmte Feldstärke in entgegengesetzter Richtung aufwenden, um diese Remanenz wieder zu null zu machen. Man nennt sie die *Koerzitivfeldstärke*. Dies bedeutet *Verluste*, wenn sich das Material in einem Wechselfeld befindet.

Erhöht man die Feldstärke in entgegengesetzter Richtung weiter, kommt man wieder in eine *Sättigung*, bei der die Flussdichte nicht größer wird. Wechselt man die Richtung der Feldstärke abermals, bleibt wiederum eine Remanenz und so weiter. Die Kurve geht nicht mehr durch den Nullpunkt. Solch eine Kurve nennt man *Hystereseschleife* (Bild 8-9)

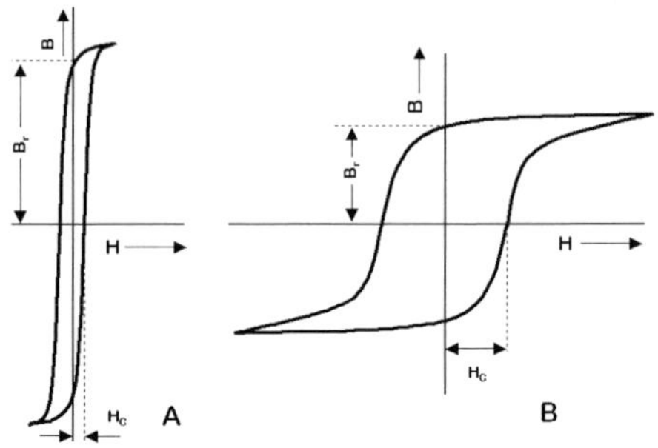

Bild 8-9: Hystereseschleifen

Es gibt Werkstoffe, bei denen ist eine sehr geringe Koerzitivfeldstärke nötig, um die Remanenz zu null zu machen. Es entstehen nur geringe Ummagnetisierungsverluste. Eine solche Hystereseschleife ist sehr schmal wie im obigen Bild links. Eine breite Hystereseschleife bedeutet, dass der Magnetismus nicht so leicht wieder rückgängig gemacht werden kann. Es ist ein hartmagnetischer Werkstoff, der gut für Dauermagneten geeignet ist. Allerdings bedeutet eine Hystereseschleife mit einer großen Fläche auch hohe Verluste. Dieser Werkstoff ist also für Anwendungen in Transformatoren und Spulen nicht geeignet. Dauermagnete finden Anwendung in Drehspulmesswerken.

Führt man einen Kupfer- oder Aluminiumkern in das Innere einer mit Niederfrequenzfrequenzstrom durchflossenen Spule, entstehen im Kern Wirbelströme, die teils dem durch den Strom entstehenden Magnetfeld entgegenwirken. Dadurch schwächt sich das Magnetfeld geringfügig. Bei Hochfrequenz allerdings wirkt sich der Skineffekt aus und das Wechselfeld kann nicht in den Kern eindringen. Dadurch verringert sich praktisch der Querschnitt für die Feldlinien, wodurch sich die Induktivität verringert.

Bearbeiten Sie die **Prüfungsfragen TB403, TB404** und **TB408.**

Das elektromagnetische Feld

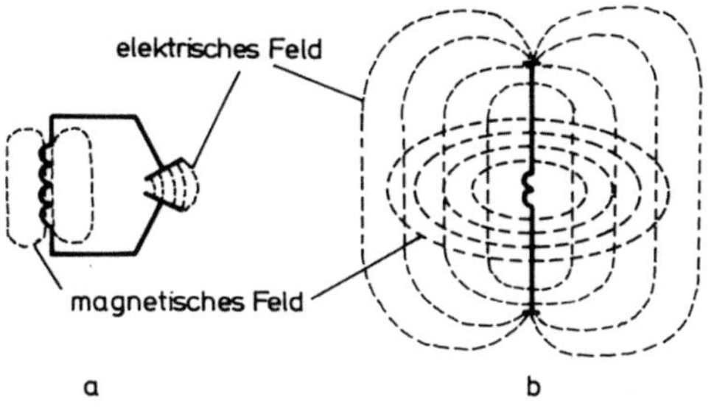

Bild 8-10: Die Antenne als offener Schwingkreis

Werden die Kondensatorplatten eines Parallelschwingkreises auseinandergezogen, so verlaufen die elektrischen Feldlinien nicht nur innerhalb des Kondensators von einer Platte zur anderen, sondern sie gehen weit durch den Raum (Bild 8-10 a). Zieht man auch noch die Spule auseinander, erhält man eine Dipolantenne (Bild 8-10 b). Die elektrischen Feldlinien verlaufen nun von der einen Seite des Drahtes zur anderen durch den Raum. Die magnetischen Feldlinien bilden geschlossene Kreise um den Draht.

Eine Antenne ist ein so genannter *offener Schwingkreis*. Wie bei einem Parallelschwingkreis pendeln auch bei einem offenen Schwingkreis die elektrische Energie des Kondensators (elektrisches Feld) und die magnetische Energie der Spule (magnetisches Feld) immer hin und her. Die beiden Felder verlaufen nicht gleichphasig. Wenn das magnetische Feld stärker wird, nimmt das elektrische Feld ab und umgekehrt.

Eine Antenne wird vom Sender mit hochfrequenter Energie (Wechselspannung) gespeist. Zu einem bestimmten Zeitpunkt fließt beispielsweise maximaler Strom in der Antenne, die Spannung ist dann gerade Null (Bild 8-11a). Um die Antenne hat sich ein geschlossenes magnetisches Feld gebildet, das eine bestimmte Richtung hat (1).

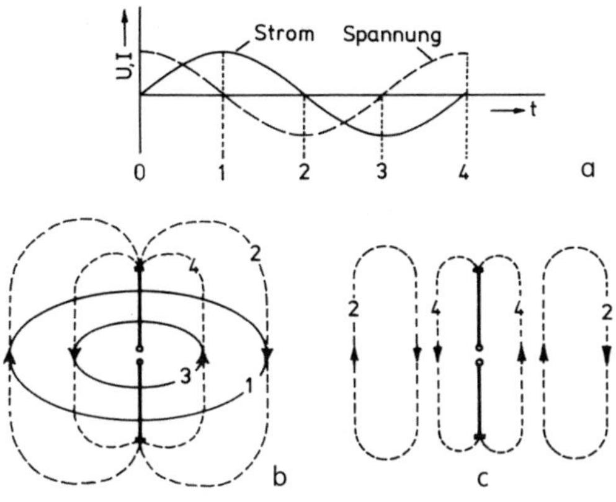

Bild 8-11: Zur Erklärung der Ablösung elektromagnetischer Wellen

Nun nimmt der Strom ab und die Spannung steigt bis zum Zeitpunkt 2. Jetzt ist nur ein elektrisches Feld vorhanden, das eine bestimmte Richtung hat. Auch diese elektrischen Feldlinien sind in sich geschlossen. Sie verlaufen durch den Draht der Antenne.

Da im Zeitpunkt 3 eine Spannung mit umgekehrter Polarität angelegt wird, die bis zum Zeitpunkt 4 ansteigt, müssen sich die vorher entstandenen elektrischen Feldlinien außerhalb der Antenne schließen (Bild c). Man kann sich den Abstrahlvorgang so vorstellen, als ob die jeweils vorigen Feldlinien von den folgenden weggedrückt und dann vor sich hergeschoben werden. An der Empfangsantenne kommen dann Feldlinien mit wechselnd positiver und negativer Polarität vorbei und induzieren eine Wechselspannung. (Bild 8-12).

Bild 8-12: Ausbreitung der Funkwellen

Prüfungsfragen TB306 und TB407
Wie werden die mit X gekennzeichneten Feldlinien einer Vertikalantenne bezeichnet?

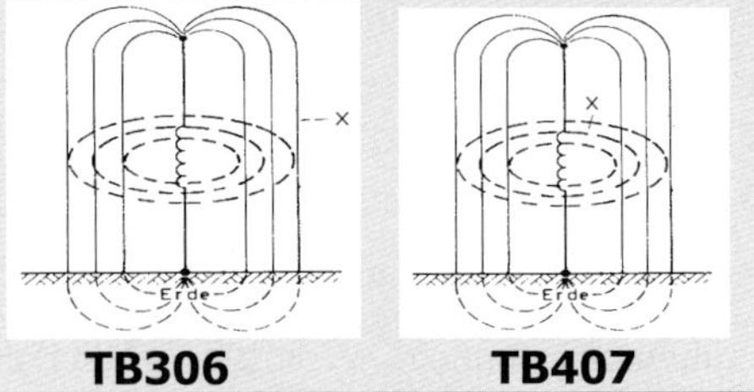

TB306: Elektrische Feldlinien
TB407: Magnetische Feldlinien

An Bild 8-13 soll erläutert werden, wie man elektromagnetische Wellen im Fernfeld dreidimensional beschreiben kann. Wenn man einmal annimmt, dass die Antenne senkrecht steht, verlaufen die elektrischen Feldlinien (E-Feld) von oben nach unten (vertikal). Man nennt diese Richtung auch *Vektor des E-Feldes*.

Senkrecht dazu in horizontaler Richtung verlaufen dann die magnetischen Feldlinien (H-Feld), parallel zum Erdboden. Dies ist der *Vektor des H-Feldes*. Nach hinten ist dann praktisch die Zeitachse oder auch die Ausbreitungsrichtung der elektromagnetischen Wellen. Diese Richtung nennt man auch *Pointing-Vektor* (siehe Seite 110!). Man sagt auch: Das elektromagnetische Feld hat einen *dreidimensionalen Raum.*

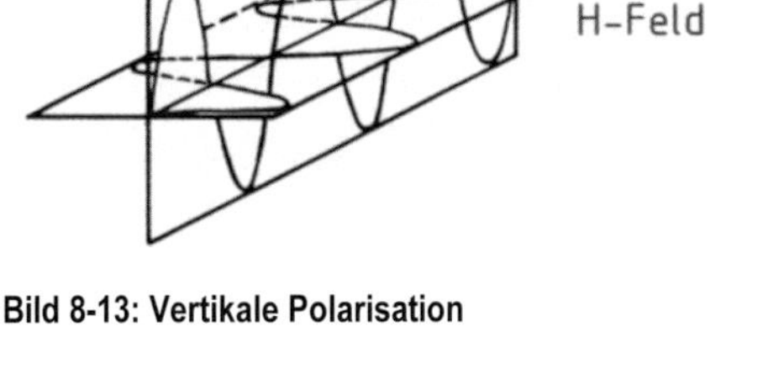

Bild 8-13: Vertikale Polarisation

Bearbeiten Sie die **Prüfungsfragen TB501, TB502, TB506** und **TB508**.

Bei der Wellenausbreitung spricht man auch von horizontaler und vertikaler *Polarisation*. Hierbei wird die Richtung des elektrischen Feldes (E-Feld) als Bezug genommen. Wenn die Sendeantenne senkrecht auf dem Erdboden steht, verlaufen die elektrischen Feldlinien von oben nach unten (vertikal) und die magnetischen Feldlinien (H-Feld) kreisförmig um die Sendeantenne herum parallel zum Erdboden (horizontal). Man spricht in diesem Fall von vertikaler Polarisation.

Um die magnetischen Feldlinien zu empfangen, kann man z.B. eine Ferritantenne verwenden. Eine Ferritantenne ist ein zylindrisches Stück Ferritmaterial, auf das eine Spule gewickelt ist. Eine Ferritantenne muss bei vertikaler Polarisation aber waagerecht angeordnet sein, so dass die horizontal verlaufenden magnetischen Feldlinien die Spule maximal durchsetzen, um die höchste Empfangsspannung zu liefern (Bild 8-14).

Durch Drehung dieser Antenne kann man damit peilen. Wenn die Ferritantenne genau in Richtung Sendeantenne zeigt, gehen die Feldlinien quer durch den Ferritstab und nicht mehr durch das Innere der Spule und die Empfangsspannung ist in einem relativ engen Winkelbereich sehr gering.

Bild 8-14: Magnetisches Feld einer Vertikalantenne

Prüfungsfrage TB507
Die Polarisation des Sendesignals in der Hauptstrahlrichtung dieser Richtantenne ist

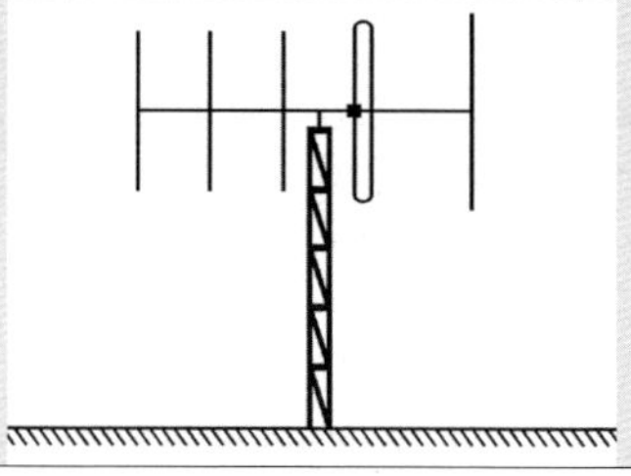

Antwort: Vertikal

Stab- oder Drahtantennen empfangen die elektrische Komponente des elektromagnetischen Feldes. Deshalb müssen diese Antennen für optimalen Empfang genau parallel zur Sendeantenne stehen bzw. hängen.

Prüfungsaufgabe
Bearbeiten Sie die Frage **TB503.**

Prüfungsaufgabe TB504
Die folgende Skizze soll die Feldlinien eines elektromagnetischen Feldes darstellen. Welche Polarisation hat die skizzierte Wellenfront?

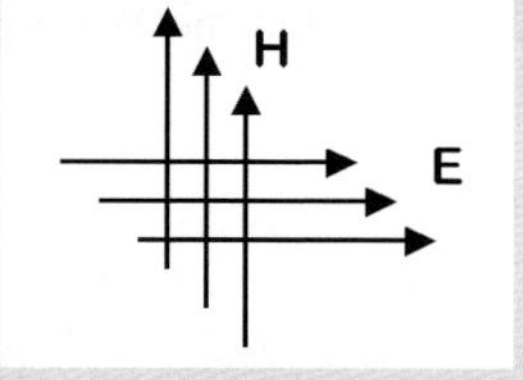

A Horizontale Polarisation
B Vertikale Polarisation
C Rechtsdrehende Polarisation
D Zirkulare Polarisation

Lösung: Schauen Sie immer nach den elektrischen Feldlinien! Also: horizontal.

Prüfungsaufgabe
Beantworten Sie die Fragen **TH216, TH217** und **TH218.**

Der Pointing-Vektor

Die von einer Strahlungsquelle in den Raum abgegebene Wirkleistung bezeichnet man als Strahlungsleistung P_s (ERP: emitted radiated power). Für die weiteren Betrachtungen gehen wir davon aus, dass die Energie in alle Richtungen in gleicher Stärke, also kugelförmig abgestrahlt wird. Ein Strahler mit dieser Strahlungscharakteristik heißt Kugelstrahler oder isotroper Strahler. Die Strahlungsleistung P_s verteilt sich über die in jeder beliebigen Entfernung r denkbare Kugel mit der Oberfläche $4 \cdot \pi \cdot r^2$.

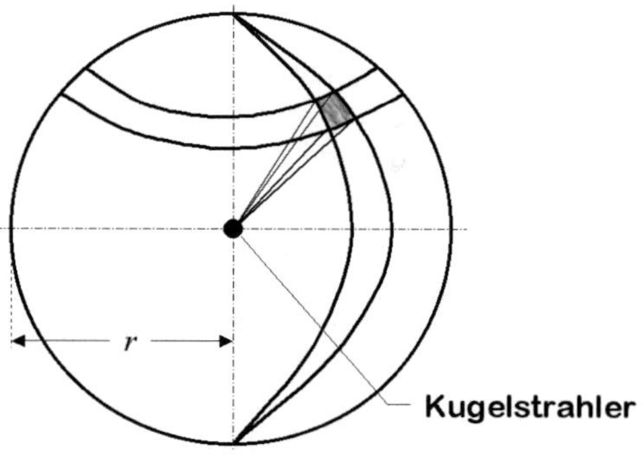

Bild 8-15: Strahlungsdichte

Das Verhältnis der Strahlungsleistung zur Kugeloberfläche beschreibt die Leistung pro Flächeneinheit, die in einer beliebigen Entfernung r vom Kugelstrahler vorhanden ist. Dieses Verhältnis wird *Leistungsflussdichte* oder *Strahlungsdichte* S genannt. Sie wird in Watt pro Quadratmeter angegeben.

$$S = \frac{P_s}{4 \cdot \pi \cdot r^2}$$

Beispiel
Ein Kugelstrahler gibt eine Strahlungsleistung von 100 Watt ab.
Wie groß ist die Strahlungsdichte am Boden in 20 m Entfernung?

Lösung:

$$S = \frac{P_s}{4 \cdot \pi \cdot r^2} = \frac{100\,\text{W}}{4 \cdot \pi \cdot 20\,\text{m} \cdot 20\,\text{m}} = 19{,}9\,\frac{\text{mW}}{\text{m}^2}$$

Diese Strahlungsdichte ist nun genau das Produkt aus der elektrischen und der magnetischen Feldstärke in Ausbreitungsrichtung.

$$\boxed{\vec{S} = \vec{E} \times \vec{H}}$$

Die Pfeile über den Größen deuten an, dass es sich um richtungsabhängige Größen handelt, die man *Vektoren* nennt. Das Ganze heißt dann *Pointing-Vektor* oder *S-Vektor*.

Prüfungsaufgabe TB505
Die Polarisation einer elektromagnetischen Welle wird definiert durch
A die räumliche Anordnung der Empfangsantenne.
B die Richtung des magnetischen Feldes (Vektor des H-Feldes).
C die Richtung der Ausbreitung (Pointing-Vektor, S-Vektor).
D die Richtung des elektrischen Feldes (E-Vektor).

Lösung: Steht der Antennenstab senkrecht (Bild 8-16B), hat das Feld eine vertikale Polarisation. Es zählt die E-Komponente. Steht der Sendeantennenstab waagerecht (Bild A), hat man horizontale Polarisation. Die Ausbreitungsrichtung (Pointing-Vektor) hat damit nichts zu tun. Lösung D ist richtig.

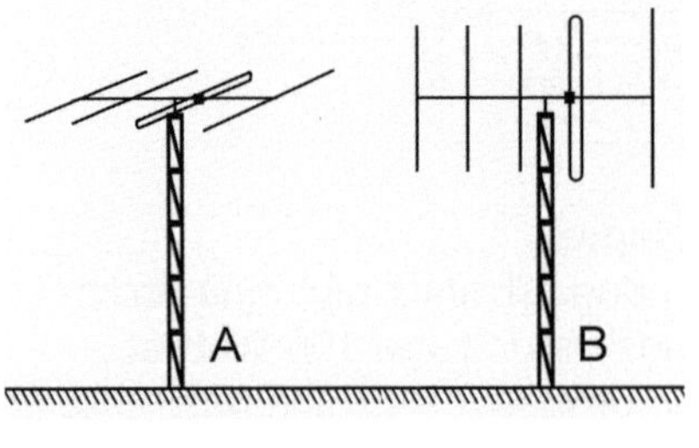

Bild 8-16 A: Horizontal, B: vertikal polarisiert

Der Feldwellenwiderstand

Zwischen der elektrischen und der magnetischen Feldstärke eines elektromagnetischen Feldes gibt es einen mathematischen Zusammenhang, der Ähnlichkeit mit dem ohmschen Gesetz $U = R \cdot I$ hat. Für die Beträge von elektrischer Feldstärke und magnetischer Feldstärke gilt im Fernfeld

$$\boxed{E = Z_0 \cdot H}$$

Z_0 ist der Feldwellenwiderstand. Er ist im freien Raum eine Konstante und berechnet sich aus dem Verhältnis der Permeabilitätskonstanten zur Dielektrizitätskonstanten.

$$Z_0 = \sqrt{\frac{\mu_0}{\varepsilon_0}} = \sqrt{\frac{4\pi \cdot 10^{-7}\,\frac{\text{Vs}}{\text{Am}}}{\frac{1}{36\pi} \cdot 10^{-9}\,\frac{\text{As}}{\text{Vm}}}} = 120\pi\,\Omega = 376{,}7\,\Omega$$

Beispiel
Berechnen Sie die magnetische Feldstärke des elektromagnetischen Feldes, wenn die elektrische Feldstärke 180 mV/m beträgt.

Lösung: Zunächst wird die Formel nach H umgestellt und dann werden die Werte eingesetzt.

$$H = \frac{E}{Z_0} = \frac{180 \cdot 10^{-3}\,\text{V}}{376{,}7\,\Omega\ \text{m}} = 0{,}48 \cdot 10^{-3}\,\frac{\text{A}}{\text{m}}$$

Prüfungsaufgabe TB509
Durch welche Größe sind elektrische und magnetische Komponente eines elektromagnetischen Feldes im Fernfeld verknüpft?
A Durch den Feldwellenwiderstand des Freiraums

Begründung: $E = Z_0 \cdot H$

Z_0 ist die Verknüpfung zwischen E und H.

Die Ersatzfeldstärke

Zunächst soll eine Formel für die Berechnung der elektrischen Feldstärke aus der Leistungsflussdichte abgeleitet werden. Die Ableitung müssen Sie nicht unbedingt verstehen, aber die Formel wird in der Prüfung angewendet.

Ich gehe vom Pointing-Vektor aus

$S = E \cdot H$ und setzte für $H = \frac{E}{Z_0}$,

also ist $S = E \cdot \frac{E}{Z_0} = \frac{E^2}{Z_0}$

Setzen wir die beiden Formeln für die Leistungsflussdichte gleich.

$$S = \frac{E^2}{Z_0} \quad \text{und} \quad S = \frac{P_s}{4 \cdot \pi \cdot r^2}$$

$$\frac{E^2}{Z_0} = \frac{P_s}{4 \cdot \pi \cdot r^2} \rightarrow E^2 = \frac{P_s \cdot Z_0}{4 \cdot \pi \cdot r^2}$$

$$E = \sqrt{\frac{P_s \cdot Z_0}{4 \cdot \pi \cdot r^2}} \quad \text{oder}$$

$$E = \frac{1}{r}\sqrt{\frac{P_s \cdot Z_0}{4 \cdot \pi}} \quad \text{oder}$$

$$\boxed{E = \frac{1}{r}\sqrt{\frac{Z_0}{4 \cdot \pi} \cdot P_s}}$$

Diese Feldstärke nennt man *Ersatzfeldstärke* des elektromagnetischen Feldes im Fernfeld. Das Fernfeld gilt bei einem Abstand größer als $\frac{\lambda}{2 \cdot \pi}$. In der Formelsammlung wird noch eine vereinfachte Formel angegeben. Setzt man nämlich für den Feldwellenwiderstand

$Z_0 = 120\pi\,\Omega = 376{,}7\,\Omega$ ein, erhält man

$$E = \frac{1}{r}\sqrt{\frac{120\,\pi\,\Omega}{4 \cdot \pi} \cdot P_s}$$

$$\text{oder} \quad E = \frac{1}{r}\sqrt{\frac{30\,\Omega}{1} \cdot P_s}$$

$$\boxed{E = \frac{\sqrt{30\,\Omega \cdot P_s}}{r}}$$

Da es sich auf der Erde um den Abstand handelt, setzt man für „r“ auch „d“ ein (Formelsammlung der BNetzA).

Anhand folgender Prüfungsfrage wird die Anwendung dieser Formel gezeigt.

Prüfungsaufgabe TB510
Eine vertikale Dipolantenne wird mit 10 W Senderleistung direkt gespeist. Welche elektrische Ersatzfeldstärke ergibt sich bei Freiraumausbreitung in 10 m Entfernung?

A 0,4 V/m **B** 2,2 V/m
C 5,5 V/m **D** 8,9 V/m

Lösungsweg: Zunächst muss die Strahlungsleistung berechnet werden. Der Gewinn des Dipols gegenüber dem Kugelstrahler beträgt 2,15 dB oder Faktor 1,64. Diesen Faktor kennen Sie noch aus dem Lehrgang Klasse E. Die Strahlungsleistung beträgt also 1,64 · 10 W = 16,4 W. Damit können wir die Ersatzfeldstärke berechnen.

$$E = \frac{1}{10\,\text{m}}\sqrt{\frac{377\,\Omega}{4\pi} \cdot 16{,}4\,\text{W}}$$

$$E = \frac{1}{10\,\text{m}}\sqrt{\frac{492\,\text{VVA}}{\text{A}}} = 2{,}2\,\frac{\text{V}}{\text{m}}$$

Haben Sie mit der “30-Ohm-Formel” gerechnet? Natürlich muss dasselbe dabei herauskommen.

Prüfungsaufgabe TB511
Eine Yagiantenne mit 12,15 dBi Antennengewinn wird mit 250 W Senderleistung direkt gespeist. Welche elektrische Ersatzfeldstärke ergibt sich bei Freiraumausbreitung in 30 m Entfernung?

A 9,2 V/m **B** 11,8 V/m
C 13,1 V/m **D** 353 V/m

Lösung: Diesmal verwenden wir die Umrechnungsformel von P_S in P_{EIRP} aus der Formelsammlung der BNetzA.

$$P_{EIRP} = P_S \cdot 10^{\frac{g_i}{10}}$$

$$P_{EIRP} = 250\ \text{W} \cdot 10^{\frac{12,15}{10}} = 4102\ \text{W}$$

Man hätte auch sehen können, dass sich 12,15 dB in 10 dB (Faktor 10) + 2,15 dB (Faktor 1,64) zusammensetzen lassen. Dies gibt 16,4. 250 W mal 16,4 ergeben 4100 W.

Eingesetzt in die Formel für die elektrische Feldstärke ergibt

$$E = \frac{\sqrt{30\Omega \cdot P_s}}{d} = \frac{\sqrt{30\Omega \cdot 4102\ \text{W}}}{30\ \text{m}} = 11,7\frac{\text{V}}{\text{m}}$$

Sie finden diesen Wert in Lösung B.

Weitere Aufgaben zu diesem Thema finden Sie im Kapitel 19 "Personenschutz".

....
....
....
....
....
....
....
....
....
....
....
....

Die Wellenlänge

$$\boxed{\lambda = \frac{c_0}{f}}$$

$c_0 = 300000$ km/s oder

$c_0 = 3 \cdot 10^8$ m/s

Ebenfalls im Kapitel 9 des Amateurfunklehrgangs für die Klasse E wurde die Wellenlänge erklärt. Es soll eine zugeschnittene Formel daraus abgeleitet werden.

$$\lambda = \frac{c_0}{f} = \frac{300000\,\text{km}}{f\quad\text{s}} = \frac{300 \cdot 10^6\,\text{m}}{f\quad\text{s}}$$

$$\lambda == \frac{300\text{m} \cdot 10^6}{f}\text{Hz} = \frac{300\ \text{m MHz}}{f}$$

$$\boxed{\lambda = \frac{300\ \text{MHz}}{f}\text{m}}$$

Man kann also einfach 300 MHz durch die gegebene Frequenz in MHz teilen und erhält die Wellenlänge in Meter. Beispiele:

Prüfungsaufgabe TA122
Welcher Wellenlänge λ entspricht die Frequenz f = 22 MHz?

Lösung: $\lambda = \frac{300\ \text{MHz}}{22\,\text{MHz}}\text{m} = 13,64\ \text{m}$

Prüfungsaufgabe TA120
Welcher Frequenz entspricht die Wellenlänge von 30 mm im Vakuum?

Lösung: Achtung: Millimeter! Schreiben Sie vielleicht 30 mm = 3 cm = 0,03 m.

$$f = \frac{300\ \text{m}}{0,03\,\text{m}}\text{MHz} = 10000\ \text{MHz} = 10\,\text{GHz}$$

Prüfungsaufgabe TA124
Eine Wellenlänge von 69 cm entspricht einer Frequenz von

Lösung: $f = \frac{300\ \text{m}}{0,69\,\text{m}}\text{MHz} = 434,783\ \text{MHz}$

Prüfungsaufgaben dazu:
TA119, TA121 und **TA123,**

Die Kurzwellenausbreitung

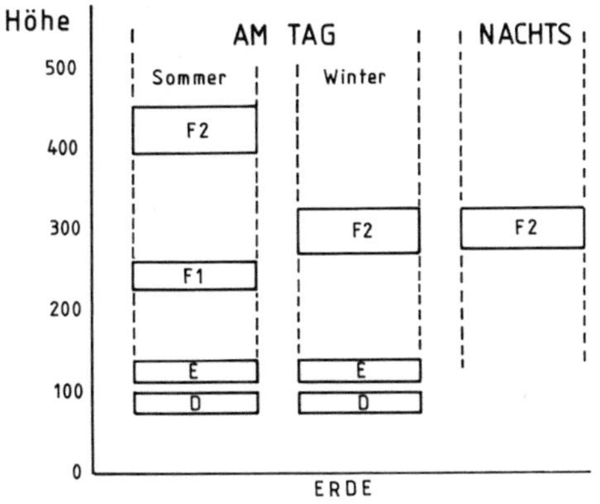

Bild 8-17: Veränderung der Ionosphäre

Wie im Amateurfunklehrgang für die Klasse E im Kapitel 9 beschrieben, reflektieren Kurzwellen an der Ionosphäre. Die einzelnen Reflexionsschichten (Bild 8-17) sind von der Tageszeit, der Jahreszeit und dem elfjährigen Zyklus der Sonnenflecken abhängig. Zu diesem Themenbereich gibt es eine Menge Prüfungsfragen im Fragenkatalog zur Klasse A. Sollten Sie Bedarf an Erläuterungen haben, sollten Sie die entsprechenden Kapitel im Lehrgang zur Klasse E noch einmal wiederholen.

> Beantworten Sie die **Prüfungsfragen TI101** bis **TI112.**

Die Energiestrahlung wird von den geophysikalischen Instituten ständig gemessen und als *solarer Flux* bekannt gegeben. Fluxwerte von über 100 führen zu einem stark erhöhten Ionisationsgrad in der Ionosphäre und damit zu einer erheblich verbesserten Fernausbreitung auf den höheren Kurzwellenbändern.

> **Prüfungsaufgaben**
> Lösen Sie die Aufgaben **TI113** bis **TI115**

Reichweite der Raumwellen

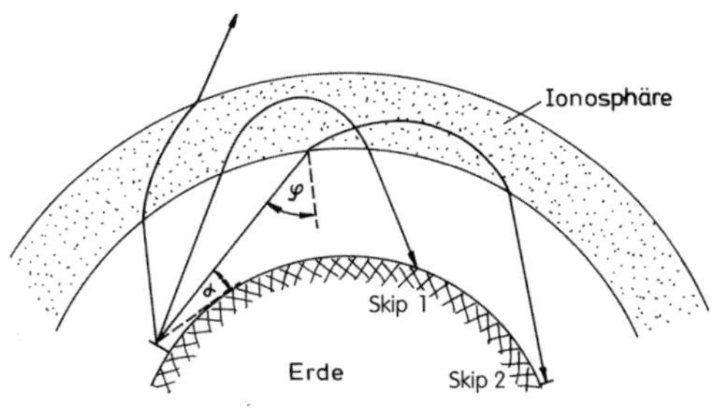

Bild 8-18: Reflexion der Raumwellen

Die Reichweite der Raumwellen ist außerdem vom Abstrahlwinkel α bzw. dem Auftreffwinkel φ auf die Ionosphäre abhängig. Je flacher die Welle auf die Ionosphäre auftrifft, desto leichter erfolgt die Reflexion. Von Ionosphärenmessstationen wird die so genannte *kritische Frequenz* f_k gemessen. Das ist die höchste Frequenz, bei der die senkrecht in die Ionosphäre eintretende Raumwelle gerade noch reflektiert wird. Daraus ergibt sich die obere brauchbare Grenzfrequenz *MUF* (maximum usable frequency) durch das so genannte Sekansgesetz (Näherungsformel für α ≥ 40°).

$$MUF \approx \frac{f_k}{\sin \alpha}$$

Alle Frequenzen oberhalb der MUF werden nur gebrochen und kommen nicht zur Erde zurück. Nur die zur Erde reflektierten Wellen sind für uns brauchbar (*usable*). Übrigens ist diejenige Frequenz, die kurz unterhalb der MUF liegt, für die Ausbreitung am günstigsten. Dort ist die Dämpfung am geringsten und der *Skip* (Sprung) am größten (Bild 8-18). Die optimale Frequenz ist ungefähr

$$f_{opt} \approx 0{,}85 \cdot MUF$$

Prüfungsaufgabe TI227
Berechnen Sie die höchste brauchbare Frequenz (MUF) und die optimale Frequenz (f_{opt}) für einen Abstrahlwinkel von 45°, wenn für den zu berechnenden Tag eine kritische Grenzfrequenz von f_K = 3 MHz gemessen wurde.

A MUF = 4,2 MHz, f_{opt} = 3,6 MHz
B MUF = 2,1 MHz, f_{opt} = 1,8 MHz
C MUF = 2,1 MHz, f_{opt} = 2,5 MHz
D MUF = 4,2 MHz, f_{opt} = 4,9 MHz

Lösung:

$$MUF \approx \frac{f_k}{sin\alpha} = \frac{3\,\text{MHz}}{\sin 45°} = \frac{3\,\text{MHz}}{0{,}707} = 4{,}24\,\text{MHz}$$

$$FOT = 0{,}85 \cdot 4{,}24\,\text{MHz} = 3{,}6\,\text{MHz}$$

Für den Betrieb über kurze Funkstrecken unter 1000 km ist Steilstrahlung günstig (kurzer Sprung, short skip). Für lange Funkstrecken (interkontinentale Funkverbindungen, DX) ist Flachstrahlung günstig (langer Skip).

Prüfungsfragen
Beantworten Sie die Fragen **TI317, TI222** bis **TI230.**

Prüfungsfrage TI221
Damit ein Signal zur Erde zurückreflektiert wird, müsste bei zunehmender Sendefrequenz die Ionisierung der reflektierenden Schicht

A höher sein.
B niedriger sein.
C auf Null gehen.
D sich nicht ändern.

Siehe Bild 8-18! Sie muss höher sein.

Bearbeiten Sie die **Prüfungsfrage TI220.**

Die einzelnen Schichten

Die Eigenschaften der einzelnen Schichten der Ionosphäre wurden ebenfalls im Kapitel 9 des Amateurfunklehrgangs für die Klasse E beschrieben. Sie können Ihr Wissen durch Beantwortung der folgenden Prüfungsfragen überprüfen.

Thema D-Schicht:

Prüfungsfragen
Beantworten Sie die Fragen **TI101, TI112, TI106, TI215, TI237.**

Thema E-Schicht:

Prüfungsfragen
Beantworten Sie die Fragen **TI105, TI107, TI311, TI315.**

Thema F-Schicht:

Prüfungsaufgaben
Beantworten Sie die Fragen **TI102, TI103, TI104, TI108, TI109, TI110, TI111, TI206.**

Thema Fading, Backscatter:

Prüfungsfragen
Beantworten Sie die Fragen **TI202, TI216, TI217, TI218, TI219.**

Thema Mögel-Dellinger:

Prüfungsfragen
Bearbeiten Sie **TI213, TI214.**

Thema Tote Zone, Skip, Grey-Line:

Prüfungsfragen
Beantworten Sie die Fragen **TI201, TI205, TI212, TI203, TI204, TI207, TI208, TI209, TI210, TI211, TI212, TI220, TI221.**

Thema Reichweite der Bänder:

Prüfungsfragen
Bearbeiten Sie **TI231** bis **TI239.**

Wellenausbreitung oberhalb 30 MHz

Den Frequenzbereich oberhalb 30 MHz bezeichnet man auch als VHF/UHF-Bereich oder UKW-Bereich. Die Wellenausbreitung für diesen Bereich einschließlich aller Besonderheiten wurde sehr ausführlich im Kapitel 9 des Amateurfunklehrgangs für die Klasse E beschrieben. Es sollen in einigen Kernsätzen die wichtigsten Eigenschaften der Wellenausbreitung im VHF/UHF-Bereich zusammengefasst werden.

- Zirka 15 % reicht der Funkhorizont im UKW-Bereich über den geographischen Horizont hinaus.
- Die Reichweite steigt mit zunehmender Antennenhöhe, weil die optische Sichtweite zunimmt.
- Die Troposphäre ist der untere Teil der Atmosphäre, in der die Erscheinungen des Wetters stattfinden.
- Für VHF-Weitverkehrsverbindungen wird hauptsächlich die troposphärische Ausbreitung genutzt.
- Überhorizontverbindungen im UHF/VHF-Bereich kommen u.a. zustande durch Brechung und Streuung der Wellen in troposphärischen Bereichen mit unterschiedlichem Brechungsindex.
- Überhorizontverbindungen im UHF/VHF-Bereich kommen unter anderem zustande durch troposphärische Ductübertragung beim Auftreten von Inversionsschichten.
- Das Eindringen geladener Teilchen von der Sonne in die Atmosphäre ist die Ursache für Aurora-Erscheinungen.
- Beim Auftreten von Polarlichtern lassen sich auf den Amateurfunkbändern über 30 MHz beträchtliche Überreichweiten erzielen, weil mit dem Polarlicht stark ionisierte Bereiche auftreten, die Reflexionen erzeugen.

Prüfungsfragen
Beantworten Sie die Fragen **TI301** bis **TI316** aus dem Fragenkatalog.

Meteorscatter

Wenn die Erde auf ihrer Umlaufbahn um die Sonne hin und wieder Bahnen von Meteoritenströmen streift, dann hinterlassen deren Teilchen, die in die Atmosphäre eintauchen, *ionisierte Wolken*. Die Lebensdauer einer solchen in 100 km Höhe befindlichen Ionenwolke beträgt nur Sekundenbruchteile (*Ping*) bis wenige Sekunden (*Burst*), in seltenen Fällen bei größeren *Meteoritenschauern* bis zu zwei Minuten.

Durch Reflexion an solchen ionisierten Wolken lassen sich im VHF-Bereich (2-m-Band) Entfernungen zwischen 500 km bis 2500 km überbrücken. Aus der sehr kurzen Dauer solcher Reflexionen resultiert eine spezielle Betriebsart. Wie der etwas eigenartige Funkbetrieb über Meteoriten funktioniert, können Sie *im Buch Amateurfunklehrgang Betriebstechnik und Vorschriften* nachlesen.

Notizen

....
....
....
....
....
....
....
....
....
....
....
....
....
....
....

Kapitel 9: Antennentechnik

Im Amateurfunklehrgang für die Klasse E wurde das Kapitel Antennentechnik als Kapitel 5 bereits sehr ausführlich behandelt. Folgende Themenbereiche wurden abgedeckt: Antennenlänge, Fußpunktwiderstand, Richtdiagramm (Öffnungswinkel) und Bauformen von Antennen. In diesem Kapitel geht es um weitere Antennen, um Gewinn und Strahlungsleistung und um Anpassung.

Übersicht

- Strom- und Spannungsverteilung
- Die Impedanz
- Das Richtdiagramm
- Bauformen von Antennen
- Der Gewinn einer Antenne
- ERP und EIRP

Die Antenne hat die Aufgabe, hochfrequente Energie in Form eines elektromagnetischen Feldes abzustrahlen beziehungsweise umgekehrt ein elektromagnetisches Feld aufzufangen und in hochfrequente Energie umzuformen, die über ein HF-Kabel dem Empfänger zugeführt wird.

Empfangs- und Sendeantennen unterscheiden sich grundsätzlich nicht. Eine gute Sendeantenne ist immer auch eine gute Empfangsantenne. Während man allerdings mit einer sehr mäßigen Antenne (eventuell Zimmerantenne) noch ganz gut empfangen kann, ist der Betrieb eines Senders mit dieser Antenne kaum möglich. Wir besprechen hier im Amateurfunklehrgang nur Sendeantennen. Das sind solche Antennen, die auf irgendeine Art und Weise mit der Sendefrequenz in Resonanz sind.

Strom- und Spannungsverteilung

Sie wissen aus dem Lehrgang Klasse E, dass man sich eine Antenne als auseinander gezogenen Schwingkreis vorstellen kann. Der Draht besteht gewissermaßen aus der Reihenschaltung vieler kleiner Induktivitäten. Von einer Dipolhälfte zur anderen bestehen zusätzlich Kapazitäten.

Nehmen wir der Einfachheit halber an, der Dipol besteht aus fünf Induktivitäten und den dazwischenliegenden drei Kapazitäten (Bild 9-1). Durch die angelegte Wechselspannung haben alle Kondensatoren im gleichen Augenblick eine bestimmte Ladung (hier zum Beispiel positiv). Dann entlädt sich der Kondensator C_1 über L_3 und verursacht in der Antenne einen Strom I_1.

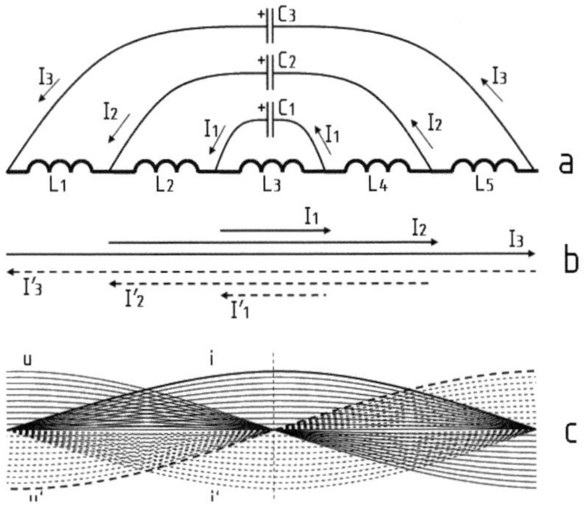

Bild 9-1: Strom- und Spannungsverteilung auf einem Halbwellendipol

C_2 entlädt sich über L_2, L_3 und L_4 und erzeugt einen Strom I_2. Schließlich entlädt sich C_3 über L_1 bis L_5 und liefert den Strom I_3. In der Mitte des Strahlers fließt die Summe aller drei Ströme. Nach außen wird der Strom immer kleiner. Man sagt: in der Mitte liegt der Strombauch, an den Enden der Stromknoten. Beim Stromknoten ist der Strom zu jedem Zeitpunkt gleich null.

Anders verhält es sich mit der Spannung. Durch die Aufladung der Kondensatoren war die Spannung auf der linken Seite positiv, auf der rechten Seite negativ. Zur Mitte hin wird die Spannung immer kleiner und wird genau in der Mitte gleich null. Dort, wo der Strombauch liegt, befindet sich der Spannungsknoten und umgekehrt.

In der nächsten Halbwelle sind die Verhältnisse umgekehrt. Da die Kondensatoren mit umgekehrter Polarität geladen sind, fließen die Ströme in umgekehrter Richtung. Diese Richtung wurde in den Diagrammen Bilder 9-2 und 9-3 durch i und u angedeutet. Man verwendet hier kleine Buchstaben für Strom und Spannung, um anzudeuten, dass es sich um zeitlich veränderliche Größen handelt, nämlich um hochfrequente *Wechsel*größen.

Merke
An den Enden einer Dipolantenne sind immer Stromknoten, denn am Ende kann kein Strom mehr fließen. Dort wo ein Strombauch ist, muss ein Spannungsknoten sein und umgekehrt.

Prüfungsaufgabe
Bearbeiten Sie die Frage **TH104** aus dem Fragenkatalog.

Anstatt alle Linien bei einer Wechselspannung von plus bis minus zu zeichnen, zeichnet man meistens nur den äußeren Rand solch eines Diagramms.

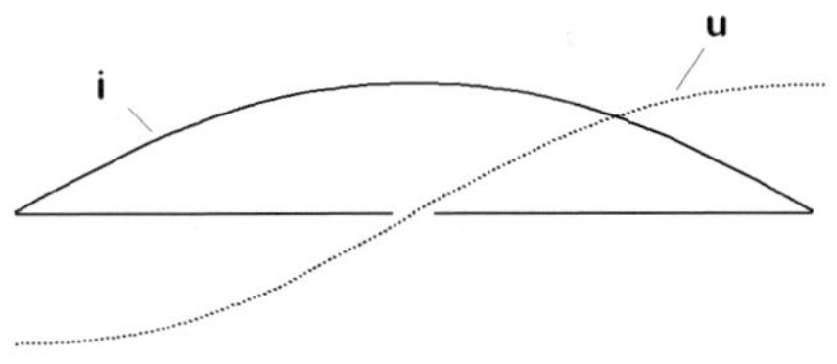

Bild 9-2: Strom- und Spannungsverteilung auf einem Halbwellendipol, anders gezeichnet

Auf diesem Draht einer halben Wellenlänge können also außen Spannungsbäuche sein. Wenn die Antenne doppelt so lang ist, endet die Kurve wieder bei einem Maximum. Nur dann ist die Antenne in Resonanz. Die Länge einer solchen „resonanten“ Antenne ist

$$l = n \cdot \frac{\lambda}{2}, \quad n = 1,2,3\ldots$$

Eine Dipolantenne muss ein ganzzahliges Vielfaches der halben Wellenlänge haben.

Prüfungsaufgaben
Bearbeiten Sie die Fragen **TH101, TH103, TH106** und **TH215**.

Beispiel
Gezeichnet werden soll die Strom- und die Spannungsverteilung einer 40 m langen Antenne für das 20-m-Band.

Lösung: $l = 2 \cdot \lambda$, also 2 Wellenlängen. Es müssen zwei volle Wellenlängen gezeichnet werden. An den Enden müssen Stromknoten sein. Man zeichnet zuerst den Stromverlauf und dann versetzt den Spannungsverlauf.

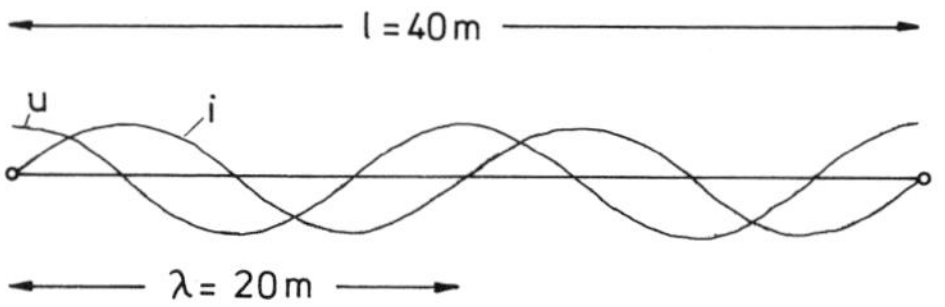

Bild 9-3: Strom- und Spannungsverteilung auf einer 2-λ-Antenne

Die Amateurfunkbänder wurden so gewählt, dass jeweils die Harmonischen wieder in einem Amateurfunkband liegen.

Frequenz	Wellenlänge
1,8 MHz	160-m-Band
3,5 MHz	80-m-Band
7 MHz	40-m-Band
14 MHz	20-m-Band
21 MHz	15-m-Band
28 MHz	10-m-Band

Beispiele
14 MHz ist die zweite Harmonische von 7 MHz, 21 MHz ist die dritte Harmonische von 7 MHz.

Aufgabe
a) Zeichnen Sie die Stromverteilung für das 80-m-Band für eine 40 m lange Dipolantenne.
b) Zeichen Sie in das gleiche Diagramm die Stromverteilung für die Bänder 40 m, 20 m und 10 m.

Lösungshinweise:

a) Für das 80-m-Band ist die Länge 40 m gerade lambda-halbe. An den Enden fließt kein Strom.

b) Das 40-m-Band hat die halbe Wellenlänge des 80-m-Bandes. Es gehen doppelt so viele Schwingungen hinein. Gleiches gilt danach für das 20-m-Band und dann für das 10-m-Band. Sie finden die Lösung im Prüfungsfragenkatalog in den folgenden Prüfungsfragen.

Prüfungsfragen
Bearbeiten Sie die Fragen **TH108** bis **TH111** aus dem Fragenkatalog.

Impedanzen der Antenne

Das Verhältnis aus Spannung zu Strom an einer bestimmten Stelle der Antenne ist der Wechselstromwiderstand, den man mit *Impedanz Z* bezeichnet.

$$Z = \frac{U}{I}$$

Bei einem Halbwellenstrahler entstehen an den Enden ein Spannungsmaximum und ein Stromminimum. Der Strom wird wegen des so genannten „Endeffektes" (Abstrahlung von Energie) am Ende nicht ganz null. Teilt man nach obiger Formel eine hohe Spannung durch einen kleinen Strom, erhält man eine hohe Impedanz an den Strahlerenden. Beispielsweise ergäbe eine Spannung von 100 V geteilt durch einen Strom von 10 mA, einen Widerstand von 10 kΩ. Weil die Impedanz nur bei einer Frequenz sehr hoch ist, verhält sich ein solcher „resonanter" Dipol also dort wie ein Parallelschwingkreis. Man sagt auch, die Antenne ist in diesem Punkt *spannungsgespeist*.

In der Mitte des Halbwellenstrahlers sind die Verhältnisse umgekehrt. Die Spannung hat ein Minimum und der Strom ein Maximum. Die Impedanz wird klein. Beispielsweise ergäbe eine Spannung von 10 V geteilt durch einen Strom von 200 mA einen Widerstand von 50 Ω. In der Mitte verhält sich also der Lambdahalbe-Dipol wie ein Serienschwingkreis. Man sagt auch, die Antenne ist in diesem Punkt *stromgespeist*.

Die Impedanz in der Mitte eines Halbwellendipols heißt auch *Strahlungswiderstand* R_S. In ihm denkt man sich die abgestrahlte Leistung umgesetzt. Im weiteren Verlauf wird die Impedanz zwischen den Antennenklemmen auch Fußpunktimpedanz oder Speisewiderstand genannt.

Prüfungsaufgabe
Bearbeiten Sie die Frage **TH102, TH104, TH105, TH107** und **TH201** aus dem Fragenkatalog.

Nun will ich Ihnen zeigen, dass bei ungeradzahligen Vielfachen der Grundfrequenz auch wieder Serienresonanz erfolgt und man in der Mitte deshalb niederohmig (mit Koaxialkabel) einspeisen kann.

Beispiel
Zeichnen Sie den Stromverlauf für das 40-m-Band (7 MHz) und für das 15-m-Band (21 MHz) für eine 20 m lange Antenne.

Lösungshinweise: Für das 40-m-Band passt genau eine halbe Wellenlänge hinein. An den Enden sind Stromknoten. 21 MHz ist die dreifache Frequenz, also ein Drittel der Wellenlänge. Es passen drei halb Wellenlängen hinein. Auch hier gilt: Stromknoten am Ende.

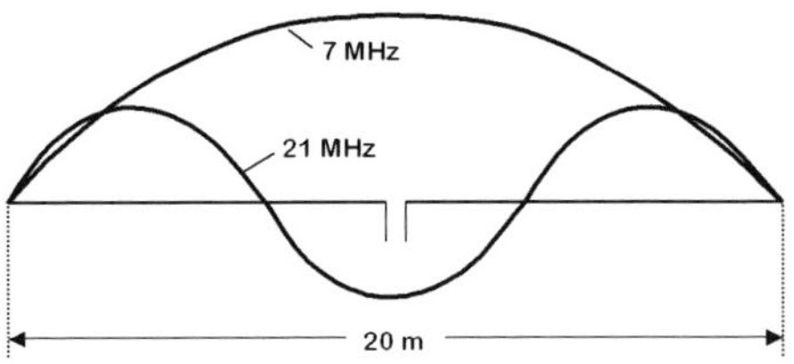

Bild 9-4: Stromverteilung auf einem 20-m-Dipol

Aus diesem Stromverlauf erkennt man, dass in der Mitte die beiden Stromkurven ihr Maximum haben. Dort ist also die Antenne sowohl bei 7 MHz als auch bei 21 MHz niederohmig (Serienresonanz).

Prüfungsfrage
Bearbeiten Sie die Frage **TH103.**

Die Impedanzen sind nur im Resonanzfall „ohmsch“. Außerhalb der Resonanz kommt ein veränderlicher kapazitiver oder induktiver Blindwiderstand hinzu (zu kurzer Dipol: kapazitiv, zu langer Dipol: induktiv). Bei einem Halbwellenstrahler in Resonanz liegt R_S bei etwa 30 bis 80 Ω. Dieser Wert hängt von der Dicke des Strahlers im Verhältnis zur Länge und von der Höhe der Antenne über dem Erdboden ab.

Prüfungsfrage
Bearbeiten Sie die Frage **TH205.**

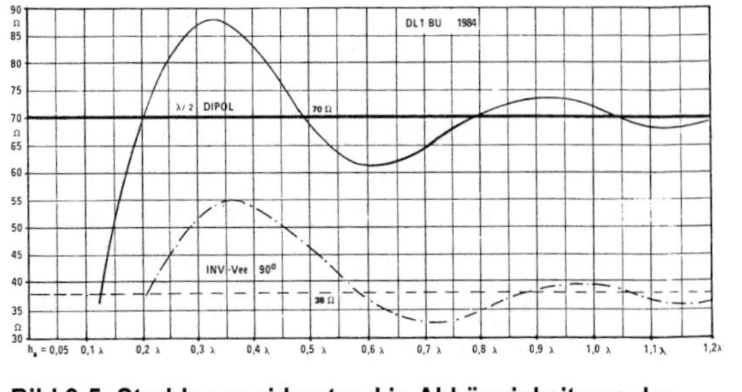

Bild 9-5: Strahlungswiderstand in Abhängigkeit von der Höhe für einen Halbwellendipol, gestrichelt für eine Inverted-V-Antenne

Beispiel
Bitte lesen Sie aus dem Diagramm Bild 9-5 ab:
A Welchen höchsten Wert hat R_S für einen Halbwellendipol und auf welchen Wert nähert sich dieser bei großen Höhen an?
B Wie groß ist R_S eines Halbwellendipols für das 80-m-Band bei 12 m Höhe?

Lösung: Nach rechts ist die Höhe der Antenne über Grund aufgetragen. a) Ein Lambdahalbe-Dipol hat bei großer Höhe eine Impedanz von 70 Ohm. Der höchste Wert bei einem Drittel Lambda ist 87 Ohm. b) 12 m zu 80 m sind 0,15. Bei 0,15-lambda lese ich 50 Ohm ab.

Prüfungsfrage
Bearbeiten Sie die Frage **TH113** und **TH204**.

Das Richtdiagramm

Nur eine Kugel würde die HF-Energie gleichmäßig rundum in den Raum abstrahlen. Eine lang gestreckte Antenne hat eine bestimmte *Richtcharakteristik*. Wird beispielsweise ein waagerecht aufgehängter Halbwellendipol von oben betrachtet, so ergibt das Horizontaldiagramm die Form einer Acht.

Diese Charakteristik entsteht, wenn man in den verschiedenen Richtungen die Feldstärke misst, diesen Betrag als Pfeil einzeichnet und die Spitzen aller Pfeile miteinander verbindet. Im Lehrgang zur Klasse E haben Sie im Kapitel 11 ein solches Diagramm gezeichnet.

Die größte Feldstärke ergibt sich senkrecht zur Aufhängerichtung des Halbwellenstrahlers also in Richtung 0° und 180°.

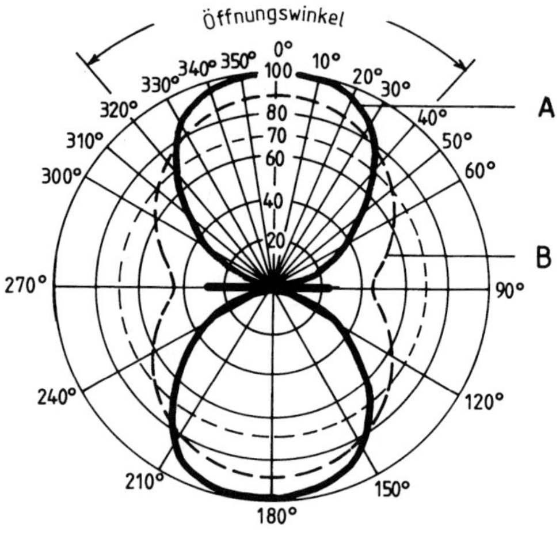

Bild 9-6: Horizontaldiagramm (Feldstärke in %) eines waagerecht aufgehängten Halbwellenstrahlers
A: Höhe 5 λ, B: Höhe λ/4

Eine sehr geringe Spannung ergibt sich in Aufhängerichtung, wenn sich der Dipol sehr hoch über Grund befindet (A).

Bei einem niedrig aufgehängten Dipol ist die Achtercharakteristik nicht mehr so stark ausgeprägt (gestrichelte Linie B). Dies ist in der Praxis bei den Funkamateuren meistens der Fall bei nur 10 m hoch aufgehängten Dipolen für das 80- oder das 40-m-Band.

Prüfungsfrage
Bearbeiten Sie die Fragen **TH112** und **TH222**.

Der Winkel, der sich im Richtdiagramm ergibt, wenn die Feldstärke auf 70% (0,7) des Maximalwertes abgesunken ist, nennt man Öffnungswinkel. Der Öffnungswinkel beträgt beim hoch aufgehängten Halbwellendipol etwa 80° (± 40°).

Beispiel
Wie groß ist der Öffnungswinkel des niedrig aufgehängten Dipols in Bild 9-6?

Lösung: Der Öffnungswinkel wird dadurch ermittelt, dass man bei 70% vom Maximalwert (0,7 · 90 = 63), also bei 63 einen Kreisbogen einzeichnet. Er schneidet das Richtdiagramm bei 305° und bei 55° (Zeichnen Sie den Kreisbogen ein!). Der überstrichene Winkel beträgt 110°.

Bei 70 Prozent der Spannung (entspricht der elektrischen Feldstärke E) ergeben sich auch 70 Prozent des Stromes und 0,7 mal 0,7 sind 0,5, also haben wir hier 50 Prozent der Leistung. Man nennt diesen Öffnungswinkel auch Halbwertsbreite.

Prüfungsfragen
Bearbeiten Sie die Fragen **TH211, TH212** und **TH213.**

Das ***Horizontaldiagramm*** einer Antenne zeigt, in welche Himmelsrichtung eine Antenne vorwiegend strahlt. Für einen Funkamateur ist es aber auch von großer Bedeutung zu wissen, wie flach die HF-Energie abgestrahlt wird. Denn je flacher die Antenne strahlt, desto größer ist die Sprungentfernung (***Skip***) und desto besser ist die Antenne für DX geeignet. Für kürzere Entfernungen bis 1000 km sollte die Antenne auch einen Anteil von Steilstrahlung besitzen. Diese Strahlungscharakteristik zeigt das *Vertikaldiagramm*.

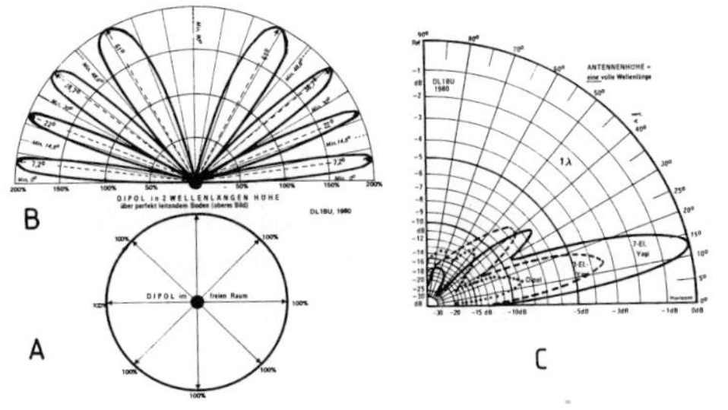

Bild 9-7: Vertikaldiagramme
A: Dipol im Freiraum
B: Dipol in zwei Wellenlängen Höhe
C: Vergleich Dipol - Yagi

Betrachtet man einen sehr hoch aufgehängten Dipol in Längsrichtung des Drahtes, so sieht man, dass die Antenne ihre Energie rundherum abstrahlt, also nicht nur nach rechts oder links, sondern auch nach oben und nach unten mit gleicher Stärke (A).

Wenn man diese Antenne nun in geringerer Höhe über gut leitendem Boden montiert, wird die nach unten abgestrahlte Energie vom Boden wieder reflektiert und überlagert sich dem unreflektiert abgestrahlten Teil. Dabei gibt es bei Gleichphasigkeit Verstärkungen und bei Gegenphasigkeit Auslöschungen. Das Richtdiagramm fächert sich libellenflügelähnlich auf (B).

Bisher wurden die Richtdiagramme nur bei Montage der Antenne über ideal leitendem Grund betrachtet. Dies entspricht den Diagrammen in folgendem Bild. In der Praxis, wenn der Boden nicht mehr so gut reflektiert, werden die Anhebungen und Auslöschungen weniger stark ausgeprägt und die Diagramme nicht mehr so libellenflügelähnlich. Dadurch wird die Feldstärke in Richtung der Hauptkeulen deutlich geringer.

Antennen lassen sich in ihrer Strahlungscharakteristik und auch bezüglich ihrer Bandbreite durch entsprechende Formgebung oder Aufhängeart beeinflussen. Dazu mehr im folgenden Abschnitt.

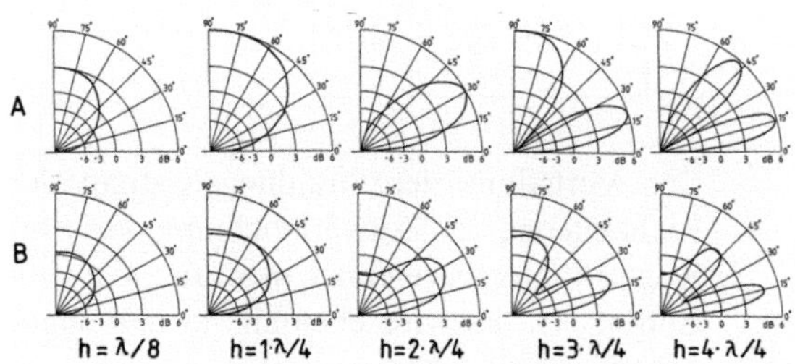

Bild 9-8: Vertikaldiagramme eines horizontalen Dipols bei idealer Bodenreflexion (A) und bei mittelfeuchtem Boden (B) in Abhängigkeit von der Aufbauhöhe

Der Gewinn einer Antenne

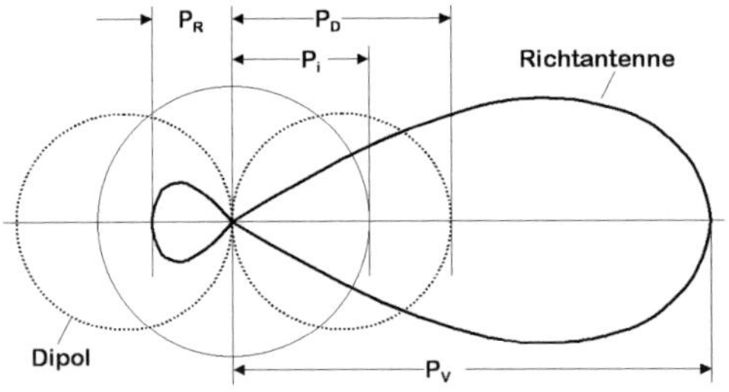

Bild 9-9: Das Richtdiagramm einer Yagi-Antenne

Im Diagramm sind die Strahlungsdiagramme eines isotropen Strahlers, eines Dipols und einer Richtantenne eingetragen. Wie bereits im Bild 9-6 gezeigt, strahlt eine Richtantenne keulenförmig in Richtung der Direktorelemente. Das Verhältnis der Strahlungsleistung dieser Richtantenne in Vorwärtsrichtung P_V zum Dipol bezeichnet man als „Gewinn über Dipol" G_D. Er wird meistens in dBd angegeben und dann mit g_D bezeichnet.

$$G_D = \frac{P_V}{P_D} \quad \text{oder} \quad g_D = 10 \cdot lg \frac{P_V}{P_D}\ \text{dBd}$$

Misst man allerdings Spannungen *U* oder Feldstärken *E*, muss man den Faktor 20 verwenden.

$$g_D = 20 \cdot lg \frac{E_V}{E_D}\ \text{dBd}$$

Das Verhältnis der Strahlungsleistung der Richtantenne in Vorwärtsrichtung P_V zum Kugelstrahler bezeichnet man als „Gewinn isotrop" G_i. Es wird ebenfalls in dBi angegeben.

$$G_i = \frac{P_V}{P_i} \quad \text{oder} \quad g_i = 10 \cdot lg \frac{P_V}{P_i}\ \text{dBi}$$

Das Verhältnis der Strahlungsleistung der Antenne in Vorwärtsrichtung P_V zur Rückwärtsrichtung P_R bezeichnet man als *Vor-Rück-Verhältnis V/R* in dB.

Prüfungsfrage TH232
Mit einem Feldstärkemessgerät wurden Vergleichsmessungen zwischen Beam und Dipol durchgeführt. In einem Abstand von 32 m wurden folgende Feldstärken gemessen: Beam vorwärts: 300 µV/m, Beam rückwärts: 20 µV/m, Halbwellendipol in Hauptstrahlrichtung: 128 µV/m. Welcher Gewinn und welches Vor-Rück-Verhältnis ergibt sich daraus für den Beam?

Lösung:

$$g_D = 20 \cdot lg \frac{300}{128}\ \text{dB} = 7{,}4\ \text{dBd}$$

$$V/R = 20 \cdot lg \frac{300}{20}\ \text{dB} = 23{,}5\ \text{dB}$$

Zusatzfrage
a) Wie hoch ist der Gewinn, wenn mit einem „Kugelstrahler" 100 µV/m gemessen wurden?
b) Wie hoch ist der Gewinn Dipol gegenüber Kugelstrahler?

a) $g_i = 20 \cdot lg \frac{300}{100}\ \text{dBi} = 9{,}55\ \text{dBi}$

b) $g_{D/i} = 20 \cdot lg \frac{128}{100}\ \text{dB} = 2{,}15\ \text{dB}$

Der Gewinn eines Dipols gegenüber dem Kugelstrahler ist immer 2,15 dB. Die Gewinnangabe *isotrop* ist immer um 2,15 dB höher als die Gewinnangabe *über Dipol.* Hierauf müssen Sie in den Prospektangaben achten!

Prüfungsaufgaben
Beantworten Sie **TH206** bis **TH209** sowie **TH147** bis **TH149**.

ERP und EIRP

An diesem Beispiel des Richtdiagramms einer Yagi-Antenne kann man gut die Begriffe ERP und EIRP erklären. **ERP** (equivalent radiated power) ist die mit dem Gewinn über Dipol multiplizierte Sendeleistung.

$$P_{ERP} = G_D \cdot P_S$$

Beispiel: Berechnen Sie den Leistungsgewinnfaktor G_D mit den Daten aus Prüfungsaufgabe TH232 (Seite 122) und daraus die ERP, wenn an der Antenne eine Sendeleistung von 100 W eingespeist wird.

Im Beispiel ist nur der Spannungsgewinnfaktor errechenbar. Er beträgt

$$G_{Du} = \frac{300}{128} = 2{,}344\,.$$

Wegen $P = \frac{U^2}{R}$ geht U quadratisch ein. Der Gewinnfaktor für Leistung ist demnach

$$G_D = 2{,}344^2 = 5{,}49\,.$$

Damit wird die ERP

$$P_{ERP} = G_D \cdot P_S = 5{,}49 \cdot 100\ \text{W} = 549\ \text{W}\,.$$

Wenn der Gewinn in dB gegeben ist, kann man mit folgender Formel aus der Formelsammlung (Anhang) die ERP berechnen.

$$P_{ERP} = P_S \cdot 10^{\frac{g_D}{10\text{dB}}}$$

Es werden die 7,4 dB aus Aufgabe TD232 (Seite 123) als Gewinn eingesetzt.

$$P_{ERP} = 100\ \text{W} \cdot 10^{\frac{7{,}4\ \text{dB}}{10\ \text{dB}}} = 100\ \text{W} \cdot 5{,}49 = 549\ \text{W}$$

Es gibt natürlich dasselbe Ergebnis wie mit der Berechnung über den Leistungs*faktor*.

EIRP (equivalent isotropic radiated power) ist die mit dem Gewinn über Kugelstrahler multiplizierte Sendeleistung.

$$P_{EIRP} = G_i \cdot P_S$$

Beispiel
Berechnen Sie den Leistungsgewinnfaktor G_i aus obigem Beispiel und daraus die EIRP, wenn an der Antenne eine Sendeleistung von 100 W eingespeist wird.

In obigem Beispiel ist nur der Spannungsgewinnfaktor errechenbar. Er beträgt

$$G_{Du} = \frac{300}{100} = 3$$

Sie wissen schon: Der Leistungsgewinnfaktor geht quadratisch ein, also ist $G_i = 9$.

$$P_{EIRP} = G_i \cdot P_S = 9 \cdot 100\ \text{W} = 900\ \text{W}$$

Rechnen wir wieder mit Dezibel.

$$P_{EIRP} = P_S \cdot 10^{\frac{g_i}{10\text{dB}}}$$

$$P_{EIRP} = 100\ \text{W} \cdot 10^{\frac{9{,}55\text{dB}}{10\text{dB}}} = 100\ \text{W} \cdot 9{,}0 = 900\ \text{W}$$

Prüfungsfrage TH150
Eine Richtantenne mit einem Gewinn von 15 dB über dem Halbwellendipol und einem Vor-Rück-Verhältnis von 25 dB wird mit 6 Watt Senderleistung direkt gespeist. Welche ERP strahlt die Antenne entgegengesetzt zur Senderichtung ab?

Lösung ohne Taschenrechner: 15 dB vorwärts und 25 dB rückwärts ergibt -10 dB rückwärts. Das ist ein Zehntel von 6 Watt.

Bearbeiten Sie die **Prüfungsfragen TH225 bis TH229**.

Für TH225 und TH226 finden Sie die Lösungswege am Ende dieses Kapitels.

Bauformen von Antennen

Der Dipol

Der gestreckte Dipol mit einer Länge von lambdahalbe ist die Grundform einer Sendeantenne. Weil der Draht nicht unendlich dünn ist und die Kapazität zum Erdboden deshalb nicht zu vernachlässigen ist, verstimmt eine Dipolantenne deshalb nach niedrigeren Frequenzen. Um dies auszugleichen, macht man die Antenne je nach Bauhöhe um drei bis sieben Prozent, also im Schnitt um 5 % kürzer. Man nennt dies den Verkürzungsfaktor einer Antenne. Die mechanische Länge wird mit folgender Formel berechnet.

$$l = k \cdot \frac{\lambda}{2}, \quad k = 0{,}93 \ldots 0{,}97$$

Prüfungsfragen
Bearbeiten Sie **TH126** und **TH214**.

Außer dem gestreckten Dipol gibt es davon abgewandelte Bauformen. Einige Antennenformen, wurden bereits im Lehrgang zur Klasse E im Kapitel 11 besprochen. Dazu gehören die Inverted Vee, der Faltdipol, die quadratische Schleife, die Delta Loop und auch die Groundplane Antenne.

Prüfungsfragen
Beantworten Sie **TH114, TH115, TH121, TH139** und **TH202**.

Verlängerung und Verkürzung

Wenn man mit der mechanischen Länge einer Antenne nicht hinkommt, kann man einen Teil des Drahtes aufwickeln, beziehungsweise eine Spule in Reihe schalten. Allerdings wirkt die Spule umso mehr als Verlängerung, je mehr sie vom Strom durchflossen wird. Am Ende hat sie keine Wirkung mehr.

Prüfungsfrage
Beantworten Sie die Frage **TH127**.

Ist eine vorhandene Antenne für die Frequenz zu lang, kann man sie durch Reihenschaltung eines Kondensators elektrisch verkürzen.

Prüfungsfrage
Beantworten Sie die Frage **TH138** aus dem Fragenkatalog.

Endgespeiste Antennen

Wenn man beispielsweise seinen Sender in der Nähe des Befestigungspunktes des Drahtes hat, ist eine Verlegung eines Koaxialkabels, das nicht zum Antennendraht parallel laufen sollte, etwas schwierig. In diesem Fall kann man die Antenne auch am Ende direkt einspeisen. Allerdings ist die Impedanz dort am Ende hochohmig. Man muss ein Anpassgerät verwenden. Diese beliebig lange Antenne heißt Langdrahtantenne.

Der Sonderfall ist die „Fuchs-Antenne“. Die Fuchs-Antenne muss eine Länge von λ/2 oder Vielfaches davon haben. Die Sendeleistung wird mit einem HF-Transformator, den man auf der Sekundärseite mit einem abstimmbaren Drehkondensator zu einem so genannten Fuchskreis ergänzt, angepasst. Der Fuchskreis darf nicht geerdet werden; er ist Teil des Antennensystems.

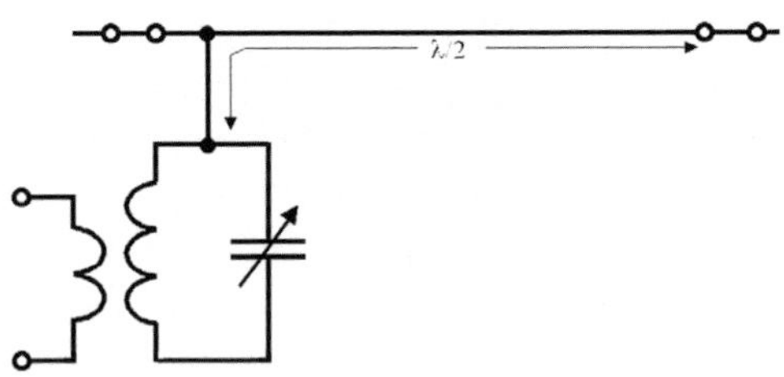

Bild 9-10: Langdrahtantenne bzw. Fuchs-Antenne

Prüfungsfragen
Beantworten Sie die Fragen **TH125** und **TH131**.

Hinweis: In der Prüfungsfrage TH125 ist eigentlich eine Fuchsantenne dargestellt. Da diese Antwort nicht vorgesehen ist, stimmt die allgemeine Bezeichnung Langdrahtantenne.

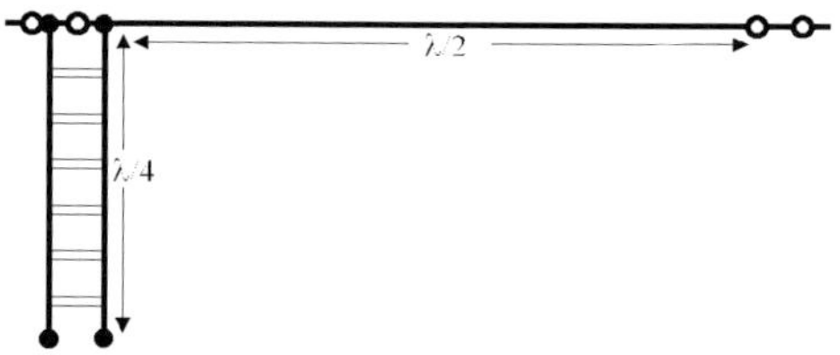

Bild 9-11: Zeppelinantenne

Eine andere Möglichkeit, die Antenne hochohmig am Ende einzuspeisen ist im Bild 9-11 dargestellt. Im nächsten Kapitel lernen Sie die Lambdaviertel-Transformation kennen. Damit kann man eine hochohmige Impedanz in eine niederohmige transformieren. Diese Lambdaviertelleitung besteht einfach aus zwei parallelen Drähten, die durch Abstandshalter gehalten werden. Diese Leitung nennt man Zweidraht- oder *Feederleitung*, im Sprachgebrauch wird sie meist als "Hühnerleiter" bezeichnet.

Prüfungsfrage
Beantworten Sie die Frage **TH128**.

Schleifenantennen

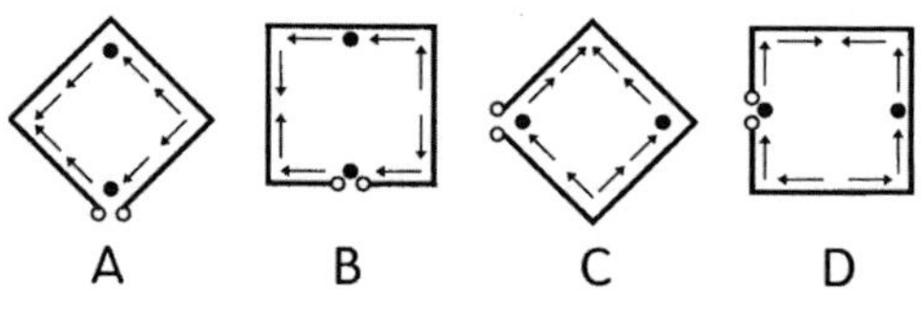

Bild 9-12: Verschiedene Formen der quadratischen Schleife

In obigem Bild wurden vier Formen der quadratischen Schleife (*Quad Loop*) gezeichnet. Die Seitenlänge des Quadrates ist jeweils λ/4. Zeichnet man durch Pfeile die Stromrichtungen ein, erkennt man, wo die Ströme parallel fließen. Durch Punkte sind diese Strommaxima gekennzeichnet.

Prüfungsfrage
Beantworten Sie die Frage **TH140**.

In den Bildern A und B ist zu erkennen, dass die Strommaxima in horizontaler Richtung parallel verlaufen. Diese Antennen haben eine horizontale Polarisation. Dreht man diese Antennen um 90° (C und D), verlaufen die Strommaxima in vertikaler Richtung parallel, während sich die horizontalen Anteile aufheben. Diese Art der Einspeisung ergibt eine vertikale Polarisation.

Der Parallelverlauf der Ströme in einem größeren Abstand hat eine gewisse Bündelung des Strahlungsdiagramms zur Folge. In den Bildern A und B verlaufen zwei horizontale Stromanteile im λ/4-Abstand parallel und die vertikalen Anteile heben sich auf. Dadurch verringert sich der vertikale Öffnungswinkel und es entsteht ein Gewinn in der Hauptstrahlrichtung. Gleiches gilt für die Bauformen C und D, bei denen der horizontale Öffnungswinkel verkleinert wird. Die Dreiecksschleife (*Delta Loop*) lässt sich an verschiedenen Stellen einspeisen. Nach Bild A verlaufen die Strommaxima in horizontaler Richtung gleichphasig.

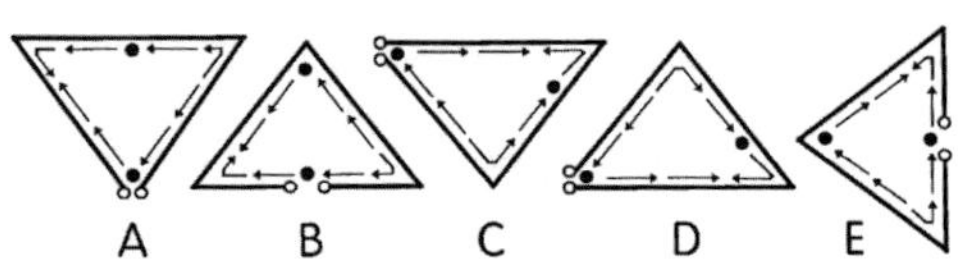

Bild 9-13: Verschiedene Einspeisungen der Dreiecksschleife

Dadurch ist sie horizontal polarisiert und hat gegenüber dem Dipol einen Gewinn bei niedrigen Abstrahlwinkeln.

Die Einspeisungsart nach Bild B erzeugt ebenfalls ein horizontal polarisiertes Feld. Da der längere Teil der Drahtschleife aber näher dem Erdboden ist, erfolgt die Abstrahlung steiler nach oben, was für den innerdeutschen oder innereuropäischen Funkverkehr von Vorteil sein könnte.

Für einen flachen Abstrahlwinkel für DX-Funkverkehr sind die Einspeisungsarten nach den Bildern C, D und E von Vorteil. Es entsteht eine vertikale Polarisation mit Abstrahlwinkeln zwischen 20 und 30 Grad bei niedrigen Aufbauhöhen von etwa λ/4.

Die Drahtschleife lässt sich auch waagerecht parallel zum Erdboden aufhängen. Hängt sie zirka λ/4 über dem Erdboden, ergibt sich eine starke Steilstrahlung und damit große Feldstärken im innerdeutschen Funkverkehr. Allerdings benötigt man drei hohe Aufhängepunkte.

Mehrbandantennen

Ein Dipol und auch die daraus abgeleitete Dipolschleife hat nur für eine Frequenz beziehungsweise mit entsprechender Bandbreite für ein Band eine bestimmte Impedanz. Erregt man einen λ/2-Dipol auf seiner Grundwelle (A), erhält man in der Mitte eine niedrige Impedanz, weil dort großer Strom fließt und das Spannungsminimum ist. Erregt man den gleichen Dipol auf der doppelten Frequenz, herrscht in der Mitte hohe Spannung und kleiner Strom, also hochohmige Impedanz.

Bei der dreifachen Frequenz (C), erhält man wieder großen Strom und geringe Spannung, also niedrige Impedanz in der Mitte. Ein 20 m langer Dipol für das 40-m-Band (7 MHz) kann also auch für das 15-m-Band (21 MHz) eingesetzt werden, wie es im Bild 9-14 gezeigt wird.

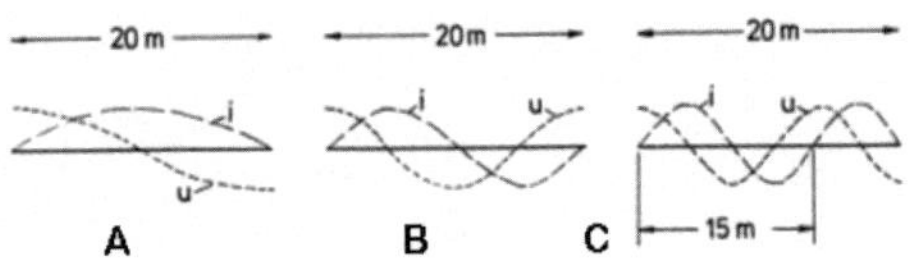

Bild 9-14: Dipol erregt auf
A: Grundwelle, B: 1.Oberwelle, C: 2.Oberwelle

Mehrbandantennen sollen auf vielen Amateurfunkbändern an der gleichen Stelle einen gleichen Strahlungswiderstand haben. Dann braucht man nicht mehrere Speisekabel und nicht zwischen den verschiedenen Antennen umzuschalten. Der Strahlungswiderstand muss dabei nicht direkt 50 Ohm betragen, nur ungefähr gleich groß sollte er sein. Man kann an dieser Stelle zur Anpassung einen Anpassungsübertrager einsetzen.

Multibanddipol

Eine Möglichkeit ist es, für jedes gewünschte Band einen Halbwellenstrahler zu bemessen, diese untereinander zu hängen und mit einem gemeinsamen Kabel einzuspeisen. Dann wird immer die Antenne, die niederohmig ist, die Energie aufnehmen. Die hochohmigen Antennen stören dann nicht.

Für die fünf klassischen Bänder genügen vier Dipole, denn der Strahler für das 40-m-Band ist ja, wie gezeigt wurde, auch für das 15-m-Band resonant.

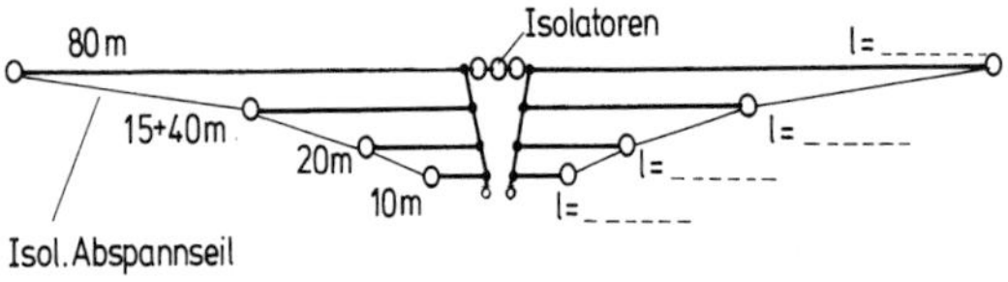

Bild 9-15: Mehrbanddipol

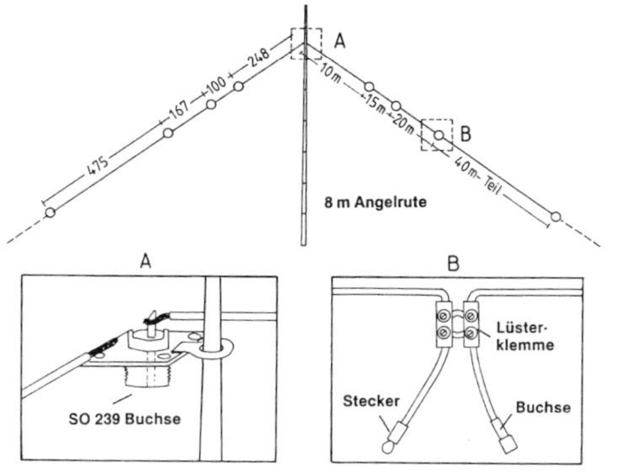

Bild 9-16: Eine Portabelantenne an einer Angelrute

Eine andere Art von Multibanddipol als „Inverted Vee" (umgedrehtes V) für einen Portabeleinsatz ist in obigem Bild dargestellt.

> **Praxis**
> Die Antenne wird in ihrer Grundlänge für das Band mit der kürzesten Wellenlänge (10-m-Band) bemessen. Für das nächste Band (15 m) werden bei Bedarf die zusätzlichen Längen angesteckt, für die weiteren Bänder entsprechend. So erhält man eine Antenne für beliebig viele Bänder. Allerdings ist diese Antenne nur für einen Portabeleinsatz brauchbar, da sie zum Umstecken heruntergeholt werden muss.

Die G5RV-Antenne

Wenn man die 41 m Länge einer Antenne in 31 m plus 10 m nach Bild 9-17 aufteilt, erhält man einen Dipol, der im Einspeisepunkt auf den Bändern 80 m, 40 m, 20 m und 10 m einen reellen Fußpunktwiderstand von 75 Ohm ergibt. An der Einspeisestelle kann ein beliebig langes Koaxialkabel angeschlossen werden. Diese Antenne muss mit einem Abstimmgerät angepasst werden.

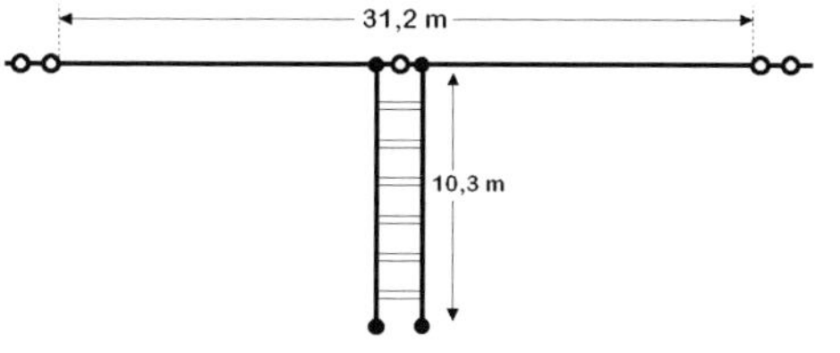

Bild 9-17: Die G5RV-Antenne

Die G5RV-Antenne ist eine wirklich gute Allbandantenne mit geringen Verlusten.

> **Prüfungsfrage**
> Beantworten Sie die Frage **TH129.**

Die W3DZZ-Antenne

Der amerikanische Funkamateur W3DZZ hat durch Einfügen von Sperrkreisen (englisch: traps) eine Mehrbandantenne konstruiert, die auf den fünf klassischen Bändern in der Mitte eine Antennenimpedanz von 40 bis 75 Ohm besitzt (Bild 9-18).

Diese Antenne wird wegen ihrer relativ geringen Länge von 33 m (anstatt 41 m eines normalen Halbwellendipols) von vielen Funkamateuren gern verwendet. Die Sperrkreise haben eine Resonanzfrequenz in der Mitte des 40-m-Bandes (7,05 MHz) und wirken auf diesem Band als Isolatoren, so dass die Antenne hier als $\lambda/2$-Dipol arbeitet. Auf 80 m wirken die Sperrkreise induktiv, so dass die Spulen die Antenne elektrisch verlängern. Die Antenne arbeitet deshalb im 80-m-Band ebenfalls als $\lambda/2$-Dipol.

> **Prüfungsfrage**
> Beantworten Sie die Fragen **TH116** und **TH132** bis **TH135.**

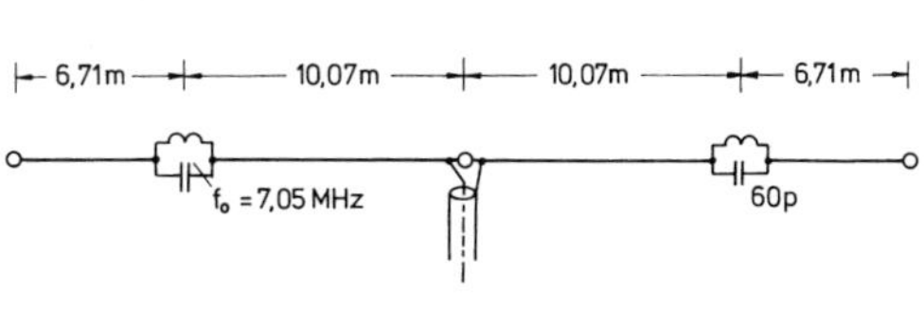

Bild 9-18: W3DZZ Multibanddipol

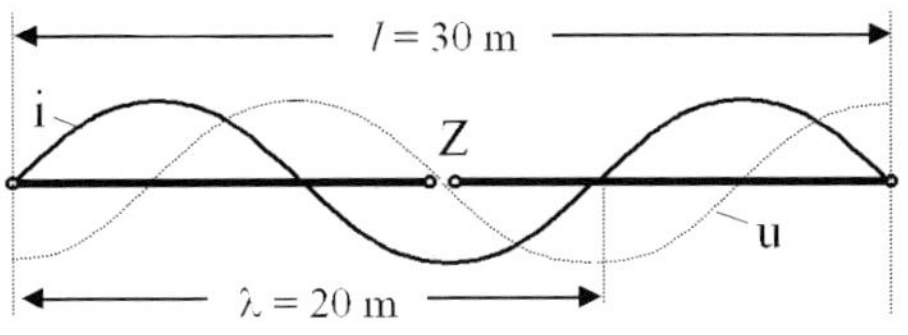

Bild 9-19: Strom- und Spannungsverteilung auf einer 3/2-λ-Antenne

Auf den oberen Bändern oberhalb von 7 MHz wirken die Sperrkreise kapazitiv. Ein Kondensator in Reihenschaltung verkürzt aber eine Antenne elektrisch, so dass im 20-m-Band etwa 30 m wirksam werden (3/2 λ) und die Antenne in der Mitte wiederum niederohmig wird.

Auf dem 15-m-Band wirkt die Antenne als 5/2-λ- und auf dem 10-m-Band als 7/2-λ-Antenne. Bei allen ungeradzahligen Vielfachen von λ/2 ist eine Antenne in der Mitte niederohmig und kann mit 50-Ω-Koaxkabel gespeist werden.

Die Windom-Antenne

Bereits im Jahr 1923 wurde in den USA eine Antenne vorgestellt, die mit einer Eindrahteinspeisung auskommt. Dabei geht die Eindrahtspeiseleitung von der Tatsache aus, dass ein einzelner Draht gegenüber einer guten Erde einen Wellenwiderstand von etwa 500 Ohm aufweist.

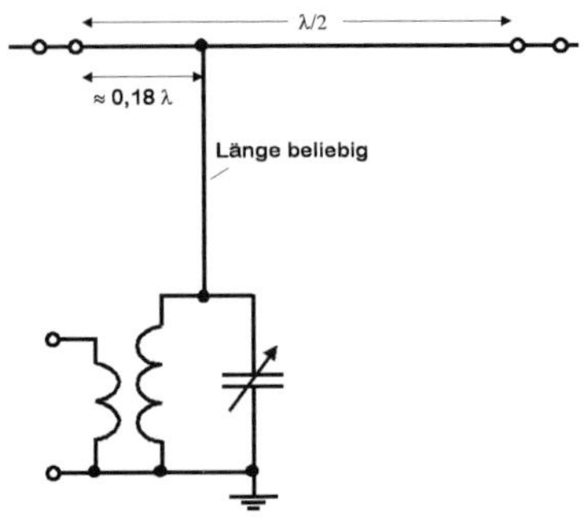

Bild 9-20: Die Windom-Antenne

Schwierig ist es, für alle Bänder den richtigen Einspeisepunkt bei ungefähren 0,18 Lambdas zu finden. Die Eindrahtspeisung wird heutzutage nicht mehr angewendet, weil man es kaum vermeiden kann, dass diese Speiseleitung doch strahlt und es in unmittelbarer Nachbarschaft zu störenden Beeinflussungen kommen kann.

> **Prüfungsfrage**
> Beantworten Sie die Frage **TH130** und **TH231.**

Die Windom-Antenne mit Übertrager

Speist man einen 40 m langen Dipol nicht in der Mitte, sondern bei etwa einem Drittel der Länge wie bei der beschriebenen Windom-Antenne, ergibt sich für die Grundwelle (80 m) wie auch für die geradzahligen Oberwellen (40 m, 20 m, 10 m) an dieser Stelle jeweils eine Impedanz von etwa 300 Ohm. Mittels Breitbandübertrager, der die Impedanz 1 : 6 herunter transformiert, kann ein 50-Ω-Kabel angeschlossen werden.

Bei dieser Lösung einer Mehrbandantenne ist wegen der unsymmetrischen Speisung auf manchen Bändern ein hoher Anteil von Mantelwellen auf dem Kabel vorhanden, die gelegentlich zu störenden Beeinflussungen führen, wenn das Speisekabel nahe an Kabeln für die Rundfunk- und Fernsehversorgung vorbeigeführt werden muss. Sie funktioniert aber sehr gut, wenn man das Kabel frei senkrecht zum Erdboden führen kann.

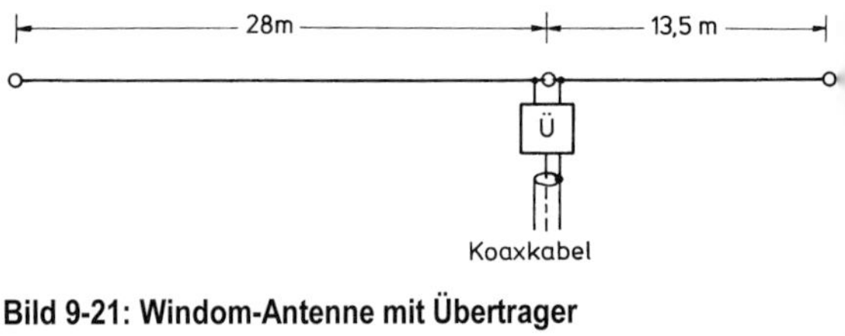

Bild 9-21: Windom-Antenne mit Übertrager

Kurzwellenrichtantennen

Wenn man die Senderenergie, die bei den meisten Antennen ungleichmäßig verteilt in viele Richtungen gleichzeitig abgestrahlt wird, in die gewünschte Richtung bündelt, erzielt man genau wie beim Licht eines Scheinwerfers eine größere Feldstärke in dieser Richtung. Man nennt dies *Antennengewinn*. Der Gewinn ist umso größer, je stärker die Bündelung erfolgt, das heißt je kleiner der Öffnungswinkel ist. Allerdings müssen diese Antennen dann in die gewünschte Richtung gedreht werden. Diese Antennen heißen *Drehrichtstrahler* oder im Amateurfunk *Beam*.

Die Yagi-Antenne

Bringt man in das elektrische Feld eines Halbwellenstrahlers in einem Abstand von etwa λ/10 einen um etwa 5 % kürzeren Stab, so stellt man eine deutliche Zunahme (ca. 60%) der Feldstärke in dieser Richtung fest. In der Gegenrichtung wird das Feld geschwächt. Außerdem strahlt diese Antenne weniger Energie nach oben und unten ab. Das heißt, eine solche Anordnung mit einem so genannten *parasitären* Element (Direktor) bündelt die HF-Energie (Bild 9-22 a).

Ähnliches Verhalten zeigt ein um 5 % längerer Stab, der in etwa λ/5 Entfernung vom Strahler in das Feld gebracht wird. Allerdings bündelt er die HF-Energie in entgegengesetzte Richtung. Er reflektiert das elektrische Feld. Man nennt ihn deshalb Reflektor. Er wird in Empfangsrichtung hinter den Strahler gesetzt. Er bewirkt eine um zirka 60 % höhere Feldstärke.

Der Grund für die Verstärkung ist folgender. Die parasitären Elemente geraten in Resonanz und wegen der etwas größeren oder kleineren Länge strahlen Sie die Energie Phasen verschoben wieder ab. Durch Überlagerung der Wellen des Strahlers mit denen des Reflektors und auch des Direktors gibt es in Rückwärtsrichtung Auslöschungen und in Vorwärtsrichtung Anhebungen. Die Energie wird gebündelt. Die Antenne bekommt Richtwirkung.

Eine Anordnung von Elementen mit einem Halbwellenstrahler und einem Direktor oder mit einem Reflektor nennt man Zwei-Element-Beam (Bild 9-22a). Kombiniert man einen Halbwellenstrahler mit zwei parasitären Elementen, erhält man einen Drei-Element-Beam, bei dem sich die Feldstärke in der Hauptstrahlrichtung gegenüber dem einfachen Halbwellendipol etwa vervierfacht (+6 dB).

Die Abstände des Reflektors und des Direktors zum Strahler haben Auswirkungen auf die Impedanz. Es ist wie bei einer Parallelschaltung. Die Impedanz wird niedriger. Deshalb nimmt man gelegentlich einen Faltdipol als Strahler. Zusammen mit Direktor und Reflektor erniedrigt sich die Impedanz von 240 Ohm auf 50 Ohm.

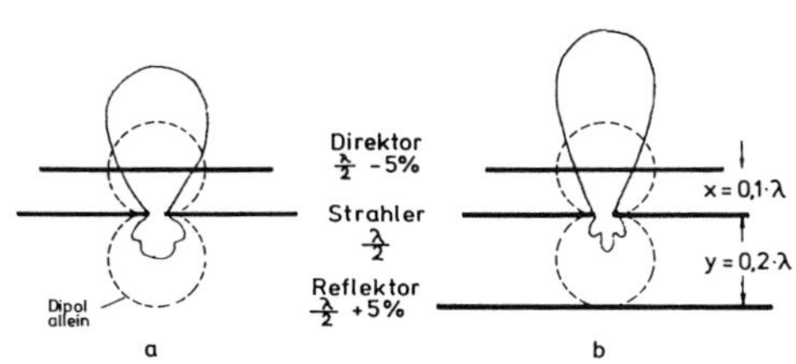

Bild 9-22: a) 2-Element-, b) 3-Element-Yagi-Antenne

Bild 9-23: A: 3-Element-Beam mit Sperrkreisen
B: Full-Size-4-Element-Beam

Bild 9-24: Mehrband-Fullsize-Beam

Wegen der Größenverhältnisse ist für einen Drehrichtstrahler die Kombination der oberen Bänder 20, 15 und 10 m noch realisierbar. Immerhin ist das längste Element bei 20 m zirka 10 m lang. Es lassen sich auch mehrere Elemente voller Länge für viele Bänder auf einem Boom unterbringen und diese mit einem Kabel speisen. Solch eine Antenne heißt *Mehrband-Fullsize-Beam*.

Die Abstände der Reflektoren und Direktoren vom Strahler beeinflussen die Impedanz der Antenne.

Prüfungsaufgaben
Beantworten Sie **TH141** bis **TH146.**

Der Mehrband-Beam

Auch diese Richtantenne lässt sich durch Einbau entsprechender Sperrkreise zu einer Mehrbandantenne erweitern. Auf jeder Seite aller Antennenstäbe baut man zwei Sperrkreise ein, einen für 10 m und einen für 15 m. Für das 10-m-Band hat man weiterhin eine Länge λ/2. Bis zum 21-MHz-Sperrkreis wirkt die Spule des 28-MHz-Sperrkreises wie eine Verlängerung. Die volle Länge gibt Resonanz auf 14 MHz. Damit erreicht man drei Bänder mit nur einem Antennenstab. Der Nachteil dieses *Trap-Beams* ist der etwas geringere Wirkungsgrad und die verringerte „Lebensdauer" durch die Alterung der Traps.

Prüfungsfragen
Beantworten Sie die Fragen **TH136, TH137** und **TH223.**

Die Cubical Quad

Eine wegen ihres angeblich flachen Abstrahlwinkels bei bereits geringer Aufbauhöhe gern verwendete DX-Antenne ist die „Kubische Quad". Man benötigt aber eine Menge Platz für diese räumliche Anordnung (Bild 9-26).

Im Prinzip ist die Cubical Quad eine quadratische Schleife (Loop) aus vier λ/4-Stücken (a) und einem Schleifenreflektor aus vier um 5 % längeren Stücken (b) oder aus einem Direktor-Rahmen aus vier um 5 % kürzeren Stücken. Die Antenne kann horizontal (A) oder auf der Spitze stehen (diamond shape, B) aufgebaut werden. Der Abstand der beiden Rahmen ist entweder 0,1 λ (Strahler - Direktor) oder 0,2 λ (Strahler - Reflektor). Insgesamt ergibt sich ein Gebilde wie ein Quader, daher der Name.

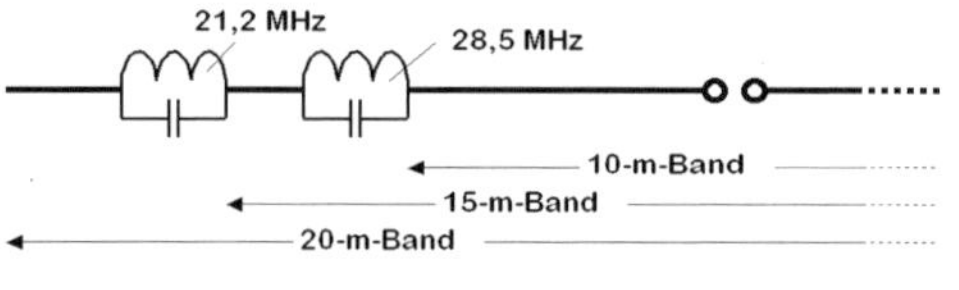

Bild 9-25: Mehrbandstrahler

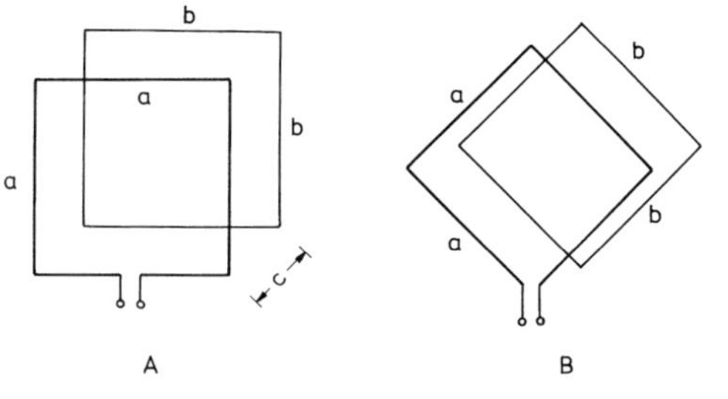

Bild 9-26: Kubische Quad (cubical quad)

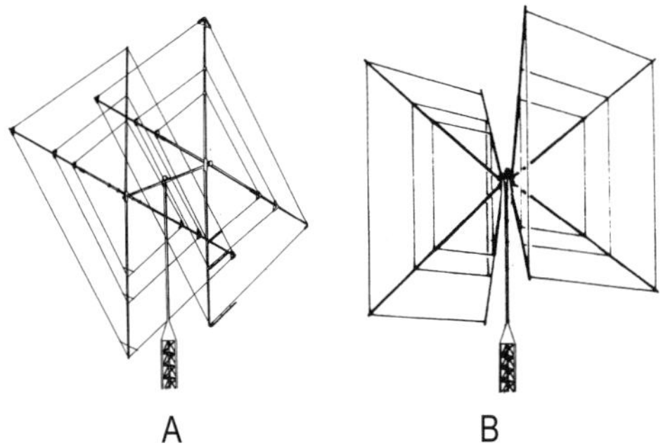

Bild 9-27: Dreiband-Quad, A: Boom-Quad, B: Spinnen-Quad

Diese Quad-Antenne kann relativ leicht zu einer Mehrbandantenne erweitert werden, indem man weitere Drähte im Innern des größten Strahlers montiert. Bei der so genannten Boom-Quad (Bild 9-27 A) stimmen dann die Abstände nur für ein Band optimal. Die so genannte Spinnen-Quad (Bild 9-27-B) vermeidet diesen Nachteil. Allerdings ist die Konstruktion sehr aufwändig. Man verwendet meist Stangen aus Glasfiberrohr.

Die Magnetantenne

Durch einen sehr hohen Strom in einem Leiter lässt sich die magnetische Komponente des elektromagnetischen Feldes nutzen. Dazu wird eine Spule mit einer oder zwei Windungen mit etwa $\lambda / 4\pi$ Umfang mit einem Kondensator großer Kapazität zusammengeschaltet.

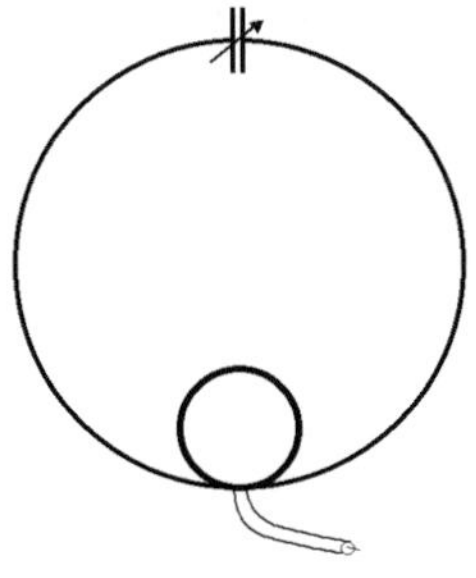

Bild 9-28: Die Magnetantenne

Diese Antenne hat für Kurzwelle nur einen Durchmesser von etwa 0,8 bis 1,3 m und ist deshalb leicht unterzubringen. Sie bewährt sich für Portabelzwecke, da man sie einfach am Balkongeländer oder auf dem Wagendach befestigen kann. Manche nehmen sie auch als einzige Kurzwellenantenne eventuell im Fensterbereich, weil sie keine andere Möglichkeit haben, eine Außenantenne anzubringen. Aus Gründen der elektromagnetischen Verträglichkeit soll man nicht zu nah in das Feld einer solchen Antenne geraten. Der Wirkungsgrad einer solchen Antenne ist für ihre Größe recht gut. Allerdings ist sie sehr schmalbandig, so dass man sie bei Frequenzwechsel selbst innerhalb eines Bandes nachstimmen muss.

Prüfungsfrage
Beantworten Sie die Frage **TH230.**

Vertikalantennen

Senkrecht stehende Antennen heißen Vertikalstrahler. Sie haben in der horizontalen Ebene Rundstrahlcharakteristik. Das horizontale Richtdiagramm ist ein Kreis. Das ist für den Amateurfunk sehr praktisch, da die Antenne in allen Richtungen gleich gut abstrahlt. Vertikalstrahler haben außerdem die Eigenschaft, einen flachen Abstrahlwinkel zu besitzen, was aus folgenden Bildern hervorgeht. Den günstigsten Abstrahlwinkel hat ein 5/8-λ langer Vertikalstrahler (Bild C). Wenn man die Vertikalantenne noch länger macht, steigt die Steilstrahlung an.

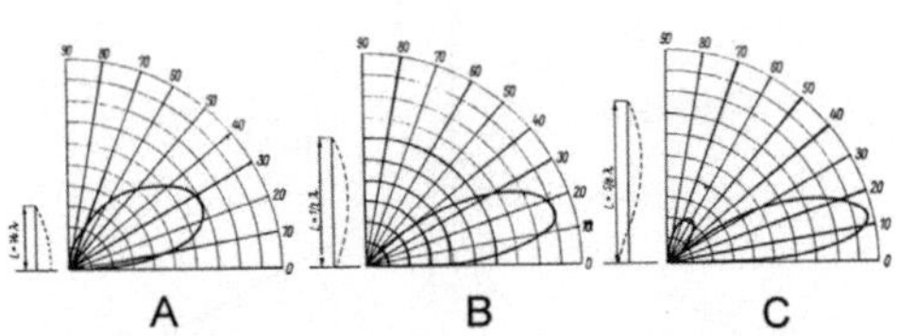

Bild 9-29: Vertikaldiagramme von Vertikalstrahlern verschiedener Länge

Wichtig bei allen Vertikalstrahlern sind sehr gute Erdverhältnisse mit gut leitender Oberfläche, die oft künstlich geschaffen werden durch Eingraben eines entsprechenden Erdnetzes. Solche gegen Erde erregten Vertikalstrahler werden auch *Marconi-Antennen* oder *Monopole* genannt. Sie werden von Rundfunksendern im Mittelwellenbereich und auch von Funkamateuren im Kurzwellen- und Ultrakurzwellenbereich und sehr gern im 160-m-Band verwendet, weil bei dieser Wellenlänge die Bodenwellenausbreitung überwiegt und sich diese weit über den Horizontbereich hinaus entlang der Erdoberfläche ausbreiten.

Prüfungsfragen
Beantworten Sie die Fragen **TH122, TH123, TH124** und **TH210**.

Die Groundplane-Antenne

Wegen der oft schwer übersehbaren Bodenverhältnisse wird häufig die natürliche Erde durch ein Netz von Gegengewichten ersetzt. Diese meist radial vom Strahlerfußpunkt ausgehenden Gegengewichte nennt man *Radiale* (englisch: radials), das gesamte Netz *Groundplane*, was so viel wie Erdebene bedeutet. Eine solche λ/4-Vertikalantenne mit einer künstlichen Erdebene nennt man im Amateurfunk Groundplane-Antenne (GP oder GPA).

Die Radials werden aus einer möglichst großen Anzahl von λ/4-langen Drähten gebildet, die man am Fußpunkt der Antenne zusammenführt, horizontal verspannt und am anderen Ende isoliert befestigt. Eine solche GP hat eine Fußpunktimpedanz von etwa 36 Ω und muss deshalb mit einem speziellen Netzwerk angepasst werden.

Um wegen der flachen Abstrahlung bei einer mechanischen Länge von 5/8 λ die Antenne wegen der Anpassung wieder elektrisch auf λ/4 zu verkürzen, kann man einen Kondensator in Reihe schalten.

Eine solche Groundplane-Antenne kann wie die W3DZZ durch Einbau von Sperrkreisen an den entsprechenden Stellen als Mehrbandantenne konstruiert werden. Für jedes Band sollen dann wenigstens drei Stück λ/4-Radials angebracht werden. Verwendet man für jedes Band nur ein Radial, hat man eine Art Winkeldipol mit bevorzugter Abstrahlung in Richtung des jeweiligen Radials. Bei drei Radials ergibt das horizontale Strahlungsdiagramm zwar noch keinen Kreis, aber viel fehlt nicht mehr, wie folgendes Bild zeigt.

Prüfungsfragen
Beantworten Sie die Fragen **TH203, TH138** und **TH224**.

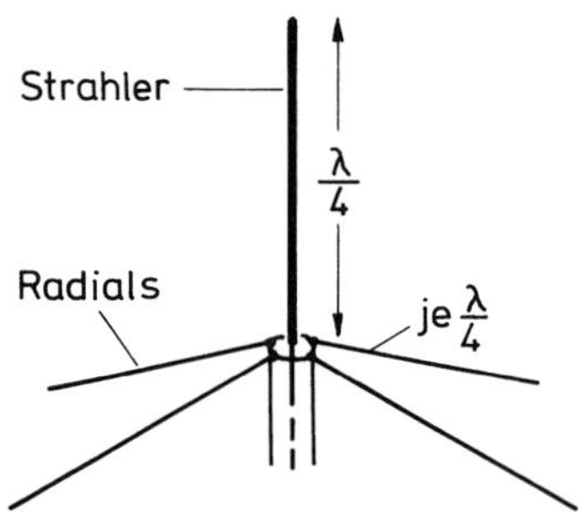

Bild 9-30: Groundplane-Antenne

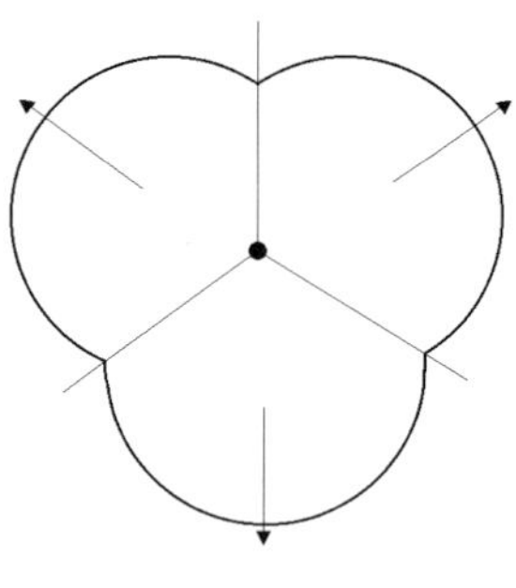

Bild 9-31: Strahlungsdiagramm einer Groundplane-Antenne mit drei Radials

HB9CV-Antenne

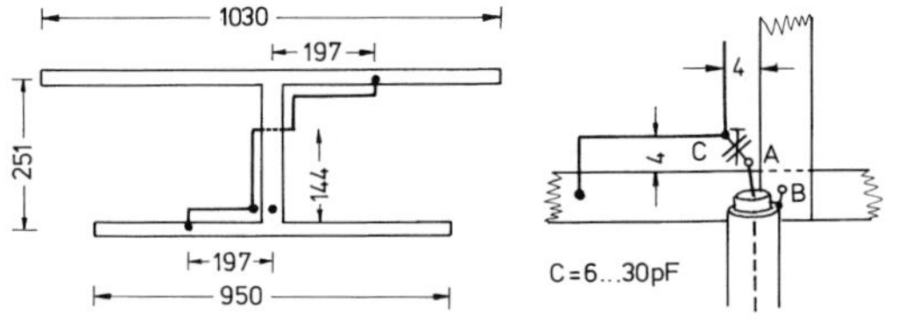

Bild 9-32: HB9CV-Antenne für 145 MHz

Eine recht einfach nach zu bauende Zweimeter-Antenne, die auch häufig als Peilantenne für Fuchsjagden verwendet wird, soll hier mit ihren Abmessungen angegeben werden. Diese vom Schweizer Funkamateur HB9CV propagierte Antenne arbeitet mit zwei Elementen, wobei auch der Reflektor mitgespeist wird. Sie soll einen Gewinn wie eine Vier-Element-Yagi haben. Die HB9CV-Antenne wird auf Kurzwelle und im VHF/UHF-Bereich angewendet.

Spiegelantennen

Wie aus dem Rundfunksatellitenbereich bekannt, gibt es auch im Amateurfunk die Möglichkeit, bei den UHF/SHF-Bereichen Parabolspiegelantennen mit hohem Gewinn zu verwenden. Sie bündeln die Hochfrequenzstrahlung ähnlich wie ein Scheinwerfer das Licht (Bild 9-33).

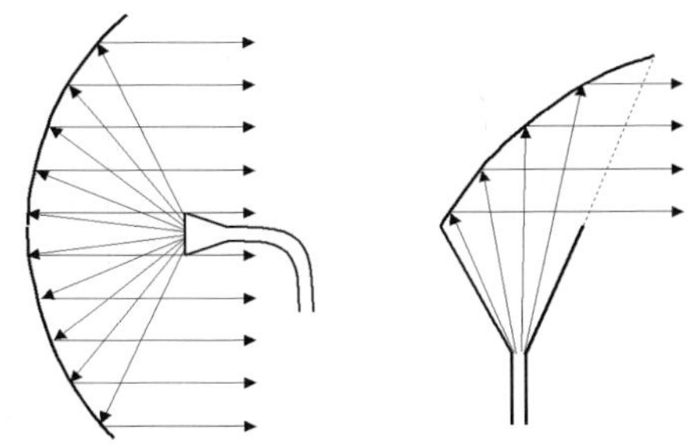

Bild 9-33: Parabolantenne und Hornstrahler

Kollinearantenne

In folgendem Bild 9-34 ist eine gestockte Vertikalantenne (Kollinearantenne) dargestellt, die aus mehreren Koaxstücken zusammengelötet ist. Sie hat wegen ihrer vertikalen Bündelung eine sehr flache Abstrahlung und einen Gewinn von ungefähr 6 dB bei Verwendung von 8 Koaxstücken beziehungsweise 9 dB bei 16 Koaxstücken.

Nachbau: Die gestrichelte Stelle bedeutet, dass dort acht Kabelstücke in der gezeichneten Form übereinander gelötet werden. Der im unteren Bereich dick gezeichnete Kurzschlussbügel dient als Gamma-Match (siehe nächste Kapitel). Als Wetterschutz kann ein PVC-Rohr dienen.

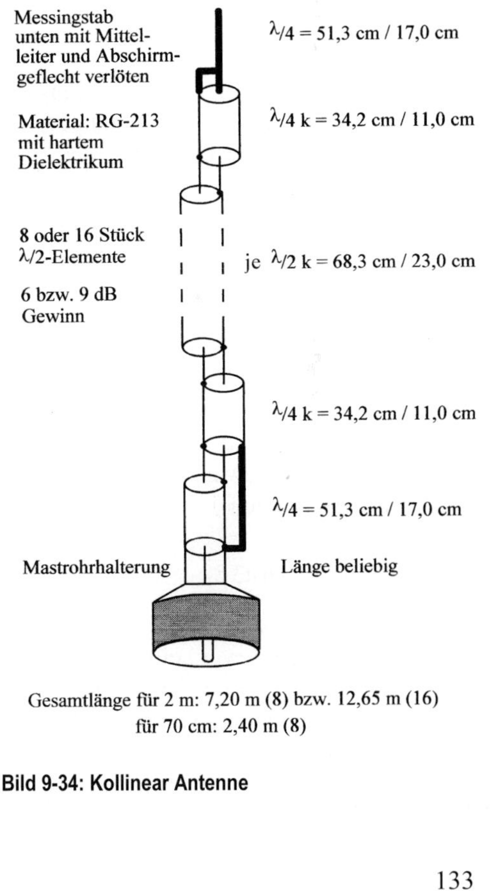

Bild 9-34: Kollinear Antenne

Schlitzantenne

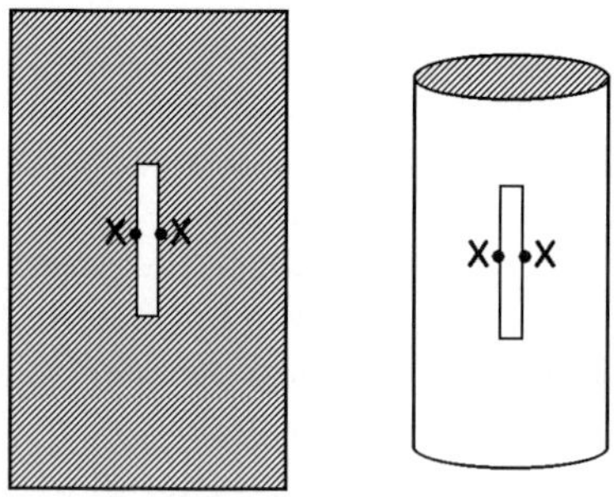

Bild 9-35: Schlitzantennen

Schneidet man aus der Mitte einer Metallplatte oder aus einem Rohr einen Streifen heraus, kann der entstandene Schlitz als Strahler verwendet werden. Dieser Schlitz, dessen Breite im Verhältnis zur Länge klein sein muss, wird in der Mitte seiner Längsseiten bei XX erregt.

Der Schlitz zeigt die gleichen Strahlungseigenschaften wie ein Halbwellendipol, jedoch mit umgekehrter Verteilung der magnetischen und elektrischen Feldkomponenten. Ein senkrechter Schlitz strahlt wie ein waagerechter Dipol. Die Eingangsimpedanz ist bei einem schmalen Schlitz sehr hoch (zirka 500 Ohm), so dass mehrere solcher Schlitze durch entsprechende Leiter parallelgeschaltet werden können, bis man die Impedanz von 50 Ohm erhält. Dieses gestockte System hat einen hohen Gewinn. Angewendet wird diese Antenne im UHF-Bereich.

Backfire-Antenne

Bei dieser Antenne wird die Yagiantenne rückwärts strahlend vor einer Reflektorwand angeordnet. Durch die Spiegelwirkung und die Bündelung von der Reflektorwand ergibt sich ein erheblicher Gewinn.

Wendelantenne

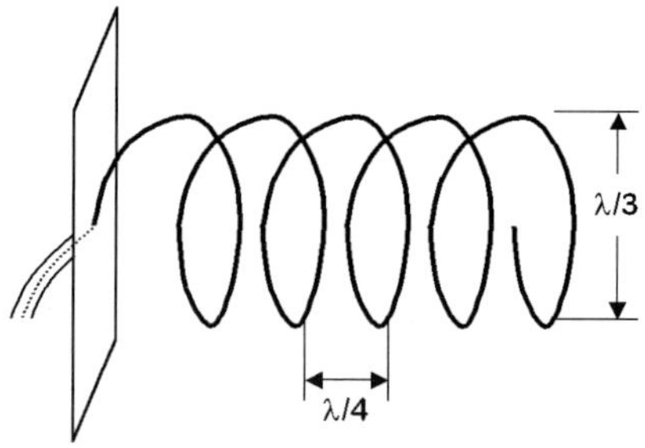

Bild 9-36: Helical-Antenne

Vor einem Reflektor (Blechscheibe) wird eine Wendel als Strahler angebracht. Diese Antenne erzeugt zirkulare Polarisation. Sie wird hauptsächlich bei sehr hohen Frequenzen ab dem 70-cm-Band aufwärts verwendet. Man nennt sie auch *Helical*-Antenne (Bild 9-36).

VHF-/UHF-Yagi-Antennen

Genau wie bei Kurzwelle (Bild 9-22), kann man die Yagi-Anordnung auch für das 2-m- oder das 70-cm-Band verwenden. Da die Elemente zirka λ/2 lang sind, ergeben sich Elemente von nur 1 m beziehungsweise nur 35 cm Länge. Deshalb kann man noch viel mehr Direktoren verwenden und erhält dadurch eine so genannte Langyagi-Antenne (Bild 9-37 A oder 9-37 B).

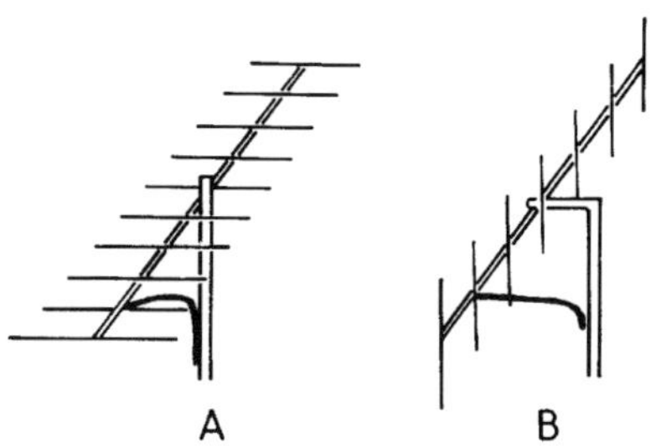

Bild 9-37: A horizontal, B vertikal polarisierte Langyagi-Antenne

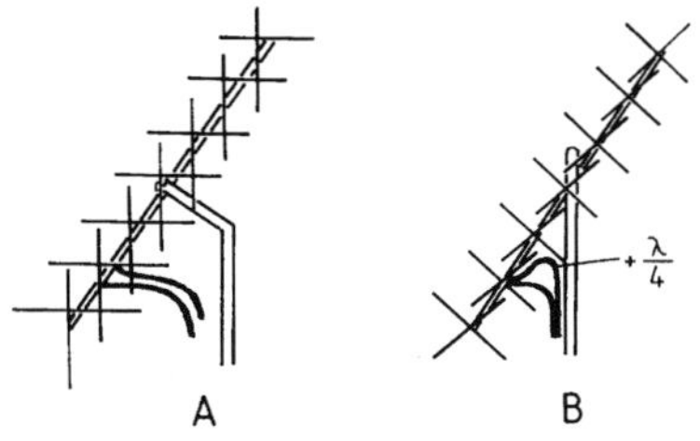

Bild 9-38: A Kreuzyagi-Antenne, B zirkular polarisierte Yagi-Antenne in X-Form

Eine Doppelantenne, deren Elemente für horizontale und für vertikale Polarisation auf einem gemeinsamen Trägerrohr (*Boom*) aufgebaut werden, ist die Kreuzyagi-Antenne (Bild 9-38 A, B). Führt man die beiden Speisekabel einer Kreuzyagi-Antenne an ein Koaxrelais oder direkt bis hinunter zur Funkstation, kann man zwischen horizontaler und vertikaler Polarisation umschalten.

UKW-Rundstrahlantennen

Beim Mobilfunk und im 2-m- und im 70-cm-Band ist vertikale Polarisation mit Rundstrahlantennen üblich. Im Lehrbuch für die Klasse E wurden folgende Antennen ausführlich beschrieben.

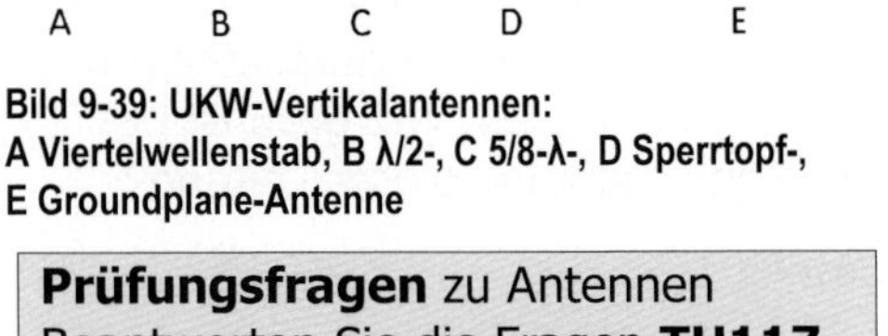

Bild 9-39: UKW-Vertikalantennen:
A Viertelwellenstab, B λ/2-, C 5/8-λ-, D Sperrtopf-, E Groundplane-Antenne

> **Prüfungsfragen** zu Antennen
> Beantworten Sie die Fragen **TH117** bis **TH124** und **TH219.**

Weil in diesem Kapitel noch etwas Platz ist, sollen noch zwei schwierige Prüfungsaufgaben vorgerechnet werden.

> **Prüfungsfrage TH226**
> Ein Sender mit 5 Watt Ausgangsleistung ist über eine Antennenleitung, die 2 dB Kabelverluste hat, an eine Richtantenne mit 5 dB Gewinn (auf den Dipol bezogen) angeschlossen. Welche EIRP wird von der Antenne maximal abgestrahlt?
> **A** 8,2 W **B** 9,98 W
> **C** 16,4 W **D** 41,2 W

Lösung ohne Rechner: 5 dB Gewinn minus 2 dB Kabelverluste, bleiben 3 dB Gewinn übrig. 3 dB sind doppelte Leistung, also haben wir 10 Watt bezogen auf den Dipol. Bezogen auf den Kugelstrahler sind es 2,15 dB mehr oder Faktor 1,64. Also: Die EIRP beträgt 16,4 Watt.

> **Prüfungsfrage TH225**
> Ein Sender mit 0,6 Watt Ausgangsleistung ist über eine Antennenleitung, die 1 dB Kabelverluste hat, an eine Richtantenne mit 11 dB Gewinn (auf den Dipol bezogen) angeschlossen. Welche EIRP wird von der Antenne maximal abgestrahlt?
> **A** 9,8 W **B** 5,4 W
> **C** 12,7 W **D** 7,8 W

Lösungsweg: Es bleiben 10 dB Gewinn, also 6 Watt ERP, mal 1,64 ergibt 9,84 Watt EIRP.

Notizen: ....
....
....
....
....
....
....
....

Kapitel 10: Hochfrequenzleitungen

Hochfrequenzleitungen dienen dazu, entweder die vom Sender produzierte Hochfrequenzenergie zur Antenne zu führen oder umgekehrt, die von der Antenne aufgefangene HF-Energie zum Empfänger zu leiten. In der Sendertechnik soll die Hochfrequenzleistung möglichst ohne Verluste zur Antenne gelangen. Deshalb müssen verlustarme Leitungen verwendet werden.

Übersicht
- Der Wellenwiderstand
- Der Verkürzungsfaktor
- Die Dämpfung
- Das Stehwellenverhältnis
- Die Lecherleitung
- Transformationsleitungen
- Die Symmetrierung
- Der Topfkreis

Der Wellenwiderstand

Eine Leitung besteht im Prinzip aus der Reihenschaltung vieler kleiner Induktivitäten und der Parallelschaltung vieler kleiner Kapazitäten (Bild 10-1 A). Berücksichtigt man noch den Leitungswiderstand R' und den Isolationswiderstand R_P, erhält man das exakte Leitungsersatzbild (Bild 10-1 B).

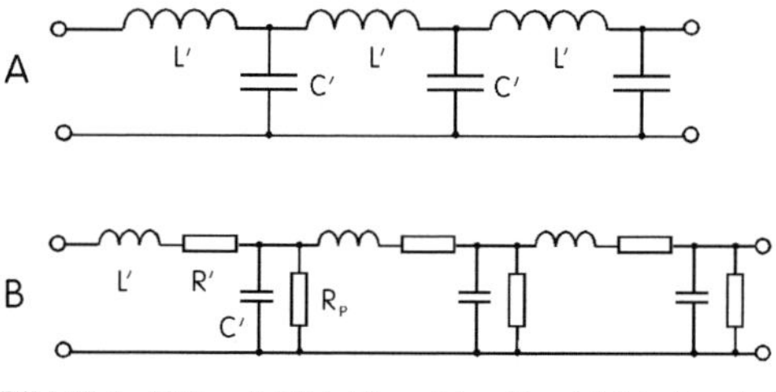

Bild 10-1: A) Ersatzbild, B) exaktes Ersatzbild einer Leitung

Man nennt die Kapazität pro Meter Länge einer Leitung den Kapazitätsbelag C' und die Induktivität pro Meter den Induktivitätsbelag L'. Aus diesen beiden Werten kann man einen wichtigen Kennwert einer Leitung berechnen, den Wellenwiderstand.

$$Z_w = \sqrt{\frac{L'}{C'}}$$

Beispiel
Von einem Meter Kabel wurde im Leerlauf die Kapazität von 90 pF und bei Kurzschluss die Induktivität von 0,5 µH gemessen. Wie groß ist der Wellenwiderstand dieser Leitung?

Lösung:

$$Z_w = \sqrt{\frac{L'}{C'}} = \sqrt{\frac{0{,}5\mu\text{H}}{90\text{pF}}} = \sqrt{5555{,}55\Omega} = 74{,}5\Omega$$

Der Wellenwiderstand ist *unabhängig von der Länge* der Leitung, denn verdoppelt man die Länge, erhält man doppelte Induktivität und doppelte Kapazität. Der Wellenwiderstand bleibt gleich. Er ist auch *unabhängig von der Frequenz*. Es kommt kein f in der Formel vor!

Beantworten Sie die **Prüfungsfragen TH301** und **TH302**.

Der Wellenwiderstand ist der wichtigste Kennwert einer Hochfrequenzleitung. Sowohl die Antenne mit ihrem Fußpunktwiderstand wie auch der Sender mit seinem Ausgangswiderstand müssen mit dem dazwischen geschalteten Wellenwiderstand des Kabels übereinstimmen. Andernfalls gibt es Fehlanpassungen, die sich durch so genannte stehende Wellen äußern und zu Fehlverhalten führen.

Anders ausgedrückt: Schließt man an das Ende einer Hochfrequenzleitung einen Widerstand an, der genau dem Wert des Wellenwiderstandes entspricht, wird alle Leistung an diesen Widerstand abgegeben. Es treten keine Reflexionen und damit keine stehenden Wellen auf. Definition:

Der Wellenwiderstand entspricht dem Abschlusswiderstand einer Leitung, bei dem keine stehenden Wellen auftreten.

Umgekehrt gilt: Treten stehende Wellen auf, ist der am Kabelanfang zu messende Widerstand nicht gleich dem Wellenwiderstand.

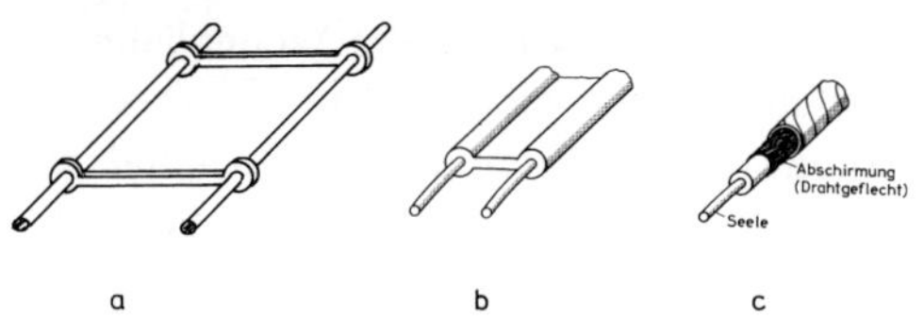

Bild 10-2: a) offene Paralleldrahtleitung, b) Flachbandleitung, c) Koaxialkabel

Der Wellenwiderstand der Leitung kann auch aus den geometrischen Abmessungen berechnet werden, also aus Durchmesser und Abstand der Leiter sowie dem Isolierstoff. Die Formeln zur überschlägigen Berechnung der Wellenwiderstände aus den mechanischen Abmessungen und dem Isolierstoff lauten:

Paralleldrahtleitung

$$Z_w = \frac{120\,\Omega}{\sqrt{\varepsilon_r}} \cdot \ln\left(\frac{2a}{d}\right)$$

Koaxialleitung

$$Z_w = \frac{60\,\Omega}{\sqrt{\varepsilon_r}} \cdot \ln\left(\frac{D}{d}\right)$$

a ist der Mittenabstand der Leiter, d ist der Durchmesser der Leiter bzw. Innenleiter, D ist der *Innen*-Durchmesser der Außenleiter, ε_r ist die relative Dielektrizitätszahl. Für Luft zwischen den Leitern ist $\varepsilon_r = 1$. Wenn Wasser in das Kabel eindringt, verändert sich der Wellenwiderstand, denn Wasser hat ein ε_r von 60 bis 80.

Prüfungsaufgabe
TH315 Ein Koaxialkabel hat einen Innenleiterdurchmesser von 0,7 mm. Die Isolierung zwischen Innenleiter und Abschirmgeflecht besteht aus Polyethylen (PE) und sie hat einen Durchmesser von 4,4 mm. Der Außendurchmesser des Kabels ist 7,7 mm. Wie hoch ist der (ungefähre) Wellenwiderstand des Kabels?

A ca. 20 Ω **B** ca. 50 Ω
C ca. 75 Ω **D** ca. 95 Ω

Lösung: In der Formelsammlung der Bundesnetzagentur findet man für Polyethylen (PE) $\varepsilon_r = 2{,}29$. Der Innendurchmesser des Koaxkabels ist gleich dem Durchmesser der Isolierung. Die 7,7 mm Außendurchmesser braucht man für die Berechnung nicht.

$$Z_w = \frac{60\,\Omega}{\sqrt{2{,}29}} \cdot \ln\left(\frac{4{,}4}{0{,}7}\right) = \frac{60\,\Omega}{1{,}513} \cdot 1{,}838 = 72{,}9\,\Omega$$

Prüfungsaufgabe
TH316 Eine offene Paralleldrahtleitung ist aus Draht mit einem Durchmesser von 2 mm gefertigt. Der Abstand der Leiter beträgt 20 cm.
Wie hoch ist der Wellenwiderstand der Leitung?

A ca. 276 Ω **B** ca. 635 Ω
C ca. 820 Ω **D** ca. 2,8 kΩ

Lösung: Für Luft ist $\varepsilon_r = 1$.

$$Z_w = \frac{120\,\Omega}{1} \cdot \ln\left(\frac{2 \cdot 200\,\text{mm}}{2\,\text{mm}}\right) = 635{,}7\,\Omega$$

Die Wellenwiderstände Z_W der Hochfrequenzleitungen sind also vom Aufbau und vom Material abhängig. In der Praxis findet man folgende Werte.

Paralleldrahtleitungen
$Z_W = 150\,\Omega$ bis $600\,\Omega$
Koaxialleitungen
$Z_W = 50\,\Omega$ bis $125\,\Omega$

Prüfungsaufgaben
Bearbeiten Sie die Frage **TH303** und die Aufgabe **TH317.**

Paralleldrahtleitungen nennt man auch symmetrische Leitungen, weil Hinleiter und Rückleiter gleich geformt sind. Dadurch sind auch die Kapazitäten gegen Erde genau gleich. Koaxialleitungen sind unsymmetrisch, denn der Außenleiter ist anders geformt als der Innenleiter. Außerdem liegt der Außenleiter auf Erdpotential und der Innenleiter führt Hochfrequenz. Das Koaxkabel hat den Vorteil, dass wegen der Abschirmung unerwünschte Ausstrahlungen vermieden werden.

Prüfungsaufgaben
Beantworten Sie die Fragen **TH313, TH314, TH324** und **TH323.**

Der Verkürzungsfaktor

Die durch das Dielektrikum des Isolierstoffes vergrößerte Leitungskapazität bewirkt eine gegenüber der Lichtgeschwindigkeit etwa 10 bis 40 % geringere Ausbreitungsgeschwindigkeit von Strom- und Spannungsänderungen auf einer Leitung. Die Ausbreitungsgeschwindigkeit kann ebenfalls mit Hilfe von L und C der Leitung berechnet werden.

$$v = \frac{1}{\sqrt{L' \cdot C'}}$$

L' und *C'* bedeutet Induktivitätsbelag bzw. Kapazitätsbelag, also die Größen pro Meter Länge.

Beispiel
Von einer 1 m langen Leitung wird eine Induktivität von 1,5 µH und eine Kapazität von 20 pF gemessen. Wie groß ist die Ausbreitungsgeschwindigkeit auf dieser Leitung?

Lösung:

$$v = \frac{1}{\sqrt{L' \cdot C'}} = \frac{1}{\sqrt{1{,}5\mu\text{H/m} \cdot 20\text{pF/m}}} = 182000\ \text{km/s}$$

Durch diese geringere Ausbreitungsgeschwindigkeit ist auch die Wellenlänge auf Leitungen entsprechend kürzer. Das Verhältnis von Ausbreitungsgeschwindigkeit v einer Leitung zur Lichtgeschwindigkeit c bezeichnet man als Verkürzungsfaktor k.

$$k = \frac{v}{c}$$

Da sich die Ausbreitungsgeschwindigkeit auf der Leitung und die Lichtgeschwindigkeit nur durch die Dielektrizitätszahl der Leitungsisolation unterscheiden, kann man daraus direkt den Verkürzungsfaktor berechnen.

$$k = \frac{1}{\sqrt{\varepsilon_r}}$$

Prüfungsaufgabe TH320
Welchen Verkürzungsfaktor hat ein Koaxialkabel aus Polyethylen?

A 0,1 **B** 0,66
C 0,8 **D** 1,0

Lösung: Aus der Formelsammlung entnehmen wir $\varepsilon_r = 2{,}29$.

$$k = \frac{1}{\sqrt{2{,}29}} = \frac{1}{1{,}513} = 0{,}66$$

Diesen Verkürzungsfaktor von normalem Koaxkabel sollten Sie sich (nicht nur für die Prüfung) merken. Typische Verkürzungsfaktoren gebräuchlicher Antennenkabel sind in folgender Tabelle dargestellt.

Koaxkabel, normal	k = 0,66
Koaxkabel mit Luftisolation	k = 0,85
offene 600-Ω-Speiseleitung	k = 0,98
Flachleitung, 300 Ω	k = 0,82

Prüfungsaufgabe TH322
Welche mechanische Länge hat ein λ/4 langes Koaxkabel mit Vollpolyethylenisolierung bei 145 MHz?

A 17 cm **B** 34,2 cm
C 51,7 cm **D** 1,03 m

Lösungsweg: Wir berechnen die Wellenlänge in Luft, nehmen davon ein Viertel und multiplizieren mit dem Verkürzungsfaktor 0,66. Den Verkürzungsfaktor für PE mit 0,66 haben Sie sich ja gemerkt!

$$\lambda = \frac{300\,\text{m}}{f[\text{MHz}]} = \frac{300\,\text{m}}{145} = 2{,}069\,\text{m}$$

$$l_{luft} = \frac{\lambda}{4} = \frac{2{,}069\,\text{m}}{4} = 0{,}517\,\text{m}$$

$$l = 0{,}66 \cdot 51{,}7\,\text{cm} = 34{,}12\,\text{cm}$$

Prüfungsfragen
Beantworten Sie die Fragen **TA125**, **TH318**, **TH319** und **TH321**.

Die Dämpfung

Ein weiterer wichtiger Kennwert einer Hochfrequenzleitung ist die Dämpfung. Dämpfung bedeutet, dass nur noch ein Teil der Eingangshochfrequenzleistung am Ende der Leitung ankommt. Natürlich will man die Dämpfung in der Übertragungstechnik geringhalten.

Die Dämpfung hängt vom Verlustwiderstand der Leitung ab. Das ist primär der Leitungswiderstand der inneren Kupferleitung und des Geflechtes bei Koaxkabeln. Je dicker der Innenleiter ist, desto geringer sind die Verluste. Desto dicker muss aber auch der Außenleiter sein. Diese Kabel sind teurer als dünne Leitungen.

Ferner hängen die Verluste vom Isolierstoff (Dielektrikum) ab. Am wenigsten Verluste haben Leitungen ohne Kunststofffüllung, also Luft als Dielektrikum. Diese Leitungen sind bei gleichem Innenleiter viel dicker. Sie sind aufwendiger in der Herstellung und dadurch teurer.

Die Dämpfung wird meist in dB pro 100 m Länge bei einer bestimmten Frequenz angegeben. Verwendet man ein Kabel mit halber Länge, hat man auch nur die Hälfte der Dämpfung. Beim Aufbau der Antenne sollte man darauf achten, dass der Weg vom Sender zur Antenne möglichst kurz wird.

Die Dämpfung in dB verändert sich ungefähr mit der Wurzel der Frequenzverhältnisse.

$$n = \sqrt{\frac{f_{hoch}}{f_{niedrig}}}$$

Beispiel
Für ein Koaxkabel RG 213/U wird gemäß folgender Tabelle bei 100 MHz eine Dämpfung von 6,7 dB angegeben. Wie groß ist die Dämpfung bei 145 MHz?

Lösung: $n = \sqrt{\frac{f_2}{f_1}} = \sqrt{\frac{145}{100}} = \sqrt{1{,}45} = 1{,}2$

Bei 145 MHz ist die Dämpfung also
$1{,}2 \cdot 6{,}7\ \text{dB} = \underline{\underline{8\ \text{dB}}}$

Manchmal montiert man deshalb bei sehr hohen Frequenzen die Senderendstufe direkt oben an der Antenne und führt die Stromversorgung über eine Außenleitung zu.

In der Formelsammlung der BNetzA finden Sie ein Diagramm mit der Grunddämpfung gebräuchlicher Koaxleitungen in Abhängigkeit der Betriebsfrequenz. Dieses Diagramm haben Sie bereits im Lehrgang zur Klasse E kennen gelernt. Es soll noch einmal damit etwas geübt werden, weil es viele Prüfungsfragen dazu gibt.

Typ	Außen-∅	Z_W	Dämpfung auf 100 m bei		
			10 MHz	100 MHz	400 MHz
RG 8/U	10,3 mm	52 Ω	1,8 dB	6,7 dB	13,2 dB
RG 11/U	10,3 mm	75 Ω	2,2 dB	7,5 dB	15,8 dB
RG 58/U	5,8 mm	53 Ω	4,1 dB	15,0 dB	34,0 dB
RG 59/U	6,3 mm	73 Ω	3,6 dB	11,2 dB	22,9 dB
RG213/U	10,3 mm	52 Ω	1,8 dB	6,7 dB	13,2 dB

Tabelle 10-1: Wellenwiderstand und Dämpfung gebräuchlicher Standard-Koaxkabel

Prüfungsfrage TH304
Welche Dämpfung hat ein 15 m langes Koaxialkabel vom Typ RG58 bei 145 MHz?
A 0,8 dB **B** 1,3 dB
C 3 dB **D** 4,5 dB

Lösung: Nehmen Sie das Diagramm aus der Formelsammlung zur Hand. Bei 145 MHz ist bereits eine Linie eingetragen. Gehen Sie diese Linie hoch bis Sie die schräg verlaufende Linie RG58 treffen. Von diesem Schnittpunkt gehen Sie nach links und lesen den Wert für 100 m ab: 20 dB. Da es nur 15 m sind, müssen Sie diesen Wert mit 15/100 ins Verhältnis setzen.

$$a = \frac{15}{100} \cdot 20\ \text{dB} = 3{,}0\ \text{dB}$$

Prüfungsaufgaben
Lösen Sie die Aufgaben **TH305** bis **TH310** zu diesem Dämpfungsdiagramm und noch die Fragen **TH311** und **TH312.**

Das Stehwellenverhältnis SWR

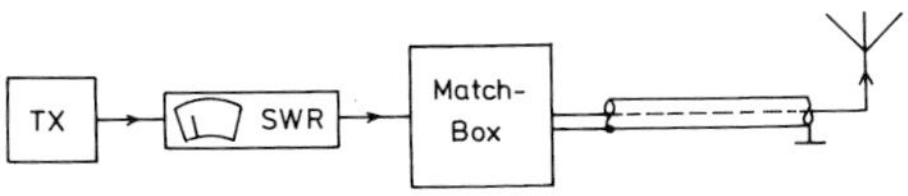

Bild 10-3: Einsatz des SWR-Meters

Eine Hochfrequenzleitung muss genau den Wellenwiderstand der Antenne haben. Wenn nicht, treten Reflexionen auf und es wird nicht alle Leistung von der Antenne abgestrahlt. Eine Fehlanpassung kann gegebenenfalls mit einer Matchbox „weg gestimmt" werden. Wie gut eine Antennenanlage an den Sender angepasst ist, kann mit einem Stehwellenmessgerät als Stehwellenverhältnis (SWR) gemessen werden Mehr dazu in Kapitel 16: Messungen an Antennen.

Die Lecherleitung

Ein Sonderfall einer Transformationsleitung ist der Abschluss einer Leitung mit dem Widerstandswert Null (Kurzschluss) oder dem Widerstandswert Unendlich (Leerlauf). Dies nennt man eine Lecherleitung. Eine Lecherleitung ist ein kurzes, verlustloses Leitungsstück, das entweder im Leerlauf oder im Kurzschluss betrieben wird.

Gibt man eine hochfrequente Wechselspannung auf eine Doppelleitung, die am Ende kurzgeschlossen ist, wird sämtliche Energie wieder reflektiert (SWR unendlich) und es gibt Auslöschungen und Anhebungen wie im Bild 10-4 zu sehen ist. Am Ende ist wegen des Kurzschlusses die Spannung Null, der Strom hat jedoch sein Maximum. Nach jeweils λ/4 vom Leitungsende kehren sich die Verhältnisse um. Dies entspricht der Strom- und Spannungsverteilung auf Antennen, wie dies in Kapitel 9 bereits gezeigt wurde.

Betrachtet man das Verhältnis U/I entlang dieser Leitung, erkennt man, dass dieser Widerstand nicht an allen Stellen gleich ist, wie dies bei einer angepassten Leitung der Fall wäre. Am Ende hat die Leitung den Widerstand R = 0. Bei λ/4 und wieder bei ¾ λ dagegen ist der Widerstand unendlich hoch. Dazwischen ergibt sich wechselweise kapazitives oder induktives Verhalten.

Lässt man die Leitung am Ende offen, ergeben sich die umgekehrten Verhältnisse. Am Ende dieser Leitung ist der Strom Null, während die Spannung ihren Höchstwert hat.

Ergibt sich bei einer Frequenz ein sehr großer Widerstand, entspricht dies dem Ver-

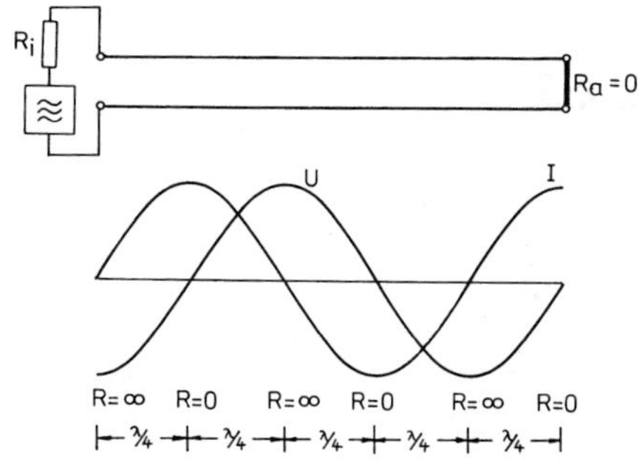

Bild 10-4: Kurzgeschlossene Lecherleitung

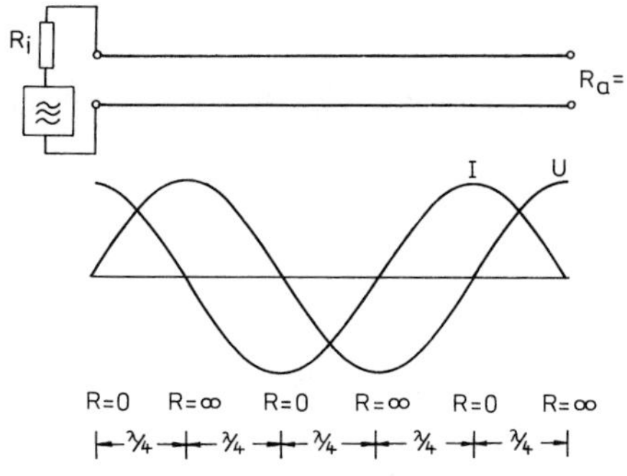

Bild 10-5: Offene Lecherleitung

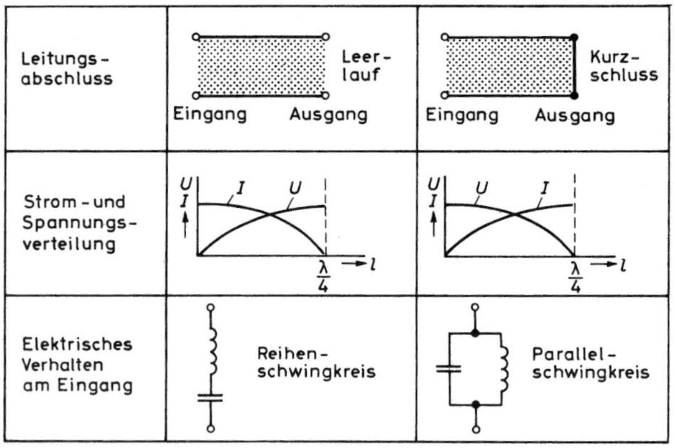

Bild 10-6: λ/4-Leitung als Schwingkreis

halten eines Parallelschwingkreises. Wird der Widerstand sehr klein, liegt das Verhalten eines Serienschwingkreises vor. Bei hohen Frequenzen kann man also Lecherleitungen als Schwingkreise verwenden.

Bei kurzgeschlossenem Ende ist der Eingangswiderstand einer λ/4-Leitung sehr groß. Verändert man die Frequenz der anliegenden HF-Spannung, nimmt der Widerstand ab. Dieses elektrische Verhalten entspricht einem Parallelschwingkreis. Bei offenem Ende (Leerlauf) sind die Verhältnisse umgekehrt. Der Eingangswiderstand wird niederohmig. Dies entspricht dem Verhalten eines Serienschwingkreises (Reihenschwingkreis).

Prüfungsfragen
Beantworten Sie die Fragen **TH325** und **TH326.**

Anstelle von Lambdaviertelleitungen kann man auch Leitungen mit der Länge λ/2 als Schwingkreise betreiben. Die Verhältnisse kehren sich dabei um. Eine am Ende kurzgeschlossene Lambdahalbeleitung hat das gleiche elektrische Verhalten wie eine am Ende offene λ/4-Leitung. Einfacher ausgedrückt: Eine λ/2-Leitung hat am Eingang das elektrische Verhalten des Endes, also Kurzschluss am Ende, ergibt Kurzschluss am Eingang und umgekehrt.

Bei Frequenzen oberhalb 500 MHz, also beispielsweise im 23-cm-Band, werden Schwingkreise ausschließlich in dieser Leitungstechnik ausgeführt. In realen Spulen und Kondensatoren wären die Verluste viel höher.

Zusammenfassung

Eine Lambdaviertelleitung kehrt die Impedanzverhältnisse um (niederohmig – hochohmig). Sie wirkt wie ein Schwingkreis. Eine Lambdahalbeleitung transformiert 1 : 1, wirkt auch wie ein Schwingkreis.

Prüfungsaufgaben
Beantworten Sie die Fragen **TH403** bis **TH405** sowie **TH408** bis **TH410** und **TH413** bis **TH414.**

Eine Lambdaviertelleitung kann auch sehr gut als Phasenschieber verwendet werden. In einer Viertelwelle haben wir genau eine Phasenverschiebung von 90 Grad (von Maximum bis Minimum oder umgekehrt). Für eine Erregung von zwei Antennen in zirkularer Polarisation wird eine Phasenverschiebung von 90 Grad gebraucht. Dafür lässt sich also solch eine Lambdaviertelleitung verwenden.

Prüfungsaufgaben
Beantworten Sie die Fragen **TH411** und **TH412.**

Tipp zu TH412: 360 Grad entsprechen 2π.

Transformationsleitungen

Transformationsleitungen dienen der Anpassung. Anpassung in der Hochfrequenztechnik bedeutet, dass man einerseits den Arbeits- oder Außenwiderstand des Senders an die angeschlossene HF-Leitung und andererseits die Antennenimpedanz an das Antennenkabel anpassen muss.

$$\boxed{R_i = Z_w = Z_{ant}}$$

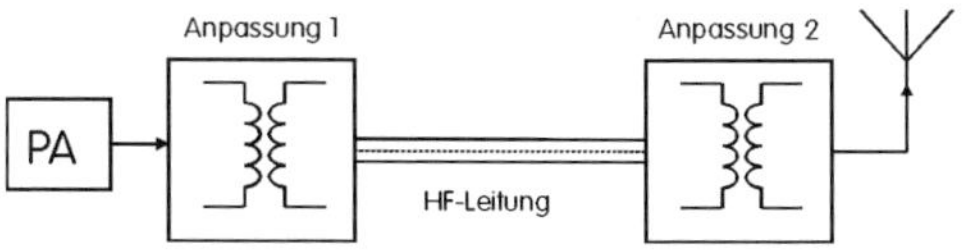

Bild 10-7: Anpassung Sender - Kabel - Antenne

Die Transistoren oder Röhren einer Senderendstufe (PA, power amplifier) müssen bei eingangsseitig voller Aussteuerung und gegebener Betriebsspannung einen bestimmten Lastwiderstand R_L vorfinden, wenn sie die maximal mögliche Ausgangsleistung abgeben sollen. Die Größenordnung des optimalen R_L liegt bei Transistoren bei wenigen Ohm und bei Röhren bis zu einigen Kiloohm.

Mittels Anpassgliedern wird der jeweilige Lastwiderstand R_L in den heute üblichen Senderausgangswiderstand von 50 Ohm transformiert. Wird nun an den 50-Ω-Ausgang ein Koaxialkabel mit einem Wellenwiderstand von 50 Ω angeschlossen, das seinerseits mit einer Antenne verbunden ist, deren Eingangswiderstand in der Nähe von 50 Ω liegt, gibt der Sender die maximal mögliche Leistung ab.

Weicht jedoch der Strahlungswiderstand der Antenne wesentlich von 50 Ω ab, etwa wegen zu geringer Aufbauhöhe oder weil man sich mit der Senderfrequenz wesentlich von der Resonanzfrequenz entfernt hat, findet die PA eine abweichende Impedanz vor und die Leistungsabgabe sinkt. Außerdem haben nicht-resonante Antennen neben dem Wirkwiderstand noch einen Blindwiderstand, der kompensiert werden muss.

Im Bild 10-5 wurde gezeigt, dass bei einer am Ende offenen λ/4-Lecherleitung im Idealfall der Ausgangswiderstand unendlich und der Eingangswiderstand Null betragen. Die λ/4-Leitung hat also die Eigenschaft, einen hohen Widerstandswert auf einen niedrigen zu transformieren.

Schließt man eine λ/4-Leitung an einen beliebigen Widerstand an, der nicht dem Wellenwiderstand entspricht, entstehen stehende Wellen auf der Leitung und es ändert sich das Spannungs-Strom-Verhältnis im Verlauf einer Viertelwellenlänge.

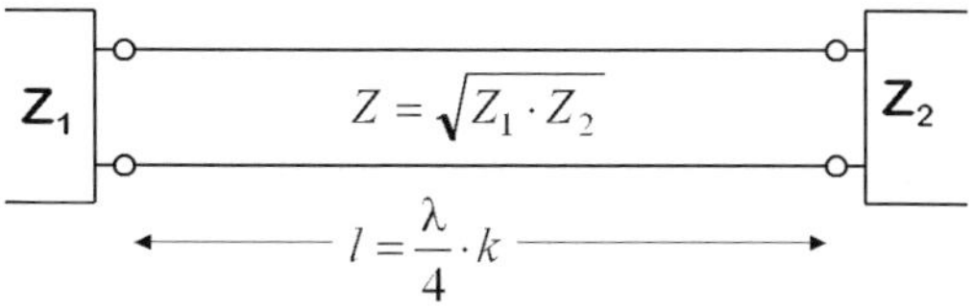

Bild 10-8: Prinzip der Transformationsleitung

Die λ/4-Leitung kann also Widerstände transformieren, allerdings nur innerhalb einer begrenzten Bandbreite. Die Leitung wirkt als Transformator. Eine solche Leitung bestimmter Länge wird auch als *abgestimmte Speiseleitung* bezeichnet im Gegensatz zur unabgestimmten Speiseleitung, bei welcher die Leitung mit ihrem Wellenwiderstand abgeschlossen wird und keine Stehwellen entstehen.

Sollen zwei verschiedene Wellenwiderstände Z_1 und Z_2 aneinander angepasst werden, schaltet man eine λ/4-Leitung dazwischen, welche auch als Q-Match bezeichnet wird. Diese Transformationsleitung darf auch ein ungeradzahliges Vielfaches von λ/4 haben. Sie muss folgende Werte haben.

Wellenwiderstand $Z = \sqrt{Z_1 \cdot Z_2}$

Länge $l = (2n-1) \cdot \frac{\lambda}{4} \cdot k$

n ist eine ganze Zahl. Dieser Faktor (2n-1) bedeutet, dass nur ungeradzahlige Vielfache genommen werden können. Ist beispielsweise n=2, ergibt der Faktor $2 \cdot 2 - 1 = 3$. Normalerweise wird n=1 gewählt. Dann ist die Länge der Leitung genau

Länge $l = \frac{\lambda}{4} \cdot k$,

k ist der Verkürzungsfaktor. Bei dem üblicherweise verwendeten Koaxkabel mit Vollisolation ist k = 0,66, wie Sie sich weiter oben gemerkt haben.

Beispiel

Welchen Wellenwiderstand und welche mechanische Länge muss eine λ/4-Transformationsleitung für eine Frequenz von 14,0 MHz haben, wenn eine Antennendrahtschleife (Loop) mit einer Impedanz von 100 Ω an ein Koaxkabel von 50 Ω angeschlossen werden soll?

Lösung

$$Z = \sqrt{100 \cdot 50}\,\Omega = 70{,}7\,\Omega$$

$$\lambda = \frac{300}{14}\,\text{m} = 21{,}43\,\text{m}$$

$$\lambda / 4 = 5{,}36\,\text{m}$$

$$l = 0{,}66 \cdot 5{,}36\,\text{m} = 3{,}54\text{m}$$

Prüfungsaufgaben

Lösen Sie die Prüfungsaufgaben **TH406** und **TH407**.

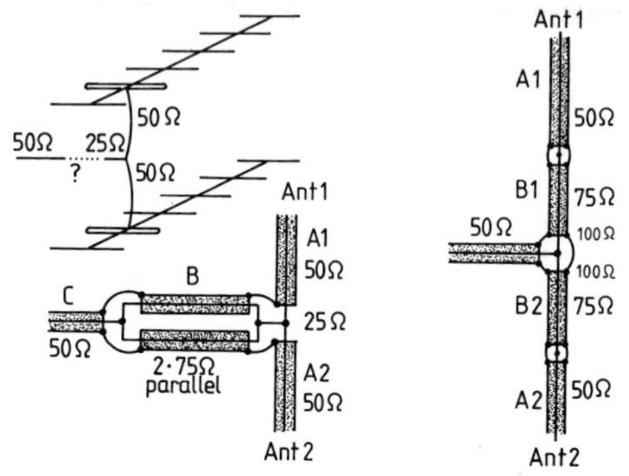

Bild 10-9: λ/4-Transformation zur Parallelschaltung von zwei Antennen

Ein anderes Beispiel für die Anwendung von λ/4-Transformationsleitungen ist in Bild 10-9 dargestellt. Zwei Antennen mit je 50 Ω Impedanz sollen gestockt werden. Die Antennenleitungen müssten zu diesem Zweck parallelgeschaltet werden. Bei der Parallelschaltung von zwei 50-Ω-Kabeln ergibt sich aber am Zusammenschaltpunkt die halbe Impedanz, also 25 Ω. Für die Lösung des Problems, diese Zusammenschaltung an ein gemeinsames Kabel anzupassen, gibt es mit Hilfe von λ/4-Transformationsleitungen zwei Lösungsmöglichkeiten.

Lösung A: Die gleichlangen Ableitungsstücke A_1 und A_2 von der Antenne werden zunächst parallelgeschaltet. Um nun von 25 Ω auf 50 Ω zu kommen, muss eine λ/4-Transformationsleitung (B) mit einer Impedanz von

$$Z = \sqrt{25 \cdot 50}\;\Omega = 35{,}3\;\Omega$$

dazwischengeschaltet werden. Ein solches Kabel gibt es nicht. Man kann aber zwei Stücke von je 75 Ω parallelschalten und erhält dann 37,5 Ω, ungefähr der gewünschte Wert.

Lösung B: Die beiden 50-Ω-Antennenzuleitungen werden je über eine λ/4-Transformationsleitung auf ca. 100 Ω transformiert und dann parallelgeschaltet, um auf 50 Ω zu kommen. Es wird eine Impedanz benötigt von

$$Z = \sqrt{100 \cdot 50}\,\Omega = 70{,}7\,\Omega\,.$$

Man kann dafür 75-Ω-Kabel verwenden.

Die Länge: In beiden Fällen benötigt man zwei Stücke Koaxkabel mit einer Länge von λ/4 mal Verkürzungsfaktor mit einem Wellenwiderstand von 75 Ω. Die Länge berechnet man mit den Formeln

$$\lambda = \frac{300\,\text{m}}{f[\text{MHz}]} \qquad l = 0{,}66 \cdot \lambda / 4$$

Übungsaufgabe
Berechnen Sie die Länge einer λ/4-Transformationsleitung aus Koaxkabel mit Voll-PE-Isolation für die Frequenz f = 433 MHz.

Lösung: $\lambda = \frac{300\,\text{m}}{f[\text{MHz}]} = \frac{300\,\text{m}}{433} = 69{,}3\,\text{cm}$

$$l = 0{,}66 \cdot \lambda / 4 = 0{,}66 \cdot 17{,}3\,\text{cm} = 11{,}4\,\text{cm}$$

Bild 10-10: Gruppe von 4 x 7-Element-Yagis

Viel einfacher können vier Antennen parallelgeschaltet werden. Werden alle vier gleich langen Zuleitungsstücke parallel geschaltet, ergeben sich 50 : 4 = 12,5 Ohm. Die λ/4-Transformationsleitung von 12,5 auf 50 Ω benötigt eine Impedanz von

$$Z = \sqrt{12{,}5 \cdot 50}\,\Omega = \sqrt{625}\,\Omega = 25\,\Omega\,.$$

Man kann hierfür zwei Stücke mit je 50 Ω parallelschalten.

Eine Transformationsleitung mit einem beliebigen Wellenwiderstand lässt sich leicht selbst herstellen. Dafür werden einfach zwei Aluminium- oder Messingrohre ineinandergesteckt. Die Rohre müssen ein bestimmtes Durchmesserverhältnis zueinander haben. Als Berechnungsformel dient die Formel für den Wellenwiderstand einer Koaxialleitung.

Koaxialleitung

$$Z = \frac{138\,\Omega}{\sqrt{\varepsilon_r}} \cdot lg\left(\frac{D}{d}\right)$$

Da Luft als Dielektrikum verwendet wird, fällt ε_r weg. Stellt man die Formel nach D, dem Innendurchmesser des Außenrohres um, ergibt sich

$$D = d \cdot 10^{\frac{Z}{138\,\Omega}}$$

Falls ein quadratisches Außenrohr verwendet wird, muss das Innenrohr 8 % dicker gemacht werden, wenn in obige Formel für den Durchmesser D das Innenmaß a des Rohres eingesetzt wird.

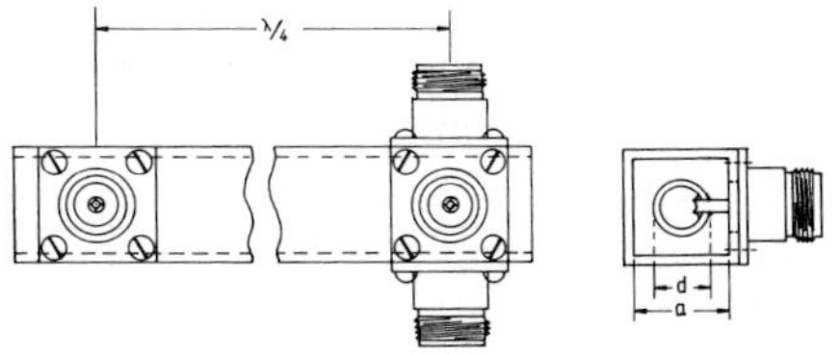

Bild 10-11: Anpasstopf mit quadratischem Rohr

Bild 10-12: *Hühnerleiter* (rechts im Bild)

Die Paralleldrahtleitung

Für die Einspeisung unabgestimmter symmetrischer Antennen eignet sich die Paralleldrahtleitung (im Amateurfunk „Hühnerleiter" genannt) wegen ihrer geringen Verluste hervorragend als Speiseleitung. Man kann sie fertig im Amateurfunk-Zubehörhandel kaufen oder auch selbst anfertigen, indem man zwei Antennendrähte mit Isolierspreizern auf einen Abstand von zirka 10 cm bringt.

Die Symmetrierung

Außer der eigentlichen Widerstandsanpassung muss bei Speisung von symmetrischen Antennen mit unsymmetrischen Kabeln auch noch symmetriert werden. Symmetrische Antennen sind alle Arten von Dipolen, unsymmetrische Antennen sind solche, die gegen Erde erregt werden ($\lambda/4$-Vertikalstrahler). Symmetrische Kabel sind Paralleldrahtleitungen, unsymmetrische Kabel sind Koaxialkabel.

Wird eine symmetrische Antenne direkt an ein Koaxkabel angeschlossen, so entstehen durch die Asymmetrie Ausgleichsströme auf dem Mantel des Kabels, so genannte Mantelwellen. Damit strahlt ein solches Kabel HF-Energie ab, was bei benachbarten Zuleitungskabeln für Rundfunk- und Fern-

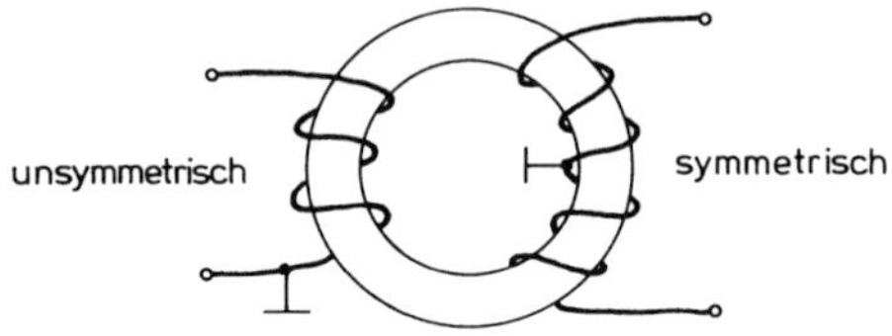

Bild 10-13: Ringkern-Balun

sehgeräte zu unerwünschten störenden Beeinflussungen führen kann. Zudem steigen die Verluste und das Strahlungsdiagramm der Antenne wird verzerrt.

Zur Symmetrierung wird ein Breitbandsymmetrierübertrager (*Balun* genannt) verwendet. Balun kommt aus dem Englischen von ***bal****anced* (symmetrisch) - ***unba****lanced* (unsymmetrisch). Es gibt mehrere Möglichkeiten der Ausführung eines Baluns. Hier soll als Beispiel der *Ringkern-Balun* beschrieben werden.

Man benutzt einen Ringkern für eine gute Kopplung und baut damit einen HF-Transformator auf. Soll die Impedanz gleichbleiben, müssen Primär- und Sekundärwindungszahlen ebenfalls gleich sein. Erdet man die Mittelanzapfung auf der Sekundärseite, hat man bereits die Symmetrierung durchgeführt. Durch Verändern des Verhältnisses der Windungszahlen kann gleichzeitig auch noch eine Widerstandstransformation durchgeführt werden.

Bearbeiten Sie die **Frage TH423!**

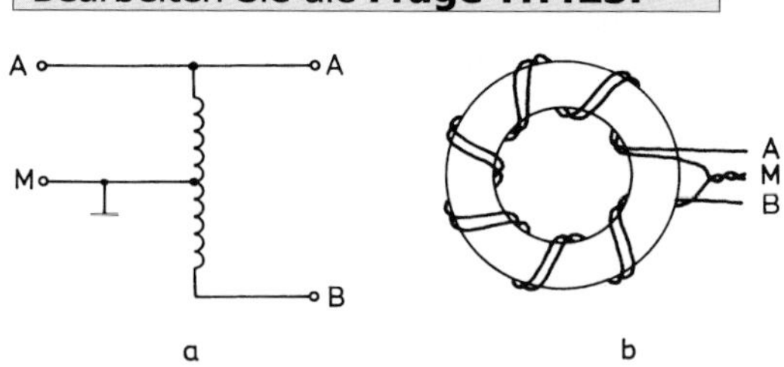

Bild 10-14: Ringkern-Balun-Transformator 1 : 4
a: Wickelschema, b: praktische Ausführung

Häufig wird hierbei das Prinzip des Spartransformators angewendet. Der Eingang ist an halber Windungszahl angeschlossen. Deshalb transformiert dieser Symmetrierübertrager im Verhältnis $1{:}2^2 = 1{:}4$.

> **Praxis**
> Für eine gute Kopplung werden die Windungen ineinander gewickelt. Man fertigt hierfür eine zweiadrige (bifilare) Wicklung an und verbindet jeweils Anfang und Ende der beiden Drähte im Punkt M (Mitte, Masse), so dass eine Reihenschaltung von A nach B besteht.

Im UKW-Bereich sind Ringkernübertrager wegen der erhöhten Verluste weniger geeignet. Hierfür gibt es eine Reihe anderer Anpassungsmöglichkeiten, von denen die Gammaanpassung beschrieben werden soll.

Die *Gammaanpassung* verwendet man, um einen symmetrischen Strahler (UKW-Yagi oder Kurzwellenbeam) unter Umgehung eines Baluns direkt mit dem Koaxkabel speisen zu können. Mit einer verschiebbaren Abgreifschelle (a) wird ein im Vergleich zum Strahlerelement dünneres Gammarohr (g) gehalten. Die Seele des Kabels wird über einen Drehkondensator (C) an das Gammarohr und der Mantel des Kabels in Strahlermitte (M) angeschlossen. Man verschiebt zunächst die Abgreifschelle bei eingedrehtem Kondensator C, bis das beste SWR erreicht ist und kompensiert dann mit

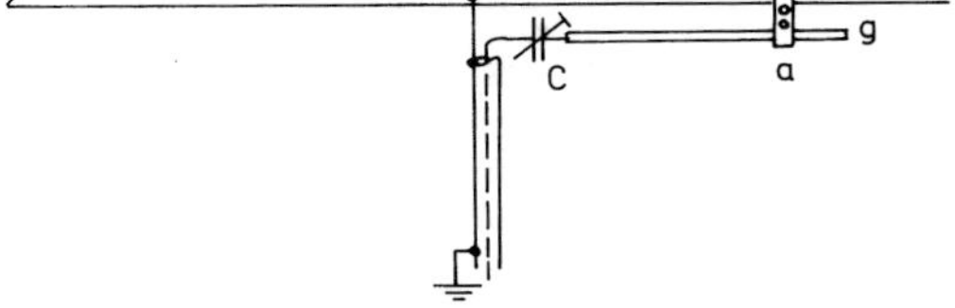

Bild 10-15: Gamma-Match

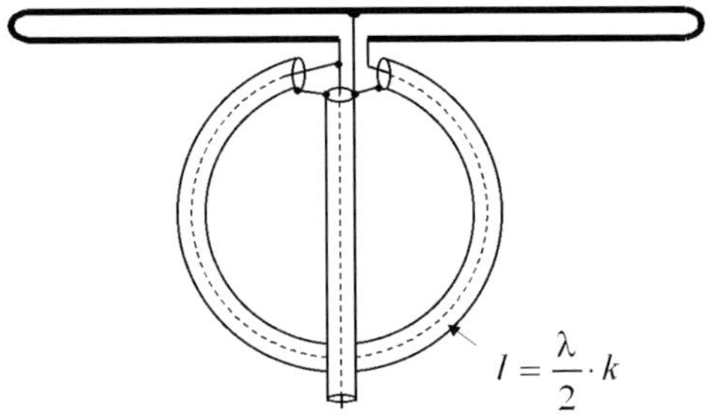

Bild 10-16: Lambdahalbe-Umwegleitung

dem Drehkondensator die Blindkomponente bis wiederum das SWR den besten Wert erreicht. Für den VHF-UHF-Bereich kann man eine Lambdahalbe-Transformationsleitung auch zur Symmetrierung benutzen.

Das Prinzip ist folgendes. An der Einspeisestelle teilt sich der Strom je zur Hälfte auf. Eine Hälfte geht direkt zur Antenne die andere Hälfte in die Umwegleitung. Halber Strom bei gleicher Spannung ist doppelter Widerstand. Es ergeben sich also 100 Ohm, wenn man mit 50 Ohm einspeist. Die lambdahalbe Umwegleitung stellt das Signal auf der anderen Seite noch einmal mit gleicher Impedanz von 100 Ohm zur Verfügung. Von jeder Seite bis zur Mitte 100 Ohm ergibt zusammen 200 Ohm.

> **Prüfungsaufgabe**
> Beantworten Sie die Prüfungsfragen **TH401** und **TH402**.

Wenn eine symmetrische Antenne (Dipol oder Beam) mit einem (unsymmetrischen) Koaxialkabel gespeist werden soll, muss man entweder ein Symmetrierglied verwenden oder man kann zur Vermeidung von dadurch auftretenden *Mantelwellen* (Ströme auf dem Außenmantel) eine so genannte Mantelwellendrossel einsetzen. Sie besteht aus einem Stück aufgewickeltem Koaxkabel gleicher Impedanz. Es wirkt wie ein Lambdahalbe-Transformator.

Aufgabe
Berechnen Sie die Länge einer Lambdahalbe-Transformationsleitung aus Koaxkabel mit Voll-PE-Isolation für einen Beam mit 14 MHz. Dieses Kabel soll anschließend aufgewickelt werden mit zirka 6 Windungen. Welchen Durchmesser müssen diese Windungen haben?

Lösung: $\lambda = \frac{300\,\text{m}}{14} = 21{,}43\,\text{m}$

$$l = \frac{\lambda}{2} \cdot k = \frac{21{,}43\,\text{m}}{2} \cdot 0{,}66 = 7{,}07\,\text{m}$$

Bei 6 Windungen hat jede Windung 1,18 m Umfang. Den Umfang eines Kreises berechnet man mit $l_{umf} = \pi \cdot d$, also ist

$$d = \frac{1{,}18\,\text{m}}{\pi} = 37{,}5\,\text{cm}.$$

Wenn man die Wirkung verbessern möchte, kann man die Windungen des Kabels durch einen Ferrit-Ringkern ziehen.

Prüfungsfragen
Beantworten Sie die Fragen **TH415 bis TH418** aus dem Fragenkatalog.

Der Topfkreis

Als Leitungen verwendet man im UHF-Bereich auch Aluminium- oder versilberte Messingbecher mit Mittelleiter, die eine Koaxialleitung darstellen. Man bezeichnet sie als *Topfkreise*. Topfkreise und auch Paralleldraht-Lecherleitungen lassen sich durch Kurzschlussschieber abstimmen.

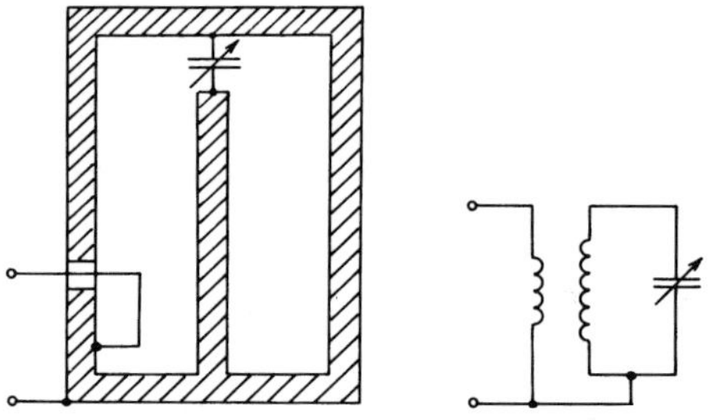

Bild 10-17: Topfkreis und Ersatzschaltsymbol

Obiges Bild zeigt einen Parallelschwingkreis mit Drehkondensator in Topfkreistechnik und daneben das herkömmliche Schaltsymbol. Dieser Schwingkreis ist vollkommen abgeschirmt und von außen nicht beeinflussbar. Durch Versilbern der Innenflächen kann man die Verluste sehr gering halten und gute elektrische Eigenschaften für sehr hohe Frequenzen erzielen.

Notizen zum Kapitel 10

....

....

....

....

....

....

....

....

....

....

Kapitel 11: Signale

Um in der Funktechnik eine Information, zum Beispiel Sprache, Ton, Bild, Daten von einem Ort zu einem anderen übertragen zu können, wandelt man diese zunächst in elektrische Größen um, meistens in eine Spannung. Diese elektrischen Größen nennt man Signale.

Übersicht

- Sinusförmige Signale
- Die Zeigerdarstellung
- Nichtsinusförmige Signale
- Nicht-periodische Signale
- Modulierte Signale
- Modulierte Signale mit Hilfsträger

Wandelt man den Schalldruck von Sprache über ein Mikrofon in elektrische Spannung um, entstehen analoge Signale. Analoge Signale überträgt man in der Funktechnik durch Modulation auf einen Träger (modulierte Signale). Ein Träger ist eine hochfrequente sinusförmige Wechselspannung. Auch modulierte Träger gehören zum Thema „Signale“.

Auch Spannungen, die nach einem bestimmten System (zum Beispiel Morsecode, Baudot-Code in RTTY) ein- und ausgeschaltet werden, enthalten Informationen. Man nennt diese Signale „digitale Signale“.

Sinusförmige Signale

Eine sinusförmige Spannung entsteht, indem man eine Spule in einem Magnetfeld sich drehen lässt und an den Klemmen die induzierte Spannung abnimmt. Man nennt diese Art der sinusförmigen Spannungserzeugung „Wechselspannungsgenerator“. Sie wird in der Energietechnik angewendet. In der Hochfrequenztechnik erzeugt man sinusförmige Spannungen mit Hilfe von Oszillatoren (siehe Kapitel 7). Eine sinusförmige Spannung hat folgenden Verlauf.

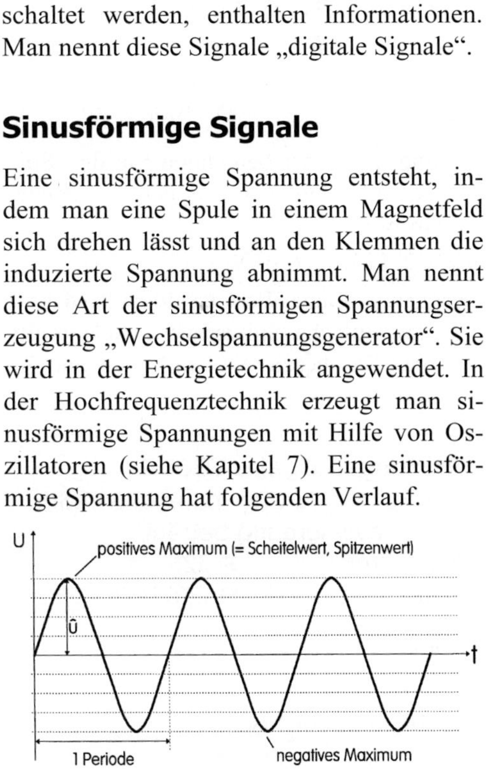

Bild 11-1: Sinusförmiges Signal

Man definiert den höchsten Wert als Scheitelwert oder *Spitzenwert* und eine vollständige Schwingung als Periode. Die Spannung vom positiven Maximum bis zum negativen Maximum heißt *Spitze-Spitze-Wert*. In der Wechselstromtechnik spielt noch der *Effektivwert* eine wichtige Rolle. Die Anzahl der Schwingungen pro Zeiteinheit ist die *Frequenz*. Diese Begriffe wurden bereits im Kapitel 2 zum Amateurfunklehrgang Klasse E erläutert. Dazu gibt es auch in der Prüfung zum Amateurfunkzeugnis Klasse A eine Reihe Prüfungsfragen im Fragenkatalog.

Prüfungsfrage
Beantworten Sie Aufgabe **TB601.**

Prüfungsaufgabe TB607
Ein sinusförmiges Signal hat einen - Effektivwert von 12 Volt. Wie groß ist der Spitze-Spitze-Wert?

A 16,97 **B** 24 V
C 33,9 V **D** 36,4 V

Lösung: Zunächst berechnen Sie den Spitzen- oder Scheitelwert aus dem gegebenen Effektivwert.

$$\hat{u} = \sqrt{2} \cdot 12\,\mathrm{V} = 16{,}97\,\mathrm{V}$$

Der Spitze-Spitze-Wert ist doppelt so groß wie der einfache Spitzenwert. Also multiplizieren Sie diesen Wert mit zwei und Sie haben die Lösung.

Prüfungsaufgabe TB608
Der Spitzenwert der häuslichen 230-V-Stromversorgung beträgt

A 163 Volt **B** 325 Volt
C 460 Volt **D** 650 Volt

Lösung: $\hat{u} = \sqrt{2} \cdot 230\,\mathrm{V} = 325\,\mathrm{V}$

Prüfungsaufgabe
Lösen Sie Aufgabe **TB609!**

Prüfungsaufgabe TB610
Ein sinusförmiger Wechselstrom mit einer Amplitude (I_{max}) von 0,5 Ampere fließt durch einen Widerstand von 20 Ohm. Wie hoch ist die aufgenommene Leistung?

A 0,5 W **B** 2,5 W
C 5 W **D** 10 W

Lösung: Leistung ist immer ein Effektivwert. (Selbst wenn es die PEP-Leistung bei SSB ist, denn dort wird der Effektivwert einer Schwingung im Maximum der Modulationskurve berechnet.) Also müssen Sie zunächst den Effektivwert des Stromes berechnen, also geteilt durch Wurzel 2.

$$I = \frac{0{,}5\,\mathrm{A}}{\sqrt{2}} = \frac{0{,}5\,\mathrm{A}}{1{,}414} = 0{,}3536\,\mathrm{A}$$

Nun kann man damit die Spannung ausrechnen und dann *U* mal *I* rechnen oder direkt I^2 mal *R*.

$$P = I^2 \cdot R = 0{,}3536\,\mathrm{A} \cdot 0{,}3536\,\mathrm{A} \cdot 20\frac{\mathrm{V}}{\mathrm{A}}$$

$$P = 2{,}50\,\mathrm{W}$$

Prüfungsaufgabe TA114
Die Periodendauer von 50 µs entspricht einer Frequenz von

A 200 Hz
B 2 kHz
C 20 kHz
C 200 MHz

Lösung mit Hilfe der Formel für die *Periodendauer*

$$f = \frac{1}{T} = \frac{1}{50 \cdot 10^{-6}\,\mathrm{s}} = \frac{1000 \cdot 10^3}{50\,\mathrm{s}} = 20\,\mathrm{kHz}$$

Für 10^3 wurde kilo und für 1/s wurde Hz eingesetzt.

Signale auf dem Oszilloskop

Wechselspannungen werden normalerweise mit einem Oszilloskop dargestellt. Bei einem Oszilloskop findet man auf dem Schirmbild ein Raster, wobei man ein Kästchen als „Teilung“ (Division) bezeichnet.

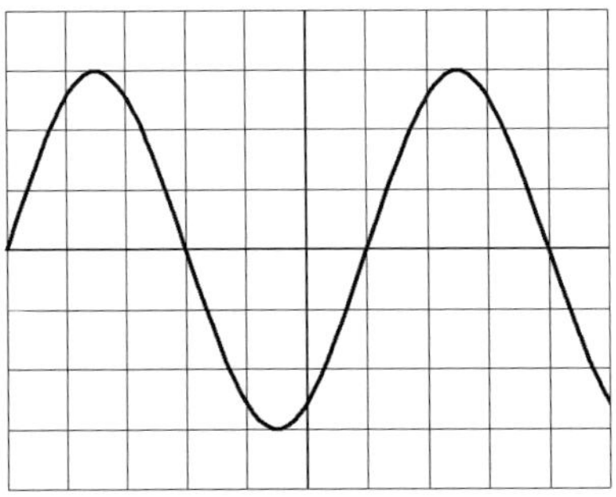

Bild 11-2: Typisches Schirmbild eines Sinussignals

Es gibt zur Einstellung zwei Schalter am Oszilloskop (einen für vertikal, einen für horizontal), an denen der Wert des Rasters eingestellt werden kann. Damit stellt man ein gut ablesbares Signal ein. Dann multipliziert man die Spannungen mit dem Wert für ein Kästchen (Div).

Prüfungsaufgabe ähnlich **TB602**
Wie groß ist der Spitze-Spitze-Wert der im folgenden Schirmbild dargestellten Spannung?

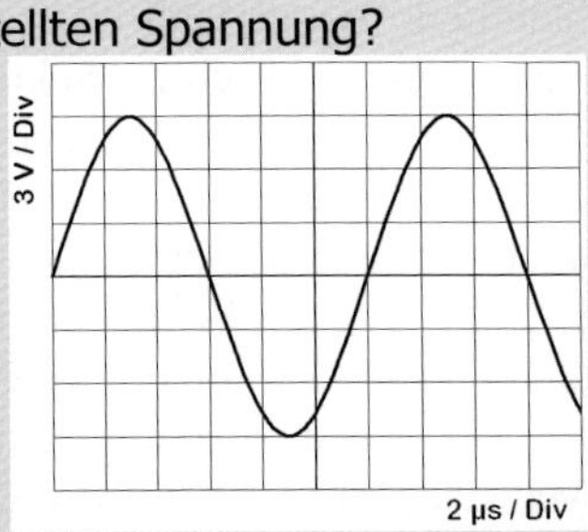

A 3 V **B** 6 V **C** 9 V **D** 18 V

Lösung: Zählen Sie die Kästchen (Div) von der unteren Spitze bis zur oberen Spitze. Es sind sechs Kästchen. Jedes Kästchen hat 3 V. Also ist der Spitze-Spitze-Wert 6 mal 3 V = 18 V.

Prüfungsaufgabe
Lösen Sie die Prüfungsaufgabe **TB603!**

Prüfungsaufgabe ähnlich **TB604**
Welche Frequenz hat die in folgendem Oszillogramm dargestellte Spannung?

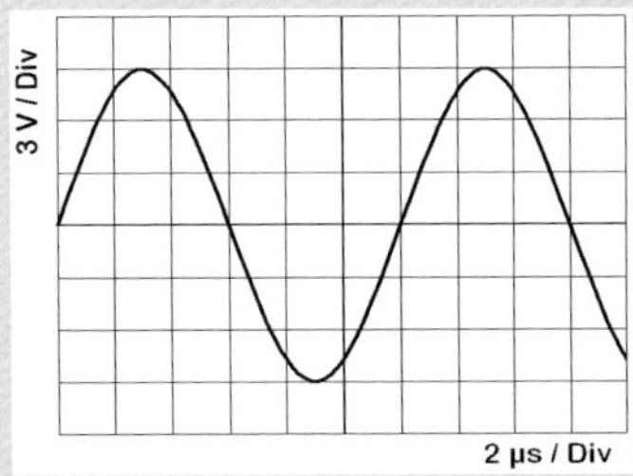

A 83,3 kHz **B** 833,3 kHz
C 8,3 MHz **D** 83,3 MHz

Lösung: Zählen Sie die Anzahl der Kästchen horizontal für eine komplette Schwingung. Sie kommen hier auf sechs Teilungen (Div.). Jedes Kästchen hat 2 Mikrosekunden, also sind es sechs mal zwei gleich zwölf Mikrosekunden. Dies ist die Periodendauer.

Aus der Periodendauer berechnen wir die Frequenz mit der Formel

$$f = \frac{1}{T} = \frac{1}{12 \cdot 10^{-6}\,\mathrm{s}} = \frac{10^6}{12\,\mathrm{s}} = \frac{1000 \cdot 10^3}{12}\,\mathrm{Hz}$$

$$f = 83{,}3\,\mathrm{kHz}$$

Prüfungsaufgaben
Lösen Sie die Aufgaben **TB605** und **TB606!**

Zeigerdarstellung

Ein sinusförmiges Signal entsteht beim Generator aus der Drehbewegung einer Spule. Der jeweilige Drehwinkel entspricht einer Spannung.

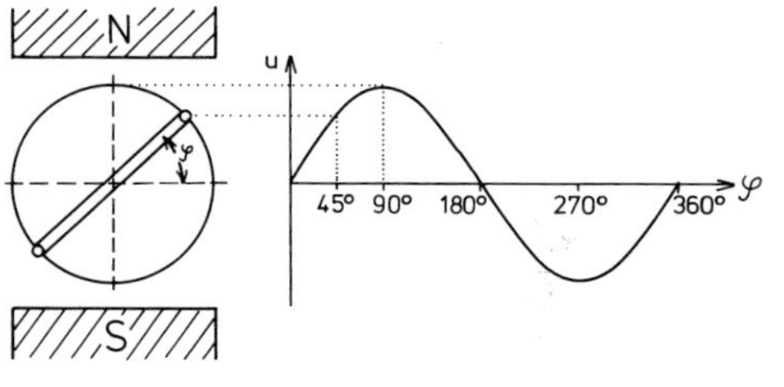

Bild 11-3: Erzeugung einer sinusförmigen Wechselspannung

Sie lernen jetzt, wie man eine sinusförmige Spannung durch Drehung eines Zeigers zeichnen kann. Aus dieser Konstruktion ergeben sich dann die Begriffe Kreisfrequenz und Phasenwinkel.

Die Werte im Liniendiagramm nennt man Augenblickswerte. Das sind die Werte, bei denen wir uns vorgestellt haben, dass der Zeiger einen Augenblick stoppt. Die zugehörigen Winkel im Zeigerdiagramm nennt man Phasenwinkel.

Übungsaufgabe

Zeichnen Sie selbst solch ein Liniendiagramm in das folgende Bild ein. Zeichnen Sie selbst die restlichen Pfeile über 90 Grad alle 30 Grad in den Kreis ein.

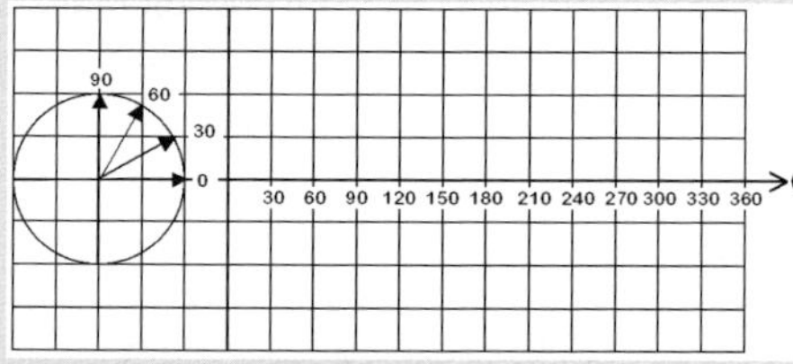

Nun sollen Sie Werte aus dem Zeigerdiagramm in das Liniendiagramm übertragen. Nehmen Sie an, der Zeiger stoppt bei 30°. Die Höhe, die die Zeigerspitze von der Nulllinie hat soll nach rechts in das Liniendiagramm übertragen werden und zwar genau an die 30° Linie. Zeichen Sie dort einen Punkt ein. Gleiches machen Sie für 60°, für 90° und dann immer weiter, bis Sie wieder bei 0° ankommen. Verbinden Sie alle Punkte in dem Liniendiagramm. Sie müssten eine Sinuslinie bekommen wie im Bild 11-4.

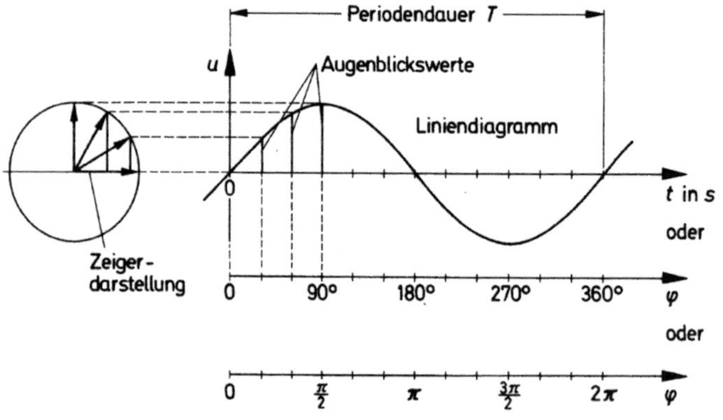

Bild 11-4: Die Zeigerdarstellung

Nehmen wir mal an, dass der Zeiger sich in einer Sekunde genau einmal komplett gedreht hat. Dann könnte man bei 360° auch 1 s dran schreiben und bei jedem Kästchen $^{1}/_{12}$ davon. Das sind 0,08333 s pro Kästchen. Das ist zwar ein ungünstiger Maßstab, aber es funktioniert. Die horizontale Achse ist also gleichzeitig Winkelanzeige wie auch Zeitachse.

Aufgabe
Lesen Sie einmal den Augenblickswert bei 45° ab, wobei der Radius den Wert „1" haben soll. Haben Sie 0,7? Dies ist ein wichtiger Wert in der Elektrotechnik. Es ist dies der Wert 1 : √2, also 0,707. Berechnen Sie mit Ihrem Taschenrechner einmal den Wert sin(45°)!

Lösung: $sin(45°) = 0{,}707$

Noch etwas kommt in der Mathematik in diesem Zusammenhang häufig vor. Es ist das Bogenmaß. Man denkt sich den Kreis mit einem Radius von „1". Das kann beispielsweise 1 m sein. Dann rechnet man den Umfang (Bogen) des Kreises aus. Der Umfang wird berechnet mit folgender Formel.

$$l = 2 \cdot \pi \cdot r$$

Bei $r = 1$ m wären es 2 π Meter. Wenn man sich nicht auf Meter festlegt, sondern einfach sagt „eine Längeneinheit", dann ist der Umfang „2 π Längeneinheiten" oder einfach 2 π im so genannten *Einheitskreis*. Dann kann man an die Achse im Liniendiagramm für einen Vollkreis (360°) auch einfach 2 π dran schreiben, wie im Bild 11-4 gezeigt. Genau der Hälfte, also 180° entspricht dann π und davon der Hälfte (90°) entsprechen $\frac{\pi}{2}$ und so weiter. Sie finden auch diese Skala im Bild 11-4. Passen Sie gut auf bei diesem Thema, denn dazu gibt es eine Prüfungsfrage. Schauen Sie noch einmal auf Bild 11-4 und vergleichen Sie folgende Gegenüberstellung.

$$\frac{\pi}{2} = 90°, \qquad \pi = 180°, \qquad 3 \cdot \frac{\pi}{2} = 270°$$

Prüfungsaufgabe TB611
Welche Antwort enthält die richtigen Phasenwinkel einer sinusförmigen Wechselspannung an der im folgenden Bild mit X_3 gekennzeichneten Stelle?

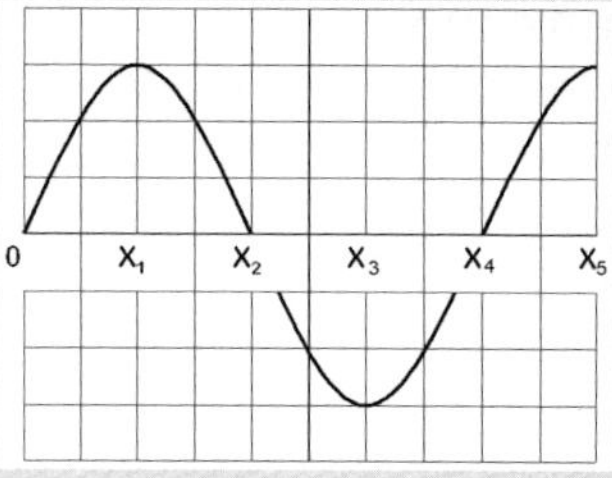

A $\frac{\pi}{3}$; 270° **B** $\frac{3\pi}{4}$; 135°

C 3π; 180° **D** $\frac{3\pi}{2}$; 270°

Lösung: Eine volle Schwingung hat 360 Grad. Diese Schwingung ist in vier Teile geteilt, also hat jeder Teil 90 Grad. Drei mal 90 gleich 270. Ferner entspricht einer vollen Schwingung das Bogenmaß 2 π, einem Viertel davon bei X_1 also $\frac{2\pi}{4} = \frac{\pi}{2}$ und bei X_3 dreimal so viel, also $\frac{3\pi}{2}$.

Wenn sich gleichzeitig mehrere in der Anordnung versetzte Spulen in einem Magnetfeld drehen und als Generatoren arbeiten, sind die Spannungen gegeneinander phasenverschoben, wie beispielsweise in folgendem Bild.

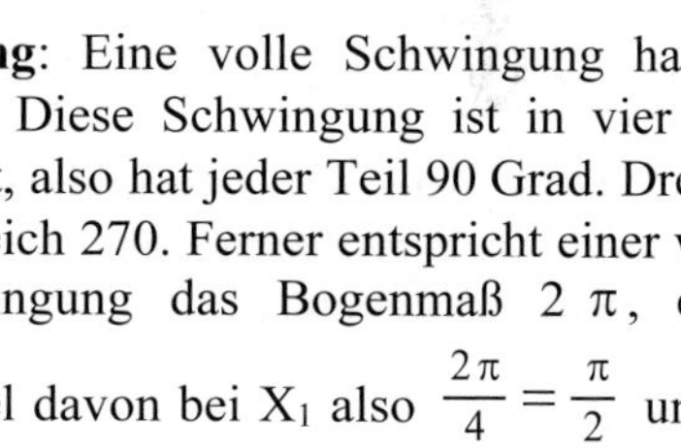

Bild 11-5: Phasenverschobene Spannungen

Man sagt, die Spannung u_2 eilt der Spannung u_1 um 45 Grad nach oder die Phasenverschiebung beträgt $\Delta\varphi = 45°$. Man schreibt kleine Buchstaben (u), wenn man damit andeuten möchte, dass es sich um Wechselspannungen handelt.

Prüfungsaufgabe
TB612 Die Phasendifferenz zwischen den beiden in folgender Abbildung dargestellten Sinussignalen beträgt

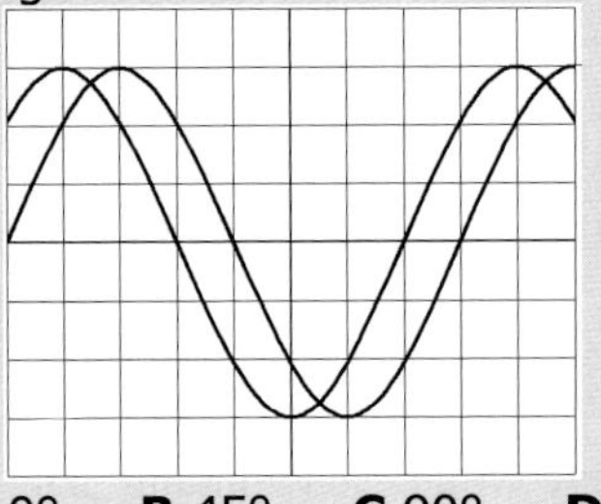

A 0° **B** 45° **C** 90° **D** 180°

Lösung: Wenn man eine Sinuslinie verfolgt sieht man, dass eine Schwingung (360°) in acht Abschnitte geteilt ist. Ein Teilstrich entspricht dann 360 geteilt durch 8 gleich 45 Grad. Man sieht dann, dass beide Kurven um einen Teilstrich differieren.

Nichtsinusförmige Signale

Nur ein sinusförmiges Signal hat eine einzige Frequenz. Oder umgekehrt ausgedrückt: Hat ein Signal nur eine einzige Frequenz, ist es ein sinusförmiges Signal. Alle anderen Signale sind nichtsinusförmige Signale. Sie bestehen aus einem Frequenzgemisch.

Periodische Signale sind solche, die sich regelmäßig in gleicher Form wiederholen. Dazu gehören Rechtecksignale, Dreiecksignale, sägezahnförmige Signale und so weiter.

Diese periodischen Signale bestehen immer aus einer Grundfrequenz und ganzzahligen Vielfachen dieser Frequenz, die man Oberwellen oder Harmonische nennt. Die erste Oberwelle ist genau die doppelte Frequenz, die zweite Oberwelle ist die dreifache Frequenz und so weiter.

Bei der Zählweise der Harmonischen geht man von der Grundwelle aus. Die erste Harmonische ist die Grundwelle, die zweite Harmonische ist die zweifache Frequenz der Grundwelle und so weiter. Diese Zählweise ist international (*harmonics*). Sie ist natürlich auch logischer, da man aus der Angabe direkt den Wert der Vielfachen erkennt, also zum Beispiel ist die 4. Harmonische die vierfache Frequenz der Grundwelle.

Prüfungsfragen
Bearbeiten Sie die Fragen **TB703, TA115, TF432** und **TF433** aus dem Fragenkatalog der BNetzA.

Prüfungsfrage TA116
Die zweite ungeradzahlige Harmonische der Frequenz 144,690 MHz ist

A 145,000 MHz **B** 289,380 MHz
C 434,070 MHz **D** 723,450 MHz

Lösung: Die erste Harmonische ist die Grundwelle, die zweite ist gerade und die dritte Harmonische (ungerade Zahl) ist die dreifache Frequenz.

Prüfungsfrage
Bearbeiten Sie die Aufgabe **TB704** aus dem Fragenkatalog.

An zwei Beispielen soll gezeigt werden, wie durch Addition von reinen sinusförmigen Spannungen aus der Grundwelle und deren Harmonischen andere Schwingungsformen entstehen.

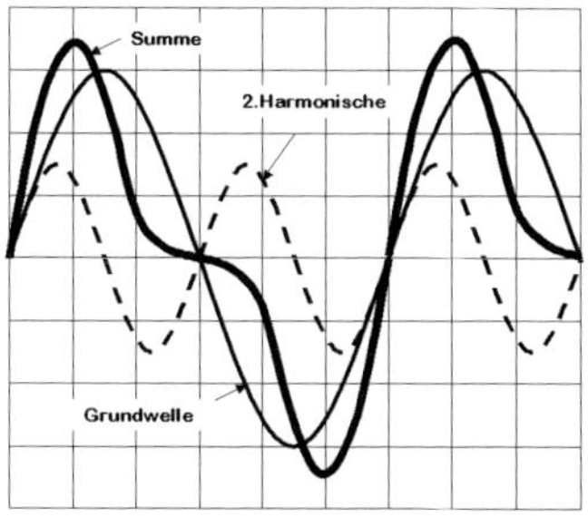

Bild 11-6: Entstehung einer Sägezahnschwingung

> **Aufgabe**
> Versuchen Sie es nachzuvollziehen. Zeichnen Sie auf kariertem Papier eine sinusähnliche Schwingung. Zeichnen Sie dort hinein eine weitere Sinusschwingung mit genau der doppelten Frequenz und der halben Amplitude. Bestimmen Sie bei jedem senkrechten Strich die Höhe der Amplituden beider Signale, indem Sie die Kästchen zählen. Addieren Sie die Werte anschließend (Beachten Sie die Vorzeichen!) und zeichnen Sie Punkte für die Summenspannungen ein. Verbinden Sie die Punkte miteinander. Sie müssten eine Skizze erhalten, die ähnlich dem obigen Bild aussieht.

Wenn Sie dann noch die dreifache Frequenz mit einem Drittel der Amplitude hinzunehmen, sehen Sie schon besser, dass der Anstieg der Kurve im positiven Bereich immer steiler wird und die hintere Flanke flacher. Es wird daraus eine Sägezahnspannung.

Bild 11-7: Sägezahnspannung

> **Also**: Eine Sägezahnspannung enthält außer der Grundfrequenz alle ganzzahligen Vielfachen, also **alle Harmonischen**.

> **Prüfungsfragen**
> Bearbeiten Sie **TB705** und **TD414**.

Bei einer *Rechteckschwingung* gibt es außer der Grundwelle nur die ungeradzahligen Harmonischen, also die dreifache, fünffache, siebenfache … Frequenz (Bild 11-8). Für mathematisch vorgebildete Leser: Man ermittelt die Amplituden der Harmonischen mit Hilfe der *Fourier-Gleichungen*.

Für ein Rechtecksignal gilt

$$f(t) = \frac{4\hat{u}}{\pi}(\sin \omega t + \frac{1}{3}\sin 3\omega t + \frac{1}{5}\sin 5\omega t + \ldots)$$

> **Prüfungsfrage TB701**
> Ein symmetrisches Rechtecksignal hat eine Grundfrequenz von 1500 Hz. Welche Frequenzen sind in diesem Signal enthalten?

Tipp: Ungeradzahlige Harmonische sind die einfache, die dreifache, die fünffache Frequenz und so weiter, also 1500 Hz, 4500 Hz, 7500 Hz und höher.

> Bearbeiten Sie die **Prüfungsfragen TB706** und **TD415**.

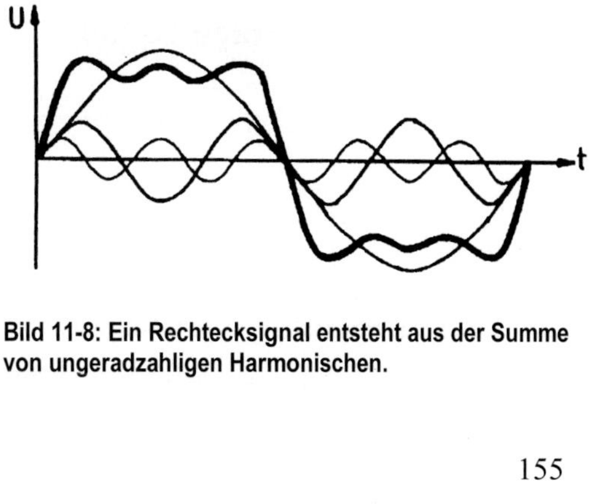

Bild 11-8: Ein Rechtecksignal entsteht aus der Summe von ungeradzahligen Harmonischen.

Morsen (CW)

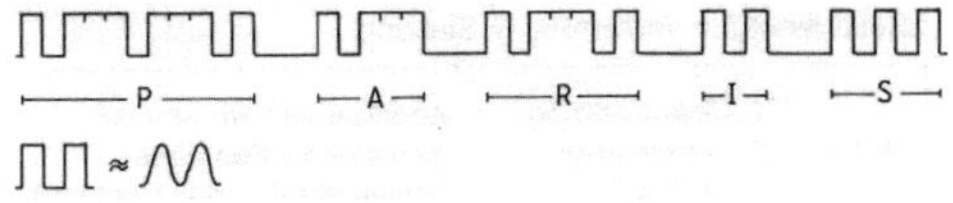

Bild 11-9: Das Wort Paris im Morsecode

Nehmen wir einmal an, es soll das „Normwort“ PARIS mit einem sehr hohen Tempo von 150 BpM (Buchstaben pro Minute) übertragen werden. Aus Bild 11-9 lässt sich entnehmen, dass fünf Buchstaben zirka 40 Impulsen und ein Impuls plus einer Pause einer Grundschwingung entsprechen.

Rechnen Sie nach: In einer Sekunde werden im Mittel (150/60) 2,5 Buchstaben, also 2,5 mal 8 gleich 20 Impulszeiten beziehungsweise zirka 10 Grundschwingungen übertragen, was einer Grundfrequenz von 10 Hertz entspricht.

Das Frequenzspektrum besteht aus der Grundschwingung 10 Hz plus ungeradzahliger Harmonischen von 30, 50, 70, 90 Hertz und so weiter mit abnehmenden Amplituden. Daraus ergibt sich eine Bandbreite des CW-Hochfrequenzsignals von zirka 200 Hertz (Bild 11-10). Gern werden deshalb im Empfänger schmalbandige Filter von 250 oder 500 Hertz eingesetzt.

Was man aus dieser Ableitung auch erkennen kann: Die Bandbreite bei CW ist abhängig von der Gebegeschwindigkeit.

Bearbeiten Sie die **Frage TD234.**

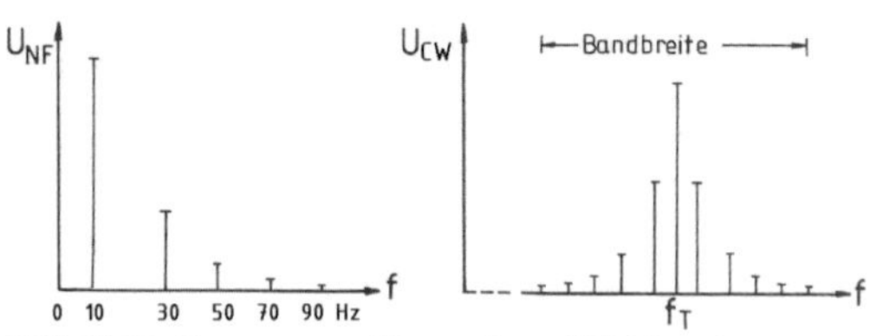

Bild 11-10: Frequenzspektrum eines CW-Signals

Nicht-periodische Signale

Bisher haben wir Signale kennen gelernt, die sich in der Form unterscheiden, also sinusförmiges Signal, Rechtecksignal, Dreiecksignal und so weiter. Wir haben sie unterteilt in sinusförmiges Signal und nichtsinusförmige Signale. Die Form dieser Signale ist periodisch wiederkehrend. Man kann eine Frequenz definieren, nämlich die Zeit, bei der sich der Vorgang (die Form) wiederholt. Man nennt sie auch periodische Signale. Es gibt Signale, die sich nicht regelmäßig wiederholen. Man nennt sie nichtperiodische Signale.

Zu den nicht-periodischen Signalen gehören die Impulse. Impulse sind einzeln oder in Gruppen auftretende Signale. Außer der Höhe der Impulse (Amplitude) ist die Impulsdauer ein wichtiger Kennwert. Die Impulsdauer ist definiert als die Zeit bei der die Anstiegsflanke 50 Prozent der Amplitude erreicht hat bis zu 50 Prozent der Amplitude der abfallenden Flanke.

Bearbeiten Sie die **Prüfungsfragen TB702** und **TJ829**.

Modulierte Signale

Modulierte Signale bestehen aus der Kombination von einem sinusförmigen Signal und weiteren sinusförmigen oder nichtsinusförmigen Signalen oder Impulsen. Es ist keine Addition von Harmonischen, wie bei den nicht-sinusförmigen Signalen, sondern eine „Kombination“ von weit auseinanderliegenden Frequenzen. Diese Kombination ist mathematisch betrachtet eine Multiplikation. Wir werden in diesem Kapitel die mathematischen Zusammenhänge der Modulationsarten kennen lernen und im folgenden Kapitel die praktische Realisierung: Modulation und Demodulation.

Modulationsarten

Amplitudenmodulation — Zweiseitenbandmodulation, Einseitenbandmodulation

Winkelmodulation — Frequenzmodulation, Phasenmodulation

mit Träger - ohne Träger

analog - digital
mit Hilfsträger - ohne Hilfsträger

Bild 11-11: Übersicht Modulationsarten

Eine hochfrequente Wechselspannung kann man mathematisch durch folgenden Ausdruck beschreiben.

$$u = \hat{u} \cdot sin(\omega t + \varphi)$$

Darin bedeutet u der Augenblickswert einer Wechselspannung in Abhängigkeit von der Zeit, $\hat{u}$ die Amplitude dieser Spannung, $\omega = 2\pi f$ die Kreisfrequenz und φ die Phasenlage dieser sinusförmigen Schwingung. Man kann nun mit Hilfe der Modulation drei Größen dieser Schwingung in Abhängigkeit von der Zeit beeinflussen. Verändert man die Amplitude $\hat{u}$ im Rhythmus des zu übertragenden Signals, erhält man Amplitudenmodulation (AM). Verändert man die Frequenz $\omega = 2\pi f$, erhält man Frequenzmodulation (FM). Verändert man

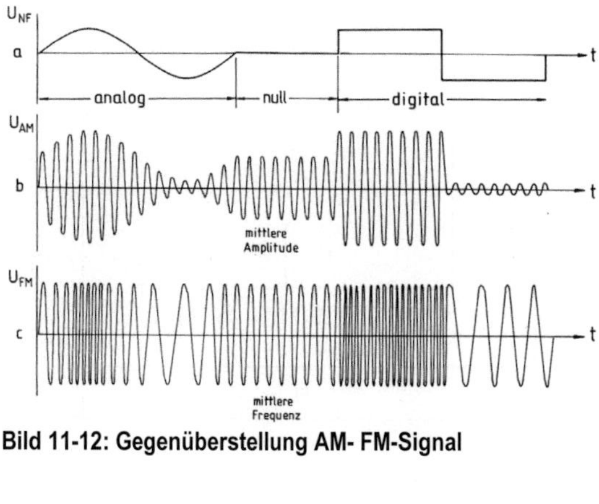

Bild 11-12: Gegenüberstellung AM- FM-Signal

die Phase φ, erhält man Phasenmodulation. Frequenzmodulation und Phasenmodulation zusammen nennt man Winkelmodulation. Die Phasenmodulation ist mit der Frequenzmodulation verwandt. Ändert man von einer Schwingung geringfügig die Frequenz, sieht es im Zeitdiagramm so aus, als hätte sich die Phase geändert.

Bild 11-12a stellt das zu übertragende Informationssignal (NF) dar. Entsprechend der Modulationsspannung ändert sich die Amplitude bei AM (Bild b). Einer positiven Spannung entspricht eine große Amplitude der HF-Spannung und eine negative Signalspannung entspricht einer geringen Amplitude der Hochfrequenz. NF-Signalspannung Null entspricht dem Mittelwert.

Bei Frequenzmodulation (FM) bleibt die Amplitude immer gleich, nur die Anzahl der Schwingungen pro Zeiteinheit (die Frequenz) ändert sich. Und zwar entspricht hier eine positive NF-Spannung einer hohen Frequenz, eine negative NF-Spannung einer niedrigen Frequenz und keine NF-Spannung (Null) der mittleren Frequenz der hochfrequenten Trägerfrequenz.

Bei analoger Signalübertragung folgt die modulierte Spannung genau dem NF-Signal. Es gibt jeden Wert zwischen Null und dem Maximalwert. Bei digitaler Signalübertragung gibt es nur eine beschränkte Zahl von Werten (quantisiert) oder sogar nur zwei Werte (niedrig - hoch, null - eins) bei so genannten binären Signalen. Dementsprechend ist bei binärer Informationsübertragung bei AM die Amplitude groß oder klein (eventuell null) oder bei FM die Frequenz hoch oder niedrig.

DSB-Signal Doppelseitenbandmodulation mit unterdrücktem Träger

Zunächst soll geklärt werden, was Modulation technisch ist. Es ist eine mehr mathematische Betrachtung. Im folgenden Kapitel folgt die technische Realisierung. Ich will Ihnen anhand einer kleinen mathematischen Betrachtung und dann unter Zuhilfenahme von gezeichneten Sinuskurven zeigen, dass Amplitudenmodulation immer eine Multiplikation von Signalen enthält. Die reine Multiplikation führt zu einem DSB-Signal. Die Addition plus Multiplikation führt zu normaler Amplitudenmodulation (AM). Bei Frequenzmodulation haben wir es mathematisch mit einem Sinus von einem Sinus zu tun. Dies führt zu einer Besselfunktion. Mathematisch weniger Vorgebildete sollten vielleicht diesen Abschnitt mit dem „Mut zur Lücke" überspringen. Viele Prüfungsaufgaben zu diesem Themenbereich gibt es nicht.

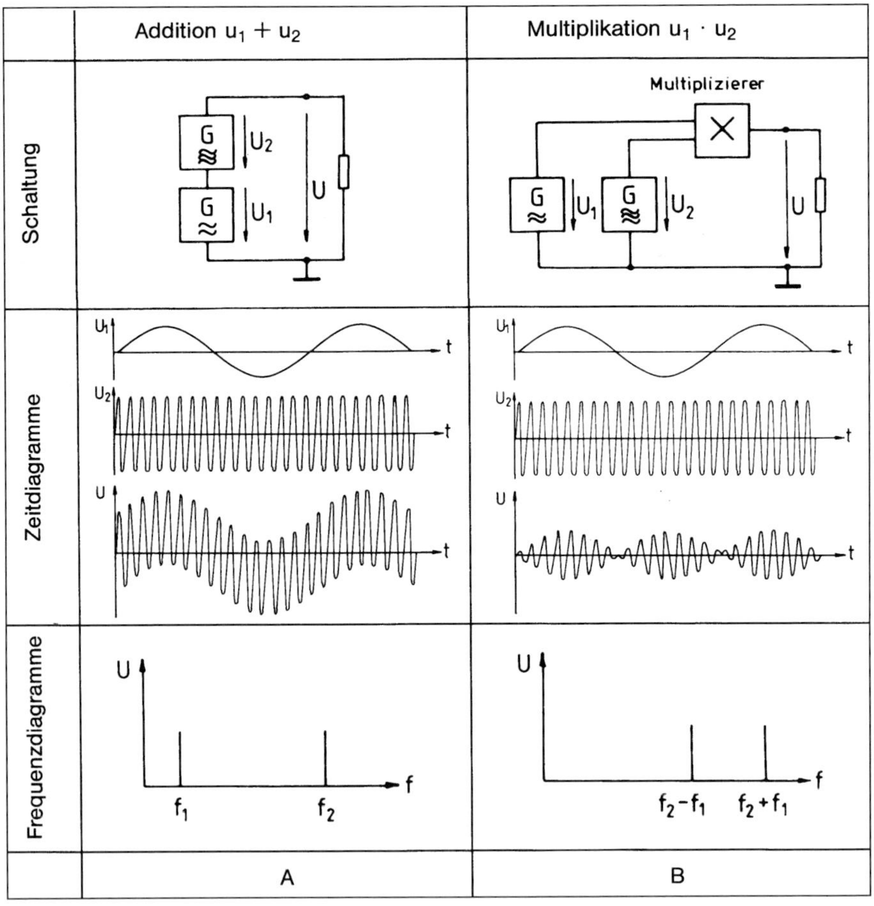

Bild 11-13: Addition und Multiplikation von zwei Frequenzen

Betrachten wir das Bild 11-13 auf der vorigen Seite. Es soll der Unterschied zwischen Addition von zwei Spannungen und Multiplikation deutlich gemacht werden. Addiert man in der Zeile „Zeitdiagramme" punktweise zu jedem Augenblick die dargestellten Spannungen U1 und U2, erhält man die schlangenlinienartig verlaufende Spannung U, die man als Überlagerung bezeichnet. Dies ist noch keine Amplitudenmodulation, denn die Amplitude ist zu jedem Augenblick gleich groß. Die HF ist nur ein wenig nach oben und nach unten verschoben.

In der Spalte „Multiplikation" sollen diese beiden Spannungen echt multipliziert werden. Dort, wo ein Signal null ist, ist natürlich auch das Produkt null. Wenn wir jetzt dieses neue Signal mit dem Summensignal vergleichen, haben wir wirklich eine Amplitudenänderung.

Wenn man das Signal U nach den darin enthaltenen Frequenzen untersucht (Spektrumanalysator) erkennt man unter Frequenzdiagramme in Bild 11-13 deutlich den Unterschied. Bei der Überlagerung (Addition) bleiben die beiden Frequenzen erhalten, während bei der Modulation (Multiplikation) zwei neue Frequenzen entstanden sind, nämlich die Summe und die Differenz der Frequenzen.

Ein kleiner Exkurs in die Mathematik soll dies ein wenig verdeutlichen. Bei der Summe von zwei sinusförmigen Signalen kann man folgenden Ausdruck schreiben.

$$u = \hat{u}_1 \cdot sin\,\omega_1 t + \hat{u}_2 \cdot sin\,\omega_2 t$$

Vereinfachen kann man diese Formel nicht mehr. Beide Frequenzen f_1 (als ω_1) und f_2 (als ω_2) sind erhalten geblieben. Anders ist es bei der Multiplikation.

$$u = \hat{u}_1 \cdot sin\,\omega_1 t \cdot \hat{u}_2 \cdot sin\,\omega_2 t$$

Das Produkt Sinus mal Sinus kann man umrechnen. In der Mathematik gibt es dafür eine Formel.

$$sin\,\alpha \cdot sin\,\beta = \tfrac{1}{2} cos(\alpha - \beta) - \tfrac{1}{2} cos(\alpha + \beta)$$

Setzt man für $\alpha = \omega_1 \cdot t$ und für $\beta = \omega_2 \cdot t$ ein, erhält man folgendes Ergebnis.

$$u = \tfrac{1}{2} \cdot \hat{u}_1\, cos(\omega_1 - \omega_2)t - \tfrac{1}{2} \cdot \hat{u}_1\, cos(\omega_1 + \omega_2)t$$

In den beiden Klammern stecken jeweils einmal die Summe und zum anderen die Differenz der beiden Frequenzen. Moduliert man beispielsweise einen Träger von 3700 kHz mit einem NF-Signal von 1 kHz, entstehen nur die Seitenfrequenzen von 3699 kHz und 3701 kHz. Solch ein Signal bezeichnet man auch als ein Doppelseitenband-Signal DSB mit Trägerunterdrückung.

Damit Sie nicht nur auf diese mathematische Erklärung angewiesen sind, soll mit einem Beispiel anhand von Sinuslinien gezeigt werden, dass die Summe dieser beiden Seitenfrequenzen ein DSB-Signal ergibt. Es werden zwei sehr niedrige Frequenzen gewählt (Bild 11-14). Angenommen, der Träger hat eine Frequenz von 10 kHz und dieser wird mit 2 kHz DSB-moduliert. Es entstehen die beiden Frequenzen 8 kHz (10-2) und 12 kHz (10+2).

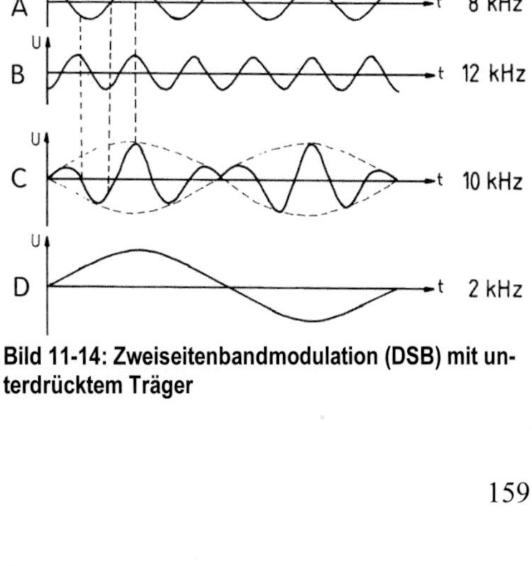

Bild 11-14: Zweiseitenbandmodulation (DSB) mit unterdrücktem Träger

Im Bild 11-14 wurden zwei Kosinussignale A und B gezeichnet. Man muss an die Formel denken mit einhalb Kosinus ... minus ... Ich habe einmal 4 Schwingungen für 8 kHz und einmal 6 Schwingungen für 12 kHz gezeichnet. Dann habe ich punktweise addiert (gestrichelte Linien). Es entsteht ein DSB-Signal (C) mit 5 Schwingungen, also 10 kHz. Die Hüllkurve hat nur eine Schwingung, entsprechend 2 kHz. Mit anderen Worten: Ein DSB-Signal mit einer Hüllkurve von 2 kHz und einer Trägerfrequenz von 10 kHz ist dasselbe wie zwei halb so große Kosinussignale mit 8 kHz und 12 kHz.

AM - Amplitudenmodulation mit Träger

Setzt man dem DSB-Signal noch die Trägerfrequenz selbst hinzu, entsteht ein AM-Signal. Dies zeige ich Ihnen wiederum durch die Addition von Träger- plus Seitenschwingungen anhand von Kosinuskurven niedriger Frequenz in folgendem Bild.

Zur Trägerfrequenz von 10 kHz (diesmal 10 Schwingungen) zeichne ich eine Viertel so große Kosinusschwingung von 8 kHz und 12 kHz. Ich addiere diese drei Spannungen punktweise. Es entsteht ein Signal, dessen

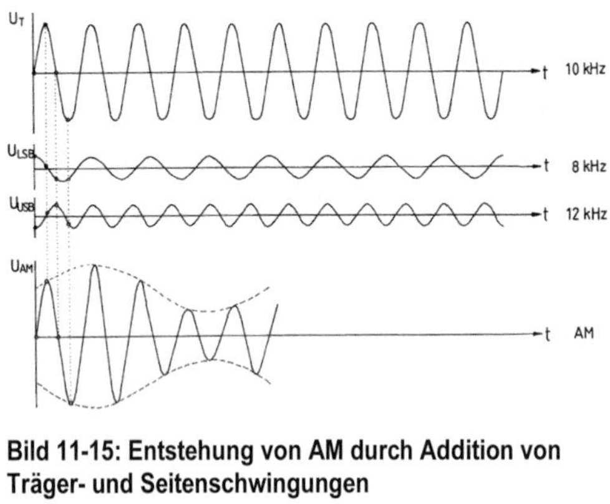

Bild 11-15: Entstehung von AM durch Addition von Träger- und Seitenschwingungen

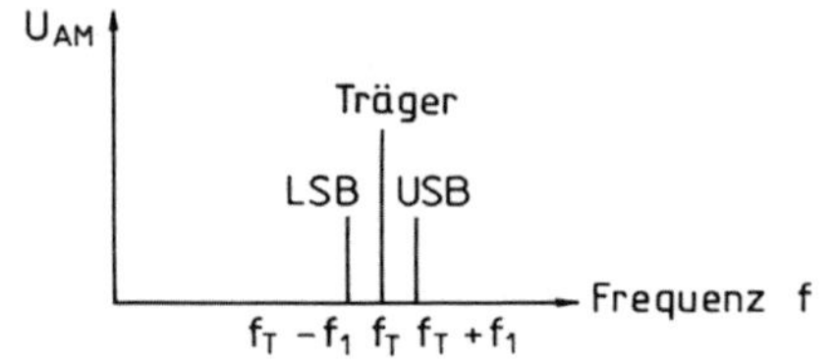

Bild 11-16: Spektrum eines AM-Signals, das mit einer einzelnen Frequenz moduliert ist

Amplitude sich gegenüber einem Mittelwert etwas erhöht und etwas erniedrigt (Bild 11-15 unten).

Daraus lässt sich umgekehrt schließen: Eine amplitudenmodulierte Schwingung lässt sich in eine Trägerschwingung sowie zwei weitere Schwingungen aus der Summe und der Differenz zerlegen (Bild 11-16). Die niedrigere Frequenz (Differenz) nennt man untere Seitenschwingung, die höhere Frequenz obere Seitenschwingung.

Bei der Übertragung von Sprache besteht das Informationssignal (NF) nicht nur aus einer einzigen Frequenz, sondern aus einem Frequenzgemisch. Wenn ein bestimmter Laut gesprochen wird, soll das Informationssignal beispielsweise aus den Frequenzanteilen 0,5 kHz, 1 kHz, 2 kHz mit unterschiedlichen Lautstärken (Amplituden) bestehen (Bild 11-17A). Wird der Träger mit diesem Frequenzband moduliert, ergeben sich auch wieder die Summen und die Differenzen und es entsteht ein Spektrum nach Bild 11-17 B.

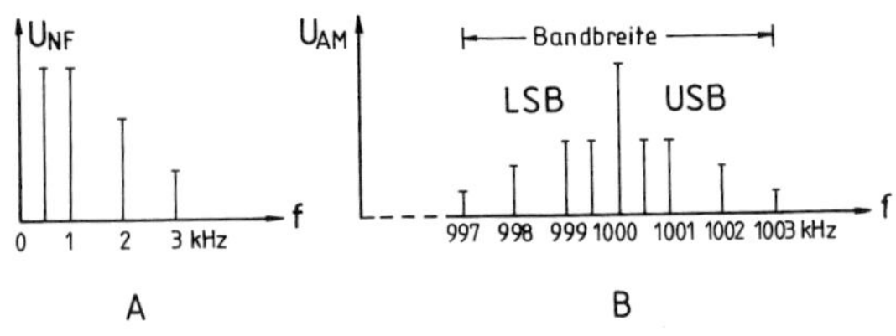

Bild 11-17: A: NF-Frequenzspektrum B: Spektrum der Zweiseitenband-AM

Die entstehenden Seitenfrequenzen nennt man Seitenbänder und unterscheidet LSB (lower side band) und USB (upper side band). Das Ganze ist analoge Zweiseitenbandmodulation mit Träger, international als Sendeart mit A3E abgekürzt, wenn das Informationssignal Sprache ist.

Prüfungsfrage
Bearbeiten Sie die Frage **TB802**!

Bandbreite bei DSB

Die Bandbreite ist der Unterschied von der niedrigsten bis zur höchsten vorkommenden Frequenz. Wie aus Bild 11-17 B zu erkennen ist, geht die Bandbreite von 997 bis 1003 kHz, beträgt also 6 kHz. Man kann die Bandbreite für AM auch mit folgender Formel ausrechnen:

$$b_{AM} = 2 \cdot f_{\text{mod}}$$

Die Bandbreite bei Zweiseitenband-AM ist doppelt so groß wie die höchste vorkommende Modulationsfrequenz.

Einseitenbandmodulation (SSB)

Um Bandbreite zu sparen, gibt es die Möglichkeit, eines der beiden Seitenbänder von DSB wegzufiltern und nur eines durchzulassen. Diese Modulationsart heißt dann SSB (single side band) oder international J3E.

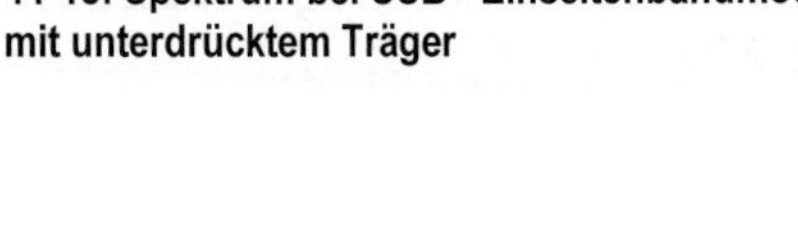

Bild 11-18: Spektrum bei USB - Einseitenbandmodulation mit unterdrücktem Träger

Lässt man das untere Seitenband durch, heißt die Modulationsart in der Abkürzung LSB (lower side band). Lässt man das obere Seitenband durch, erhält man USB (upper side band). Eigentlich ist es egal, welches Seitenband man verwendet. Beide Seitenbänder führen die gleiche Information. Im Amateurfunk hat es sich eingebürgert, dass man bei Frequenzen unterhalb 10 MHz das untere Seitenband und oberhalb 10 MHz das obere Seitenband verwendet. Es hat historische Gründe bei der Erzeugung von SSB und der Verwendung nur eines einzigen Filters.

Die Bandbreite bei SSB ergibt sich aus der Differenz der höchsten und der niedrigsten Modulationsfrequenz.

$$b_{SSB} = f_{\text{NF max}} - f_{\text{NF min}}$$

Weil die niedrigste Frequenz NF_{min} normalerweise gegenüber NF_{max} sehr gering ist, kann man diese vernachlässigen und schreibt

$$b_{SSB} \approx f_{\text{mod}}.$$

Gegenüber AM wird die Bandbreite praktisch halbiert und es können doppelt so viele Sender in einem Frequenzband arbeiten.

Prüfungsfrage
Bearbeiten Sie die Frage **TB801**.

In diesem Kapitel geht es nur um das Prinzip der Signale und deren Bandbreite. Im folgenden Kapitel wird die Modulation und auch die Demodulation von SSB und auch von AM und FM ausführlich besprochen.

Frequenzmoduliertes Signal

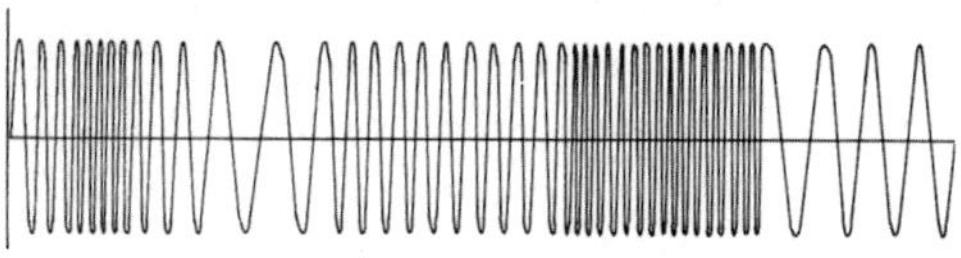

Bild 11-19: FM-Signal

> Es geht in diesem Kapitel noch nicht um die Schaltungen der Modulationsarten, sondern um die Signale selbst.

Die Modulationsspannung erzeugt bei FM die Frequenzänderung, wie sie im Bild 11-20 dargestellt ist. Je größer die Lautstärke wird, desto höher wird die Modulationsamplitude und desto stärker wird die Trägerfrequenzauslenkung. Diese Trägerfrequenzauslenkung nennt man Frequenzhub oder kurz Hub Δf. Die Amplitude eines FM-Signals ändert sich dabei nicht.

Im Amateurfunklehrgang Klasse E wurde bereits erklärt, dass wegen der immer gleichbleibenden Amplitude und der möglichen Amplitudenbegrenzung im Empfänger Impulsstörungen (Zündfunken von Fahrzeugen oder elektrostatische Entladungen bei Gewitter), die sich auf ein Funksignal auswirken können, abgeschnitten und damit fast unhörbar werden. Bei amplitudenmodulierten Signalen (dazu gehören außer AM auch SSB und CW) wirken sich diese Störungen sehr stark aus.

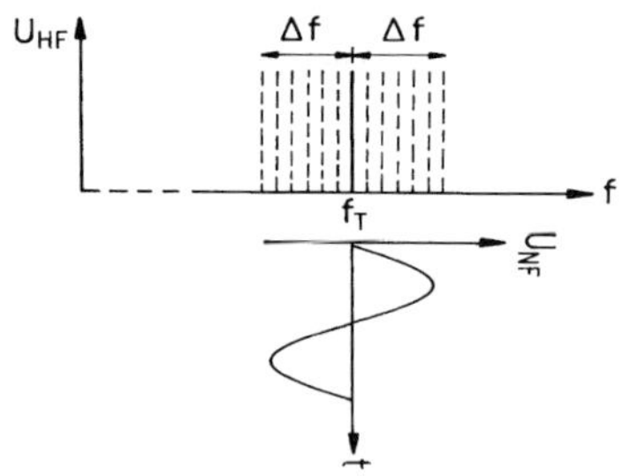

Bild 11-20: Der Hub ist von der Lautstärke abhängig

Modulationsindex bei FM

Im Amateurfunk wird ein typischer Frequenzhub Δf_T von 3 bis 5 kHz verwendet (Schmalband-FM, NBFM), während man im UKW-Rundfunk 75 kHz (Breitband-FM, WBFM) verwendet.

> **Prüfungsfrage**
> Bearbeiten Sie die Fragen **TE217, TE204** und **TK209.**

Kennwerte

Bei Frequenzmodulation gibt es drei wichtige Kennwerte und zwar außer dem *Hub* noch den *Modulationsindex* und die *Bandbreite*. Der Hub wurde bereits definiert. Der Modulationsindex ist das Verhältnis von Hub zu maximaler Modulationsfrequenz.

$$m = \frac{\Delta f_T}{f_{mod}}$$

> **Beispiel**
> Im Amateurfunk wird als höchste Modulationsfrequenz 3 kHz verwendet. Der maximale Hub wurde bereits genannt. Berechnen Sie den Modulationsindex bei Schmalband-FM im Amateurfunk.

$$m = \frac{\Delta f_T}{f_{mod}} = \frac{3\ldots5\,\text{kHz}}{3\,\text{kHz}} = 1\ldots1{,}7$$

Im UKW-Rundfunk wird 75 kHz Hub verwendet bei einer höchsten Modulationsfrequenz von 15. Dies ergibt einen Modulationsindex von 5.

> **Prüfungsfragen**
> Bearbeiten Sie die Fragen **TE109, TE201** und **TE206.**

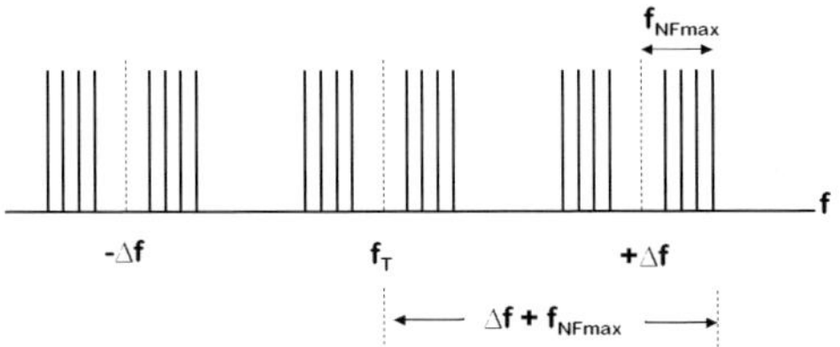

Bild 11-21: Vereinfachtes Frequenzspektrum bei FM

Theoretisch entstehen bei Frequenzmodulation unendlich viele Seitenfrequenzen, die aber mit zunehmendem Abstand vom Träger je nach Hub schnell kleiner werden. Bei kleinem Modulationsindex kann man ein vereinfachtes Frequenzspektrum annehmen, bei dem nur Seitenfrequenzen bis 1 % der Trägerleistung berücksichtigt werden, das folgendermaßen aussieht.

Prüfungsaufgabe
Bearbeiten Sie **TE 205.**

Nach Bild 11-21 beträgt die Bandbreite bei FM $\boxed{B_{FM} = 2 \cdot (\Delta f_T + f_{mod\,max})}$, also

doppelter Hub plus doppelte maximale Modulationsfrequenz.

Beispiel
Beim UKW-Rundfunk beträgt der Hub 75 kHz und die Modulationsfrequenz 15 kHz. Wie groß ist die Bandbreite?

$$B_{FM} = 2 \cdot (75 + 15)\,\text{kHz} = 180\,\text{kHz}$$

Überschlagsmäßig könnte man die Bandbreite grob als zweimal Hub angeben. Das wären dann 150 kHz. Also: Wenn die Modulationsfrequenz sehr klein ist gegenüber dem Hub, gilt

$$B_{FM} \approx 2 \cdot \Delta f_T \quad \text{für} \quad f_{mod} << \Delta f_T$$

Prüfungsfrage
Bearbeiten Sie die Frage **TE203.**

Frequenzmodulation mit einem Modulationsindex von kleiner als 0,5 nennt man Schmalband-Frequenzmodulation (NBFM). Dafür gilt folgende Bandbreitenberechnung.

$$\boxed{B_{FM} \approx 2 \cdot f_{\text{mod}}},$$

also praktisch die gleiche Bandbreite wie bei AM.

Prüfungsfrage
Bearbeiten Sie die Fragen **TE202** und **TB803.**

Tipp zu TB803: Der Modulationsindex ist 1,8 geteilt durch 2, also kleiner als 1. Das zählt noch zu Schmalband-FM. Damit treten die gleichen Frequenzen auf wie bei AM, also Träger sowie Summe und Differenz.

Ein zu großer Hub erzeugt weitere Seitenfrequenzen, was zu Störungen in den Nachbarkanälen führen kann.

Prüfungsfrage
Bearbeiten Sie die Fragen **TE207, TE210, TE211** und **TE212.**

Zum Thema Frequenzmodulation finden sich im Fragenkatalog noch zwei Fragen zur Messung des Hubs mittels Spektrumanalysator. Die Theorie dazu ist sehr schwer zu erklären, denn bei Frequenzmodulation handelt es sich mathematisch um einen Sinus von einem Sinus, also sin(sin ωt +φ). Diese Funktion zu beschreiben ist nur mit Hochschulwissen möglich und erfordert Kenntnisse über die „Besselfunktion“.

Für Interessierte habe ich auf der folgenden Seite einen Exkurs zu diesem Thema gemacht. Sie können diese Seite überspringen, wenn es Ihnen zu mathematisch erscheint. Auf Seite 166 geht es dann weiter.

Die Besselfunktion

Sie haben gemerkt, dass es bei der Bandbreitenberechnung für Frequenzmodulation sehr ungenaue „Ungefährformeln" gibt, die dann entweder für einen sehr geringen oder einen großen Modulationsindex gelten sollen. Man kann die Bandbreite natürlich sehr genau berechnen. Dazu wird aber eine Funktion aus der höheren Mathematik gebraucht. Ich möchte nun denjenigen, die entsprechende Vorkenntnisse haben, diese Funktion etwas erläutern und an einem Beispiel vorführen, wie man die Bandbreite bei FM sehr genau berechnen kann.

Die mathematische Beschreibung für den zeitlichen Verlauf des FM-Signals lautet

$$u = \hat{u}_0 \cdot \sin(\omega_T t - M \cdot cos(\omega_M t))$$

(Grafik dazu weiter unten)

Sie sehen: Es gibt eine Formel mit einem Sinus von einem Cosinus. Die Ausrechnung der ineinander geschachtelten Winkelfunktionen ergibt eine Überlagerung von Sinuskurven, deren Amplituden vom Modulationsindex abhängen. Dies führt zur Besselfunktion $J_n(M)$. Ich möchte Ihnen diese wahnsinnig lange Formelgleichung ersparen. Ich gebe Ihnen die Besselfunktion grafisch und erläutere, wie man damit die Bandbreite berechnet.

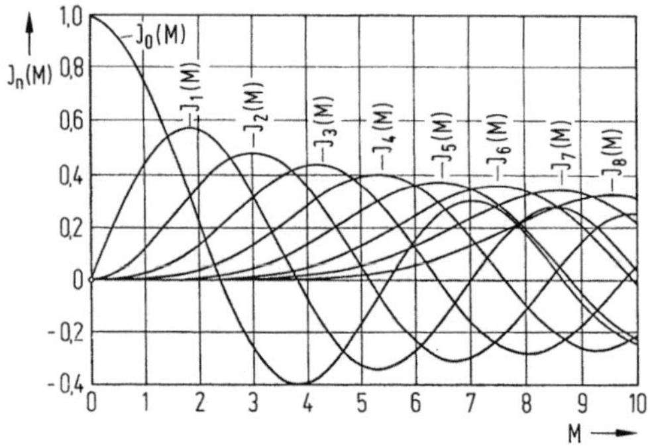

Bild 11-22: Die Bessel-Funktionen

Übungsbeispiel
Es soll die Bandbreite für ein Amateurfunk FM-Signal berechnet werden. Gegeben: Höchste Frequenz 3 kHz, Hub 5 kHz.

Lösung: Zunächst wird M berechnet.

$$M = \frac{5\,\text{kHz}}{3\,\text{kHz}} = 1{,}67$$

Bei M = 1,7 ziehe ich einen senkrechten Strich in der Besselfunktion. Dann lese ich für alle Seitenfrequenzen $J_0, J_1, J_2 ...$ die Amplitudenwerte ab. J_0 bedeutet Trägerfrequenz, J_1 bedeutet erste Seitenfrequenz, also plus 3 kHz bei uns, J_2 bedeutet zweite Seitenfrequenz, also plus 3 kHz und so weiter.

f_T	:	$J_0 = 0{,}5$
$f_T \pm$ 3 kHz	:	$J_1 = 0{,}55$
$f_T \pm$ 6 kHz	:	$J_2 = 0{,}3$
$f_T \pm$ 9 kHz	:	$J_3 = 0{,}1$
$f_T \pm$ 12 kHz	:	$J_4 < 0{,}05$

Amplituden kleiner als 0,1 braucht man nicht mehr zu berücksichtigen. So genau kann man nicht ablesen in diesem Minidiagramm. Die höchste noch zu berücksichtigende Amplitude wäre J_3. Daraus ergibt sich eine Bandbreite von zweimal 9 gleich 18 kHz. Mit der Ungefährformel erhielten wir

$$B = 2 \cdot (\Delta f_T + f_{mod\,max}),$$

$$B = 2 \cdot (5\,\text{kHz} + 3\,\text{kHz}) = 16\,\text{kHz}.$$

Damit liegen wir mit der Ungefährformel gar nicht so schlecht.

Übungsaufgabe
Berechnen Sie die FM-Bandbreite für Δf = 3 kHz und f_{max} = 3 kHz.

Lösung: M = 1. Ich schaue nur, bei welcher Besselfunktion $J_n(M)$ der Wert größer ist als 0,1. J_2 muss noch berücksichtigt werden. Also B wird zweimal 6 kHz gleich 12 kHz.

"Bessel" für alle

Merken: Aus der Besselfunktion erkennt man, dass bei einem Modulationsindex von 2,4 und von 5,5 und weiter bei 8,6 die Besselfunktion J_0 (Trägerfrequenz) eine Nullstelle erreicht. Man kann mit diesem Wissen eine Hubkontrolle mit einem Spektrumanalysator durchführen.

> **Prüfungsfragen**
> Bearbeiten Sie **TE214** und **TE215.**

Tipps: Die Prüfungsfrage **TE215** kann man mit diesem Wissen beantworten. Zur Frage **TE214**: Bei der ersten Nullstelle weiß man, dass der Modulationsindex 2,4 beträgt. Damit lässt sich der Hub berechnen.

Aus $M = \frac{\Delta f_T}{f_{mod}}$ wird $\Delta f_T = M \cdot f_{mod}$.

$$\Delta f_T = 2{,}4 \cdot 1\,\text{kHz} = 2{,}4\,\text{kHz}$$

> **Also merken** Sie sich besonders für die Beantwortung dieser beiden Fragen diese Tatsache, dass bei einem Modulationsindex von 2,4 die Trägerfrequenz eine erste Nullstelle im Spektrum bekommt.

Frequenzumtastung FSK

Die bei Funkfernschreiben übliche Frequenzumtastung gehört ebenfalls zu den frequenzmodulierten Signalen. Die RTTY-Signale werden bei FSK als Spannungswerte 0 und 5 Volt ausgegeben und damit im Sender der Oszillator auf zwei Frequenzen hin und her geschaltet. Die Bandbreite bei FSK ergibt sich aus Hub plus höchster Umschaltfrequenz. Die höchste Umschaltfrequenz ist ungefähr die halbe Baudrate. Dazu folgt mehr im Kapitel 15.

Modulation mit Hilfsträger

Anstatt die Information direkt auf den Träger aufzumodulieren, kann man einen niederfrequenten Zwischenträger mit der gewünschten Information modulieren und das entstandene Gesamtsignal dann in AM oder in FM auf den Hauptträger modulieren. Für einen Morselehrgang auf den 2-m-FM-Kanälen beispielsweise, tastet man ein 1-kHz-Tonsignal mit dem Morsecode. Dieses bereits getastete Signal gibt man dann auf den Mikrofoneingang des FM-Senders. Diese Sendeart bezeichnet man als Frequenzmodulation mit Tastung eines modulierten Hilfsträgers (F2A) gemäß Tabelle auf folgender Seite.

Phasenmoduliertes Signal

Heutzutage, im Zeitalter der integrierten Bausteine und der Digitaltechnik, erzeugt man Frequenzmodulation nicht mehr mit einem Oszillator und einem LC-Schwingkreis, sondern durch phasengesteuerte Schleifen in Zusammenarbeit mit spannungsgesteuerten Oszillatoren auf Quarzbasis. Damit lässt sich auch eine Modulation erreichen, die sich wie Frequenzmodulation auswirkt, aber eigentlich nur die Phase des Signals steuert.

Man kann auch einen Transistor als Phasenschieber schalten, indem man über einen Kondensator (90° Phasenverschiebung) eine Rückkopplung auf einen 180°-Verstärker (Emitterschaltung oder Sourceschaltung) einstellt. Solch eine Schaltung ist in folgender Prüfungsfrage dargestellt.

> **Prüfungsfrage**
> Bearbeiten Sie die Frage **TD515.**

Auf der Empfängerseite ist bei kleinem Phasenhub keine Unterscheidung zwischen FM und PM möglich. Diese PM-Sender werden deshalb auch als FM-Sender bezeichnet.

Prüfungsfrage
Bearbeiten Sie die Frage **TB805**.

Für „Mathematiker" folgen hier noch die Plots der einzelnen Modulationsarten.

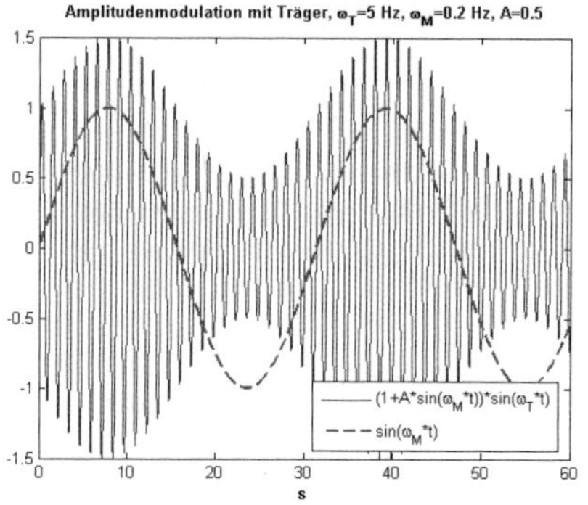

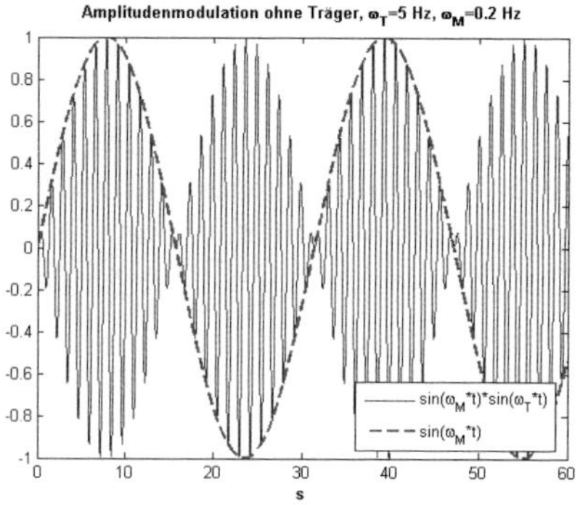

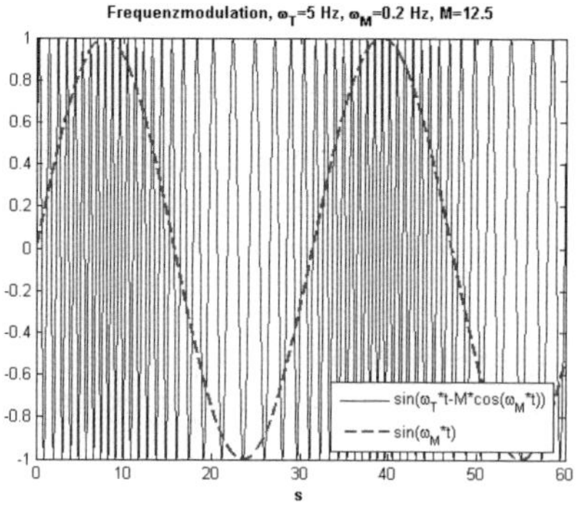

Internationale Kennzeichnung der Sendearten

1. Symbol: Modulationsart des Hauptträgers	
A	Zweiseitenband AM
C	Restseitenband AM
F	Frequenzmodulation
G	Phasenmodulation
J	Einseitenband AM, unterdrückter Träger

2. Symbol: Signalmodulation des Hauptträgers	
1	Einkanal mit quantisierter oder digitaler Information ohne Modulation des Hilfsträgers
2	Einkanal mit quantisierter oder digitaler Information mittels eines modulierten Hilfsträgers
3	Einkanal mit analoger Modulation

3. Symbol: Art der auszusendenden Information	
A	Tastung durch Morsetelegrafie
B	Fernschreiben
C	Faksimile (Bildübertragung)
D	Datenübertragung, Fernsteuerung
E	Sprechfunk
F	Fernsehen (Video)

Beispiele
J3E Sprechfunk (E) in Einseitenbandmodulation mit unterdrücktem Träger (J), analog. Das ist die Modulationsart, die wir im Amateurfunk mit SSB bezeichnen.
A1A ist normale Morsetelegrafie (CW). Man tastet die Amplitude des Trägers (AM).
F2B ist Funkfernschreiben (RTTY) mit Frequenzumtastung.
C3F ist ATV Amateurfunkfernsehen

Prüfungsfrage
Bearbeiten Sie die Frage **TE101**.

Kapitel 12: Modulation - Demodulation

In diesem Kapitel geht es um die Praxis der Modulation und Demodulation, während im vorigen Kapitel die Theorie dazu behandelt wurde.

Übersicht

- Erzeugung Amplitudenmodulation
- Der Modulationsgrad
- Leistungen bei AM
- AM-Demodulation
- Der Audion-Demodulator
- Die Trägerunterdrückung
- Der Ringmodulator
- Einseitenbandmodulation SSB
- Vergleich AM - SSB
- Demodulation von SSB
- Der Produktdetektor
- Erzeugung von FM
- FM-Demodulation
- FM-Demodulator mit PLL

Erzeugung von AM

Durch Modulation werden Informationen auf einen Träger aufgeprägt. Amplitudenmodulation kann mit folgender einfachen Schaltung erzeugt werden. Die beiden Generatoren HF und NF stellen das Hochfrequenzsignal (Träger) und das Niederfrequenzsignal dar. Beide Signale werden über hochohmige Vorwiderstände gemeinsam über eine Diode auf einen Schwingkreis gegeben. Wegen der hochohmigen Widerstän-

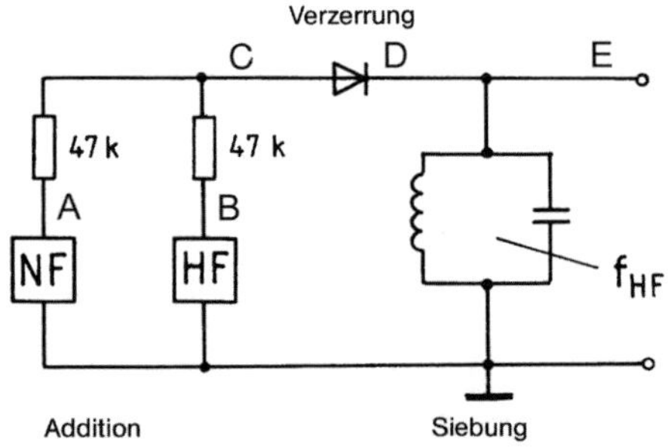

Bild 12-1: Prinzipschaltung für Amplitudenmodulation

de werden die Ströme in der Diode addiert, die Diode verzerrt das Signal und der Schwingkreis siebt den gewünschten Frequenzbereich aus.

NF-Signal (A) und Träger (B) werden addiert und ergeben das Signal C, was noch keine Modulation darstellt. Die Amplitude der einzelnen Schwingungen ist noch immer überall gleich groß, nur etwas nach oben und nach unten verschoben. Man nennt dies eine Überlagerung.

Um daraus eine Modulation zu machen, bei der sich die Amplitude ändert, muss eine Halbwelle dieses überlagerten Signals mit einer Diode unterdrückt werden (D). Mit Hilfe einer Siebschaltung, die hier aus einem Schwingkreis besteht, werden die negativen Halbwellen in gleicher Größe wie die positiven Halbwellen regeneriert.

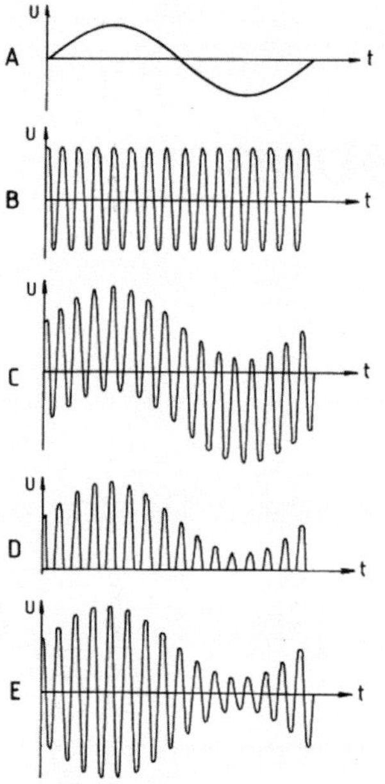

Bild 12- 2: Die Entstehung von AM

Der Modulationsgrad

Unter Modulationsgrad versteht man das Verhältnis der Amplitude der NF-Schwingung zur Amplitude der unmodulierten Trägerschwingung, meist in Prozent ausgedrückt. In der Formelsammlung der BNetzA lautet die Formel

$$m = \frac{\hat{U}_{mod}}{\hat{U}_T}$$

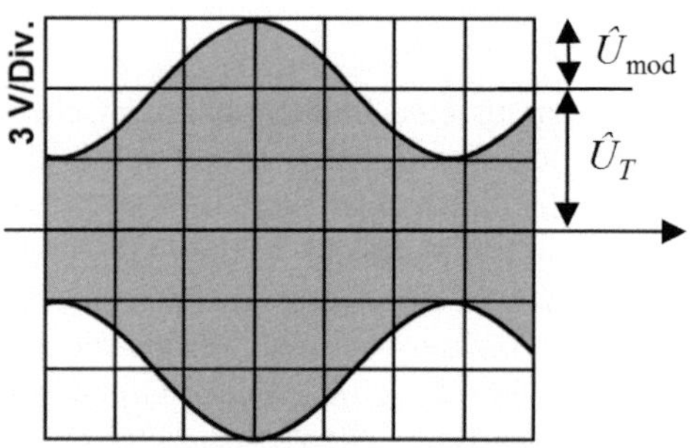

Bild 12-3: Modulationsgrad

Bild 12-3 entstammt dem Prüfungsfragenkatalog (Prüfungsfrage TE111). Es soll der Modulationsgrad in Prozent ermittelt werden. Zur Lösung wurde in der Mitte eine Nulllinie und im oberen Teil der Modulationshüllkurve eine Mittellinie eingezeichnet. Hieraus kann man sehr gut $\hat{U}_{mod}$ und $\hat{U}_T$ ablesen und den Modulationsgrad berechnen.

$$m = \frac{3\,\text{V}}{6\,\text{V}} = 0{,}5 = 50\%$$

Prüfungsaufgaben
Bearbeiten Sie die Aufgaben **TE104, TE111** und **TE112**.

Aus dem Bild 12-4 kann man Folgendes herauslesen, was Sie in der Prüfung auch erkennen müssen. Bild A stellt ein unmoduliertes Signal dar. Bild B ist AM, schwach moduliert. Bild C ist AM 100 % moduliert, weil das Modulationssignal bis zur Nulllinie geht. Bild C ist AM, aber übermoduliert.

Prüfungsaufgaben
Bearbeiten Sie die Aufgaben **TE105** und **TE110** aus dem Fragenkatalog.

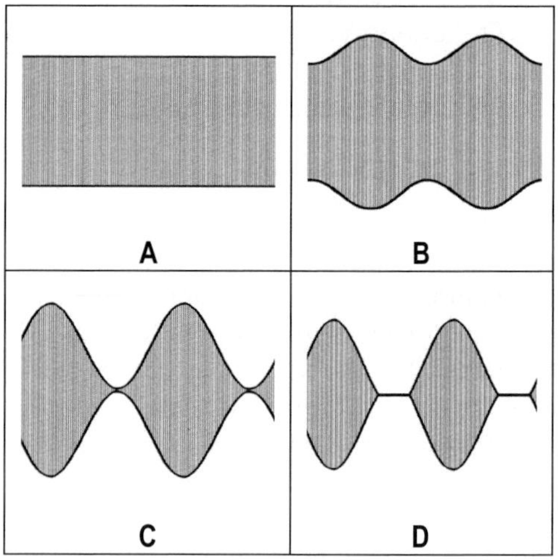

Bild 12-4: Amplitudenmodulierte Signale

Wird der Modulationsgrad eines AM-Senders auf über 100 % erhöht (Bild 12-4 D) entstehen Verzerrungen auf der Empfangsseite. Außerdem erhöht sich die Bandbreite des Senders übermäßig, was zu Störungen auf den Nachbarfrequenzen führt, die man *Splatter* nennt.

Prüfungsfragen
Bearbeiten Sie die Fragen **TE106** und **TE108**.

Leistungen bei AM

Nun sollen die Leistungen von Träger und Seitenfrequenzen eines 100% modulierten AM-Signals berechnet werden, um die Leistungsersparnis bei SSB zu ergründen. Bei 100% Modulationsgrad sind Trägerspannung und Modulationsspannung gleich. Wenn die Gesamtspannung 100 V beträgt, fallen 50 V auf den Träger und zweimal 25 Volt gleich 50 V auf die Seitenfrequenzen. Nehmen wir an, diese Spannungen wurden an einem Widerstand von 50 Ω gemessen.

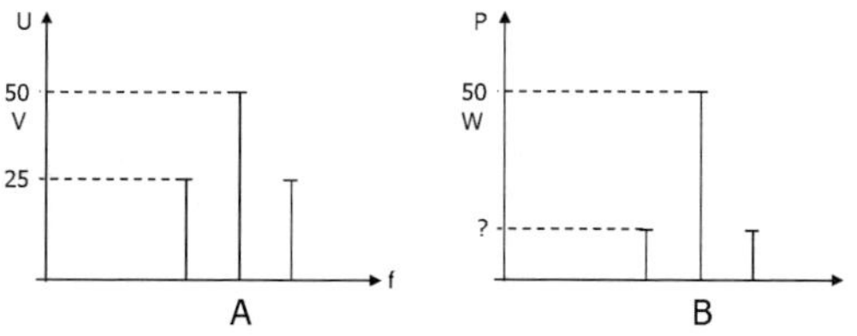

Bild 12-5: A: Spannungen und B: Leistungen bei AM mit einem Modulationsgrad von 100%

Aufgabe
Die im Bild 12-5 angegebenen Spannungswerte sollen Effektivwerte sein. Berechnen Sie die Leistung von Träger und den Seitenfrequenzen. Berechnen Sie die Gesamtleistung.

Lösung: $P = \frac{U^2}{R}$

Träger: $P = \frac{50^2\,\text{V} \cdot \text{V} \cdot \text{A}}{50\,\text{V}} = 50\ \text{W}$

Seiten: $P_{SSB} = \frac{25^2\,\text{V} \cdot \text{V} \cdot \text{A}}{50\,\text{V}} = 12{,}5\ \text{W}$

Gesamt: 50 W + 25 W = 75 W

Von den insgesamt 75 Watt entfallen nur 12,5 Watt auf das Seitenband mit der Information. Das sind nur 12,5 / 75 = 1/6 der Gesamtleistung. 5/6 der Leistung könnte man sparen, wenn man beim Senden den Träger und ein Seitenband unterdrückt.

Wenn man bei einem AM-Signal den Träger unterdrückt, bleiben nur noch die beiden Seitenbänder. Man kann durch Zusatz des fehlenden Trägers auf der Empfängerseite daraus wieder AM generieren. Ein solches „Zweiseitenbandsignal" ohne Träger sieht folgendermaßen aus (Bild 12-6). Verwechseln Sie es nicht mit dem AM-Signal mit Modulationsgrad 100% (Bild 12-4 C) oder erst recht nicht mit dem übermodulierten Signal (Bild 12-4 D)! Ein echter Einseitenbandsender, der zu Testzwecken mit zwei Tönen moduliert ist, sieht genauso aus, wie Zweiseitenband ohne Träger.

Prüfungsfrage
Bearbeiten Sie die Frage **TE113.**

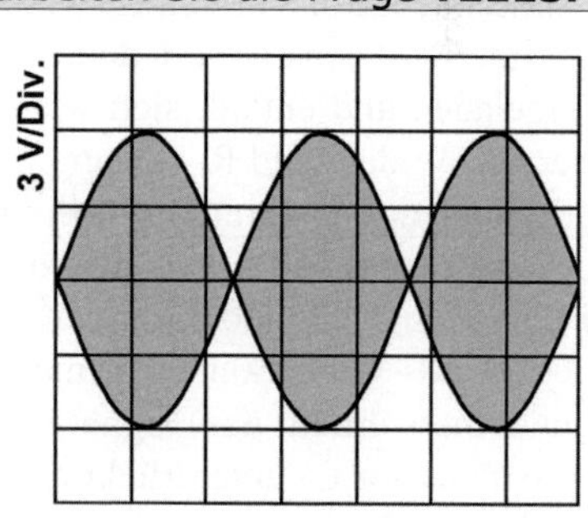

Bild 12-6: Zweiseitenbandmodulation mit Trägerunterdrückung oder Einseitenbandsignal (SSB) mit Zweitonaussteuerung

AM-Demodulation

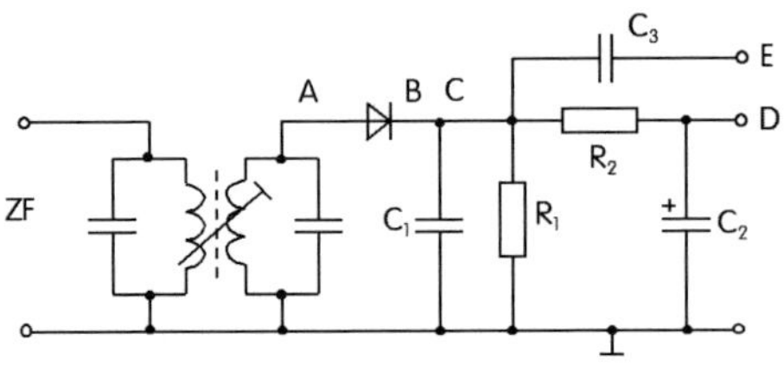

Bild 12-7: Hüllkurvendemodulator

Unter Demodulation versteht man die Rückwandlung des übertragenen Signals in die ursprüngliche Frequenzlage am Empfangsort. Der Demodulator ist sozusagen das Herz des Empfängers. Eine Schaltung zur Demodulation von AM hat die Aufgabe, die modulierte Spannung gleichzurichten und mit den Spitzenwerten dieser pulsierenden Spannung einen Kondensator (C_1) aufzuladen. Die aneinander gereihten Spitzenwerte ergeben den Verlauf der niederfrequenten Signalspannung, wie dies in nebenstehenden Diagrammen Bild 12-8 dargestellt ist. Die Buchstaben A bis E kennzeichnen die Punkte in der Schaltung, wo diese Signale zu finden sind.

Das Diagramm A im rechts zeigt die modulierte Signalspannung vor dem Gleichrichter, Diagramm B hinter der Diode, wenn kein Ladekondensator vorhanden wäre. Der Kondensator wird jeweils auf den Spitzenwert aufgeladen und entlädt sich wieder etwas über den Widerstand R_1 (Diagramm C). Die Spannung des Diagramms C folgt der Hüllkurve und entspricht der aufmodulierten NF-Spannung. Die Hochfrequenz-Reste werden vom NF-Verstärker nicht mehr verstärkt und man erhält das Signal D. Der Koppelkondensator C_3 unterdrückt noch den durch den Gleichrichter entstehenden Gleichspannungsanteil und lässt nur das ursprünglich aufmodulierte NF-Wechselspannungssignal durch.

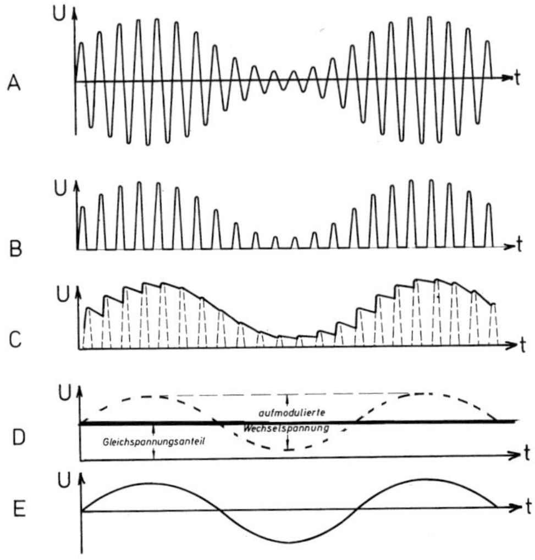

Bild 12-8: Demodulationsvorgang bei AM

Der am Messpunkt D entstehende Gleichspannungsanteil kann für Regelzwecke (ALR) eingesetzt werden. Diese Gleichspannung entspricht dem Mittelwert der Signalspannung (D Mittellinie). Diese Gleichspannung führt man dem Hochfrequenzverstärker des Empfängers und dem ZF-Verstärker (folgende Kapitel) zurück. Die Spannung muss so gepolt sein, dass die Verstärkung sinkt, wenn die Regelspannung größer wird. Diese Spannung nennt man ALR-Spannung (Automatische Lautstärkeregelung).

Prüfungsfragen
Bearbeiten Sie die Fragen **TD501, TD502, TD503** und **TD504.**

Prüfungsfrage TF317

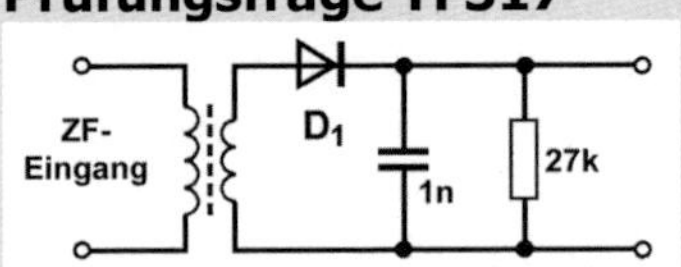

Bei der Schaltung handelt es sich um einen

A AM-Detektor.

Der Audion-Demodulator

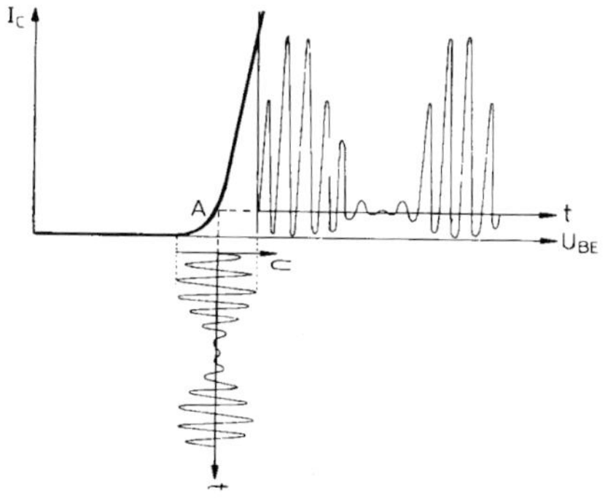

Bild 12-9: Wirkungsweise des Audion-Demodulators

Führt man wie bei einem Oszillator dem HF-Verstärker eines Empfängers einen Teil der verstärkten Ausgangsspannung gleichphasig auf den Eingang zurück, so dass eine Addition (Mitkopplung) entsteht, die aber gerade noch nicht die Schwingbedingung ($k \cdot v = 1$) erfüllt, so erreicht man damit zweierlei.

Erstens werden dadurch die Schwingkreisverluste teilweise ausgeglichen, so dass die erzielbare Güte höher und damit die Bandbreite verringert wird (bessere Trennschärfe). Gleichzeitig wird die Amplitude des Signals so groß, dass die Basis-Emitter-Strecke eines Transistors im gekrümmten Bereich der Kennlinie arbeitet und damit als Gleichrichter wirkt. Diese Schaltung bezeichnet man als „Rückkopplungs-Audion".

Liegt der Arbeitspunkt im Knickpunkt der Steuerkennlinie eines Transistors, werden die positiven Halbwellen des AM-Signals verstärkt, die negativen nicht. Es entsteht ein Gleichrichtereffekt wie bei einer Diode.

Im Kapitel 17 auf Seite 257 finden Sie eine komplette Audionschaltung mit Werten dargestellt. Vielleicht können Sie diese einmal aufbauen?

Modulation mit Trägerunterdrückung

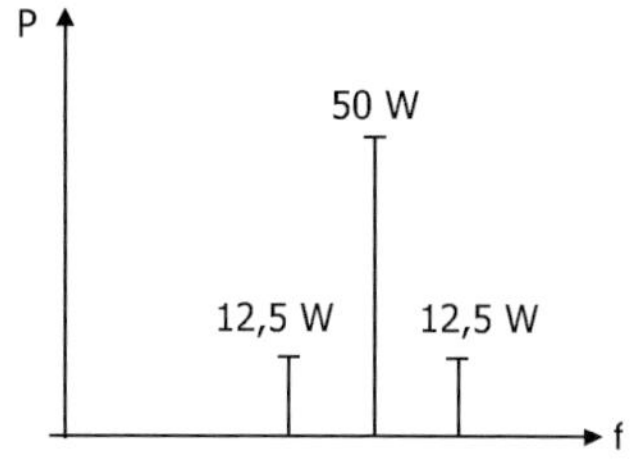

Bild 12-10: Die Leistungsverteilung bei AM mit Träger

Wie zwei Seiten zuvor in der Aufgabe zum Bild 12-5 gezeigt wurde, stecken bei Zweiseitenband-AM mit Träger bei einem Modulationsgrad von 100 Prozent 4/6 der Gesamtleistung im Träger und je 1/6 in den beiden Seitenbändern.

Da die Information, die man übertragen möchte, in jedem Seitenband vorhanden ist, könnte man 5/6 der Gesamtleistung einsparen oder die gesamte Leistung, also das sechsfache, in ein Seitenband stecken, wenn man den Träger und ein Seitenband unterdrücken würde. Dies führt zu der Modulationsart Einseitenbandmodulation mit Trägerunterdrückung (SSB), die im Amateurfunk verwendet wird. Dies ist übrigens eine Entwicklung der Funkamateure, die erst später auch von kommerziellen Nachrichtendiensten übernommen wurde.

Zunächst werden Sie kennen lernen, wie man den Träger unterdrücken kann und damit 4/6 (=2/3) der Leistung einspart. Diese Modulation heißt Doppelseitenband-Modulation mit Trägerunterdrückung, die Sie im vorigen Kapitel als DSB-Signal bereits kennengelernt haben. Danach wird erläutert, wie man ein Seitenband unterdrücken kann und dann nicht nur ein weiteres Sechstel der Leistung spart, sondern vor allem die Bandbreite halbiert.

Die Trägerunterdrückung

Wieso kann man denn den Träger unterdrücken, wenn man diesen doch extra erzeugt, um ein Hochfrequenzsignal zu haben, das von einer Antenne abgestrahlt werden kann?

Moduliert man einen Träger von 3700 kHz (80-m-Band im Amateurfunk) mit einer Frequenz von 1 kHz, so erhält man außer der Trägerfrequenz noch die Seitenfrequenzen 3699 kHz und 3701 kHz (siehe vorige Kapitel). Das bedeutet: Die Seitenfrequenzen liegen also bereits im Hochfrequenzbereich. Auch wenn man nun den Träger unterdrückt, kann eine Frequenz von 3699 kHz (unteres Seitenband LSB) oder 3701 kHz (oberes Seitenband USB) von einer Antenne abgestrahlt werden.

Wie wird die Trägerunterdrückung praktisch erreicht? Grundsätzlich wird zunächst der Träger zur Modulation gebraucht. Der Modulator wird jedoch so aufgebaut, dass er die Entstehung der Trägerfrequenz am Ausgang unterdrückt.

Es gibt dafür verschiedene Schaltungen, die darauf beruhen, dass die Trägerfrequenz sich durch entgegengesetzt symmetrische Spannungen aufhebt. Man nennt diese Schaltungen Balance-Modulatoren. Ein solcher Balance-Modulator ist die folgende Schaltung eines Ringmodulators.

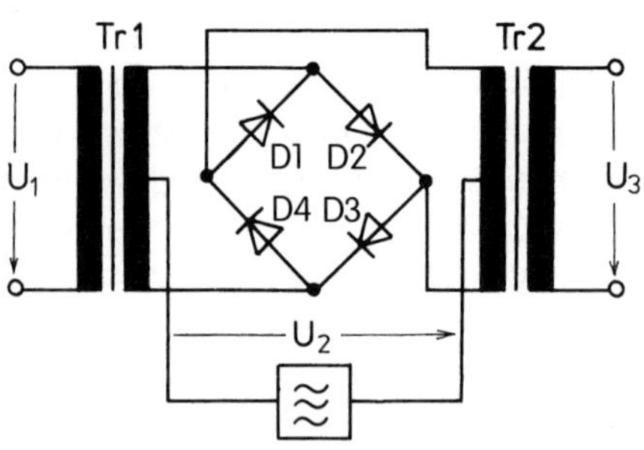

Bild 12-11: Schaltung eines Ringmodulators

Der Ringmodulator besteht aus zwei Transformatoren mit Mittelanzapfung (Differenzialtransformatoren) und vier Dioden, die so im Ring geschaltet sind, dass jeweils eine Anode an eine Katode der folgenden Diode angeschlossen wird.

> **Hinweis**
> Verwechseln Sie diese Ringschaltung nicht mit der Brückengleichrichterschaltung eines Netzteiles. Die Dioden sind anders geschaltet. Ansonsten sieht die Schaltung ähnlich aus.

Die Wirkungsweise der Trägerunterdrückung beim Ringmodulator

Der Träger wird an die Mittelanzapfungen der Trafos (Bild 12-11) eingespeist. Im Zeitpunkt 0 sei kein NF-Signal vorhanden. Da alle vier Dioden gleich sind (Diodenquartett!), wird der Wechselstrom vom HF-Trägergenerator zu gleichen Teilen auf die beiden Wicklungshälften von Trafo Tr2 verteilt. Da sich die Magnetfelder der beiden Wicklungshälften aufheben, entsteht in der Ausgangswicklung keine Trägerspannung.

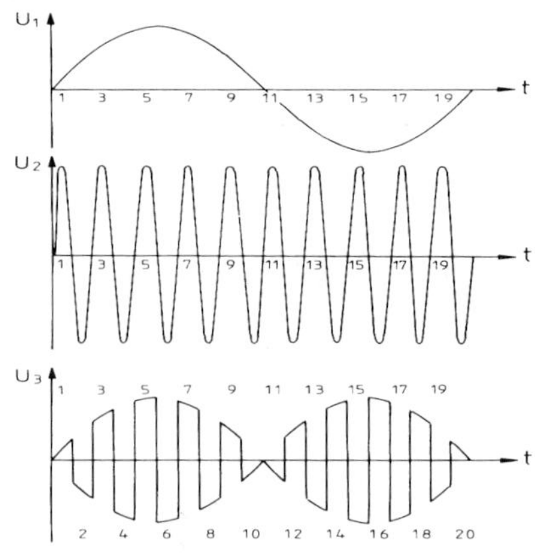

Bild 12-12: Entstehung des Modulationssignals bei Trägerunterdrückung

In den Zeitabschnitten 1-10 (Bild 12-12) soll der Trafo Tr1 eine positive NF-Spannung liefern. Bei ansteigender Spannung im Zeitabschnitt 1 werden die Dioden 2 und 3 mehr leitend und die Dioden 1 und 4 mehr gesperrt. Die positive Halbwelle des HF-Wechselstroms (Abschnitte 1, 3, 5...) erzeugt eine positive Spannung U_3 und die negative Halbwelle (Abschnitte 2, 4, 6...) eine negative Spannung U_3.

In den Zeitabschnitten 11 bis 20 ist die NF-Spannung negativ. Die Dioden 1 und 4 werden mehr leitend und 2 und 3 mehr gesperrt. Dadurch wird bei einem positiven HF-Wechselstrom (Abschnitte 11, 13, 15 ...) nun eine negative Ausgangsspannung entstehen und umgekehrt in den Bereichen 12, 14, 16, ... Beim Übergang vom Bereich 10 zum Bereich 11 findet im Ausgangssignal dadurch ein plötzlicher Wechsel der Polarität statt, den man Phasensprung nennt.

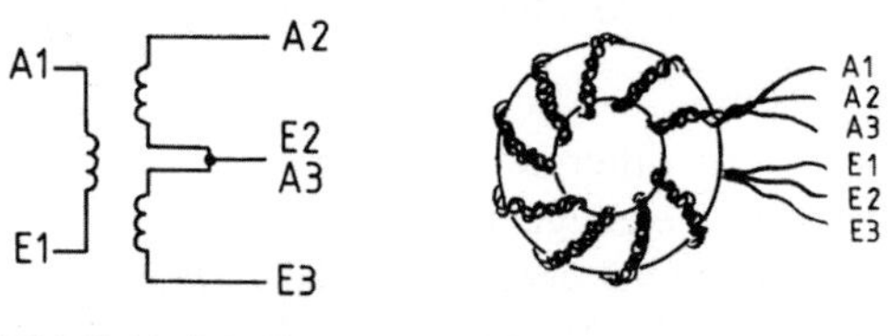

Bild 12-13: Schaltung eines Differenzialübertragers für einen Ringmodulator

> **Praxis**
> Der Differenzialtrafo für einen solchen Ringmodulator lässt sich relativ leicht selbst herstellen. Zunächst werden drei Kupferlackdrähte für die drei Wicklungen miteinander verdrillt. Diesen verdrillten Draht zieht man dreifädig (trifilar) mehrfach durch einen Ringkern. Mit einem Durchgangsprüfer muss man die zugehörigen Adern herausfinden. Solche Breitband-Ringmodulatoren gibt es aber auch fertig zu kaufen.

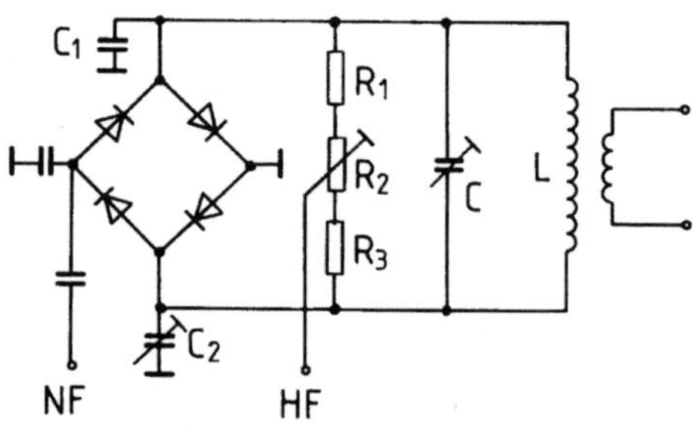

Bild 12-14: Unsymmetrischer Ringmodulator

Eine Variante dieser Schaltung eines Ringmodulators, die mit nur einem Trafo auskommt, ist im Bild 12-14 dargestellt. Die Dioden sind ebenfalls im Ring geschaltet (jeweils Anode an Katode), aber die Einkopplung der NF erfolgt unsymmetrisch ohne Trafo. Eine Ecke der Diodenbrücke liegt an Masse und das NF-Signal wird an der gegenüberliegenden Ecke kapazitiv eingekoppelt.

Um eine gute Trägerunterdrückung zu erzielen, wird das HF-Signal über eine einstellbare Widerstandsbrücke symmetrisch eingekoppelt. Unterschiedliche Dioden- oder Schaltkapazitäten kann man mit dem einstellbaren Widerstand und dem Kondensator C_2 kompensieren.

> **Prüfungsaufgabe**
> Beantworten Sie die Fragen **TD513** und **TF313.**

Hinweis zu TD513: Es ist im Prinzip die gleiche Schaltung wie die hier im Bild 12-14. Allerdings hat man den Schwingkreiskondensator auf die Sekundärseite gesetzt Der Abgleich erfolgt mit der Spule anstatt mit dem Kondensator. Bei einer hochohmigen Auskopplung des Signals (z.B. Oszilloskop) ist es besser, den frequenzbestimmenden Schwingkreis auf die Sekundärseite zu setzen.

Praxis
Für eine Praxisübung im Elektroniklabor können Sie diese Schaltung Bild 12-14 verwenden, wenn Sie keine zwei Differenzialübertrager haben. Lassen Sie dazu die beiden Kondensatoren C_1 und C_2 weg und wählen Sie für C einen Festkondensator von 2,2 nF bei einer Induktivität von 100 mH. Ermitteln Sie die Resonanzfrequenz des Schwingkreises. Wenn alles richtig funktioniert, sehen Sie mit Hilfe eines Oszilloskops ein Ausgangssignal ähnlich dem Diagramm U_3 von Bild 12-12.

Bei höheren Frequenzen kann das Signal ähnlich aussehen, wie in dem Bild eines "Zwei-Ton-Testsignals" der folgenden Prüfungsfrage.

Prüfungsfrage
Bearbeiten Sie die Frage **TE113**

Die durch Trägerunterdrückung entstandene Modulation nennt man Doppelseitenband-Modulation mit Trägerunterdrückung DSB. Das DSB-Signal im Frequenzspektrum sieht folgendermaßen aus (Bild 12-15). Es existieren weiterhin beide Seitenbänder, nur der sehr energiereiche Träger ist unterdrückt worden (gestrichelt). Man spart viel Senderleistung, aber die Bandbreite des Senders ist gleichgeblieben. Zur Demodulation muss der Träger auf der Empfangsseite wieder hinzugefügt werden.

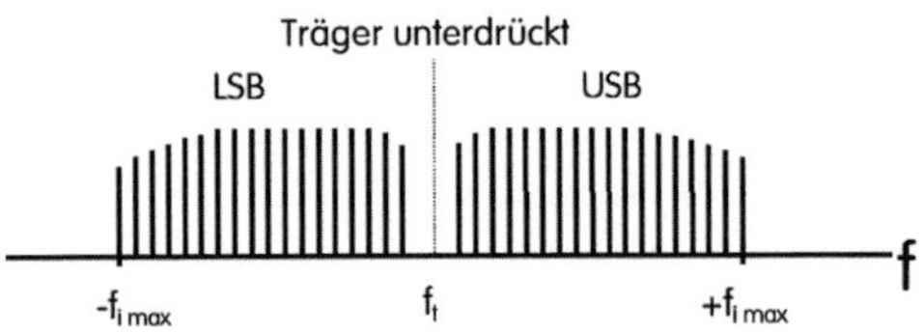

Bild 12-15: Spektrum eines DSB-Signals

Einseitenbandmodulation SSB

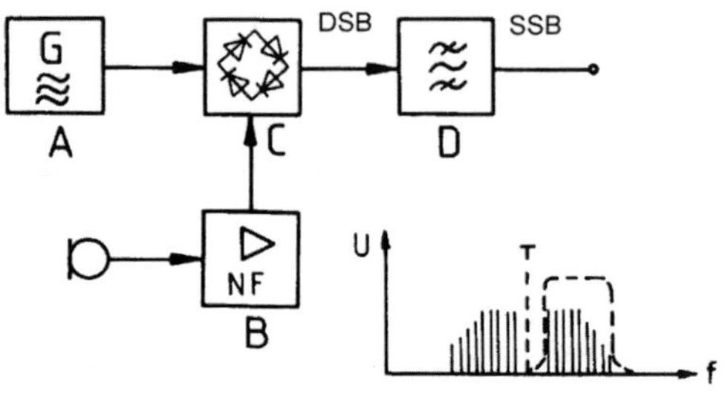

Bild 12-16: Erzeugung von SSB nach der Filtermethode

Der Frequenzraum aber ist wertvoll. Deshalb ist es sehr wichtig, die Bandbreite der Aussendung möglichst gering zu halten. Da in beiden Seitenbändern die gleiche Information steckt, kann man das eine Seitenband auch noch unterdrücken. Diese Modulationsart heißt Einseitenbandmodulation SSB (single side band). Sie wird im Amateurfunk angewendet. Zweiseitenbandmodulation ist im Amateurfunk nicht zugelassen.

Nach der Filtermethode wird SSB folgendermaßen erzeugt. Der Trägeroszillator (A) in Bild 12-16 erzeugt die HF. Diese wird mit der NF (B) in einem Ringmodulator moduliert. Es entsteht ein Zweiseitenbandsignal mit Trägerunterdrückung (DSB). Dieses wird über das Filter (D) geschickt und nur noch ein Seitenband durchgelassen.

Es ist im Prinzip gleich, welches der beiden Seitenbänder verwendet wird. Aus historischen Gründen hat sich im Amateurfunk herausgebildet, dass bei Frequenzen unter 10 MHz das untere Seitenband LSB (lower side band) und bei Frequenzen ab 10 MHz aufwärts das obere Seitenband USB (upper side band) verwendet wird. Auf 160 m, 80 m und 40 m verwendet man also LSB und auf allen anderen Bändern USB.

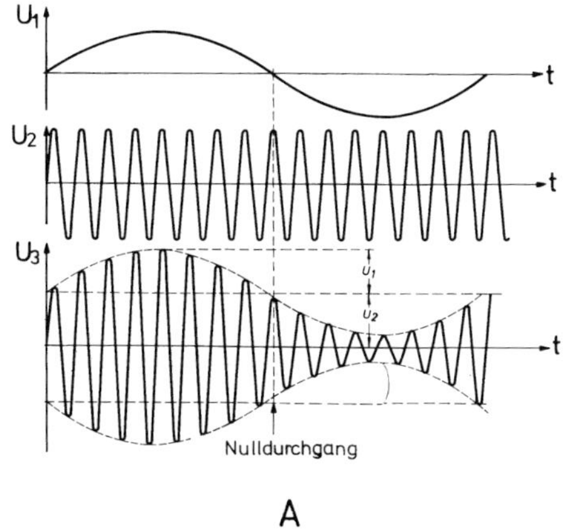

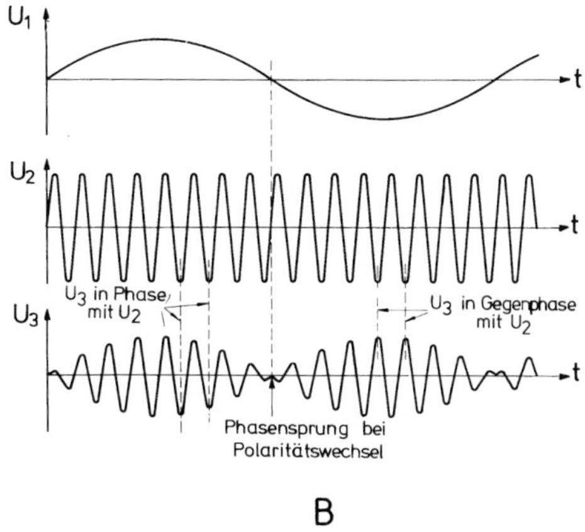

Bild 12-17 A: AM B: Zweiton-SSB-Signal

Vergleich AM — SSB

Im Bild 12-17 sind zum Vergleich jeweils die NF, der HF-Träger und das Modulationssignal von normaler AM mit Träger und von einem DSB- oder Zweiton-SSB-Signal mit Trägerunterdrückung dargestellt. Während bei AM mit Träger (Bild A) die Amplitude im Rhythmus der Signalfrequenz um einen Mittelwert (U_2) schwankt, ist der Mittelwert bei AM mit Trägerunterdrückung (Bild B) gleich Null.

Wechselt die Polarität des NF-Signals, äußert sich dies bei AM mit Träger dadurch, dass der Mittelwert größer oder kleiner wird, während bei AM mit Trägerunterdrückung die Phase wechselt.

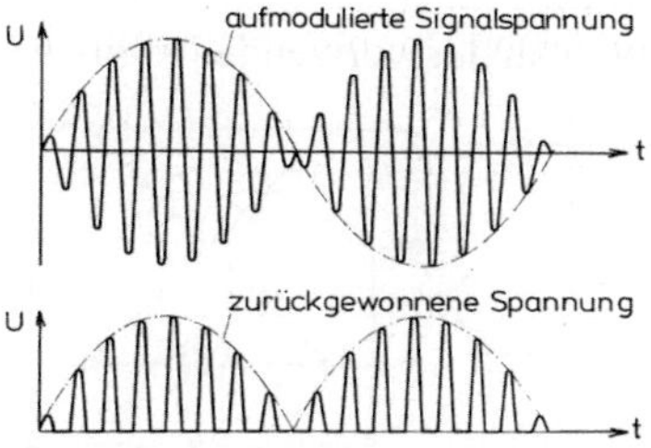

Bild 12-18: Fehlerhafte SSB-Demodulation mit einem einfachen AM-Demodulator

Demodulation von SSB

Bei SSB wird die Amplitudenmodulation mit Trägerunterdrückung angewendet. Würde man bei einem solchen Signal den einfachen AM-Demodulator verwenden, bekäme man am Ausgang ein völlig verzerrtes Signal, wie dies links unten auf dieser Seite im Bild 12-18 dargestellt ist. Zur Demodulation wird im Prinzip die AM mit Trägerunterdrückung in normale AM umgewandelt.

Dazu wird zunächst der fehlende Träger wieder hinzugesetzt. Nach der Addition erhält man als Summensignal normale AM, die man mit einem einfachen AM-Demodulator demodulieren kann. Diese in einem Empfänger notwendige Zusatzschaltung eines Oszillators wird BFO (beat frequency oscillator) genannt

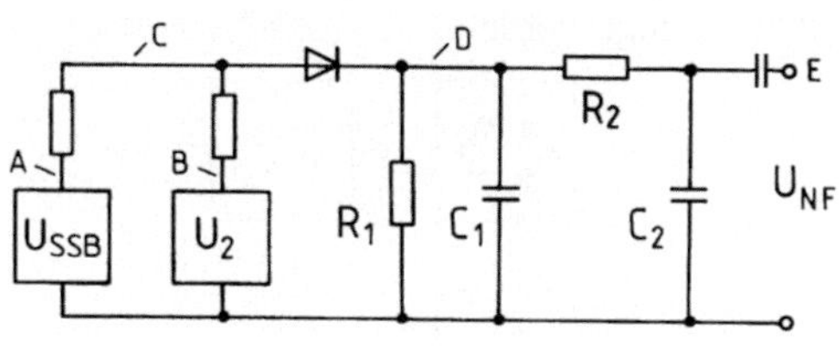

Bild 12-19: Trägerzusatz durch Addition des Trägers

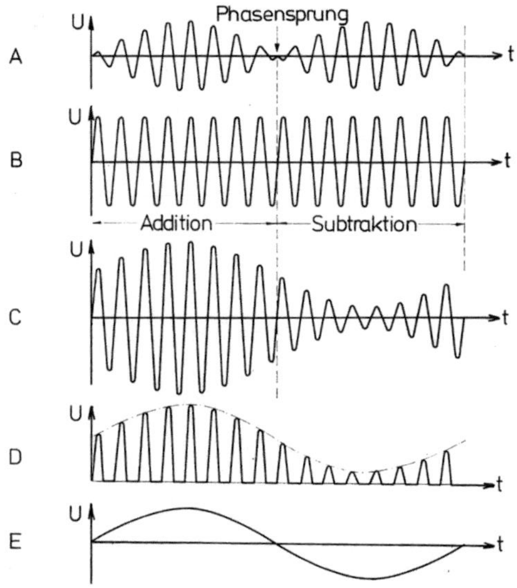

Bild 12-20: Die Addition der Trägerspannung führt zu normaler AM (C), die mit einem AM-Demodulator demoduliert werden kann (D, E)

Wie die Schaltung nach Bild 12-19 arbeitet, wird durch die einzelnen Diagramme im Bild 12-20 dargestellt. Die Signale A und B werden addiert und es entsteht normale AM (Signal C), die man mit einer Diode und einem Ladekondensator recht einfach demodulieren kann.

Der Produktdetektor

Eine solche Schaltung, die mit Hilfe eines BFO und eines Mischers den Träger hinzusetzt und aus dem Mischprodukt das Modulationssignal ausfiltert, heißt Produktdetektor.

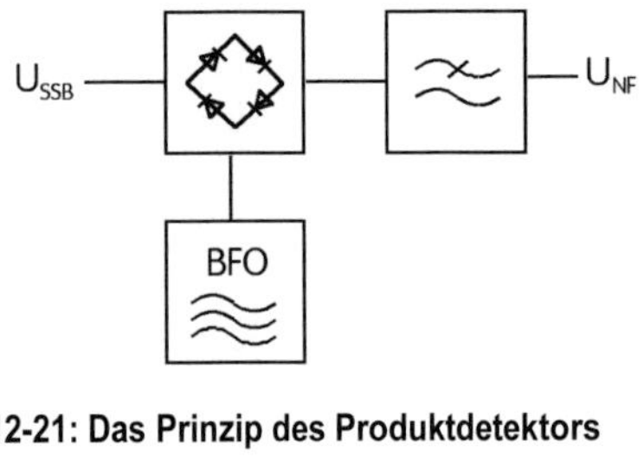

Bild 12-21: Das Prinzip des Produktdetektors

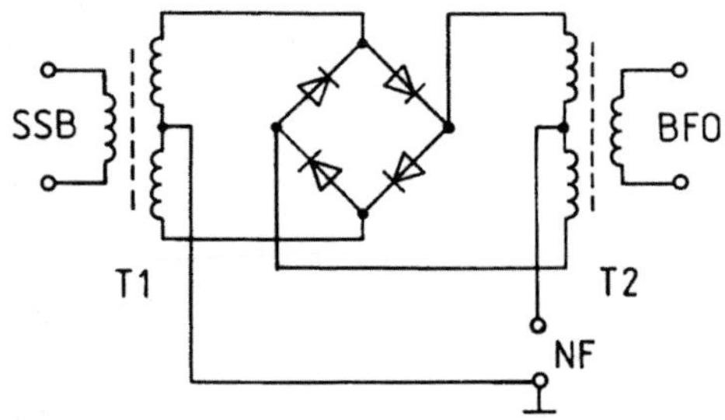

Bild 12-22: Ringmodulator als Produktdetektor

Funktionsweise: Nehmen wir einmal an, das modulierte SSB-Signal hat eine Frequenz von 9,000 MHz (unterdrückter Träger) + 2 kHz (NF-Signal) = 9,002 MHz (oberes Seitenband). Mischt man zu diesem Signal die Trägerfrequenz von 9 MHz wieder zu, entstehen am Ausgang die Summen und die Differenzen dieser Signale.

9,002 MHz + 9 MHz = 18,002 MHz und
9,002 MHz - 9 MHz = 0,002 MHz = 2 kHz.

Mit einem Tiefpass, der im einfachsten Fall aus der Parallelschaltung mit einem Kondensator besteht, werden die hohen Frequenzen (18 MHz) unterdrückt und nur das 2-kHz-NF-Signal durchgelassen.

Als Mischstufe dient der bekannte Ringmodulator (Bild 12-22). Das SSB-Signal wird über den Ringkerntrafo T1 der einen Brückendiagonale und das BFO-Signal (Trägerzusatz) über den Trafo T2 der anderen Brückendiagonale zugeführt. An den Mittelanzapfungen der Differenzialübertrager wird das NF-Signal abgenommen.

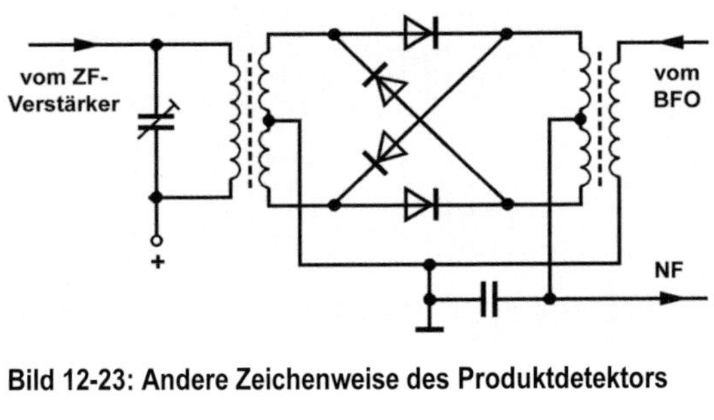

Bild 12-23: Andere Zeichenweise des Produktdetektors

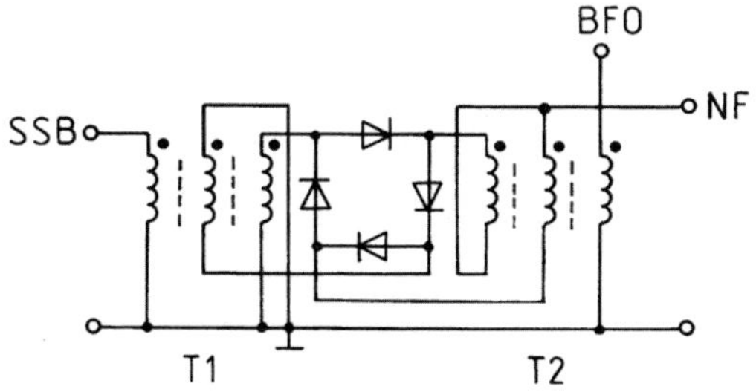

Bild 12-24: Andere Zeichenweise des Produktdetektors

Von dieser Produktdetektor-Schaltung gibt es verschiedene Zeichenvarianten. Vergleichen Sie die Bilder 12-22, 23 und 24. Mal werden die Dioden als Ring gezeichnet, mal die Transformatorwicklungen einzeln. Dennoch sind die Schaltungen identisch. Im Bild 12-24 erkennt man, dass die Transformatoren T1 und T2 im Prinzip aus drei Wicklungen bestehen, die als so genannte trifilare (dreifädige) Wicklung ausgeführt werden. Die Punkte im Bild 12-24 bedeuten *Punkte gleicher Phase* und deuten den Wickelsinn der einzelnen Wicklungen an.

Prüfungsfrage
Beantworten Sie die Frage **TD511** aus dem Fragenkatalog.

Mit einem Produktdetektor kann man auch Telegrafiesignale (CW) hörbar machen. Stellt man die BFO-Frequenz zirka 600 Hertz bis 1 kHz (im Mittel zirka 800 Hz) höher oder tiefer ein, als die Hochfrequenz (Zwischenfrequenz), gibt es als Differenzfrequenz genau diesen Ton, der nur dann vorhanden ist, wenn auch das Hochfrequenzsignal da ist. Dazu gibt es auch ein paar Prüfungsfragen.

Prüfungsfragen
Beantworten Sie die Fragen **TE103, TF414, TF417, TF418, TF420** und **TG302** aus dem Fragenkatalog.

Frequenzmodulation FM

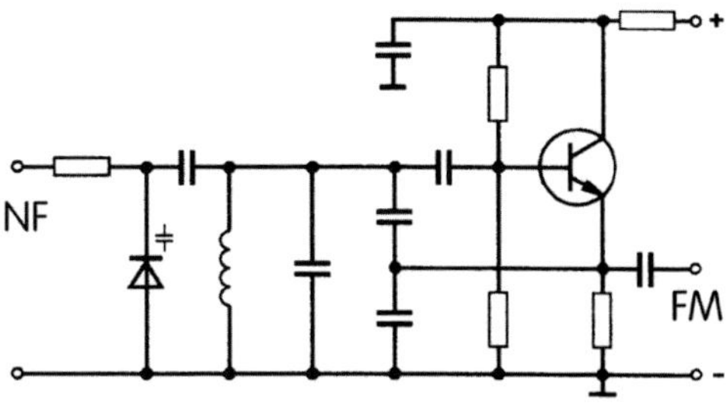

Bild 12-25: Schaltung zur Frequenzmodulation

Die Theorie der Frequenzmodulation mit den Begriffen Bandbreite, Frequenzhub, Modulationsindex wurde bereits im vorigen Kapitel *Signale* behandelt. In diesem Kapitel geht es mehr um die Praxis und zwar zunächst um die Erzeugung von FM (Sender) und dann um die Demodulation von FM (Empfänger).

Erzeugung von FM

Prinzip: Über einen Kondensator wird eine Kapazitätsdiode zum Schwingkreis des kapazitiven Dreipunkt-Oszillators parallelgeschaltet. Die Kapazitätsdiode erhält eine Gleichspannung (Vorspannung) in Sperrrichtung und als Überlagerung die vom Mikrofon kommende Modulationswechselspannung (Bild 12-25).

Steigt die Amplitude der vom Mikrofon gelieferten Spannung in positiver Richtung an, wird die Sperrspannung an der Kapazitätsdiode größer, damit die Kapazität kleiner und damit die Frequenz höher. Dabei ändert sich die Amplitude der Schwingung nicht. Man kann die „Empfindlichkeit“ eines solchen Modulators in kHz/V angeben.

Prüfungsfragen
Bearbeiten Sie **TD514, TE208, TE216, TG212, TG305, TG401**.

Vorteil – Nachteil von FM

Es verändert sich also nur die Frequenz, nicht die Amplitude. Dies hat einen besonderen Vorteil in der Nachrichtentechnik. Störungen von anderen Fahrzeugen beim Mobilfunk oder atmosphärische Störungen wirken sich nur auf die Amplitude eines Signals aus. Auf der Empfängerseite kann man die Spitzen eines Signals abschneiden (begrenzen), ohne einen Einfluss auf die in der Frequenz vorhandenen Information zu nehmen. Mit anderen Worten: FM ist wesentlich störungsfreier zu empfangen als AM, auch als AM mit unterdrücktem Träger und damit auch SSB.

Prüfungsfrage
Beantworten Sie die Frage **TG301.**

Um die Störungen noch weiter zu verringern, führt man folgenden technischen Kniff durch. Man hebt auf der Senderseite bei der Modulation die hohen Frequenzen in der Lautstärke etwas an. Damit der Klang auf der Empfangsseite erhalten bleibt, senkt man die hohen Frequenzen entsprechend wieder ab.

Weil nun aber die störenden Rauschgeräusche vorwiegend im höherfrequenten Hörbereich liegen, werden diese stärker abgesenkt als der Rest des Modulationssignals. Man nennt diese Anhebung auf der Senderseite Preemphasis und die Absenkung auf der Empfängerseite *Deemphasis*.

Prüfungsfragen
Beantworten Sie die Fragen **TB804** und **TE213.**

Der Nachteil wurde bereits im vorigen Kapitel genannt: FM benötigt viel mehr Bandbreite als AM oder erst recht als SSB.

FM-Demodulation

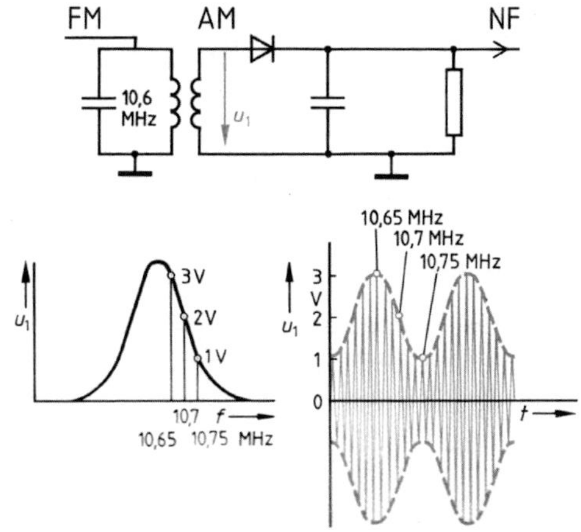

Bild 12-26: Die Entstehung der Amplitudenmodulation

Bei der Frequenzmodulation steckt die Information in der Änderung der Frequenz. Diese frequenzmodulierte Schwingung wird meist nicht unmittelbar demoduliert. Meistens wird die FM vor der Demodulation in eine Amplitudenmodulation oder Pulsmodulation umgewandelt, die dann demoduliert wird. Die entsprechende Schaltung wird als *Diskriminator* bezeichnet. Als Modulationswandler von FM zu AM dienen frequenzabhängige Schaltungen. Die einfachste ist ein Parallelschwingkreis (Bild 12-26).

Bei der Resonanzfrequenz (hier z.B. 10,6 MHz) liefert der Schwingkreis die größte Spannung und nach beiden Seiten fällt die Spannung ab. Eine dieser Flanken lässt sich als Frequenz-Spannungs-Wandler (Flankendiskriminator) verwenden. Bei der FM-Mittenfrequenz 10,7 MHz entstehen z.B. 2 V, bei der höchsten Frequenz (+ Hub, z. B. 10,75 MHz) 1 V und bei der niedrigsten Frequenz (-Hub, 10,65 MHz) 3 V. Aus der Frequenzmodulation ist Amplitudenmodulation geworden, die mit einem Einweggleichrichter demoduliert werden kann.

Prüfungsaufgabe
Beantworten Sie die Frage **TD505.**

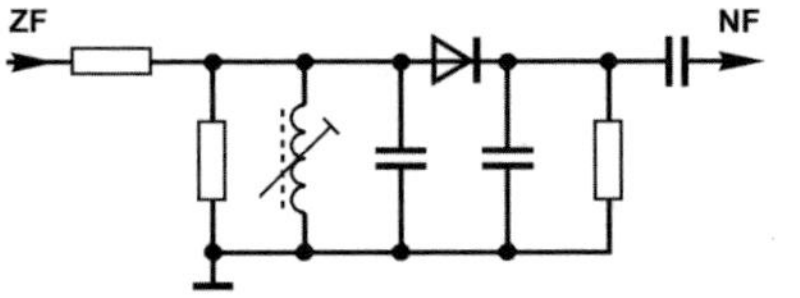

Bild 12-27: Der Flankendiskriminator als Frequenz-Spannungswandler

Die Schaltung mit solch einem FM-AM-Wandler mit einem einfachen Schwingkreis nennt man Flankendiskriminator.

Schaltet man zwei Parallelschwingkreise mit leicht versetzten Resonanzfrequenzen in Serie, erhält man den Gegentakt-Flankendiskriminator. Man erhält dadurch eine resultierende Gesamtkennlinie, die symmetrisch zur Nulllinie liegt. Legt man die Trägerfrequenz genau in die Mitte der Gesamtkennlinie, erhält man eine symmetrische Ausgangsspannung. Man kann die bei Frequenzversatz entstehende Gleichspannung als Regelung für eine automatische Frequenzabstimmung (AFC) verwenden.

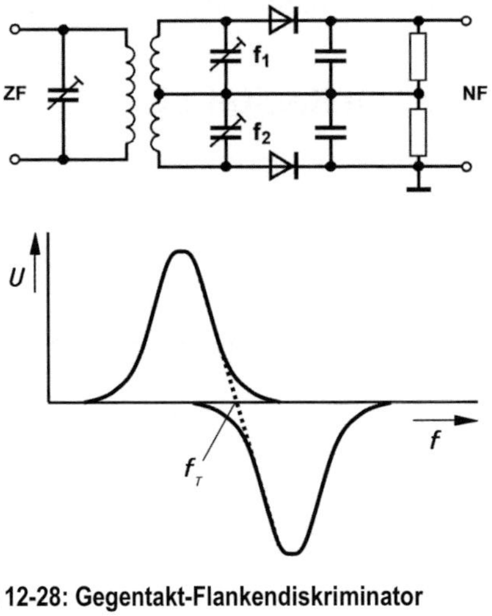

Bild 12-28: Gegentakt-Flankendiskriminator

Prüfungsaufgabe
Beantworten Sie die Frage **TD506.**

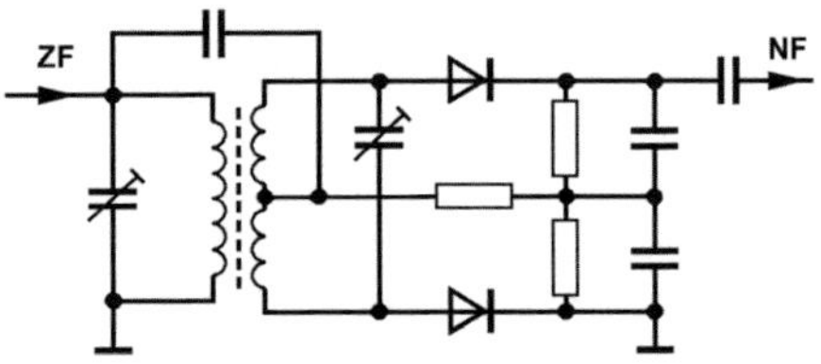

Bild 12-29: Phasendiskriminator

Ähnlich sieht die Schaltung des Phasendiskriminators (Bild 12-29) aus. Allerdings arbeitet man nicht mit zwei versetzten Schwingkreisen, sondern addiert über den Koppelkondensator die Gesamtspannung noch einmal zum Mittelwert der Schwingkreisspannung und erhält dadurch eine Phasenmodulation. Um diese Schaltung genauer erklären zu können, müsste man sich mit Zeigerdiagrammen gut auskennen. Merken Sie sich für die Prüfung nur: Koppel-C: Phasendiskriminator.

Ähnlich sieht die Schaltung des Verhältnisdiskriminators (auch *Ratiodetektor* genannt, Bild 12-30) aus. Nur wird hier die Eingangsspannung induktiv eingekoppelt, die Dioden sind antisymmetrisch gepolt und die NF-Ausgangsspannung wird in der Brückendiagonalen ausgekoppelt.

Prüfungsfragen
Bearbeiten Sie die Fragen **TD507** und **TD508.**

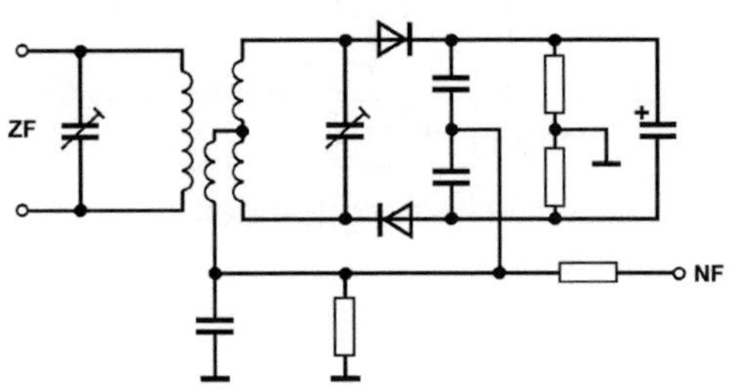

Bild 12-30: Ratiodetektor

FM-Demodulator mit PLL

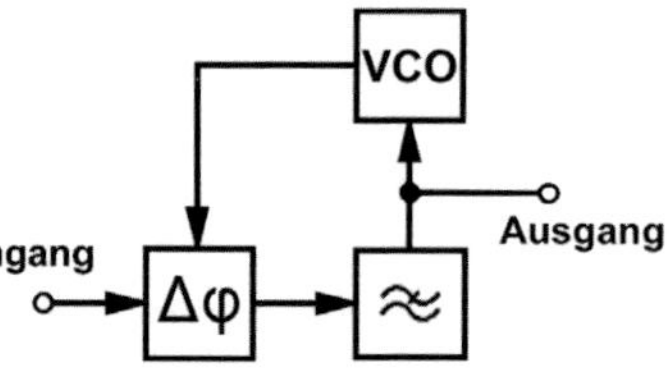

Bild 12-31: PLL als FM-Demodulator

Eine moderne Schaltung zur Demodulation von FM wird mit einer PLL (phase locked loop) realisiert. Sie werden die phasengekoppelte Schleife (PLL) im folgenden Kapitel noch ausführlich kennen lernen. Sie lässt sich hervorragend als FM-Demodulator verwenden.

Prinzip der FM-Demodulation mit der PLL-Schaltung: Der VCO hat die gleiche Frequenz, wie das ankommende FM-Signal. Beide Frequenzen werden mit Hilfe des Phasenvergleichers verglichen. Ohne Modulation hat die Regelspannung für den VCO einen mittleren Wert. Ändert sich die Frequenz des FM-Signals durch Frequenzmodulation, entsteht eine Spannung, die den VCO eigentlich nachregeln will. Diese Spannung entspricht der Frequenzänderung und ist damit direkt das demodulierte NF-Signal.

Prüfungsaufgabe TD509

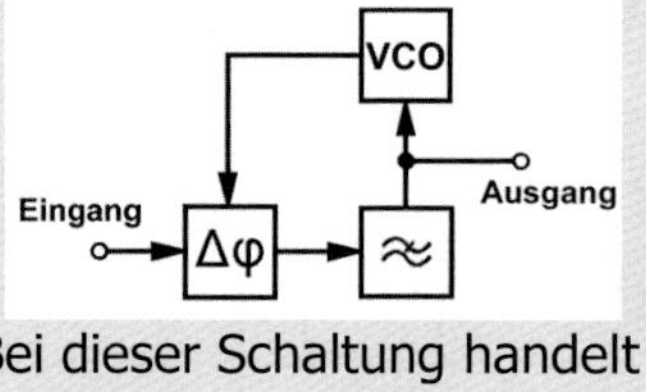

Bei dieser Schaltung handelt es sich um einen

A PLL-FM-Demodulator.

Integrierte Schaltung für FM

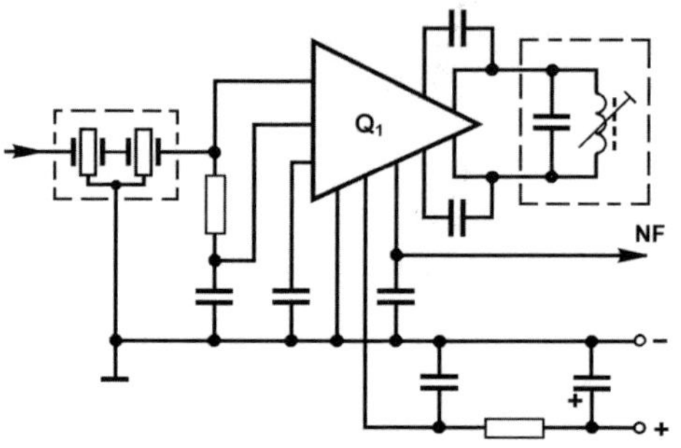

Bild 12-32: Begrenzerverstärker mit FM-Diskriminator

Im Prüfungsfragenkatalog findet man noch eine Schaltung zur Demodulation von FM, wie sie heutzutage in den kommerziellen Geräten anzutreffen ist. Im Bild 12-32 ist ein ZF-Verstärker mit Quarzfilter dargestellt. Der integrierte Baustein Q_1 enthält außer einem ZF-Verstärker mit Begrenzer auch einen FM-Demodulator.

Prüfungsaufgabe
Bearbeiten Sie die Fragen **TD510, TD512** und **TF329.**

Zu TD512: Es sind AM-Störungen gemeint, die man in FM durch Begrenzung entfernen kann.

Notizen zu Kapitel 12

Kapitel 13: Frequenzaufbereitung

In diesem Kapitel werden Sie anhand von Blockschaltbildern lernen, wie Sender und Empfänger sowie Konverter und Transverter prinzipiell aufgebaut sind.

Übersicht
- Blockschaltsymbole
- Der Sender
- Frequenzvervielfacherprinzip
- Einfachmischprinzip
- Balance-Mischer (SSB)
- Mehrfachmischprinzip
- Phasenregelkreise (PLL)
- Der VCO
- PLL mit Mischstufen
- Der Empfänger
- Mischprinzip
- Empfänger mit PLL (VCO)
- Konverter
- Transverter

Blockschaltsymbole

In diesem Kapitel wird eine Reihe von Blockschaltbildern gebraucht. Es folgt eine kleine Auswahl von gebräuchlichen Symbolen für die Sender- und für die Empfängertechnik. (Bild 13-1) Es gibt sehr viel mehr davon.

Beim Blockschaltbild für den HF-Generator (Oszillator) lässt man gelegentlich die drei Wellenlinien weg, wenn es eindeu-

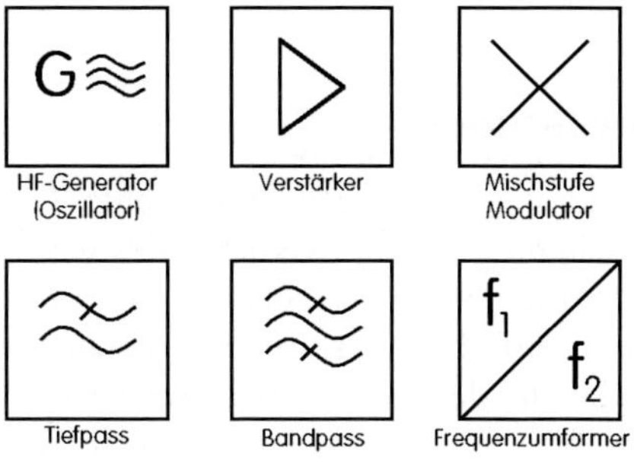

Bild 13-1: Einige Symbole in Blockschaltbildern

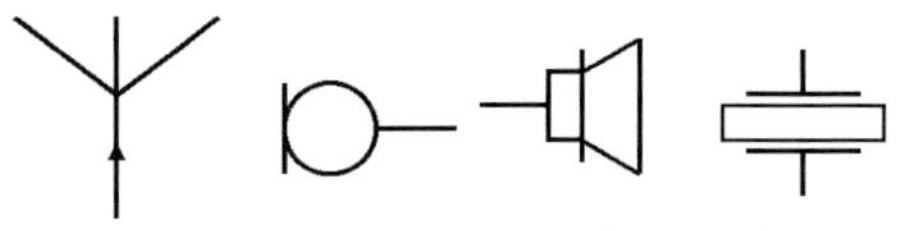

Bild 13-2: Symbole in Sender- und Empfänger-Blockschaltbildern

tig ist, dass der gezeichnete Block kein Gleichspannungsgenerator (Netzteil) sein kann. Oder man lässt das G weg und zeichnet nur die drei Wellenlinien, manchmal in Kombination mit einem Quarz, wenn man einen Quarzoszillator darstellen möchte.

Das Prinzip der Symbolik beim Tiefpass ist: Obere Frequenzen sperren (durchgestrichen), untere durchlassen. Entsprechend gibt es auch einen Hochpass. Dabei ist die untere Wellenlinie durchgestrichen. Ein Frequenzumformer kann ein Frequenzteiler oder ein Frequenzvervielfacher sein. Manchmal schreibt man einfach nur Zahlen hinein, beispielsweise links eine 4 rechts eine 1. Dann ist es ein Frequenzteiler 4 zu 1. Links eine 1, rechts eine 3 wäre ein Frequenzverdreifacher.

Nach der neuesten DIN-Norm zeichnet man Antennen nach oben offen. Die Wirkungsrichtung der HF wird bei Bedarf mit einem Pfeil gekennzeichnet. Bei einer Empfangsantenne wäre der Pfeil anders herum. Ohne Pfeil ist es eine Sende- oder Empfangsantenne.

Der Sender

Zunächst muss eine hochfrequente Trägerschwingung erzeugt werden. Dies geschieht mit Hilfe eines Oszillators (Kapitel 7). Meist wird die sinusförmige Frequenz nicht direkt auf der eigentlichen Senderfrequenz erzeugt, sondern diese entweder durch Frequenzvervielfachung oder durch Frequenzmischung in den gewünschten Frequenzbereich gebracht. Dieses Signal wird dann in einem Hochfrequenz-Leistungsverstärker (Kapitel 6) verstärkt und über Hochfrequenzleitungen (Kapitel 10) der Antenne (Kapitel 9) zugeführt.

In folgenden Blockschaltbildern (Bild 13-3) sind die grundsätzlichen Prinzipien der Senderfrequenzaufbereitung gegenübergestellt. Die stark gerahmten Blöcke stellen die Prinzipien der Senderfrequenzaufbereitung dar. Während bei Telegrafiesendern und bei FM-Sendern beide Prinzipien möglich sind, kann die Frequenzaufbereitung bei SSB-Sendern nur durch Mischung erfolgen.

In der Übersicht Bild 13-3 sind auch die Modulationsprinzipien zu erkennen. Beim Telegrafierender (CW) braucht nur ein- und ausgeschaltet zu werden. Man tastet nicht den Oszillator, sondern die darauffolgende Pufferstufe. Bei einem FM-Sender wird der Oszillator moduliert und bei SSB erfolgt die Modulation in einem Balancemodulator.

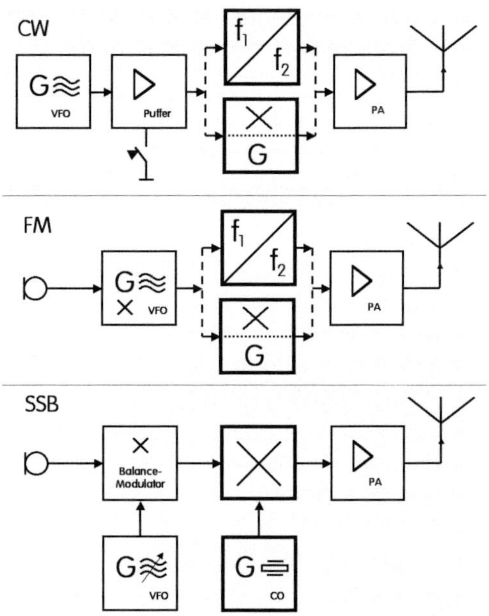

Bild 13-3: Senderprinzipien für CW, FM und SSB

Das Frequenzvervielfacherprinzip

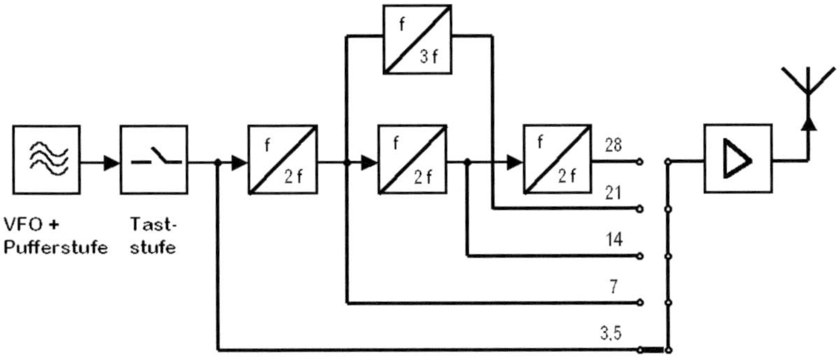

Bild 13-4: Mehrbandsender für Kurzwelle nach dem Vervielfacherprinzip

Früher - vor dem Jahr 1982 - als die Funkamateure im Kurzwellenbereich nur die „klassischen“ Amateurfunkbänder zur Verfügung hatten, gab es folgende Frequenzbereiche, welche noch heute den Schwerpunkt des Amateurfunkverkehrs bilden.

Band	Frequenzbereich
80 m	3,5 - 3,8 MHz
40 m	7,0 -7,1 MHz
20 m	14,0 - 14,35 MHz
15 m	21,0 - 21,45 MHz
10 m	28,0 - 29,7 MHz
2 m	144 - 146 MHz
70 cm	432 - 440 MHz

Es fällt auf, dass zumindest der jeweilige Bandanfang der Kurzwellenbänder zwischen 3,5 und 28 MHz im Frequenzbereich immer das Doppelte oder Dreifache der Frequenz beträgt. Der Grund war damals, dass Oberwellen des normalerweise selbst gebauten Senders nur die Funkamateure selbst stören konnten und nicht in einen fremden Bereich fielen. Auch die dreifache Frequenz vom 2-m-Band fällt in das 70-cm-Band. Bei einem Selbstbausender für alle zugelassenen Kurzwellenbänder machte man es damals so, dass man einen stabilen Oszillator für 3,5 MHz baute und dann für die anderen Kurzwellenbänder jeweils Frequenzverdoppler oder Frequenzverdreifacher dahinter schaltete. Ein Sender für alle Kurzwellenbereiche sah im Blockschaltbild folgendermaßen aus.

Steht der Stufenschalter wie im Bild 13-4 gezeichnet ganz unten, wird die erzeugte Senderfrequenz im 80-m-Band (3,5 MHz) direkt zum Senderverstärker geleitet. Schaltet man eine Stufe höher, geht das Signal über einen Frequenzverdoppler (f / 2f). Man erhält 7 MHz.

Prüfungsfrage TG103
Das Blockschaltbild stellt einen Mehrbandsender dar. Welche Frequenz entsteht am Ausgang X, wenn der VFO auf 3,51 MHz eingestellt ist?

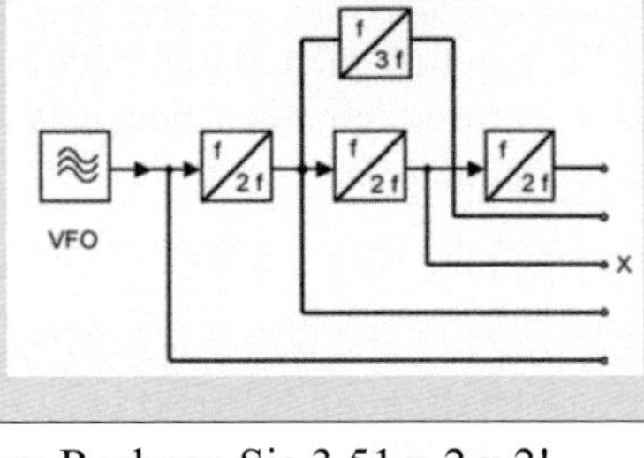

Tipp: Rechnen Sie 3,51 x 2 x 2!

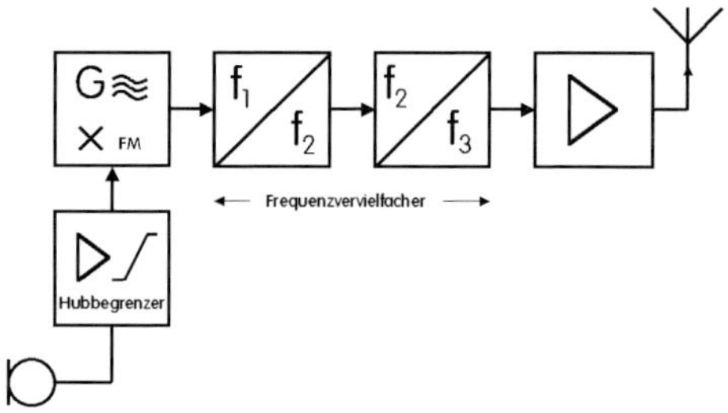

Bild 13-5: FM-Sender nach dem Vervielfacherprinzip

Dieses Prinzip der Frequenzvervielfachung wird auch bei FM-Sendern angewendet, die mit einem Quarzoszillator arbeiten. Grundtonquarze gibt es nur bis ca. 15 MHz. Um eine Frequenz von 144 oder 432 MHz zu erreichen, verdoppelt oder verdreifacht man diese Frequenz mehrfach. Dabei gibt es verschiedene Kombinationsmöglichkeiten, beispielsweise ausgehend von 6 MHz:

6 - 12 - 24 - 48 - 144 - 432
6 - 12 - 36 - 72 - 144 - 432

Prüfungsaufgaben
Bearbeiten Sie die Fragen **TG104, TG105, TG220** und **TG221**.

Bei FM-Sendern vervielfacht sich auch der Hub der Frequenzmodulation mit dem Vervielfachungsfaktor.

Beispiel: Welcher Ausgangsfrequenzhub ergibt sich bei einem FM-Sender im 2-m-Band, wenn der Quarzoszillator mit einem Quarz bei 6 MHz arbeitet und ein Frequenzhub von 125 Hz verwendet wird?

Lösung: Es ergeben sich durch Verdopplungen und Verdreifachungen beispielsweise folgende Frequenzen:

Quarzfrequenz plus Hub = 6,000125 MHz

6,000125 (x2) → 12,000250 (x3) → 36,000750 (x2) → 72,001500 (x2) → 144,003000 MHz.

Es wird also ein Frequenzhub von 3 kHz erreicht. (Die 3 steht an 3. Stelle hinter dem Komma, also Kilohertz.) Aus 125 Hz sind 3 kHz Hub geworden, also 24mal so viel. Die Frequenz selbst ist von 6 MHz auf 144 MHz vervielfacht worden, also auch vervierundzwanzigfacht.

Prüfungsaufgabe
TE209 Ein 2-m-Sender erzeugt seine Ausgangsfrequenz durch Vervielfachung von einem 12-MHz-Oszillator. Der Hub der Ausgangsfrequenz soll 5 kHz nicht überschreiten. Wie groß darf der Hub der Oszillatorfrequenz sein?

A 0,417 kHz **B** 5 kHz
C 60 kHz **D** 12,083 MHz

Lösung: Von 12 MHz auf 144 MHz ist eine Verzwölffachung. Also muss der Ausgangshub durch zwölf geteilt werden.

$$f_o = \frac{f_{HF}}{N} = \frac{5\,kHz}{12} = 0{,}417\,kHz$$

Damit der Ausgangsfrequenzhub nicht beliebig groß werden kann, muss der Hub beim Oszillator begrenzt werden. Dies erreicht man dadurch, dass die Niederfrequenzspannung in der Amplitude begrenzt wird, beispielsweise durch die Antiparallelschaltung von zwei Dioden.

Prüfungsaufgabe TG102
Diese Schaltung ermöglicht ...

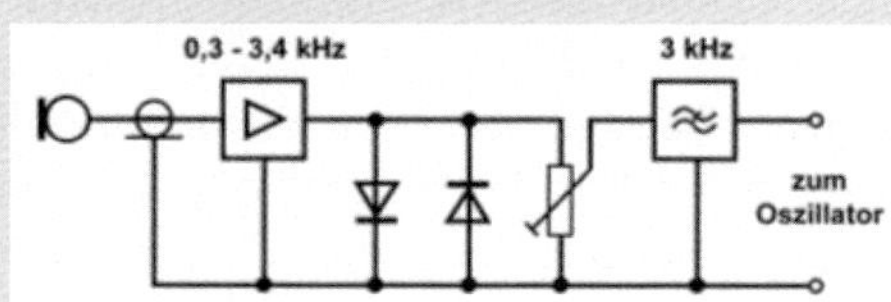

... die Hubbegrenzung und -einstellung bei FM-Funkgeräten.

Bearbeiten Sie die **Prüfungsfragen TG215** bis **TG218.**

Das Einfachmischprinzip

Bei SSB-Sendern kann man das Prinzip der Frequenzvervielfachung nicht anwenden, weil dann die Seitenbänder auch einen der Vervielfachung entsprechenden Abstand vom Träger hätten. Nach der Demodulation wäre das Signal nicht mehr verständlich.

> **Beispiel**
> Ein SSB-Sender mit der (unterdrückten) Trägerfrequenz von 14200 kHz (14,2 MHz) sei mit den Frequenzen f_1 = 1 kHz und f_2 = 2 kHz im oberen Seitenband moduliert.
> a) Welche Ausgangsfrequenzen ergeben sich?
> b) Welche Ausgangsfrequenzen ergeben sich bei einer Frequenzverdopplung auf 28 MHz?

Lösung: Das Ausgangssignal hat die Frequenzen 14201 und 14202 kHz (Summe Träger plus NF). Wenn dieses Signal frequenzverdoppelt wird, entstehen die Frequenzen 28402 und 28404 kHz. Setzt man nun den unterdrückten Träger von 28400 kHz bei der Demodulation wieder dazu, haben die Seitenbänder einen Abstand von 2 bzw. 4 kHz anstatt 1 und 2 kHz. Die Töne sind in der Frequenz doppelt so hoch geworden, Sprache würde man nicht mehr verstehen können.

Um bei SSB-Sendern von einer Modulator-Festfrequenz auf die gewünschte Endfrequenz zu kommen, wendet man das Prinzip der Frequenzmischung an. Hierbei wird die Modulationsfrequenz nicht beeinflusst. Bei SSB-Sendern benutzt man zum Beispiel eine Frequenzaufbereitung mit einem Seitenbandfilter um 9 MHz (Siehe Abschnitt Balance-Mischer). Mit einem Mischer soll nun das modulierte 9-MHz-Signal auf die gewünschten Endfrequenzen gebracht werden.

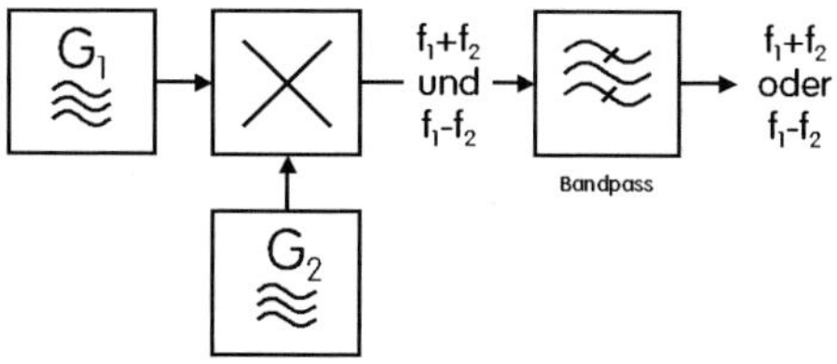

Bild 13-6: Blockschaltbild einer Mischstufe

Eine Mischstufe hat folgende Eigenschaften (Bild 13-6). Am Ausgang einer Mischstufe entstehen neue Frequenzen, unter anderem die Summe und die Differenz der beiden gemischten Frequenzen. Eine Mischstufe verhält sich wie ein Modulator, bei dem auch die Summe und die Differenz von Träger- und Informationsfrequenz entstehen. Der Unterschied zu einem Modulator ist, dass es sich hier bei beiden Frequenzen um Hochfrequenz handelt. Beim Modulator ist eine Frequenz die Hochfrequenz und die andere die Niederfrequenz. Hinter einem schmalen Bandpass kann man dann eine der neu entstandenen Frequenzen aussieben.

> **Prüfungsfragen:**
> **TF304, TF306, TF328, TG226, TG228, TG236.**

Macht man eine der beiden Generatorfrequenzen einstellbar, erhält man eine einstellbare Ausgangsfrequenz. Den Oszillator mit der einstellbaren Frequenz bezeichnet man als VFO (variable frequency oscillator). Mischt man nun die Frequenzen eines VFO mit der Festfrequenz eines Quarzoszillators CO (crystal oscillator), erhält man wieder eine variable Ausgangsfrequenz.

> **Beispiel**
> Ein 9-MHz-Quarzoszillator wird mit einem VFO mit dem Frequenzbereich von 5,0 bis 5,5 MHz gemischt. Welche Ausgangsfrequenzen entstehen?

Lösung: Es entstehen folgende Frequenzen:

9 + 5,0 = 14,0 9 + 5,5 = 14,5
9 - 5,0 = 4,0 9 - 5,5 = 3,5

Das sind Frequenzbereiche 14,0 bis 14,5 MHz und 3,5 bis 4 MHz. Teile davon sind das 20-m-Band oder das 80-m-Band.

> **Aufgabe**
> Welchen Frequenzbereich müsste ein VFO haben, damit bei Mischung mit 9 MHz genau der Frequenzbereich für das 15-m-Band entsteht?

Lösung: Aus der Frequenztabelle vom Anfang dieses Kapitels entnehmen Sie für das 15-m-Band den Frequenzbereich 21,0 MHz bis 21,45 MHz. Davon 9 MHz subtrahiert ergibt 12,0 bis 12,45 MHz. Für jedes Amateurfunkband ist also ein eigener VFO mit anderen Frequenzbereichen notwendig. Dies ist sehr aufwändig.

Balance-Mischer

Nach dem gleichen Prinzip der Mischung funktioniert ein Balance-Mischer für die SSB-Aufbereitung (Bild 13-7).

Nehmen wir einmal an, der Niederfrequenzbereich vom Mikrofon geht von 0,3 bis 2,7 kHz, wie es im Amateurfunk üblich ist. Der Schalter in Bild 13-7 steht auf USB. Die Quarzfrequenz sei 8,9985 MHz.

> **Aufgabe**
> Berechnen Sie den Frequenzbereich am Ausgang des Mischers.

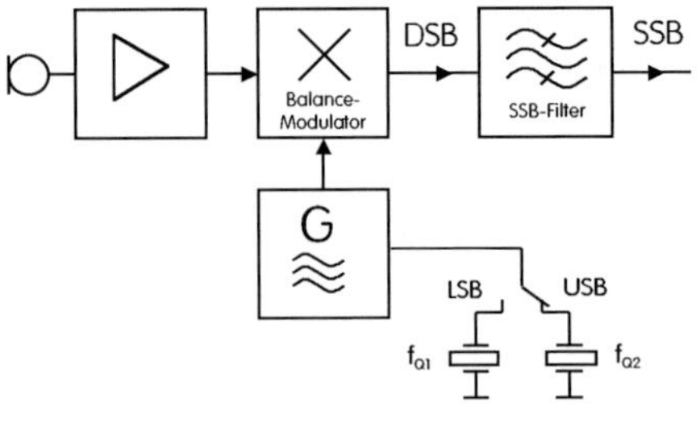

Bild 13-7: Balance-Mischer

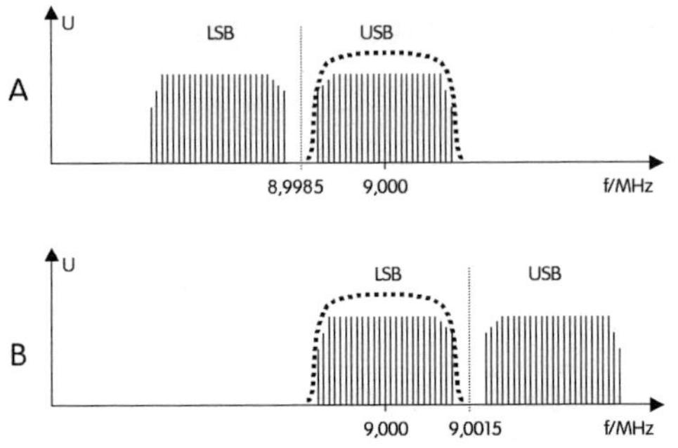

Bild 13-8: Seitenbandumschaltung mit 9-MHz-Filter

Lösung:
Summen
8,9985 MHz + 0,0003 MHz = 8,9988 MHz
8,9985 MHz + 0,0027 MHz = 9,0012 MHz
Differenzen
8,9985 MHz – 0,0003 MHz = 8,9982 MHz
8,9985 MHz – 0,0027 MHz = 8,9958 MHz

Ein typisches 9-MHz-SSB-Filter (gestrichelte Kurve in Bild 13-8) hat eine Bandbreite von 2,4 kHz (±1,2 kHz). Im Bild A erkennt man, dass die Summe (oberes Seitenband) genau durchgelassen wird.

Rechnen Sie einmal aus, welche Seitenbandfrequenzen entstehen, wenn der Quarz auf 9,0015 MHz umgeschaltet wird. Anschließend schicken Sie dieses DSB-Signal wieder durch das gleiche 9-MHz-Filter. Sie erhalten Bild B, also das untere Seitenband (LSB lower side band).

Beim Senderbau sollte die NF-Bandbreite auf etwa 3 kHz beschränkt werden um Splatter bei Telefonie auf ein Mindestmaß zu begrenzen.

> **Prüfungsaufgaben**
> Lösen Sie die Aufgaben **TG227, TF305, TG101, TG106, TG107, TG108** sowie **TG202, TG203, TG213, TG214, TF318, TF407, TF426** und **TF428**.

Das Mehrfachmischprinzip

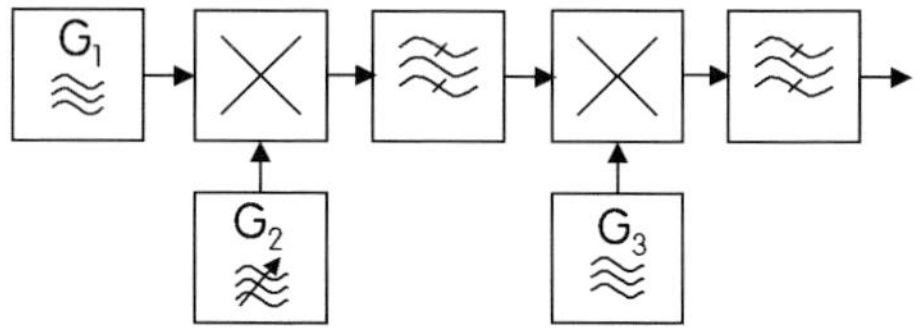

Bild 13-9: Blockschaltbild für die Frequenzaufbereitung bei Zweifachmischung

Bei der Mehrfachfrequenzmischung (zum Beispiel zweifach) arbeitet man mit einem einzigen, also nicht umschaltbaren VFO (G_2) für alle Kurzwellenbänder. Dadurch kann für den Oszillator in Bezug auf Linearität und Frequenzstabilität ein hoher Aufwand getrieben werden. Durch Mischung mit der konstanten Trägerfrequenz (SSB-Filterfrequenz aus G_1) entsteht ein neuer Frequenzbereich, den man Zwischenfrequenz nennt. Durch eine weitere Mischung wird dieser in den gewünschten Frequenzbereich gebracht.

Dieses Zweifachmischprinzip soll an einem seinerzeit weit verbreiteten Transceiver von *Heathkit* etwas genauer erläutert werden. Der SB101 arbeitete mit einer Filterfrequenz zur Trägerunterdrückung mit 3,395 MHz und einem VFO-Frequenzbereich von 5,0 bis 5,5 MHz. Die sich ergebende Zwischenfrequenz von 8,395 bis 8,895 MHz musste mit Hilfe eines umschaltbaren Quarzoszillators in den gewünschten Frequenzbereich gemischt werden.

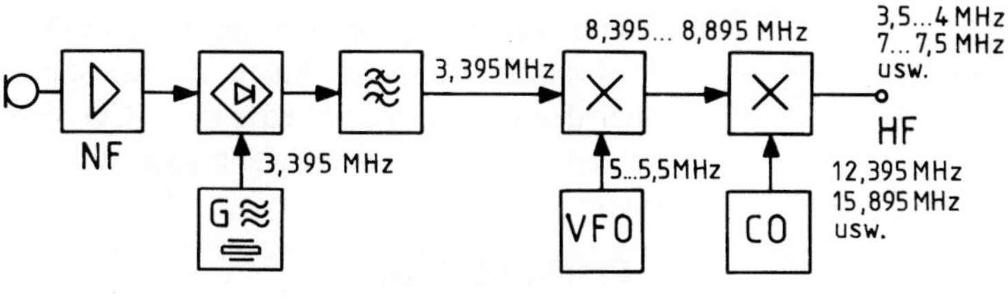

Bild 13-10: Blockschaltbild der Frequenzaufbereitung eines Senders mit Zweifachfrequenzmischung

Beispiel
Welchen Frequenzbereich muss der Quarzoszillator CO haben, wenn ein Ausgangsfrequenzbereich von 3,5 bis 4,0 MHz entstehen soll?

Lösung: 4,0 + 8,395 = 12,395

Wenn die VFO-Frequenz 5,0 MHz eingestellt ist, entsteht eine ZF von 8,395 MHz. Diese mit 12,395 MHz gemischt, ergibt als Differenz 4,0 MHz. Ist der VFO aber auf 5,5 MHz eingestellt, ergibt sich als ZF 8,895 MHz. Diese mit 12,395 MHz gemischt, ergibt als Differenz 3,5 MHz.

12,395 MHz - 8,895 MHz = 3,5 MHz

Es konnte mit diesem Sender also das gesamte 80-m-Band sogar mit etwas Reserve überstrichen werden.

Phasenregelkreise PLL

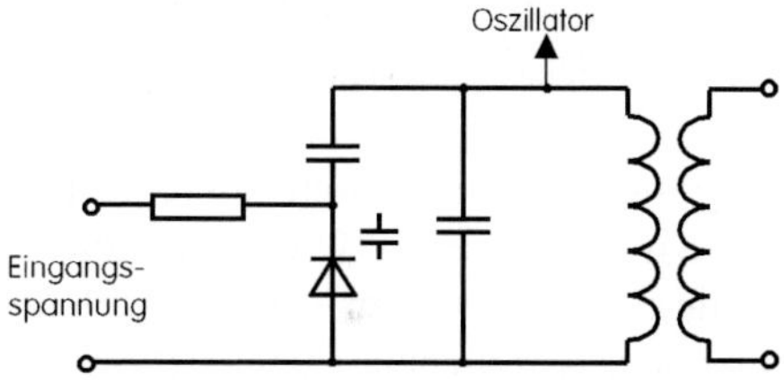

Bild 13-11: Schaltungsauszug eines VCO

Wie Sie gleich noch erfahren werden, besteht eine PLL-Schaltung (phase-locked loop) aus einem durch eine Spannung in der Frequenz steuerbaren Oszillator (VCO = voltage controlled oscillator) und einer Regelschleife (loop), die durch einen Phasenvergleicher (phase) geregelt wird.

Der VCO

Das Herz der PLL ist der frei schwingende Oszillator, der mit einer Gleichspannung in der Frequenz verändert werden kann (VCO). Wie in Bild 13-11 zu sehen ist, wird eine Diode als veränderbare Kapazität geschaltet. Wenn in obiger Schaltung die von außen zugeführte Gleichspannung positiver wird, erhält die Kapazitätsdiode mehr Sperrspannung und ihre Kapazität wird kleiner. Dadurch erhöht sich die Frequenz des Schwingkreises und damit des VCO. Die Größe der Frequenzänderung pro Volt Regelspannungsänderung nennt man Regelempfindlichkeit.

Bearbeiten Sie die **Prüfungsaufgaben TD705** und **TD607**.

Um die Frequenz stabil zu halten, wird der VCO in eine Regelschleife (PLL) eingebunden. Dazu wird die Ausgangsfrequenz einem Frequenzteiler mit dem Teilerfaktor (n) zugeführt. Diese Teilerfunktion wird in neueren Geräten oft von einem Mikroprozessor gesteuert. Die herunter geteilte Frequenz wird in einem Phasenvergleicher ($\Delta\varphi$) mit einer von einem Quarz abgeleiteten Frequenz verglichen. Achtung! In den Prüfungsfragen der BNetzA ist die PLL-Schleife genau anders herum gezeichnet worden. Achten Sie auf die Wirkungspfeile!

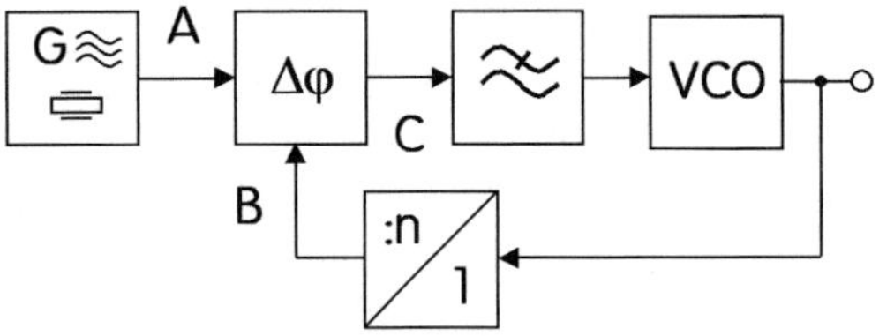

Bild 13-12: PLL Regelschleife

Prüfungsaufgaben
Bearbeiten Sie die Fragen **TD701, TD702** und **TD704.**

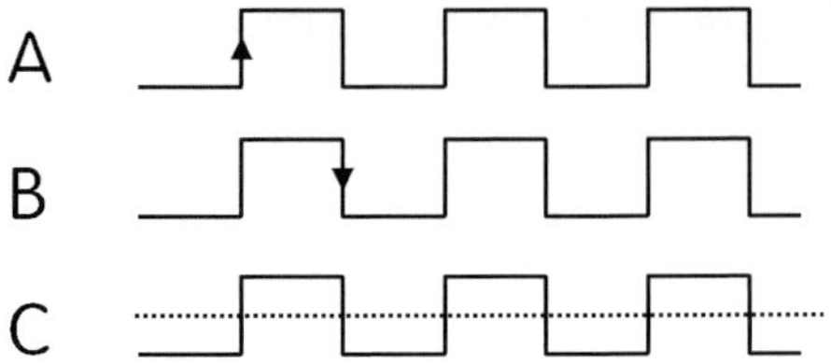

Bild 13-13: Übereinstimmende Phasen bei gleicher Frequenz

Der Phasenvergleicher liefert ein Korrektursignal, wenn die Frequenzen (Phasen) beider Signale nicht übereinstimmen. Dies funktioniert so: Vom Frequenzteiler kommt ein Rechtecksignal, wie es im folgenden Bild B dargestellt ist. Vom Quarzgenerator kommt das Referenzsignal A.

Wenn beide Signale in der Frequenz genau übereinstimmen, stehen die Flanken der Rechtecke genau übereinander (die Phasen stimmen überein). Der Phasenvergleicher wird vom Signal A auf "EIN" und vom Signal B wieder auf "AUS" geschaltet (ähnlich einer bistabilen Kippstufe). Am Ausgang entsteht das Signal C mit gleich langen Zeiten für EIN und AUS.

Ein nachgeschalteter Tiefpass (Integrierstufe) macht daraus eine Gleichspannung, die in diesem Fall genau der halben Maximalspannung entspricht (gestrichelte Linie). Diese Gleichspannung liegt dann am Steuereingang des VCO und bestimmt die Frequenz.

Die Grenzfrequenz dieses Tiefpasses muss immer ein Kompromisswert sein. Wenn man eine gute Glättung haben möchte, braucht man eine lange Zeitkonstante, aber dann kann es sein, dass der VCO nicht schnell genau einrastet, wenn man die Frequenz ändert.

Prüfungsfrage
Beantworten Sie die Frage **TD703** aus dem Fragenkatalog.

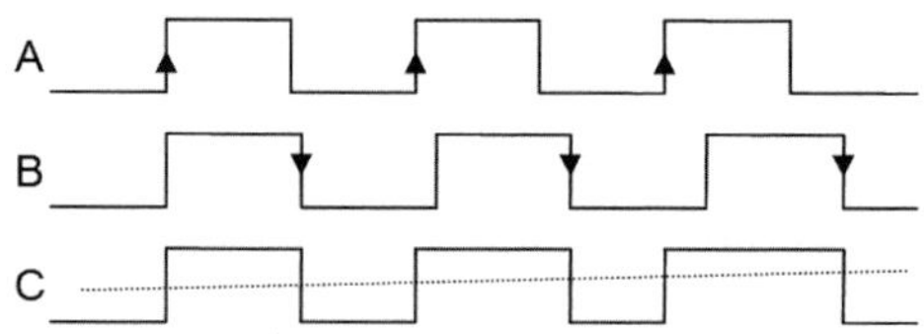

Bild 13-14: Nicht übereinstimmende Phase bei unterschiedlicher Frequenz erzeugt eine ansteigende Gleichspannung

Wird nun aus irgendeinem Grund die Frequenz des VCO beispielsweise niedriger, ergeben sich Diagramme, wie im Bild 13-14. Die ansteigende Flanke von A schaltet den Phasenvergleicher "EIN", die abfallende Flanke des Signals vom Quarzgenerator B schaltet ihn "AUS". Bei der nächsten ansteigenden Flanke von A wird bereits wieder eingeschaltet und die Breite der Impulse und damit der Mittelwert steigen.

Dadurch entsteht am Ausgang des Phasenvergleichers ein Rechtecksignal, bei dem die Pausen kürzer werden. Der Mittelwert dieser Rechteckspannung wird höher und diese höhere Gleichspannung muss den VCO nun so steuern, dass seine Frequenz wieder niedriger wird, bis die Phasen von A und B wieder genau übereinstimmen. So wird also die Frequenz konstant gehalten.

Prüfungsaufgabe TD706

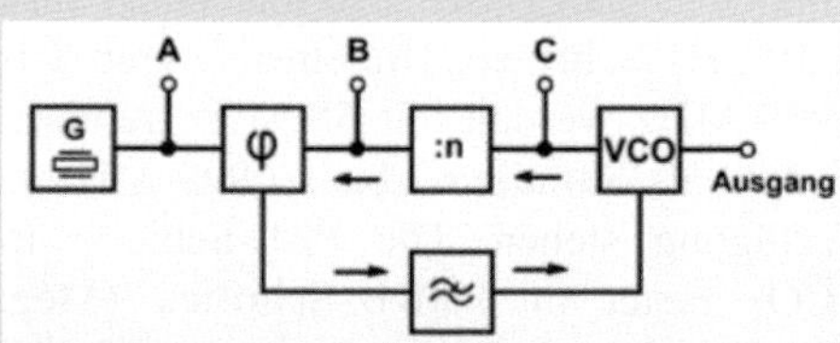

Die Frequenz am Punkt A beträgt 12,5 kHz. Es sollen Ausgangsfrequenzen im Bereich von 12,000 MHz bis 14,000 MHz erzeugt werden. Welchen Bereich muss der Teilerfaktor umfassen?

A 300 bis 857 **B** 300 bis 1120
C 960 bis 857 **D** 960 bis 1120

Lösung: Der Teiler muss soweit herunterteilen, bis die Frequenzen am Phasenvergleicher übereinstimmen.

$$n_1 = \frac{12\,000\,\text{kHz}}{12{,}5\,\text{kHz}} = 960$$

$$n_2 = \frac{14\,000\,\text{kHz}}{12{,}5\,\text{kHz}} = 1120$$

Behauptung: Wenn diese Frequenz aus der Aufgabe TD706 verzwölffacht wird, um von 12 MHz auf 144 MHz zu kommen, verzwölffacht sich das Kanalraster.

Beispiel
Auf welchen Wert steigt in Aufgabe **TD706** die Ausgangsfrequenz, wenn der Teiler auf 961 geändert wird?

Lösung: $961 \cdot 12{,}5\,\text{kHz} = 12{,}0125\,\text{MHz}$

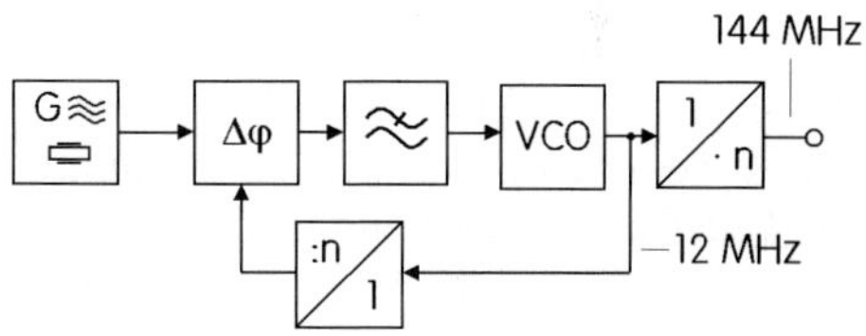

Bild 13-15: Einsatz einer PLL für das 2-m-Band

Wird diese Frequenz verzwölffacht, entsteht die Frequenz 144,150 MHz, also 150 kHz mehr. Das sind 12 mal 12,5 kHz.

Frage
Wie groß müsste das Kanalraster im 12-MHz-Bereich sein, wenn bei 144 MHz ein Raster von 25 kHz entstehen soll?

Antwort: Der Vervielfachungsfaktor von 12 auf 144 MHz ist 12. 25 kHz geteilt durch 12 sind 2083,333 Hz.

Frage
Welche Frequenz müsste der Quarzgenerator liefern, damit dieses Kanalraster entsteht?

Behauptung: Auch 2,0833333 kHz!

Frage

Wie groß muss bei 12,000 MHz der Teilerfaktor sein?

Antwort: 5760

Probe: Der Teilerfaktor wird auf 5761 gestellt. Mal 2,0833333 kHz ergibt es 12002,08314 kHz und mal 12 sind es 144,02499 MHz, also praktisch 25 kHz höher.

Man darf also behaupten:

Die Frequenz am Phasenvergleicher entspricht dem Kanalraster am Ausgang des VCO.

Prüfungsaufgabe

Lösen Sie dazu die Aufgabe **TD707**.

Im Bild 13-16 ist eine moderne PLL-Schaltung dargestellt. Der Mikroprozessor gibt den Teilerfaktor an den programmierbaren Teiler n_P. Man erkennt auch, dass der Quarz nicht direkt die Vergleichsfrequenz erzeugt, sondern ebenfalls über einen, allerdings festen, Teiler arbeitet.

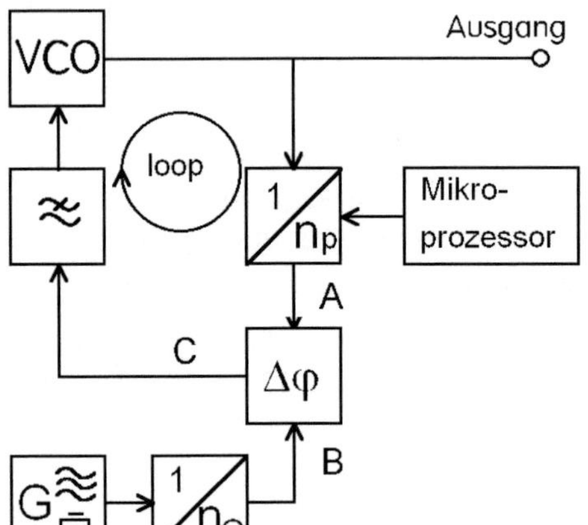

Bild 13-16: PLL-Oszillator mit Mikroprozessorsteuerung

Aufgabe

Der Phasenvergleicher in Bild 13-16 arbeitet mit einer Vergleichsfrequenz von 2,0833333 kHz (siehe obiges Beispiel). Der Quarz hat eine Frequenz von 4,000 MHz. Welchen Teilerfaktor muss n_Q haben?

Lösung: $n_Q = \frac{4000\,\text{kHz}}{2{,}0833333\,\text{kHz}} = 1920$

Dieses Prinzip der Frequenzaufbereitung findet man heutzutage in allen modernen Funkgeräten. Diese programmierbaren Frequenzen werden anschließend mit Quarzfrequenzen oder weiteren PLL-Oszillatoren auf die gewünschte Endfrequenz gemischt.

Raum für Notizen

....

....

....

....

....

....

....

PLL-Schleifen mit Mischstufe

In folgendem Bild 13-17 wird ein Blockschaltbild eines modernen Transceivers vorgestellt, der mit zwei PLL-Oszillatoren arbeitet. Die PLL-Schleife mit VCO_1 rastet in 100-Hz-Schritten. Die einstellbaren 2 bis 2,999 MHz werden mit 65 MHz gemischt, so dass als Summe 67 bis 67,999 MHz zur Verfügung stehen. Die PLL-Schleife mit VCO_2 rastet in 1-MHz-Schritten (Megahertz-Bereich) und kann von 6 bis 32 MHz eingestellt werden. Durch Mischung mit 67 bis 67,999 MHz ergeben sich am Ausgang dieser PLL-Schleife 73 bis 99,999 MHz. Diese werden durch Differenzbildung mit 70 MHz in den gewünschten Kurzwellenbereich von 3 bis 29,999 MHz gemischt.

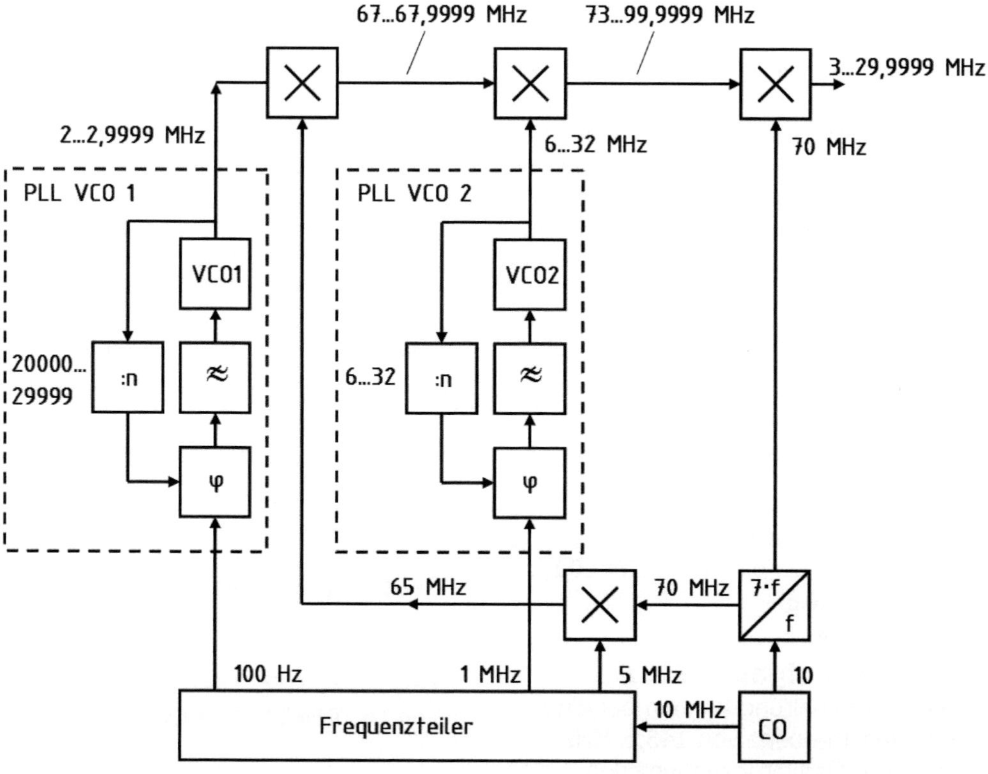

Bild 13-17: Frequenzaufbereitung für einen Kurzwellen-Transceiver für 3 bis 30 MHz mit zwei PLL-Schleifen

Prüfungsaufgabe TG110
Im Bild 13-17 ist die Frequenzaufbereitung für einen Amateurfunk-Transceiver dargestellt. Welche Frequenz erzeugt der Sender, wenn VCO_2 auf 6 MHz einrastet und der VCO_1 auf 2,651 MHz eingestellt ist?

Lösung: Am Ausgang der PLL_1 (VCO_1) entsteht die Frequenz

$$f_1 = 65\,\text{MHz} + 2{,}651\,\text{MHz}$$

$$f_1 = 67{,}651\,\text{MHz}.$$

Gemischt mit 6 MHz ergibt sich bei PLL_2

$$f_2 = 67{,}651\,\text{MHz} + 6\,\text{MHz}$$

$$f_2 = 73{,}651\,\text{MHz}.$$

Diese Frequenz gemischt mit 70 MHz ergibt $f = 73{,}651\,\text{MHz} - 70\,\text{MHz} = 3{,}651\,\text{MHz}$.

Prüfungsaufgabe TG111
Im Blockschaltbild 13-17 ist die Frequenzaufbereitung für einen Amateurfunk-Transceiver dargestellt. Auf welcher Frequenz muss der VCO2 eingerastet haben, wenn eine Ausgangsfrequenz von 14,351 MHz abgegeben wird?

A 17,000 MHz **B** 2,351 MHz
C 6,000 MHz **D** 6,351 MHz

Lösung A ist die Richtige.

Wenn Sie hier im Buch die Lösung einer Prüfungsaufgabe nicht finden, schauen Sie bitte beim DARC-Online-Lehrgang nach!

Der Empfänger

Der Empfänger hat die Aufgabe, aus den von der Antenne aufgefangenen Signalen die gewünschte Frequenz auszufiltern und dieses Signal zu demodulieren. Um die notwendige Trennschärfe zu erhalten, werden zwei grundsätzlich verschiedene Empfängerprinzipien angewendet: das Geradeausprinzip und das Mischprinzip. Beide Prinzipien wurden bereits im Lehrgang zur Klasse E im Kapitel 18 erläutert. Wir werden hier nur die Prüfungsfragen besprechen, die mit diesen Themen zusammenhängen und dann noch moderne Empfängerkonzepte vorstellen.

Prüfungsfragen
Beantworten Sie die Fragen **TF101, TF105, TF106.**

Prüfungsaufgabe TF201
In dieser Schaltung können bei einer Empfangsfrequenz von 145,6 MHz und einer Oszillatorfrequenz von 134,9 MHz Spiegelstörungen auftreten. Berechnen Sie diese Spiegelfrequenz.

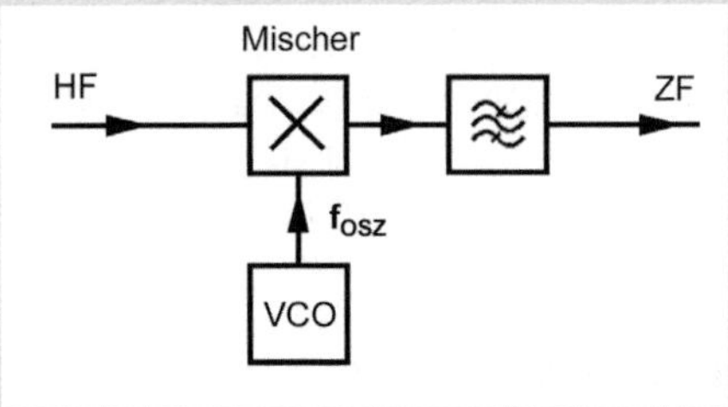

A 124,2 MHz **B** 134,5 MHz
C 156,3 MHz **D** 280,5 MHz.

Lösung: In folgendem Bild 13-19 sei noch einmal das Prinzip des Spiegelfrequenzempfangs dargestellt. Symmetrisch zum Oszillator liegen Eingangs- und Spiegelfrequenz im Abstand der Zwischenfrequenz.

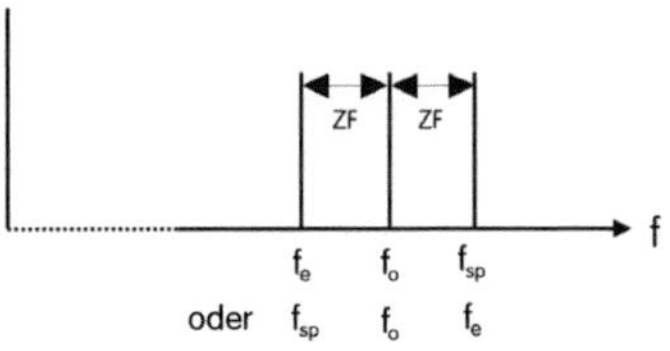

Bild 13-18: Spiegelfrequenzempfang

In Aufgabe TF201 liegt die Oszillatorfrequenz unterhalb der Eingangsfrequenz. Der Abstand zwischen beiden ist die Zwischenfrequenz.

$$f_z = 145{,}6\,\text{MHz} - 134{,}9\,\text{MHz} = 10{,}7\,\text{MHz}$$

In weiteren 10,7 MHz tiefer liegt die Spiegelfrequenz.

$$f_{sp} = 134{,}9\,\text{MHz} - 10{,}7\,\text{MHz} = 124{,}2\,\text{MHz}$$

Prüfungsfragen zu Spiegelfrequenz
Bearbeiten Sie die Fragen **TF202, TF401, TF402, TF403, TF409, TF416, TF421, TF423** und **TF425.**

Doppelsuper

Folgendes Bild 13-19 zeigt die Standardschaltung eines Zweifachüberlagerungsempfängers (Doppelsuper) alter Bauart.

Ein Hochfrequenzverstärker mit Vorfilter sorgt für die nötige Spiegelfrequenzunterdrückung und Empfindlichkeit. Mit dem VFO wird im ersten Mischer die Eingangsfrequenz auf die erste relativ hohe Zwischenfrequenz heruntergesetzt. Diese soll eine gute Spiegelfrequenzunterdrückung be-

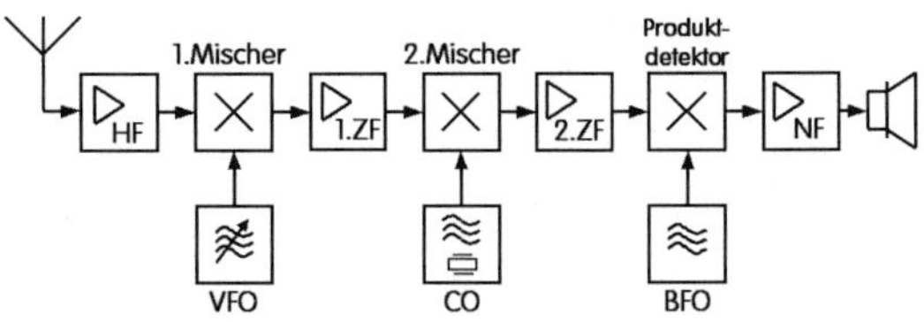

Bild 13-19: Doppelsuper Standardschaltung

wirken. Die Bandbreite dieses Verstärkers muss mindestens die breitbandigste Betriebsart des Empfängers (FM) durchlassen können. Gern werden dort 10,7-MHz-Filter eingesetzt.

Von dort wird für eine gute Trennschärfe auf eine zweite niedrige Zwischenfrequenz herunter gemischt. Weil die erste Zwischenfrequenz bereits konstant ist, kann man mit einem Quarzoszillator fester Frequenz (crystal oscillator CO) mischen. Der BFO (beat frequency oscillator) bietet den nötigen Trägerzusatz bei SSB- oder CW-Empfang. Mehr dazu im vorigen Kapitel unter „Produktdetektor".

Prüfungsaufgabe TF205
Ein Doppelsuper nach Schaltbild Bild 13-19 hat eine erste ZF von 10,7 MHz und eine zweite ZF von 460 kHz. Die Empfangsfrequenz soll 28,0 MHz sein. Welche Frequenz ist für den VFO und den Quarzoszillator (CO) erforderlich, wenn die Oszillatoren oberhalb der Empfangsfrequenz schwingen sollen?
A VFO 10,26 MHz und CO 17,30 MHz
B VFO 38,70 MHz und CO 11,16 MHz
C VFO 11,16 MHz und CO 38,70 MHz
D VFO 28,460 MHz und CO 38,26 MHz

Lösung: Der erste Oszillator (VFO) muss um die erste ZF höher schwingen, also
$f_{VFO} = 28{,}0\,\text{MHz} + 10{,}7\,\text{MHz} = 38{,}7\,\text{MHz}$

Der zweite Oszillator (CO) muss um die zweite ZF höher schwingen als die erste.
$f_{CO} = 10{,}70\,\text{MHz} + 0{,}46\,\text{MHz} = 11{,}16\,\text{MHz}$

Prüfungsaufgaben
Lösen Sie (nochmals) die Aufgaben **TF106, TF203, TF204, TF307, TF414, TF417, TF418, TF420.**

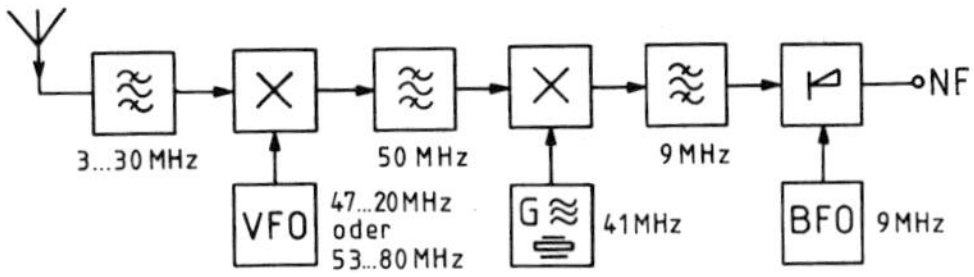

Bild 13-20: Empfänger mit sehr hoher ZF

Heutzutage sind Empfänger mit einer sehr hohen ersten Zwischenfrequenz üblich, damit die Spiegelfrequenz soweit weg liegt, dass man mit einem Tiefpass für den Kurzwellenbereich zur Spiegelfrequenzunterdrückung auskommt. Diese erste ZF muss möglichst doppelt so hoch sein wie die höchste Empfangsfrequenz. Beim Empfänger Bild 13-20 sind es 50 MHz ZF-Mittenfrequenz.

Nach der Filterung in dieser ersten ZF (roofing filter) wird für eine gute Trennschärfe auf die zweite niedrigere ZF herunter gemischt. Man wählt gern den 9-MHz-Bereich, weil es dafür gute Quarzfilter gibt. Ein solcher Empfänger wurde bereits im Lehrgang Klasse E vorgestellt. Oben sehen Sie noch einmal das Blockschaltbild.

Aufgabe: Berechnen Sie dazu die maximale und die minimale Spiegelfrequenz für den Eingangsfrequenzbereich von 3 bis 30 MHz. Die erste Zwischenfrequenz beträgt 50 MHz.

Lösung: $f_{Spiegel} = f_{Eing} + 2 \cdot f_{ZF}$

$f_{SpMin} = 3\,\text{MHz} + 100\,\text{MHz} = 103\,\text{MHz}$

$f_{SpMax} = 30\,\text{MHz} + 100\,\text{MHz} = 130\,\text{MHz}$

An diesem Beispiel erkennt man, dass der Spiegelfrequenzbereich weit oberhalb vom Kurzwellenbereich liegt.

Prüfungsfragen
Beantworten Sie die Fragen **TF103, TF104, TF209, TF210, TF211** und **TF308.**

Direktüberlagerungsempfänger

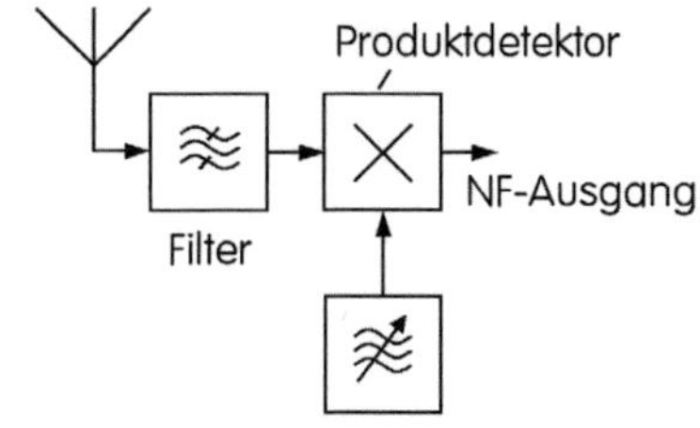

Bild 13-21: Prinzip des Direktüberlagerungsempfängers

Ein sehr einfacher Empfänger ganz ohne Zwischenfrequenz wird manchmal für Selbstbauprojekte verwendet. Einen Bausatz gab es seinerzeit als DARC-JR08.

Die Bezeichnung *Überlagerungsempfänger* ist eigentlich etwas unglücklich, denn es handelt sich eigentlich um einen Geradeausempfänger ohne HF-Verstärkung, der nur aus einem Produktdetektor als Demodulator besteht. Über den VFO wird praktisch direkt auf der Empfangsfrequenz der notwendige Träger für die SSB-Demodulation zugeführt. Der Empfang mit diesem Empfänger war seinerzeit verblüffend gut. Ein Nachbau lohnt sich.

Prüfungsfrage
Beantworten Sie die Frage **TF301**.

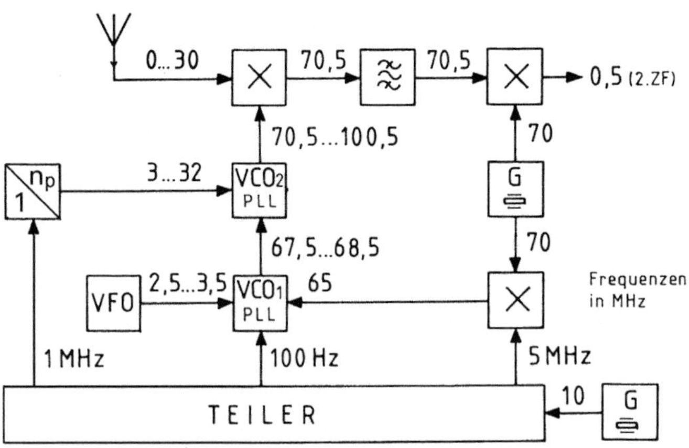

Bild 13-22: Allbandempfängerprinzip mit PLL

Empfänger mit PLL

Die Frequenzaufbereitung mit PLL wurde weiter oben bereits ausführlich besprochen. Der Empfänger arbeitet wie ein Sender mit Frequenzmischung, um die Eingangsfrequenz bis zur Demodulationsstufe herunter zu mischen. Als letzte Zwischenfrequenz wird meistens 455 bis 475 kHz gewählt. Es wird am Beispiel des bekannten Empfängers NRD 505 ein interessantes Konzept vorgestellt, das auch in anderen Empfängern in ähnlicher Weise vorhanden ist.

Die angegebenen Frequenzen (in MHz) wurden etwas gerundet. Als zweite ZF wird in der Praxis nicht 0,5 MHz, sondern tatsächlich 455 kHz verwendet. Die Besonderheit dieses Empfängers ist die Frequenzaufbereitung. Aus einem 10-MHz-Quarzoszillator werden durch Frequenzteilung die Frequenzen 5 MHz, 1 MHz und 100 Hz gewonnen. Die Frequenzen 1 MHz und 100 Hz werden als Vergleichsfrequenzen für die Phasenvergleicher dieser PLLs verwendet. Damit lässt sich der VCO_1 für die feine Frequenzeinstellung in 100-Hz-Schritten einrasten. Der VCO_2 ist der PLL-Oszillator für den groben Frequenzbereich im 1-MHz-Raster. Er bekommt sein Signal von einem programmierbaren Frequenzteiler n_p. n_p liefert nur ganze MHz zwischen 3 und 32 MHz. Angenommen, es soll eine Frequenz von 15,0 MHz empfangen werden. Der VCO_2 muss eine Frequenz von 70,5 MHz + 15,0 MHz = 85,5 MHz liefern. Er wird mit 67,5 MHz (Bereichsanfang) + 18 MHz synchronisiert. Der VFO steht dementsprechend auf 2,5 MHz.

Prüfungsaufgabe TF213
Gegeben ist die Schaltung nach Bild 13-22. Es soll eine Frequenz von 15,0 MHz empfangen werden. Welche Frequenzen liefern VCO_1 und VCO_2, wenn der programmierbare Frequenzvervielfacher n_p dabei 18 MHz liefert?

Lösung: Der VFO steht auf 2,5 MHz, also am Anfang, weil 15,0 MHz empfangen werden soll. Damit ergeben sich am Ausgang von VCO_1 nun 67,5 MHz. VCO_2 liefert am Ausgang 85,5 MHz. (70,5 + 15). Der programmierbare 1-MHz-Vervielfacher muss auf n_p = 18 MHz stehen. Letzteres war nicht gefragt. Der VFO schwingt am unteren Ende bei 2,5 MHz. Auch das war nicht gefragt und dient nur zur Information.

Aufgabe
Versuchen Sie einmal selbst herauszubekommen, auf welchen Frequenzen die beiden VCOs und der VFO eingestellt sind, wenn folgende Frequenzen (1. Spalte) empfangen werden sollen.

f_e/MHz	VCO_2	VCO_1	VFO
7,001			2,501
10,150		67,650	
29,999	100,499	68,499	3,499

Lösung: (vorübergehend zudecken!)

f_e/MHz	VCO_2	VCO_1	VFO	n/MHz
7,001	77,501	67,501	2,501	10
10,150	80,650	67,650	2,650	13
29,999	100,499	68,499	3,499	32

Platz für Nebenrechnungen

....

....

....

....

....

Der Konverter

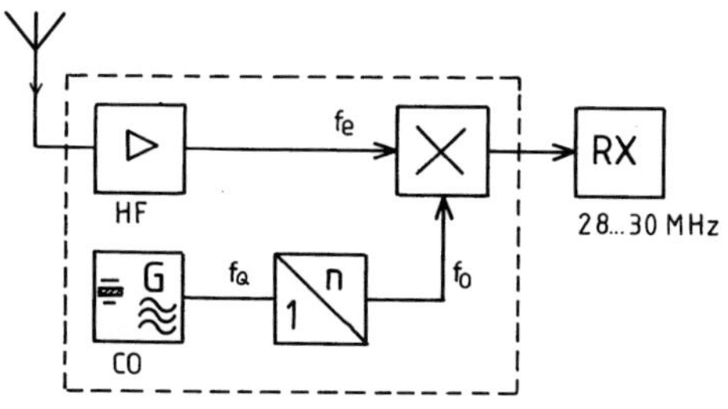

Bild 13-23: Empfangskonverter

Ein vorhandener Kurzwellenempfänger lässt sich als ZF-Verstärker, Demodulator und NF-Verstärker für den Empfang von Ultrakurzwellen (2-m-Band) verwenden, indem man einen Frequenzumsetzer (Konverter) dazwischenschaltet. Soll zum Beispiel das 2-m-Band von 144-146 MHz empfangen werden, benötigt man für den Mischer eine Oszillatorfrequenz von 116 MHz, die man durch Verdreifachung aus 38,667 MHz erhält. Mischt man 144 MHz mit 116 MHz, erhält man 28 MHz. Stellt man den Kurzwellenempfänger (RX im Bild) auf 30 MHz, empfängt man 146 MHz (146-116 = 30).

Prüfungsaufgabe
Bearbeiten Sie die Aufgabe **TF208**

Für das *70-cm-Band* gibt es nach diesem Empfangsprinzip ein Problem, wenn man wirklich nur einen Empfänger für den Amateurfunkbereich des 10-m-Bandes hat, also nur den Bereich 28 bis 30 MHz empfangen kann. Für das 2-m-Band passt es gerade, denn das 2-m-Band ist auch nur zwei Megahertz breit. Aber das 70-cm-Band geht von 430 MHz bis 440 MHz. Das sind 10 MHz Breite! Man löst das Problem, indem man den Quarzoszillator des Konverters umschaltet und die Injektionsfrequenz so auswählt, dass jeweils ein 2 MHz breiter Bereich des 70-cm-Bandes in den 2 MHz breiten Bereich des 10-m-Bandes konvertiert wird.

Prüfungsaufgabe TF206
Der Frequenzvervielfacher des Konverters nach Bild 13-23 arbeitet mit Verneunfachung. Welche Quarzfrequenzen werden benötigt, wenn man die oberen 4 MHz des 70-cm-Bereichs empfangen möchte.
A 45,556 und 45,778 MHz
B 45,333 und 45,556 MHz
C 45,111 und 45,556 MHz
D 45,667 und 45,889 MHz

Lösung: Um von 436 MHz auf 28 MHz zu mischen, benötigt man eine Injektionsfrequenz von

$$f_1 = 436\,\text{MHz} - 28\,\text{MHz} = 408\,\text{MHz}$$

Dieser Wert durch neun geteilt ergibt die Frequenz des Quarzoszillators.

$$f_{O1} = \frac{408\,\text{MHz}}{9} = \underline{\underline{45{,}333\,\text{MHz}}}$$

$$f_2 = 438\,\text{MHz} - 28\,\text{MHz} = 410\,\text{MHz}$$

$$f_{O1} = \frac{410\,\text{MHz}}{9} = \underline{\underline{45{,}556\,\text{MHz}}}$$

Prüfungsaufgabe
Lösen Sie die Aufgabe **TF207**.

Tipp: Für 4 MHz braucht man nur die ersten beiden 2-MHz-Bereiche, also Anfangsfrequenzen 430 und 432 MHz. davon ziehen Sie jeweils 28 MHz ab und teilen durch neun.

Der Transverter

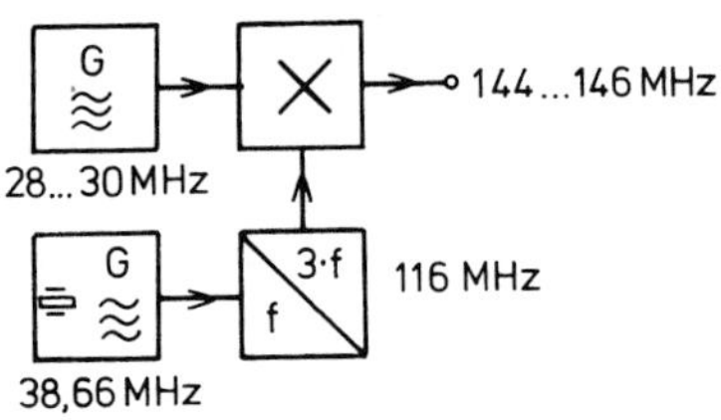

Bild 13-24: Blockschaltbild für einen 2-m-Transverter

Das Prinzip der Frequenzumsetzung durch Mischung nutzt man bei einem Transverter (transmitter converter) aus. Angenommen, es sei ein Kurzwellensender für den Frequenzbereich 28,0 bis 30,0 MHz vorhanden. Wenn man nun dessen Frequenzbereich mit 116 MHz mischt, erhält man als Summe 144,0 bis 146,0 MHz, also genau den Frequenzbereich für das 2-m-Band.

Prüfungsfrage
Beantworten Sie die Frage **TG235**.

Transceiver-Konverter

Ein Konverter für Sendung und Empfang wird ebenfalls Transverter genannt. Es ist sozusagen ein Transceiver-Konverter (Bild 13-25). Im Empfangsfall wird die Frequenz 144 MHz auf 28 MHz, bzw. 146 MHz auf 30 MHz heruntergesetzt. Der Empfänger des Transceivers (TRX) muss also den Frequenzbereich 28 bis 30 MHz aufweisen. Im Sendefall (die Schalter sind nach unten gestellt) werden die 28 bis 30 MHz in den Bereich 144 bis 146 MHz umgesetzt.

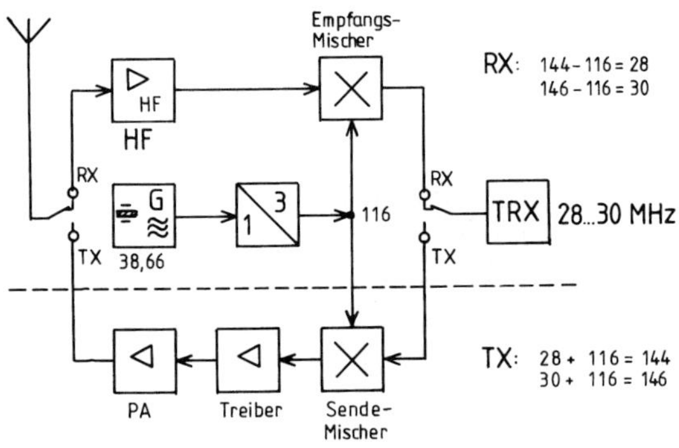

Bild 13-25: Transverter 10 m / 2 m

Prüfungsfrage
Beantworten Sie die Frage **TF212**.

Kapitel 14: Grundschaltungen der Digitaltechnik und Zahlensysteme

Moderne Funkgeräte enthalten immer mehr Baugruppen aus dem Bereich der Digitaltechnik. Für einen Funkamateur sind Kenntnisse aus diesem Bereich deshalb wichtig.

Übersicht

- Der Transistor als Schalter
- Die UND-Verknüpfung (AND)
- Die ODER-Verknüpfung (OR)
- Die NAND-Verknüpfung
- Die NOR-Verknüpfung
- XOR - EXNOR
- Zeitablaufdiagramme
- Zusammenschaltungen
- TTL-NAND-Schaltung
- Pegelanpassung
- CMOS-Technik
- Zahlensysteme

Der Transistor als Schalter

In der Analogtechnik kann es zwischen einem minimalen Wert (z.B. 0 Volt) und einem maximalen Wert (z.B. 12 Volt Betriebsspannung) jeden Zwischenwert geben (auch z.B. 7,3 V usw.), wie folgendes Beispiel (Bild 14-1 A) zeigt.

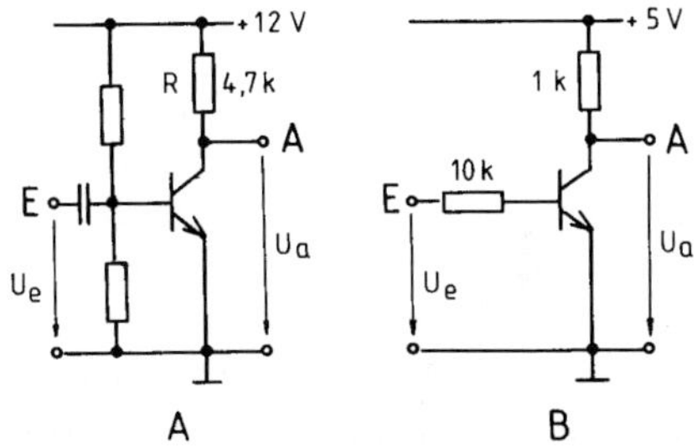

Bild 14-1 A: Transistor als Wechselspannungsverstärker, B: Transistor als Schalter

Fließt z.B. in der Schaltung 14-1 A ein Kollektorstrom von 1 mA, fällt am Kollektorwiderstand eine Spannung ab von

$$U_R = 4{,}7\,\mathrm{k\Omega} \cdot 1\,\mathrm{mA} = 4{,}7\,\mathrm{V}$$

und am Punkt A (Ausgang), bleiben noch

$$U_a = 12\,\mathrm{V} - 4{,}7\,\mathrm{V} = 7{,}3\,\mathrm{V}$$

Aufgabe

a) Berechnen Sie die Ausgangsspannung des Analogverstärkers, wenn ein Kollektorstrom von 2 mA fließt.

b) Welcher größte Kollektorstrom kann in dieser Schaltung fließen, wenn die Ausgangsspannung zu Null angenommen wird?

c) Wie groß ist die Ausgangsspannung am Punkt A, wenn kein Strom fließt?

Lösung:

a) $U_a = 12\,\text{V} - 2\,\text{mA} \cdot 4{,}7\,\text{k}\Omega = 12\,\text{V} - 9{,}4\,\text{V} = 2{,}6\,\text{V}$

b) $I_C = \dfrac{12\,\text{V}}{4{,}7\,\text{k}\Omega} = 2{,}55\,\text{mA}$

c) Wenn kein Strom fließt, fällt auch keine Spannung ab und das Potenzial am Punkt A ist gleich der Betriebsspannung.

Daraus ersehen Sie: In der Analogtechnik treten Spannungswerte auf zwischen 0 und der Betriebsspannung. In der Digitaltechnik gibt es eine genau festgelegte Anzahl von Zeichen. Das einfachste Digitalsystem kennt nur zwei Zeichen, zum Beispiel 0 und 1 oder EIN und AUS oder Richtig und Falsch oder HIGH und LOW und so weiter. Alle Digitalsysteme, die nur zwei Zeichen oder zwei Schaltzustände kennen, heißen Binärsysteme. Das Zahlensystem, das nur zwei Zustände kennt, heißt binäres Zahlensystem und der Sonderfall, dass es nur zwei Ziffern (0 und 1) gibt, heißt Dualzahlensystem.

Beim Transistor als Schalter (Bild 14-1 B) wird angenommen, dass das Eingangssignal nur zwei Spannungszustände annehmen kann: entweder 0 V (LOW) oder hohe Spannung (HIGH), z.B. + 5 Volt. Wenn die Eingangsspannung in obiger Schaltung z.B. +5 Volt beträgt, fließt so viel Basisstrom durch den 10-kΩ-Vorwiderstand, dass der Transistor voll durchgesteuert wird. Damit ist die Ausgangsspannung etwa 0 Volt, genauer etwa 0,1 bis 0,2 Volt - je nach Transistor. Diesen Ausgangszustand bezeichnet man als "LOW" (gesprochen: lo_u, Bedeutung: niedrig).

Werden 0 Volt Spannung an den Eingang gelegt, sperrt der Transistor und die Ausgangsspannung ist etwa + 5 Volt. Der Ausgangszustand ist HIGH. Für diese Transistorschaltung gilt also: Ist die Eingangsspannung HIGH, ist die Ausgangsspannung LOW und umgekehrt. Eine solche Schaltung wird in der Digitaltechnik als "Inverter" (Umkehrer) bezeichnet. Ein Inverter hat ein eigenes Schaltsymbol (Bild 14-2).

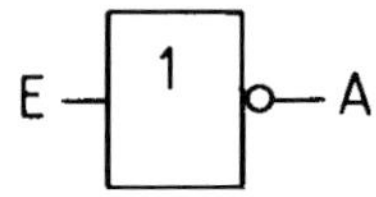

E	A
L	H
H	L

E	A
0	1
1	0

Bild 14-2: Schaltsymbol, Arbeits- und Wahrheitstabelle des Inverters

Der Kringel am Ausgang bedeutet Signalumkehr (Invertierung). Die Arbeitstabelle besagt: Wenn am Eingang das Signal LOW (L) ist, ist der Ausgangszustand A High (H) und umgekehrt. In der Wahrheitstabelle wird dem Zustand LOW die binäre Größe 0 zugeordnet und dem Zustand High die Größe 1. Ein solcher Inverter wird auch als "NOT-Gatter" oder als "Nicht-Verknüpfung" bezeichnet.

Die UND-Verknüpfung (AND)

Die Digitaltechnik hat wegen der logischen Verknüpfbarkeit mehrerer Eingangsgrößen ihre Bedeutung erlangt.

Beispiel

Ein Telegrafiesender darf ein HF-Signal abgeben, wenn mindestens folgende Bedingungen erfüllt sind.

- Die Betriebsspannung muss eingeschaltet sein
- UND die Betriebsart des Senders muss auf CW geschaltet sein
- UND die Antenne muss ein gutes Stehwellenverhältnis haben
- UND die Morsetaste muss betätigt werden.

An diesem Beispiel kann man erkennen, dass die logische UND-Verknüpfung etwas völlig Anderes ist als die elementare Rechenoperation PLUS. UND bedeutet hier, dass der Zustand "HF-Signal vorhanden" nur eintritt, wenn alle Bedingungen gleichzeitig erfüllt sind. Ist auch nur eine Bedingung nicht erfüllt, ist die gesamte Funktion nicht erfüllt.

In der folgenden Einführung in die Grundverknüpfungen der Digitaltechnik sollen nur Verknüpfungen von zwei Variablen betrachtet werden. Außerdem wird die "positive Logik" vorausgesetzt, bei der der Zustand LOW der logischen NULL und der Zustand HIGH der logischen EINS zugeordnet ist.

Die logische UND-Verknüpfung von zwei Eingangsgrößen kann schaltungstechnisch auf verschiedene Arten realisiert werden. Sie werden zunächst wegen der besseren Verständlichkeit die Realisierung mit Relaiskontakten (Schließern und Öffnern), dann mit Dioden und Transistoren (so genannte DTL-Technik) und dann mit Feldeffekt-Transistoren (MOS-Technik und CMOS-Technik) kennen lernen.

Für eine UND-Verknüpfung mit zwei Eingangsbedingungen (auch Eingangsvariablen genannt) gibt es vier Kombinationsmöglichkeiten.

- Beide Eingänge LOW
  L L bzw. 0 0
- Eingang 1 LOW und Eingang 2 HIGH
  L H bzw. 0 1
- Eingang 1 HIGH und Eingang 2 LOW
  H L bzw. 1 0
- Beide Eingänge HIGH
  H H bzw. 1 1

Wie aus der Schaltung Bild 14-3 zu erkennen ist, kann nur dann die Spannung von + 5 Volt (HIGH) am Ausgang A erscheinen, wenn beide Relais Spannung (HIGH-Zustand) erhalten, also beide Relaiskontakte geschlossen sind.

Merke: Bei der UND-Verknüpfung ist der Ausgangszustand nur dann 1, wenn alle Eingangsvariablen den Zustand 1 haben.

Bei der Schaltung in Bild 14-3 wurde ein Widerstand, an dem die Spannung abgegriffen wird, nach Masse geschaltet (so genannter "Pull-Down-Widerstand"). In der folgenden Schaltung wird die Spannung hinter dem Widerstand abgegriffen und die Spannung gegen Masse kurzgeschlossen. Der Widerstand dient als so genannter "Pull-Up-Widerstand". In dieser Schaltungsart kann eine UND-Verknüpfung durch eine Parallelschaltung von Öffnern realisiert werden.

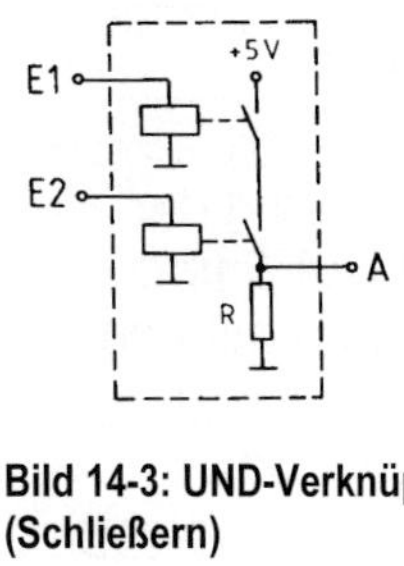

Arbeitstabelle

Eingang E1	Eingang E2	Ausgang A
L	L	L
L	H	L
H	L	L
H	H	H

Wahrheitstabelle

Eingang E1	Eingang E2	Ausgang A
0	0	0
0	1	0
1	0	0
1	1	1

Bild 14-3: UND-Verknüpfung mit Relaiskontakten (Schließern)

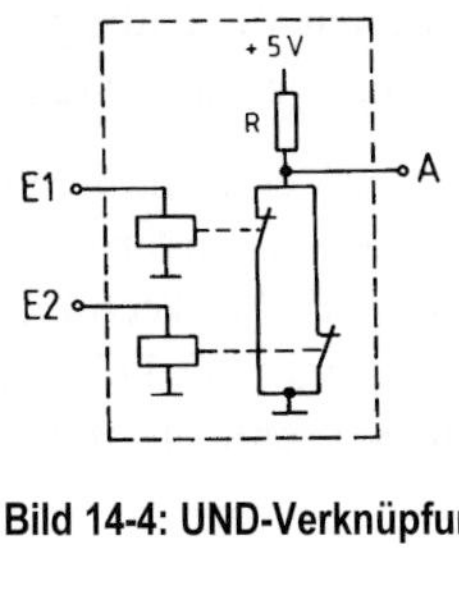

Arbeitstabelle

Eingang E1	Eingang E2	Ausgang A
L	L	L
L	H	L
H	L	L
H	H	H

Wahrheitstabelle

Eingang E1	Eingang E2	Ausgang A
0	0	
0	1	
1	0	
1	1	

Bild 14-4: UND-Verknüpfung mit Öffnern

In der Schaltung Bild 14-4 kann nur dann eine Spannung am Ausgang auftreten, wenn kein Kurzschluss mehr besteht. Dies ist ebenfalls nur dann der Fall, wenn beide Relais Spannung erhalten und die Öffner-Kontakte betätigt werden. Am Ausgang liegt dann je nach Belastung eine Spannung von weniger als + 5 Volt an. Die Arbeits- und die Wahrheitstabelle entsprechen genau denen von Bild 14-3.

Aufgabe
Ergänzen Sie die Wahrheitstabelle.

Aufgabe
Welche Belastung (Widerstand von A nach Masse) kann zugelassen werden, wenn eine Ausgangsspannung von mindestens +2,5 Volt noch als HIGH gelten soll und der Widerstand R einen Wert von 500 Ohm hat?

Lösung: R_L = 500 Ω, denn bei gleichen Widerständen verteilen sich die Spannungen je zur Hälfte auf Vorwiderstand und auf Lastwiderstand.

Gegenüber der Schaltung mit Schließern hat diese Schaltung zwei Nachteile, nämlich die Abhängigkeit der Ausgangsspannung von der Belastung und den höheren Stromverbrauch ohne Eingangssignal. Aber die Schaltung hat den Vorteil, dass das LOW-Signal am Ausgang eindeutig 0 Volt beträgt. Dieses ist in elektronischen Schaltungen häufig wichtiger.

In der Elektronik werden Verknüpfungen nicht mehr mit Relaiskontakten, sondern mit Dioden und Transistoren (DTL-Technik) oder in der modernen Elektronik mit Feldeffekt-Transistoren (CMOS-Technik) realisiert.

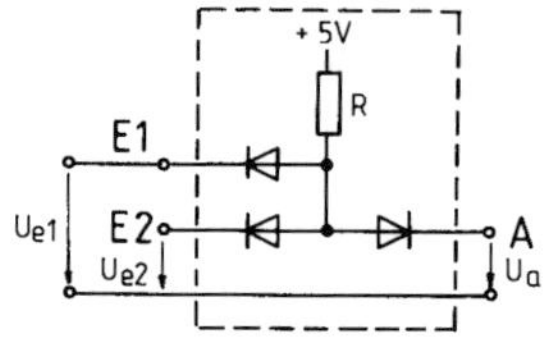

Arbeitstabelle

Eingang E1	Eingang E2	Ausgang A
L	L	
L	H	
H	L	
H	H	

Wahrheitstabelle

Eingang E1	Eingang E2	Ausgang A
0	0	
0	1	
1	0	
1	1	

Bild 14-5: UND-Verknüpfung mit Dioden

Vereinbart sei für die Schaltungen der DTL-Technik: An den Eingängen kann entweder +5 Volt oder Null Volt anliegen. Null Volt bedeutet Verbindung nach Masse, nicht etwa "offener Eingang".

Ist auch nur einer der Eingänge der Schaltung in Bild 14-5 mit Masse verbunden, fließt Strom durch die Diode nach Masse und die Spannung am Punkt zwischen den Dioden ist 0,7 Volt. Am Ausgang hinter der Einzeldiode ist die Spannung dann etwa 0 Volt.

Nur dann, wenn an beiden Eingängen eine Spannung von +5 Volt anliegt, sperren die Eingangsdioden und am Ausgang ist je nach Belastung eine hohe Spannung vorhanden (HIGH-Signal). Diese Schaltung entspricht der von Bild 14-4 mit der Parallelschaltung von Öffnern und dem Pull-Up-Widerstand. Auch hier gelten selbstverständlich die Arbeits- und die Wahrheitstabellen der UND-Verknüpfung.

Aufgabe
Ergänzen Sie die Arbeits- und die Wahrheitstabelle in Bild 14-5 und vergleichen Sie diese dann mit den Tabellen in Bild 14-3.

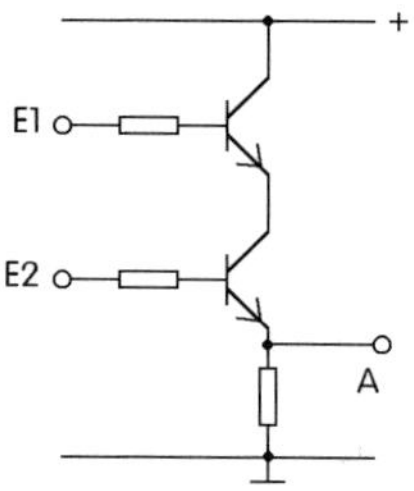

E1	E2	A
0	0	
0	1	
1	0	
1	1	

Bild 14-6: UND-Schaltung mit Transistoren

Bild 14-6 stellt eine UND-Schaltung aus Transistoren dar. Solange kein Strom durch die Transistoren fließt, ist die Spannung am Ausgang Null. Erst wenn beide Transistoren leiten, geht die Ausgangsspannung auf das Potential der Versorgungsspannung.

Aufgabe
Ergänzen Sie die Wertetabelle in Bild 14-6 und vergleichen Sie diese dann mit der Tabelle in Bild 14-3.

Wichtig bei der UND-Schaltung mit Transistoren ist der gemeinsame Pull-Down-Widerstand. Sie werden noch die NAND-Schaltung kennen lernen. Dort ist ein Pull-Up-Widerstand eingesetzt!

Die UND-Verknüpfung hat ein eigenes Schaltsymbol nach DIN 40700 (Bild 14-7). Es ist ein Rechteck mit dem &-Zeichen. In alten Schaltungen findet man die frühere Norm, ein Halbkreis, bei dem die Eingänge nicht durchgehen wie bei der ODER-Schaltung (Bild 14-11). Eine UND-Verknüpfung kann beliebig viele Eingänge haben. In diesem Lehrgang beschränken wir uns auf Verknüpfungen mit zwei Eingängen.

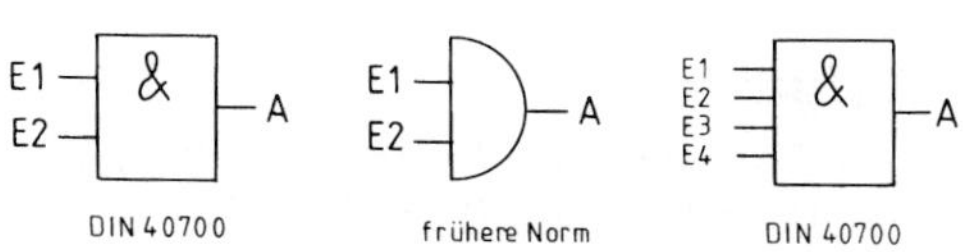

Bild 14-7: Schaltzeichen für die UND-Verknüpfung

Die ODER-Verknüpfung (OR)

Beispiel
Die Alarmanlage soll Signal geben (HIGH-Zustand), wenn die Eingangstür aufgebrochen wird, ODER die Kellertür geöffnet wird, ODER die Lichtschranke aktiv schaltet, ODER die Fensterkontaktschleife unterbrochen wird, ODER ein Kabel durchgeschnitten wird.

Die Besonderheit der ODER-Verknüpfung liegt darin, dass bereits die Erfüllung einer Bedingung ausreicht, um eine Wirkung zu erzielen. Allerdings dürfen auch mehrere oder alle Bedingungen erfüllt sein.

In Bild 14-8 sind zwei Schaltungen mit Pull-Down-Widerstand dargestellt, Bild A mit Relaiskontakten und Bild B mit Dioden. Für beide Schaltungen gilt: Wenn auch nur einer (mindestens einer) der Eingänge HIGH-Signal führt, ist HIGH-Signal am Ausgang vorhanden. Dies wird mit Hilfe der Arbeitstabelle oder der Wahrheitstabelle in Bild 14-11 zum Ausdruck gebracht.

Merke: Bei der ODER-Schaltung ist H- bzw. 1-Signal immer dann vorhanden, wenn mindestens ein Eingang H- bzw. 1-Signal führt.

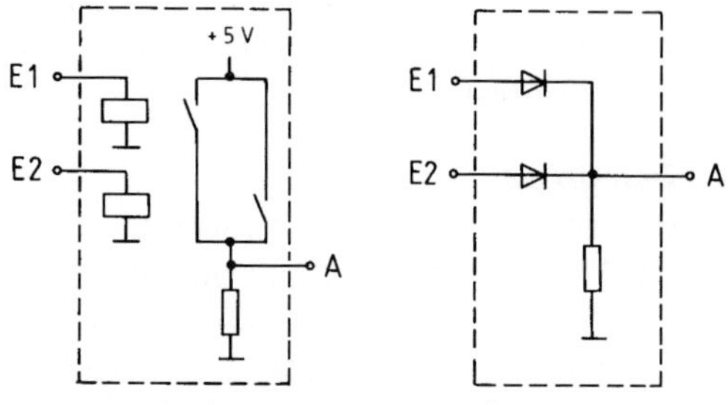

Bild 14-8: ODER-Verknüpfung mit Pull-Down-Widerstand

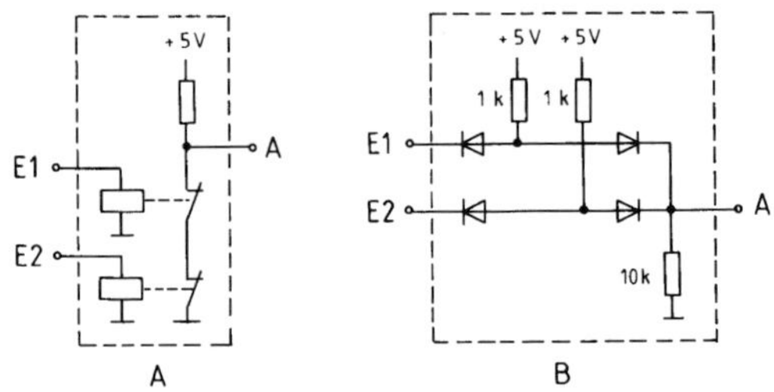

Bild 14-9: ODER-Schaltung mit Pull-Up-Widerstand

Auch mit Pull-Up-Widerstand kann die ODER-Schaltung mit Relaiskontakten oder mit Dioden realisiert werden, wie in folgendem Bild gezeigt wird.

Wenn in der Schaltung Bild 14-9 A keines der Relais Spannung (HIGH-Signal) erhält, ist der Ausgang mit Masse verbunden (LOW-Signal). Aber sobald auch nur ein Relaiskontakt öffnet (Relais zieht an), ist HIGH-Signal am Ausgang.

Gleiches gilt für Bild 14-9 B. Sind beide Eingangsdioden mit Masse verbunden (LOW-Signal an E1 und an E2), ist hinter den Pull-Up-Widerständen nur noch 0,7 Volt und am Punkt A (Ausgang) praktisch null Volt (LOW-Signal). Wenn aber mindestens eine Eingangsdiode sperrt (HIGH-Signal an einem Eingang), liegt hohes Potential zwischen diesen Dioden und 0,7 Volt weniger am Ausgang. Die Ausgangsdioden sorgen für eine entsprechende "Entkopplung", damit nicht der LOW-Zustand des anderen Eingangs sich auf den HIGH-Zustand am Ausgang auswirken kann.

Aufgabe

Berechnen Sie den tatsächlichen HIGH-Ausgangspegel der Schaltung Bild 14-9 B ohne zusätzliche Belastung am Ausgang, wenn an einem Eingang +5 V anliegen und am anderen 0 V.

Welcher Strom fließt?
Welcher Strom würde fließen, wenn beide Eingänge HIGH-Potenzial haben?

Lösung: Eine Diode leitet. Es bleiben 4,3 V für 11 kΩ.

$$I = \frac{U}{R} = \frac{4{,}3\,\text{V}}{11\,\text{k}\Omega} = 0{,}39\,\text{mA}$$

Wenn beide Dioden leiten, bleibt die Spannung 4,3 V und deshalb auch der Strom gleich.

Für die ODER-Verknüpfung mit Pull-Up-Widerstand gilt selbstverständlich dieselbe Arbeits- oder Wahrheitstabelle (Bild 14-11) wie für die Schaltung mit Pull-Down-Widerstand (Bild 14-9).

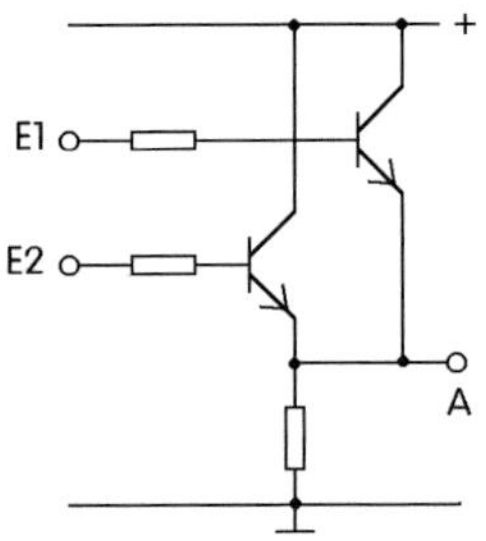

E1	E2	A
0	0	
0	1	
1	0	
1	1	

Bild 14-10: ODER-Schaltung mit Transistoren

Die ODER-Schaltung mit Transistoren sieht so ähnlich aus wie die UND-Schaltung (Bild 14-6), nur dass die beiden Transistoren parallel geschaltet sind. Es kann bereits Strom fließen, wenn auch nur einer der beiden Transistoren durch ein HIGH-Potenzial an der Basis leitend gemacht wird.

Aufgabe

Ergänzen Sie die Wertetabelle in Bild 14-10 und vergleichen Sie diese dann mit folgender Tabelle.

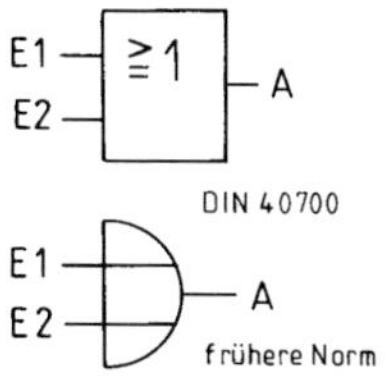

Arbeitstabelle

Eingang E1	Eingang E2	Ausgang A
L	L	L
L	H	H
H	L	H
H	H	H

Wahrheitstabelle

Eingang E1	Eingang E2	Ausgang A
0	0	
0	1	
1	0	
1	1	

Bild 14-11: Schaltsymbole und Arbeits- und Wahrheitstabelle der ODER-Verknüpfung

Das Zusatzzeichen ≥ 1 im Schaltsymbol bedeutet: Wenn die Anzahl der Einsen an den Eingängen größer oder gleich 1 ist (einer oder mehrere Eingänge führen HIGH-Signal), führt der Ausgang HIGH-Signal.

Aufgabe
Ergänzen Sie die Wahrheitstabelle der ODER-Verknüpfung in Bild 14-11.

Die NAND-Verknüpfung

Häufig wird eine UND-Verknüpfung durch eine nachfolgende Transistorstufe (NOT-Gatter) ergänzt. Aus der UND-Schaltung wird dann eine UND-NICHT-Schaltung. Sie hat die Bezeichnung NAND aus dem Englischen NOT-AND.

Beispiel
Die Alarmanlage ist nur dann NICHT in Funktion, wenn die Zimmerbeleuchtung eingeschaltet ist UND das Sicherheitsschloss im Schreibtisch aufgeschlossen ist. Fehlt eine der beiden Bedingungen, ertönt die Sirene beim Öffnen des Tresors.

Zimmerbeleuchtung ein? ja - nein
Sicherheitsschloss auf? ja - nein
Beides „ja", dann Alarmanlage aus.

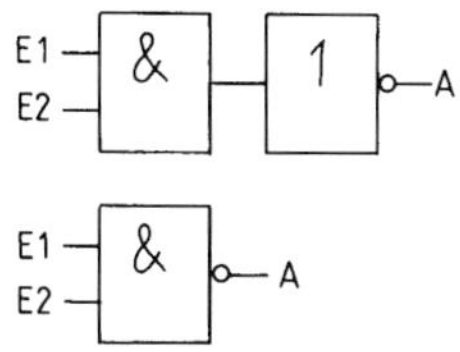

Arbeitstabelle

Eingang E1	Eingang E2	Ausgang A
L	L	H
L	H	H
H	L	H
H	H	L

Wahrheitstabelle

Eingang E1	Eingang E2	Ausgang A
0	0	1
0	1	1
1	0	1
1	1	0

Bild 14-12: NAND-Verknüpfung

Aufgabe
Vergleichen Sie die Wahrheitstabelle der NAND-Verknüpfung (Tabelle Bild 14-12) mit der Wahrheitstabelle der UND-Verknüpfung (Bild 14-3).

Ergebnis: Der Ausgangszustand ist bei vergleichbaren Eingangsvariablen genau umgekehrt. Dort, wo beim UND-Glied eine Null steht, ist beim NAND eine 1 vorhanden und umgekehrt.

Schaltungstechnisch lässt sich in DTL-Technik eine NAND-Verknüpfung aus einer UND-Schaltung mit Pull-Up-Widerstand und einer Transistorstufe als Inverter (NOT-Schaltung) leicht realisieren.

Damit bei der Schaltung Bild 14-13 LOW-Pegel (Nullsignal) am Ausgang auftreten kann, muss der Transistor leiten. Dieser kann nur leiten, wenn beide Eingangsdioden gesperrt sind. Denn dann fließt Basisstrom über den 10-kΩ-Widerstand. Ist auch nur

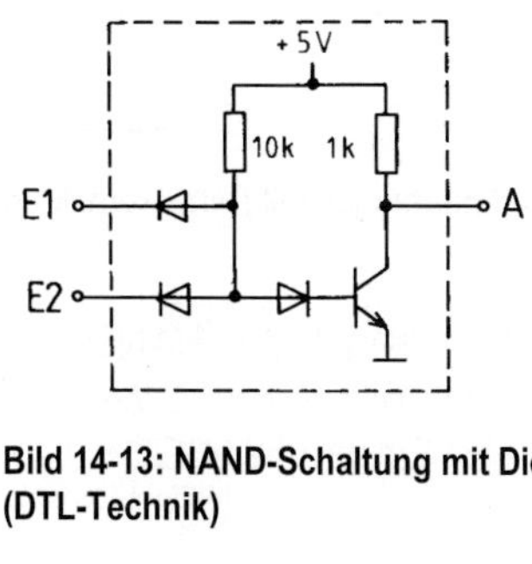

Arbeitstabelle

Eingang E1	Eingang E2	Ausgang A
L	L	
L	H	
H	L	
H	H	

Bild 14-13: NAND-Schaltung mit Dioden und Transistor (DTL-Technik)

eine der Eingangsdioden mit Masse verbunden (LOW-Pegel am Eingang), so herrscht 0,7-V-Pegel zwischen den Dioden und an der Basis des Transistors ist kaum noch Spannung. Der Transistor sperrt. Die Ausgangsspannung beträgt praktisch +5 Volt.

Aufgabe
Ergänzen Sie die Arbeitstabelle in Bild 14-13 und vergleichen Sie diese mit der Arbeitstabelle in Bild 14-12.

Aufgabe
Entwickeln Sie eine NAND-Verknüpfung in Relaiskontakt-Technik
A mit Pull-Down-Widerstand
B mit Pull-Up-Widerstand
und kontrollieren Sie die richtige Funktion, indem Sie eine Arbeitstabelle aufstellen und diese mit der in Bild 14-12 vergleichen.

Lösung:

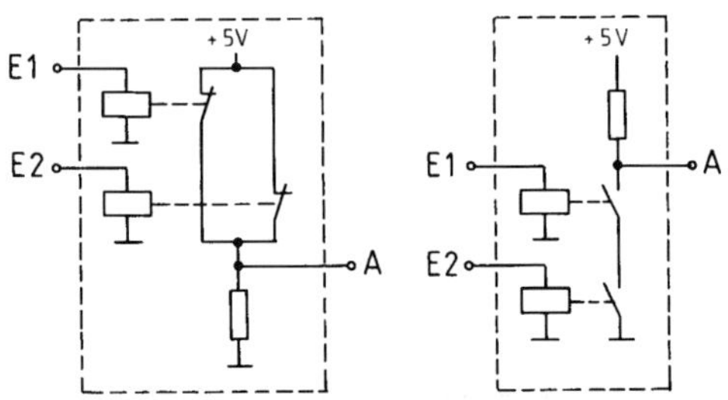

Bild 14-14: NAND-Verknüpfungen mit Relaiskontakten

Merke: Der Ausgang A der NAND-Verknüpfung führt nur dann LOW-Signal, wenn alle Eingänge HIGH-Signal führen.

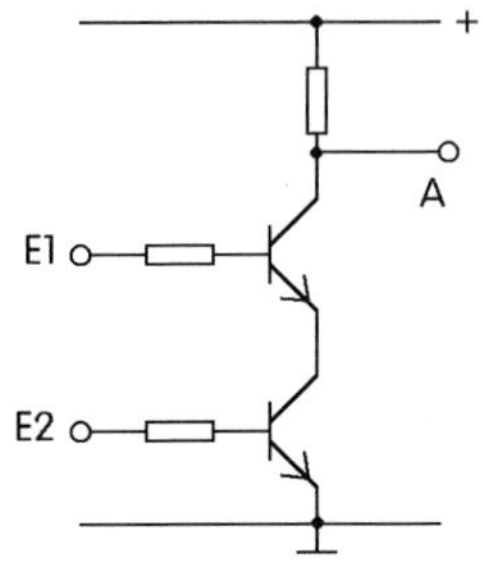

E1	E2	A
0	0	
0	1	
1	0	
1	1	

Bild 14-15: NAND-Schaltung mit Transistoren

Solange einer oder beide Transistoren gesperrt sind, ist am Ausgang A das gleiche Potential wie auf der Plusleitung. Erst wenn beide Transistoren leiten (Reihenschaltung), fließt Strom und es liegt nahezu Massepotential am Ausgang. Die Restspannung je Transistor ist zirka 0,1 V, so dass insgesamt zirka 0,2 V am Ausgang liegen, also LOW-Potenzial.

Prüfungsfrage
Beantworten Sie die Prüfungsfrage **TC705**.

Die NOR-Verknüpfung

NOR kommt aus dem Englischen von NOT-OR, auf Deutsch: NICHT-ODER. Richtig müsste die Schaltung ODER-NICHT-Verknüpfung heißen, da zunächst die ODER-Verknüpfung erfolgt und dann das Signal invertiert wird.

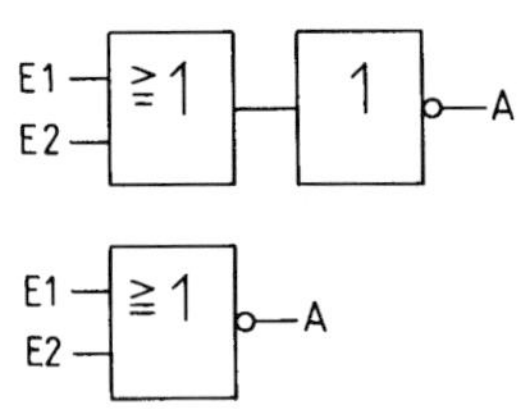

Arbeitstabelle

Eingang E1	Eingang E2	Ausgang A
L	L	H
L	H	L
H	L	L
H	H	L

Wahrheitstabelle

Eingang E1	Eingang E2	Ausgang A
0	0	
0	1	
1	0	
1	1	

Bild 14-16: NOR-Verknüpfung mit Wahrheitstabelle

Aufgabe 10
Ergänzen Sie die Wahrheitstabelle der NOR-Verknüpfung und vergleichen Sie diese mit der Tabelle der ODER-Verknüpfung (Bild 14-11).

Da die Ausgangszustände der NOR-Schaltung gegenüber der ODER-Schaltung umgekehrt sind, lässt sich schaltungstechnisch die NOR-Verknüpfung aus der O-DER-Schaltung mit Dioden und Pull-Up-Widerständen (Bild 14-8 B) und einer zusätzlichen Transistorstufe realisieren.

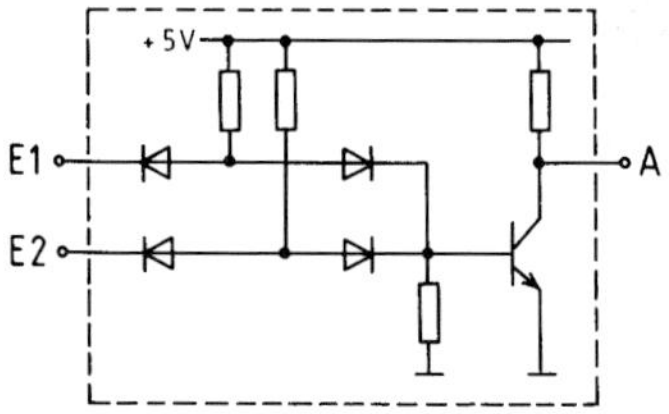

Arbeitstabelle

Ein-gang E1	Ein-gang E2	Aus-gang A
L	L	
L	H	
H	L	
H	H	

Bild 14-17: NOR-Schaltung mit Dioden und Transistor (DTL-Technik)

Damit bei der NOR-Schaltung in DTL-Technik das Ausgangssignal auf HIGH gehen kann, muss der Transistor sperren. Dies ist nur möglich, wenn beide (alle) Eingangsdioden mit Masse verbunden sind und kein Strom in die Basis des Transistors fließen kann.

Aufgabe
Ergänzen Sie die Wahrheitstabelle.

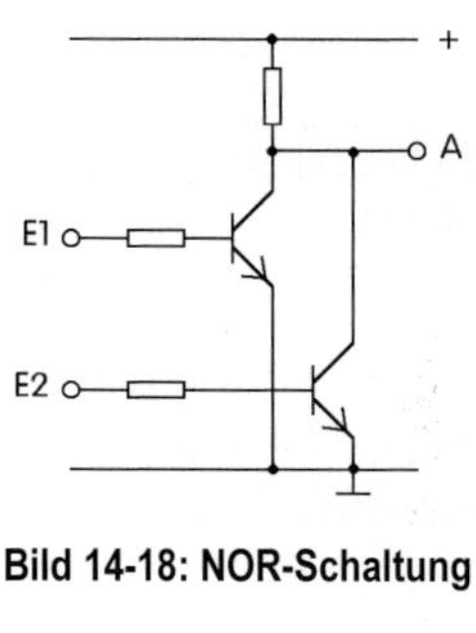

E1	E2	A
0	0	
0	1	
1	0	
1	1	

Bild 14-18: NOR-Schaltung mit Transistoren

Am Ausgang tritt solange HIGH-Potenzial auf, solange keiner der beiden Transistoren leitet. Sobald mindestens einer der beiden Transistoren leitet, fließt Strom und das Ausgangspotential geht auf praktisch Null Volt (Kollektor-Emitter-Restspannung zirka 0,1 V).

Merke: Bei der NOR-Schaltung tritt am Ausgang immer dann LOW-Signal (L) auf, wenn mindestens ein Eingang auf HIGH (H) geht.

Prüfungsfragen
Beantworten Sie die Fragen **TC706, TC703** und **TC702.**

Antivalenz und Äquivalenz

Bei logischen Verknüpfungen mit zwei Eingangsvariablen kann es grundsätzlich 16 mögliche Kombinationen der Ausgangsfunktion geben. Sie haben bisher vier davon kennengelernt: UND, ODER, NAND, NOR, die in folgender Übersicht nochmals dargestellt sind. Weitere zwei wichtige Kombinationen sollen in diesem Abschnitt behandelt werden: XOR und EXNOR.

Eingang 1	Eingang 2	Ausgangsfunktion bei UND	ODER	NAND	NOR	XOR	EXNOR
0	0	0	0	1	1	0	1
0	1	0	1	1	0	1	0
1	0	0	1	1	0	1	0
1	1	1	1	0	0	0	1

Zusammenfassend sei nochmals die Bedeutung der bisher behandelten Verknüpfungen beschrieben.

UND:
Der Ausgang geht nur dann auf 1, wenn alle Eingänge auf 1 sind.
(kurz: 1, wenn alle 1)

ODER:
Der Ausgang geht immer dann auf 1, wenn mindestens ein Eingang auf 1 geht.
(kurz: 1, wenn mindestens eine 1)

NAND:
Der Ausgang geht nur dann auf 0, wenn alle Eingänge auf 1 sind.
(kurz: 0, wenn alle 1)

NOR:
Der Ausgang geht immer dann auf 0, wenn mindestens ein Eingang auf 1 geht.
(kurz: 0, wenn mindestens eine 1)

Bei den folgenden Verknüpfungen erkennen Sie bereits in der Tabelle, dass zweimal der Ausgangszustand 1 vorkommen kann.

XOR:
Immer dann, wenn nur (genau) ein Eingang eine 1 führt (das Schaltsymbol zeigt = 1), ist der Ausgangszustand gleich 1.

EXNOR:
Immer dann, wenn beide Eingänge gleich sind (das Schaltsymbol zeigt das Gleichzeichen), ist der Ausgangszustand gleich 1.

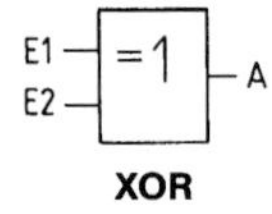

E1	E2	A
0	0	0
0	1	1
1	0	1
1	1	0

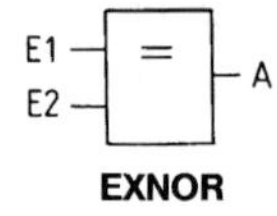

E1	E2	A
0	0	1
0	1	0
1	0	0
1	1	1

Bild 14-19: Schaltzeichen und Wahrheitstabellen der Antivalenz (XOR) und der Äquivalenz (EXNOR)

XOR kommt aus dem Englischen EX-OR und ist eine Abkürzung aus Exklusiv-ODER. Exklusiv bedeutet: entweder - oder, also entweder hat Eingang 1 oder Eingang 2 eine 1, nicht aber beide zugleich. Die Eingänge müssen also unterschiedlichen Wert (Antivalenz) haben.

Umgekehrt ist dies bei der EXNOR-Verknüpfung. Die Eingänge haben den gleichen Wert (Äquivalenz). Sie heißt auch NOT-XOR-Verknüpfung, weil die Ausgangsfunktion genau invertiert ist zu XOR.

Die schaltungstechnische Realisierung soll hier nur mit Relaiskontakten vorgestellt werden.

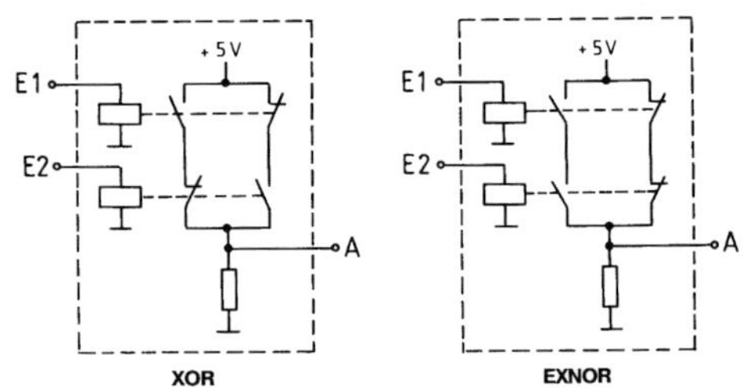

E1	E2	A
0	0	
0	1	
1	0	
1	1	

E1	E2	A
0	0	
0	1	
1	0	
1	1	

Bild 14-20: Antivalenz und Äquivalenz mit Relaiskontakten und Pull-Down-Widerstand

Aufgabe
Ergänzen Sie die Wahrheitstabellen in Bild 14-20 und vergleichen Sie Ihr Ergebnis mit den Wahrheitstabellen aus Bild 14-19.

Zeitablaufdiagramme

Um die Funktionsweise digitaler Schaltungen zu überprüfen, legt man an die Eingänge wechselnde digitale Signale und beobachtet die Ausgangssignale mit einem Speicheroszilloskop.

Ich möchte nun an die zwei Eingänge der Grundgatter die in einer Tabelle üblichen Signale nacheinander anlegen, also an Eingang 1 beispielsweise immer abwechselnd 0-1-0-1 und an den folgenden Eingang 00-11-00-11 und so weiter. Diese Signale zeichne ich untereinander und darunter jeweils das zugehörige Ausgangssignal für die UND-, die ODER-, die NAND- und die NOR-Schaltung.

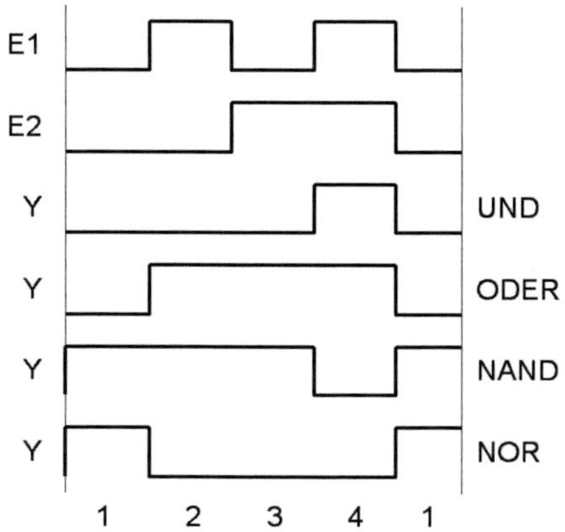

Bild 14-21: Zeitablaufdiagramme der Grundgatter

Betrachten wir einmal das UND-Gatter. Im Zeitabschnitt 1 sind beide Eingangssignale Null (LOW) und auch das Ausgangssignal LOW. Erst im Zeitabschnitt 4 sind die beiden Eingangssignale HIGH und damit auch das Ausgangssignal HIGH.

Prüfungsaufgabe
Beantworten Sie die Prüfungsfragen **TC707** bis **TC709**.

Tipp zu TC708: EXOR bedeutet „Entweder - Oder" (Exklusiv-Oder). Es muss also ein Signal LOW und gleichzeitig das andere HIGH sein.

Zusammenschaltung von Grundschaltungen

Für die unterschiedlichsten Funktionen kann man beliebig viele Grundgatter zu komplizierten Logikschaltungen zusammen schalten. Dies soll an einem einzigen Beispiel, nämlich einer Prüfungsaufgabe gezeigt werden.

Prüfungsaufgabe TC704
Welche Aussage trifft für folgende Digitalschaltung zu?

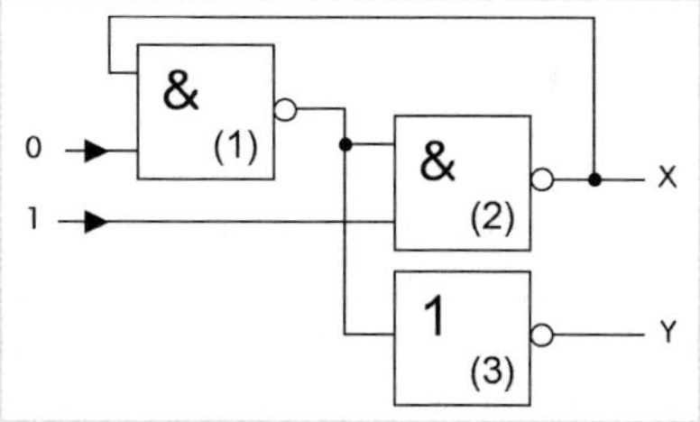

A X=0 und Y=0
B X=0 und Y=1
C X=1 und Y=0
D X=1 und Y=1

Lösungsüberlegungen: Gatter 1 ist eine NAND-Schaltung. Wenn, wie hier, an mindestens einem Eingang Nullpegel anliegt, ist am Ausgang auf jeden Fall „1". Damit liegen an beiden Eingängen des folgenden NAND (Gatter 2) an beiden Eingängen HIGH-Pegel (1). Dies ist der einzige Fall für Nullpegel am Ausgang. X haben wir also! Das untere Gatter ist nur ein Inverter. Er invertiert den Pegel vom Ausgang von Gatter 1. Es herrscht dort HIGH-Pegel. Also hat auch der Ausgang Y Nullpegel.

TTL-NAND-Schaltung

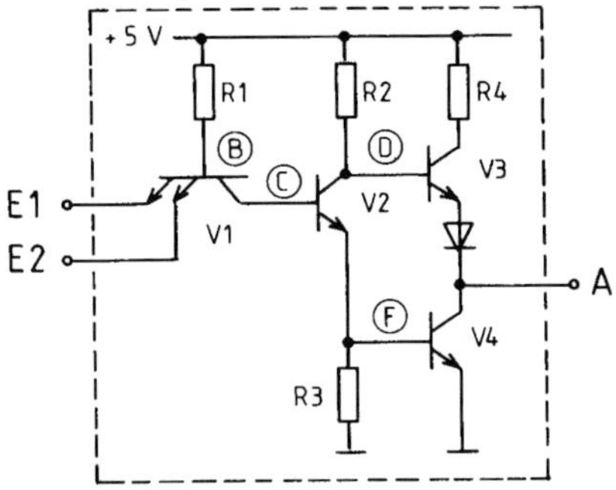

Bild 14-22: NAND-Verknüpfung in TTL-Technik

Die NAND-Verknüpfung und auch die NOR-Schaltung gibt es in so genannter TTL-Technik (Transistor-Transistor-Logik) mit einem Multi-Emitter-Transistor als Diodenersatz und einer nachfolgenden Transistor-Gegentaktverstärkerstufe (Bild 14-22).

Den Multi-Emitter-Transistor kann man sich als Dioden-Ersatzschaltung vorstellen. Damit entspricht dieser Transistor der UND-Verknüpfung mit Dioden und Pull-Up-Widerstand wie in Bild 14-5. HIGH-Signal am Punkt C (Kollektor von V1) ist nur vorhanden, wenn beide Eingänge nicht an Masse liegen, sondern HIGH-Signal führen. Wenn HIGH-Signal am Punkt C (Bild 14-22) ist, leitet V2 und damit auch V4 (LOW-Pegel am Ausgang A). V3 ist gesperrt, denn am Punkt D ist praktisch das

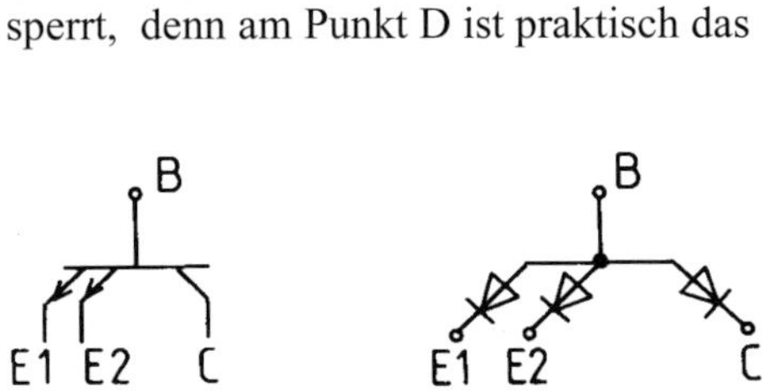

Bild 14-23: Multi-Emitter-Transistor als Dioden-Ersatzschaltung

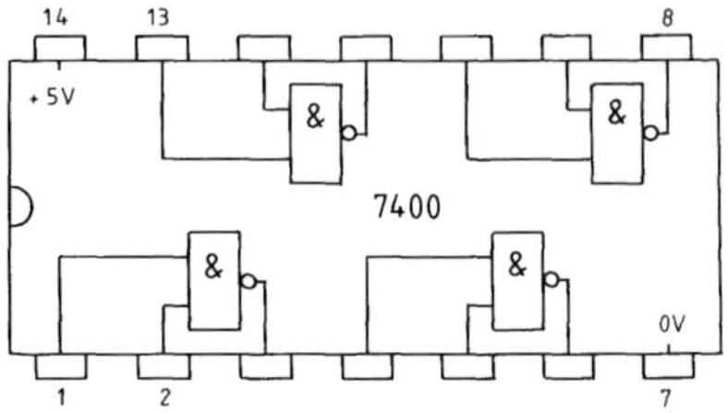

Bild 14-24: Innenschaltung und Anschlussschema des IC 7400

gleiche Potential wie am Punkt A. Damit V3 leiten kann, muss das Potential um +0,7 Volt (übliche Dioden Spannung) und nochmals +0,6 Volt (U_{BE} des Transistors) höher sein als am Ausgang A.

Umgekehrt sind die Verhältnisse, wenn auch nur ein Eingang mit Masse verbunden wird, denn dann leitet V1 und an Punkt C ist nahezu 0 Volt. V2 und V4 sperren, damit leitet V3 und liefert HIGH-Potenzial an den Ausgang. Die Ausgangsschaltung mit den beiden Transistoren V3 und V4 nennt man "Gegentaktschaltung", denn wenn der eine Transistor leitet, sperrt der andere.

Vier von diesen TTL-NAND-Schaltungen findet man in einem häufig benutzten integrierten Schaltkreis, dem 7400 (sprich: 74-0-0). Die TTL-Schaltungen wie zum Beispiel der 7400 werden immer mit 5,0 V betrieben. Die Ausgangsspannungen liegen dann bei HIGH-Pegel zwischen 2,4 V bis 5,0 V und bei LOW-Pegel zwischen 0 V bis 0,4 V. Diesen Wertebereich bezeichnet man als *TTL-Pegel.*

Pegelanpassung

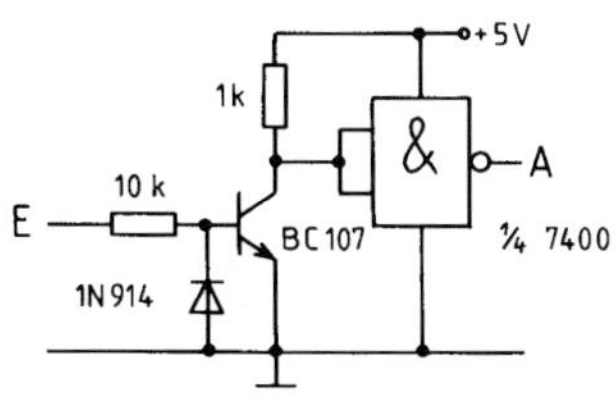

E	A
-12 V	0 V
+12 V	+5 V

Bild 14-25: Pegelanpassung für 5-V-TTL-Pegel

In der Amateurfunkpraxis kommt es gelegentlich vor, dass ein Gerät digitale Ausgangssignale liefert, deren Pegel aber nicht 0 und +5 Volt sind, sondern übliche +12 und -12 Volt einer RS232-Schnittstelle. Zur Anpassung gibt es folgende, einfache Schaltungsmöglichkeiten mit einem Transistor in Emitterschaltung.

Wenn der Transistor mit 5 Volt Betriebsspannung versorgt wird, können am Kollektor nur Spannungen zwischen 0 und 5 Volt auftreten. Hohe positive Eingangsspannungen werden durch den Basisvorwiderstand strombegrenzt und negative Spannungen durch die Diode verhindert. Der Inverter am Ausgang aus einem NAND-Baustein dreht das Signal wieder um, da ein Transistor in Emitterschaltung ebenfalls das Signal invertiert.

Digitalschaltungen mit MOSFET

Mit einem selbstsperrenden MOSFET lässt sich sehr einfach ein Inverter aufbauen (Bild 14-26 A). Legt man an den Eingang des N-Kanal-MOSFETs eine positive Spannung, kann sich der Kanal ausbilden, es fließt ein Drainstrom und die Ausgangsspannung bricht bis auf eine geringe Restspannung zusammen (LOW). Dies ist das typische Verhalten eines Inverters.

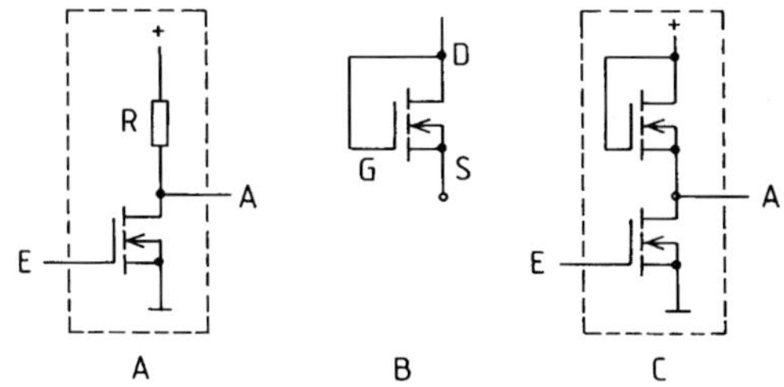

Bild 14-26: Inverter mit N-Kanal-MOSFET

Verbindet man nach Bild 14-26 B Gate und Drain eines selbstsperrenden MOSFETs, dann ist die Gate-Source-Spannung immer gleich der Drain-Source-Spannung und es ergibt sich ein ähnliches Verhalten wie ein hochohmiger Widerstand. Ersetzt man nun den Widerstand R von Bild 14-26 A durch einen so geschalteten Transistor, erhält man eine Schaltung, die nur aus gleichartigen Feldeffekt-Transistoren besteht und deshalb technisch leicht herstellbar ist (Bild 14-26 C). Diese N-MOS-Schaltungen benötigen wenig Platz und haben eine geringe Leistungsaufnahme von weniger als ein Milliwatt (typisch 0,2 mW). Durch Reihenschaltung von Feldeffekt-Transistoren wird aus dem Inverter eine NAND-Schaltung, bei der nur dann LOW-Pegel am Ausgang auftritt, wenn beide Eingänge HIGH-Pegel bekommen. Zum Vergleich ist in Bild 14-27 rechts die Schaltung mit Relaiskontakten und Pull-Up-Widerstand dargestellt.

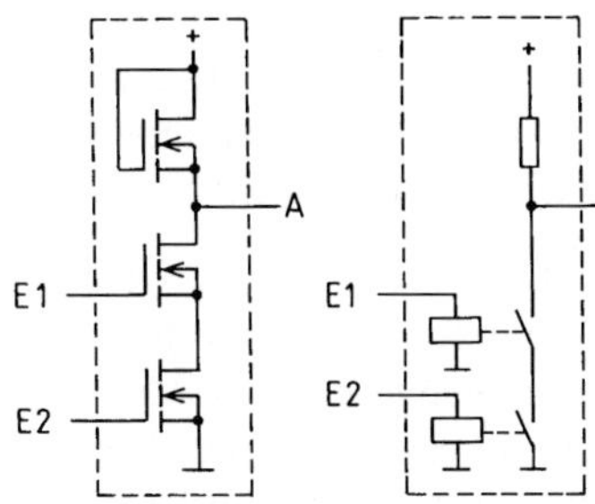

Arbeitstabelle

Eingang E1	Eingang E2	Ausgang A
L	L	
L	H	
H	L	
H	H	

Bild 14-27: NAND-Schaltung in N-MOS-Technik im Vergleich mit der Relaiskontakt-Technik

Aufgabe
Ergänzen Sie die Arbeitstabelle in Bild 14-27 und vergleichen Sie Ihre Lösung mit der Tabelle in Bild 14-12.

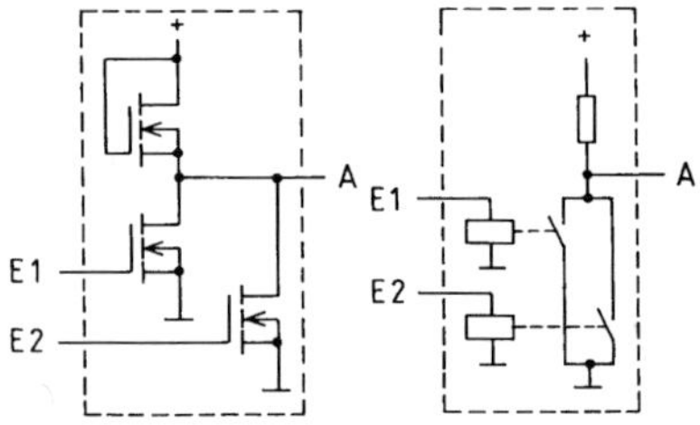

Arbeitstabelle

Eingang E1	Eingang E2	Ausgang A
L	L	
L	H	
H	L	
H	H	

Bild 14-28: NOR-Schaltung in N-MOS-Technik

Durch Parallelschaltung von Feldeffekt-Transistoren wird aus dem Inverter eine NOR-Schaltung, bei der immer dann LOW-Pegel auftritt, wenn einer oder mehrere Eingänge HIGH-Pegel erhalten. Zum Vergleich ist in Bild 14-28 die Schaltung mit Relaiskontakten und Pull-Up-Widerstand dargestellt.

Aufgabe
Ergänzen Sie wieder die Arbeitstabelle und vergleichen Sie Ihre Lösung mit der Tabelle in Bild 14-16.

N-MOS-Schaltungen ermöglichen bei der Herstellung eine sehr hohe Packungsdichte und eignen sich deshalb für hoch integrierte Schaltungen. Nachteilig sind ein sehr hoher Ausgangswiderstand und die ständige Stromaufnahme im L-Ausgangszustand. Anders verhalten sich Schaltungen in CMOS-Technik.

Bei der CMOS-Technik sind N-Kanal- und P-Kanal-Feldeffekttransistoren komplementär zusammengesetzt (CMOS = Complementary MOS). In dieser Technik nehmen die Schaltungen nur beim Umschalten kurzzeitig Strom auf, wodurch sich sehr geringe Verlustleistungen ergeben.

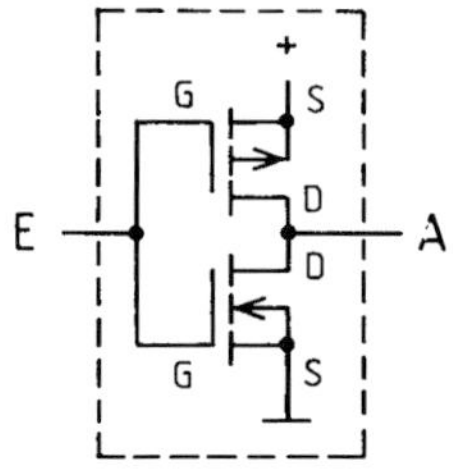

E	A
0	1
1	0

Bild 14-29: Inverter in CMOS-Technik

Bild 14-29 zeigt einen Inverter in CMOS-Technik. Ein P-Kanal- und ein N-Kanal-MOSFET sind "gegeneinander" geschaltet. Wird LOW-Signal an den Eingang gelegt, leitet der obere (P-Kanal-MOS-) FET und es steht HIGH-Signal am Ausgang. Der untere (N-Kanal-MOS-) FET bleibt gesperrt. Legt man HIGH-Signal an den Eingang, sind die Verhältnisse umgekehrt.

Aus einem Inverter wird eine NAND-Schaltung, indem man nach Bild 14-30 links die beiden P-Kanal-Transistoren parallelschaltet, während die beiden N-Kanal-Typen in Reihe liegen.

LOW-Potenzial kann deshalb nur dann an den Ausgang gelangen, wenn beide in Reihe geschalteten N-Kanal-Transistoren leiten (und gleichzeitig die P-Kanal-Transistoren sperren).

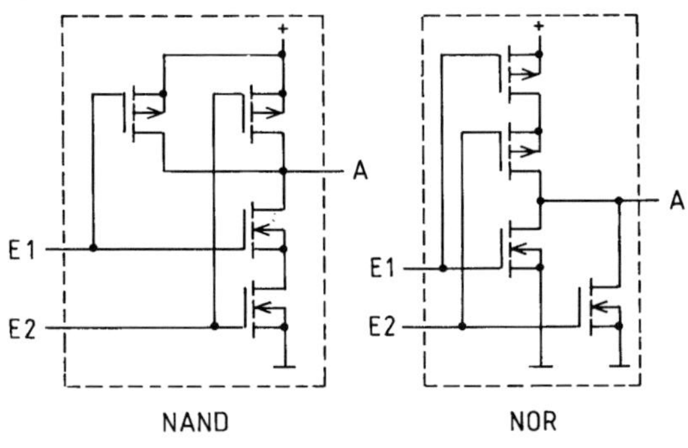

Bild 14-30: NAND- und NOR-Schaltung in CMOS-Technik

Vertauscht man die Anordnung in der Weise, dass die beiden P-Kanal-Transistoren in Serie liegen und die N-Kanal-Transistoren parallelgeschaltet sind, erhält man eine NOR-Schaltung, die in Bild 14-30 rechts dargestellt ist.

CMOS-Schaltungen können mit Betriebsspannungen zwischen 3 und 15 Volt betrieben werden und sie haben eine Leistungsaufnahme je nach Taktfrequenz von weniger als 100 Mikrowatt.

Prüfungsaufgabe
Beantworten Sie die Frage **TC710.**

Ausblick Digitaltechnik

Sie haben bisher nur einen sehr kleinen Teil der Digitaltechnik kennen gelernt. Für eine komplette Behandlung des Gebietes fehlen noch Kapitel über Synthese und Analyse von Digitalschaltungen mit mehr als zwei Eingängen, die Vereinfachung dieser Schaltungen, ferner Kippstufen, Zähler, Schieberegister, Codewandler und Anwendungen dieser Technik, was aber für die Prüfung zum Amateurfunkzeugnis bisher nicht benötigt wird und daher eine Behandlung in diesem Rahmen ungerechtfertigt erscheint.

Zahlensysteme

Zum Thema Zahlensysteme gibt es im Prüfungsfragenkatalog nur drei Prüfungsfragen. Sie können diesen Abschnitt übergehen, wenn Sie „nur“ Prüfungsvorbereitung machen. Für die Praxis ist es sehr zweckmäßig, wenn man den Unterschied zwischen *Dualzahlen* und *Hexadezimalzahlen* kennt, denn in manchen Programmen muss man bei der Steuerung eines Transceivers durch den Computer den Zahlencode der seriellen Schnittstelle angeben können. Dieser muss entweder dezimal oder auch hexadezimal eingegeben werden.

Bei unserem gewohnten Dezimalsystem bedeutet jede Stelle ein Vielfaches von 10. Eine Zahl 4361 bedeutet, dass ich 4-mal 1000 plus 3mal 100 plus 6-mal 10 plus einmal eine 1 addieren soll. Die einzelnen Stellen haben also eine Wertigkeit. Diese beginnt rechts mit 1, dann 10, dann 100 und dann kommen die Tausender und so weiter.

Wertigkeit	1000	100	10	1
4361	4	3	6	1
712	0	7	1	2

Beantworten Sie die **Prüfungsfrage TC722.**

Dualzahlen

Beim Dualzahlensystem haben die Stellen von rechts nach links eine Wertigkeit von jeweils dem doppelten Wert der vorangehenden Stelle, wobei mit 1 angefangen wird, also 1, 2, 4, 8, 16 usw. Links ist eine Tabelle mit den Wertigkeiten bis 8 Bit dargestellt.

Dezimal	128	64	32	16	8	4	2	1
13	0	0	0	0	1	1	0	1
58	0	0	1	1	1	0	1	0
255	1	1	1	1	1	1	1	1

Tabelle: 8-Bit-Dualzahlen

Beispiele: Eine 8-Bit-Dualzahl mit dem Wert 00001101, wie sie in der ersten Zeile der Tabelle dargestellt ist, hat den dezimalen Wert 8 + 4 + 1 = 13 oder die Dualzahl 00111010 hat den Wert 32 + 16 + 8 + 2 = 58. Der höchste Wert, den es im 8-Bit-System gibt ist 255 (dritte Zeile).

Prüfungsfrage TC720
Berechnen Sie den dezimalen Wert der 8-Bit-Dualzahl 10001110. Die Dezimalzahl lautet
A 78 **B** 142 **C** 156 **D** 248

Zur Lösung dieser Prüfungsaufgabe tragen Sie die 8-Bit-Dualzahl in eine leere Zeile obiger Tabelle ein und zählen die dezimalen Werte der Spalten, in der eine Eins steht zusammen. In der Prüfung schreiben Sie sich diese Tabelle hin, von rechts beginnend 1-2-4-8-16-32-64-128.

ÜB14-1 Berechnen Sie für das 8-Bit-System den dualen Wert der Dezimalzahl 97. Die Dualzahl lautet
A 01100010 **B** 11000010
C 01100001 **D** 01100011

Lösung: Für den umgekehrten Fall, wenn eine Dezimalzahl in eine Dualzahl umgewandelt werden soll, gehen Sie folgendermaßen vor. Sie suchen die Spalte mit der größten Dezimalzahl, bei der ein Wert der gegebenen Dezimalzahl mindestens enthalten ist. Bei 97 ist als größter möglicher Wert die 64 enthalten. In die Spalte schreiben Sie eine 1. Ziehen Sie die 64 von 97 ab.

128	64	32	16	8	4	2	1	Dezimal
0	1	1	0	0	0	0	1	97

Es bleiben 33. Die 32 ist enthalten. Schreiben Sie dort eine 1 hinein. Ziehen Sie 32 ab. Es bleibt 1 übrig. Es ist keine 16, keine 8, keine 4, keine 2 mehr enthalten. Schreiben Sie bei 1 eine 1 hinein. Schreiben Sie in die anderen Spalten Nullen hinein. Dies ist die gesuchte Dualzahl.

ÜB14-2 Berechnen Sie für das 8-Bit-System den dualen Wert der Dezimalzahl 57. Die Dualzahl lautet
A 01100001 **B** 00111001
C 01110001 **D** 00111011

Versuchen Sie es selbst nach dem Lösungsverfahren der vorigen Aufgabe! Die Lösung finden Sie im Anhang dieses Kapitels.

Hexadezimalzahlen

In der Mikroprozessortechnik, und damit auch in den Controllern im Amateurfunk, wird häufig mit Hexadezimalzahlen gearbeitet. „hexa-dezi“ bedeutet 16, bei dem man vier Datenleitungen zusammenfasst und so $2^4 = 16$ Werte darstellen kann. Diese 16 Werte (0 bis 15) möchte man mit 16 einstelligen Zeichen beschreiben. Man hat folgende Darstellung gewählt.

hexadezimal	**F**	**E**	**D**	**C**	**B**	**A**	**9**	**8**	**7**	**6**	**5**	**4**	**3**	**2**	**1**	**0**
dezimal	15	14	13	12	11	10	9	8	7	6	5	4	3	2	1	0

Für Werte größer als 9 (dez) verwendet man die ersten Buchstaben (A bis F) aus dem Alphabet. Ab 16 (dez) beginnt dann eine zweite Stelle.

hexadezimal	**1F**	**1E**	**1D**	**1C**	**1B**	**1A**	**19**	**18**	**17**	**16**	**15**	**14**	**13**	**12**	**11**	**10**
dezimal	31	30	29	28	27	26	25	24	23	22	21	20	19	18	17	16

Die Hexadezimalzahl 1A hat beispielsweise den dezimalen Wert 26 (Prüfungsaufgabe TC721- siehe nächste Seite!). Ab 32 erhöht sich die höchste Stelle auf den Wert 2, also $20_{(hex)}$ sind $32_{(dez)}$, $21_{(hex)}$ sind $33_{(dez)}$ und so weiter.
Eselsbrücken D = Dreizehn, F = Fünfzehn, C = Cwölf

Zur Umrechnung gibt es ein Verfahren mit der „Wertigkeit“ wie bei den Dualzahlen.

Wertigkeit	16^3=4096	16^2=256	16^1=16	16^0=1
167	0	0	A	7
26	0	0	1	A
65535	F	F	F	F

Die Wertigkeit steigt von der ersten Stelle rechts nach links immer mit dem Faktor 16: Erste Stelle Wertigkeit 1, zweite Stelle 16 mal 1, dritte Stelle 16 mal 16 und so weiter. Trägt man die Hexadezimalzahl in die Tabelle ein, zählt man die Wertigkeiten zusammen. Die Hexadezimalzahl A7 oder 00A7 beispielsweise hat den dezimalen Wert A (= 10) mal 16 gleich 160, plus 7 mal 1 gleich 167. Bei einer vierstelligen Hexadezimalzahl ergibt sich mit FFFF der höchste Wert 65535.

ÜB14-3 Wie lautet der dezimale Wert der zweistelligen Hexadezimalzahl „0B“? Die Dezimalzahl lautet
A 11 **B** 12 **C** 16 **D** 160

Lösung: 0 mal 16 plus „B“ mal 1

Prüfungsfrage TC721
Wie lautet der dezimale Wert der zweistelligen Hexadezimalzahl „1A“? Die Dezimalzahl lautet
A 11 **B** 16 **C** 26 **D** 160

Wenn kein Buchstabe in einer Hexadezimalzahl vorkommt, kann man nicht erkennen, ob es eine Hexadezimalzahl oder eine Dezimalzahl ist. Deshalb wird häufig zur Kennzeichnung noch der Buchstabe „h“ für hexadezimal an die Zahl angehängt wie in folgender Prüfungsaufgabe.

Lösung: 1 mal 16 plus A-mal 1

Prüfungsfrage TF505
Bei einem Transceiver soll für die CAT-Schnittstelle der hexadezimale Wert „48h“ eingestellt werden. Das Programm erlaubt aber nur eine dezimale Eingabe des Wertes. Welcher dezimale Wert muss eingegeben werden?
A 48 **B** 72
C 768 **D** 110000

Lösung: 4 mal 16 plus 8

Prüfungsfrage TF506
Bei einem Transceiver soll für die CAT-Schnittstelle der hexadezimale Wert „84h“ eingestellt werden. Das Programm erlaubt aber nur eine dezimale Eingabe des Wertes. Welcher dezimale Wert muss eingegeben werden?
A 72 **B** 132
C 1344 **D** 1010100

Lösung: 8 mal 16 plus 4

Anhang zur Kapitel 14

Lösungen der Übungsaufgaben

TC720 **B**	TC721 **C**	ÜB14-1 **C**	ÜB14-2 **B**
ÜB14-3 **A**	TF505 **B**	TF506 **B**	

Notizen zur Kapitel 14

....
....
....
....
....
....
....

Kapitel 15: Übertragungstechnik

analog und digital

In diesem Kapitel werden die Prinzipien der verschiedenen Übertragungsarten im Hinblick auf die Bandbreite erläutert.

Übersicht

- Analoge und digitale Übertragung
- Analog Digital Wandlung
- Quantisierung
- Parallele und serielle Datenübertragung
- Übertragungsgeschwindigkeit
- Übertragungswege
- Übertragung in Paketform
- Sprechfunk
- Morsetelegrafie
- Funkfernschreibtelegrafie
- Packet Radio
- APRS
- PSK31
- AMTOR
- PACTOR
- Amateurfunk Fernsehen (ATV)
- Schmalbandfernsehen (SSTV)

In der Hochfrequenzübertragungstechnik (Funktechnik) kann man die Information auf verschiedenste Arten übertragen. Immer wird jedoch ein Hochfrequenzträger benötigt, auf den die Information aufmoduliert wird. Die analogen Modulationsarten wie Amplitudenmodulation, AM mit Trägerunterdrückung, Einseitenbandmodulation und Frequenzmodulation haben wir im Kapitel 11: Signale bereits kennen gelernt. In diesem Kapitel geht es primär um die digitalen Übertragungsarten wie RTTY, Packet Radio, PSK31, Pactor und andere, aber auch um Bildübertragung SSTV und ATV.

Analoge und digitale Übertragung

Man unterscheidet *analoge* und *digitale* Signale. Analog bedeutet, dass zwischen Maximum und Minimum jeder beliebige Zwischenwert möglich ist. Bei digitalen Signalen gibt es festgelegte Abstufungen. Man unterscheidet außerdem *quantisiert* und *binär*.

Bild 15-1: Analoges und digitales Messgerät

Am besten lässt sich dies an einem Beispiel erläutern, das in obigem Bild dargestellt ist. Bei einem analogen Messgerät werden beliebige Zwischenwerte angezeigt, da der Zeiger an jeder Stelle stehen kann. Bei einem digitalen Messgerät gibt es Ziffernanzeigen mit konkreten Zahlen. Zwischenwerte gibt es nicht. Hierbei hängt es von der Auflösung (*Quantisierung*) ab, wie fein die angezeigten Zwischenstufen sind.

Man spricht von einem analogen Signal, wenn jedem beliebigen Zeitpunkt eine bestimmte Spannung zugeordnet werden kann. Digitale Signale setzen sich aus konkreten Werten zusammen. Diese können stufig sein (quantisiert) wobei die Amplitude durch einen Zahlenwert übertragen wird, zum Beispiel 0,1 - 0,2 - 0,3 usw. oder binär, wobei es nur zwei Werte gibt (0 - 1 oder niedrig - hoch oder ein - aus usw.).

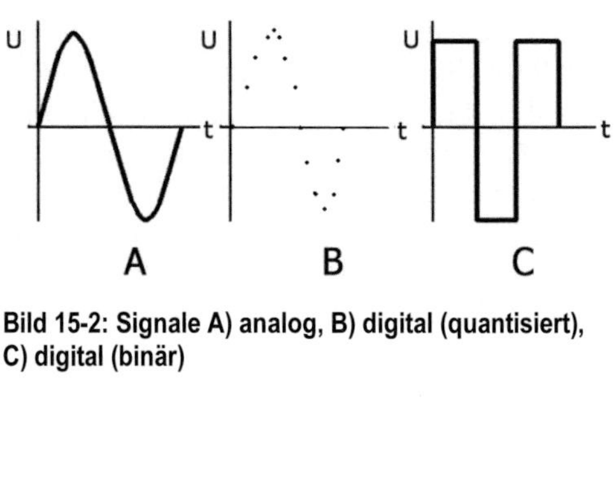

Bild 15-2: Signale A) analog, B) digital (quantisiert), C) digital (binär)

Analog Digital Wandlung

Bild 15-3: Das Prinzip der digitalen Übertragung

Bei digitaler Übertragungstechnik eines ursprünglich analogen Signals (Sprache, Musik, Bild) geht man folgendermaßen vor. Das analoge Signal wird zunächst mit Hilfe eines AD-Wandlers in einzelne Stufen zerlegt (quantisiert), die einzelnen Stufenwerte werden anschließend in einen Binärcode umgewandelt, mit diesem Binärsignal wird ein Sender moduliert und das Signal übertragen.

Auf der Empfängerseite wird aus dem Binärsignal ein stufenförmiges Signal gemacht und mit einem DA-Wandler und anschließenden Filtern wieder in das ursprünglich analoge Signal zurückgewandelt.

Die Quantisierung

Zunächst muss das analoge Signal in einzelne Stufen zerlegt werden. Dazu muss das Signal häufig genug „abgetastet" werden und diese Probe (Sample) wird dann in einen Binärcode umgewandelt.

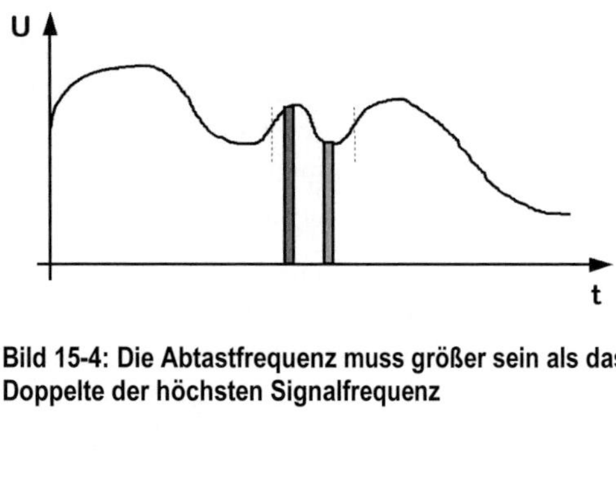

Bild 15-4: Die Abtastfrequenz muss größer sein als das Doppelte der höchsten Signalfrequenz

Nach dem Abtastheorem von Nyquist und Shannon muss die Abtastfrequenz mindestens doppelt so hoch sein wie die höchste vorkommende Signalfrequenz:

$$f_{abt} > 2 \cdot f_{i\,max} \,.$$

Beispiel
Bei der digitalen Speicherung von Signalen auf eine CD soll eine höchste Frequenz von 20 kHz noch erhalten bleiben. Mit welcher Frequenz muss abgetastet werden?

Lösung:

$$f_{abt} > 2 \cdot 20\,\text{kHz}$$

$$f_{abt} > 40\,\text{kHz}$$

In der Praxis ist eine Abtastfrequenz (sampling rate) von 44,1 kHz festgelegt.

Aufgabe
Bei der digitalen Signalübertragung im Amateurfunk soll eine höchste NF-Frequenz von 3 kHz zugelassen sein. Mit welcher Frequenz muss mindestens abgetastet werden?

Lösung: $f_{abt} > 2 \cdot 3\text{ kHz} = 6\text{ kHz}$

Wenn man die *Signalprobe* mit mindestens dieser Abtastfrequenz überträgt, lässt sich das analoge Signal auf der Empfangsseite wieder richtig zurückgewinnen, ohne dass man eine Verschlechterung bemerken kann. Die Signalprobe muss nun für die digitale Übertragung in ein binäres Signal umgewandelt (*quantisiert*) werden. Anschließend wird dieses binäre Signal in zwei Töne umgewandelt, die dann ausgesendet werden.

Bei der Quantisierung hängt es davon ab, wie *fein* das Signal übertragen werden soll, je mehr Stufen, desto feiner ist die *Auflösung*. Von der Anzahl der möglichen Stufen hängt es ab, welche kleinsten Signale im Verhältnis zum größten noch erkennbar sind. Man nennt dieses Verhältnis vom größten zum kleinsten Signal *Dynamik*. Die Dynamik (D) wird in Dezibel (dB) angegeben und kann folgendermaßen berechnet werden.

$$D = 20 \cdot log\left(\frac{U_{max}}{U_{min}}\right)\text{dB}$$

Beispiel
Die maximal vorkommende Spannung sei 10 Volt. Es sollen 256 Stufen vorgesehen werden. Wie groß ist die Dynamik?

Lösung: Das kleinste vorkommende Signal 1/256 von 10 V sind 0,03906 V oder 39,06 mV. Damit ergibt sich eine Dynamik von (Rechnen Sie mit - Taschenrechner!)

$$D = 20 \cdot log\left(\frac{10\text{ V}}{0{,}03906\text{ V}}\right)\text{dB}$$

$$D = 20 \cdot log(256)\text{dB} = 48{,}2\text{ dB}$$

Wie Sie aus diesem Beispiel sehen, kann man auch direkt mit der Stufenanzahl (256) rechnen. Bei jeder Verdopplung der Stufenanzahl kommt man auf 6 dB mehr Dynamik. Prüfen Sie selbst: Wenn man statt 256 Stufen 512 Stufen wählt, kommt man auf 54,2 dB, bei 1024 Stufen auf 60,2 dB und so weiter.

Bei der Compact Disc (CD) erreicht man mit 65536 Stufen theoretisch eine Dynamik von 96,2 dB. Diese Dynamik ist so hoch, dass das Rauschen, wenn es nicht mit aufgezeichnet wurde, sondern das komplette Signal nur digital verarbeitet wurde, von einem menschlichen Ohr praktisch nicht mehr wahrgenommen werden kann. Ein menschliches Gehör hat je nach Alter des Menschen eine Dynamik zwischen 60 und 120 dB (Faktor 1000 bis 1 Million).

Kodierung

Die einzelnen quantisierten Stufen sollen binär übertragen werden. Dazu müssen die einzelnen Werte (beispielsweise 0 bis 255) mit Hilfe eines Codes umgewandelt werden. Der Dualcode ist folgendermaßen aufgebaut.

dezimal	dual
0	0000000000000000000**0000**
1	0000000000000000000**0001**
2	0000000000000000000**0010**
3	0000000000000000000**0011**
4	0000000000000000000**0100**
5	0000000000000000000**0101**
6	0000000000000000000**0110**
7	0000000000000000000**0111**
8	0000000000000000000**1000**
9	0000000000000000000**1001**
10	0000000000000000000**1010**
11	0000000000000000000**1011**
12	0000000000000000000**1100**
13	0000000000000000000**1101**
14	0000000000000000000**1110**
15	0000000000000000000**1111**

Tabelle 15-1: Dualzahlensystem bis dezimal 15

In dieser Tabelle sind die ersten 16 Werte dargestellt. Das System geht beliebig weiter. Die führenden Nullen werden nicht benötigt. Wie im Dezimalsystem bedeutet beispielsweise 00014,32 € dasselbe wie 14,32 €. Führende Nullen schreibt man nur, wenn ein System für eine bestimmte Stellenzahl vorgegeben ist.

Wie viele Stellen benötigt werden, ist wichtig zu wissen. Um die Werte 0 bis 15 (16 Werte) darstellen zu können, genügen z.B. 4 Stellen (siehe Tabelle). Man sagt: Es werden 4 Bits benötigt. Die Anzahl X der Werte, die man mit einer bestimmten Anzahl von Bits darstellen kann, lässt sich mit folgender Formel berechnen.

$X = 2^n$ n ... Anzahl der Bits

n ist eine Hochzahl und bedeutet, wie oft man die 2 mit sich selbst multiplizieren muss.

Beispiel
Bei einem vierstelligen Dualcode (n = 4) kann folgende Anzahl von Werten dargestellt werden (Rechnen Sie mit - Taschenrechner!).

Lösung: $X = 2^4 = 2 \cdot 2 \cdot 2 \cdot 2 = 16$

Mit einem Taschenrechner mit x^y-Funktion lässt sich dieser Wert direkt ermitteln. Probieren Sie es aus!

Da der Dualcode immer bei null beginnt, sind mit 16 Werten die Zahlen 0 bis 15 darstellbar. Wenn man eine Spannung von 10 Volt mit einem vierstelligen Dualcode quantisiert, erhält man als kleinsten Wert 1/16 von 10 Volt, also 0,625 Volt. Für die Übertragung von Sprachsignalen ist dies zu grob. Man sollte schon mindestens 256 oder besser 1024 Stufen haben. Wie viel Bit werden dafür benötigt?

Aufgabe
Berechnen Sie die Anzahl der möglichen Stufen für folgende Bitwerte. Ergänzen Sie die Tabelle.

4	5	7	8	10	12	16 Bit
16			256			65536

Mit jeder zusätzlichen Stelle (Bit) verdoppelt sich jeweils die Stufenzahl. Für 16 Stufen benötigt man 4 Bit, für 32 Stufen 5 Bit usw. Für 256 Stufen benötigt man also 8 Bit und für 1024 Stufen 10 Bit.

Die Übertragungsgeschwindigkeit (Baudrate)

Die Schrittgeschwindigkeit (Symbolrate) ist der Kehrwert der Zeit für einen Schritt. Sie wird in Baud (gesprochen: boohd), abgekürzt "Bd" angegeben (Bild 15-5).

$$v_{ü} = \frac{1}{t_{1\text{Bit}}} [\text{Bd}]$$

Beispiel
In der Betriebsart APRS beträgt die Schrittzeit 833 Mikrosekunden. Wie groß ist die Baudrate?

Lösung: $v_{ü} = 1/833\ \mu s = 1200$ Bd

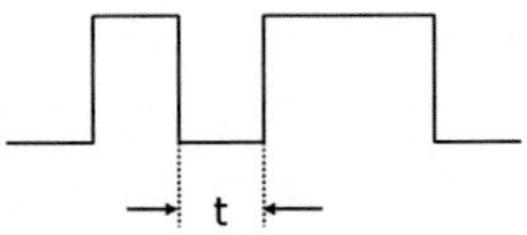

Bild 15-5: Die Schrittgeschwindigkeit

Bei einer Baudrate von 1200 Bd erfolgen 1200 Schritte pro Sekunde. Wenn jedes Zeichen (Buchstabe) 8 Schritte benötigt (8 Bit), werden also 1200 : 8 = 150 Zeichen in einer Sekunde übertragen.

Aufgabe
Wie groß ist die Zeit für ein Bit, wenn bei jedem Schritt nur ein Bit übertragen wird und die Übertragungsgeschwindigkeit 1200 Bd beträgt? Lösung: Siehe Umkehrung obigen Beispiels!

Es gibt auch die Möglichkeit, bei einem Schritt mehr als ein Bit zu übertragen, nämlich dadurch, dass bei der Modulation mehrere Zustände gleichzeitig übertragen werden. Man könnte beispielsweise zwei Töne mit zwei verschiedenen Lautstärkestufen übertragen.

Ton 1 - Lautstärke 1 könnte "00", Ton 1 - Lautstärke 2 könnte "01", Ton 2 - Lautstärke 1 könnte "10" und Ton 2 - Lautstärke 2 könnte "11" bedeuten. Damit könnte man bei jedem Schritt gleichzeitig zwei Bit übertragen und bei gleicher Baudrate die Anzahl der Bits pro Sekunde verdoppeln.

Oder man kann die Phase des zu übertragenden Tones in Sprüngen umschalten. Man erhält damit eine digitale Phasenmodulation. Wie im Bild 15-6 gezeigt wird, kann man beispielsweise bei der Übertragung eines Tones die Phasenlage in Sprüngen von 90 Grad schalten (PSK = phase shift keying). Damit hat man für jeden der zwei Töne vier weitere Kombinationsmöglichkeiten.

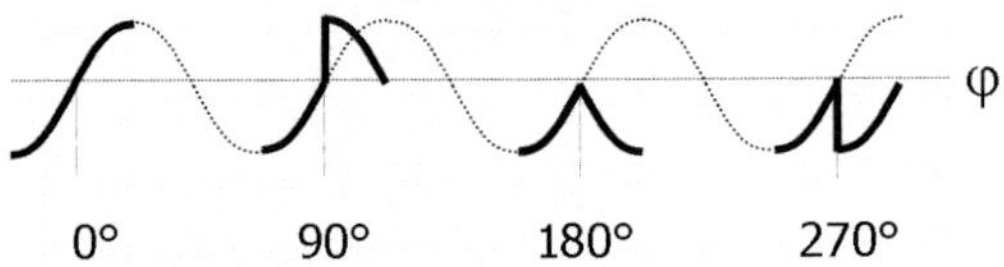

Bild 15-6: Digitale Phasenmodulation

Wenn man nun Phasensprünge und Amplitudensprünge miteinander kombiniert (QAM, Quadratur-Amplitudenmodulation), lässt sich die Anzahl der Bits, die man bei einem Schritt überträgt, weiter vervielfachen. Die Schrittgeschwindigkeit (Baudrate) bleibt also gleich, aber die Anzahl der übertragenen *Bits pro Sekunde* (bps) erhöht sich.

Man unterscheidet also bei der Angabe der *Übertragungsgeschwindigkeit*

- Baudrate (Bd) = Schrittgeschwindigkeit
- Bit pro Sekunde (bps)

Die aussagekräftigere Angabe ist *bps*. Häufig stimmen auch Baudrate und Bit pro Sekunde überein, wenn nämlich mit jedem Schritt auch nur ein Bit übertragen wird.

Aufgabe
Berechnen Sie, wie lange es früher gedauert hat, mit einem Fernschreiber mit 45 Baud eine Seite Text mit 65 Zeilen und 80 Zeichen pro Zeile zu übertragen. Jedes Zeichen (Buchstabe oder Ziffer) hat 5 Bits plus 1 Startbit plus 1,5 Stoppbits.

Hinweis: Berechnen Sie zunächst die Zeit für ein Bit und berechnen Sie dann wie viel Bits für die gesamte Seite notwendig sind. Lösung: Wenn Sie richtig gerechnet haben, kommt dabei fast eine Viertelstunde heraus.

Bearbeiten Sie die **Prüfungsfrage BJ111** aus dem Fragenkatalog Betriebstechnik / Vorschriften.

Parallele und serielle, synchrone und asynchrone Datenübertragung

Wenn mit Hilfe eines AD-Wandlers ein analoges Signal quantisiert und anschließend binär kodiert wurde, steht es als digitaler Wert zur Verfügung. Wenn man nun diesen Wert aus beispielsweise 8 Bit auf einmal übertragen möchte, benötigt man 8 Leitungen oder 8 Frequenzkanäle.

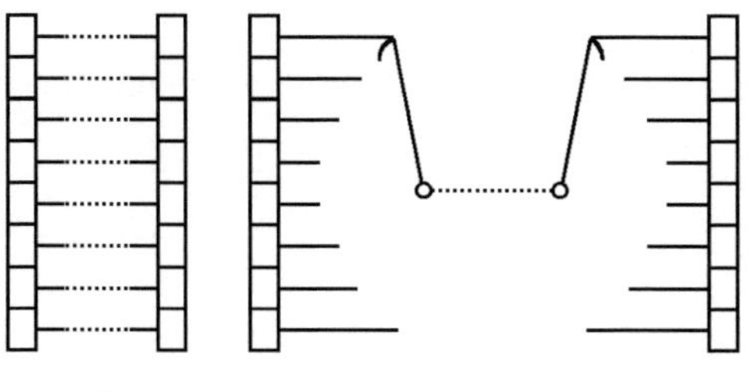

Bild 15-7: A) parallele, B) serielle Datenübertragung

Um mit einer Leitung auszukommen, werden die einzelnen Bits nacheinander ausgesendet. Dies nennt man serielle Übertragung. Obiges Bild verdeutlicht diese Übertragungsarten. Bei der seriellen Datenübertragung wurde ein umlaufender Schalter gezeichnet. In Wirklichkeit ist dies natürlich eine elektronische Schaltung, beispielsweise ein so genanntes *Schieberegister*.

Den Nachteil der seriellen Datenübertragung gegenüber der parallelen Datenübertragung erkennt man direkt: Es wird bei einem 8-Bit-System mindestens eine 8-mal so lange Zeit benötigt, bei einem 32-Bit-System 32-mal so viel Zeit. Allerdings kommt man mit einer Leitung aus.

Außerdem muss darauf geachtet werden, dass die beiden umlaufenden Schalter zur gleichen Zeit starten (Startsignal) und dann mit gleicher Geschwindigkeit (synchron) drehen. Zwischen Sender und Empfänger muss also die gleiche Schrittgeschwindigkeit (Baudrate) eingestellt sein.

Bei der Datenübertragung unterscheidet man also einerseits parallel (alle Daten eines Bytes gleichzeitig) und seriell (die Daten einzeln nacheinander). Andererseits unterscheidet man synchrones (Sender und Empfänger laufen durch ein Synchronsignal gleich) und asynchrones Verfahren (Start-Stopp-Verfahren).

Auch serielle Daten können synchron gesendet werden. Dazu werden die Daten paketweise (Siehe nächster Abschnitt!) gesendet. Der Beginn eines Paketes wird durch ein Synchronisationszeichen eingeleitet. Für die weitere Synchronisierung wird im Empfänger aus den Datenbits der Synchron-Takt gewonnen.

Beantworten Sie die **Prüfungsfragen TE304** und **TE305.**

Übertragungswege

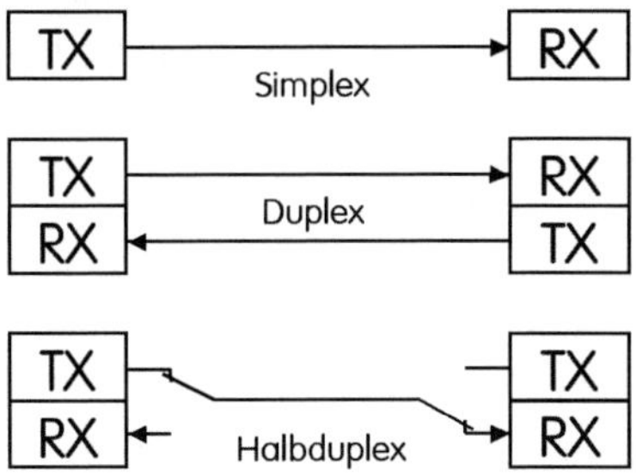

Bild 15-8: Simplex, Duplex und Halbduplex

Die Übertragungsgeschwindigkeit hängt auch davon ab, ob man die Daten (Signale) gleichzeitig in beiden Richtungen oder nur abwechselnd in einer Richtung senden kann.

Im Amateurfunk wird von Duplex gesprochen, wenn Sender und Empfänger andere Frequenzen verwenden.

Beantworten Sie die **Prüfungsfragen TE328** und **TE329**.

Übertragung in Paketform

Bei *Packet Radio* werden die Zeichen nicht alle direkt nacheinander ausgesendet, sondern sie werden nach einer bestimmten Regel, dem *Protokoll*, zu Paketen von 128 bis 256 Zeichen zusammengesetzt und dann wird das komplette Paket als kurze Aussendung übertragen.

Danach kann die nächste Station ihr „Packet“ (gesprochen: päckit) auf der gleichen Frequenz übertragen. Damit die Pakete aber beim richtigen Empfänger ankommen, müssen sie noch eine Adresse bekommen, die mindestens das Rufzeichen enthält.

Flag	Adresse	Control	PID	Info	FCS	Flag
01111110	112-560 Bit	8 Bit	8 Bit	n · 8 Bit	16 Bit	01111110

Jedem Packet wird nach dem AX.25-Protokoll ein Kopf (Header) vorangestellt. Dieser besteht aus Synchronzeichen (Flag), der Adresse (Rufzeichen von Absender, Digipeater und Empfänger) und aus weiteren Kontrollzeichen (PID = protocol identifier) und einer Prüfsumme (FCS = frame check sequence). Jeweils 8 Bit entsprechen einem Zeichen und werden *1 Byte* genannt.

Aufgabe
a) Wie viel Bit umfasst ein Frame nach dem AX.25-Protokoll, wenn in diesem Rahmen 256 Byte Daten - übertragen werden? Die Adresse wird mit 256 Bit angenommen.
b) Wie lange dauert bei 1200 Baud (gleich 1200 bps) die Aussendung eines solchen Datenpaketes?

a)

Flag:	8 Bit
Adresse:	256 Bit
Control:	8 Bit
PID:	8 Bit
Info 256 x 8 Bit =	2048 Bit
FCS:	16 Bit
Flag:	8 Bit
gesamt:	2352 Bit

b) 2352 Bit x 833 µs = 1,96 s,
also 2 Sekunden für einen Burst.

Frequenzumtastung FSK

Wenn das zu übertragende Signal in binärer Form vorliegt, es also nur zwei Zustände (0 und 1) gibt, kann man diese beiden Zustände durch zwei Frequenzen übertragen. Im einfachsten Fall erzeugt man im Sender durch die zwei Spannungswerte (0 - 1) zwei Trägerfrequenzen und schaltet diese Frequenzen durch die digitalen Signale einfach nur hin und her. Man nennt dies *Frequency Shift Keying* FSK. So wurden früher die Relaiskontakte der Fernschreibmaschine an den FSK-Eingang des Senders angeschlossen. FSK ist also eine Frequenzmodulation mit nur zwei Zuständen. Den Frequenzabstand nennt man Shift.

Die Bandbreite bei FSK wird wie bei normaler Frequenzmodulation mit geringem Modulationsindex nach folgender Formel berechnet (siehe Kapitel 11).

$$b_{FM} \approx 2 \cdot (\Delta f + f_{imax})$$

Dies gilt grundsätzlich auch für FSK. Allerdings wird hier nicht der Hub, sondern die Shift verwendet. Der Hub entspricht der Hälfte der Shift. Wegen der Rechtecksignale ist die höchste Frequenz $f_{i\,max}$ ungefähr 1,6-mal ($^{\pi}/_{2}$) so hoch wie die Umschaltfrequenz f_u. Diese ist die Hälfte der Schrittgeschwindigkeit v_s.

$$b_{FSK} \approx 2 \cdot (\frac{\Delta F}{2} + 1{,}6 \cdot f_u)$$

Beispiel
Gegeben: RTTY-Signal mit 45,45 Bd
a) Kurzwelle Shift 200 Hz
b) UKW Shift 850 Hz.
Wie groß ist jeweils die benötigte Bandbreite?

Lösungen:

a) $b = 2\,(100\text{ Hz} + 1{,}6 \cdot 22{,}7\text{ Hz}) = 273\text{ Hz}$

b) $b = 2\,(425\text{ Hz} + 1{,}6 \cdot 22{,}7\text{ Hz}) = 923\text{ Hz}$

AFSK

Man vereinbart für die Einsen und Nullen zwei verschiedene Tonfrequenzen, die man überträgt. Beim Funkfernschreiben (RTTY) verwendet auf Kurzwelle die Töne 1200 und 1400 Hz oder 2100 und 2300 Hz (high tones) und so weiter. Wenn zur Frequenzumschaltung zwei Töne verwendet werden, nennt man diese Modulationsart AFSK (audio frequency shift keying). Wenn man einen SSB-Sender mit zwei Tönen moduliert, erhält man im Prinzip wieder eine Frequenz -umtastung. Dies sei im Folgenden gezeigt.

Moduliert man einen SSB-Sender mit einer (unterdrückten) Trägerfrequenz von 14100 kHz im oberen Seitenband mit 1,200 kHz (Space-Signal, logisch 0), so entsteht eine Frequenz von 14101,200 kHz. Moduliert man mit 1,400 kHz (Marksignal, logisch 1), so erhält man als Summe 14101,400 kHz, also entsprechend 200 Hz höher.

Diesen Frequenzabstand nennt man *Shift*. Da die Trägerfrequenz unterdrückt ist, wirkt sich das entstandene Signal so aus, als ob man einen Sender hätte, der auf seiner Frequenz umgetastet wird (FSK). Wenn dies durch Umtastung eines Tones erreicht wird, nennt man die Modulationsart AFSK. Die Mittenfrequenz f_m nennt man auch *Center Frequency*.

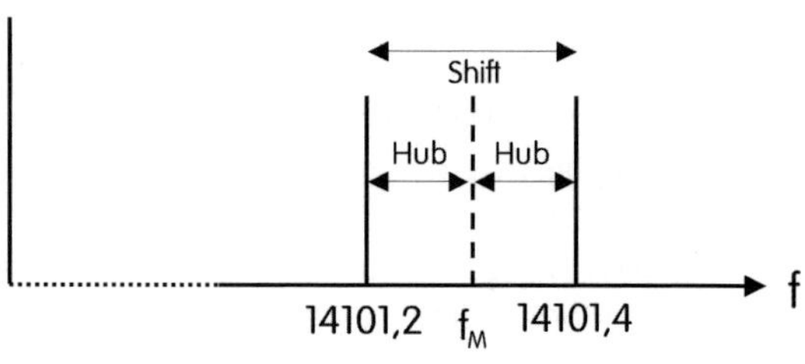

Bild 15-9: Frequenzumtastung bei FSK/AFSK

PSK (BPSK - QPSK)

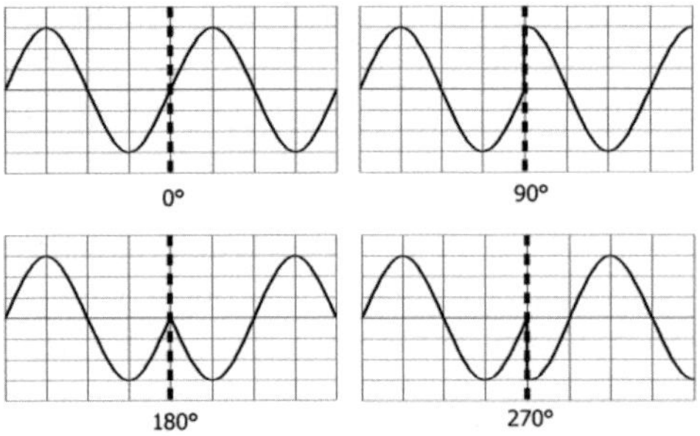

Bild 15-10: Verschiedene Phasenumschaltungen

PSK kommt von *phase shift keying* und bedeutet Phasenumschaltung. Anstatt mit zwei Tönen eine Frequenz umzuschalten, wird bei PSK die Phasenumschaltung eines sinusförmigen Einzeltones verwendet (Bild 15-10).

Aus dieser Grafik soll man Folgendes erkennen können, indem man bei der Sinusschwingung den Zeitpunkt betrachtet, wo die gestrichelte Linie eingezeichnet ist: Ohne Phasensprung (0°) geht die Sinuskurve unverändert weiter. Bei einem Phasensprung von 90° springt die Kurve um eine Viertelperiode weiter und beginnt anstatt bei 0° bei 90°. Bei einem Phasensprung von 180° springt die Kurve um eine Halbwelle weiter, beginnt also in Richtung Minus. Entsprechend ist es bei 270° bei dreiviertel einer Periode. Man kann also während einer Schwingung vier verschiedene Zustandsänderungen (2 Bit) übertragen.

Bei **BPSK** (binary phase-shift keying) verwendet man nur zwei Zustände und zwar 0° und 180°. Bei **QPSK** (quadrature phase shift keying) werden alle vier Zustände verwendet. PSK hat gegenüber FSK den Vorteil, dass sich die Frequenz nicht ändert und die Bandbreite damit gering bleibt. In dieser *Modulationsart* arbeiten die Übertragungsarten PSK31 und Pactor, die weiter unten ausführlich beschrieben werden. Die Bandbreite berechnet sich wie bei FM aus

$$b_{PSK} = 2 \cdot (\Delta F + f_{i\,max})$$

Der Hub ΔF ist gleich Null. Die höchste vorkommende Frequenz ist die Hälfte der Bitrate pro Sekunde. Also ist die Bandbreite bei PSK ungefähr gleich der Baudrate.

$$b_{PSK} = 2 \cdot (0 + \frac{v_{ü}}{2}) = v_{ü}$$

Sprechfunk

Zur Übertragung von Sprache wird im Amateurfunk außer den analogen Modulationsarten SSB und FM, die im Kapitel 11 (Signale und Modulation) bereits ausführlich beschrieben wurden, zum Beispiel mit D-Star auch schon digitale Sprachübertragung verwendet.

Um eine Vorstellung bezüglich der Unterschiede zwischen analogen und digitalen Signalen zu bekommen, wird für jede Übertragungsart ein Frequenzspektrum skizziert. Aus diesem Frequenzspektrum erkennt man, ob analoge oder digitale Informationen vorliegen. Außerdem ergibt sich daraus die Bandbreite.

Eine analoge Information erkennt man in den gezeichneten Spektren daran, dass der Informationsbereich durchgängig ist und keine Lücken enthält. Beim SSB-Spektrum ist der Frequenzbereich von 300 Hertz bis 2,7 Kilohertz lückenlos vorhanden.

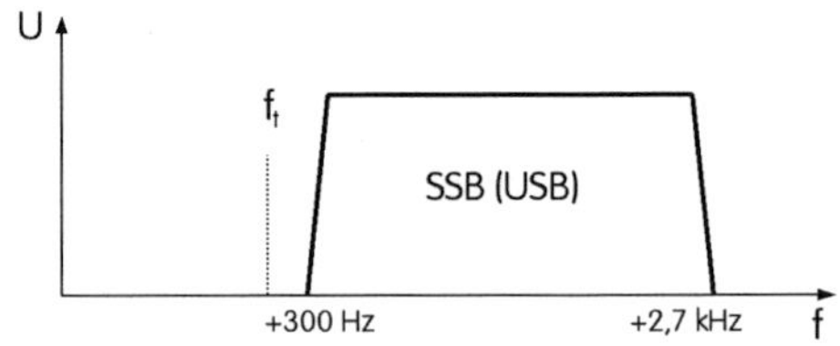

Bild 15-11: Das SSB-Spektrum

Für die Übertragung dieses Signals (also für SSB) benötigt man eine Bandbreite von 300 Hz bis 2,7 kHz also 2,4 kHz. Sowohl auf der Senderseite wie auch auf der Empfangsseite muss das Filter mindestens diese Bandbreite aufweisen. Bei AM werden beide Seitenbänder übertragen (siehe Kapitel 11). Die Bandbreite muss dann doppelt so groß sein. AM wird aber im Amateurfunk nur ganz selten verwendet. Viele Transceiver können aber auf AM geschaltet werden.

Prüfungsfragen
Beantworten Sie die Fragen **TE101, TB801** und **TD231, TD232.**

Bei Frequenzmodulation im VHF-/UHF-Bereich wird der Träger mit einem Hub von zirka 3 kHz „hin und her moduliert". Diesem Hub überlagert sich sozusagen noch das NF-Frequenzspektrum von 2,7 kHz. Wie bereits in Kapitel 11 beschrieben, ist dies nur ein vereinfachtes Frequenzspektrum für einen geringen Modulationsindex. Danach benötigt man insgesamt eine Bandbreite von zweimal (3+2,7) kHz, also rund 11,4 kHz.

In Kapitel 11 haben Sie gelernt, wie man die Bandbreite exakt ausrechnen kann. In der Praxis kommt man mit einer Bandbreite von 12 kHz aus. Man kann deshalb ein Kanalraster von 12,5 kHz verwenden. Allerdings muss die NF-Bandbreite vor der Modulationsstufe mit einem Bandpassfilter begrenzt werden, damit die HF-Bandbreite nicht zu groß wird.

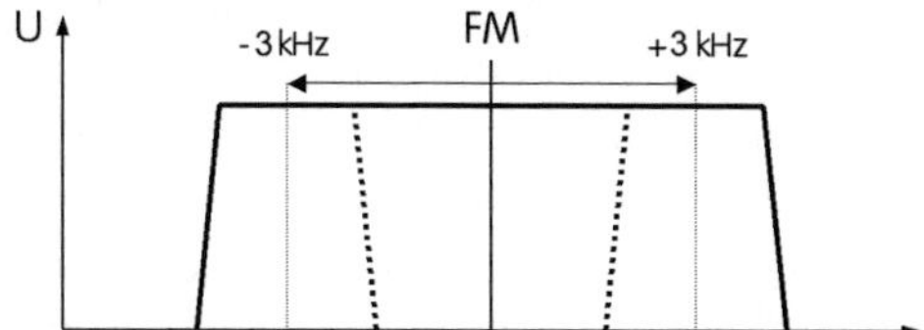

Bild 15-12: Stark vereinfachtes FM-Spektrum

Prüfungsfragen
Beantworten Sie die Fragen **TD428** und **TE217.**

Die digitale Sprachübertragung ist im Amateurfunk kaum üblich. Sie wird eines Tages kommen. Aber die notwendige Bandbreite ist größer als bei SSB. Sie ist abhängig von der Abtastfrequenz. Als Abtastfrequenz genügt das Doppelte der höchsten vorkommenden Frequenz, also für ausreichende Sprachverständlichkeit zweimal 3 kHz ergeben 6 kHz.

Im weltweiten Telefonverkehr verwendet man eine Abtastfrequenz von 8 kHz. Man wird sich dieser Norm anschließen. Überträgt man dieses Signal in Einseitenbandmodulation, benötigt man mindestens 8 kHz Bandbreite. In Wirklichkeit wird sich die Bandbreite wegen der Übertragung von Rechtecksignalen noch erhöhen, wie in folgendem Abschnitt noch gezeigt wird.

Prüfungsfrage
Beantworten Sie die Frage **TD233** aus dem Fragenkatalog.

Morsetelegrafie

Bei der Telegrafie werden Texte übertragen. Im Prinzip gehört die Übertragung von Information im Morsecode zu den digitalen Betriebsarten. Es wird der Sender im Rhythmus der Morsezeichen ein- und ausgeschaltet. Es ist sozusagen hundertprozentige Amplitudenmodulation. Man nennt diese Modulationsart auch *ASK* (amplitude shift keying). Verwechseln Sie dies nicht mit *AFSK*, wobei das A für *Audio* steht!

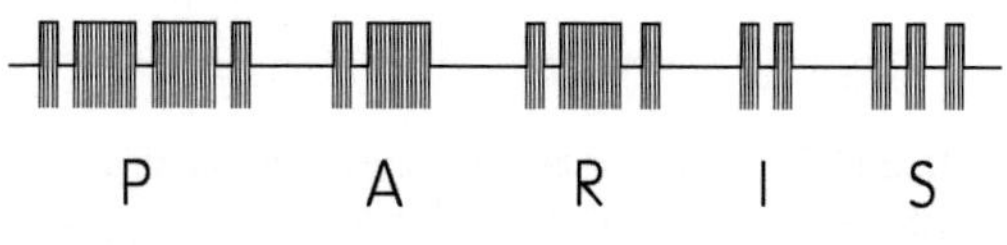

Bild 15-13: Das Wort PARIS im Morsecode mit ASK

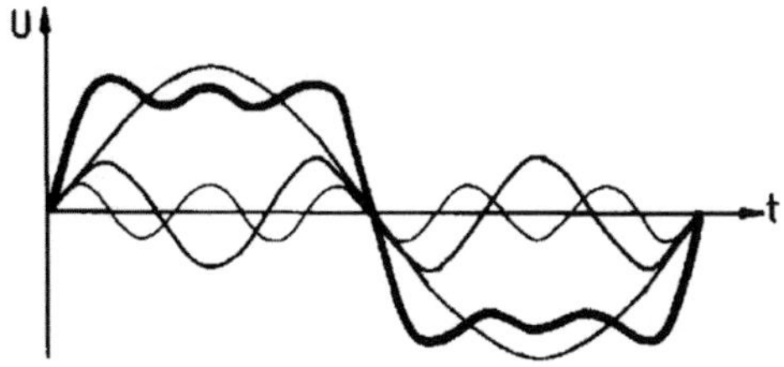

Bild 15-14: Entstehung eines Rechtecksignals durch Addition von sinusförmigen Schwingungen (Fourier-Synthese)

Bei der Übertragung von Rechtecksignalen tritt nun ein Problem auf: Es treten zusätzlich zur Grundfrequenz Oberwellen auf, wodurch die Bandbreite verbreitert wird, wenn man nicht für Abhilfe sorgt. Erinnern Sie sich an die *Fourier-Analyse* in Kapitel 11: Jedes Rechtecksignal besteht aus einer Summe von sinusförmigen Frequenzen, und zwar aus der Grundwelle und zahlreichen Oberwellen (Bild 15-14).

Dies bedeutet umgekehrt, dass man ein Rechtecksignal in seine Grundwelle und eine große Anzahl von Oberwellen zerlegen kann. Die Amplituden der Oberwellen sind von der Kurvenform des Signals abhängig. Bei schmalen, steilen Rechtecken entstehen mehr Oberwellen als bei langsam ansteigenden Flanken. Wenn man beispielsweise im Morsecode mit einem sehr hohen Tempo von 150 Buchstaben pro Minute senden würde, erhielte man eine Grundwelle von 10 Hertz und Oberwellen von 30 Hz, 50 Hz usw. Man rechnet bei CW mit einer Bandbreite von 100 bis 500 Hz (Kapitel 11).

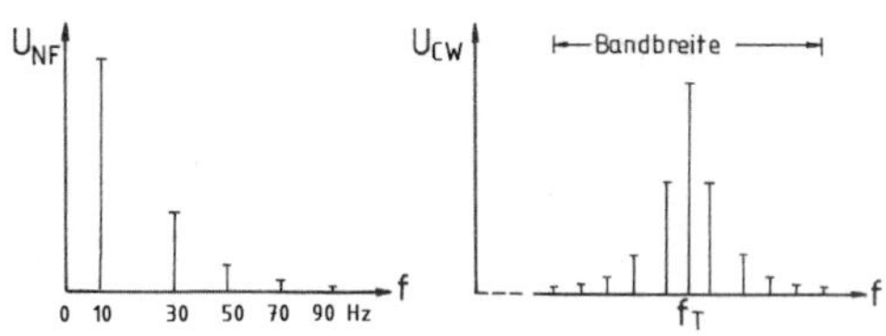

Bild 15-15: Frequenzspektrum eines CW-Signals als Rechtecksignal und als HF-Signal

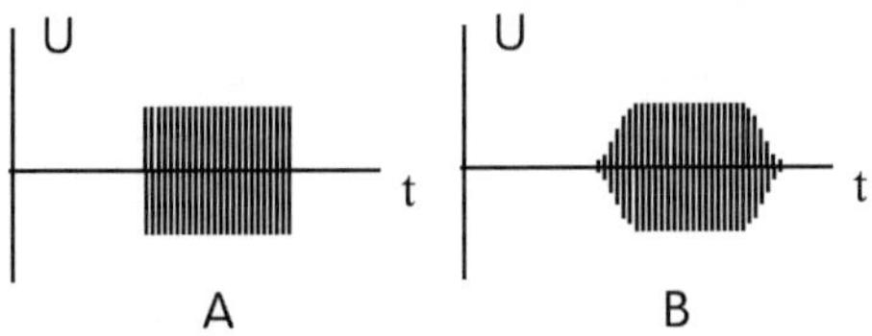

Bild 15-16: A) harte und B) weiche Tastung bei Telegrafie

Tastet man damit einen Träger (ASK), entstehen neben der Trägerfrequenz weitere Signale jeweils im Abstand von 10 Hertz, wodurch sich die Bandbreite eines CW-Signals ergibt. Man rechnet bei normaler Tastung mit einer Bandbreite von ungefähr 100 bis 300 Hz. Die Anzahl der Oberschwingungen und damit die Bandbreite sind von der Art der Tastung abhängig. Bei weicher Tastung (Bild 15-16) sind die Tastflanken nicht so steil und es entstehen weniger Oberwellen.

Die Übertragung selbst wird entweder per Hand mit der Morsetaste durchgeführt oder mit Hilfe eines Computers über die Tastatur. Die Dekodierung erfolgt entweder durch direktes Hören durch den Menschen oder wiederum mit Hilfe eines Computers. Das direkte Hören und Dekodieren im Gehirn erfordert ein längeres Training. Man übt die Morsezeichen solange, bis diese im Unterbewusstsein gespeichert sind und allein durch Erkennen des Tastrhythmus gelesen werden können. Morsen kann als eine zusätzliche Sprache verstanden werden.

Es gibt zwei wesentliche Vorteile der Übertragung durch Morsetelegrafie gegenüber der Sprachübertragung. Erstens benötigt man keine Fremdsprachenkenntnisse. Die Texte werden üblicherweise durch international festgelegte Abkürzungen übertragen. Für ein „Standard-QSO“ muss man nur diese Abkürzungen lernen.

Der zweite große Vorteil ist die geringe Bandbreite. Wenn der Empfänger auf diese schmale Bandbreite eingestellt wird, verbessert sich das Signal-Rausch-Verhältnis im gleichen Maße, wie die Bandbreite verringert wird. Der Einfluss von Nachbarkanalstörungen nimmt ab.

Morsen macht Spaß. Empfehlung: Lernen Sie Morsen, auch wenn Morsen für die Prüfung nicht mehr benötigt wird. Bei www.amateurfunkpruefung.de finden Sie einen kostenlosen MP3-Morselehrgang.

Beantworten Sie die **Prüfungsfragen TD234, TE102, TG204, TG205, TK203** und **TK318**.

Funkfernschreibtelegrafie (RTTY)

Für die funktechnische Übertragung von Informationen in Schriftform verwendet man auf der Sendeseite normalerweise eine Tastatur, auf der Empfängerseite einen Bildschirm oder Drucker. Früher hat man elektromechanische Fernschreiber verwendet, bei denen durch Drücken eines Tastenhebels fünf Kontakte betätigt wurden. Da die Übertragung der Signale über eine einzige Leitung erfolgt, müssen die Zustände der fünf Kontakte nacheinander (seriell) übertragen werden.

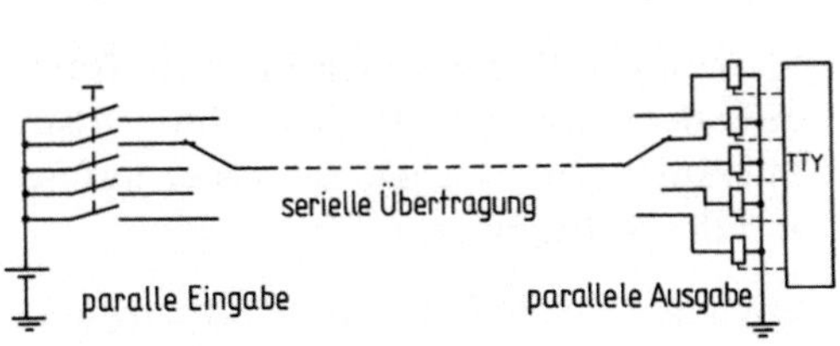

Bild 15-17: Prinzip der Fernschreibübertragung mittels Fernschreiber

Auf der Empfängerseite werden die für ein auszudruckendes Zeichen zeitlich nacheinander eintreffenden Signalschritte zwischen Start- und Stoppschritt gespeichert, um nach erfolgter Dekodierung die Zeichenausgabe zu ermöglichen.

Die Start- und Stoppsignale sorgen dafür, dass die sich drehende Nockenwellenscheibe bei Sendung zur Umwandlung parallel in seriell und bei Empfang seriell in parallel an den Motor an- und abgekoppelt wird. Bei jedem Startzeichen erfolgt ein Anlaufen der Welle und beim Stoppsignal die Sperrung der Drehbewegung.

Dieses Start-Stopp-Verfahren bietet den Vorteil, dass sich Drehzahlschwankungen der Elektromotoren in den beiden beteiligten Fernschreibmaschinen während der kurzen Dauer eines Zeichens kaum auswirken können. Man nennt dieses Verfahren *asynchrone* Übertragung.

Bei der *synchronen* Übertragung wird zu Beginn der Sendung ein Synchron- oder Startzeichen gegeben und dann müssen die Drehzahlen der Sende- und Empfangsmaschine für die Dauer der Übertragung exakt gleichbleiben. Dadurch spart man die Zeit für das Start- und Stoppzeichen bei jedem übertragenen Zeichen. Im Amateurfunk wird bei der Betriebsart RTTY (Radioteletype) die asynchrone Übertragung nach dem Start-Stopp-Verfahren verwendet. Die synchrone Übertragung wird bei der Bildübertragung SSTV, bei Packet Radio, bei AMTOR, Pactor und bei ATV verwendet.

Heute verwendet man zwar keine elektromechanischen Fernschreiber mehr, sondern fast ausschließlich den Computer. Jedoch hat man die Art der Übertragung so gelassen, um die Kompatibilität mit den Fernschreibmaschinen zu erhalten.

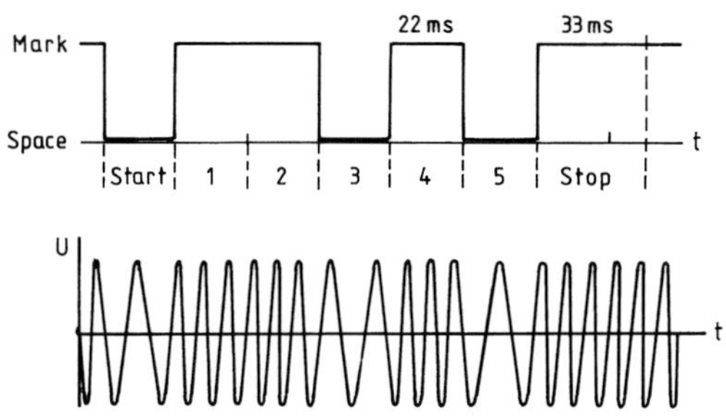

Bild 15-18: Frequenzumtastung bei RTTY

Aus dem oberen Teil des Bildes geht die Übertragungsgeschwindigkeit hervor.

> **Aufgabe**
> Berechnen Sie die Schrittgeschwindigkeit für das in Bild 15-18 dargestellte Signal.

$$v_{ü} = \frac{1}{t_{1\text{Bit}}} [\text{Bd}]$$

Lösung: $v_{ü} = \frac{1}{22\text{ ms}} \text{Bd} = 45{,}45 \text{ Bd}$

Im Bild 15-18 sieht man, dass das übertragene digitale Signal außer dem Start- und dem Stopp-Bit noch fünf weitere Bits hat. Das sind die eigentlichen Daten-Bits, also die Information.

> **Prüfungsaufgabe**
> **TE330** Wie viel verschiedene Zeichen kann man mit 5 Bit erzeugen?
> **A** 5 **B** 32
> **C** 64 **D** 128

Lösung: $X = 2^5 = 2 \cdot 2 \cdot 2 \cdot 2 \cdot 2 = 32$

Mit diesen 32 Möglichkeiten ließe sich gerade mal das Alphabet aus 26 Buchstaben darstellen. Durch einen „Trick" hat man diesen Zeichenvorrat verdoppelt. Man hat zwei Steuerzeichen definiert, womit man zwischen Buchstaben und Zeichen umschalten kann. Man kann dann 30 weitere Zeichen darstellen.

In diese zweite Ebene hat man die Ziffern und Zeichen gelegt. Diese Umschaltung hat einen Nachteil. Wenn nämlich das Umschaltzeichen bei Störungen verloren geht, werden alle folgenden Buchstaben als Zahlen (oder umgekehrt) dargestellt. Diesen RTTY-Code mit 5 Bit (Bild 15-18) und zusätzlichen Start-Stopp-Bits sowie der Buchstaben-Ziffern-Umschaltung nennt man den Baudot-Code.

> **Prüfungsaufgaben**
> Bearbeiten Sie **TE322** und **TE320.**

Packet Radio

Packet Radio ist ein Funkübertragungsverfahren für Texte und Daten, das man mit Funkfernschreiben vergleichen könnte. Jedoch bietet es gegenüber RTTY etliche Vorteile. Die Übertragungsgeschwindigkeit ist ein Vielfaches höher. Es wird mit Fehlerkorrektur gearbeitet. Es können mehrere Stationen auf einer Frequenz arbeiten. Es gibt viele Zwischenstationen (Digipeater) und es gibt Speicherstellen für die Nachrichten (Mailboxen).

Heutzutage ist Packet-Radio praktisch ganz verschwunden und wird durch HAMNET verdrängt. Deshalb werden in den Prüfungen auch keine Fragen mehr zu Packet-Radio gestellt.

Sie können die folgenden Prüfungsfragen aus dem Bereich Packet ohne Risiko überspringen. Machen Sie weiter auf Seite 228 mit Digipeater.

Streichen Sie folgende Fragen im Fragenkatalog: TE301, TE302, TE303, TE306 bis TE317.

1k2-Packet

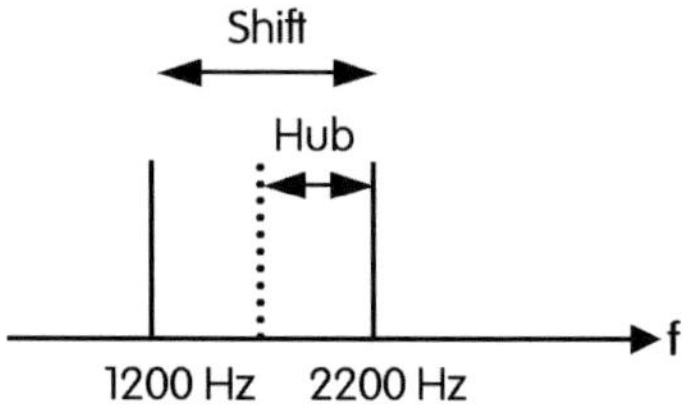

Bild 15-19: Der Hub ist die Hälfte der Shift

Beim 1200 Baud Packet Radio (1k2) arbeitet man mit den beiden NF-Tönen (NF-Zwischenträgerfrequenzen) von 1200 und 2200 Hertz. Die Shift beträgt also 1000 Hz. Die Mittenfrequenz beträgt 1700 Hz.

Man könnte sich auch vorstellen, als hätte man einen Zwischenfrequenzträger von 1700 Hz mit einem Hub von 500 Hz. Die Töne werden mit einer Baudrate von 1200 Baud umgeschaltet. Dieses Umschalten entspricht einem Rechtecksignal von 600 Hz. Damit errechnet sich die Bandbreite dieses Zwischenträgers (siehe Abschnitt FSK - AFSK) zu

$$b_{AFSK} \approx 2 \cdot (\frac{\Delta F}{2} + 1{,}6 \cdot v_{ü})$$

$$b_{AFSK} \approx 2 \cdot (500\,\text{Hz} + 1{,}6 \cdot 600\,\text{Hz})$$

$$b_{AFSK} \approx 3\,\text{kHz}$$

Dieses AFSK-Signal wird anschließend in normaler FM (über den Mikrofoneingang) auf den eigentlichen Hochfrequenzträger aufmoduliert. Der HF-Frequenzhub wird so gewählt, dass man mit einer HF-Bandbreite von weniger 12 kHz auskommt. Die Digipeater haben üblicherweise ein Kanalraster von 12,5 kHz oder 25 kHz.

Prüfungsfragen dazu gibt es nicht mehr. Dieser Abschnitt dient nur der allgemeinen Information.

9k6 Packet

Um bei Packet Radio mit höheren Übertragungsgeschwindigkeiten als 1200 Baud arbeiten zu können, kann man nicht mehr mit dieser Doppelmodulation wie bei 1k2 Packet arbeiten. Der englische Funkamateur G3RUH hat ein Verfahren entwickelt, 9600 Baud schnelles Packet Radio auf einem 25 kHz breiten Kanal durchzuführen.

Es gibt dabei zwei Probleme:

- Das 9600-Baud-Signal gibt eine Rechteckfrequenz von 4800 Hertz, die der Modulator übertragen muss.
- Werden viele Einsen oder Nullen hintereinander übertragen, ergeben sich sehr niedrige Frequenzen bis hin zu Gleichstrom.

Das zweite Problem hat G3RUH dadurch gelöst, dass er das Packet Signal systematisch "verwürfelt" (scrambling). Bei längeren Ketten von Einsen oder Nullen werden diese abwechselnd invertiert. Dieses Scrambling muss natürlich auf der Empfängerseite wieder zurück gewandelt werden. Dennoch wird wegen des Rechtecksignals eine niedrige Übertragungsfrequenz von kleiner als 20 Hertz benötigt.

Das erste Problem mit der hohen Niederfrequenz von mindestens 4,8 kHz (für ein Rechtecksignal benötigt man immer noch etwas mehr - es werden 6 kHz gewünscht) beim NF-Verstärker kann man nur dadurch lösen, dass man nicht den normalen Mikrofoneingang des Funkgerätes benutzt, sondern einen direkten Zugang zum Modulator schafft. Auch im Empfänger muss ein entsprechender NF-Ausgang direkt am Demodulator geschaffen werden. Außerdem wird die volle Bandbreite von 20 kHz benötigt. Es müssen breite Filter vorhanden sein.

Ältere Transceiver oder 70-cm-Handfunkgeräte werden von den Funkamateuren für die Verwendung als Packet-Radio-Transceiver für 9K6 umgebaut. Umbauanleitungen findet man in den Packet-Radio-Mailboxen oder im Internet. Moderne Datentransceiver bieten umschaltbare Bandbreiten für normalen FM-Sprechfunkverkehr oder Datenfunk.

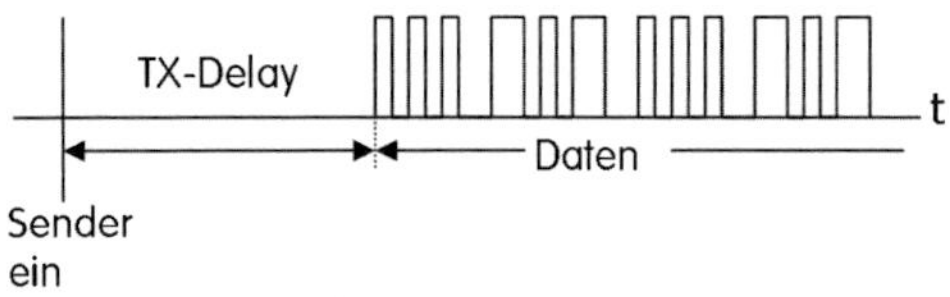

Bild 15-20: TX-Delay

Ferner muss ein Datentransceiver sehr schnell von Sendung auf Empfang oder umgekehrt umschalten können. Nicht jeder 70-cm-FM-Transceiver ist als Datentransceiver für Packet Radio geeignet. Viele ältere Geräte müssen erst entsprechend umgebaut werden. Man löst das Umschaltproblem folgendermaßen. Bei der automatischen Senderumschaltung von Empfang auf Senden wird zunächst einige „zig" Millisekunden gewartet, bis das Synchronisationssignal und danach die Daten ausgesendet werden. Diese Verzögerung nennt man TX-Delay. Sie ist vom Umschaltverhalten des Senders abhängig und muss im Programm individuell eingestellt werden.

Wie weiter oben schon erklärt, wird Packet-Radio im Amateurfunk nicht mehr verwendet. Auch in der Prüfung wird darüber nichts mehr gefragt. Deshalb wurden hier die Prüfungsfragen weggelassen. Dieses Kapitel ist nur noch reine Information.

Digipeater

Digipeater (digital - repeater) sind Relaisfunkstellen für digitale Funksignale. Sie sind weltweit miteinander verbunden. Man kann Nachrichten von seinem eigenen Computer ausgehend weltweit versenden. Dabei werden die Informationen in einem großen Netz von einem zum nächsten Digipeater weitergereicht. Ferner gibt es Digipeater mit Speicherstellen, so genannte Mailboxen, wo eine Nachricht abgespeichert wird, bis sie vom Empfänger abgerufen wird.

Wie aus folgender Karte (Bild 15-21) zu sehen, ist das Netz der Digipeater in Deutschland so eng, dass man praktisch von jedem Standort aus mindestens einen Digipeater hören kann.

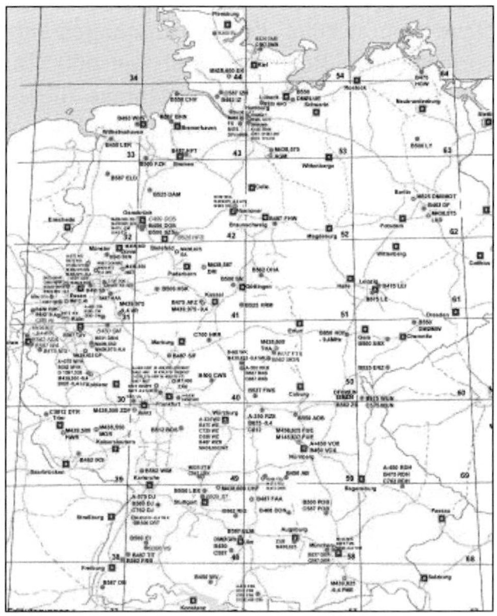

Bild 15-21: Digitale Relaisfunkstellen in Deutschland

APRS

APRS ist die Abkürzung aus dem amerikanischen "Automatic Position Reporting System". Es arbeitet nach dem Prinzip von Packet Radio, nämlich kurze Datenpakete auf einer Frequenz auszusenden. Allerdings werden keine Zweiwegverbindungen aufgebaut, sondern die Datenpakete nur in eine Richtung (Simplex) nach einem interessanten Verteilerprinzip verbreitet. Jede teilnehmende Station kann gleichzeitig auch Digipeater sein.

Auf diese Art und Weise können Daten, wie zum Beispiel Wetterdaten, Positionsmeldungen und andere Messwerte an eine große Gruppe von Empfängerstationen weitervermittelt werden. Hören Sie einmal hinein auf der Frequenz 144,800 MHz! Prüfungsfragen dazu gibt es im Buch Betriebstechnik/Vorschriften.

PSK31

PSK31 ist ein Textübertragungsverfahren in PSK, das 1999 von dem Funkamateur G3LPX vorgestellt wurde. Es arbeitet mit einer Bitrate von 31,25 Bit/s. Weiter oben unter PSK wurde bereits erklärt, dass die Bandbreite bei PSK ungefähr gleich der Bitrate pro Sekunde ist. Also benötigt PSK31 auch nur 31 Hz Bandbreite. Im Vergleich zu Telegrafie benötigt man nur ein Zehntel der Bandbreite.

Prüfungsaufgabe
Beantworten Sie die Prüfungsfrage **TE325.**

Stellt man die Filter bei Empfang auf diese geringe Bandbreite ein, erhält man einen Systemgewinn von 10 dB oder einem Leistungsfaktor 10. Dies bedeutet, dass man nur ein Zehntel der Leistung benötigt, um den gleichen Signal-Stör-Abstand wie bei CW zu bekommen. Tatsächlich zeigt es sich auch in der Praxis. Man kann mit Leistungen um 10 Watt weltweiten Funkverkehr in PSK31 machen.

Die Betriebsart PSK31 wird allein mit einem (kostenlosen) Computerprogramm durchgeführt. Die Soundkarte im Computer dient zur Erzeugung der Töne auf der Sendeseite und zur Dekodierung werden das Programm und die Soundkarte als schmalbandiges NF-Filter verwendet. Man benötigt also kein Modem. PSK31 kann in BPSK und in QPSK arbeiten (siehe oben unter PSK). Bei QPSK werden praktisch zwei Kanäle erzeugt und auf dem zweiten Kanal wird ein Fehlerkorrekturcode übertragen. Dies macht die Verbindung dann sicherer.

PSK31 arbeitet mit einem Hilfsträger um 1000 Hertz. Die Frequenz muss sehr genau eingestellt werden können. Die Programme verwenden hier eine neuartige Anzeige, die man Wasserfalldiagramm nennt. Horizontal ist die NF-Tonfrequenz zwischen 100 Hz und 2,9 kHz dargestellt. Die blauweißen Zeilen wandern nach unten und sehen aus

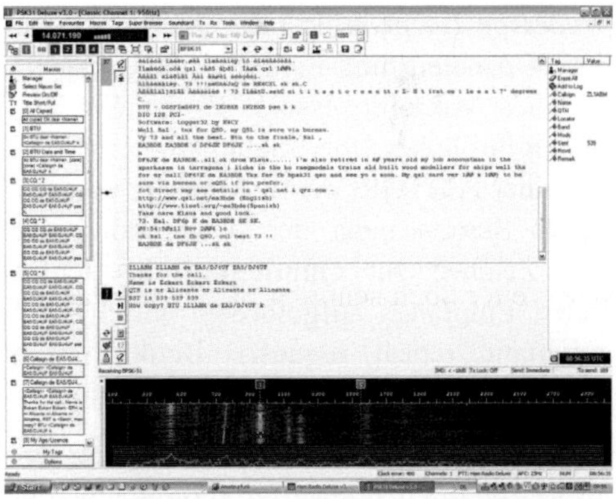

Bild 15-23: Typische Bildschirmdarstellung bei PSK31 mit Empfangsfenster, Sendefenster und dem Wasserfalldiagramm unten (Programm: Ham Radio Deluxe von HB9DRV)

wie Wasserfälle. Dort, wo ein heller Streifen entsteht, befindet sich eine PSK31 Station. Klickt man mit der Maus auf diese Stelle, wird bei modernen Transceivern mit CAT-Steuerung (siehe Kapitel 18) diese Frequenz direkt eingestellt.

In dem schmalen Frequenzbereich einer normalen SSB-Station von nur 2,7 kHz können praktisch mehr als zwanzig PSK31-Stationen gleichzeitig Betrieb machen, ohne sich gegenseitig zu stören.

Inzwischen sind im Amateurfunk ganz neue Betriebsarten unter PSK31 entstanden, zum Beispiel FT8, wobei man mit sehr geringen Leistungen oder einfachen Behelfsantennen sehr große Entfernungen überbrücken kann. Eine ausführliche Beschreibung finden Sie unter https://de.wikipedia.org/wiki/FT8.

Prüfungsaufgaben
Beantworten Sie die Fragen **TE323** und **TE326**.

AMTOR

AMTOR kommt von *Amateur Microprocessor Teleprinting Over Radio* und bedeutet Amateurfunk-Fernschreiben mit Hilfe eines Mikroprozessors. Es ist ein Verfahren mit hoher Übertragungssicherheit, da bei einer AMTOR-Verbindung die empfangende Station nach der Aussendung von drei Zeichen zur Quittierung des fehlerfreien Empfangs aufgefordert wird (ARQ, automatic repeat request). Beide Sender sind also immer wechselweise in Betrieb.

Der AMTOR-Code hat sieben Bits, womit $2^7 = 128$ Codewörter möglich wären. Allerdings werden davon nur 38 Kombinationen genutzt, nämlich nur solche mit 4 Einsen und 3 Nullen. Dadurch ist eine gute Fehlererkennungsmöglichkeit geschaffen. Denn ist die Übertragung gestört, ist es unwahrscheinlich, dass das gestörte Zeichen auch vier Einsen und drei Nullen enthält.

Der AMTOR-Code ist ein Synchroncode, das heißt die einzelnen Zeichen enthalten kein Start- oder Stoppbit. Die notwendige Synchronisation zwischen sendender Stelle (Master) und empfangender Stelle (Slave) geschieht am Anfang einer Verbindung mit Hilfe eines frequenzstabilen 1-kHz-Oszillators, der an die Interruptleitung des Mikroprozessors gelegt wird. Eine eventuelle Drift zwischen Master und Slave wird während der Sendung vom Slave ausgeglichen, indem dieser die Zeitpunkte seiner Impulsflanken mit den zu erwartenden vergleicht und wenn erforderlich, anpasst.

Die Übertragung der Signale geschieht wie bei RTTY durch Frequenzumtastung mit den gleichen Tönen und gleicher Shift. Allerdings werden die Dreierblöcke mit 100 Baud gesendet. Bei 100 Baud wird für ein Bit $^1/_{100}$ Sekunde, also 10 Millisekunden benötigt. Ein 7-Bit-Zeichen benötigt 70 ms und für einen Dreierblock werden also 210 Millisekunden benötigt. Die Bandbreite beträgt damit

$$b_{AMTOR} \approx 2 \cdot \left(\frac{\Delta F}{2} + 1{,}6 \cdot f_u\right)$$

$$b_{AMTOR} \approx 2 \cdot (85\,\text{Hz} + 1{,}6 \cdot \frac{100}{2}\,\text{Hz}) = 495\,\text{Hz}.$$

Die Dreierblocks werden in einem Abstand von 450 ms gesendet, so dass dem *Slave* eine Lücke von 240 ms verbleibt, sein Kontrollzeichen zu senden. Die Zeit für die Empfangs-Sende-Umschaltung muss also in dieser Betriebsart sehr kurz sein. AMTOR wurde inzwischen durch das neuere und bessere Verfahren PACTOR verdrängt.

Bei **Prüfungsfrage TE323** wird der Begriff Amtor einmal genannt.

PACTOR

PACTOR kommt von *Packet Teleprinting Over Radio* und bedeutet Fernschreiben mit Hilfe eines Mikroprozessors in Paketform - ähnlich Packet Radio. PACTOR ist ein von DF4KV und DL6MAA weiterentwickeltes Verfahren von Amtor. Amtor wurde für die reine Textübertragung entwickelt. Es gibt nur einen beschränkten Zeichenvorrat. Sollen Daten übertragen werden, müssen mindestens acht Bit übertragbar sein. Dann entfällt aber der typische Kontrollcode von Amtor.

Packet Radio ist in der Lage, 8-Bit-Werte zu übertragen. Die Fehlerüberprüfung erfolgt dann nach einem bestimmten Protokoll, indem noch zusätzliche Kontrollcodes übertragen werden. Dies funktioniert auf den störungsfreien UKW-Kanälen in Frequenzmodulation einwandfrei, aber nicht mehr in den schmalen SSB-Kanälen im Kurzwellenbereich, auch wenn man die Baudrate gegenüber UKW stark reduziert. Deshalb hat sich Packet Radio auf Kurzwelle nicht so recht durchsetzen können.

Hier bietet nun PACTOR Abhilfe. Es wird ein 8-Bit-Code übertragen. Die Fehlersicherung erfolgt mittels CRC-Check ähnlich Packet Radio. Es werden sehr kurze Datenblöcke übertragen. Bei "PACTOR 1" arbeitet man mit zwei Tönen (AFSK) mit 100 bis 300 Bit/s. Es wird mit synchroner Datenübertragung gearbeitet, wie bei Amtor. Dadurch entfallen die Synchronsignale am Anfang jeden Blockes gegenüber Packet Radio. Außerdem wird Datenkompression verwendet.

Bei PACTOR 2 hat man beispielsweise eine verbesserte Datenkompression eingeführt, eine automatische Frequenzkorrektur ist möglich, die Paketlänge und die Übertragungsrate kann sich den Übertragungseigenschaften automatisch anpassen. Das Signal wird nicht mehr in AFSK übertragen sondern in PSK (phase shift keying). Dadurch lässt sich auch bei höherer Baudrate die niedrige Bandbreite von 500 Hz weiterhin einhalten. Bei PACTOR 2 wird eine sichere Datenübertragung noch ermöglicht, wenn beide Stationen praktisch schon im Rauschen verschwunden sind, wenn man gar keine Töne mehr wahrnehmen kann.

PACTOR 3 arbeitet je nach Übertragungsverhältnissen in sechs verschiedenen Geschwindigkeitsstufen (Level genannt). Bei PACTOR 3 - Level 1 wird mit nur zwei Tönen wie bei PACTOR 1 und 2 gearbeitet. Man erreicht in diesem Level auch nur 200 Baud. Im Level 2 wird mit sechs Tönen, in den Levels 3 und 4 mit 14 Tönen, im Level 5 mit 16 Tönen und nur im Level 6 mit 18 Tönen gearbeitet. Entsprechend größer muss die Bandbreite sein. Die Bandbreite des Controllers wird automatisch angepasst.

Nachteil: Für Pactor wird ein spezieller Controller benötigt, der Gebrauchsmuster geschützt ist und von Funkamateuren nicht nachgebaut werden darf. Die Anschaffung ist ziemlich teuer. Das Pactor-1-Verfahren aber ist frei und wird gelegentlich für den Kurzwellen-Mailboxbetrieb verwendet.

Pactor wird gern bei Funkamateuren auf dem Segelboot verwendet, weil man damit auf Kurzwelle Mailboxen erreicht, die die Texte als E-Mails in das Internet leiten, wodurch es möglich ist, auf hoher See auch E-Mails zu versenden und zu empfangen.

Prüfungsfragen
Bearbeiten Sie die Prüfungsfragen **TE318, TE321** und **TE324.**

Amateurfunk Fernsehen analog (ATV)

Im Amateurfunk wird noch die analoge Übertragung des Fernsehsignals verwendet. Hier soll dieses analoge ATV ausführlich erläutert werden, damit Sie das Übertragungsprinzip für bewegte Bilder verstehen. Allerdings gibt es nur eine einzige Prüfungsfrage dazu. Für die reine Prüfungsvorbereitung können Sie also diesen Abschnitt auch auslassen. Ich empfehle aber, dass Sie diesen Abschnitt wenigstens einmal lesen, um das Restseitenbandverfahren zu verstehen.

Um bewegte Bilder zu übertragen, wendet man das gleiche Prinzip wie beim Kino an. Man überträgt die einzelnen Szenen in einem so kurzen Abstand, dass das Auge wegen seiner Trägheit dies als gleichmäßige Bewegung wahrnimmt. Dazu muss die Bildfolge größer als 16 Bilder pro Sekunde sein. Man verwendete früher 24 Bilder pro Sekunde. Jedoch hatte dies noch einen Flimmereffekt zur Folge. Beim Kino zeigte man jedes Bild dann zweimal, so dass man auf 48 Bilder pro Sekunde kommt, was praktisch flimmerfrei bedeutet.

Ähnlich macht man dies beim analogen Fernsehen und mit gleicher Norm auch beim Amateurfunkfernsehen. Man zeigt in einer fünfzigstel Sekunde ein Halbbild (jede zweite Zeile) und in der folgenden fünfzigstel Sekunde das zweite Halbbild. Dank der Trägheit des menschlichen Auges nimmt man die beiden Halbbilder als ein einziges ganzes Bild wahr. Dies entspricht sozusagen einer Parallelübertragung der Signale durch die einzelnen Sehzellen zum Gehirn. Für die funktechnische Übertragung kommt aber nur die serielle Übertragung in Frage. Deshalb wird beim Fernsehen wie beim *Bildfunk*

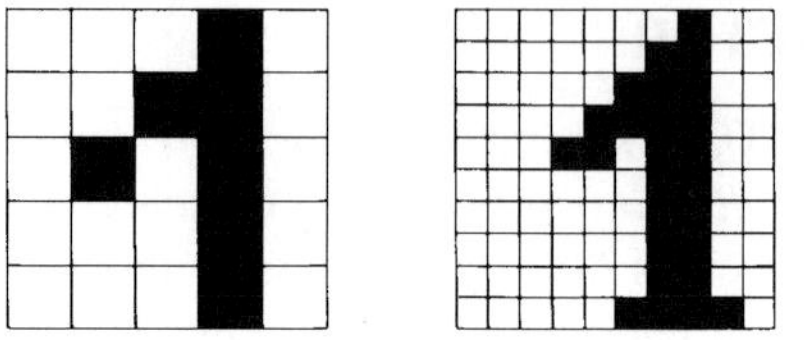

Bild 15-24: Mit steigender Zeilenzahl nimmt die Auflösung zu

die Bildvorlage punktweise nacheinander abgetastet. Die Form der Abtastung ist genormt und erfolgt zeilenweise von oben links nach unten rechts wie beim Lesen einer Buchseite.

Wie aus Bild 15-24 zu erkennen ist, ergibt sich eine umso bessere Auflösung, je höher die Zeilenzahl ist. In der bei uns verwendeten Fernsehnorm für analoges Fernsehen hat man die Zeilenzahl auf 625 Zeilen festgelegt. Das Seitenverhältnis Breite zu Höhe ist mit 4:3 und neuerdings 16:9 festgelegt. Beim 4:3-Format ergeben sich 625 · $^4/_3$ = 833 quadratische Bildpunkte je Zeile. Insgesamt ergeben sich 625 · 833 = 520 000 Bildpunkte. Diese 520 000 Bildpunkte werden in $^1/_{25}$ Sekunde übertragen. In einer Sekunde werden also 25 · 625 = 15 625 Zeilen übertragen. Die Zeilenfrequenz beträgt 15,625 kHz.

In einer Sekunde werden 25 mal 520 000 Bildpunkte gleich 13 Millionen Bildpunkte übertragen. Sollten diese Bildpunkte abwechselnd schwarz und weiß sein, müsste die zur Übertragung notwendige Rechteckspannung eine Frequenz haben von 13 Mil-

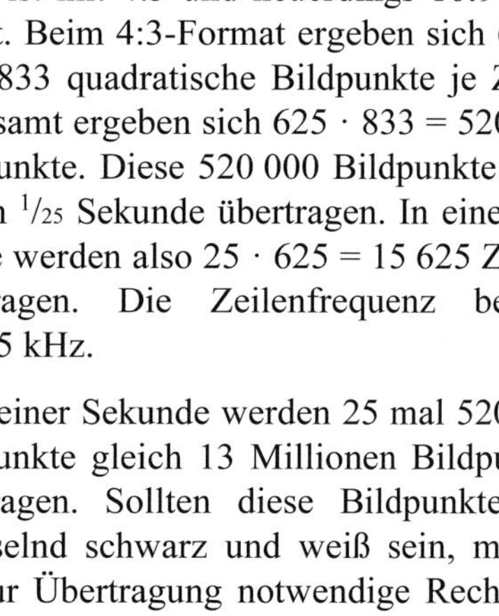

Bild 15-25: Aus der höchsten Auflösung ergibt sich die notwendige maximale Videofrequenz

lionen geteilt durch 2, also 6,5 Millionen Hertz. Wollte man mit dieser Frequenz von 6,5 MHz einen Sender in Zweiseitenband-AM analog modulieren, wäre eine Bandbreite von zweimal 6,5 MHz gleich 13 MHz notwendig. Damit wäre beispielsweise der halbe Kurzwellenbereich zwischen 3 und 30 MHz mit einem einzigen Fernsehsender belegt. Deshalb kann man Breitband-Fernsehübertragung nur im UHF-Bereich durchführen.

Um Bandbreite zu sparen, werden in der Praxis zwei Einschränkungen gemacht. Erstens zeigt die Erfahrung, dass eine so hohe Auflösung nicht notwendig ist, da es kaum vorkommt, dass über einen längeren Zeitraum direkt hintereinander schwarze und weiße Bildpunkte wechseln. Man begnügt sich deshalb mit 5,5 MHz anstatt 6,5 MHz und verringert so die Bandbreite auf 11 MHz. Außerdem wendet man das Restseitenbandverfahren an. Dies bedeutet, dass nur Teile vom unteren Seitenband übertragen werden und zwar 1,25 MHz statt 5,5 MHz vom unteren Seitenband (Bild 15-26).

Dadurch sind anstatt der 11 MHz nur noch 6,75 MHz Bandbreite notwendig. Diese immer noch enorme Bandbreite würde mehr als die Hälfte des 70-cm-Bandes beanspruchen. Deshalb wird ATV (amateur television) vorwiegend in dem 60-MHz-breiten 23-cm-Band angewendet. Zur Technik von ATV gibt es keine Prüfungsfrage.

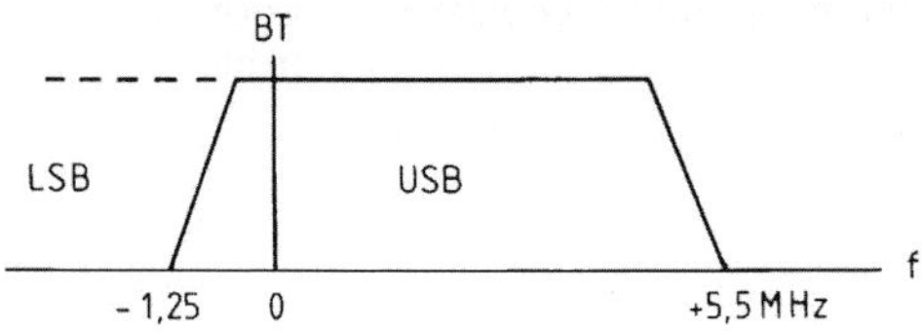

Bild 15-26: Restseitenbandverfahren

Schmalbandfernsehen (SSTV)

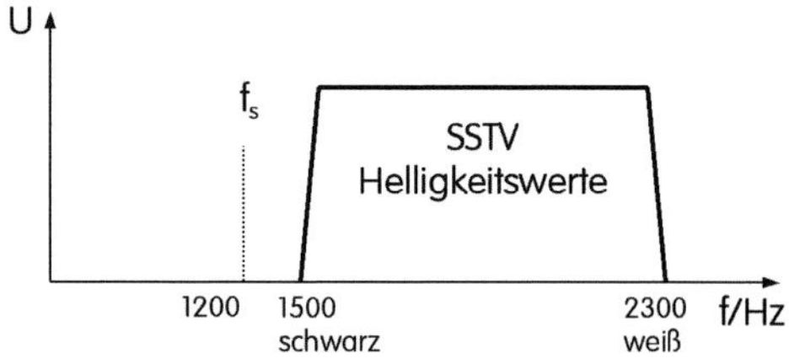

Bild 15-27: SSTV-Spektrum

SSTV kommt zwar von *slow scan TV,* ist aber gar kein Fernsehen, sondern ein Bildübertragungsverfahren wie das analoge Faksimile (FAX). Auch hierbei werden Bilder zeilenweise abgetastet und in ein analoges Schwarzweiß- oder in drei Farbsignale umgewandelt und im Frequenzbereich zwischen 1500 und 2300 Hertz übertragen. Ausführlicher wird SSTV im Kapitel 16 im Buch zur Klasse E beschrieben.

Prüfungsfragen
Beantworten Sie die Frage **TE327.**

Notizen

....
....
....
....
....
....
....
....
....
....
....
....
....
....
....
....

Kapitel 16: Messtechnik

In der Messtechnik unterscheidet man Messen und Prüfen. Prüfen ist das Feststellen der Funktionsfähigkeit einer Anlage mit Hilfe von Geräten. Man kann zum Beispiel mit einer Lampe prüfen, ob Spannung an den Klemmen eines Akkumulators vorhanden ist. Erst mit einem Spannungsmessgerät kann man die Höhe der Spannung auch messen.

Übersicht

Messgeräte
- Analog anzeigende Messgeräte
- Messbereichserweiterung
- Digital anzeigende Messgeräte
- Frequenzzähler
- Das Oszilloskop
- Die Rauschbrücke
- Resonanzwellenmesser
- Spektrumanalysator

Messtechnik
- Gleichstrommessungen
- Widerstandsmessungen
- Messung an Transistorschaltungen
- Messung an HF-Schaltungen
- Messungen an Sendern

Messen ist Vergleichen. Es werden Einheiten festgelegt, beispielsweise die Maßeinheit für die Stromstärke 1 Ampere (1 A) und bei einer Messung von beispielsweise 5 A festgestellt, dass die Maßeinheit fünfmal in der Messgröße enthalten ist. Die Größen und Einheiten wurden im ersten Kapitel dieses Buches ausführlich behandelt.

Analog anzeigende Messgeräte

Die meisten analog anzeigenden Messgeräte funktionieren nach dem elektrodynamischen oder dem elektrostatischen Prinzip. Dabei erzeugt die zu messende elektrische Größe zwischen dem feststehenden Messwerkteil und dem beweglichen Organ ein mechanisches Drehmoment. Meistens erzeugt der Strom in einer Drehspule, welche in einem konstanten Magnetfeld angeordnet ist, eine entsprechende Kraftwirkung.

Im Amateurfunklehrgang Klasse E wurde in Kapitel 17 bereits der Aufbau eines Drehspulmesswerks gezeigt.

Prüfungsaufgabe
Beantworten Sie die Frage **TJ101.**

Die Güte wird weitgehend durch den Aufbau der Lagerung des beweglichen Organs bestimmt. Die Empfindlichkeit des Zeigerausschlags wird von der Reibung bestimmt. Betriebsmessgeräte benötigen etwa 20 bis 100 Mikroampere bei einer Spannung von 0,2 bis 1,0 V für Endausschlag. Diese sind für Funkamateure als Anzeige- und Vielfachmessgeräte geeignet.

Aufgabe
Berechnen Sie Leistungsaufnahme und Innenwiderstand eines Messwerks für 1 Volt, wenn ein Strom von 50 µA zum Endausschlag führt.

Lösung:
$P = 1\,\text{V} \cdot 50\,\mu\text{A} = 50\,\mu\text{W}$
$R_i = 1\,\text{V} / 50\,\mu\text{A} = 20\,000\,\Omega = 20\,\text{k}\Omega$

Den Innenwiderstand pro Volt nennt man Kennwiderstand eines Messwerks. Wenn Sie sich ein Vielfachmessgerät kaufen wollen, achten Sie außer der Anzahl der Messbereiche auf diesen Kennwiderstand. Man nennt diesen Kennwert auch Empfindlichkeit. Er sollte für die Gleichspannungsbereiche mindestens 20 kΩ pro Volt betragen. In den Wechselstrombereichen ist die Empfindlichkeit wesentlich geringer.

Prüfungsfragen
Bearbeiten Sie die Fragen **TJ111, TJ112** und **TJ110.**

Die Reihenfolge der Aufgaben wurde absichtlich so gewählt, weil die Lösung der Aufgabe TJ111 praktisch schon im vorstehenden Text enthalten ist. Bei der Aufgabe TJ112 ist die Spannung gegeben. Für Aufgabe TJ110 muss man wissen, dass der Strom bei Vollausschlag in jedem Messbereich gleich ist. Sie werden es im folgenden Abschnitt unter Messbereichserweiterung noch lernen.

Messbereichserweiterung

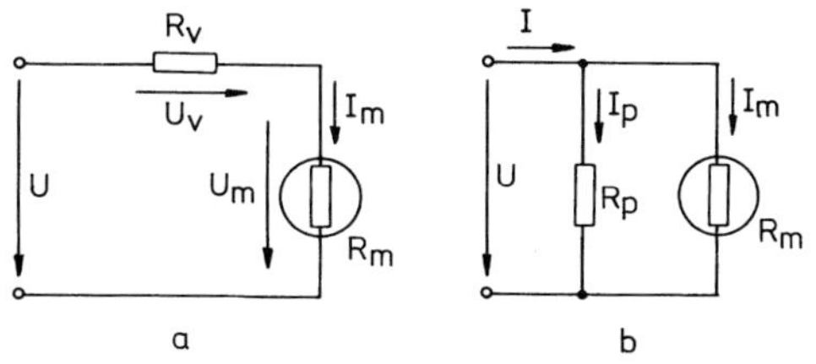

Bild 16-1: Messbereichserweiterung a) eines Spannungsmessers, b) eines Strommessers

Sollen höhere Spannungen gemessen werden, als für das Messwerk zulässig, kann man die Spannung, die zu viel ist, an einem Vorwiderstand R_V abfallen lassen. Die Berechnung erfolgt nach dem ohmschen Gesetz.

Prüfungsaufgabe ähnlich **TJ102**
Ein Drehspulmesswerk hat einen maximalen Messstrom I_m = 100 µA und einen Messwerkwiderstand von R_m = 1 kΩ. Berechnen Sie den Vorwiderstand für einen Spannungsbereich von 50 V.

Lösung: Die Spannung am Messwerk beträgt $U_m = R_m \cdot I_m = 1\,\text{k}\Omega \cdot 0{,}1\,\text{mA} = 0{,}1\,\text{V}$

Nach Bild 16-1a müssen 49,9 V am Vorwiderstand abfallen. Der Strom ist in der Reihenschaltung überall gleich.

$$R_V = \frac{U_V}{I} = \frac{49{,}9\,\text{V}}{0{,}1\,\text{mA}} = 499\,\text{k}\Omega$$

Man hätte auch folgendermaßen rechnen können. Der Gesamtwiderstand beträgt

$$R_{ges} = \frac{U_{ges}}{I} = \frac{50\,\text{V}}{0{,}1\,\text{mA}} = 500\,\text{k}\Omega.$$

$$R_V = 500\,\text{k}\Omega - 1\,\text{k}\Omega = 499\,\text{k}\Omega$$

Prüfungsaufgabe
Lösen Sie die Aufgaben **TJ102** und **TJ103** aus dem Fragenkatalog.

Bei der Messbereichserweiterung eines Strommessers wird der Strom, der über den Maximalstrom des Messwerks hinausgeht, mit einem Parallelwiderstand (auch Shunt genannt) nach Bild 16-1b am Messwerk vorbeigeleitet.

Prüfungsaufgabe TJ105
Ein Messwerk mit 1 mA Vollausschlag soll für einen Messstrom von 1 A erweitert werden. Welchen Strom führt der Parallelwiderstand?

A 1 mA	**B** 99 mA
C 0,999 A	**D** 0,9 A

Lösung: $I = 1\,\text{A} - 0{,}001\,\text{A} = 0{,}999\,\text{A}$

Prüfungsaufgabe TJ106
Ein Messwerk mit 1 mA Vollausschlag soll für einen Messstrom von 1 A erweitert werden. Der Innenwiderstand des Messwerks beträgt 300 Ω. Welchen Wert muss der Parallelwiderstand haben?

A 0,03 Ω	**B** 0,3 Ω
C 3 Ω	**D** 30 Ω.

Lösung: Wie in der vorigen Aufgabe berechnet, müssen 0,999 A umgeleitet werden. Die Spannung am Messwerk und damit auch an R_p wird zunächst berechnet.

$$U_m = R_m \cdot I_m = 300\,\Omega \cdot 1\,\text{mA} = 300\,\text{mV}$$

$$R_p = \frac{300\,\text{mV}}{0{,}999\,\text{A}} = 300{,}3\,\text{m}\Omega = 0{,}3\,\Omega$$

Lösung ohne Formelrechnung: Durch das Messwerk fließt 1/1000 des Gesamtstroms, wenn der Shunt zirka 1/1000 des Widerstandes des Messwerks (= 0,3 Ohm) hat.

Wenn der Messwerksinnenwiderstand bekannt ist, kann man viel einfacher mit folgenden Formeln rechnen, um den Shunt oder Vorwiderstand zu ermitteln.

$$\boxed{R_V = R_m(n-1)} \qquad \boxed{R_p = \frac{R_m}{n-1}}$$

n ist der Messbereichserweiterungsfaktor.

Bei **TJ102** ist der Messwerksinnenwiderstand 1 kΩ und es soll von 0,1 V auf 50 V erweitert werden. Der Erweiterungsfaktor ist also 500. Damit berechnet sich der Vorwiderstand zu

$$R_V = R_m(n-1) = 1\,\text{k}\Omega \cdot (500 - 1) = 499\,\text{k}\Omega$$

Bei Prüfungsaufgabe TJ106 ist der Messwerksinnenwiderstand 300 Ω und der Erweiterungsfaktor von 1 mA nach 1 A ist 1000. Damit ist der Parallelwiderstand

$$R_p = \frac{R_m}{n-1} = \frac{300\,\Omega}{1000 - 1} = \frac{300\,\Omega}{999} = 0{,}3\,\Omega\,.$$

Prüfungsaufgabe
Lösen Sie die Aufgabe **TJ104**.

Prüfungsaufgabe TJ108
Der Messbereich eines Amperemeters mit dem Innenwiderstand R_i soll um den Faktor 5 erweitert werden. Durch welche Maßnahmen ist dies erreichbar?

Lösung: Es muss ein Parallelwiderstand sein.

$$R_p = \frac{R_i}{5-1} = \frac{R_i}{4}$$

R_P muss also ein Viertel so groß sein wie R_i.

Prüfungsaufgaben
Bearbeiten Sie **TJ109** und **TJ107**.

Messgeräteklassen

Wichtig für den Funkamateur ist auch die Kenntnis der Bedeutung der Messgeräteklassen. Nach der Größe des zulässigen Anzeigefehlers werden Messgeräte in sieben Messgeräteklassen eingeteilt.

Feinmessgeräte	Betriebsmessgeräte
Klasse 0,1	Klasse 1,0
Klasse 0,2	Klasse 1,5
Klasse 0,5	Klasse 2,5
	Klasse 5,0

Die angegebenen Zahlenwerte geben den maximal zulässigen prozentualen Fehler eines Messgerätes bezogen auf den Skalenendwert an.

Prüfungsaufgabe TJ805
Wie groß ist der maximale Anzeigefehler eines üblichen Drehspulmessgerätes (Klasse 1,5) mit einem Skalenendwert von 300 V, wenn eine Spannung von 230 V angezeigt wird?

Lösung: 1,5 % von 300 V sind ± 4,5 V

Die richtige Spannung könnte also
225,5 V bis 234,5 V betragen.
Der prozentuale Fehler steigt auf
4,5 / 230 = 1,95 %.
Wird im gleichen Messbereich eine Spannung von 30 V gemessen, steigt der prozentuale Fehler gar auf 4,5 V / 30 V = 15 %.

Merke: Ein Messgerät zur Spannungs- oder Strommessung soll möglichst im oberen Drittel des Anzeigebereichs betrieben werden.

Prüfungsaufgaben
Beantworten Sie **TJ115** und **TJ806**.

Prüfungsaufgaben
Beantworten Sie **TJ116** und **TJ117**.

Messgleichrichter

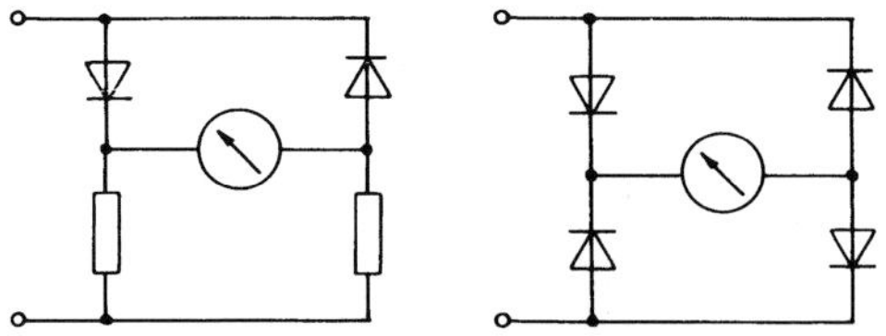

Bild 16-2: Schaltungen von Messgleichrichtern

Drehspulmesswerke sind nur für Gleichstrom einsetzbar. Bei Anlegen einer Wechselspannung würde der Zeiger hin- und herpendeln und den Mittelwert Null anzeigen. Man hilft sich hier, indem man über einen guten Messgleichrichter die Wechselspannung für die Messung gleichrichtet.

Wenn Wechselspannungen mit solchen Drehspulmessgeräten mit Messgleichrichter gemessen werden, gelten die Anzeigewerte der Skala nur für sinusförmige Wechselspannungen. Bei anderer Kurvenform zeigt das Messgerät einen falschen Wert.

Für die Messung von Wechselspannungen anderer Kurvenform gibt es das Dreheisenmesswerk. Dieses Messwerk reagiert unabhängig von der Stromrichtung. Es benötigt keinen Gleichrichter. Allerdings benötigt es eine relativ hohe Leistung und ist als Feinmessgerät nicht geeignet. Man benutzt es für große Ströme.

Bei Leistungsmessungen im GHz-Bereich verwendet man spezielle Thermoumformer. Über eine Anzapfung an der Dummy Load wird ein Teil der Leistung abgenommen und über den Thermoumformer in eine Gleichspannung umgewandelt.

Prüfungsfragen
Beantworten Sie die Fragen **TJ808, TJ809, TJ810** und **TJ811**.

Digital anzeigende Messgeräte

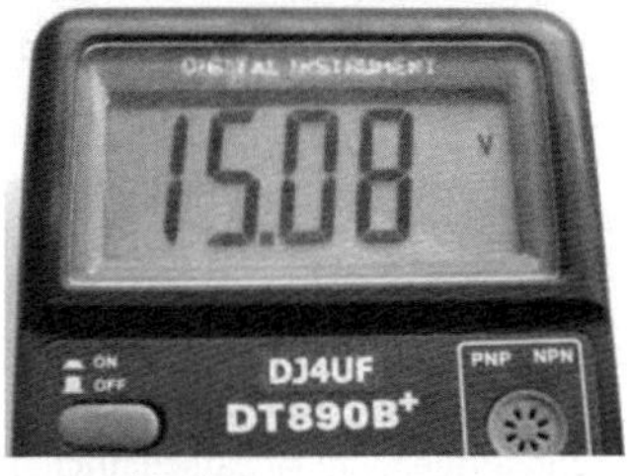

Bild 16-3: Digitalanzeige

Ein Vorteil digital anzeigender Messgeräte ist, dass Ablesefehler weitgehend vermieden werden. Aber die Messgenauigkeit von billigen Digitalmultimetern ist oft geringer als die von guten analog anzeigenden Messgeräten. Bei digitalen Spannungsmessern ist neben der Genauigkeitsklasse noch die Messunsicherheit der letzten Ziffer der digitalen Anzeige mit ±1 Stelle zu berücksichtigen.

Allerdings benötigen digital anzeigende Geräte immer eine Batterie, während es analoge Messgeräte gibt, die rein passiv arbeiten und keine Stromquelle benötigen. Einen weiteren Nachteil haben digital anzeigende Messgeräte. Man kann nicht so leicht den Verlauf einer Spannung oder eines Stroms beobachten, wenn man beispielsweise einen Akku lädt. Man muss sich bei einem Digitalmessgerät immer einen Zahlenwert merken und rechnen, was sich inzwischen geändert hat.

Digitale Messgeräte werden meistens als so genannte Multimeter ausgeführt. Sie dienen außer der Spannungs- und Strommessung auch der Messung von Widerständen, Dioden und häufig auch noch Kapazitäten, Induktivitäten, Leistungen oder Frequenzen.

Beantworten Sie die **Prüfungsfragen TJ114** und **TJ113**.

Das Oszilloskop

Mit einem Oszilloskop werden Zeitverläufe von Spannungen sichtbar gemacht. Die Anzeige erfolgt entweder mit einer Elektronenstrahlröhre (KO Katodenstrahloszilloskop) oder mit einem LCD-*Display*. Mehr dazu wurde bereits im Amateurfunklehrgang Klasse E ausgeführt und Ablesungen von Spannungsamplituden und Frequenzen im Kapitel 11 unter „Sinusförmige Signale“ geübt. Dazu gibt es auch im Fragenkatalog zur Klasse A noch ein paar Prüfungsfragen im Kapitel 1.10 Messungen und Messinstrumente.

Prüfungsfragen
Beantworten Sie die Fragen **TJ301, TJ302, TJ304** und **TJ305**.

Damit stehende Bilder auf dem Display eines Oszilloskops entstehen, wird jede Schwingung bei einem bestimmten Amplitudenwert getriggert (gestartet). Ohne Triggereinrichtung erhielte man nur ein durchlaufendes Band.

Prüfungsfrage
Beantworten Sie die Frage **TJ303**.

Um den Eingangswiderstand zu erhöhen und damit das Messobjekt weniger zu belasten, gibt es so genannte Vorteiler-Tastköpfe. Im Prinzip besteht ein solcher Tastkopf aus einem Vorwiderstand, der mit dem eigentlichen Eingangswiderstand des Oszilloskops einen Spannungsteiler von normalerweise 10 zu 1 bildet.

Prüfungsfrage
Beantworten Sie die Frage **TD608**.

Mehr zu Messungen mit dem Oszilloskop im Lehrgang Klasse E und hier im Buch im Kapitel 11.

Verschiedene Kurvenformen

Mit dem Oszilloskop können Gleich- und Wechselspannungen gemessen werden. Bei Wechselspannungen liest man den Spitze-Spitze-Wert ab, teilt durch zwei und erhält den Spitzenwert und berechnet daraus den Effektivwert mittels Formfaktor.

Der Formfaktor gibt das Verhältnis von Spitzenwert zu Effektivwert an. Bei sinusförmigen Wechselspannungen ist der Spitzenwert $\sqrt{2}$ -mal so groß wie der Effektivwert. Bei Sägezahn- und Dreiecksspannungen beträgt der Formfaktor $\sqrt{3}$, bei symmetrischen Rechteckspannungen sind Spitzenwert und Effektivwert gleich groß.

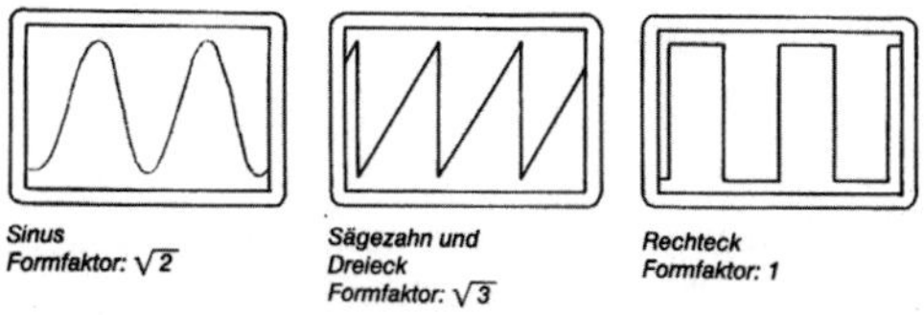

Bild 16-4: Formfaktoren verschiedener Wechselspannungen

> **Aufgabe**
> Ein Signal in Sägezahnform hat einen Spitze-Spitze-Wert von 10 V an einem Widerstand von 50 Ohm. Berechnen Sie die Leistung.

Lösungen: Leistungen sind immer Effektivwerte. Der Spitzenwert beträgt $U_{ss}/2$ = 5 V. Damit ergibt sich folgende Rechnung für den Effektivwert und die Leistung.

$$U = \frac{5\text{V}}{\sqrt{3}} = 2{,}89\text{V}$$

$$P = \frac{2{,}89^2}{50}\text{W} = 0{,}167\text{W}$$

Absorptionsfrequenzmesser

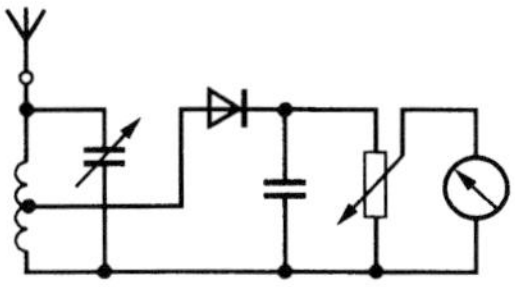

Bild 16-5: Absorptionsfrequenzmesser

Schließt man an einen passiven Schwingkreis hoher Güte auf der einen Seite eine (kurze) Antenne und auf der anderen Seite einen AM-Demodulator mit Messgerät nach Bild 16-5 an, hat man ein HF-Messgerät, mit dem man passiv Senderfrequenzen und Oberwellen feststellen kann. Die Anzeigegenauigkeit ist allerdings nicht besser als 5 %, aber mit einem Frequenzzähler kann man Oberwellen nicht messen, wenn die Grundwelle auch noch vorhanden ist.

> **Prüfungsfragen**
> Beantworten Sie die Fragen **TG219,** sowie **TJ601** bis **606** und **TJ825.**

Feldstärkeanzeiger

Zum Prüfen der Feldstärke - nicht zum Messen - ist folgende einfache Schaltung aus einer HF-Diode und einem kurzen Dipol geeignet. Die Spulen sind HF-Drosseln. Man hält den Dipol parallel zur Antenne.

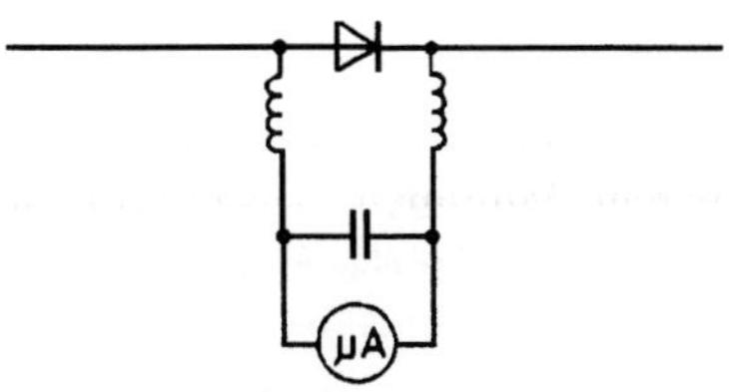

Bild 16-6: Feldstärkeanzeiger

> **Prüfungsfrage**
> Beantworten Sie die Frage **TJ706.**

Das Dipmeter

Mit einem so genannten *Dipmeter* (Dip = Einbruch) kann man Resonanzfrequenzen von Schwingkreisen und Antennen messen. Ein Dipmeter (*Dipper*) ist im Prinzip ein Oszillator, bei welchem die Schwingkreisspule nach außen geführt wird, um den Schwingkreis dieses Oszillators durch das Messobjekt zu beeinflussen, so dass der Oszillator nicht mehr so gut schwingt. Der Rückgang der Schwingamplitude wird durch eine Anzeige sichtbar gemacht.

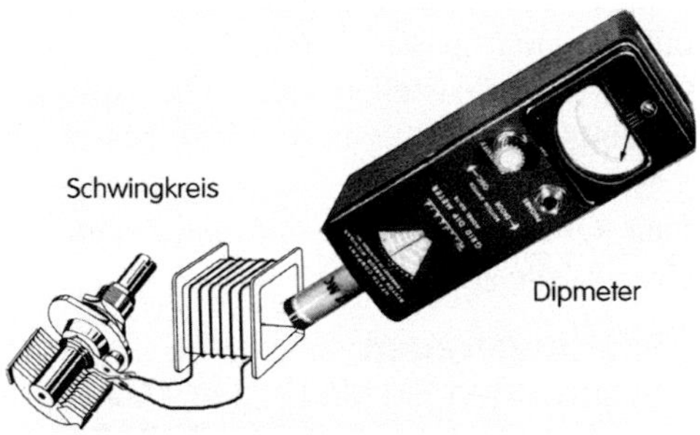

Bild 16-7: Messung der Schwingkreisfrequenz mit einem Dipmeter

Bei der Messung nähert man sich dem Messobjekt vorsichtig und verändert die Frequenzeinstellung am Dipmeter bis man eine Reaktion der Anzeige bemerkt. Dann vergrößert man den Abstand, um eine möglichst lose Kopplung zu erhalten, damit man den Schwingkreis nicht verstimmt.

> **Prüfungsfragen**
> Beantworten Sie die Fragen **TJ812, TJ813** und **TJ814** aus dem Kapitel Durchführung von Messungen aus dem Fragenkatalog

Präzise Frequenzmessungen sind allerdings mit einem Dipmeter nicht möglich. Die Anzeigegenauigkeit bei einem Dipmeter ist meist nicht besser als ±3 bis ±5 %.

> **Prüfungsfrage TJ207**
> Um wie viele Kilohertz kann die Frequenz abweichen, wenn mit einem Dipmeter eine Resonanzfrequenz von 7,1 MHz gemessen wurde und die Genauigkeit mit ±3 % angenommen wird?

Lösung: Die Frequenzabweichung beträgt

$$\Delta f = \frac{\pm 3}{100} \cdot 7{,}1\text{MHz} = \pm 0{,}213\text{MHz} = \pm 213\text{kHz}$$

Um 213 kHz nach oben oder nach unten kann der Wert von der derzeitigen Anzeige abweichen. Damit ist man im 40-m-Band unter Umständen schon außerhalb des Bandes. Also für die Frequenzmessung ist solch ein Dipmeter nicht geeignet.

> **Prüfungsfragen**
> Beantworten Sie die Fragen **TJ201** bis **TJ206** und **TJ208** bis **TJ211.**

Mit dem Dipmeter kann man auf indirektem Wege auch Induktivitäten messen, indem man diese mit einer bekannten Kapazität parallelschaltet und dann die Resonanzfrequenz bestimmt. Man berechnet die Induktivität dann nach der umgestellten Thomsonschen Schwingkreisformel.

$$L = \frac{1}{(2\pi f)^2 \cdot C}$$

> **Beispiel**
> Mit einem C von 220 pF wurde bei 4,5 MHz Resonanz gemessen. Berechnen Sie L.

$$L = \frac{1}{(2\pi 4{,}5 \cdot 10^6 \frac{1}{s})^2 \cdot 220 \cdot 10^{-12}\text{F}} = 5{,}7\ \mu\text{H}$$

Zum Eigenbau solch eines Dipmeters gibt es im Kapitel 17 eine Schaltung und Aufbauhinweise.

Die Rauschbrücke

Speziell für die Messung von Antennenimpedanzen wird die Rauschbrücke verwendet. Im Prinzip handelt es sich dabei um einen Hochfrequenzgenerator, der ein großes Spektrum von Frequenzen gleichzeitig abstrahlt (Rauschen). Diese Hochfrequenz wird auf eine Messbrücke gegeben, die auf der einen Seite aus zwei gleichen Wicklungen eines HF-Trafos besteht und auf der anderen Seite aus einem einstellbaren RC-Glied und dem zu messenden Antennenfußpunkt, der über eine Kapazität eingekoppelt wird. Zur „Anzeige" wird ein Empfänger verwendet, der auf die Frequenz eingestellt wird, für welche die Fußpunktimpedanz gemessen werden soll.

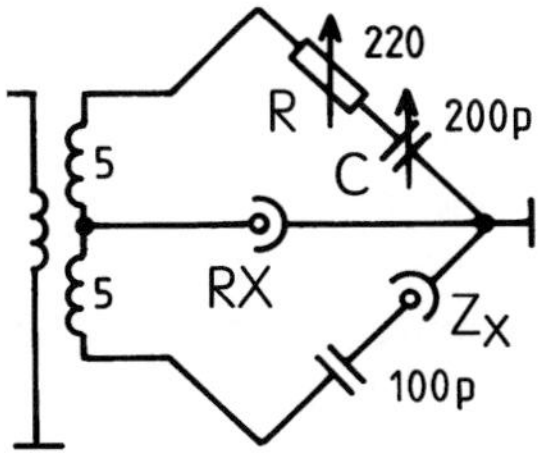

Bild 16-8: Rauschbrücke

Obiges Bild zeigt den wichtigsten Teil einer Rauschbrücke. Eine komplette Schaltung finden Sie im Kapitel 17: Schaltungen. Über den Trafo wird ein Breitbandrauschen eingekoppelt.

Die Messung einer Antennenimpedanz geht dann so vor sich. Den Fußpunkt der Antenne verbindet man mit einer sehr kurzen Leitung direkt an der Antenne mit Z_X. Ein Portabelempfänger wird bei RX angeschlossen und auf die Messfrequenz eingestellt. Dann verstellt man R und C solange, bis das hörbare Rauschen am leisesten ist und liest auf der vorher kalibrierten Skala die Werte R und C ab.

Frequenzzähler

Das Prinzip dieser Frequenzzähler ist, dass für eine bestimmte einstellbare Torzeit die ankommenden Impulse gezählt werden. Je höher die Auflösung sein soll, desto mehr Impulse müssen gezählt werden, also eine lange Torzeit eingestellt werden.

Sehr genaue Frequenzmessungen erreicht man mit einem Frequenzzähler mit hoher Auflösung (Anzahl der Stellen) und einer temperaturstabilisierten Quarzzeitbasis.

Prüfungsaufgabe TJ504
Ein Frequenzzähler verfügt über eine Genauigkeit von ±1 ppm. Wenn der Zähler auf den 100-MHz-Bereich eingestellt wird, beträgt die Genauigkeit am oberen Ende des 100-MHz-Bereichs

A ±10 Hz	**B** ±100 Hz
C ±1 kHz	**C** ±100 MHz.

Lösung: 1 ppm (part per million) von 1 MHz sind 1 Hz. Bei 100 MHz sind es also 100 Hz.

Prüfungsfragen
Beantworten Sie die Fragen **TJ501** bis **TJ510** sowie **TJ815** bis **TJ819**.

Für die Messung sehr hoher Frequenzen kann man einen Frequenzzähler mit einem „Vorteiler" versehen. Üblich ist, die Frequenz um den Faktor 10 herunter zu setzen und dann die Frequenz mit dem Zähler zu messen. Dann ist die Anzeige um den Faktor 10 geringer als die wirkliche Frequenz.

Prüfungsaufgabe
Bearbeiten Sie die Aufgabe **TJ820**.

Der Spektrumanalysator

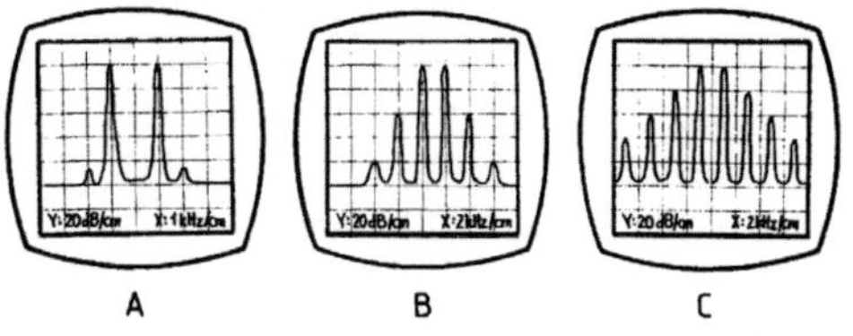

Bild 16-9: Spektrum eines SSB-Senders bei unterschiedlicher Aussteuerung (Y: 20 dB/Div X: 2 bzw. 1 kHz/Div)

Ein Spektrumanalysator kann die Hochfrequenzausgangsamplitude eines Senders in Abhängigkeit von der Frequenz darstellen. Dazu besitzt der Spektrumanalysator (englisch: analyzer) einen Empfänger mit „Wobbeloszillator", der schnell seine Frequenz in einem bestimmten Frequenzbereich (Wobbelbandbreite) hin und her verändert. Das empfangene Signal wird dann auf einem Bildschirm (Display) angezeigt.

In allen drei Fällen handelt es sich um einen SSB-Sender, der mit einem Zweitonsignal mit zwei gleich großen Signalamplituden ausgesteuert wurde. Im Bild A sind deutlich die beiden Frequenzen ohne nennenswerte Nebenausstrahlungen zu erkennen. Im Bild B wurden die NF-Amplituden zur Aussteuerung des Senders erhöht. Dadurch entstehen außer den beiden gewünschten Frequenzen noch zusätzliche Nebenfrequenzen, die im Bild C noch stärker ausgeprägt sind und starke „Splatter-Störungen" in der Nähe der Sendefrequenz bewirken. Der Sender darf so nicht betrieben werden.

Prüfungsaufgabe
Beantworten Sie die Frage **TJ707** aus dem Fragenkatalog

Praktische Messtechnik

Gleichstrommessungen

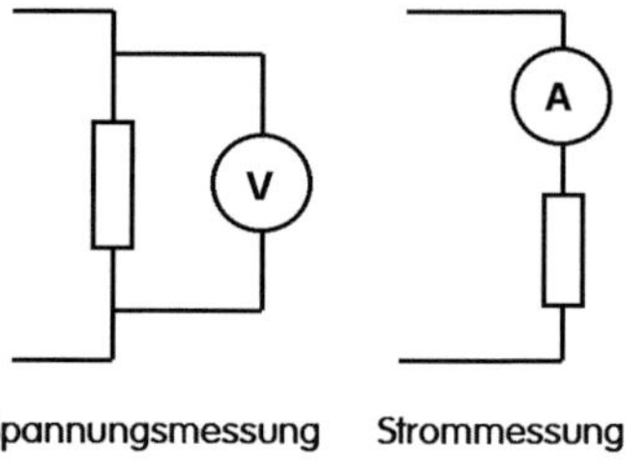

Bild 16-10: Gleichspannungs- und Gleichstromstrommessung

Messgeräte zur Spannungsmessung werden grundsätzlich zur zu messenden Spannung parallelgeschaltet. Strommesser müssen in Reihe in den Stromkreis geschaltet werden. Häufig ist das Auftrennen des Stromkreises schwierig, um einen Strom messen zu können. Dann hilft man sich so, indem man an einem vorhandenen Widerstand, die Spannung misst und den Strom berechnet. Dies nennt man "indirekte Strommessung".

Prüfungsaufgaben
Beantworten Sie **TJ802** und **TJ803**.

Wie man im Bild 16-11 erkennt, fließt bei einer Spannungsmessung auch Strom durch das Messgerät. Dies gibt systematische Messfehler bei Messungen an hochohmigen Spannungsteilern.

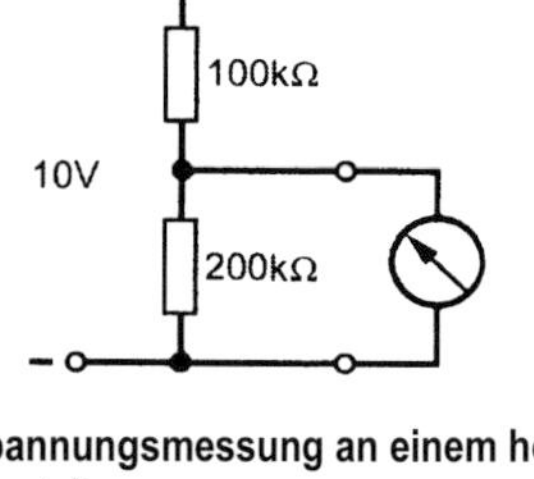

Bild 16-11: Spannungsmessung an einem hochohmigen Spannungsteiler

Prüfungsaufgabe
TJ807 Das an den im Bild 16-11 abgebildeten Spannungsteiler angeschlossenen Messgerät ist auf den 10-V-Bereich eingestellt und hat eine Empfindlichkeit von 20 kΩ/V. Welcher Spannungswert wird angezeigt?
A 3,3 V **B** 5 Volt
C 6,7 Volt **D** 7,5 Volt

Lösung ohne Messgerät: Für einen Vergleich rechnen wir zunächst einmal die Spannung am unteren Widerstand aus, wenn das Messgerät nicht vorhanden wäre.

Normaler Spannungsteiler

$$\frac{U_2}{U} = \frac{R_2}{R} \text{ umgestellt: } U_2 = \frac{R_2}{R} U$$

$$U_2 = \frac{200\,\text{k}\Omega}{300\,\text{k}\Omega} 10\,\text{V} = 6{,}67\,\text{V}$$

Diese Lösung bitte nicht ankreuzen!

Rechnung mit angeschlossenem Messgerät: Zunächst wird der Innenwiderstand des Messgerätes berechnet und zwar nach dem Prinzip: Innenwiderstand ist Empfindlichkeit mal Bereich.

$$R_i = 20\frac{\text{k}\Omega}{\text{V}} \cdot 10\,\text{V} = 200\,\text{k}\Omega$$

Der untere Widerstand besteht also aus der Parallelschaltung von zwei Widerständen zu je 200 kΩ. Das ergibt 100 kΩ. Zwei Widerstände zu je 100 kΩ teilen die Spannung 2 zu 1. Es werden also 5 V gemessen. Diese Lösung müssen Sie ankreuzen.

Bei der Spannungsmessung muss man darauf achten, dass der Innenwiderstand des Messgerätes viel größer ist als der des Messobjekts.

Prüfungsaufgaben
Beantworten Sie die Fragen **TJ801** und **TJ804**.

Widerstandsmessungen

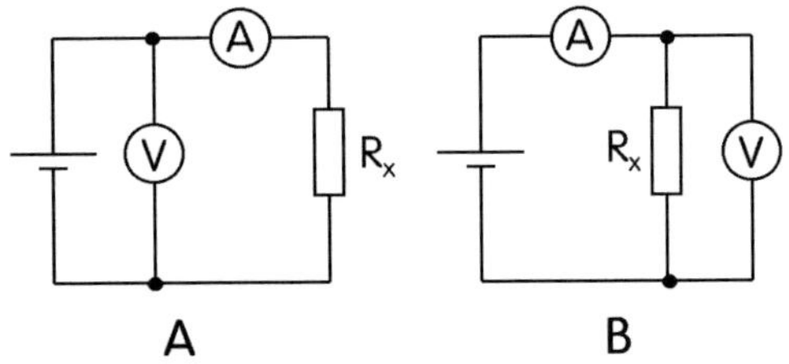

Bild 16-12: Widerstandsmessschaltungen

Um einen Widerstand auszumessen gibt es Ohmmeter. Man schaltet dabei eine Batterie in den Stromkreis und misst den Strom. Die Skala ist dann bereits in Ohm eingeteilt. Bei der indirekten Widerstandsmessung misst man Spannung und Strom an einem Widerstand. Dabei gilt es folgende Fehlermöglichkeiten zu vermeiden.

Bild 16-12 A zeigt die stromrichtige Messung. Die Spannung am Widerstand wird leicht falsch gemessen, nämlich um den Spannungsabfall am Innenwiderstand des Strommessers. Bild B zeigt die spannungsrichtige Messung. Jedoch wird der Strom falsch gemessen, weil durch den Strommesser auch noch der zusätzliche (geringe) Messwerkstrom durch den Spannungsmesser angezeigt wird.

Für die jeweilige Messung muss man sich entscheiden, welche der beiden Schaltungen in diesem Fall besser ist. Bei einem hochohmigen Widerstand fließt wenig Strom. Da würde der Fehlerstrom an Schaltung B viel ausmachen, also wählt man besser Schaltung A. Bei einem niederohmigen Widerstand fließt viel Strom durch den Widerstand. Es stört der Fehlerstrom kaum. Also wählt man Schaltung B.

Prüfungsaufgabe
Beantworten Sie die Frage **TC101** aus dem Fragenkatalog.

Messungen an Verstärkern

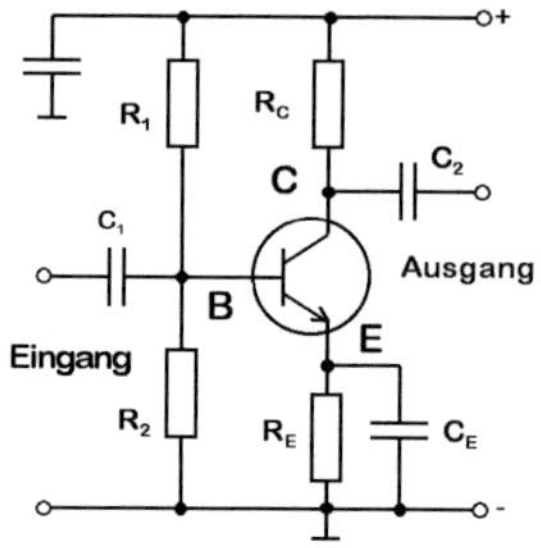

Bild 16-13: NF-Verstärker in Emitterschaltung

Mit einem einfachen Gleichstrommessgerät kann man recht gut Fehler an Transistorschaltungen lokalisieren. Im Normalfall sollte bei obiger Emitterschaltung am Punkt C (Kollektor) die halbe Betriebsspannung zu messen sein. So genau kommt es nicht drauf an. Wenn man bei 10 Volt Betriebsspannung dort 4 bis 7 Volt misst, müsste die Schaltung auch noch funktionieren.

Am Emitterwiderstand sollte etwa ein Zehntel der Betriebsspannung liegen. Am Punkt E müsste man also in diesem Fall etwa 1 Volt (0,5 bis 1,5) messen. An der Basis (B) aber muss die Spannung genau 0,6 Volt höher sein als am Emitter, also etwa 1,6 Volt gegenüber Masse.

Wenn am Emitter (Punkt E) die Spannung Null oder am Kollektor (Punkt C) volle Betriebsspannung ist, fließt kein Strom. Der Transistor ist wahrscheinlich kaputt oder der Transistor bekommt keinen Basisstrom, wenn die Basis nach Masse kurzgeschlossen ist oder der obere Spannungsteilerwiderstand hochohmig geworden ist. Wenn die Spannung am Emitterwiderstand dagegen sehr hoch ist, hat der Transistor wahrscheinlich einen Kurzschluss.

Prüfungsaufgaben
Beantworten Sie die Fragen **TC623, TC624, TF330** und **TF327**.

Mit einem Oszilloskop kann man viel genauer feststellen, welcher Fehler vorliegt. Ein Funkamateur, der NF- oder HF-Schaltungen selber aufbaut, sollte sich ein Oszilloskop zulegen.

An den Eingang des Verstärkers legt man ein sinusförmiges Signal und beobachtet gleichzeitig dieses Eingangssignal und das Ausgangssignal. Das Ausgangssignal muss natürlich verstärkt worden sein, also eine mindestens zehnmal größere Amplitude haben und die Kurvenform der Signale muss übereinstimmen. Ist das Signal am Ausgang oben oder unten abgeflacht, liegt der Arbeitspunkt nicht in der Mitte. Ist das Signal sowohl oben wie auch unten abgeflacht. liegt eine Übersteuerung vor. Das Eingangssignal oder die Verstärkung muss reduziert werden.

Bei bestimmten Ausgangsformen von verzerrten sinusförmigen Hochfrequenzsignalen kann man erkennen, dass durch Verzerrung Oberwellen entstanden sind.

Im Bild 16-14 beispielsweise ist die erste Oberwellen (zweite Harmonische) des sinusförmigen Signals entstanden. Man erkennt es daran, dass genau die doppelte Frequenz als Überlagerung der Sinuskurve zu sehen ist (siehe Kapitel 11: Signale!).

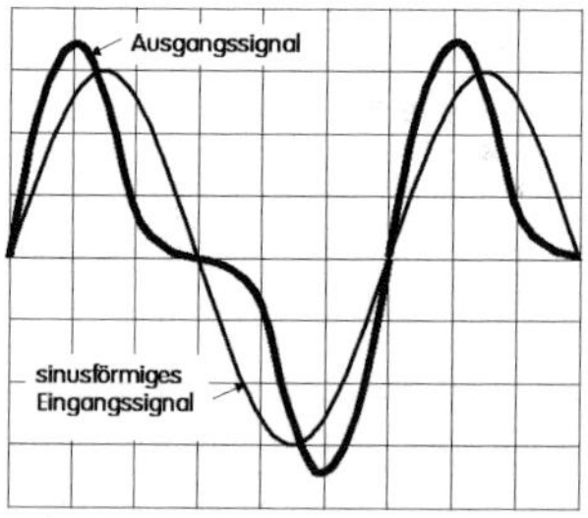

Bild 16-14: Verzerrtes Ausgangssignal

Prüfungsaufgaben
Beantworten Sie die Fragen **TD414** und **TD415**.

Messungen an Oszillatoren

Wenn man mit einem Oszilloskop die Signalform ansehen oder mit einem Frequenzzähler die Frequenz eines Oszillators messen will, muss man darauf achten, dass sich bei der Messung die Frequenz nicht verändert, denn jedes Messgerät hat eine Eingangskapazität. Deshalb misst man die Frequenz erst hinter der Pufferstufe, denn die Frequenz ändert sich dadurch ja nicht.

Möchte man die Kurvenform beobachten, kann man auch direkt am Oszillator messen. Allerdings muss man damit rechnen, dass dann die Frequenz nicht mehr stimmt und dass eventuell der Oszillator durch den Eingangswiderstand bedämpft wird. Deshalb muss man in diesem Fall einen Teilertastkopf verwenden. Wenn möglich, misst man hinter der Pufferstufe.

Prüfungsaufgabe TD608
Für die Messung der Oszillatorfrequenz sollte der Tastkopf hier vorzugsweise am Punkt

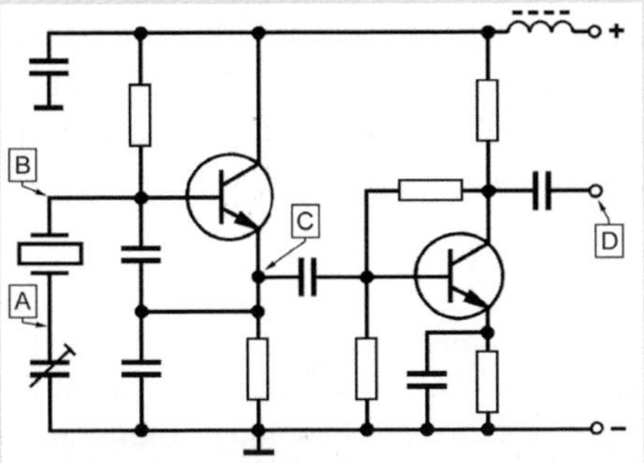

A angelegt werden.
B angelegt werden.
C angelegt werden.
D angelegt werden.

Tipp: Es sollte nie am Schwingkreis selbst gemessen werden, sondern möglichst hinter der folgenden Puffer- oder Verstärkerstufe, um die Frequenz nicht zu beeinflussen.

Messungen an Sendern

Für Messungen an Hochfrequenzschaltungen verwendet man einen Tastkopf, wie er in der folgenden Prüfungsfrage dargestellt wird. Die beiden Dioden stellen eine Spannungsverdopplerschaltung dar, denn die obere Diode D1 erzeugt eine positive und die untere eine gleich große negative Spannung, die am Ausgang in Reihe geschaltet gemessen werden.

Prüfungsfrage TJ833
Die Leistung eines 2-m-Senders soll mit einer künstlichen 50-Ω-Antenne bestimmt werden, die über eine Anzapfung bei 5 Ω vom erdnahen Ende verfügt. Zur Messung an diesem Punkt wird die nebenstehende Schaltung eingesetzt. D1 und D2 sind Schottkydioden mit U_F = 0,23 V. Am Ausgang der Schaltung wird dabei mit einem Digitalvoltmeter eine Gleichspannung von 15,3 V gemessen. Wie groß ist etwa die HF-Leistung des Senders?

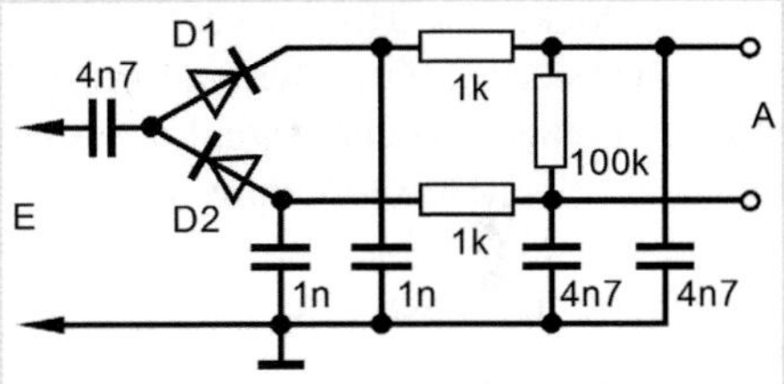

Lösung: Die Hälfte der Messspannung also 7,65 V plus Spannungsabfall an der Diode, also 7,88 V ist der Spitzenwert. Davon der Effektivwert ergibt 5,57 V. Vor dem 10:1-Spannungsteiler sind es 55,7 V. Daraus berechnen wir die Leistung

$$P = \frac{U^2}{R} = \frac{(55{,}7\ \mathrm{V})^2}{50\ \Omega} = 62\ \mathrm{W}$$

Beantworten Sie die **Prüfungsfragen TJ701** bis **TJ705**.

Messung der Senderleistung

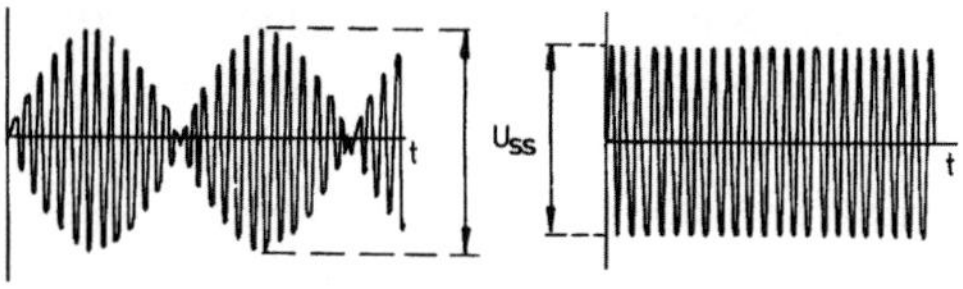

Bild 16-15: a) Zweiton-SSB-Signal, b) Einton-SSB-Signal oder CW-Signal oder FM-Signal

Wenn man einen SSB-Sender mit einem sinusförmigen Ton moduliert, erhält man als Ausgangssignal nur eine einzige Frequenz. Dies bedeutet, dass es keine Hüllkurve gibt. Es sieht genauso aus wie ein CW-Träger. Um die Modulation eines SSB-Senders beurteilen zu können, muss man den Sender mit zwei verschiedenen Tönen gleicher Amplitude ausmodulieren. Man nennt dieses Signal ein Zweiton-SSB-Testsignal. Dieses sieht dann genau so aus wie ein Doppelseitenbandsignal (DSB, Bild 16-15).

Bei SSB-Sendern wird meistens die Spitzen-Hüllkurvenleistung angegeben. Das ist der Effektivwert der Leistung für den höchsten Punkt der Hüllkurve, bevor der Sender übersteuert. Zur Messung wird der Sender mit einem Zweitonsignal ausgesteuert und an einer 50-Ω-Dummy-Load (Widerstand als künstliche Antenne) die Spitzenspannung gemessen oder mit einem Oszilloskop angezeigt.

Steht kein Zweitonoszillator zur Verfügung, kann die Messung auch mit einer Eintonaussteuerung (CW) erfolgen. Jedoch wird die Spannung etwas kleiner sein, da die Betriebsspannung bei dieser Vollaussteuerung wegen des höheren mittleren Stroms etwas geringer wird. Diese Leistung nennt man dann Sinusleistung.

Beantworten Sie die **Prüfungsfragen TJ810** und **TJ811.**

Die hohe Wechselspannung an der Ausgangsbuchse eines Senders direkt zu messen, führt gelegentlich zu Problemen. Deshalb wird gern an der Ausgangsbuchse ein Spannungsteiler angeschlossen und dann mit einer Diodenschaltung diese Teilspannung gleichgerichtet und mit einem einfachen Gleichstrominstrument gemessen.

Prüfungsfrage TJ830
Dem Eingang der folgenden Messschaltung wird eine HF-Leistung von 1 Watt zugeführt. D ist eine Schottkydiode mit U_F = 0,23 V. Welche Spannung U_A ist am Ausgang A zu erwarten, wenn die Messung mit einem hochohmigen Voltmeter erfolgt?

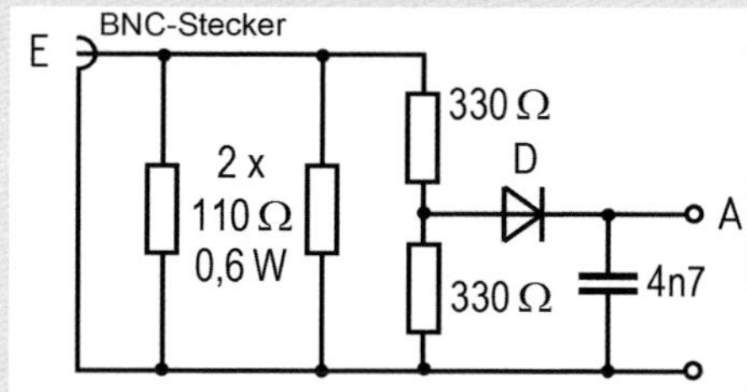

Lösung: Die HF-Leistung wird der Parallelschaltung aus zweimal 110 Ω und 660 Ω zugeführt. Die Spannung an diesem Widerstand von 50,77 Ω beträgt

$$U_{eff} = \sqrt{P \cdot R} = \sqrt{1\,\text{W} \cdot 50{,}77\,\Omega} = 7{,}12\,\text{V}$$

Am Spannungsteiler liegt die Hälfte davon, also 3,56 V. Der Spitzenwert davon ist 5,03 V und wegen des Spannungsabfalls an der Diode ergeben sich 4,8 V.

Prüfungsaufgaben
Beantworten Sie die Fragen **TJ704** und **TJ831**.

Prüfungsaufgaben
Beantworten Sie die Fragen **TE113, TG233** und **TG307**.

Prüfungsfrage TJ832
Mit der nebenstehenden Schaltung soll die Ausgangsleistung eines 2-m-Handfunkgerätes gemessen werden. D1 und D2 sind Schottkydioden mit U_F = 0,23 V. Am Ausgang wird mit einem Digitalvoltmeter eine Gleichspannung von 15,3 V gemessen. Wie groß ist etwa die HF-Leistung am Eingang der Schaltung?

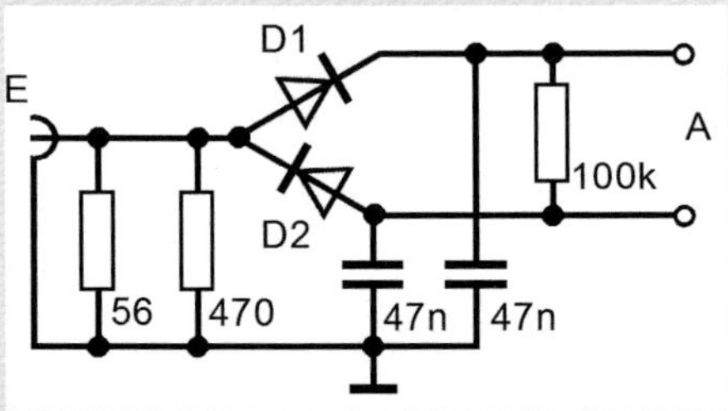

A Zirka 600 mW **B** Zirka 4,7 Watt
C Zirka 1,2 Watt **D** Zirka 2,4 Watt

Lösung: Die Hälfte der Messspannung, also 7,65 V plus Spannungsabfall an der Diode, also 7,88 V ist der Spitzenwert. Davon der Effektivwert ergibt 5,57 V. Diese Spannung liegt an der Parallelschaltung von 56 Ω und 470 Ω (ergeben genau 50 Ω). Damit berechnet sich die Leistung.

$$P = \frac{U^2}{R} = \frac{(5{,}57\ \mathrm{V})^2}{50\ \Omega} = 0{,}62\ \mathrm{W}$$

Prüfungsfrage TJ708
Für den Bau einer Dummy Load wurden Schichtwiderstände von 150 Ohm / 1 Watt verwendet. Jeweils vier Widerstände wurden in Serie geschaltet und durch Parallelschaltung dieser Serienschaltungen wurden zirka 50 Ohm erreicht. Wie viele Widerstände wurden insgesamt benötigt und welche Dauerleistung verträgt die Dummy Load?

Lösung: Eine Reihe hat 600 Ohm. 600:50 ergibt 12 Reihen zu je 4 Widerständen, also 48 Stück. Zusammen haben sie 48 Watt.

Prüfungsfrage TJ835
Das folgende Bild zeigt das Zweiton-SSB-Ausgangssignal eines KW-Senders, das mit einem Oszilloskop ausreichender Bandbreite über einen 2:1-Tastkopf direkt an der angeschlossenen künstlichen 50-Ω-Antenne gemessen wurde. Welche Ausgangsleistung (PEP) liefert der Sender?

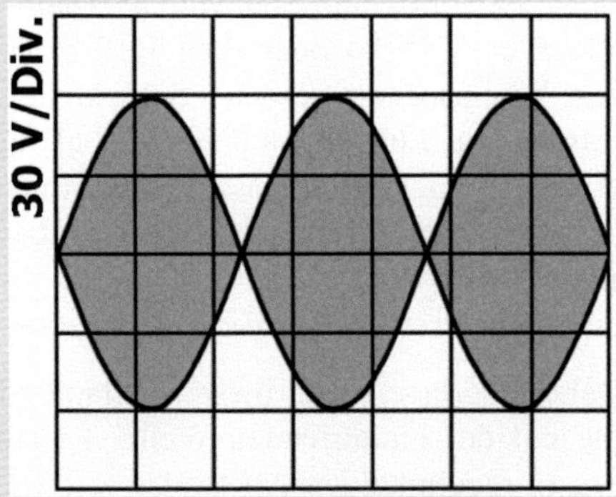

A 144 W **B** 36,0 W
C 400 W **D** 576 W

Lösung: Aus dem Diagramm kann man ablesen, dass der Spitzenwert 60 V beträgt. Für die PEP-Leistung benötigt man den Effektivwert bei dieser Spitze. Der Effektivwert beträgt 0,707 mal 60 V, also 42,42 V. Vor dem 2:1-Teiler beträgt die Spannung also 84,84 V. Damit berechnet sich die Leistung.

$$P = \frac{U^2}{R} = \frac{(84{,}84\ \mathrm{V})^2}{50\ \Omega} = 144\ \mathrm{W}$$

Prüfungsaufgaben
Beantworten Sie die Fragen **TJ834** und **TJ836**.

Messungen an Antennen

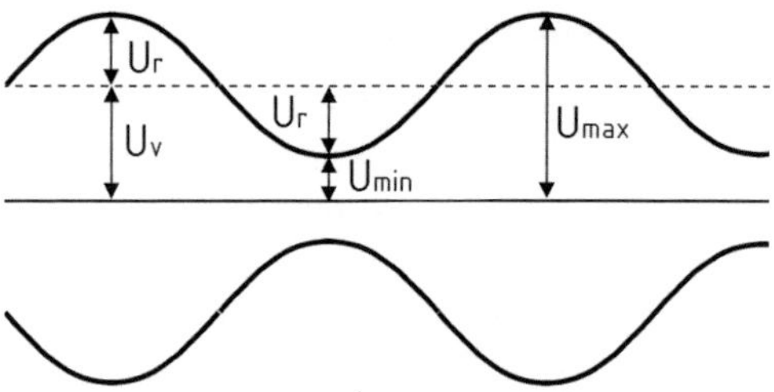

Bild 16-16: Maxima und Minima durch stehende Wellen

Wie gut eine Antenne an die Zuleitung oder die Zuleitung an den Senderausgang angepasst ist, kann mit dem Stehwellenverhältnis (SWR oder VSWR) oder dem Reflexionsfaktor beschrieben werden. Schickt man hochfrequente Leistung auf ein Kabel und wird wegen einer Fehlanpassung der Antenne an das Kabel nicht alle Energie abgenommen, wird dieser Teil reflektiert und wandert wieder zurück in Richtung Sender.

Dabei überlagert sich diese rücklaufende Welle mit der hinlaufenden Welle. Es entstehen in regelmäßigen Abständen λ/2 vom Leitungsende aus gerechnet Wellenberge (U_v+U_r) und Wellentäler (U_v-U_r). Das Verhältnis von maximaler Spannung (U_{max}) zu minimaler Spannung (U_{min}) nennt man Stehwellenverhältnis VSWR (voltage standing wave ratio), manchmal auch nur SWR. Als Formel geschrieben erhalten wir (siehe Bild 16-16).

$$\boxed{s = \frac{U_{max}}{U_{min}} = \frac{U_v + U_r}{U_v - U_r}}.$$

In der Hochfrequenzmesstechnik rechnet man häufig mit dem ***Reflexionsfaktor***, den man mit einem Reflektometer (siehe Kapitel 17: Schaltungs- und Gerätetechnik) direkt messen kann. Der Reflexionsfaktor ist direkt das Verhältnis der Spannung der rücklaufenden zur vorlaufenden Welle.

Der Reflexionsfaktor kann auch komplex werden. Für die folgenden Betrachtungen ist aber nur der Betrag des Reflexionsfaktors erforderlich

$$\boxed{|r| = \frac{U_r}{U_v}}$$

Meint man den Betrag einer Größe, so schreibt man die Größe zwischen zwei senkrechten Strichen. Der Betrag einer Zahl ist ihr Abstand von Null. Er ist immer eine nicht-negative reelle Zahl. Der Betrag von r kann Werte zwischen 0 und 1 annehmen.

Es sollen nun Formeln abgeleitet werden, die eine Umrechnung vom VSWR in den Reflexionsfaktor und umgekehrt ermöglichen. Aus Bild 16-16 erkennen wir

$$U_{max} = U_v + U_r \text{ und } U_{min} = U_v - U_r.$$

Ferner ist $U_r = |r| \cdot U_v$.

Eingesetzt ergibt

$$U_{max} = U_v + |r| \cdot U_v = U_v(1 + |r|),$$

$$U_{min} = U_v - |r| \cdot U_v = U_v(1 - |r|),$$

$$s = \frac{U_{max}}{U_{min}} = \frac{U_v(1 + |r|)}{U_v(1 - |r|)}.$$

$$\boxed{s = \frac{1 + |r|}{1 - |r|}}$$

Die Umrechnung von |r| in s haben wir. Nun folgt die Ableitung der Umkehrung.

$$s - s \cdot |r| = 1 + |r|$$

$$s - 1 = |r| + s \cdot |r| = |r|(1 + s)$$

$$\boxed{|r| = \frac{s - 1}{s + 1}}$$

Die eingerahmten Formeln finden Sie auch in der Formelsammlung des Fragenkatalogs zur Prüfung der Klasse A, den Sie bei der Prüfung ausgehändigt bekommen.

Beispiel
Mit einem Richtkoppler wurde die hinlaufende Spannung mit 100 µV gemessen und die rücklaufende mit 50 µV. Wie groß ist das Stehwellenverhältnis?

Lösung: $s = \frac{100\ \mu V + 50\ \mu V}{100\ \mu V - 50\ \mu V} = \frac{150\ \mu V}{50\ \mu V} = 3$

Man könnte auch auf dem Umweg über den Reflexionsfaktor rechnen. Wenn die Hälfte der Spannung reflektiert wird, ist der Reflexionsfaktor 0,5.

$$s = \frac{1 + 0{,}5}{1 - 0{,}5} = \frac{1{,}5}{0{,}5} = 3$$

Wenn die Hälfte der Spannung reflektiert wird, ergibt sich also ein Stehwellenverhältnis von 3. Für den Sonderfall, dass keine Hochfrequenz reflektiert wird, ergibt sich folgendes Stehwellenverhältnis.

$$s = \frac{1V + 0}{1V - 0} = \frac{1V}{1V} = 1$$

Merken Sie sich: Bei einem Stehwellenverhältnis von 1 (1:1) liegt optimale Anpassung vor.

Bearbeiten Sie die **Prüfungsfragen TJ404, TJ405, TJ821 und TJ822.**

Die Höhe der reflektierten Spannung U_r und damit U_{max} und U_{min} hängt direkt vom Grad der Fehlanpassung, also vom Verhältnis Abschlusswiderstand R_2 (z.B. Antennenwiderstand) zum Wellenwiderstand Z der Zuleitung ab. Ist der Abschlusswiderstand größer als der Wellenwiderstand Z des Kabels, gilt folgende Formel

$$s = \frac{U_{max}}{U_{min}} = \frac{R_2}{Z} \quad \text{für } R_2 \geq Z.$$

Ist der Abschlusswiderstand kleiner als Z, gilt folgende Formel.

$$s = \frac{U_{max}}{U_{min}} = \frac{Z}{R_2} \quad \text{für } R_2 \leq Z$$

Beispiel
Wie groß ist das Stehwellenverhältnis, wenn ein 50-Ω-Kabel mit einem Widerstand von a) 100 Ω, b) 10 Ω abgeschlossen wird?

Lösungen:

a) $s = \frac{100\,\Omega}{50\,\Omega} = 2$ b) $s = \frac{50\,\Omega}{10\,\Omega} = 5$

Prüfungsaufgabe TH221
Ein Kabel mit einem Wellenwiderstand von 75 Ohm wird zur Speisung eines Faltdipols verwendet. Welche Welligkeit s kann man auf der Leitung erwarten?

A 0,3 **B** ca. 1,5 bis 2
C ca. 3,2 bis 4 **D** 5,7

Lösung: Ein Faltdipol hat eine Impedanz zwischen 240 und 300 Ohm.

$$s = \frac{R_2}{Z} = \frac{240 \ldots 300\,\Omega}{75\,\Omega} = 3{,}2 \ldots 4$$

Bearbeiten Sie die **Prüfungsfrage TJ824** aus dem Fragenkatalog.

Bisher wurde nur mit Spannungen gerechnet (VSWR). Interessant ist häufig auch, wie viel Prozent der Leistung denn eigentlich abgestrahlt (von der Antenne aufgenommen) wird. Deshalb soll dazu eine Formel abgeleitet werden.

Grundsätzlich gilt $P = \frac{U^2}{R}$

$U_r^{\,2} = P_r \cdot R$ und $U_v^{\,2} = P_v \cdot R$

$\frac{U_r^{\,2}}{U_v^{\,2}} = \frac{P_r \cdot R}{P_v \cdot R} = \frac{P_r}{P_v}$ Daraus die Wurzel ...

$$|r| = \frac{U_r}{U_v} = \sqrt{\frac{P_r}{P_v}}$$

Prüfungsfragen
Eine Antenne hat ein Stehwellenverhältnis (VSWR) von 3.
TH422, TJ406: Wie viel Prozent der vorlaufenden Leistung wird an der Stoßstelle Kabel-Antenne reflektiert?
TH220: Wie viel Prozent der Sendeleistung wird von der Antenne abgestrahlt, wenn sonst keine weiteren Verluste auftreten und keine Anpassung erfolgt?

Lösung: Bei einem VSWR von 3 wird genau die Hälfte der Spannung reflektiert. Die Hälfte der Spannung bedeutet wegen des quadratischen Zusammenhangs ein Viertel der Leistung, also 25 %. 75 % bleibt also für die Abstrahlung übrig.

Berechnung mit Formeln:

$$|r| = \frac{s-1}{s+1} = \frac{3-1}{3+1} = \frac{2}{4} = 0{,}5$$

Aus $|r| = \sqrt{\frac{P_r}{P_v}}$ wird $P_r = r^2 \cdot P_v$

$$P_r = 0{,}5^2 \cdot P_v = 0{,}25 \cdot P_v,$$

also 25 % wird reflektiert.

Prüfungsaufgabe TH329
Am Eingang einer HF-Übertragungsleitung werden 100 W HF-Leistung bei richtiger Anpassung eingespeist. Die Dämpfung der Leitung beträgt 3 dB. Welche Leistung wird bei Leerlauf oder Kurzschluss am Leitungsende reflektiert, wenn dabei am Leitungsende keine Leistung verbraucht oder abgestrahlt wird?

Lösungsweg: Bei Leerlauf oder Kurzschluss wird alles, was ankommt, reflektiert. Es kommt aber wegen der 3 dB Dämpfung nur die Hälfte an. Also werden 50 W reflektiert. Eine SWR-Messung würde SWR=3 ergeben.

Prüfungsaufgabe TH330
Am Eingang einer Antennenleitung, deren Dämpfung mit 5 dB berechnet wurde, werden 10 Watt HF-Leistung eingespeist. Mit der am Leitungsende angeschlossenen Antenne misst man am Leitungseingang ein VSWR von 1. Welches VSWR ist am Leitungseingang zu erwarten, wenn die Antenne am Leitungsende abgeklemmt wird?

Lösungsweg: 5 dB hin plus 5 dB zurück ergibt 10 dB, also kommen am Leitungsanfang 1 Watt zurück. Mit der Formel für den Reflexionsfaktor aus der Formelsammlung errechnen wir diesen und daraus das SWR.

$$|r| = \sqrt{\frac{P_r}{P_v}} = \sqrt{\frac{1}{10}} = 0{,}316$$

$$s = \frac{1+|r|}{1-|r|} = \frac{1+0{,}316}{1-0{,}316} = 1{,}924$$

Prüfungsaufgabe TH331
Am Eingang einer Antennenleitung, deren Dämpfung mit 3 dB berechnet wurde, werden 10 Watt HF-Leistung eingespeist. Mit der am Leitungsende angeschlossenen Antenne misst man am Leitungseingang ein VSWR von 3. Mit einer künstlichen 50-Ω-Antenne am Leitungsende beträgt das VSWR am Leitungseingang etwa 1. Was lässt sich aus diesen Messergebnissen schließen?

Lösungsweg: 3 dB hin plus 3 dB zurück ergibt 6 dB (ein Viertel der Leistung oder halbe Spannung), also Reflexionsfaktor |r| = 0,5 und daraus SWR s = 3. Es muss also die gesamte Leistung reflektiert worden sein. Es liegt ein Kurzschluss oder Leerlauf vor. Die Antennenleitung ist aber in Ordnung (Messung mit Dummy Load und s = 1).

Kapitel 17: Schaltungs- und Gerätetechnik

In diesem Kapitel wurden alle die Fragen und Themen zusammengefasst, die etwas mit dem praktischen Eigenbau von Schaltungen aus dem Amateurfunkbereich zu tun haben.

Übersicht

- Leistungsendverstärker (PA)
- Röhren-PA mit Pi-Filter
- 2-m-FM-Endstufe
- Linear-Verstärker
- Detektor-Empfänger
- Aufbau von Oszillatoren
- Audionschaltung
- Richtkoppler selbst gebaut
- Ein Dipmeter selbst gebaut
- Rauschbrücke
- Dummy Load
- Spannungsstabilisierung

Bild 17-1: Die Endstufe (PA) verstärkt das Sendesignal und gibt die Leistung an die Antenne ab.

Leistungsendverstärker (PA)

Elektronikbastler unter den Funkamateuren bauen gerne selbst Endstufen mit Transistoren oder Röhren auf. Dies ist das besondere Privileg der Funkamateure. Man darf Sender selbst bauen und in Betrieb nehmen, ohne dass das Gerät durch irgendeine Prüfstelle abgenommen oder genehmigt werden muss. Auch dürfen kommerzielle Sender umgebaut werden. Dies ist einer der Gründe, weshalb Sie eine Prüfung in Elektronik-Schaltungstechnik und Hochfrequenztechnik machen müssen.

Im Kapitel 6 wurde bereits im Abschnitt „Die Röhre“ eine Hochfrequenzverstärkerschaltung mit Pi-Filter vorgestellt. Das Pi-Filter wurde im Kapitel 4 „Schwingkreis - Filter“ berechnet. Im Kapitel 7 „Oszillator - HF-Verstärker“ wurden Hochfrequenz-Verstärkerschaltungen mit Transistoren besprochen. Dort haben Sie auch die Unterschiede zwischen A-, B- und C-Betrieb kennen gelernt. In diesem Kapitel geht es um die Praxis solcher Schaltungen, sowohl um den Bau wie auch um den Betrieb einschließlich der Abstimmung der Endstufe mit Pi-Filter.

Röhren-PA mit Pi-Filter

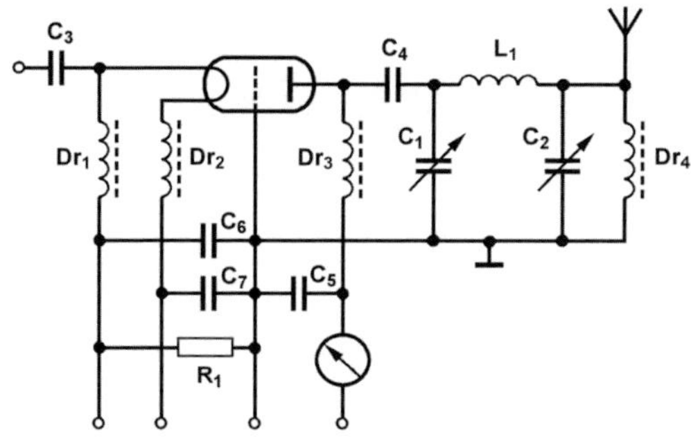

Bild 17-2: Röhrenendstufe mit Pi-Filter aus dem Fragenkatalog

Im Kapitel 6 wurde ein Röhrenendverstärker mit Pi-Filter vorgestellt. Wie im Kapitel 4 beschrieben, dient das Pi-Filter zur Antennenanpassung. Der Kondensator nahe der Anode (C_1) ist für die Resonanz des Kreises bestimmend. Man nennt ihn Abstimm-Kondensator (PLATE oder TUNE). Der antennenseitige Drehkondensator (C_2) dient der Anpassung an die Lastimpedanz (LOAD).

Die Abstimmung der PA geht folgendermaßen vor sich. Die Drehkos PLATE und LOAD stellt man auf Maximum, den Pegeleinsteller (Level) zunächst auf Minimum, das Instrument auf Anodenstromanzeige (I_P). Man schaltet einen Träger ein und mit dem Pegeleinsteller wird so weit aufgedreht, dass ein wenig Anodenstrom fließt. Mit dem PLATE-Einsteller zieht man auf HF-Maximum (RF).

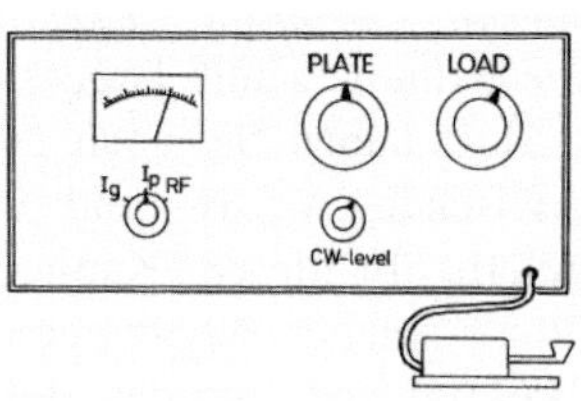

Bild 17-3: Die Bedienelemente einer Röhren-PA

Damit ist der Sender vorabgestimmt. Der Vorgang hat nur wenige Sekunden gedauert. Nun erhöht man zügig die Leistung (Level), bis der Anodenstrom nicht weiter ansteigt. Das Kontrollinstrument wird wieder auf I_P zurückgestellt. Mit den Einstellern PLATE und LOAD wird wechselseitig das Pi-Filter so abgestimmt, bis die maximale Ausgangsleistung erreicht wird. Nach dem Abstimmvorgang sollte ein „Anodenstromdip“ von 10 Prozent verbleiben, also etwa 90 Prozent des maximalen Anodenstroms fließen.

Danach vergewissert man sich, dass nicht zu viel Gitterstrom (I_g) fließt. Bei einer Röhre fließt normalerweise kein Gitterstrom, aber bei Sendern im C-Betrieb darf ein ganz geringer Gitterstrom von höchstens einem Zehntel des Anodenstroms fließen. Bei SSB sollte kein Gitterstrom fließen. Falls doch zu viel Gitterstrom fließt, muss man die Ansteuerung reduzieren.

Eine Besonderheit hat die Schaltung noch, die in einer Prüfungsfrage abgefragt wird: Die Gittervorspannungserzeugung. Eine Röhre benötigt zur Arbeitspunkteinstellung am Gitter eine negativere Spannung als an der Katode. Man könnte dem Gitter eine negative Konstantspannung zuführen. Hier in der Schaltung Bild 17-2 macht man es anders. Man lässt den Katodenstrom über einen Widerstand R_1 fließen. Damit fällt an diesem Widerstand eine Spannung ab, die an der Katode eine positive Spannung erzeugt. Da das Gitterpotenzial null Volt beträgt, ist das Gitter also negativer als die Katode. R_1 dient also zur Arbeitspunkteinstellung dieser Röhrenschaltung (TG317, TG318).

Prüfungsfragen
Beantworten Sie die Fragen **TG309** und **TG310, TG313** bis **TG318**.

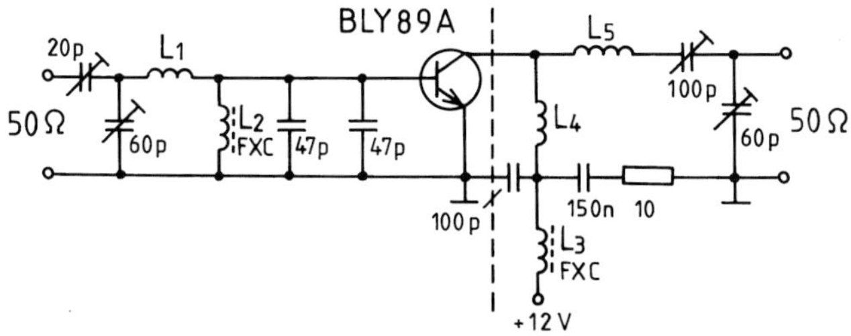

Bild 17-4: 2-m-FM-Endstufe im C-Betrieb für 25 Watt

2-m-FM-Endstufe

Diese im Bild 17-4 gezeigte Endstufe liefert nach VALVO-Unterlagen eine Ausgangsleistung von 25 Watt bei 12 bis 14 Volt Betriebsspannung und 2,7 A Betriebsstrom. Der Transistor muss mit einem Kühlkörper von höchstens 1,3 Kelvin/W versehen werden. Für die Spule L_1 wird eine halbe Windung aus 1,5 mm Kupferlackdraht mit einem Innendurchmesser von 6 mm und zweimal 6 mm Zuleitung angegeben. Die Spule L_4 hat 3,5 Windungen und L_5 eine Windung bei sonst gleichen Abmessungen wie L_1. Die Induktivitäten L_2 und L_3 sind Ferroxcube-Drosseln.

Für einen Abgleich auf maximale Ausgangsleistung schließen Sie eine für UKW geeignete 50-Ohm-Dummy-Load (siehe Klasse E, Kapitel 17) an und erhöhen Sie die Eingangsleistung so lange, bis der Strom etwas ansteigt. Dann verstellen Sie zunächst die Ausgangskondensatoren immer abwechselnd, bis sich die Leistung nicht mehr nennenswert erhöht. Gleiches machen Sie dann mit den Eingangskondensatoren.

Dann erhöhen Sie die Eingangsleistung weiter und beobachten die Stromaufnahme. 2,7 A sollten nicht überschritten werden. Dann machen Sie den Abgleich noch einmal mit diesem Strom.

Sie finden diese etwas abgeänderte Schaltung in den folgenden Prüfungsfragen. Der dort eingefügte Emitterwiderstand verhindert bei einer Übersteuerung eine zu hohe Stromaufnahme. Allerdings vermindert sich die maximal mögliche Ausgangsleistung.

Die Schaltung sollte zur Abschirmung in ein Metallgehäuse eingebaut werden. Achten Sie beim Aufbau darauf, dass sich zur Vermeidung unerwünschter Rückkopplung der Ausgangskreis und der Eingangskreis nicht „sehen" können. Am besten trennt man diese Kreise ebenfalls durch eine Abschirmwand. Dieser Verstärker im C-Betrieb ist nur für FM und für CW geeignet. Auf keinen Fall darf diese Endstufe für SSB verwendet werden. Es treten dann starke Verzerrungen auf.

Prüfungsfragen:
TG311, TG312 und **TG508.**

Frequenzverdreifacher

Bei der Frequenzverdreifacherschaltung der **Prüfungsfrage TG217** (Bild 17-5) ist der Ausgangskreis auf die dreifache Eingangsfrequenz abgestimmt.

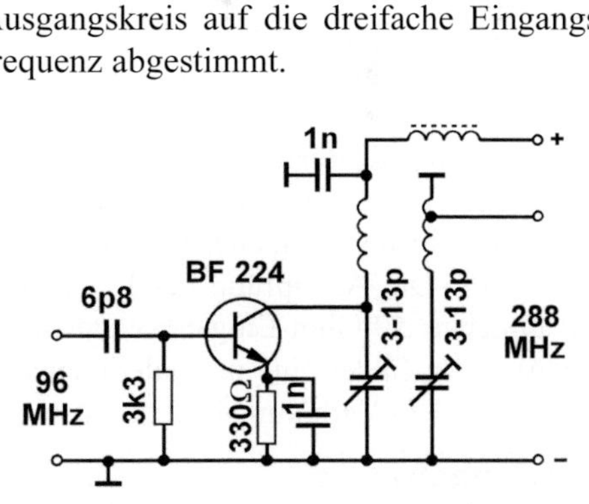

Bild 17-5: Frequenzverdreifacher aus der Prüfungsfrage TG217

Linear-Verstärker

Ein Hochfrequenzverstärker, der für SSB geeignet sein soll, muss ein Signal unverzerrt (linear) verstärken. Solch eine Endstufe arbeitet entweder mit zwei Transistoren im Gegentakt im B-Betrieb oder bei Verwendung von einem Transistor im so genannten AB-Betrieb. Der A-Betrieb ist - wie Sie aus Kapitel 7 „Oszillatoren und HF-Verstärker" noch wissen - eine Betriebsart mit schlechtem Wirkungsgrad. B-Betrieb geht aber auch nicht, weil dann nur eine Halbwelle verstärkt wird.

Man legt den Arbeitspunkt deshalb zwischen A- und B-Betrieb, lässt also einen gewissen Ruhestrom fließen. Für kleine Signale arbeitet die Endstufe dann im A-Betrieb, bei höherer Aussteuerung im B-Betrieb.

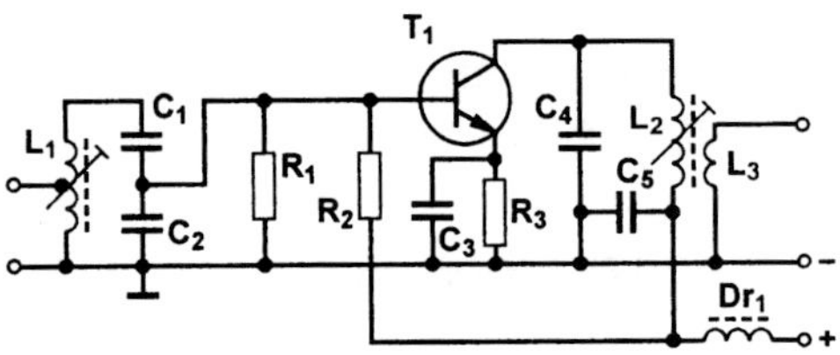

Bild 17-6: Schaltung eines HF-Verstärkers aus dem Fragenkatalog

Mit R_2 zu R_1 wird der Arbeitspunkt eingestellt. Mit dem Schwingkreis L_1-C_1-C_2 wird eine doppelte Resonanztransformation erreicht. Das Verhältnis C_1-C_2 bestimmt die Anpassung an den Eingangswiderstand des Transistors. Die Anzapfung bei L_1 bewirkt den üblichen 50-Ohm-Eingangswiderstand. Am Ausgang findet eine normale Transformation aus dem Verhältnis L_2 zu L_3 statt.

> **Prüfungsfragen**
> Beantworten Sie die Fragen **TG222** bis **TG225**.

Detektor-Empfänger

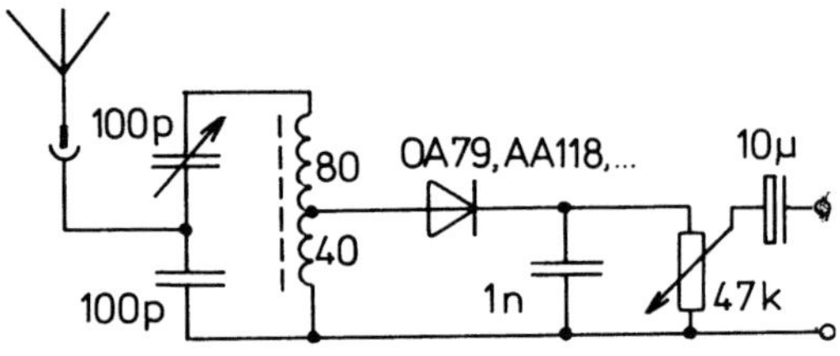

Bild 17-7: Detektor-Empfänger

Dieses Bild zeigt die einfachste Anwendung einer Hochfrequenzschaltung - einen kompletten Empfänger mit Ferritantenne für sehr starke Signale. Vielleicht wäre diese Schaltung ein erstes Bastelprojekt für Sie?

Sollten Sie in der Nähe eines starken Mittelwellensenders wohnen (gab es früher), bauen Sie diese Schaltung „freitragend" einmal auf, indem Sie den Ferritstab inklusive Spule eines alten Mittelwellenradios nehmen. Mit einem hochohmigen Kopfhörer kann man damit Radio hören. Wenn Sie einen unbewickelten Ferritstab haben, wickeln Sie 120 Windungen mit einer Anzapfung bei 40 Windungen drauf.

Sollte es keinen starken Mittelwellensender in Ihrer Nähe geben, könnte man vielleicht für Versuchszwecke von der Amateurfunk-Clubstation oder von der Ausbildungsstation ein AM-Signal auf 80 m erzeugen. Halbieren Sie in diesem Fall die Windungszahlen. Wenn man zum 47-Kiloohm-Widerstand einen Spannungsmesser parallelschaltet, hat man einen Absorptionsfrequenzmesser für das 80-m-Band (siehe TJ601!). Damit können Sie Feldstärkeversuche in der Nähe der Antenne machen.

> **Prüfungsfragen**
> Beantworten Sie die Fragen **TJ601** aus dem Fragenkatalog.

Aufbau von Oszillatoren

Spulen und Kondensatoren bei Oszillatoren sind temperaturabhängig. Spulen dehnen sich aus, wodurch die Querschnittsfläche vergrößert wird. Die Induktivität steigt. Deshalb wählt man Kondensatoren mit einem negativen Temperaturkoeffizienten, zum Beispiel Styroflexkondensatoren. Durch den Einfluss der Temperatur auf L und C gibt es Einflüsse auf die Frequenz. Beim Aufbau der Schaltung sollte man als erste Maßnahme darauf achten, dass die frequenzbestimmenden Bauteile des Oszillators nicht in der Nähe von Wärmequellen angeordnet werden.

Die Betriebsspannung hat Einfluss auf den Arbeitspunkt. Der Arbeitspunkt beeinflusst die Eingangs- und Ausgangskapazität des Transistors. Dadurch beeinflusst die Betriebsspannung auch die Frequenz. Deshalb erhält jeder Oszillator nochmals eine eigene Spannungsstabilisierung der Gleichstromversorgung.

Für alle Schaltungen oder Geräte, die Hochfrequenz erzeugen oder Hochfrequenzströme übertragen gilt, dass diese möglichst gut geschirmt werden sollen. Eine Schirmung ist eine metallisch leitende Fläche, die an Masse angeschlossen ist. Elektrische Felder werden nach Masse kurzgeschlossen und nicht nach außen durchgelassen. Die Verbindung von zwei solchen Schaltungen über Kabel erfolgt dementsprechend mit abgeschirmten Kabeln.

Prüfungsfragen
Beantworten Sie die Fragen **TD609, TD611** bis **TD614, TF310** bis **TF312, TF314, TG206** bis **TG211, TK106, TF404, TF405, TF413** aus dem Fragenkatalog

Das Dipmeter

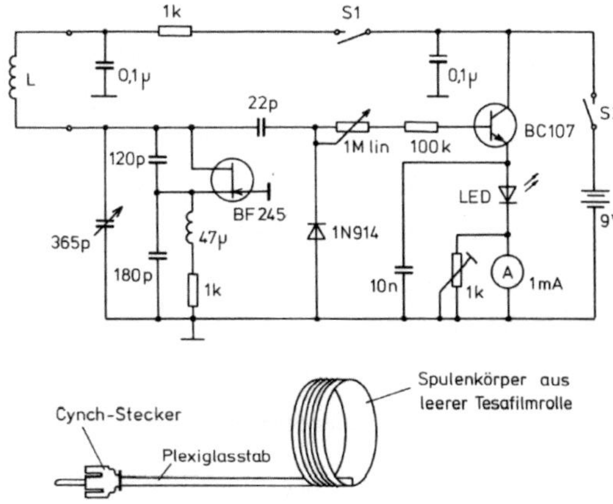

Bild 17-8: Transistor-Dipper

Die Schaltung mit dem Feldeffekttransistor BF245 stellt einen Colpitts-Oszillator dar, dessen HF-Ausgangsspannung mit der Diode 1N914 gleichgerichtet und über einen Verstärker einer Anzeige zugeführt wird.

Als Steckspulen baut man sich diverse Spulen mit verschiedenen Windungszahlen. Für jede Spule muss man die Skala für den Drehkondensator kalibrieren, indem man den Oszillator als Sender benutzt und die Frequenzen mit einem Empfänger abhört.

Wenn ein Schwingkreis (oder eine Antenne mit einer kleinen Koppelschleife) in die Nähe der Oszillatorspule des Dippers gebracht wird, wird der Oszillator gedämpft, wenn die Oszillatorfrequenz und die Resonanzfrequenz übereinstimmen. Dadurch liefert der Oszillator weniger HF und die gleichgerichtete HF wird die LED weniger leuchten lassen. Der Strommesser zeigt einen „Dip“ (Einbruch).

Prüfungsfragen
Beantworten Sie **TJ812, TJ813** und **TJ814.**

Audionschaltung

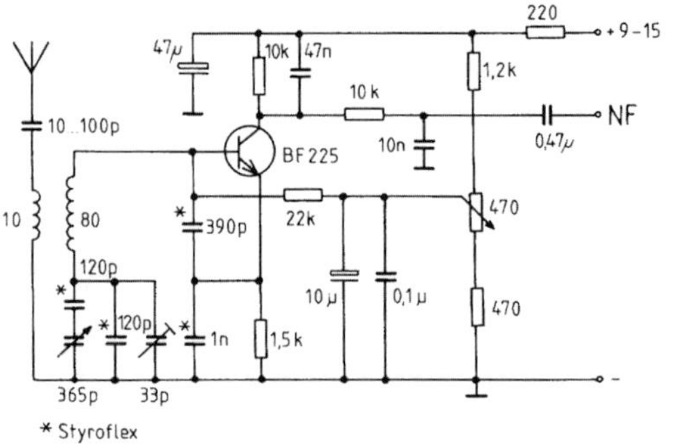

Bild 17-9: Audion für das 80-m-Band

Eine wirklich interessante Schaltung für den Amateurfunk ist das folgende Audion. Hier kann ein Anfänger ein echtes Amateurfunk-Erfolgserlebnis erreichen. Mit der Ein-Transistor-Schaltung lassen sich abends gut 80-m-SSB-QSOs und sehr gut CW-Signale aufnehmen. Wenn Sie Morsen lernen wollen, werden Sie am Mitschreiben von Amateurfunk Morsezeichen viel Spaß haben.

Vielleicht können Sie in einer Gruppe zu Anfang des Amateurfunk-Lehrgangs diese Schaltung mit den Lehrgangsteilnehmern aufbauen oder wenn Sie selbst einige Löterfahrung haben, diese Schaltung selbstständig für eine Streifenleiterplatine entwerfen und aufbauen. Diese Schaltung zeigt viele Inhalte aus der Funktechnik.

Rückkopplungs-Audio-Schaltungen sind mit Oszillatorschaltungen verwandt. Der Unterschied ist der, dass die Rückkopplung so einstellbar sein muss, dass für SSB- oder CW-Empfang die Schwingungen gerade einsetzen. Außerdem wird das Ausgangssignal nicht am Schwingkreis als HF-Signal abgenommen, sondern am Ausgang des Verstärkers ein Widerstand eingesetzt und meistens noch ein RC-Glied dahinter geschaltet. Das Ausgangssignal wird auf einen normalen NF-Verstärker gegeben.

Praxis: Die Schwingkreisspule mit zirka 80 Windungen wird auf einen Spulenkörper mit zirka 10 mm Durchmesser (Kunststoffröhrchen) und 4 bis 5 cm Länge Windung an Windung gewickelt. Um eine hohe Güte zu erreichen arbeitet die Spule mit ihrer Induktivität ohne zusätzlichen Spulenkern. Der Abgleich wird dadurch zwar etwas schwierig aber die Trennschärfe besser. Man sollte den Abgleich mit einem Frequenzzähler durchführen und bei Bedarf ein paar Windungen abwickeln oder hinzufügen. Der antennenseitige Koppelkondensator muss ausprobiert werden. Er ist von der Antennenlänge abhängig. Um einen noch weicheren Schwingungseinsatz zu erhalten, kann man einen Widerstand von 4,7 kΩ vom oberen Anschluss des Potis zum Emitter schalten.

Übungsfrage
Wozu dient der 220-Ohm-Widerstand oben rechts in der Schaltung Bild 17-9 in Zusammenarbeit mit dem 47-µF-Kondensator?

Antwort: Sie dienen zur Siebung der Versorgungsspannung aus einem Netzteil. Diese Frage kommt in ähnlicher Fragestellung für andere Schaltungen häufiger vor. Siehe Netzteil am Schluss dieses Kapitels!

Ich habe diese Schaltung selbst einmal aufgebaut und war begeistert, mit welch kurzer Empfangsantenne man abends SSB-QSOs hören konnte. Durch die gerade einsetzende Rückkopplung wird der Schwingkreis nur minimal bedämpft. Durch die sich daraus ergebende hohe Güte erzielt man bei sauberem Aufbau eine für den geringen Schaltungsaufwand erstaunlich hohe Trennschärfe. Für Bauanleitungen schauen Sie gelegentlich auf meine Homepage des Verfassers www.dj4uf.de unter „Projekte“.

SWR-Meter (Richtkoppler)

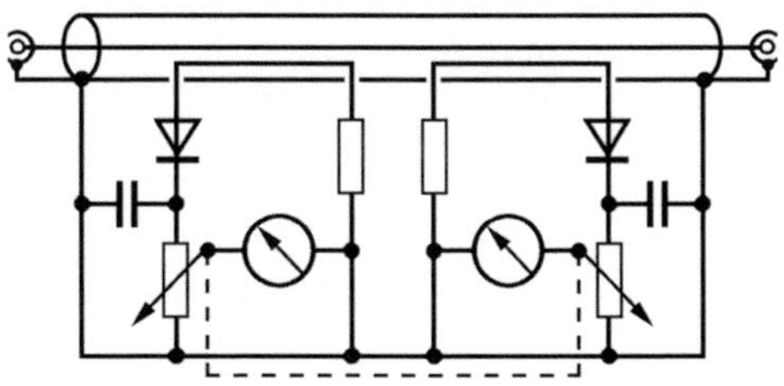

Bild 17-10: Aufbau des Richtkopplers

Ein Reflektometer besteht aus einer 50-Ohm-Leitung (Koaxkabel), wobei in den Innenraum dieses Leiters noch zwei weitere isolierte Drähte eingezogen werden. Die Länge der Leitung ist unwichtig. Für Kurzwelle sollte man ein längeres Stück - vielleicht einen halben Meter - verwenden, da die entstehende Spannung von dem Verhältnis zur Wellenlänge abhängig ist. Für 2 m und 70 cm reichen 8 bis 12 Zentimeter.

Jeweils an den gegenüberliegenden Enden dieser Koppelleitungen schließt man nach Bild 17-10 einen Abschlusswiderstand an. An der anderen Seite wird die hochfrequente Wechselspannung mittels Einweggleichrichter in Gleichspannung umgewandelt und angezeigt.

Mit einem Richtkoppler kann man die Spannung messen, die durch Induktion und kapazitive Kopplung beim Stromfluss in beiden Richtungen entsteht. Einmal sind die induktiv und kapazitiv ausgekoppelten Wechselspannungen in Phase (Addition) und einmal in Gegenphase (Subtraktion).

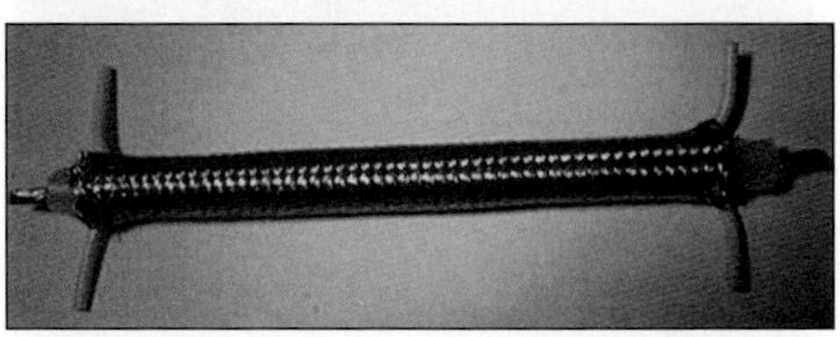

Bild 17-11: Selbst hergestellte Koppelleitung

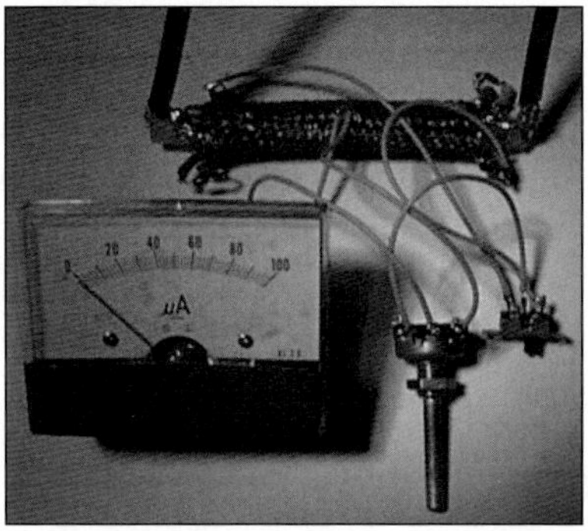

Bild 17-12: Der Versuchsaufbau des SWR-Meters

Für die Anzeige benötigt man ein empfindliches Anzeigeinstrument. Am besten eignen sich kleine, analoge Messgeräte mit 100 µA Vollausschlag. Um die Spannung an beiden Seiten zu messen, kann man einen Umschalter verwenden und sich die Spannungen abwechselnd anzeigen lassen. Daraus kann man den SWR-Wert berechnen und sich eine Skala beschriften. Allerdings muss hierzu bei der Messung der Spannung in Vorwärtsrichtung immer 100 Prozent eingestellt werden. Dies macht man am einfachsten mit Hilfe eines Potenziometers.

Die Widerstände und die Kondensatoren lötet man direkt am Ende des Abschirmgeflechts des Koaxkabels an. Die Minusleitung für die Messspannung lötet man genau in der Mitte der Leitung an das Abschirmgeflecht an. Als Dioden kann man im Kurzwellenbereich jede Universal-Germanium- oder bei höheren Leistungen auch Silizium-Dioden verwenden. Bei sehr hohen Frequenzen im 2-m-Band und erst recht im 70-cm-Band sollte es eine Schottky-Diode sein, die für Hochfrequenz besser geeignet ist als eine normale Siliziumdiode.

Bearbeiten Sie die **Prüfungsfragen TH421, TJ821 bis TJ823, TJ401 bis TJ405.**

Die Rauschbrücke

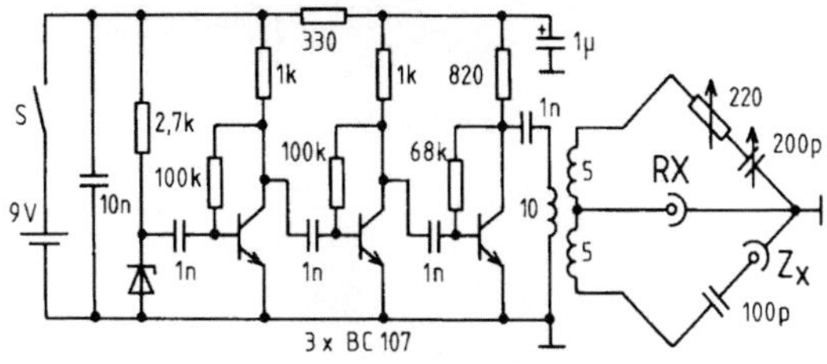

Bild 17-13: Schaltbild einer Rauschbrücke

Eine Rauschbrücke wird zur Messung der Antennenimpedanz verwendet. Siehe Kapitel 16 Bild 16-8! Das schwache Rauschen einer Z-Diode oder Leuchtdiode (verschiedene Typen ausprobieren!) wird in einem dreistufigen Breitbandverstärker auf den für den Empfänger notwendigen Pegel angehoben.

Als Übertrager wird ein kleiner, Hochfrequenz geeigneter Ferritkern verwendet, der mit vier verdrillten Drähten bewickelt wird (Balun-Prinzip). Zwei dieser Drähte werden in Reihe geschaltet und dienen als Primärwicklung, die beiden anderen stellen die Sekundärwicklung dar.

Um die genauen Einstellwerte an den Skalen zu erhalten (Kalibrierung), werden zunächst genau bekannte Widerstände an die Z_X-Buchse gesteckt und bei Mittelstellung von C mit R auf Minimum Rauschen abgeglichen. Dann können Sie zu diesen Widerständen noch genau bekannte Kondensatoren parallelschalten und auch mit C einen weiteren Abgleich durchführen.

Schaltet man schließlich kleine Induktivitäten in Reihe, kann wieder mit C ein Abgleich erfolgen. In diesem Fall wird der Abgleichpunkt von der Mitte aus gesehen auf der anderen Seite sein (induktiv). Auf diese Art und Weise kann man die Eigenschaften der Antenne sehr genau ausmessen.

Die Dummy Load

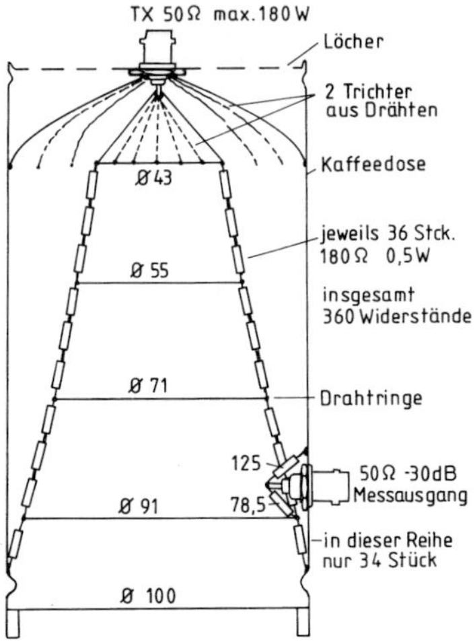

Bild 17-14: Kaffeedosen-Dummy-Load

Für Messungen an Sendern ist eine „künstliche Antenne“ sehr hilfreich. Im Prinzip ist eine künstliche Antenne ein für Hochfrequenz und hohe Leistung geeigneter Widerstand. Er soll geringe Eigenkapazitäten und vor allem eine geringe Eigeninduktivität haben. Lastwiderstände aus gewickelten Drahtwiderständen sind vollkommen ungeeignet. Gut geeignet sind zusammen geschaltete Schichtwiderstände.

Mehr zum Bau von Dummy Loads auf der Lehrgangshomepage www.dj4uf.de!

Bild 17-15: Dummy Load für kleine Leistungen

Bearbeiten Sie die **Prüfungsfrage TJ708.**

Netzteil und Stabilisierung

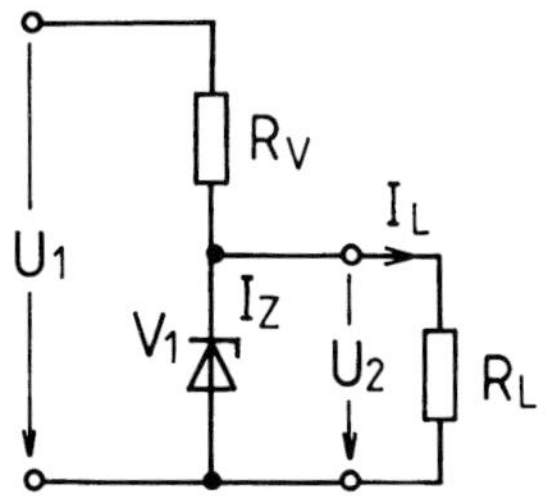

Bild 17-16: Spannungsstabilisierung mit Z-Diode

Bereits in Kapitel 5 über Dioden wurden Gleichrichterschaltungen behandelt. Sie haben dort die Einweggleichrichtung und die Zweiweggleichrichtung kennengelernt. In diesem Abschnitt sollen noch die zu einem Netzteil gehörenden Spannungsstabilisierungsschaltungen vorgestellt werden.

Diese Schaltung mit Z-Diode zur Spannungsstabilisierung haben Sie im Kapitel 5 kennen gelernt. Der entnehmbare Laststrom I_L ist jedoch kleiner als der maximale Querstrom I_Z durch die Diode. Um höhere Ströme entnehmen zu können, kann man einen Stromverstärker dahinter schalten.

Das Bild unten links zeigt eine solche Schaltung in zwei Darstellungen. Links erkennt man den Z-Dioden-Spannungsteiler und die Kollektorschaltung, rechts erkennt man einfacher, dass der Transistor V_2 mit der Last in Reihe geschaltet ist. Die Ausgangsspannung U_2 ist immer um 0,6 bis 0,7 V kleiner als die Spannung an der Z-Diode.

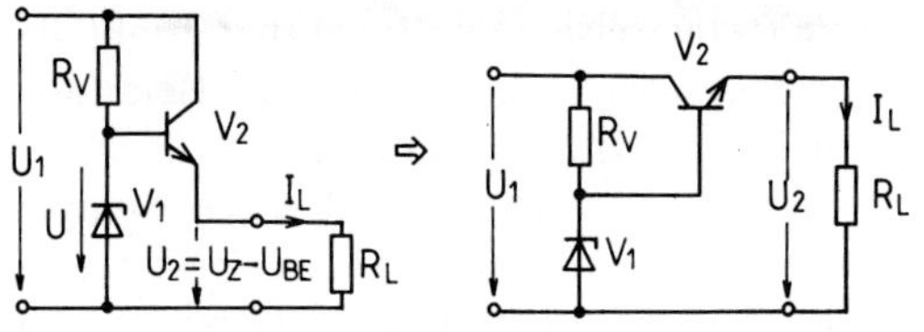

Bild 17-17: Zwei verschiedene Darstellungen der einfachen Spannungsstabilisierung

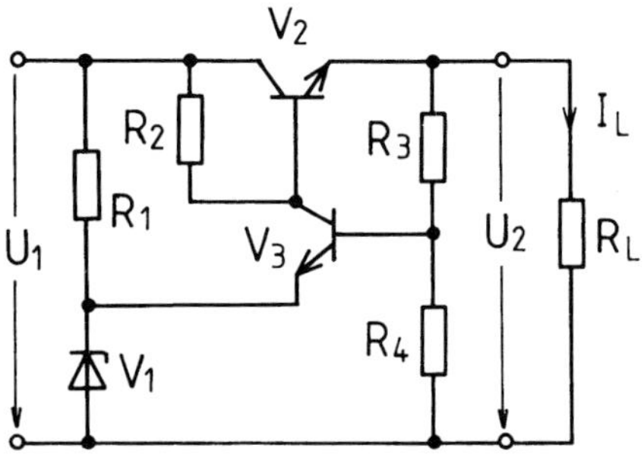

Bild 17-18: Einfache Spannungsstabilisierung mit zusätzlichem Vergleichstransistor

Die Schaltung funktioniert folgendermaßen. Der Transistor ist als regelbarer Vorwiderstand geschaltet. Nimmt der Laststrom zu, wird dadurch die Ausgangsspannung U_2 etwas sinken. Dadurch wird die Basis-Emitter-Spannung des Transistors größer und er regelt weiter auf, wodurch die Spannung wieder ansteigt. Die Regeleigenschaften dieser einfachen Spannungsstabilisierungsschaltung lassen noch etwas zu wünschen übrig. Erheblich besser arbeitet die Schaltung, wenn noch ein Verstärkertransistor V_3 wie in folgendem Bild dazwischengeschaltet wird.

Wirkungsweise: Der Transistor V_3 vergleicht die Sollspannung der Z-Diode mit der Istspannung über einen Spannungsteiler am Ausgang. Würde bei einer Laststromzunahme die Ausgangsspannung sinken, erhielte die Basis von V_3 weniger Spannung und der Kollektorstrom sinkt. Dadurch steigt die Spannung am Kollektor und somit auch an der Basis von V_2. Dieser leitet nun besser und erzeugt weniger Spannungsabfall. Die Ausgangsspannung steigt wieder.

Im Kapitel 5 wurden Berechnungen mit Z-Diodenschaltungen durchgeführt und die zugehörigen **Prüfungsfragen** besprochen.

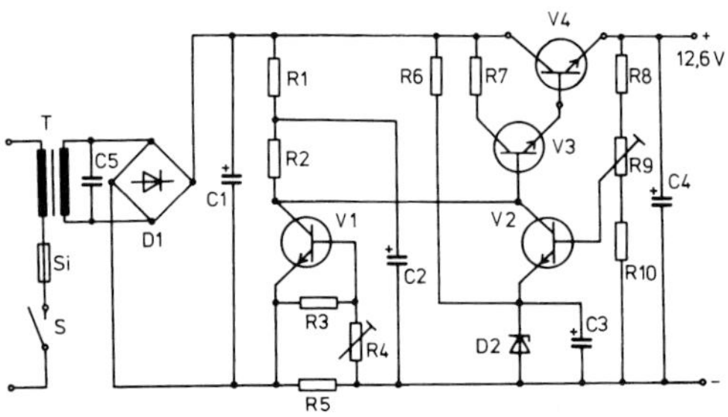

Bild 17-19: Spannungsstabilisierung mit Transistoren und zusätzlicher Strombegrenzung

Um noch höhere Ströme stabilisieren zu können, erhält der Längstransistor noch einen zusätzlichen Transistor in Kollektorschaltung. V_3 und V_4 bilden eine so genannte „Darlingtonschaltung“. Der Transistor V_1 hat die Aufgabe, eine zu hohe Stromabgabe zu verhindern.

Wirkungsweise der Strombegrenzung: Über den Widerstand R_5 wird bei hohem Laststrom der Transistor V_1 leitend, so dass die Basisspannung für V_3 gering wird und die Transistoren V_3 und V_4 weniger Strom erhalten.

Die Vergleichsspannung für den Transistor V_2 wurde einstellbar gemacht. Dadurch lässt sich die Ausgangsspannung in Grenzen verändern. Die obere Grenze ist durch die Versorgungsspannung minus U_{CE} von V4 minus R_5 mal I_L und die untere durch die Z-Diode D_2 plus U_{BE} von V_2 bedingt.

Dieses Netzteil benutze ich für meine Zusatzgeräte TNC und PTC. Es folgt ein Bestückungsplan für eine Streifenleiterplatine. Die Leiterbahnen sind auf der Rückseite. Die eingezeichneten Quadrate bedeuten eine Leiterbahnunterbrechung.

> **Prüfungsfragen zu Netzteilen**
> Beantworten Sie die Fragen **TD306** und **TD312.**

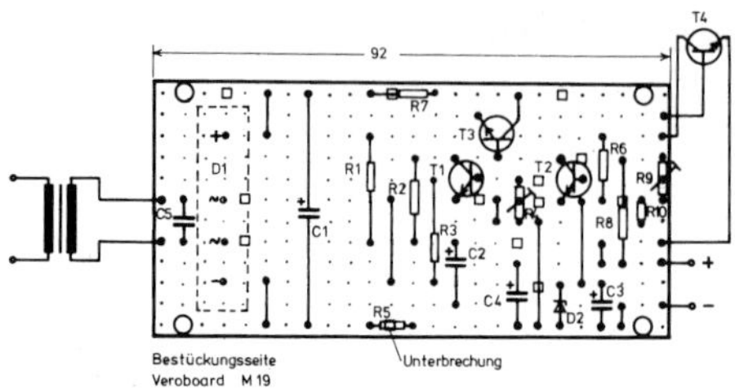

T	230 V/ 18V, 2A	C1	4700µ/25V	R1,2	330
Si	0,2A mtr.	C2	100µ/25V	R3,4	1k
D1	B20C2200	C3	10µ/10V	R5	0,47/2W
D2	BZY88/C5V6	C4	470µ/25V	R6	2,2k
V1,2	BC 108	C5	0,33µ/60V	R7	39
V3	2N1613			R8–10	1k
V4	2N3055				

Bild 17-20: Bestückungsplan des Netzteils für 12 V / 1,8 A mit Strombegrenzung (T4 auf Kühlkörper)

Andere Regelung

Im Prüfungsfragenkatalog findet man unter TD306 eine interessante Spannungsstabilisierungsschaltung, bei der die Z-Diode direkt am Ausgang sitzt.

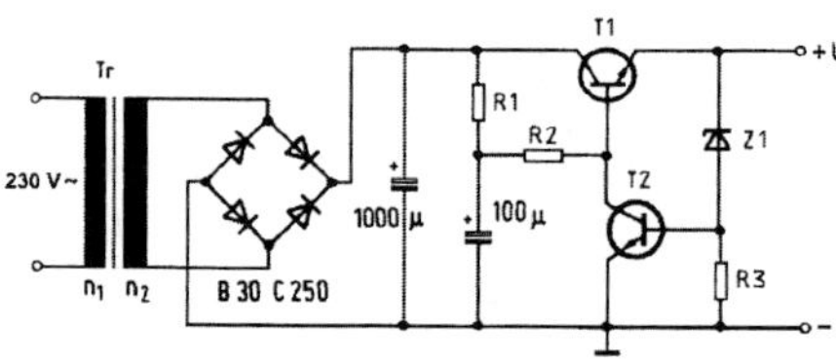

Bild 17-21: Schaltung zur Prüfungsfrage TD306

Der Vorteil ist, dass die Ausgangsspannung direkt als Vergleich genommen wird. Allerdings kann man diese Spannung nicht einstellbar machen, denn die Ausgangsspannung ist immer Z-Diodenspannung plus 0,6 V für U_{BE} von T_2.

Funktionsweise der Regelung: Sinkt die Ausgangsspannung bei höherer Belastung, erhält Transistor T_2 über die Z-Diode Z_1 weniger Strom und leitet dadurch weniger. Durch den verminderten Kollektorstrom von T_2 verringert sich der Spannungsabfall an R1/R2 und die Basisspannung von T_1 steigt. T_1 leitet besser, U_A steigt wieder.

Festspannungsregler

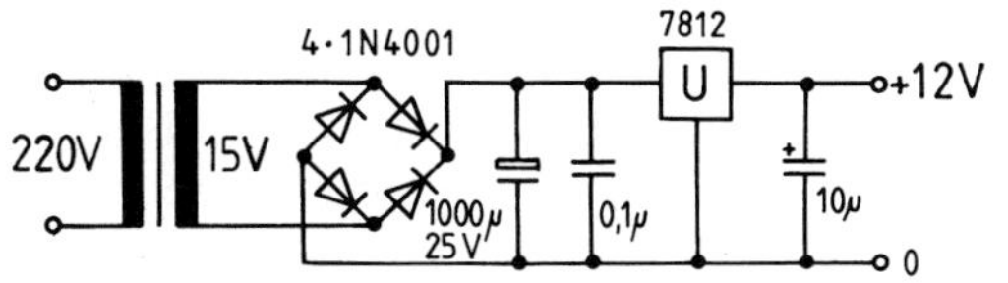

Bild 17-22: Spannungsstabilisierung mit Festspannungsregler

Mit Festspannungsreglern lassen sich Spannungen viel einfacher stabilisieren. In einem solchen IC sind viele Transistoren und Dioden enthalten, welche die Schaltung 17-19 ersetzen. Nur Kondensatoren müssen außen zugeschaltet werden. Die Eingangsspannung für den Regler muss mindestens 15% größer sein als die Ausgangsspannung.

Bei der 78er-Serie für 1 A gibt die Zahl hinter der 78 die Spannung in Volt an, zum Beispiel 7812 für einen 1-A/12-V-Regler. Die 79er Serie ist für negative Spannungen. Steht ein Buchstabe zwischen der 78 und der weiteren Zahl, zum Beispiel 78L09, bedeutet L = 0,1 A und S = 2 A.

Reicht die Stromabgabe eines Festspannungsreglers nicht aus, kann auch dieser, wie im Bild 17-23 gezeigt, mit einem Transistor in Kollektorschaltung erweitert werden. Allerdings ist die Ausgangsspannung um die Basis-Emitterspannung des Zusatztransistors, also um zirka 0,6 V geringer als die des Festspannungsreglers.

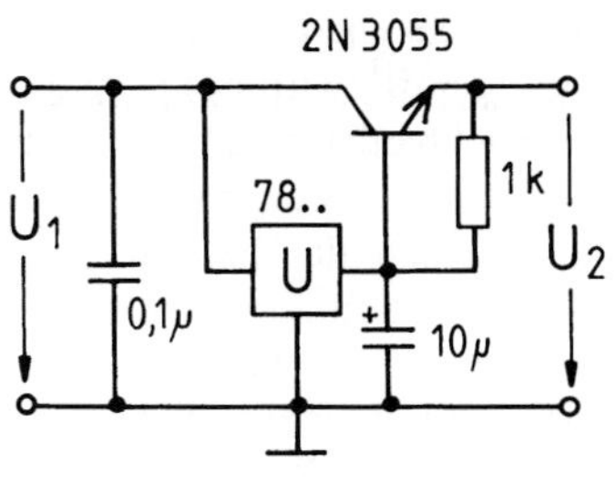

Bild 17-23: Festspannungsregler mit Stromverstärker

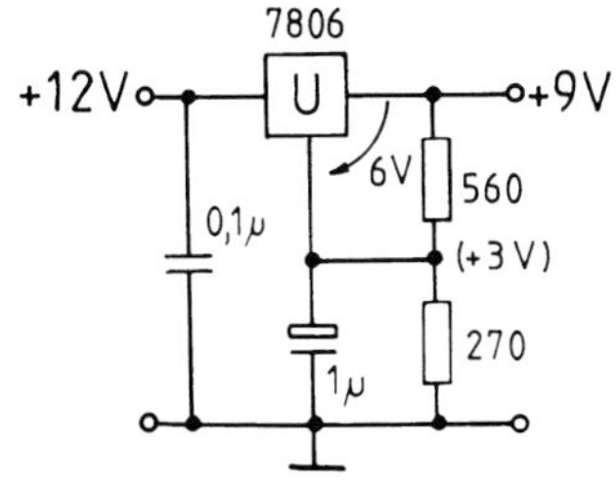

Bild 17-24: Veränderung der Ausgangsspannung

Wenn man keinen passenden Festspannungsregler zur Hand hat, kann die Ausgangsspannung heraufgesetzt werden. Legt man den Mittelanschluss des Dreibeinreglers auf ein höheres Potential, ergibt sich eine höhere Ausgangsspannung, da im Regler immer mit der Spannung am Mittelanschluss verglichen wird.

Prüfungsfrage TD319
Welche Ausgangsspannung entsteht mit folgender Spannungsregler-Schaltung?

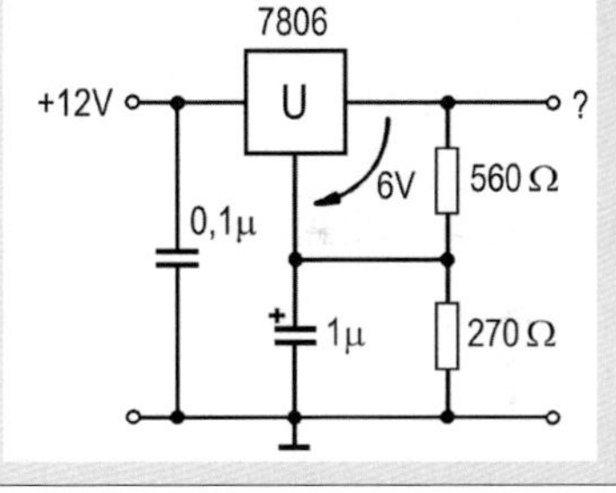

Lösung: Die 6 V des Reglers liegen an dem 560-Ω-Widerstand. Die entstehenden 10,7 mA fließen auch durch den 270- Ω-Widerstand und erzeugen eine Spannung von 2,89 Volt. Zusammen ergeben sich also 6 + 2,89 gleich 8,89 V, also zirka 9 V, wie im Bild 17-24 angegeben ist.

Prüfungsfragen
Beantworten Sie die Prüfungsfrage **TD310.**

Schaltnetzteil

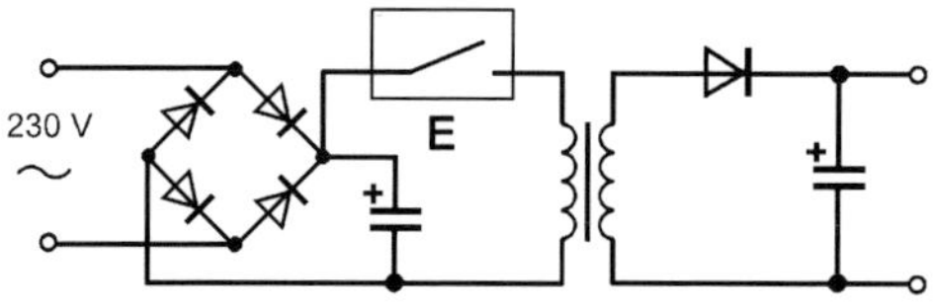

Bild 17-25: Prinzipschaltung eines Schaltnetzteils

Damit ein Transformator im Netzteil kleiner gemacht werden kann, muss man die Frequenz der Wechselspannung vergrößern. Technisch löst man es so, dass man die Netzwechselspannung gleichrichtet, diese mit einem elektronischen Schalter (E in Bild 17-25, „MOS-Switch mit Pulsweitenmodulation") zerhackt, dann transformiert und wiederum gleichrichtet. Es werden Schaltfrequenzen bis in den Megahertzbereich hinein verwendet. Allerdings entstehen dabei Oberwellen, die den Kurzwellenempfang stören können.

> **Prüfungsfragen**
> Beantworten Sie die Fragen **TD317** und **TD318.**

Mechanik, Sicherheit

Ein großes Problem für Selbstbauer ist häufig die Mechanik. Jedoch gibt es einfache Aluminiumboxen, die innen ein Rillensystem haben, in das man passende Platinen einfach hineinschieben kann.

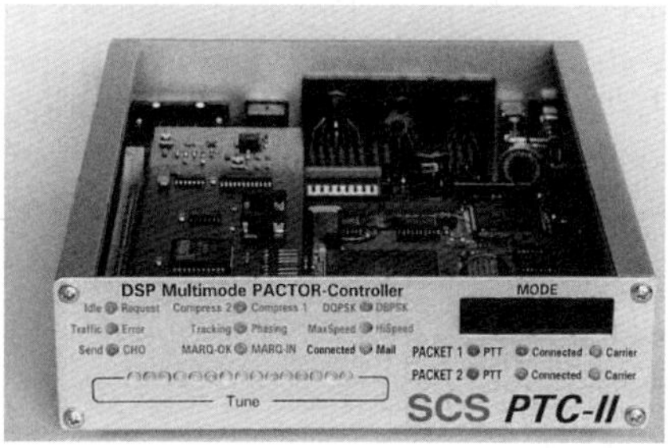

Bei allen Geräten, die Hochfrequenzströme führen, muss man auf eine gute Abschirmung achten. Besonders Oszillatoren, Frequenzvervielfacher, Mischstufen, HF-Verstärker und Anpassungsfilter müssen abgeschirmt werden, damit es einerseits nicht zu unerwünschten Rückkopplungen und andererseits nicht zu störenden Beeinflussungen anderer Geräte kommt.

Metallgehäuse, die Netzspannungen enthalten, müssen mit dem Schutzleiter PEN verbunden werden. Netzzuleitungen von Sendern höherer Leistung sollten durch Tiefpassfilter entkoppelt werden. Siehe dazu Kapitel 19!

> **Prüfungsfragen**
> Beantworten Sie die Fragen **TD316, TF408, TF419, TG514, TF427, TF429, TG218, TG306, TL101.**

Eigenbaugeräte (Bausätze)

Bild 17-27: Eigenbau-Kurzwellentransceiver (K2)

Man kann seinen Kurzwellentransceiver neuerdings auch wieder selbst bauen. Von der Firma Elecraft® wird ein hervorragender und leicht nachbaubarer Bausatz angeboten. Es macht nicht nur Vergnügen, mit diesem Gerät Funkbetrieb durchzuführen, sondern auch, dieses Gerät aufzubauen. Sie brauchen dazu nur ein klein wenig Löterfahrung. Mehr zu diesem Projekt auf der Homepage www.dj4uf.de unter „Projekte".

Kapitel 18: Gerätetechnik

In diesem Kapitel geht es um die Praxis mit Amateurfunkgeräten, um deren Eigenschaften und um die Zusammenschaltung mit Vorsatzgeräten. Diese Kenntnisse sollen Sie in die Lage versetzen, beim Kauf von Funkgeräten auf Qualitätsmerkmale achten zu können.

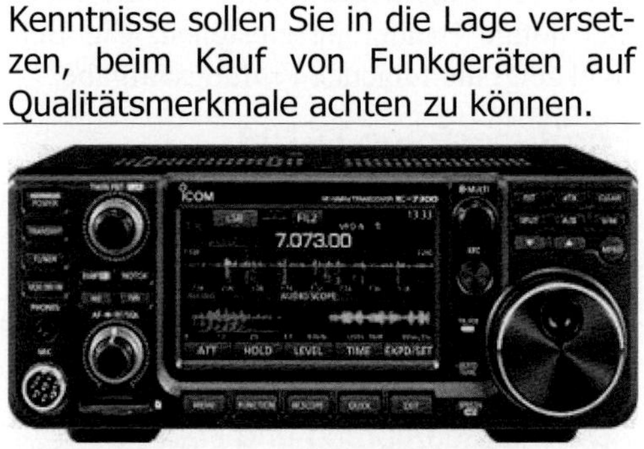

Bild 18-1: Kurzwellen-Transceiver von Icom

Ein Transceiver besteht aus einem Sender (**Trans**mitter) und einem Empfänger (Re**ceiver**). Die Zusammenziehung ergibt **Transceiver**). Zunächst sollen die Eigenschaften des Empfangsteils eines Transceivers betrachtet werden.

Die Empfindlichkeit

Eine sehr wichtige Eigenschaft eines Empfängers ist die Empfindlichkeit. Im Prinzip besagt diese, wie stark ein Signal empfangen werden muss, dass es über dem Geräuschpegel liegt, den der Empfänger selbst produziert. Das thermische Rauschen ist eines dieser störenden Geräusche.

Jedes Elektronik-Bauelement verursacht durch Unregelmäßigkeiten der Elektronenbewegungen ein so genanntes „thermisches Rauschen“. Es sind kleinste Spannungen mit einem sehr breitbandigen Frequenzgemisch, die sich bei Umwandlung in eine akustische Leistung und Abstrahlung mit einem Lautsprecher genauso anhören, wie das Rauschen eines Wasserfalls.

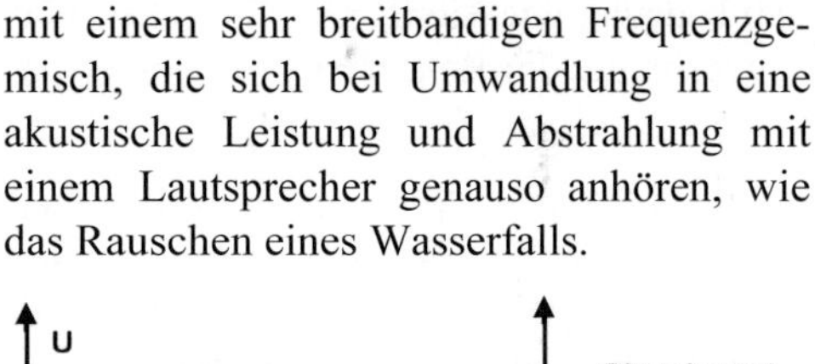

Bild 18-2: Rauschabstand

Der Rauschabstand ist das Verhältnis von Nutzleistung (Signalleistung) zu Rauschleistung (Störleistung). Er wird meist in Dezibel (dB) angegeben. Ist der Rauschabstand 0 dB, ist der Rauschpegel gleich groß wie der Signalpegel und ein Morse- oder Sprachsignal im Normalfall unlesbar.

Für eine untere Sprachverständlichkeit benötigt man zirka 10 dB Rauschabstand (zehnfache Leistung), für Morsetelegrafie genügen 6 dB (vierfache Leistung).

Signal-/Rausch-verhältnis		Rausch-abstand in dB	Benennung der Empfindlichkeit
Leistungs-faktor	Spannungs-faktor		
1	1	0	Grenzempfindlichkeit
4	2	6	wahrnehmbar
10	3,16	10	untere Sprachverständlichkeit
100	10	20	gute Sprachverständlichkeit
400	20	26	praktisch rauschfrei

Der Rauschabstand wird in den Prospekten abgekürzt mit S/N (signal to noise) oder mit S+N/N (signal plus noise to noise), also das Signal + Rauschen zum Rauschen allein. So wird in der Praxis meistens gemessen. Gelegentlich wird die Abkürzung ***SINAD*** (signal, noise and distortion) verwendet, was so viel bedeutet wie Signal plus Rauschen plus Verzerrungen zu Rauschen plus Verzerrungen.

Die verursachte Rauschleistung P_R an einem passiven Widerstand ist abhängig von der Temperatur und der übertragenen Bandbreite. Dazu gibt es folgende Formel, die hier aber nur für die Erläuterung weiterer Eigenschaften wiedergegeben wird. Sie brauchen damit nicht rechnen zu können.

$$P_R = k \cdot T_0 \cdot b$$

$$U_R = \sqrt{k \cdot T_0 \cdot b \cdot R}$$

$k = 1{,}38 \cdot 10^{-23}$ Ws/K (Boltzmann-Konstante)
T_0 Temperatur in Kelvin
b Bandbreite in Hertz

Mit der oberen Formel berechnet man die Rauschleistung und mit der unteren die Rauschspannung bei Anpassung.

Beispiel
Wie groß ist die an einem idealen angepassten Empfänger mit dem Eingangswiderstand von 50 Ohm entstehende Rauschspannung, wenn der Empfänger eine Bandbreite von 3 kHz hat?

$$U_R = \sqrt{1{,}38 \cdot 10^{-23} \cdot 293 \cdot 3000 \cdot 50} = 0{,}025 \mu V$$

Die Zahl 293 ist Zimmertemperatur in Kelvin. Der absolute Nullpunkt (0 K) liegt bei -273 °C. 20 °C sind also 293 K. Daraus ergibt sich die *Grenzempfindlichkeit*. Wenn der Empfänger kein Eigenrauschen hätte, würde ein Signal von 25 nV (Nanovolt!) genau so laut erscheinen wie das Rauschen. Besser geht's nicht!

Die Abhängigkeit des thermischen Rauschens von der Bandbreite des Empfängers kann in der Praxis genutzt werden. Man sollte den Empfänger immer auf die minimal nötige Bandbreite einstellen. Ein Beispiel zeigt die folgende Prüfungsaufgabe.

Prüfungsfrage TB708
Wie verhält sich der Pegel des thermischen Rauschens am Empfängerausgang, wenn von einem Quarzfilter mit einer Bandbreite von 2,5 kHz auf ein Quarzfilter mit einer Bandbreite von 0,5 kHz mit gleicher Durchlassdämpfung und Flankensteilheit umgeschaltet wird?

Lösung: Da die Rauschleistung proportional der Bandbreite ist, sinkt die Rauschleistung auf ein Fünftel.

$$\frac{P_{breit}}{P_{schmal}} = 10 \cdot \lg \frac{2{,}5}{0{,}5} \mathrm{dB} = 6{,}99\,\mathrm{dB}$$

Das Rauschen am Empfängerausgang wird also um 7 dB geringer oder anders ausgedrückt: Das Signal-/Rausch-Verhältnis wird um 7 dB besser.

Jedes elektronische Bauelement im Empfänger produziert ein Eigenrauschen, das sich am Ausgang dem verstärkten Signal überlagert. Der *Rauschfaktor* (Rauschzahl) F gibt das Verhältnis des Rauschabstands am Empfängereingang zum Rauschabstand am Demodulatoreingang an. Mit diesem Rauschfaktor F müssen also die Rauschformeln erweitert werden.

$$P_R = k \cdot T_0 \cdot b \cdot F$$

$$U_R = \sqrt{k \cdot T_0 \cdot b \cdot R \cdot F}$$

Gibt ein Hersteller für einen Empfänger als Empfindlichkeit eine Rauschzahl F=3 an, so bedeutet dies, dass der Empfänger dreimal so viel Leistung (oder $\sqrt{3} = 1{,}73$) mal so viel Spannung benötigt wie die theoretische Grenzempfindlichkeit.

Bearbeiten Sie die **Prüfungsfragen TB707** und **TF441.**

Tipp: Rauschzahl F=2 bedeutet, dass doppelte Leistung (3 dB) benötigt wird.

Das ***Rauschmaß F (noise figure) in dB*** gibt an, um wie viel das Signal-Rauschverhältnis am Demodulatoreingang schlechter wird, als am Empfängereingang.

$$F[dB] = S/N_{IN}[dB] - S/N_{OUT}[dB]$$

Prüfungsfrage TF442
Was bedeutet das Rauschmaß von 1,8 dB bei einem UHF-Vorverstärker? Das Ausgangssignal des Vorverstärkers hat ein ...

Richtige Lösung: ... um 1,8 dB geringeres Signal-Rauschverhältnis als das Eingangssignal. Das Signal-Rauschverhältnis ist also etwas geringer (schlechter) geworden.

Solange die von der Antenne aufgenommene Rauschspannung größer bleibt als das vom Empfänger hervorgerufene Rauschen, ist die Empfindlichkeit der gesamten Anlage nur durch das Außenrauschen bestimmt. Dies ist im Lang-, Mittel- und Kurzwellengebiet der Fall.

Im Kurzwellenbereich nimmt das Außenrauschen erst oberhalb 10 MHz stark ab. Im Kurzwellenbereich bestimmen das atmosphärische Rauschen und die durch Maschinen und Geräte entstandenen Störungen die Rauschzahl des Empfangssystems. Die Angabe der Empfindlichkeit durch die Rauschzahl wird deshalb erst bei Frequenzen oberhalb von 30 MHz, aber nicht bei Frequenzmodulation angewendet.

Bei Empfängern für den Lang-, Mittel- oder Kurzwellenbereich und auch bei FM wird die Empfindlichkeit eines Empfängers durch die so genannte *Betriebsempfindlichkeit* angegeben. Sie gibt die Spannung des kleinsten Signals an, das am Eingang anliegen muss, damit am Empfängerausgang für die betreffende Betriebsart der angegebene Störabstand entsteht.

Beispielsweise wird eine Empfindlichkeit von 0,25 µV für 10 dB Rauschmaß angegeben. Im Kurzwellenbereich braucht die Empfindlichkeit nicht unter 1 µV bei 10 dB Rauschmaß zu liegen, da das Außenrauschen sowieso darüber liegt.

Prüfungsfrage
Beantworten Sie die Frage **TF439**.

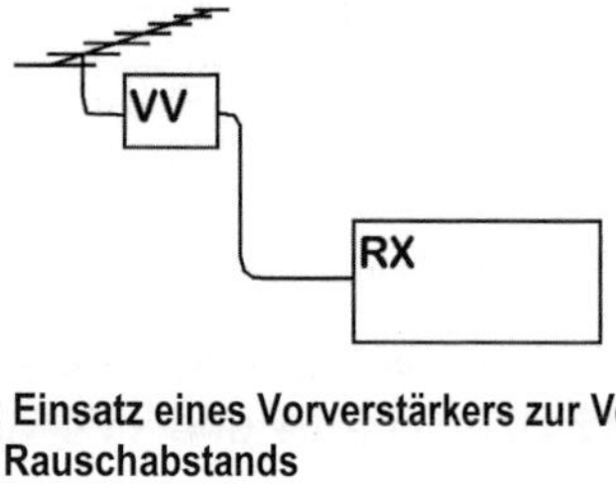

Bild 18-3: Einsatz eines Vorverstärkers zur Verbesserung des Rauschabstands

Die erste Stufe im Empfangssystem bestimmt das Rauschmaß und damit die Empfindlichkeit, denn das Rauschen der ersten Stufe wird von allen weiteren Stufen verstärkt. Ein vorhandener Vorverstärker (VV) für 144 MHz oder für 430 MHz oder erst recht für das 23-cm-Band muss möglichst nah an der Antenne (Bild 18-3) montiert werden, damit das Kabel zwischen Antenne und Empfängereingang mit seiner Dämpfung die Rauschzahl nicht verschlechtert.

Beispiel
Vor einem Empfänger im 70-cm-Band befindet sich zwischen Antenne und Empfängereingang ein Kabel mit 2 dB Dämpfung. Der Empfänger selbst hat ein Rauschmaß von 2,5 dB. Hiermit verschlechtert sich das Rauschmaß auf 4,5 dB. Nun wird oben an der Antenne ein Vorverstärker mit einer Rauschmaß von 1 dB eingefügt. Das Gesamtrauschmaß der Anlage bleibt fast bei 1 dB.

Beispielsweise wird ein LNC (low noise converter) für den Satellitenfunk direkt in der Antenne montiert. Dort befindet sich außerdem die erste Mischstufe, die das Empfangssignal im Frequenzbereich heruntersetzt (Konverter), um die Kabeldämpfung zwischen Konverter und dem eigentlichem RX (Receiver) zu verringern.

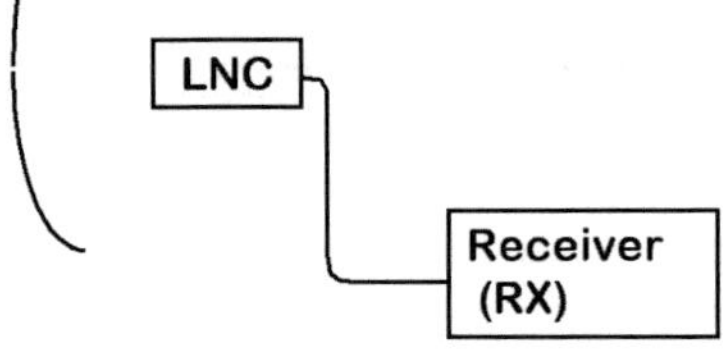

Bild 18-4: LNC unmittelbar an der Antenne

Beantworten Sie die **Prüfungsfragen TF102, TF214** und **TF440.**

Die Empfindlichkeit kann durch starke HF-Signale in der Nähe der Empfangsfrequenz beeinträchtigt werden. Diese starken Signale können den ZF-Verstärker passieren und eine Regelspannung (siehe Abschnitt HF-Regelung) erzeugen.

Prüfungsfrage
Beantworten Sie die Frage **TF434.**

Die Selektivität

Selektivität oder Trennschärfe bedeutet, wie gut ein Empfänger das gewünschte Signal von den benachbarten Signalen trennen kann. Verantwortlich ist die Durchlasskurve des ZF-Filters (Bild 18-5) Der Empfänger mit der Selektionskurve B hat natürlich die besseren Eigenschaften. Man kann die Selektionskurve durch den *Shapefaktor* beschreiben. Dieser Formfaktor gibt das Verhältnis der Bandbreite bei -60 dB zur Bandbreite bei -6 dB an.

Aufgabe
Bei einem Transceiver wird für den Empfänger bei SSB für -6 dB eine Bandbreite von 2,3 kHz und bei -60 dB von 3,3 kHz angegeben. Wie groß ist der Shapefaktor?

Lösung: Der Formfaktor der Durchlasskurve (Shapefaktor) beträgt 3,3 kHz geteilt durch 2,3 kHz gleich 1,44.

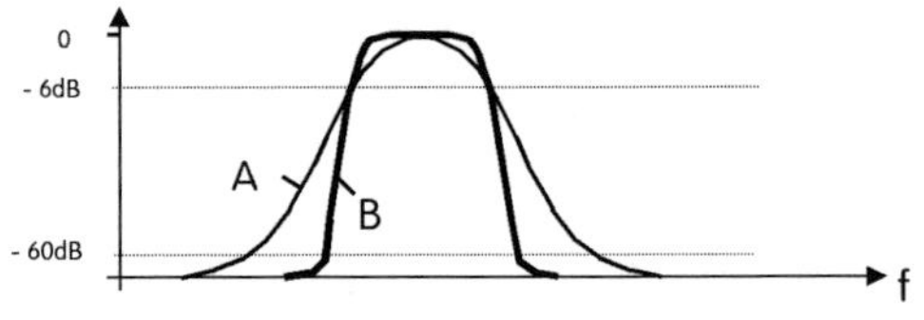

Bild 18-5: Verschiedene Selektionskurven

Lösen Sie die **Prüfungsfragen TF308, TF406, TF410** und **TF411.**

Die HF-Regelung

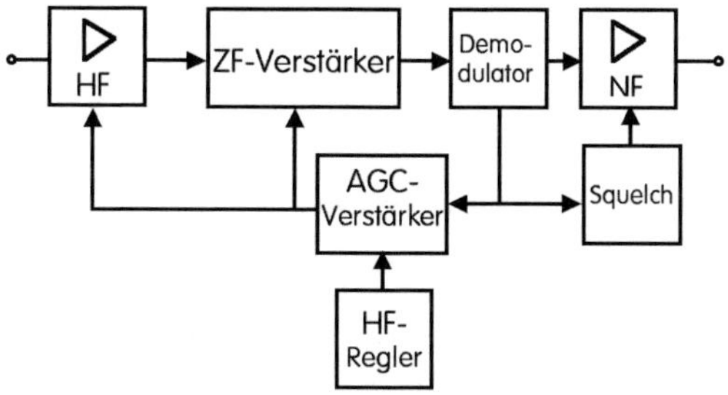

Bild 18-6: AGC, HF-Regler und Squelch

Alle gut aufnehmbaren Signale zwischen S5 und weit über S9 sollen auch bei SSB ungefähr gleich laut aus dem Lautsprecher kommen. Bei 40 dB Unterschied ist dies ein Leistungsverhältnis von 10000. Also würde das stärkere Signal 10000-mal mehr NF-Leistung erzeugen, wenn der Empfänger dies nicht ausgleichen würde. Dieser Ausgleich geschieht mit der AGC (automatic gain control), was so viel wie automatische Lautstärkeregelung bedeutet. Dazu wird hinter dem Demodulator eines Empfängers die Höhe des Pegels abgegriffen und zum Regeln der Verstärkerstufen verwendet.

Ein Transceiver hat üblicherweise einen Einstellknopf *RF-Gain* (Hochfrequenzverstärkung), den man auch HF-Regler nennt. Mit diesem Einstellknopf gibt man eine zusätzliche Gleichspannung auf den AGC-Verstärker und täuscht dem Gerät damit ein stärkeres Signal vor. Die Verstärkung wird dadurch heruntergeregelt.

Eine etwas andere Wirkung hat die Rauschsperre (englisch: squelch, gesprochen Squelsch). Man gibt eine Gleichspannung auf den NF-Verstärker. Solange die AGC nicht größer ist, als die eingestellte Squelch-Spannung, sperrt der NF-Verstärker und lässt keine Signale durch.

Beantworten Sie die **Prüfungsfragen TF302, TF303, TF325, TF422, TF424** und **TG406.**

Störungsverminderung

Um Störsignale dämpfen zu können, verwenden einige Transceiver ein sogenanntes ***Passband-Tuning*** (IF-Shift, ZF-Shift). Diese ZF-Verschiebung erlaubt es, die Mittenfrequenz des Empfangsfrequenzbandes so zu verschieben, dass ein Störträger durch die steile Flanke des ZF-Filters gedämpft werden kann, ohne dass die korrekte Überlagerungsfrequenz bei CW oder SSB verfälscht wird.

Im Bild 18-7 sind gewünschtes Empfangssignal und Störsignal in der Durchlassbandbreite des ZF-Filters. Wird die Filterkurve verschoben, kann wie im Fall B gezeigt wird, das Störsignal aus der Filterkurve gelangen und dadurch gedämpft werden.

Dies funktioniert nur korrekt, wenn gleichzeitig die Überlagerungsfrequenz (BFO) in der richtigen Weise mit verschoben wird, damit die Frequenzlage der Modulation bei SSB oder die Tonhöhe bei CW erhalten bleibt.

Schaltungstechnisch wird dafür das ZF-Signal mit einer ersten Mischstufe in einen anderen Frequenzbereich verschoben und dann mit der gleichen veränderbaren Oszillatorfrequenz wieder in den ursprünglichen ZF-Bereich zurück gemischt.

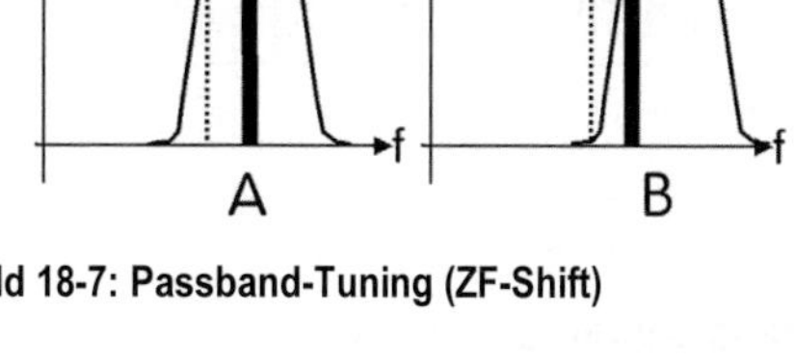

Bild 18-7: Passband-Tuning (ZF-Shift)

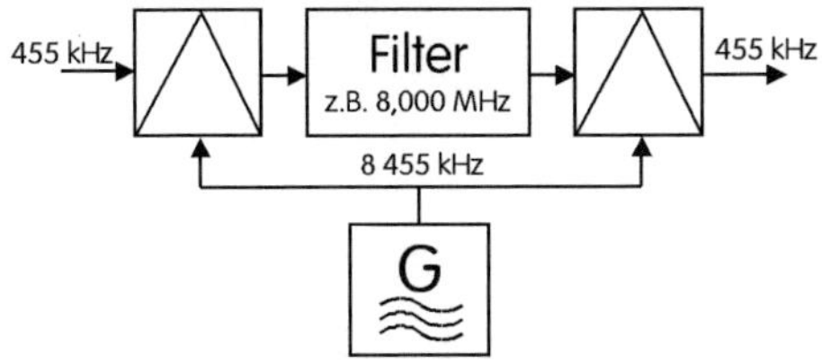

Bild 18-8: Arbeitsweise der Passband-Tuning

Eine einstellbare Bandbreite erreicht man mit der ***Variable Bandwidth Tuning*** VBT, auf Deutsch: Bandbreiteneinstellung. Diese erlaubt die stufenlose Einstellung ohne eine große Anzahl verschiedener teurer Filter. Durch eine der ZF-Shift-ähnliche Schaltung werden die Durchlasskurven von zwei steilflankigen Filtern so gegeneinander verschoben, dass die effektive Durchlasskurve nur aus der Überdeckungszone der beiden Filter besteht.

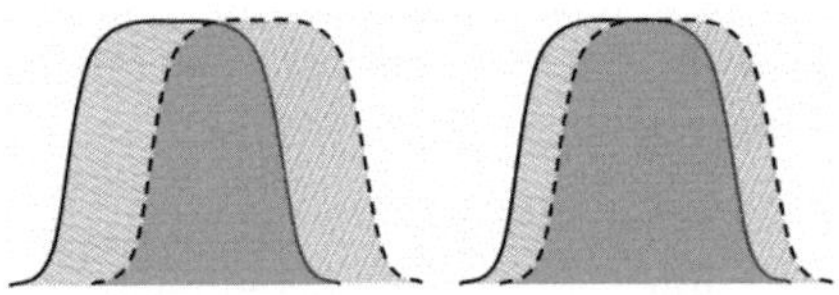

Bild 18-9: Prinzip der Bandbreiteneinstellung

Die Schaltung für die *Variable Bandwidth Tuning* VBT (Bild 18-10) ähnelt der von *Passband-Tuning* mit einem gemeinsamen Oszillator und zwei Mischstufen. Allerdings sind zwei gleiche Filter hinter die Mischstufen geschaltet.

Häufig tauchen bei einer Funkverbindung irgendwelche Störträger mit konstanter Frequenz auf, die beispielsweise durch Inter-

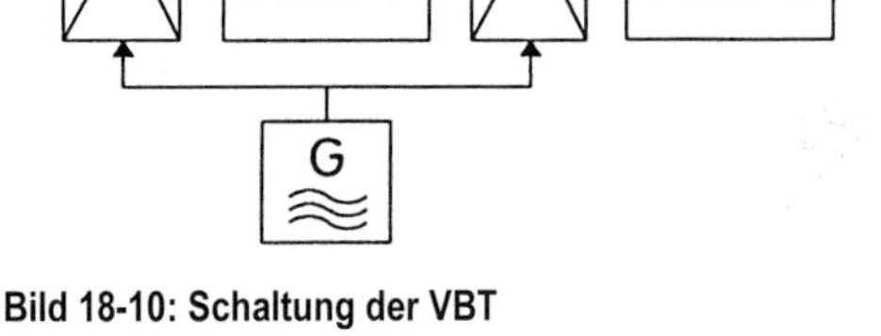

Bild 18-10: Schaltung der VBT

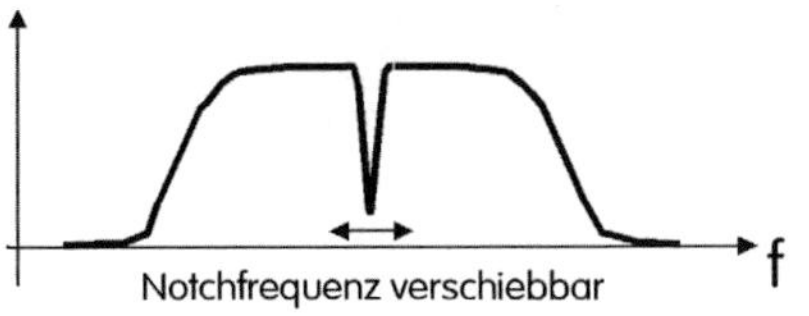

Bild 18-11: Wirkungsweise des Notchfilters

modulation entstehen. Solche einzelnen Störsignale können mit einem ***Notchfilter*** (notch = Kerbe) ausgelöscht werden. Dieses Kerbfilter erzeugt gewissermaßen eine Kerbe im Durchlassband der ZF (Bild 18-11).

In der modernen DSP-Technik (digital signal processing) lassen sich gleichzeitig mehrere Störfrequenzen auskerben („notschen"). Dabei wird das Niederfrequenzsignal digitalisiert und dann auf Wunsch konstante Frequenzen herausgerechnet, die dadurch gedämpft werden.

Prüfungsfragen
Beantworten Sie **TF320** und **TF326**.

Ein Störbegrenzer bei Amplitudenstörungen, die beispielsweise durch Zündfunken von Motoren, statische Entladungen bei Gewittern, Elektrozäunen usw. entstehen ist der ***Audio Noise Limiter ANL***. Er begrenzt die Spitzenspannung auf den jeweiligen maximalen NF-Pegel.

Während der Störbegrenzer den Pegel der Störungen nur auf die maximale Lautstärke des NF-Signals begrenzt, ist der ***Störaustaster (noise blanker NB)*** viel wirksamer, da er für die Zeit der Störungen die

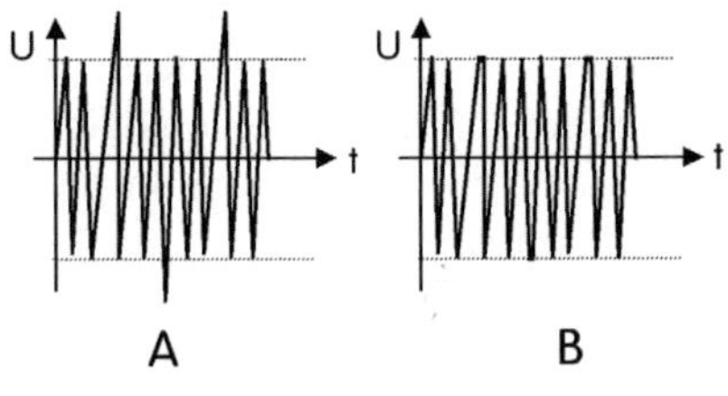

Bild 18-12: Wirkung des Störbegrenzers

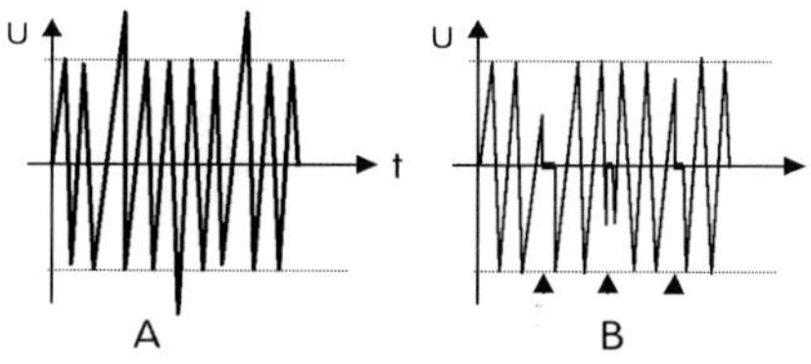

Bild 18-13: Wirkung des Störaustasters

Lautstärke vollkommen auf null reduziert. Er sperrt für die Zeit der Störungen die ZF oder die NF des Empfängers komplett.

Der Störaustaster ist zwar wesentlich wirksamer als der Störbegrenzer, jedoch ist der Schaltungsaufwand viel höher, wie man an folgender Blockschaltung erkennen kann. Es werden die Störimpulse herausgefiltert (selektiert), verstärkt und damit eine Torschaltung gesteuert, die das ZF-Signal für die Dauer der Störimpulse sperrt. Die Dämpfung der Störimpulse ist also beim Störaustaster viel stärker als beim Störbegrenzer.

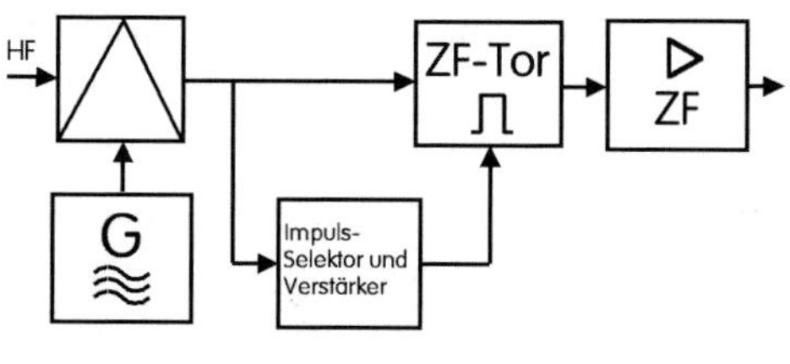

Bild 18-14: Blockschaltung eines ZF-Störaustasters

Großsignalfestigkeit

Ein sehr wichtiges Gütekriterium für einen Empfänger ist die Großsignalfestigkeit. Über die Antenne eines Empfängers gelangen gleichzeitig so viele Signale, aus denen das gewünschte Signal herausgefiltert werden muss. Eine gute Trennschärfe ist eine wichtige Voraussetzung. Diese wird durch die Steilflankigkeit des Filters im ZF-Verstärker bestimmt (siehe Kapitel 10).

Aber selbst bei einem sehr guten Filter tritt das Problem auf, dass starke Signale vor der ZF-Stufe sich gegenseitig beeinflussen und dabei Mischprodukte erzeugen, die in den ZF-Bereich gelangen. Dort kann auch das beste Filter diese nicht mehr vom Nutzsignal trennen.

Das Problem liegt in der ersten Mischstufe. Um die Zwischenfrequenz erzeugen zu können, muss die Mischstufe zwei Signale miteinander multiplizieren wie bei einem Modulator (Kapitel 2). Reine Frequenzmultiplikatorschaltungen sind sehr aufwendig. Deshalb verwendet man häufig nur eine Multiplikation durch „Spiegelung" an einer quadratischen Kennlinie (additive Mischstufe) nach dem Prinzip

$$(a + b)^2 = a^2 + 2\,a \cdot b + b^2$$

Der mittlere Term bewirkt die Multiplikation. Häufig aber sind die Kennlinien der verwendeten Bauelemente nicht rein quadratisch, sondern enthalten kubische Anteile (x^3 oder 3. Ordnung). Es entstehen neue Produkte aus $2a \pm b$ oder $2b \pm a$ oder in Frequenzen ausgedrückt $2\,f_1 \pm f_2$ oder $2\,f_2 \pm f_1$. Bei nichtlinearen Kennlinien treten auch Anteile mit x^5, 5. Ordnung oder x^7, 7. Ordnung auf, wobei folgende Frequenzen entstehen. Für die Intermodulation sind nur die Differenzen wichtig, nicht die Summen.

x^3 = 3. Ordnung: $2\,f_1 - f_2$ und $2\,f_2 - f_1$
x^5 = 5. Ordnung: $3\,f_1 - 2\,f_2$ und $3\,f_2 - 2\,f_1$
x^7 = 7. Ordnung: $4\,f_1 - 3\,f_2$ und $4\,f_2 - 3\,f_1$

Beispiel:
Im 40-m-Band befinden sich in der Nähe des Amateurfunkbereiches zwei starke Rundfunkstationen. f_1 = 7,100 MHz und f_2 = 7,130 MHz. Berechnen Sie die Differenzen aus dritter, fünfter und siebter Ordnung.

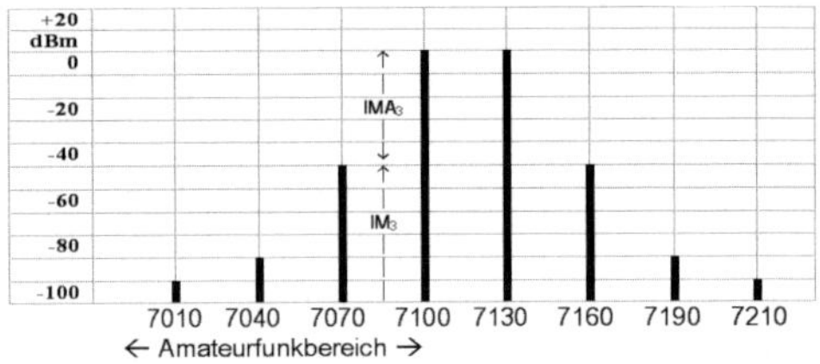

Bild 18-15: Intermodulationsspektrum

Lösung:

x^3: $2 \cdot 7100 - 7130 = 7070$
$2 \cdot 7130 - 7100 = 7160$

x^5: $3 \cdot 7100 - 2 \cdot 7130 = 7040$
$3 \cdot 7130 - 2 \cdot 7100 = 7190$

x^7: $4 \cdot 7100 - 3 \cdot 7130 = 7010$
$4 \cdot 7130 - 3 \cdot 7100 = 7220$

Trägt man diese Frequenzen in ein Diagramm (Bild 18-15) ein, erkennt man, dass nun neue Frequenzen entstanden sind, die in den Amateurfunkbereich fallen. Diese neuen Frequenzen nennt man Intermodulationsprodukte, die Erscheinung heißt Intermodulation. Eine Reduzierung von Intermodulationsprodukten, die durch außerhalb der Amateurfunkbänder liegende, starke Sender erzeugt werden, kann durch passive, steilflankige Filter vor der ersten HF-Stufe erreicht werden, die nur noch Signale innerhalb des Bandes durchlassen.

Wie stark diese Intermodulationsprodukte unterdrückt sind, hängt von der Linearität des Eingangsverstärkers beziehungsweise von der Mischstufe des Empfängers ab. In obigem Bild wurde angenommen, dass beispielsweise die Intermodulationsprodukte dritter Ordnung 50 dB schwächer sind als die Sendersignale (IMA_3 = Intermodulationsabstand 3. Ordnung).

Dieser Intermodulationsabstand ist aber auch abhängig von der Stärke der Sendersignale. Deshalb hat der IMA keine große Aussagekraft für die Güte eines Empfängers. Der IMA wird immer kleiner, je größer die zwei sich mischenden Sendersignale sind. Bei

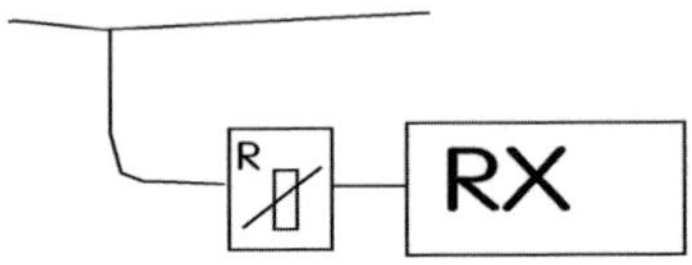

Bild 18-16: Abhilfe bei Inter- und Kreuzmodulation

einer bestimmten Stärke der Sendersignale ist der Intermodulationsabstand null. Diesen Punkt bezeichnet man als „Interception Point“ IP. Er wird üblicherweise auf die stärkeren Intermodulationsprodukte dritter Ordnung bezogen und heißt dann IP_3 (englisch: 3rd order IP). Er besagt, wie stark in dBm zwei Sendersignale sein dürfen, bis der Intermodulationsabstand zu null geworden ist. Wenn dieser ehrlich angegeben wird, ist er eine gute Aussage über das Großsignalverhalten eines Empfängers.

Für den Empfang selbst interessiert aber der wirkliche Intermodulationsabstand IMA. Diesen kann man durch Dämpfung der ankommenden Signale verbessern. Allerdings dämpft man damit auch das Nutzsignal. Aber ein störungsfreier Empfang ist wichtiger als die absolute Signalstärke.

Eine weitere Empfangsstörung ist die *Kreuzmodulation*. Diese tritt gelegentlich im VHF- oder UHF-Bereich auf und äußert sich folgendermaßen. Bei Empfang einer Station, vorwiegend in der Betriebsart FM, hört man plötzlich ein zweites Signal einer anderen Station vollkommen verständlich und unverzerrt im Hintergrund. Durch Übersteuerung der Eingangsstufe oder der ersten Mischstufe kann es vorkommen, dass die Modulation des Senders auf den Träger eines anderen übertragen und schließlich mit diesem Träger auch demoduliert wird. Abhilfe wie bei Intermodulation: Eingangssignal dämpfen.

Prüfungsfragen: **TE107, TB806, TF437, TF438, TF435.**

Der Sender im Transceiver

Bild 18-17: Typischer Mobil-Transceiver mit abgesetztem Display (Kenwood TS480)

Die Sendeleistung

Moderne Kurzwellen-Transceiver haben Sender mit Ausgangsleistungen von typisch 100 Watt. QRP-Transceiver für Kurzwelle haben Sendeleistungen von fünf bis zwanzig Watt, UKW-Transceiver meistens zwischen zehn und fünfzig Watt. Von der maximalen Ausgangsleistung sollte man seine Kaufentscheidung nicht abhängig machen. Man wird sich später vielleicht noch eine Linearendstufe kaufen, die häufig die Sendeleistung verzehnfacht.

Betriebsarten

Beantworten Sie zunächst die **Prüfungsfrage TG402**.

Übliche Betriebsarten eines Kurzwellen-Transceivers sind SSB (LSB, USB), CW, RTTY und FM. UKW-Transceiver gibt es in zwei Ausführungen: FM und Allmode. Der Allmode-UKW-Transceiver hat außer FM noch die Betriebsarten SSB und CW.

Moderne Transceiver sind für digitale Betriebsarten eingerichtet. Sie besitzen einen AFSK-Eingang für PSK31, RTTY, SSTV.. UKW-Transceiver für die Betriebsarten FM und digitale Betriebsarten (FAX, SSTV, Packet Radio) werden Datentransceiver genannt.

Frequenzbereiche

Natürlich soll ein Kurzwellen-Transceiver den gesamten Frequenzbereich von 160 m bis 10 m umfassen. Ältere Geräte enthalten das 160-m-Band nicht oder es fehlen die sogenannten WARC-Bänder 30 m, 17 m und 12 m, die erst später für den Amateurfunk freigegeben wurden.

Bei UKW-Transceivern hat sich die Kombination von 2-m- und 70-cm-Transceiver durchgesetzt. Moderne Transceiver vereinigen bereits Kurzwelle und Ultrakurzwelle in einem Gerät.

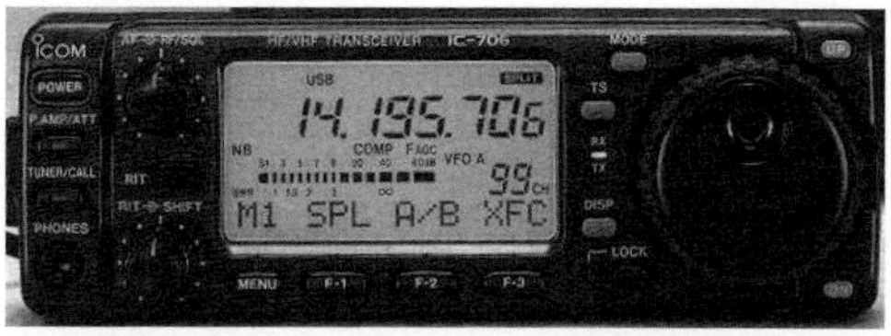

Bild 18-18: Mobil-Transceiver mit Menütechnik

Dieser Mobil-Transceiver von ICOM beispielsweise vereinigt alle Kurzwellenbänder, plus VHF 50 MHz, plus 2-m-Band und 70-cm-Band für alle Betriebsarten und liefert bei einer Größe eines Autoradios eine Ausgangsleistung von 100 W. Er hat auch einen Anschluss für digitale Betriebsarten.

Im Kurzwellenbereich haben die Empfänger meistens einen durchgehenden Frequenzbereich von 100 kHz (Langwelle) bis 30 MHz. Die Sender sind aber auf die Amateurfunkbänder beschränkt, um einem Missbrauch vorzubeugen.

Frequenzanzeige

Bei den älteren, analog anzeigenden Transceivern konnte man die Frequenz nicht viel genauer als ±100 Hz einstellen. Die Linearität dieser analogen Anzeige ist nicht hundertprozentig. Zur Überprüfung der Frequenzanzeige solcher Empfänger baute man zuschaltbare quarzgesteuerte Frequenzmarken-Generatoren in den Empfänger ein.

Diese erzeugen üblicherweise alle 100 Kilohertz ein „Marker"-Signal. Man konnte mit dieser Hilfe die Analogskala für diese Frequenzen kalibrieren, in der Hoffnung, dass dazwischen die Linearität gut genug war. Vor allem waren diese Marken für die Beachtung der Bandgrenzen wichtig.

Prüfungsfrage
Beantworten Sie die Frage **TF107.**

Heutzutage hat man nur noch Digitalanzeigen. Manche Geräte können bis auf die Ein-Hertz-Stelle eine Frequenz anzeigen, andere nur bis zehn Hertz. Allerdings sagt eine Ein-Hertz-Anzeige nicht, dass die Frequenz auch auf ein Hertz genau ist. Beachten Sie die Angaben des Herstellers über die Frequenzgenauigkeit, die in ppm (siehe Kapitel 1) angegeben wird.

Prüfungsfrage
Beantworten Sie die Frage **TF431.**

Hinweis: So schlecht, wie in diesem Beispiel, ist heutzutage kein Transceiver mehr.

RIT - Split-Betrieb

Manchmal benötigt man in Gesprächsrunden eine Empfängerfeinverstimmung, ohne dass sich die Sendefrequenz dabei ändert, denn nicht immer sind alle Stationen exakt auf der gleichen Frequenz. Diese Frequenzveränderung von zirka ±10 kHz am Empfänger nennt man *Receiver Incremental Tuning* (RIT) oder auch *Clarifier*. Beim normalen Funkbetrieb sollte man darauf achten, dass die RIT beim Beginn der Funkverbindung ausgeschaltet ist, damit man nicht auf der falschen Frequenz anruft.

Moderne Transceiver haben zwei VFOs. Damit ist Split-Funkbetrieb möglich. Besonders bei DXpeditionen sendet die DX-Station auf einer anderen Frequenz als die anrufenden Stationen. Der OP sagt dann im Laufe des QSOs, dass man beispielsweise im Frequenzbereich .280-.300 anrufen soll, während er selbst auf .250 sendet.

Prüfungsfrage
Beantworten Sie die Frage **TG403.**

Kompressor

Beim Sendebetrieb möchte man besonders bei DX-Funkbetrieb eine immer volle Aussteuerung des Senders auch bei leiseren Sprachsignalen erreichen. Dazu haben manche Transceiver einen *Speech Processor*. Dieser hebt automatisch bei leiseren Signalen die Verstärkung des Modulationsverstärkers an und reduziert diese wieder bei lauteren Passagen.

Die Geschwindigkeit, mit der dieser Prozessor die Verstärkung regelt, kann am Transceiver eingestellt werden. Bei einer geringen Zeitkonstante wird beim normalen Sprechen zwischen den Lauten bereits geregelt, wodurch die Modulation verfälscht wird. Bei schlechten Ausbreitungsverhältnissen ist diese Einstellung empfehlenswert, nicht aber beim normalen QSO mit Signalen über S9.

Ein Kompressor verhindert eine Übersteuerung des Senders nicht. Es wird nur der mittlere Lautstärkepegel angehoben.

Clipper

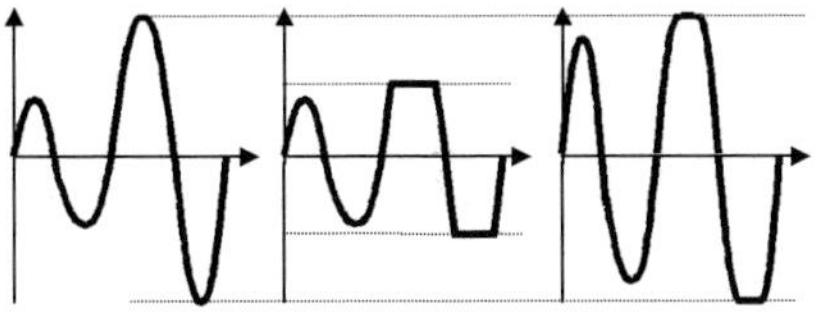

Bild 18-19: Wirkungsweise des Clippers

Ganz anders arbeitet ein Clipper, obwohl die gleiche Wirkung erzielt wird, nämlich den mittleren Modulationsgrad zu erhöhen. Bei richtiger Einstellung aber wird beim Clipper der Sender immer voll ausgesteuert, ohne dass er übersteuert werden kann. Dies geschieht durch Begrenzung des Signals mit anschließender Unterdrückung der entstehenden Oberwellen durch einen Tiefpass.

Wenn man ein Signal, wie es in Bild 18-19 A dargestellt ist, einem Begrenzer zuführt, werden alle Signale ab einer bestimmten Höhe begrenzt. Scharfe Kanten eines Signals aber bedeuten, dass Oberwellen entstehen, welche die Bandbreite des Signals erhöhen würden. Deshalb wird das Signal über einen Tiefpassverstärker geschickt. Damit werden die Ecken wieder abgerundet.

Man sieht im Bild C im Vergleich zu Bild A, dass im Prinzip die leisen Signale angehoben worden sind. Wegen der Begrenzung kann das Signal auch bei noch so lautem Sprechen nicht größer werden und den Sender übersteuern.

Allerdings ist die große Amplitude doch etwas breiter geworden und das Signal klingt ein wenig „hart". Diese Modulation ist nur für Extremfälle bei schlechten Bedingungen geeignet. Bei normalen Ausbreitungsbedingungen und guten Signalen sollte man den Clipper ausschalten.

DSP

Bild 18-20: Prinzip von DSP

Im modernen Zeitalter der digitalen Signalverarbeitung gibt es einen Clipper, der das Signal nicht mehr so stark verfälscht. DSP kommt von *Digital Signal Processing* und bedeutet Digitale Signalverarbeitung. Es wird das analoge NF-Signal zunächst in ein digitales Signal umgewandelt, verarbeitet und wieder in ein analoges Signal zurückverwandelt.

DSP kann überall in der NF-Technik und auch im ZF-Bereich angewendet werden. Bei einem DSP-Clipper werden leise Signale mehr verstärkt als laute und das bei jeder einzelnen Signalschwingung. Es wird das digitalisierte Signal für wenige Millisekunden in einen Speicher gebracht. Dort wird von jeder einzelnen Halbwelle der Scheitelwert bestimmt und mit einem Multiplizierer alle Werte einer Halbwelle entsprechend mehr oder weniger verstärkt.

Bei dieser Art des Clippers bleibt jede einzelne Sinusschwingung weiterhin sinus-

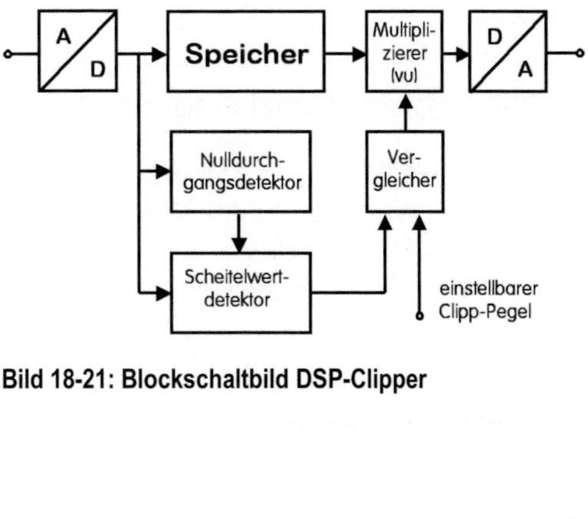

Bild 18-21: Blockschaltbild DSP-Clipper

förmig. Es entstehen keine Verzerrungen durch Begrenzung und damit auch keine Oberwellen. Ein Tiefpass ist nicht nötig. Bei einem DSP-Clipper bleibt die Sprachqualität gut. Die Gegenstationen vermuten nicht den Einsatz eines Clippers.

Der Sender kann nun auf optimale Aussteuerung eingestellt werden. Die Aussteuerung ist fast unabhängig von der Mikrofonlautstärke. Wie bei jedem Clipper erhöht sich die mittlere Sendeleistung und damit die Lautstärke beim Empfänger, ohne dass die Senderspitzenleistung erhöht wird.

DSP wird nicht nur beim Sender zur Signalkomprimierung eingesetzt, sondern kann auch im Empfänger mannigfaltige Aufgaben übernehmen. Beispielsweise kann störendes Rauschen oder ein störender Träger herausgerechnet werden (noise filter oder noise blanker). Oder man erreicht damit eine zusätzliche Filterwirkung, indem hohe oder niedrige Tonfrequenzen vermindert werden.

Prüfungsfrage TF501
Folgendes Blockschaltbild stellt das Prinzip einer DSP-Signalverarbeitung dar. Welche Aufgabe haben die beiden Blöcke 1 und 2?

(DSP ... Digital Signal Processing)

A 1: AD-Wandler, 2: DA-Wandler
B 1: DA-Wandler, 2: AD-Wandler
C beides DA-Wandler
D beides AD-Wandler

Bearbeiten Sie die **Prüfungsfragen TF502** bis **TF504.**

VOX — PTT

VOX ist eine Abkürzung für ***Voice Control*** und bedeutet Sprachsteuerung. Aus der verstärkten Mikrofonspannung wird ein Steuersignal gewonnen, mit dem der Transceiver umgeschaltet wird.

Eine *Anti-VOX-Schaltung* bewirkt, dass die VOX nicht durch ein über den Lautsprecher rückgekoppeltes NF-Signal ausgelöst werden kann. Die Anti-VOX muss sorgfältig eingestellt werden. Sie ist abhängig vom Aufstellungsort des Lautsprechers.

PTT bedeutet ***Push To Talk***, was übersetzt etwa heißt: „Drücke, um zu sprechen". In ein Mikrofon für Amateurfunkgeräte ist häufig ein Taster eingebaut, um den Transceiver von Empfang auf Sendung umzuschalten.

Für ein flüssiges Gespräch, bei dem abwechselnd immer nur ein Satz gesprochen wird, eignet sich die VOX recht gut. Bei längeren Durchgängen sollte man besser die PTT benutzen, um das häufig nicht zu überhörende Umschalten des Transceivers zu vermeiden. Die Abfallzeitkonstante der VOX lässt sich üblicherweise einstellen.

Bei Telegrafie schaltet die VOX beim Tasten automatisch auf Senden und gibt in den Tastpausen nach einer einstellbaren Verzögerungszeit den Empfänger frei. Man nennt dies auch *Semi-Break-In (Semi-BK)*. Die Umschaltspannung wird aus dem Mithörtonerzeuger gewonnen. Wird der Transceiver bei Telegrafie nicht auf VOX-Betrieb gestellt, muss zum Umschalten die PTT verwendet werden.

Bearbeiten Sie die **Prüfungsfragen TG404** und **TG405.**

Kapitel 19: EMV und Sicherheit

Als Funkamateur hat man natürlich die Verantwortung für seine Funkgeräte und Antennen, einerseits was störende Beeinflussungen angeht und andererseits, was die Sicherheit von Sachen und Personen angeht.

Übersicht

- Störungen
- Störende Beeinflussungen
- Störungsbeseitigung
- Berührschutz
- Antennenerdung
- Blitzschutz
- Mechanische Sicherheit
- Personenschutz (EMVU)

Störungen

Störungen liegen dann vor, wenn unerwünschte Nebenausstrahlungen vom Sender verursacht werden, die eventuell direkt in den Empfangskanal eines anderen Gerätes fallen. *Störende Beeinflussungen* entstehen, wenn der Sender zwar einwandfrei auf seiner Sollfrequenz arbeitet, aber durch seine Feldstärke den Empfang auf anderen Frequenzen beeinflusst.

Unerwünschte Aussendungen des Amateurfunksenders können durch Oberwellen oder Nebenausstrahlungen entstehen. Oberwellen sind Vielfache der Grundfrequenz, die durch Nichtlinearitäten im Sender hervorgerufen werden. Nebenausstrahlungen können *mischfrequente* Aussendungen sein, die im Zuge der Erzeugung der Sendefrequenz gebildet werden und nicht ausreichend gefiltert werden.

Die Nebenausstrahlungen eines Senders dürfen bestimmte vorgeschriebene Grenzen nicht überschreiten. Das eigene Signal darf mit seiner Bandbreite die für den Amateurfunk festgelegten Frequenzbereiche nicht überschreiten.

Gemäß § 16 der Verordnung zum Gesetz über den Amateurfunk vom 15. Februar 2005 wurden folgende Richtwerte für unerwünschte Aussendungen von Funkanlagen, die von Funkamateuren im Sinne des Amateurfunkgesetzes verwendet werden, veröffentlicht. In Anlehnung an EU-Normen erfolgt die Messung der Leistungen, die zu unerwünschten Leistungen führen, an den Punkten der Amateurfunkanlage, an die Antennen bzw. Anpassgeräte angeschlossen werden. Dabei soll das beim Funkbetrieb verwendete Zubehör (beispielsweise Stehwellenmessgerät) mit einbezogen werden.

Frequenzbereich	Erforderliche Dämpfung unerwünschter Aussendungen gegenüber der maximalen PEP des Senders	Alternativ zulässige maximale Leistung unerwünschter Aussendungen eines Senders
1	2	3
0,15 MHz - 1,7 MHz	60 dB	0,25 µW
1,7 MHz - 35 MHz	40 dB	
35 MHz - 50 MHz	$40\text{dB} + 129{,}1 \cdot \log\frac{f}{35}\text{dB}$ mit f ... Frequenz in MHz	
50 MHz - 1000 MHz	60 dB	
1000 MHz - 40 GHz	50 dB	1 µW

Prüfungsfrage TG523
Was gilt beim Sendebetrieb für unerwünschte Aussendungen im Frequenzbereich zwischen 1,7 und 35 MHz? Sofern die Leistung einer unerwünschten Aussendung ...

... 0,25 µW überschreitet, sollte sie um mindestens 40 dB gegenüber der maximalen PEP des Senders gedämpft werden.

Prüfungsfrage TG524
Was gilt beim Sendebetrieb für unerwünschte Aussendungen im Frequenzbereich zwischen 50 und 1000 MHz? Sofern die Leistung einer unerwünschten Aussendung ...

... 0,25 µW überschreitet, sollte sie um mindestens 60 dB gegenüber der maximalen PEP des Senders gedämpft werden.

Prüfungsfrage TG525
Wie erfolgt die Messung der Leistungen, die zu unerwünschten Aussendungen führen, in Anlehnung an die EU-Normen?

Richtige Antwort: Die Messung erfolgt am Senderausgang unter Einbeziehung des gegebenenfalls verwendeten Stehwellenmessgeräts und des gegebenenfalls verwendeten Tiefpassfilters.

Prüfungsfrage TG522
Bei der Überprüfung des Ausgangssignals eines Senders sollte die Dämpfung der Oberwellen mindestens ...

... den geltenden Richtwerten entsprechen.

Prüfungsfrage TK204
Bei einem Sender mit mehr als 2,5 mW Ausgangsleistung sollte die Dämpfung der Oberwellen im Frequenzbereich 1,7 – 35 MHz mindestens ...

... 40 dB betragen.

Prüfungsfrage TK206
Die gesamte Bandbreite einer FM-Übertragung beträgt 15 kHz. Wie nah an der Bandgrenze kann ein Träger übertragen werden, ohne dass Außerbandaussendungen erzeugt werden?

Lösung: Bei FM wird die Frequenz durch Modulation symmetrisch nach oben und nach unten beeinflusst. 15 kHz Bandbreite verteilen sich also zu ±7,5 kHz. Man kann also bis 7,5 kHz an die Bandgrenze gehen.

Beantworten Sie die **Prüfungsfrage TK207.**

Störende Beeinflussungen

Zu den störenden Beeinflussungen im Senderfrequenzbereich gehören zum Beispiel Intermodulation und Zustopfeffekte. Intermodulation entsteht, wenn zwei oder mehr starke Signale die Mischstufe des Empfängers übersteuern und Phantomsignale erzeugen, die beim Einschalten des Abschwächers im Empfänger verschwinden.

Prüfungsfrage TK101
Wie äußert sich Zustopfen bzw. Blockierung eines Empfängers?

Richtige Antwort: Durch den Rückgang der Empfindlichkeit und ggf. das Auftreten von Brodelgeräuschen.

Prüfungsfrage TK102
Welche Effekte werden durch Intermodulation hervorgerufen?

Richtige Antwort: Es treten Phantomsignale auf, die bei Einschalten eines Abschwächers verschwinden.

Beantworten Sie die **Prüfungsfrage TK108.**

Einströmungen und Einstrahlungen

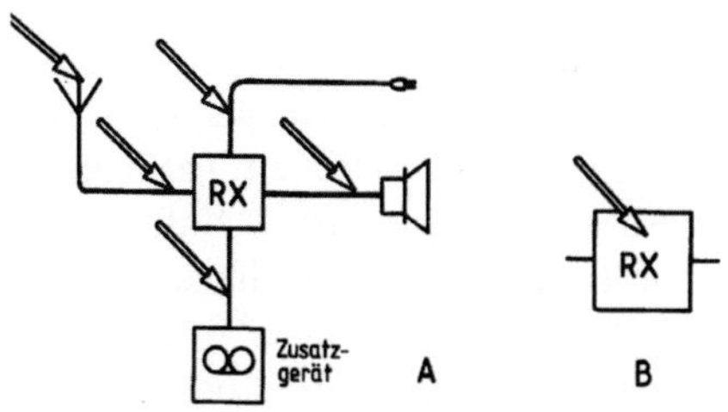

Bild 19-1: A: Einströmung B: Einstrahlung

Störende Beeinflussungen entstehen dadurch, dass starke Sendersignale in der Nachbarschaft irgendwie in den Verstärkerkanal des Rundfunk- oder Fernsehempfängers gelangen und dann entweder Übersteuerungseffekte auftreten oder Einfluss auf die Regelspannung besteht. Sie lassen sich grundsätzlich nur auf der Empfängerseite beheben, wenn die Senderleistung nicht reduziert werden soll.

Die störende Hochfrequenzenergie gelangt entweder durch *Einströmung* oder durch *Einstrahlung* in den Empfänger. Einströmungen liegen dann vor, wenn die HF über Leitungen oder Kabel in das gestörte Gerät gelangt. Dies kann über die Antenne und die Antennenzuführung passieren oder auch über Verbindungsleitungen des Gerätes mit anderen Geräten oder den weit abgesetzten Lautsprechern. Bei einer Einstrahlung dagegen gelangt das störende HF-Signal über das ungenügend abgeschirmte Gehäuse direkt in die Elektronik.

Die Einströmungen und Einstrahlungen können dazu führen, dass an PN-Übergängen von Transistoren eine Gleichrichtung stattfindet, die dann den Arbeitspunkt verändert und dadurch zu Zustopfeffekten führt oder das NF-Signal im Lautsprecher hörbar wird.

Prüfungsfrage TK105
In einem NF-Verstärker erfolgt die unerwünschte Gleichrichtung eines HF-Signals wahrscheinlich

... an einem Basis-Emitter-Übergang.

Prüfungsaufgabe TK103
Wie kommen Geräusche aus den Lautsprechern einer abgeschalteten Stereoanlage möglicherweise zustande?

Antwort: Durch Gleichrichtung starker HF-Signale in der NF-Endstufe der Anlage.

Für die Beseitigung der Störungen muss zunächst am Empfangsgerät geprüft werden, ob es sich um eine Einströmung oder eine Einstrahlung handelt. Denn Störungen durch Einströmungen lassen sich relativ einfach von außen durch Vorschalten von entsprechenden Filtern beseitigen. Einstrahlungen lassen sich nur durch Abschirmung des Gehäuses oder der entsprechenden Baugruppe verhindern. Eine Ableitung an der Stelle der Elektronik, wo die Übersteuerung auftritt, kann Abhilfe sein. Dafür ist aber ein Eingriff in die Elektronik nötig, was man allenfalls an eigenen, nicht aber bei fremden Geräten machen sollte. Ist die Stelle der Einströmung eindeutig lokalisiert, kann man mit dem Zwischenstecken von Entstörfiltern beginnen.

Prüfungsfrage TK104 Ein Sender sollte so betrieben werden, dass ...

... er keine unerwünschten Aussendungen hervorruft.

Prüfungsfrage TK117
Ein starkes HF-Signal gelangt in die ZF-Stufe des Rundfunkempfängers des Nachbarn. Dieses Phänomen wird als ...

... Direkteinstrahlung bezeichnet.

Beseitigung von Störungen und störenden Beeinflussungen

Um die Störwahrscheinlichkeit zu verringern, sollte die benutzte Sendeleistung auf das für eine zufrieden stellende Kommunikation erforderliche Minimum eingestellt werden.

Bearbeiten Sie die **Prüfungsfrage TK301.**

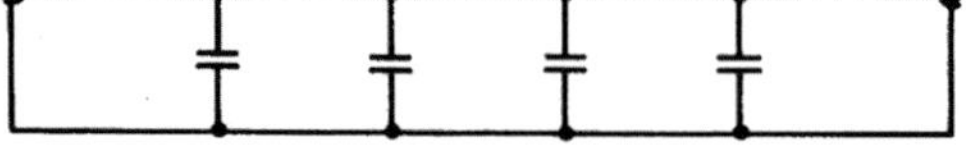

Bild 19-2: Schaltung eines fünfgliedrigen Tiefpasses

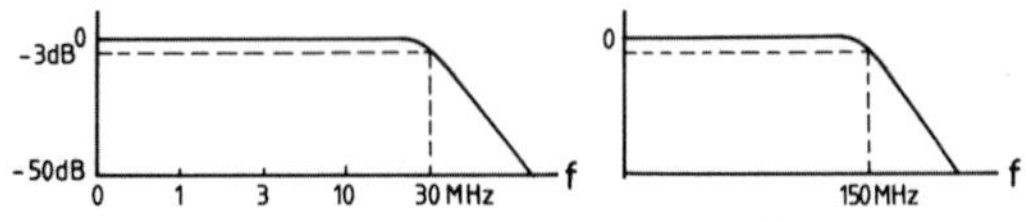

Bild 19-3: Dämpfungsverlauf von Tiefpassfiltern
A: f_g = 30 MHz, B: f_g = 150 MHz

Oberwellen- und Nebenwellenausstrahlungen von Sendern lassen sich mit einem Tiefpass am Senderausgang beseitigen. Grundsätzlich lassen sich solche Filter leicht selber bauen, aber wenn sie eine hohe Sperrdämpfung haben sollen, ist die Dimensionierung besonders für Tiefpassglieder bei hohen Frequenzen recht kritisch.

Es gibt kommerzielle Tiefpassglieder für Kurzwellensender, die bis 30 MHz keine nennenswerte Dämpfung und oberhalb von 30 MHz eine hohe Dämpfung haben (Bild 19-3). Für Sender im 2-m-Band oder 70-cm-Band gibt es Tiefpassfilter mit entsprechend höheren Grenzfrequenzen. Die obere Grenzfrequenz f_g wird bei 3 dB Leistungsabfall angegeben.

Bearbeiten Sie die **Prüfungsfragen TG229** bis **TG232** sowie **TK303, TK302, TK112.**

Mit Tiefpassfiltern lassen sich Oberwellen unterdrücken. Schwieriger wird es, Nebenwellenausstrahlungen zu unterdrücken, deren Frequenzen niedriger als die höchste Nutzfrequenz sind. In diesem Fall kann kein Tiefpass verwendet werden. Sofern es sich um eine feste Störfrequenz handelt, die sich beim Verändern der Senderfrequenz nicht ändert, kann ein Sperrkreis oder ein Saugkreis an geeigneter Stelle im Sender eingesetzt werden.

Bearbeiten Sie die **Prüfungsfragen TK109, TD304.**

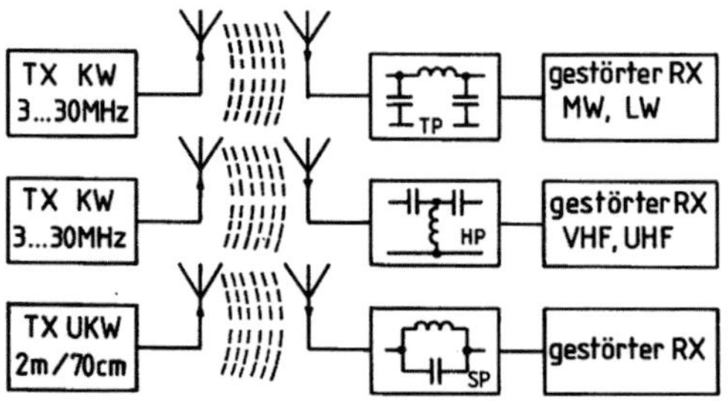

Bild 19-4: Auswahl von Tiefpass, Hochpass oder Sperrfilter

Für das Vorschalten von Filtern muss man unterscheiden, ob die störenden Beeinflussungen oberhalb oder unterhalb der Sendefrequenz auftreten. Treten störende Beeinflussungen auf Kurzwelle bei einem Rundfunkempfänger auf Mittelwelle auf, sollte durch einen Tiefpass vor dem Empfänger dafür gesorgt werden, dass der tiefer liegende Mittelwellenbereich (ca. 0,5 bis 1,6 MHz) ungedämpft durchgelassen wird und der Kurzwellenbereich 3 bis 30 MHz gesperrt wird (Bild 19-4).

Treten die Störungen beim Sendebetrieb im 2-Meter- oder 70-cm-Band auf, wird ein Sperrfilter für die Sendefrequenz vor dem Empfänger die beste Wirkung zeigen.

Prüfungsfrage TK306
Welches Filter sollte im Störungsfall vor die einzelnen Leitungsanschlüsse eines UKW- oder Fernsehrundfunkgeräts oder angeschlossener Geräte eingeschleift werden, um Kurzwellensignale zu dämpfen?

Antwort: Ein Hochpassfilter vor dem Antennenanschluss und zusätzlich je eine hochpermeable Ferritdrossel vor alle Leitungsanschlüsse der gestörten Geräte.

Bearbeiten Sie die **Prüfungsfragen TK201, TK202, TK211, TK305, TK307, TK310** und **TK315.**

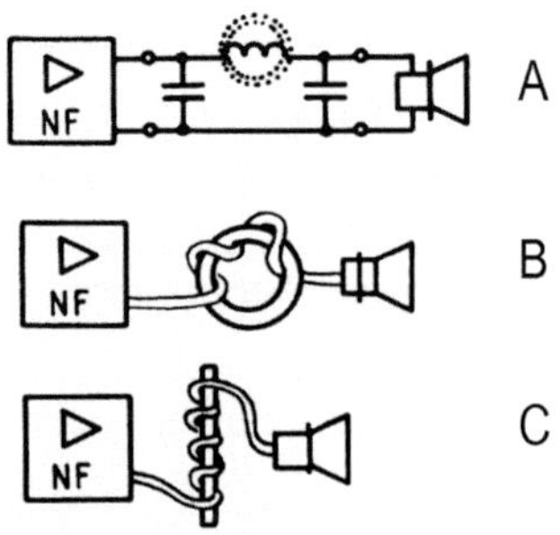

Bild 19-5: Beseitigung von störenden Beeinflussungen bei Einströmung über Lautsprecherleitungen

Hilft dies allein nicht oder kommen die Einströmungen möglicherweise über die Zuleitungen von angeschlossenen elektronischen Geräten (CD-Player, Videorecorder) in den gestörten Verstärker, kann man Entstördrosseln vor die Leitungsanschlüsse setzen oder versuchen, mit Klappkernen aus Ferritmaterial, wie man sie im Computerzubehör finden kann, eine Entstörung zu bewirken.

Bei Einströmungen über die Leitungen zu den Lautsprecherboxen werden in jede Zuleitung Tiefpassfilter eingeschleift. Diese Tiefpassfilter sollen den NF-Frequenzbereich bis zirka 100 kHz ungehindert durchlassen, aber HF-Einströmungen verhindern. Eine Skizze über weitere Möglichkeiten zeigt Bild 19-5. Diese Filter bestehen aus Tiefpässen mit Ringkerndrosseln und Kondensatoren (Bild 19-5 A). Oder man zieht die Lautsprecherleitung mehrfach durch einen Ringkern (B) oder wickelt einen Teil der Leitung auf einen Ferritstab (C).

Prüfungsfrage TK215
Bei der Hi-Fi-Anlage des Nachbarn wird Einströmung in die NF festgestellt. Eine mögliche Abhilfe wäre

... geschirmte Lautsprecherleitungen zu verwenden.

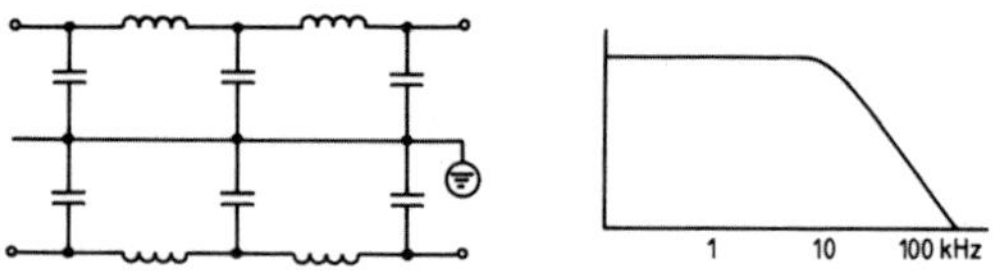

Bild 19-6: Schaltung und Durchlassbereich eines Breitbandnetzfilters

Kommen die Einströmungen nicht über die Antennenzuleitung sondern über die Netzzuleitung im gleichen Haus, wo die Funkanlage betrieben wird, sollte zunächst die Netzleitung des Senders über ein Breitbandnetzfilter verdrosselt werden (Bild 19-6). Ein gleiches Filter kann in die Netzleitung des gestörten Empfängers eingeschleift werden.

Bearbeiten Sie die **Prüfungsfragen TK312** und **TK313.**

Direkteinstrahlungen liegen dann vor, wenn beim Entfernen sämtlicher Zuleitungskabel und Einfügung einer Netzverdrosselung noch immer störende Beeinflussungen vorhanden sind. Sie treten besonders bei Amateursendern auf, die mit maximal zulässigen Senderleistungen und Richtantennen mit hohem Gewinn arbeiten. Oder sie treten auf, wenn sich die Sendeantenne räumlich sehr nah an dem Rundfunk- oder Fernsehempfänger befindet.

Bearbeiten Sie die **Prüfungsfragen TK120** und **TK114.**

Die Beseitigung von Störungen durch Einstrahlungen sollte vom Funkamateur nicht selbst vorgenommen werden. Man sollte dem gestörten Nachbarn empfehlen, sich an den Funkstörungsmessdienst mit der bundeseinheitlichen Rufnummer der Funkstörungsannahme: 0 180-3232323.

Beantworten Sie die **Prüfungsfragen TK111** und **TK118.**

Vorbeugende Maßnahmen

Eine möglichst hoch über den Häusern angebrachte Richtantenne mit geringem vertikalem Öffnungswinkel ist häufig schon eine gute Vorbeugungsmaßnahme. Generell gilt: Die Sendeantenne sollte so weit wie möglich entfernt von Empfangsantennen für Rundfunk und Fernsehen aufgebaut werden.

Prüfungsfrage TK113: Ein Funkamateur wohnt in einem Reihenhaus. An welcher Stelle sollte die KW-Drahtantenne angebracht werden, um störende Beeinflussungen auf ein Mindestmaß zu begrenzen?

Richtige Antwort aus dem Fragenkatalog: Rechtwinklig zur Häuserzeile.

Prüfungsfrage TK216: Bei einem Wohnort in einem Ballungsgebiet empfiehlt es sich, während der abendlichen Fernsehstunden ...

Antwort: ... mit keiner höheren Leistung zu senden, als für eine sichere Kommunikation erforderlich ist.

Prüfungsfrage TK219: Eine 435-MHz-Sendeantenne mit hohem Gewinn ist unmittelbar auf eine UHF-Fernseh-Empfangsantenne gerichtet. Dies führt gegebenenfalls zur ...

... Übersteuerung eines TV-Empfängers.

Beantworten Sie die **Prüfungsfragen,** die bisher nicht direkt angesprochen wurden: **TB911, TF436, TG234, TH151** bis **TH153, TH327, TH328, TK107, TK110, TK115, TK116, TK119, TK217, TK218, TK220, TK221, TK222, TK304, TK308, TK309** und **TK311.**

Unerwünschte Aussendungen

Im Folgenden werden einige Aussagen zu unerwünschten Aussendungen in Form der Fragen und Antworten aus dem Fragenkatalog dargestellt.

TG501 Wodurch können Tastklicks hervorgerufen werden?

Durch zu steile Flanken der Tastimpulse

TG502 Was passiert, wenn bei einem SSB-Sender die Mikrofonverstärkung zu hoch eingestellt wurde?

Es werden mehr Nebenprodukte der Sendefrequenz erzeugt, die als unerwünschte Ausstrahlung Störungen hervorrufen.

TG503 Wie kann man bei einem VHF-Sender mit kleiner Leistung die Entstehung parasitärer Schwingungen wirksam unterdrücken?

Durch Aufstecken einer Ferritperle auf die Emitterzuleitung des Endstufentransistors.

TG505 Wie kann sich die mangelhafte Frequenzstabilität eines Senders bei dessen Betrieb auswirken?

Durch mögliche Aussendungen außerhalb der Bandgrenzen.

TG506 Bei digitalen Betriebsarten bis 9600 Bd sollte die Bandbreite der Signale 6 kHz nicht überschreiten. Geben Sie die richtige Begründung für diese Empfehlung an:

Um möglichst sparsam mit der Bandbreite umzugehen.

TG509 Was für ein Filter muss man zwischen Senderausgang und Antenne einschleifen, um die Abstrahlung von Oberwellen zu reduzieren?

Ein Tiefpassfilter

TG507 Wie wird in der Regel die hochfrequente Ausgangsleistung eines SSB-Senders vermindert?

Durch die Verringerung der NF-Ansteuerung und/oder durch Einfügung eines Dämpfungsgliedes zwischen Treiberstufe und Endstufe.

TG510 Was kann man tun, wenn der Hub bei einem Handfunkgerät oder Mobiltransceiver zu groß ist?

Leiser ins Mikrofon sprechen

TG511 Um Nachbarkanalstörungen zu minimieren sollte die Übertragungsbandbreite bei SSB ...

... höchstens 3 kHz betragen.

TG512 Was wird eingesetzt, um die Abstrahlung einer spezifischen Harmonischen wirkungsvoll zu begrenzen?

Ein Sperrkreis am Senderausgang

TG515 Die Ausgangsleistungsanzeige eines HF-Verstärkers zeigt beim Abstimmen geringfügige sprunghafte Schwankungen. Wodurch werden diese Schwankungen möglicherweise hervorgerufen? Sie werden möglicherweise hervorgerufen durch ...

... parasitäre Schwingungen.

TG516 Um die Wahrscheinlichkeit von Eigenschwingungen in einem Leistungsverstärker zu verringern, ...

... sollten die Ein- und Ausgangsschaltungen gut voneinander entkoppelt werden.

Bearbeiten Sie Prüfungsfragen **TG517 bis TG521**.

Sicherheitsanforderungen

Nicht nur die kommerziellen Sender- und Antennenanlagen, auch die Amateurfunkstellen unterliegen gewissen Sicherheitsanforderungen, damit weder Mensch noch Tier noch Sachen durch diese Anlagen gefährdet werden. Zum Schutz von Menschen, Tieren und Sachen werden von nationalen Verbänden aus Fachleuten der Elektrotechnik, in Deutschland vom Verband Deutscher Elektrotechniker (VDE) Sicherheitsbestimmungen zur Verhütung von Unfällen durch elektrischen Strom erlassen. Die wichtigsten Sicherheitsbestimmungen für elektrische Betriebsmittel (zum Beispiel Funkgeräte) mit Netzwechselspannungen bis 1000 V sowie Nenngleichspannungen bis 1500 V sind DIN VDE 0100 (auch DIN 57100).

Berührschutz

Direktes Berühren liegt vor, wenn Körperteile Spannung führende Teile berühren. Zum Schutz gegen direktes Berühren müssen Spannung führende Teile vollständig isoliert oder abgedeckt sein. Indirektes Berühren liegt vor, wenn ein sonst spannungsfreier leitfähiger Teil eines Gerätes, der durch Isolationsfehler Spannung annimmt, berührt wird.

Solche Isolationsfehler können dadurch auftreten, dass ein unter Spannung stehender Leiter das Gehäuse berührt. In elektrischen Anlagen sind stets Schutzmaßnahmen gegen direktes und indirektes Berühren anzuwenden. Diese hier beschriebenen Normen gelten für Deutschland. Bei unseren europäischen Nachbarn und erst recht in den USA oder Japan gelten andere Normen. Eingeführte Geräte müssen aber den deutschen Normen entsprechen.

Bearbeiten Sie **Frage TL305.**

Schutzmaßnahmen durch Abschaltung

Diese Schutzmaßnahme hat einen Schutzleiter und schaltet nach dem Auftreten eines Fehlers selbständig durch Sicherungen oder FI-Schutzschalter ab. Sie verhindern das Bestehenbleiben einer unzulässig hohen Berührspannung. Als Schutzleiter wird eine grüngelbe Ader beziehungsweise ein grüngelb isolierter Leiter verwendet. Alle leitfähigen Gehäuse oder Teile der Geräte müssen an einen Schutzleiter angeschlossen werden.

Merke:
Die **grüngelben Leiter** dürfen nur als **Schutzleiter** verwendet werden.

Empfehlenswert für Funkamateure ist eine *Fehlerstromschutzeinrichtung (FI)*. Bei dieser Schutzeinrichtung werden die Spannung führenden (Außen)leiter und der Neutralleiter (N) durch einen Summenstromwandler geführt. Ist die Summe der über die Außenleiter und den N-Leiter fließenden Ströme nicht null, fließt also Strom nach Erde ab, löst bei einer bestimmten Differenz der *FI-Schutzschalter* aus und unterbricht die gesamte Spannungsversorgung.

Es gibt FI-Schutzschalter, die bereits ab 30 mA Differenzstrom auslösen. Bei gleichzeitiger Berührung eines Spannung führenden Leiters und Erde würde ein Strom über den menschlichen Körper nach Erde abfließen und der FI-Schalter auslösen. Wenn Ihr Haus oder die Wohnung nicht FI-geschützt ist, sollten Sie als Funkamateur mindestens den Basteltisch und damit sich selbst durch einen FI-Schalter schützen. Bei gleichzeitiger Berührung zweier Außenleiter oder eines Außenleiters und des Neutralleiters nutzt dieser FI-Schutzschalter allerdings nichts.

Die Erdung von Antennen

Alle leitfähigen Teile von Antennenanlagen außerhalb von Gebäuden müssen über eine *Erdungsleitung* mit dem *Erder* verbunden werden. Bei Zimmerantennen, bei Antennen, die im Gerät eingebaut sind, bei Antennen unter der Dachhaut und bei so genannten *Fensterantennen* darf auf eine Erdung verzichtet werden. Fensterantennen sind Antennen, deren höchster Punkt mindestens 2 m unter der Dachkante liegt und deren äußerster Punkt höchstens 1,5 m von der Außenfront des Gebäudes entfernt ist.

Erdungsleiter, die eigens für die Antennenanlage gelegt werden, müssen folgende **Mindestmaße** haben.

Werkstoff	Abmessungen oder Art
Kupfer	16 mm², blank oder isoliert
Aluminium	25 mm², isoliert, in Innenräumen auch blank
Stahl	50 mm² verzinkt, z.B. Band, 20 mm · 2,5 mm
Volldraht oder mehrdrähtig, jedoch nicht feindrähtig, Kennzeichnung für isolierte Leiter: grüngelb	

Erdungsleitungen innerhalb von Gebäuden dürfen bis zu 1 m aus dem Gebäude herausgeführt werden. Erdungsleitungen sind auf kürzestem Weg und möglichst senkrecht zum Erder zu führen. Sie sollen möglichst sichtbar oder in Kunststoffrohren verlegt werden. In diesen Rohren dürfen aber keine anderen Leitungen liegen.

TL302 Welches Material und welcher Mindestquerschnitt ist bei einer Erdungsleitung zwischen einem Antennenstandrohr und einer Erdungsanlage nach DIN VDE 0855 Teil 300 für Funksender bis 1 kW zu verwenden?

Lösung: Siehe Tabelle Erdungsleiter!

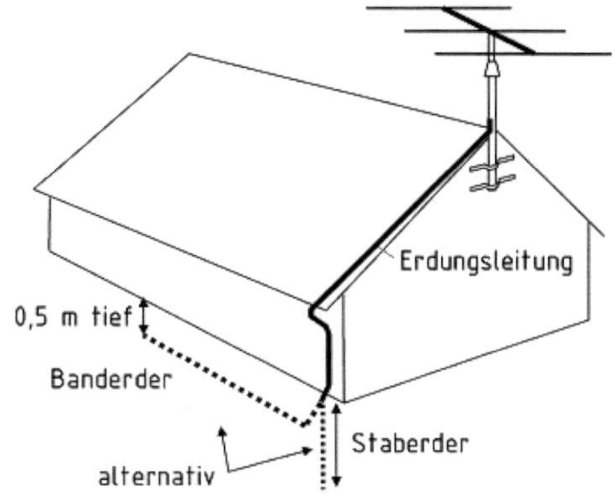

Bild 19-7: Erdung von Antennen

Als Erder können dienen:

- Staberder (Mindestlänge 2,5 m),
- Banderder aus verzinktem Stahl (3,5 mm · 30 mm) 0,5 m tief verlegt, bei einer Mindestlänge von 2·2,5 = 5 m;
- Fundament- und/oder Blitzschutzerder;
- Stahlbauten.

Sind *Potenzialausgleichsleitungen* zwischen Betriebsmitteln, zum Beispiel Verstärkern der Antennenanlage erforderlich, so sind diese Leitungen aus mindestens 4 mm² Kupferdraht blank oder isoliert zu installieren (Kennzeichnung der isolierten Leitungen: grün/gelb).

Prüfungsfrage TL102
Um eine Amateurfunkstelle in Bezug auf EMV zu optimieren ...

... sollten alle Einrichtungen mit einer guten HF-Erdung versehen werden.

Bearbeiten Sie die **Prüfungsfragen TK308** und **TK309** aus dem Fragenkatalog.

Blitzschutz

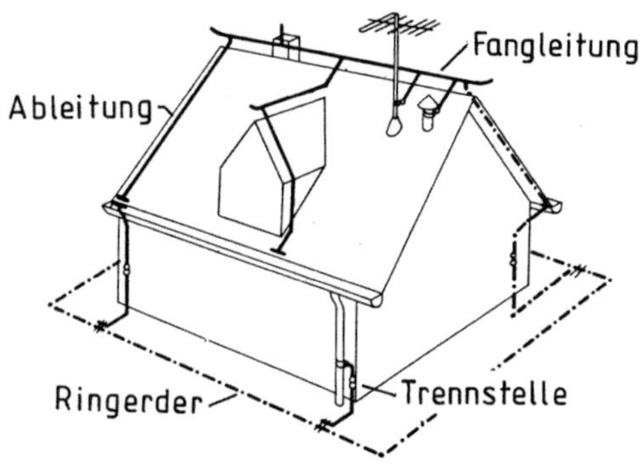

Bild 19-8: Äußerer Blitzschutz

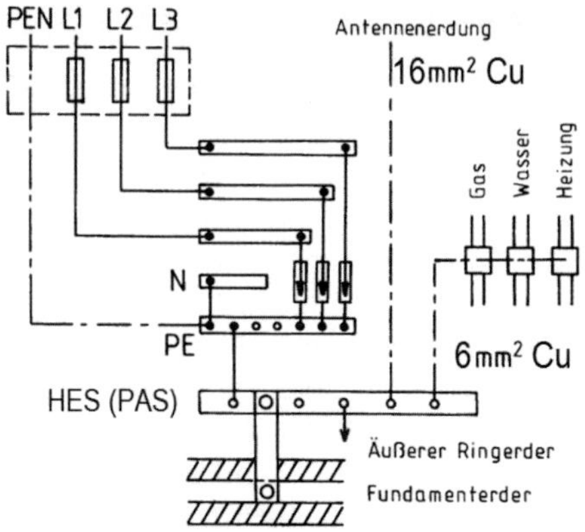

Bild 19-9: Innerer Blitzschutz

Antennen erden - genügt das? Jährlich gehen etwa eine Million Wolke-Erde-Blitze in Deutschland nieder. Auch wenn nur ein geringer Teil dieser Blitze direkt in Gebäude einschlägt, so werden doch für das Gebiet Deutschland jährlich mehr als 30000 Schadensfälle durch Blitzschlag mit Sachschäden in Millionenhöhe gemeldet. Die Anzahl der Schäden durch indirekte Blitzwirkung hat in den letzten Jahren durch die zunehmende Ausstattung mit Elektronikgeräten und Computern stark zugenommen.

Durch die großen Blitzströme mit sehr steilen Anstiegsflanken können auch durch Induktion hohe Spannungen im Innern von Gebäuden entstehen. Diese Überspannungen entstehen sowohl in offenen als auch in geschlossenen Schleifen und zwar unabhängig davon, ob diese Installationsschleifen leitend mit Blitzableitern verbunden oder davon isoliert sind. Eine offene Induktionsschleife entsteht beim Amateurfunk häufig dadurch, dass der Funkamateur bei aufkommendem Gewitter den Antennenstecker abzieht und diesen offen liegen lässt, anstatt das Kabel zu erden. Zwischen dem Koaxkabel und dem Gehäuse des Funkgerätes entsteht eine hohe Induktionsspannung, die zu einem Überschlag führen kann.

Bei Gewitterneigung und wenn Sie die Wohnung für längere Zeit verlassen, ziehen Sie die Netzstecker der Funkgeräte und erden Sie Ihre Antennenleitungen.

Wenn Sie Hauseigentümer sind und eine Antennenanlage auf Ihrem Haus aufgebaut haben, sollten Sie sich vom Fachmann einen Blitzschutz installieren lassen. Außer dem äußeren Blitzschutz, wie er im Bild 19-8 dargestellt ist, kommt noch der innere Blitzschutz nach Bild 19-9 hinzu, wobei alle Hausanschlussleitungen durch eine Überspannungsschutzeinrichtung gegen Blitzströme von außen geschützt werden.

Das Standrohr einer Amateurfunkantenne auf einem Gebäude darf mit einer vorhandenen Blitzschutzanlage verbunden werden, wenn die vorhandene Blitzschutzanlage fachgerecht aufgebaut ist und das Standrohr mit ihr auf dem kürzesten Wege verbunden werden kann.

Mehr dazu im Internet unter www.vde.com/blitzschutzfunksysteme

Prüfungsfragen
Beantworten Sie die Fragen **TL301, TL303** und **TL304.**

Mechanische Sicherheit der Antennenanlage

Die gesamte Antennenanlage muss den auftretenden mechanischen Beanspruchungen und Witterungseinflüssen standhalten. Die Antennen und die Rohrverbindungen am Standrohr müssen gegen unerwünschtes Verdrehen gesichert sein. Gewindemuffen als Rohrverbindung sind unzulässig. Als Standrohre für Antennen gibt es Rohre aus einem Stück, Steckrohre und Schieberohre.

Diese Rohre bestehen meist aus Stahl- oder bestimmten Aluminiumlegierungen und haben gewährleistete Mindestwerte der Festigkeit. Gasrohre und Wasserrohre erfüllen die Festigkeitsbedingungen nicht und sind deshalb *nicht zulässig*. Die Standrohre aus Stahl müssen im Einspannbereich eine Mindestwanddicke von 2 mm haben. Sie müssen verzinkt oder gleichwertig gegen Korrosion geschützt sein.

Auf Antennen wirken bei Wind erhebliche Kräfte, die man als Windlast F_A bezeichnet. Die Einheit der Windlast wird in Newton (N) angegeben. Diese Windlast entsteht durch den Stau der bewegten Luft an Teilen der Antenne (Staudruck).

$$\boxed{F_A = p \cdot A}$$

p ist der Staudruck (Winddruck) in N/m² und A ist die wirksame Antennenfläche in m², auf die der Wind auftreffen kann.

Für Antennen mit Standrohren bis zu einer freien Rohrlänge von 6 m und bis zu einem Einspannmoment von 1650 Nm (Newton-Meter) auf Bauwerken bis zu acht Geschossen (etwa 20 m über der Geländeoberfläche) darf für $p = 800$ N/m² eingesetzt werden.

Aufgabe
Welche Windlast tritt bei 800 N/m² an einer UKW-Yagi mit 0,0625 m² wirksamer Antennenfläche auf?

$$F = p \cdot A = 800\ \text{N/m}^2 \cdot 0{,}0625\ \text{m}^2 = \underline{\underline{50\ \text{N}}}$$

Die Antenne ruft infolge der Windlast auf das Standrohr ein Drehmoment hervor, das man *Biegemoment* nennt. Das Biegemoment M_A in Nm berechnet sich aus dem Produkt Windlast mal Länge vom Einspannpunkt bis zur Antenne. Sollen mehrere Antennen an einem Mast montiert werden, sind die Biegemomente zu addieren.

$$\boxed{M_A = F_1 \cdot l_1 + F_2 \cdot l_2 + F_3 \cdot l_3}$$

Beispiel
Es soll das Biegemoment für die Antennenanlage Bild 19-10 berechnet werden.

Lösung:

$$M_A = (400 \cdot 2 + 100 \cdot 4 + 50 \cdot 5)\ \text{Nm}$$

$$M_A = (800 + 400 + 250)\ \text{Nm} = \underline{\underline{1450\ \text{Nm}}}$$

Hinweis: Eigentlich müsste noch die Windlast von Standrohr und Rotor hinzugerechnet werden.

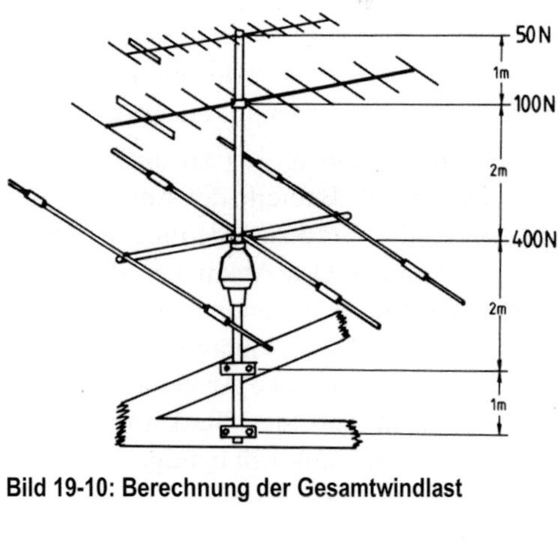

Bild 19-10: Berechnung der Gesamtwindlast

Tragende Bauteile, zum Beispiel Gebäudeteile wie Dachbalken, die zur Befestigung von Antennen, Antennenstandrohren und Abspannseilen dienen, müssen ebenfalls eine ausreichende mechanische Festigkeit besitzen. Die Befestigung des Standrohres am Schornstein ist verboten.

Die Verbindungsmittel mit dem tragenden Bauteil müssen die auftretenden Kräfte dauerhaft übertragen. Diese Kraftübertragung darf durch Alterung und Korrosion nicht beeinträchtigt werden. Gips und Dübel aus thermoplastischem Kunststoff erfüllen diese Forderung im Allgemeinen nicht. Jede Halterung des Standrohres muss mit mindestens zwei Schrauben am tragenden Bauteil befestigt werden. Bei Befestigung am Gebälk sind Schlüsselschrauben von mindestens 8 mm Durchmesser erforderlich, bei Befestigung im Mauerwerk mindestens Schrauben M8.

Abspannseile sollen größere Schwankungen durch den Wind verhindern. Die Antennenanlage muss die Forderungen an die mechanische Festigkeit auch ohne Abspannseile erfüllen. Die Abspannseile dürfen bei der Ermittlung der mechanischen Festigkeit also nicht berücksichtigt werden. Die Verbindungsmittel sollen aus geeigneten Werkstoffen bestehen, damit Korrosion durch Elementbildung möglichst verhindert wird.

Die Antennenanlage ist so aufzustellen, dass abknickende Bauteile der Antennen darunterliegende Starkstromleitungen nicht berühren können. Das Abknicken des Standrohres wird nicht angenommen. Der waagerechte Abstand des Standrohres zur Starkstromfreileitung und der Abstand zwischen Antennenteilen und der Starkstromfreileitung muss mindestens 1 m betragen.

Sendeanlage im KFZ

Damit die Zulassung eines Kraftfahrzeugs nicht ungültig wird, sollten Sie vor dem Einbau einer mobilen Sendeanlage die Anweisungen des Kraftfahrzeugherstellers beachten. Manche Hersteller erlauben nur den eingeschränkten Einsatz einer Amateurfunkanlage bis zu einer bestimmten Sendeleistung.

Um ein Einwirken der Hochfrequenz in die Elektronik des Kraftfahrzeugs zu verhindern, sollten Antennen und Antennenkabel möglichst weit davon entfernt verlegt werden. Die beste Abstrahlung hat eine mobile VHF-Antenne, wenn sie in der Mitte des Wagendaches installiert wird.

Prüfungsfragen
Beantworten Sie die Fragen **TL306** bis **TL307**.

Mehr dazu auf der KFZ-Informationsseite des DARC unter www.darc.de/referate/emv.

Notizen

....
....
....
....
....
....
....
....
....
....
....
....
....
....
....
....

Personenschutz

Um Schädigungen durch zu hohe Feldstärken bei Menschen zu vermeiden, muss verhindert werden, dass ein Mensch so nahe an die Antennenanlage kommen kann, dass eine zu hohe Feldstärke auf seinen Körper einwirkt.

Für die Feldstärkeberechnung nach der Personenschutznorm (EMVU = Elektromagnetische Verträglichkeit Umwelt) gelten zwei verschiedene Aufenthaltsbereiche, nämlich einmal der *Expositionsbereich 1* für vom Betreiber der Anlage kontrollierte Bereiche, z.B. das Haus des Funkamateurs und der *Expositionsbereich 2*, das sind die für den normalen Bürger jederzeit zugänglichen Bereiche, mit Aufenthalt dort mehr als sechs Stunden pro Tag.

Die Bundesnetzagentur (BNetzA) hat Rechenregeln aufgestellt (Entwurf DIN VDE 0848), nach denen man die Grenzwerte der elektrischen Ersatzfeldstärke berechnen kann. Es soll nun eine vereinfachte Formel abgeleitet werden, die einen Zusammenhang zwischen der elektrischen Feldstärke und dem Abstand herstellt. Daraus kann dann der Sicherheitsabstand ermittelt werden, wenn die maximal zulässige Feldstärke bekannt ist. Diese Grenzwerte werden „gesetzlich" vorgegeben.

Wie bereits im Kapitel 8 im Abschnitt über die elektrische Feldstärke ausgeführt wurde, kann man näherungsweise die Feldstärke aus der isotropen Strahlungsleistung P_{str} und dem Abstand *d* berechnen.

$$E = \frac{1}{d}\sqrt{\frac{Z_0}{4\pi} \cdot P_{Str}} \qquad Z_0 = 2\pi \cdot 60\Omega = 377\Omega$$

Setzt man die Größe für den Feldwellenwiderstand als Wert in die Formel ein, kann man sie noch weiter vereinfachen.

$$E = \frac{1}{d}\sqrt{\frac{2\pi \cdot 60\,\Omega}{4\pi} \cdot P_{Str}} = \frac{\sqrt{30\,\Omega \cdot P_{EIRP}}}{d}$$

Zur Erinnerung: Diese Formel gilt nur für das strahlende Nahfeld ab d ≥ λ/ 2π und das Fernfeld (ab 4 λ) bei Dipolantennen wie Drahtdipole, Yagi-Antennen und so weiter. Für das reaktive Nahfeld um die Antenne bis zu einem Abstand von d ≤ λ/ 2 π bzw. ≤ 0,159 λ und für andere Antennenarten wie Parabolspiegel oder magnetische Antennen muss der Sicherheitsabstand durch andere Methoden ermittelt werden. Dies können Messungen, Simulationsrechnungen, Nahfeldberechnungen oder andere Verfahren sein, die die Situation im Nahfeld berücksichtigen.

Beantworten Sie die **Prüfungsfrage TL213.**

Wird diese vereinfachte Formel nach *d* umgestellt, erhalten wir die Formel zur Berechnung des Sicherheitsabstands für Personenschutz, die auch in der Formelsammlung zur Prüfung der BNetzA zu finden ist.

Sicherheitsabstand $d = \frac{\sqrt{30\Omega \cdot P_{EIRP}}}{E}$

Diese Formel besagt: Wenn man die zulässigen Grenzwerte für die elektrische Feldstärke *E* für Personenschutz (Siehe folgende Tabelle) und die verwendete Strahlungsleistung der Antenne P_{EIRP} kennt, kann man daraus den Sicherheitsabstand in Metern berechnen, um die Personenschutzgrenzwerte einzuhalten.

Grenzwerte für Personenschutz

Frequenzbereich	Elektrische Feldstärke
unter 10 MHz	$E = 87/\sqrt{f(MHz)}$ in V/m
10 bis 400 MHz	E = 27,5 V/m
400 - 2000 MHz	$E = 1{,}375\sqrt{f(MHz)}$ V/m
über 2000 MHz	E = 61 V/m

Tabelle 19-1: Personenschutz-Grenzwerte nach ICNIRP DIN VDE 0848

Die in der Tabelle angegebenen Maximalwerte der Feldstärken gelten als Effektivwerte, gemittelt über 6-Minuten-Intervalle. Bei SSB ist der Mittelwert je nach Klippgrad etwa 1 : 6 bis 1 : 4. Bei Morsetelegrafie ist durch die Pausen zwischen den einzelnen Zeichen der Mittelwert etwa 1 : 4. Nur bei Frequenzmodulation und auch bei Frequenzumtastung (z.B. RTTY) ist der Mittelwert gleich der Trägerleistung.

Betriebsart	Reduzierungsfaktor
SSB	1 : 6 = 0,167
CW	1 : 4 = 0,25
FM (RTTY, SSTV)	1

Um den Mindestabstand berechnen zu können, muss man die Strahlungsleistung EIRP kennen. Die Formel zur Feldstärkeberechnung geht von einem Kugelstrahler aus, den es in der Praxis nicht gibt. Für die verschiedenen Antennenformen muss der Leistungsgewinnfaktor bekannt sein, um die Strahlungsleistung berechnen zu können. Für einen Dipol gilt ein Gewinnfaktor von 1,64 (2,15 dB) und für einen Lambdaviertelstrahler (z.B. GP) ein Faktor von 2 · 1,64 = 3,28 (5,15 dB). Bei Richtantennen nimmt man den Gewinn aus dem Richtdiagramm.

Leistungsgewinnfaktor		oder in dBi
Dipol	1,64	2,15 dBi
λ/4-Vertikal	3,28	5,15 dBi

Prüfungsaufgabe TL206
Sie möchten den Personenschutz-Sicherheitsabstand für die Antenne Ihrer Amateurfunkstelle für das 10-m-Band und die Betriebsart RTTY berechnen. Der Grenzwert im Fall des Personenschutzes beträgt 28 V/m. Sie betreiben einen Dipol, der von einem Sender mit einer Leistung von 100 W über ein Koaxialkabel gespeist wird. Die Kabeldämpfung sei vernachlässigbar. Wie groß muss der Sicherheitsabstand sein?

Lösung: Für einen Dipol gilt ein Gewinnfaktor von 1,64. Das ergibt eine maximale Strahlungsleistung P_{EIRP} von 164 W. Die Formel lautet.

$$d = \frac{\sqrt{30\,\Omega \cdot P_{EIRP}}}{E}$$

Eingesetzt ergibt sich

$$d = \frac{\sqrt{30 \cdot 164}}{28}\,\text{m} = \frac{\sqrt{4920}}{28}\,\text{m} = \underline{\underline{2{,}50\,\text{m}}}\,.$$

Es muss also von jedem Punkt der Antenne ein Abstand von mindestens 2,50 m eingehalten werden.

Prüfungsfrage TL203
Sie möchten den Personenschutz-Sicherheitsabstand für die Antenne Ihrer Amateurfunkstelle für das 20-m-Band und die Betriebsart RTTY berechnen. Der Grenzwert im Fall des Personenschutzes beträgt 28 V/m. Sie betreiben einen Dipol, der von einem Sender mit einer Leistung von 700 W über ein Koaxialkabel gespeist wird. Die Kabeldämpfung beträgt 0,5 dB. Wie groß ist der Sicherheitsabstand?

Lösung: Es wird eine Kabeldämpfung von 0,5 dB vorgegeben. Für 0,5 dB gibt es in der Formelsammlung keinen Umrechnungsfaktor. Er soll hier berechnet werden. In der Formelsammlung findet man

$$a = 10\ \text{dB} \cdot \lg \frac{P_1}{P_2}$$

Diese Formel soll nach P_1/P_2 umgestellt werden.

$$\frac{a}{10} = \lg \frac{P_1}{P_2} \rightarrow \frac{P_1}{P_2} = 10^{\frac{a}{10\text{dB}}}$$

Eingesetzt ergibt sich

$$\frac{P_1}{P_2} = 10^{\frac{0,5\,\text{dB}}{10\text{dB}}} = 10^{0,05} = 1,122$$

Die gegebene Leistung von 700 W muss also durch diesen Faktor geteilt werden und mit dem Gewinnfaktor eines Dipols multipliziert werden.

$$P_{EIRP} = \frac{700\ \text{W}}{1,122} \cdot 1,64 = 1023\ \text{W}$$

$$d = \frac{\sqrt{30 \cdot 1023}}{28}\ \text{m} = \frac{\sqrt{30695}}{28}\ \text{m} = \underline{\underline{6,26\ \text{m}}}$$

Als Lösung wird 6,3 m vorgegeben.

> Bearbeiten Sie die **Prüfungsfragen TL103, TL204, TL205, TL207** und **TL208** aus dem Fragenkatalog.

> **Prüfungsaufgabe TL202**
> Eine Amateurfunkstelle sendet in FM mit einer äquivalenten Strahlungsleistung (ERP) von 100 W. Wie groß ist die Feldstärke im freien Raum in einer Entfernung von 100 m?

Lösung: In diesem Fall muss die Formel für den Sicherheitsabstand nach E umgestellt werden.

Die Umrechnung von ERP nach EIRP verlangt die Berücksichtigung des Gewinnfaktors von 1,64 oder 2,15 dB.

$$P_{EIRP} = 1,64 \cdot 100\ \text{W} = 164\ \text{W}$$

$$E = \frac{\sqrt{30\ \Omega \cdot P_{EIRP}}}{d} = \frac{\sqrt{30 \cdot 164}}{100} \frac{\text{V}}{\text{m}} = 0,701 \frac{\text{V}}{\text{m}}$$

Als Lösung wird 0,7 V/m vorgegeben.

> Bearbeiten Sie die **Prüfungsfragen TL209, TL211** und **TL214.**

> **Prüfungsfrage TL212**
> Für Ihre Yagi-Antenne, die an einem hohen Mast befestigt ist, beträgt der Sicherheitsabstand in Hauptstrahlrichtung 20 m. Da die Antenne jedoch über gefährdete Orte hinweg strahlt, dringt nur ein Teil des Feldes in den Bereich unterhalb der Antenne. Sie ermitteln einen kritischen Winkel von 40° und ersehen im Strahlungsdiagramm der Antenne eine Winkeldämpfung von 6 dB. Auf welchen Wert verringert sich dann der Sicherheitsabstand?

Zur Lösung: Man nennt dieses Prinzip *Berücksichtigung der Winkeldämpfung*. Wenn von einer Richtantenne das vertikale Strahlungsdiagramm bekannt ist, kann man daraus ablesen, wie viel weniger die Antenne nach schräg unten strahlt. In dieser Aufgabe wird in der entsprechenden Richtung eine Winkeldämpfung von 6 dB angegeben. 6 dB sind ein Viertel der Leistung. Da die Leistung in der Formel unter der Wurzel steht, ergibt sich der halbe Wert für den Sicherheitsabstand. Aus 20 m werden 10 m. Man kann also näher an die strahlende Antenne herangehen.

Plausibilitätserklärung

Jede Sendestation - ob Amateurfunk oder kommerziell - muss nachweisen, dass niemand in einem starken elektrischen Feld einer Sendeantenne zu Schaden kommen kann. Diesen Nachweis müssen kommerzielle Stationen mit einer Feldstärkemessung (Standortbescheinigung) nachweisen. Funkamateure dürfen anstatt einer Messung auch durch eine Berechnung plausibel machen, dass sie die festgelegte Maximalfeldstärke in Bereichen, die für Fremde zugänglich sind, nicht überschreiten. Diesen Nachweis nennt man *Plausibilitätserklärung* oder *Selbsterklärung.*

Im Frequenzbereich von 3 kHz bis 300 GHz werden die Grenzwerte für den Personenschutz in der DIN VDE 0848 festgelegt. Zusätzlich werden im Frequenzbereich von 50 kHz bis 50 MHz Beeinflussungsschwellen für Herzschrittmacher geltend gemacht. Für Berechnungen der Herzschrittmacher Werte, muss immer mit den maximalen Augenblickswerten der abgestrahlten Spitzenleistung gerechnet werden! Die Reduzierfaktoren und Mittelwerte wie beim Personenschutz dürfen nicht verwendet werden.

Die Einhaltung dieser Grenzwerte ist durch den Funkamateur nachzuweisen. Jeder Funkamateur, der eine höhere Sendeleistung als 10 W EIRP verwendet, muss vor Aufnahme des Sendebetriebs eine solche Selbsterklärung der zuständigen Außenstelle der Bundesnetzagentur zuschicken. Wie eine solche Selbsterklärung verfasst wird, soll hier erläutert werden.

Zur Erstellung dieser Selbsterklärung können Sie ein Berechnungsprogramm verwenden. Empfohlen wird das Programm WATT32, das auch von der Bundesnetzagentur anerkannt wird. Wenn Sie mit den Berechnungen Probleme haben, wenden Sie sich an ihren Ortsverband (OV) des DARC. Es gibt in fast jedem OV einen EMV-Beauftragten, der sich mit den Berechnungen und der Erstellung der Selbsterklärung auskennt. Er hat dieses Berechnungsprogramm zur Verfügung.

Band	CW	SSB	FM	ICNIRP
	[V/m]	[V/m]	[V/m]	[V/m]
LW	244,52[*2]	244,52[*2]		87,00
160 m	111,59	149,48		61,52
80 m	107,37	168,15		44,63
40 m	81,75	107,05		32,42
30 m	56,81	67,57		27,50
20 m	37,36	42,07		27,50
17 m	21,64	30,04		27,50
15 m	18,48	23,03		27,50
12 m	15,99	18,04		27,50
10 m	13,88	17,89	98,28	27,50
6 m	12,12[*1]	15,18[*1]	95,55	27,50
2 m	8,83[*1]	11,09	69,31	27,50
70 cm	35,53[*2]	35,53[*2]	35,53[*2]	28,51
23 cm	45,78[*2]	45,78[*2]	45,78[*2]	48,42
13 cm	907,61[*2]	907,61[*2]	907,61[*2]	61,00

Tabelle 19-2: HSM- und Personenschutz-Grenzwerte

(*1) Bei diesem Wert handelt es sich um eine Inter- oder Extrapolation der Nachbarwerte

(*2) Für diesen Wert liegt für die entsprechende Betriebsart kein Grenzwert in der Norm vor. Gemäß der Norm, wird als Grenzwert dann derjenige für die nächst störendere Betriebsart gewählt.

Die Werte in der Tabelle 19-2 stammen von der Verbandsbetreuung des DARC (Deutscher Amateur Radio-Clubs e.V.) vom 12.1.2007. Die hier in Tabellenform aufgelisteten HSM-Grenzwerte sind Effektivwerte. Sie wurden jeweils berechnet für die Frequenz innerhalb eines Amateurfunkbandes, für die der Wert angegeben ist, der für das ganze Band die Grenzwerte einhält. Sie gelten oberhalb 16,9 MHz immer, darunter unter Fernfeldbedingungen. Werden sie in diesem Frequenzbereich jedoch im Nahfeld verwendet, stellen sie höhere Anforderungen, als eigentlich notwendig wäre. Daher ist man grundsätzlich auf der sicheren Seite. In der letzten Spalte sind zusätzlich auch noch die Grenzwerte für den Personenschutz nach ICNIRP angegeben.

Es gibt zwei Prinzipien, die Selbsterklärung auszuführen. Die einfachste ist, mit den vorhandenen Geräten und Antennen die Sicherheitsabstände auszurechnen und diese in den Lageplan (Bild 19-11) einzutragen. Sollten damit die Grenzen des *kontrollierbaren Bereichs* (das eigene Grundstück) überschritten werden, können Sie auch aus den sich ergebenden Abständen zum nicht kontrollierbaren Bereich die maximal zu verwendende Senderleistung berechnen.

Im Prinzip muss man für jedes Amateurfunkband und jede Station/Antenne, die man verwendet, eine Berechnung durchführen, wie groß bei einer bestimmten Senderleistung der Abstand sein muss oder welche Leistung man benutzen darf, wenn ein bestimmter Abstand vorgegeben ist. Dazu muss ein Plan des Grundstücks mit Lage der Antennen (Bild 19-11) und eine Skizze der Seitenansicht (Bild 19-12) mit gesendet werden, aus denen für die Behörde ersichtlich ist, wie groß die Abstände zu Nachbargrundstücken oder öffentlichen Wegen ist.

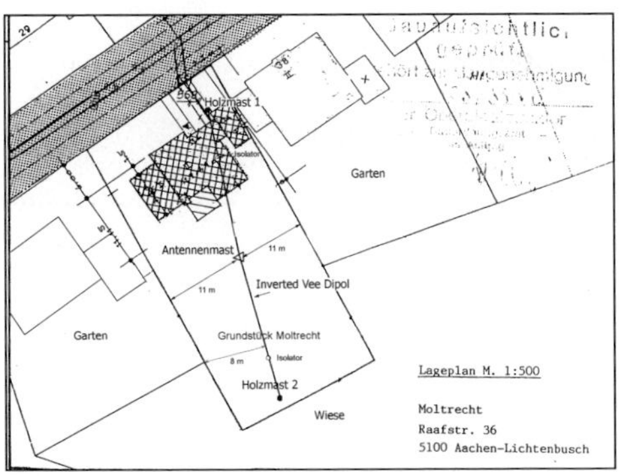

Bild 19-11: Beispiel für einen Lageplan

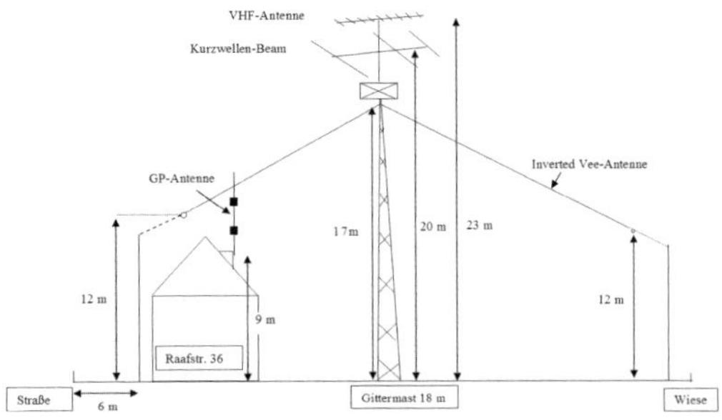

Bild 19-12: Beispiel für die Seitenansicht

Aus der Seitenansicht kann eine überschlägige Berechnung der kürzesten Entfernung zum Nachbargrundstück beziehungsweise zum Gehweg in 3 m Höhe durchgeführt werden. Wenn Ihnen eine solche Berechnung schwerfällt, skizzieren Sie die Antenne mit den Höhen maßstäblich und messen Sie einfach die Abstände auf der Skizze aus.

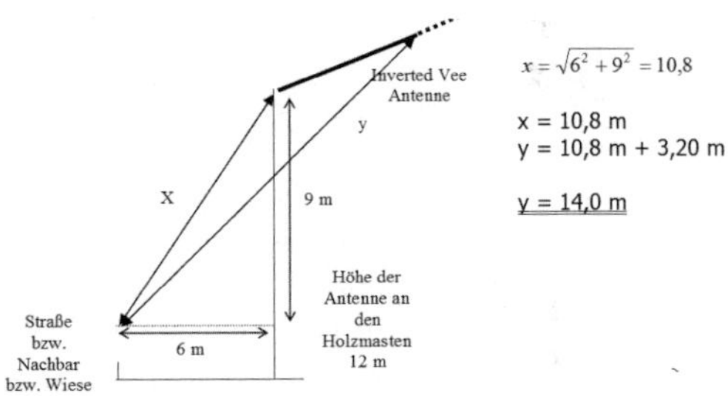

Bild 19-13: Beispiel Abstandsberechnung Antenne 1

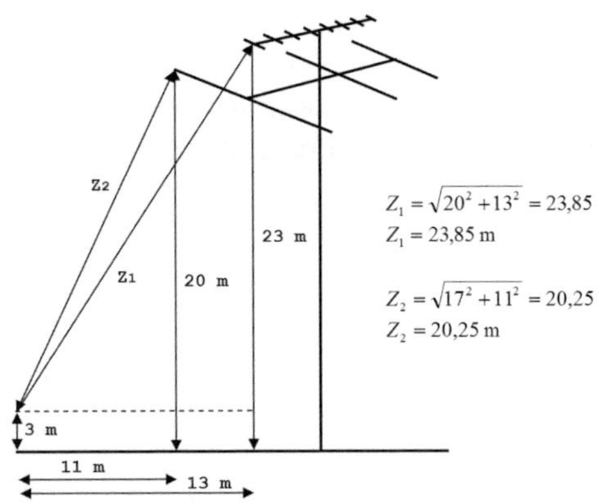

Bild 19-14: Beispiel Abstandsberechnung Antenne 2

Für die Berechnung der Entfernung gilt jeder Punkt der Antenne zum Nachbargrundstück, dort in 3 m Höhe. Bei Groundplane-Antennen zählen die Radiale als Teil der Antenne. Vom Ende des längsten Radials muss gemessen werden.

Ferner muss ein Blockschaltbild der Station vorhanden sein, aus dem ersichtlich ist, wie die Sender mit Schaltern und Kabeln mit der Antenne verbunden sind. Mit Hilfe dieses Blockschaltbildes ermitteln Sie die Strahlungsleistung EIRP durch Berücksichtigung der Verluste durch Umschalter und Kabel.

Nun können Sie die eigentliche Berechnung durchführen. Dazu verwenden Sie wiederum die folgende Formel.

$$d = \frac{\sqrt{30\,\Omega \cdot P_{EIRP}}}{E}$$

Setzen Sie nun für jedes Band und jede Antennenkonfiguration die Werte in die Formel ein und berechnen Sie den Sicherheitsabstand. Ist dieser Wert kleiner als die Entfernung zum öffentlichen Weg oder zum Nachbargrundstück, tragen Sie den Wert in eine Tabelle ein. Ist der berechnete aber größer, müssen Sie Ihre Senderleistung reduzieren. Welche maximale Senderleistung Sie benutzen dürfen, finden Sie heraus, indem Sie die Formel nach P_{EIRP} umstellen und die entsprechende Entfernung von der Antenne zum öffentlichen Weg einsetzen.

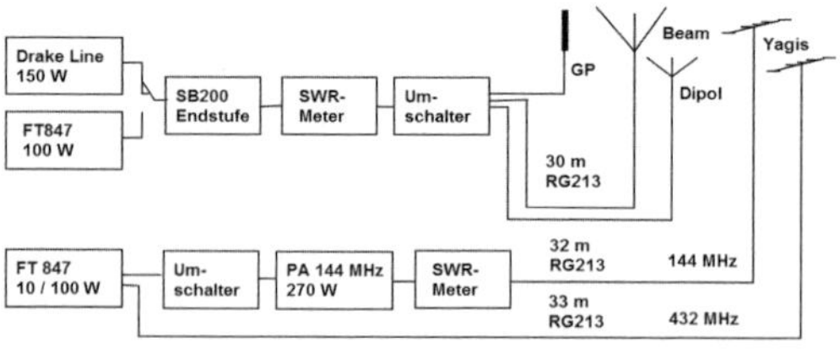

Bild 19-15: Blockschaltbild der Funkanlage

Prüfungsaufgabe TL201
Sie besitzen einen λ/4-Vertikalstrahler. Da Sie für diese Antenne keine Selbsterklärung abgeben möchten und somit nur eine Strahlungsleistung von kleiner 10 W EIRP verwenden dürfen, müssen Sie die Sendeleistung soweit reduzieren, dass sie unter diesem Wert bleiben. Wie groß darf die Sendeleistung dabei sein?

A kleiner 3 Watt **B** kleiner 6 Watt
C kleiner 10 Watt **D** kleiner 16,4 W

Lösung: In der Formelsammlung der Bundesnetzagentur und auch hier im Buch zwei Seiten zuvor finden Sie die Angabe, dass ein λ/4-Vertikalstrahler einen Gewinnfaktor von 3,28 besitzt. Faktor bedeutet, dass die verwendete Senderleistung damit multipliziert die Strahlungsleistung EIRP ergibt. Umgekehrt bedeutet dies für die Aufgabe, dass die 10 Watt EIRP durch 3,28 geteilt werden müssen. Dies ergibt 3,05 Watt. Also darf die verwendete Sendeleistung 3 Watt nicht überschreiten. Lösung A!

Bearbeiten Sie die **Prüfungsfragen TL215** bis **TL218.**

Bearbeiten Sie die **Prüfungsfrage TL210** aus dem Fragenkatalog.

Notizen:

....
....
....
....
....
....
....
....
....
....

Tipps zur Prüfungsvorbereitung

Wenn Sie diesen Lehrgang Technik Klasse A fleißig durchgearbeitet haben und die meisten Antworten verstehen konnten, machen Sie sich an die Übung, die richtigen Antworten zu finden.

Eine hervorragende Möglichkeit gibt es im Internet durch das Online-Amateurfunk-Prüfungstraining von Junghard Bippes, DF1IAV, auf der Seite www.afup.a36.de.

Sie gehen dort auf den Punkt <Prüfungen>, dann auf <Klasse A> und klicken unter Technik auf [Teil 1]. Es wird Ihnen eine Zusammenstellung von 51 Prüfungsfragen angezeigt. Sie haben 90 Minuten Zeit, die Prüfungsfragen zu bearbeiten und die richtigen Antworten anzuklicken.

Auch bei der Prüfung bekommen Sie 51 Fragen, wobei jede richtige Antwort 2 Punkte zählt. Sie können also 102 Punkte erreichen. 75 Punkte reichen aus, um die Prüfung zu bestehen.

Zum Schluss klicken Sie auf [auswerten] und Sie erhalten eine Liste mit den Prüfungsfragennummern und der Angabe, welche Fragen richtig und welche falsch beantwortet wurden. In der nächsten Spalte können Sie auf [Lösungsweg] klicken und kommen direkt zur Besprechung der Frage in meinem Amateurfunk-Online-Lehrgang. Lesen Sie sich dort noch einmal die Erklärung durch. Beim nächsten Mal werden Sie diese Frage dann richtig beantworten.

Sobald Sie mehr als 75 % der Prüfungsfragen richtig beantworten können, melden Sie sich zur Prüfung an. Sie üben ja dann noch weiter und werden bis zum Prüfungstermin sicher ihre Prozentzahl weiter steigern.

Viel Erfolg!

Eckart Moltrecht DJ4UF

Morsen lernen

Um weltweiten Amateurfunk auf den Kurzwellenbändern oder auch auf VHF oder UHF machen zu dürfen, genügt seit 2004 bereits das Amateurfunkzeugnis Klasse E. Und für den Erwerb des Zeugnisses Klasse A muss man keine Morseprüfung mehr ablegen.

Übersicht
- Telegrafie macht Spaß
- Hinweise zum Morsen lernen
- Die Koch-Methode
- Lernsoftware
- Morsen-Geben lernen

Telegrafie macht Spaß

Morsen ist so etwas wie eine „Geheimsprache". Wenn man etwas Übung hat, kann man Morsen einfach so „im Kopf" mitlesen. Besucher in meinem Shack, die zuschauen und zuhören, wie ich mich mit anderen Funkern mit Hilfe der Morsezeichen „unterhalten" kann, sind fasziniert. Sie können nicht verstehen, wie man aus diesem Gepiepse ohne fremde Hilfe und ohne Computer richtige Texte entziffern kann. Auch für sich selbst ist es ein Gefühl der Überlegenheit und des Hochgenusses, wenn man einfach so ohne weitere Hilfsmittel als nur den eigenen Kopf eine digitale Betriebsart durchführen kann.

Die Telegrafie ist der Telefonie auch dann überlegen, wenn keine günstigen Ausbreitungsbedingungen herrschen. Telegrafiezeichen kann man noch aus dem Rauschen heraus hören oder mit schmalen Filtern heraus filtern und dann noch eine Nachricht übertragen, wenn es in SSB schon lange nicht mehr geht. Ferner benötigt man für die Telegrafie keine Fremdsprachenkenntnisse, weil der CW-Funkverkehr mit international festgelegten Abkürzungen erfolgen kann. Ferner ist diese Betriebsart durch die standardmäßigen Floskeln viel höflicher und freundlicher. Man bedankt sich für den Anruf, man bedankt sich für die Verbindung und übermittelt immer die besten Wünsche. Für eine Telegrafieverbindung bekommt man meistens auch eine QSL-Karte, während diese Gepflogenheit in Telefonie so langsam ausstirbt.

Telegrafie ist außerdem die Pflege einer historischen Betriebsart. Telegrafie ist etwa vergleichbar mit dem Segeln. Man benötigt selbstverständlich die Telegrafie für eine Übertragung nicht, aber man kann sich mit diesen einfachen „Klopfzeichen" bestens verständigen. Man kann ja auch mit einem Motorboot viel schneller und sicherer über einen See oder das Meer fahren, als mit einem Segelboot, das auf den Wind angewiesen ist. Trotzdem macht Segeln viel mehr Spaß. Lasst uns die Tradition des Morsefunkverkehrs weiter pflegen!

Morsen hören lernen

Morsen-Geben zu lernen, ist nicht schwer. Aber bitte: Lernen Sie zunächst Morsen "nehmen", also das Hören der Morsezeichen und die Niederschrift. Denn Sie müssen lernen, die Zeichen "ohne zu denken" allein durch Hören des Rhythmus aufzunehmen. Wenn Sie erst das Geben lernen, werden Sie die Zeichen "logisch" lernen durch Merken von "lang - kurz - lang" und so weiter und werden dann beim Hören automatisch diese Logik einsetzen. Damit kommen Sie aber nicht auf ein genügend hohes Tempo. Sie dürfen beim Aufnehmen von Morsezeichen nicht "denken" (nachdenken). Deshalb lernen Sie bei einem Morselehrgang zunächst Morsezeichen, die einen total verschiedenen Rhythmus haben. Sie sollten also die Zeichen mehr raten als durch logisches Denken aufschreiben. Lehrgang bei DJ4UF.de!

Die Koch-Methode

Der deutsche Psychologe Ludwig Koch entwickelte in den 30er Jahren ein Morse-Lernsystem, das darauf abzielt, sogenannte „konditionierte Reflexe“ zu bilden. So werden Reflexe genannt, die nicht angeboren sind, sondern antrainiert werden.

Autofahrer haben im Laufe der Zeit gelernt, bei plötzlich eintretender Gefahr ohne nachzudenken automatisch auf das Bremspedal zu treten. Mit normalem Nachdenken und dann Entscheiden, reagiert man häufig zu spät. Um Morsen zu lernen, muss der Hörende einen bestimmten Rhythmus so verinnerlichen, dass er diesen ohne nachzudenken direkt als Zeichen auf Papier oder in die Computertastatur schreiben kann.

Die Koch-Methode beginnt mit dem Hören und Schreiben von zwei Buchstaben, normalerweise K und M. Die einzelnen Morsezeichen werden dabei so schnell gegeben (umgerechnet etwa Tempo hundert Buchstaben pro Minute), dass man keine Chance hat, die „Punkte oder Striche“ zu zählen. Zwischen den einzelnen Zeichen ist dann eine Schreibpause, so dass ein effektives Tempo von vielleicht 50 bis 60 Buchstaben pro Minute entsteht.

Sobald man diese beiden Zeichen mit 90-prozentiger Sicherheit beherrscht, wird ein dritter Buchstabe hinzugenommen und so weiter. Tägliches Üben – am besten mehrmals am Tag – ist wichtig. Es genügen durchaus 15 Minuten in einer Sitzung. Dieses Prinzip müssen Sie nun solange durchhalten, bis Sie alle Buchstaben beherrschen, denn es nutzt Ihnen gar nichts, wenn Sie nur die Hälfte der Zeichen beherrschen. Damit können Sie nicht die Hälfte der Morsetexte mitlesen, sondern gar keine. Das ist wie bei einem Schulkind, das erst dann Bücher lesen kann, wenn es alle Buchstaben beherrscht.

Wenn Sie einen Moselehrgang beginnen, bleiben Sie mit „eiserner Willenskraft“ solange dran, bis Sie alle Buchstaben beherrschen. Dies dauert bei jungen Leuten manchmal nur vier Wochen, während ältere Menschen dafür möglicherweise ein halbes Jahr oder länger benötigen. Im Prinzip schafft es jeder, wie auch jeder in der Fahrschule „irgendwann“ Autofahren lernt.

Morsengeben lernen

Das Geben der Morsezeichen lernt man danach sehr schnell, indem man eine Morsetaste oder Paddle an den Sender anschließt und sich mit einem Empfänger abhört und diese empfangenen Töne dem Computer mit einer Dekodiersoftware zuführt und mitliest. Ich empfehle die automatische Morsetaste, bei der man zwei Paddle hat für die kurzen beziehungsweise langen Zeichen.

Tipps für die Morsemitschrift

Empfehlenswert ist es, am Anfang die Zeichen mit einem weichen Bleistift auf Papier zu schreiben. Schreiben Sie alle Buchstaben in kleiner Schreibschrift. Setzen Sie den Stift von Buchstabe zu Buchstabe nicht ab, erst dann, wenn bei Texten eine etwas längere Pause gemacht wird, um ein Wortende zu markieren. Schreiben Sie langsam und deutlich. Sie haben Zeit!

Lernsoftware

Es gibt eine ganze Menge von Lernsoftware zum Morsen. Vier Programme, die nach der Koch-Methode arbeiten, sollen hier kurz vorgestellt werden.

Learn CW Online (LCWO)

Bei dem Lernprogramm von Fabian Kurz, DJ1YFK, muss kein Programm installiert werden. Nach einer kurzen kostenlosen Registrierung kann der Neuling sofort mit dem Training beginnen. Bei den Übungen lassen sich Geschwindigkeiten und maximale Wortlänge einstellen. LCWO kann auch offline verwendet werden. Die Übungsdateien lassen sich im MP3-Format und die Lösungen dazu im Textformat herunterladen. Bezugsquelle : http://lcwo.net/

HQX Morsetrainer

Die vom Helvetia Telegraphy Club (THC) entwickelte Software für Anfänger und Fortgeschrittene ist mächtig. Neben Hörübungen sind Gebeübungen mit Handtaste oder Paddle möglich. Für Anfänger gibt es den interaktiven Koch-Trainer. Buchstaben, Ziffern und Sonderzeichen sind bei den Übungen mit Zufallszeichen frei auswählbar. Ebenso ist eine Vergrößerung des Zeichen- und Wortabstandes möglich.

Für Fortgeschrittene können Übungstexte aus der HTC-Datenbank bezogen werden. Diese lässt sich auch mit eigenen Texten erweitern. Der wählbare Geschwindigkeitsbereich liegt zwischen 40 und 900 BpM, die einstellbare Tonhöhe zwischen 400 und 1200 Hz.

G4FON Morsetrainer

Das Morseübungsprogramm von Ray Goff, G4FON, steht unter http://g4fon.net/ als „Koch CW Trainer“ zum Download bereit. Das Programm in Englisch bietet alle üblichen Einstellungen von Geschwindigkeit und Zeichenpausen hat aber eine interessante Zusatzfunktion für das spätere Praxis-Training, nämlich die Einspielung von realistischen Betriebsbedingungen wie Störgeräusche, Lautstärkeschwankungen, unsaubere Tastung und Signalstärken von S1 bis S9, so dass man gut auf den späteren konkreten Funkbetrieb vorbereitet wird. Aber diese Übungen kann man natürlich auch als Kurzwellenhörer direkt auf den Bändern selber machen.

Die CW-App von IZ2UUF

Heutzutage im „Zeitalter der Smartphones“ wird die Android-App von Davide Achilli, www.IZ2UUF.net sehr gern genommen. Sie arbeitet ebenfalls nach der Koch-Methode. Die App lässt sich auch kostenfrei vom Google Play herunterladen.

Zum Schluss

Nach erfolgreichem Abschluss des Lehrgangs empfehle ich Ihnen, hundert CW-QSOs zu führen, bis Sie wieder mal das Mikrofon in die Hand nehmen.

Danach können Sie Morsen.

Prüfungsfragenverzeichnis

Stichwortverzeichnis